Springer-Lehrbuch

Florian Scheck

Theoretische Physik 3

Klassische Feldtheorie

Von der Elektrodynamik zu den Eichtheorien

Zweite Auflage

Mit 63 Abbildungen und 3 Tabellen

Springer

Professor Dr. Florian Scheck
Fachbereich Physik, Institut für Physik
Johannes Gutenberg-Universität, Staudingerweg 7
55099 Mainz
e-mail: scheck@thep.physik.uni-mainz.de

Bibliografische Information Der Deutschen Bibliothek
Die Deutsche Bibliothek verzeichnet diese Publikation in der Deutschen Nationalbibliografie; detaillierte bibliografische Daten sind im Internet über http://dnb.ddb.de abrufbar.

ISBN-10 3-540-23145-5
ISBN-13 978-3-540-23145-5
2. Auflage
Springer Berlin Heidelberg New York

ISBN 3-540-42276-5 1. Auflage Springer Berlin Heidelberg New York

Springer ist ein Unternehmen von Springer Science+Business Media

springer.de

Herstellung, Datenkonvertierung, Umbruch in LaTeX 2_ε: LE-TeX Jelonek, Schmidt & Vöckler GbR, Leipzig
Einbandgestaltung: *design & production* GmbH, Heidelberg

Gedruckt auf säurefreiem Papier SPIN: 11000174 56/3141/YL - 5 4 3 2 1 0

Vorwort zur Theoretischen Physik

Mit diesem mehrbändigen Werk lege ich ein Lehrbuch der Theoretischen Physik vor, das dem an vielen deutschsprachigen Universitäten eingeführten Aufbau der Vorlesungen folgt: die Mechanik und die nichtrelativistische Quantenmechanik, die in Geist, Zielsetzung und Methodik nahe verwandt sind, stehen nebeneinander und stellen die Grundlagen für das Hauptstudium bereit, die eine für die klassischen Gebiete, die andere für Wahlfach- und Spezialvorlesungen. Die klassische Elektrodynamik und Feldtheorie und die relativistische Quantenmechanik leiten zu Systemen mit unendlich vielen Freiheitsgraden über und legen das Fundament für die Theorie der Vielteilchensysteme, die Quantenfeldtheorie und die Eichtheorien. Dazwischen steht die Theorie der Wärme und die wegen ihrer Allgemeinheit in einem gewissen Sinn alles übergreifende Statistische Mechanik.

Als Studentin, als Student lernt man in einem Zeitraum von drei Jahren fünf große und wunderschöne Gebiete, deren Entwicklung im modernen Sinne vor bald 400 Jahren begann und deren vielleicht dichteste Periode die Zeit von etwas mehr als einem Jahrhundert von 1830, dem Beginn der Elektrodynamik, bis ca. 1950, der vorläufigen Vollendung der Quantenfeldtheorie, umfasst. Man sei nicht enttäuscht, wenn der Fortgang in den sich anschließenden Gebieten der modernen Forschung sehr viel langsamer ist, diese oft auch sehr technisch geworden sind, und genieße den ersten Rundgang durch ein großartiges Gebäude menschlichen Wissens, das für fast alle Bereiche der Naturwissenschaften grundlegend ist.

Die Lehrbuchliteratur in Theoretischer Physik hinkt in der Regel der aktuellen Fachliteratur und der Entwicklung der Mathematik um einiges nach. Abgesehen vom historischen Interesse gibt es keinen stichhaltigen Grund, den Umwegen in der ursprünglichen Entwicklung einer Theorie zu folgen, wenn es aus heutigem Verständnis direkte Zugänge gibt. Es sollte doch vielmehr so sein, dass die großen Entdeckungen in der Physik der zweiten Hälfte des zwanzigsten Jahrhunderts sich auch in der Darstellung der Grundlagen widerspiegeln und dazu führen, dass wir die Akzente anders setzen und die Landmarken anders definieren als beispielsweise die Generation meiner akademischen Lehrer um 1960. Auch sollten neue und wichtige mathematische Methoden und Erkenntnisse mindestens dort eingesetzt und verwendet werden, wo sie dazu beitragen, tiefere Zusammenhänge klarer hervortreten zu lassen und gemeinsame Züge scheinbar verschiedener Theorien erkennbar zu machen. Ich verwende in diesem Lehrbuch in einem ausgewogenen Maß moderne mathematische Techniken und traditionelle, physikalischintuitive Methoden, die ersteren vor allem dort, wo sie die Theorie präzise fassen, sie effizienter formulierbar und letzten Endes einfacher und transparenter machen – ohne wie ich hoffe in die trockene Axiomatisierung und Algebraisierung zu verfallen, die manche neueren Monographien der Mathematik so schwer leserlich machen; außerdem möchte ich dem Leser, der Leserin helfen, die Brücke zur aktuellen physikalischen Fachliteratur und zur Mathematischen Physik zu schlagen. Die traditionellen, manchmal etwas vage formulierten physikalischen Zugänge andererseits sind für das veranschaulichende Verständnis der Phänomene unverzichtbar, außerdem spiegeln sie noch immer etwas von der Ideen- und Vorstellungswelt der großen Pioniere unserer Wissenschaft wider und tragen auch auf diese Weise zum Verständnis der Entwicklung der Physik und deren innerer Logik bei. Diese Bemerkung wird spätestens dann klar werden, wenn man zum ersten Mal vor einer Gleichung verharrt, die mit raffinierten Argumenten und eleganter Mathematik aufgestellt ist, die aber nicht zu einem *spricht* und verrät, wie sie zu interpretieren sei. Dieser Aspekt der *Interpretation* – und das sei auch den Mathematikern und Mathematikerinnen klar gesagt – ist vielleicht der schwierigste bei der Aufstellung einer physikalischen Theorie.

Jeder der vorliegenden Bände enthält wesentlich mehr Material als man in einer z. B. vierstündigen Vorlesung in einem Semester vortragen kann. Das bietet den Dozenten die Möglichkeit zur Auswahl dessen, was sie oder er in ihrer/seiner Vorlesung ausarbeiten möchte und, bei Wiederholungen, den Aufbau der Vorlesung zu variieren. Für die Studierenden, die ja ohnehin lernen müssen, mit Büchern und Originalliteratur zu arbeiten, bietet sich die Möglichkeit, Themen oder ganze Bereiche je nach Neigung und Interesse zu vertiefen. Ich habe den Aufbau fast ohne Ausnahme „selbsttragend“ konzipiert, so dass man alle Entwicklungen bis ins Detail nachvollziehen und nachrechnen kann. Die Bücher sind daher auch für das Selbststudium geeignet und „verführen“ Sie, wie ich hoffe, auch als gestandene Wissenschaftler und Wissenschaftlerinnen dazu, dies und jenes noch einmal nachzulesen oder neu zu lernen.

Bücher gehen heute nicht mehr, wie noch vor anderthalb Jahrzehnten, durch die klassischen Stadien: handschriftliche Version, erste Abschrift, Korrektur derselben, Erfassung im Verlag, erneute Korrektur etc., die zwar mehrere Iterationen des Korrekturlesens zuließen, aber stets auch die Gefahr bargen, neue Druckfehler einzuschmuggeln. Der Verlag hat ab Band 2 die von mir in LaTeX geschriebenen Dateien (Text und Formeln) direkt übernommen und bearbeitet. Auch bei der siebten Auflage von Band 1, der vom Fotosatz in LaTeX konvertiert wurde, habe ich direkt an den Dateien gearbeitet. So hoffe ich, dass wir dem Druckfehlerteufel wenig Gelegenheit zu Schabernak geboten haben. Über die verbliebenen, nachträglich entdeckten Druckfehler berichte ich, soweit sie mir bekannt werden, auf einer Webseite, die über den Hinweis *Buchveröffentlichungen/book publications* auf meiner homepage zugänglich ist. Die letztere erreicht man über http://wwwthep.physik.uni-mainz.de

Den Anfang hatte die zuerst 1988 erschienene, seither kontinuierlich weiterentwickelte *Mechanik* gemacht. Ich würde mich sehr freuen, wenn auch die anderen Bände sich so rasch etablieren würden und dieselbe starke Resonanz fänden wie dieser erste Band. Dass die ganze Reihe überhaupt zustande kommt, daran hat auch Herr Dr. Hans J. Kölsch vom Springer-Verlag durch seinen Rat und seine Ermutigung seinen Anteil, wofür ich ihm an dieser Stelle herzlich danke.

Mainz, Mai 2002 *Florian Scheck*

Vorwort zu Band 3, 2. Auflage

Der traditionelle Aufbau der klassischen Elektrodynamik in vielen Vorlesungen und Lehrbüchern beginnt mit einer ausführlichen Behandlung von Elektrostatik, Magnetostatik und stationären Strömen, und wendet sich erst dann den vollen, zeitabhängigen Maxwell'schen Gleichungen in deren lokaler Form und einer Reihe von klassischen Anwendungen aus Nachrichtentechnik und Optik zu. In diesem Band schlage ich einen etwas anderen Weg ein: Ausgehend von den Maxwell'schen Gleichungen in integraler Form, d. h. von der phänomenologischen, experimentell erwiesenen Basis der Elektrodynamik, werden die lokalen Gleichungen aufgestellt und von Anfang an in ihrer vollen, zeit- und raumabhängigen Form diskutiert. Statische oder stationäre Verhältnisse erscheinen als Spezialfälle, bei denen die Maxwell'schen Gleichungen in zwei unabhängige Gruppen zerfallen und daher bis zu einem gewissen Grad entkoppelt werden.

Großes Gewicht lege ich auf die Symmetrien der Maxwell'schen Gleichungen und insbesondere auf ihre Kovarianz unter Lorentz-Transformationen. Ihre Einbettung in den Rahmen der klassischen Feldtheorie mittels einer Lagrangedichte und über das Hamilton'sche Extremalprinzip ist ein zentrales Thema des Buches. Damit erleben die allgemeinen Prinzipien, die in der Mechanik entwickelt wurden, eine vertiefte und verallgemeinernde Anwendung, die als Modell und Vorbild für jede klassische Feldtheorie dient. Auch die Notwendigkeit, bei den raum- *und* zeitabhängigen Feldern der Maxwell-Theorie den traditionellen Rahmen der Tensoranalysis im $\mathbb{R}^3$ auf den äußeren Kalkül über $\mathbb{R}^4$ zu erweitern, habe ich hoffentlich klar genug dargestellt. Die ehrwürdige Vektor- und Tensoranalysis, die auf dreidimensionale, Euklidische Räume zugeschnitten ist, reicht nicht aus und muss auf höhere Dimensionen und auf Minkowski-Signatur verallgemeinert werden. So wie das äußere Podukt die Verallgemeinerung des Kreuzprodukts im $\mathbb{R}^3$ ist, so liefert die Cartan'sche äußere Ableitung die natürliche Verallgemeinerung der Rotation des $\mathbb{R}^3$, und fasst zugleich die vertrauten Operationen Gradient und Divergenz mit der (verallgemeinerten) Rotation zusammen.

Unter den Anwendungen habe ich einige charakteristische und, wie mir scheint, heute besonders relevante Beispiele ausgewählt, darunter eine ausführliche Diskussion von Polarisation elektromagnetischer Wellen, die Beschreibung von sog. Gauß'schen Strahlen (analytische Lösungen der Helmholtz-Gleichung in paraxialer Näherung) und die Optik von Metamaterialien mit negativem Brechungsindex. Für andere, traditionellere Anwendungen verweise ich auf die gut eingeführten und bewährten Lehrbücher der deutschen und der internationalen Literatur, von Cl. Schäfer, A. Sommerfeld, R. Becker und F. Sauter, L. D. Landau und E. M. Lifshits, bis zu J. D. Jacksons Klassiker.

Im fünften Kapitel verfolge ich – als Novum – eine weitere, heute sehr wichtige Richtung: die Konstruktion von nicht-Abel'schen Eichtheorien. Solche sog. Yang Mills-Theorien[1] sind für unser heutiges Verständnis der fundamentalen Wechselwirkungen der Natur wesentlich und unverzichtbar. Obwohl solche Theorien, die die Grundlage des sog. Standardmodells der Elementarteilchenphysik bilden, tief in die *quantisierte* Feldtheorie hinein führen, sind ihr Aufbau und ihre wesentlichen Züge rein *klassischer* Natur, solange man nur die Strahlung, d. h. das Analogon der Maxwell-Felder und klassische skalare Felder betrachtet, die fermionischen Materiebausteine aber außer Acht lässt. Nicht-Abel'sche Eichtheorien werden getreulich nach dem Vorbild der Maxwell-Theorie konstruiert und weisen viele Ähnlichkeiten, aber auch physikalisch bedeutsame Unterschiede zu dieser auf. Sogar das Phänomen der spontanen Symmetriebrechung, das vor dem Ausufern zu zahlreicher masseloser Felder rettet, ist im Wesentlichen auf klassischer Ebene definiert. Angesichts der universalen Bedeutung von Eichtheorien in unserem Verständnis der fundamentalen Wechselwirkungen wäre es schade, wenn man diesen Schritt nicht vollziehen würde, der sich auf natürliche Weise an die Maxwell'sche Theorie anschließt.

Das in die zweite Auflage neu aufgenommene sechste Kapitel gibt eine vertiefte phänomenologische und geometrische Einführung in die Allgemeine Relativitätstheorie und rundet damit die Beschreibung der fundamentalen Wechselwirkungen im Rahmen der klassischen Feldtheorie ab. Auch hier verwende ich konsequent eine moderne geometrische Sprache, die – nach einer Anfangsinvestition in etwas Differentialgeometrie – eine transparentere und besser auf das Wesentliche konzentrierte Beschreibung der Einstein'schen Gleichungen zulässt als die ältere Tensoranalysis in Komponentenschreibweise. Dieses Kapitel schließt mit den zwei ersten Anwendungen der Allgemeinen Relativitätstheorie, der Periheldrehung des Merkur und der Lichtablenkung an der Sonne.

Vieles von dem, was in diesen Band aufgenommen wurde, habe ich in zahlreichen Vorlesungen erprobt, die ich an der Johannes Gutenberg-Universität im Laufe der Jahre gehalten habe. Ich danke daher an dieser Stelle den Studenten und Studentinnen, die diese Vorlesungen gehört haben, sowie den getreuen Assistenten und Assisteninnen, die viele Übungsgruppen und Seminare mit Eifer und Engagement betreut haben, für kritische Fragen, Kommentare und viele Anregungen.

Meinem Kollegen Immanuel Bloch danke ich herzlich für Gespräche über moderne optische Anwendungen der Maxwell-Theorie und für die Anregung, die Beschreibung Gauß'scher Strahlen und das faszinierende Gebiet der Metamaterialien mit negativem Brechungsindex in dieses Buch aufzunehmen. Besonders erwähnen möchte ich Mario

[1] Erste Ideen hierzu wurden von Oskar Klein, Z. Physik **37** (1926) 895, und der Überlieferung nach von Wolfgang Pauli entwickelt.

Paschke, der immer wieder originelle Ideen in die Diskussion warf und auf interessante, manchmal zu Unrecht vergessene Literatur aufmerksam machte, sowie Nikolaos Papadopoulos und Rainer Häußling, die Teile des Entwurfs gelesen und wichtige oder nachdenkliche Anregungen gegeben haben.

Die Zusammenarbeit mit dem Springer-Verlag in Heidelberg und mit der LE-TeX GbR in Leipzig war wie immer ausgezeichnet und effizient. Hierfür danke ich besonders Herrn Dr. Thorsten Schneider bei Springer und Herrn Uwe Matrisch bei der LE-TeX GbR.

Mainz, Juni 2005 *Florian Scheck*

Inhaltsverzeichnis

1 Die Maxwell'schen Gleichungen

Einführung

Die empirische Basis der Elektrodynamik ist durch das Induktionsgesetz, das Gauß'sche Gesetz, das Biot-Savart'sche Gesetz sowie durch die Lorentz-Kraft und die universelle Erhaltung der elektrischen Ladung gegeben. Dies sind die Gesetzmäßigkeiten, die sich in realistischen Experimenten bestätigen oder, schlimmstensfalls, widerlegen lassen. Die integrale Form der Grundgesetze enthält ein-, zwei- oder dreidimensionale Objekte, d. h. lineare Leiter, Leiterschleifen, räumliche Ladungsverteilungen oder Ähnliches, und hängt daher immer von konkreten experimentellen Anordnungen ab. Um den Zusammenhängen zwischen scheinbar ganz unterschiedlichen Phänomenen auf den Grund zu gehen, muss man aus der integralen Form der empirisch getesteten Gesetze auf *lokale* Gleichungen übergehen, die mit den integralen Aussagen verträglich sind. Erst dann entstehen die grundlegenden partiellen Differentialgleichungen, die wir die Maxwell'schen Gleichungen nennen und die bis heute alle elektromagnetischen Erscheinungen richtig beschreiben.

Dieser Übergang von integralen zu lokalen Gesetzen bezieht seine mathematischen Hilfsmittel zunächst „nur" aus der Vektoranalysis auf dem Euklidischen $\mathbb{R}^3$ und dem bekannten Differentialkalkül auf diesem. Allerdings, da die elektromagnetischen Felder i. Allg. auch von der Zeit abhängen und somit über der Raumzeit $\mathbb{R}^4$ definiert sind, reicht diese nicht aus und muss auf mehr als drei Dimensionen verallgemeinert werden. Diese Verallgemeinerung wird besonders transparent und damit letztlich besonders einfach, wenn man den sog. äußeren Kalkül verwendet.

Die Phänomenologie der Maxwell'schen Gleichungen entwickeln wir in diesem Kapitel zunächst anhand der vollen, zeit- und ortsabhängigen Gleichungen, und reduzieren diese erst in einem zweiten Schritt auf stationäre bzw. statische Verhältnisse.

Inhalt

1.1 Gradient, Rotation und Divergenz

Die Elektrodynamik und ein Großteil der klassischen Feldtheorie leben auf flachen Räumen $\mathbb{R}^n$ der Dimension n. Dabei bildet bei statischen oder stationären Prozessen der gewöhnliche dreidimensionale Raum $\mathbb{R}^3$, in allen anderen Fällen die vierdimensionale Raumzeit mit $n = 4$

den adäquaten mathematischen Rahmen. Solche Räume sind besonders einfache Spezialfälle von glatten Mannigfaltigkeiten, auf denen man verschiedene geometrische Objekte und einen Differentialkalkül vorfindet, mit dessen Hilfe man Beziehungen zwischen diesen, d. h. letztlich physikalische Bewegungsgleichungen aufstellen kann. Ist z. B. $\Phi(x) = \Phi(x^1, x^2, \ldots, x^n)$ eine glatte Funktion auf $\mathbb{R}^n$, so ist das daraus gebildete Gradientenfeld wie folgt

$$\mathbf{grad}\,\Phi(x) = \left(\frac{\partial \Phi(x)}{\partial x^1}, \frac{\partial \Phi(x)}{\partial x^2}, \ldots \frac{\partial \Phi(x)}{\partial x^n} \right)^T \tag{1.1}$$

definiert. Im $\mathbb{R}^3$ ist **grad** der bekannte Differentialoperator („Nablaoperator")

$$\boldsymbol{\nabla} = \left(\frac{\partial}{\partial x^1}, \frac{\partial}{\partial x^2}, \frac{\partial}{\partial x^3} \right)^T .$$

Beispiel 1.1

Es werde eine (kleine) Probemasse m in das Gravitationsfeld zweier gleicher, punktförmiger Massen M gesetzt, die sich an den Orten $\boldsymbol{x}^{(i)}$, $i = a, b$, befinden. Das Potential am Ort $\boldsymbol{x}$ der Probemasse ist dann

$$\Phi(\boldsymbol{x}) \equiv U(\boldsymbol{x}) = -G_{\mathrm{N}} m M \left\{ \frac{1}{|\boldsymbol{x} - \boldsymbol{x}^{(a)}|} + \frac{1}{|\boldsymbol{x} - \boldsymbol{x}^{(b)}|} \right\} .$$

Ohne Beschränkung der Allgemeinheit kann man das Bezugssystem so legen, dass $\boldsymbol{x}^{(b)} = -\boldsymbol{x}^{(a)}$ ist. Das aus diesem Potential abgeleitete Kraftfeld ist dann

$$\begin{aligned} \boldsymbol{F}(\boldsymbol{x}) = -\boldsymbol{\nabla}_x \Phi(\boldsymbol{x}) &= -G_{\mathrm{N}} m M \left\{ \frac{\boldsymbol{x} - \boldsymbol{x}^{(a)}}{|\boldsymbol{x} - \boldsymbol{x}^{(a)}|^3} + \frac{\boldsymbol{x} - \boldsymbol{x}^{(b)}}{|\boldsymbol{x} - \boldsymbol{x}^{(b)}|^3} \right\} \\ &= -G_{\mathrm{N}} m M \left\{ \frac{\boldsymbol{x} - \boldsymbol{x}^{(a)}}{|\boldsymbol{x} - \boldsymbol{x}^{(a)}|^3} + \frac{\boldsymbol{x} + \boldsymbol{x}^{(a)}}{|\boldsymbol{x} + \boldsymbol{x}^{(a)}|^3} \right\} . \end{aligned}$$

Dies ist ein konservatives Kraftfeld, das man sich leicht am Beispiel $\boldsymbol{x}^{(a)} = (d, 0, 0)^T$, $\boldsymbol{x}^{(b)} = (-d, 0, 0)^T$ zeichnerisch veranschaulicht.

Ist $\hat{\boldsymbol{e}}_i$, $i = 1, \ldots, n$, eine Basis, $V = \sum_{i=1}^n V^i(x)\hat{\boldsymbol{e}}_i$ ein Vektorfeld, so ist die Divergenz dieses Vektorfeldes als

$$\mathbf{div}\, V = \sum_{i=1}^{n} \frac{\partial}{\partial x^i} V^i(x) \tag{1.2}$$

definiert. Auch dies ist eine im $\mathbb{R}^3$ wohlbekannte Konstruktion. Insbesondere wenn $\boldsymbol{V}$ ein Gradientenfeld ist, $\boldsymbol{V} = \boldsymbol{\nabla}\Phi(\boldsymbol{x})$, dann ist seine Divergenz gleich

$$\mathbf{div}\,\mathbf{grad}\,\Phi = \sum_{i=1}^{3} \frac{\partial^2 \Phi(\boldsymbol{x})}{\partial (x^i)^2} = \boldsymbol{\Delta}\Phi(\boldsymbol{x}) .$$

Die Aussage, dass die Rotation eines Vektorfeldes wieder ein Vektorfeld ist, ist allerdings eine Besonderheit der Dimension 3. Im $\mathbb{R}^3$ hat

$$\mathbf{rot}\, V = \boldsymbol{\nabla} \times \boldsymbol{V} \tag{1.3a}$$

in der Tat drei Komponenten. In kartesischen Komponenten ausgedrückt sind diese

$$\left(\boldsymbol{\nabla} \times \boldsymbol{V}\right)_1 = \frac{\partial V^3}{\partial x^2} - \frac{\partial V^2}{\partial x^3} \qquad \text{(und zyklisch ergänzt)}\,, \tag{1.3b}$$

oder mithilfe des ε-Tensors in drei Dimensionen formuliert,

$$\left(\boldsymbol{\nabla} \times \boldsymbol{V}\right)^i = \frac{1}{2} \sum_{j,k=1}^{3} \varepsilon^{ijk} \left(\frac{\partial V_k}{\partial x^j} - \frac{\partial V_j}{\partial x^k} \right) = \sum_{j,k=1}^{3} \varepsilon^{ijk} \frac{\partial V_k}{\partial x^j}\,. \tag{1.3c}$$

Den tieferen Grund für diese Verwandtschaft haben wir in Band 1, Kap. 5, ausgearbeitet, wir kommen hierauf aber auch in diesem Band ausführlich zurück (s. Abschn. 2.1.2). Bemerkenswert ist allerdings auch, dass $\boldsymbol{\nabla} \times \boldsymbol{V}$ kein ganz „richtiges“ Vektorfeld sein kann, denn das Transformationsverhalten von $\boldsymbol{V}$ und das seiner Rotation unter Raumspiegelung sind entgegengesetzt: wenn $\boldsymbol{V}$ sein Vorzeichen unter $\mathbf{P}$ ändert, dann bleibt $\boldsymbol{\nabla} \times \boldsymbol{V}$ invariant.

Bemerkungen

1. Über dem $\mathbb{R}^3$, der die einfache Metrik $g_{ik} = \delta_{ik}$ zulässt, besteht kein Unterschied zwischen den kontravarianten Komponenten V^i von $\boldsymbol{V}$ und den kovarianten Komponenten V_i. Deshalb kann man statt wie in (1.3b) – und wie in (1.3c) vorweg genommen – auch

$$\left(\boldsymbol{\nabla} \times \boldsymbol{V}\right)^1 = \frac{\partial V_3}{\partial x^2} - \frac{\partial V_2}{\partial x^3} \qquad \text{(und zyklisch ergänzt)}\,.$$

   schreiben. Wie die nun folgende Bemerkung erläutert, ist diese leicht modifizierte die eigentlich richtige Definition der Rotation.
2. Auf dem $\mathbb{R}^n$ oder, allgemeiner, auf der glatten Mannigfaltigkeit M^n der Dimension n – falls diese einen metrischen Tensor $\mathbf{g} = \{g_{ik}\}$ besitzt – , kann man anstelle der kontravarianten Komponenten V^i des Vektorfeldes V die kovarianten Komponenten $V_i = \sum_k g_{ik} V^k$ einführen. Damit lässt sich als Verallgemeinerung der Rotation ein schiefsymmetrisches Tensorfeld zweiter Stufe

$$\mathbf{rot}\, V \equiv \mathbf{C}\,, \quad \text{mit } C_{ik} = \frac{\partial}{\partial x^i} V_k - \frac{\partial}{\partial x^k} V_i$$

   definieren. Da $C_{ki} = -C_{ik}$ gilt, hat dieser Tensor $\frac{1}{2}n(n-1)$ Komponenten, in der Dimension $n = 2$ also eine, in Dimension $n = 3$ drei, in Dimension $n = 4$ sechs Komponenten usw. Man sieht somit schon hier, dass die Rotation nur über dem $\mathbb{R}^3$ die richtige Anzahl Komponenten hat, um wie ein Vektorfeld behandelt werden zu können.

3. Aus der vorhergehenden Bemerkung folgt, dass es nur in Dimension $n = 3$ sinnvoll ist, die Divergenz einer Rotation zu bilden. Dann gilt die Aussage

$$\mathbf{div}\,\mathbf{rot}\,\boldsymbol{A} \equiv \boldsymbol{\nabla} \cdot \left(\boldsymbol{\nabla} \times \boldsymbol{A}\right) = \sum_{i,j,k} \varepsilon^{ijk} \frac{\partial}{\partial x^i} \frac{\partial}{\partial x^j} A_k = 0\,. \tag{1.4}$$

Dies ist gleich Null, weil der ε-Tensor, der in i und j antisymmetrisch ist, mit dem symmetrischen Produkt der beiden Ableitungen multipliziert wird. Ganz allgemein ist die Kontraktion eines in zwei Indizes *symmetrischen* Tensors mit einem in denselben Indizes *antisymmetrischen* Tensor gleich Null. Dies bestätigt man leicht durch direktes Nachrechnen.
4. Die bekannte Aussage, dass die Rotation eines Gradientenfeldes gleich Null ist, $\boldsymbol{\nabla} \times \left(\boldsymbol{\nabla}\Phi(\boldsymbol{x})\right) = 0$, die man aus dem $\mathbb{R}^3$ kennt, gilt allgemein:

$$\mathbf{rot}\,\mathbf{grad}\,\Phi(x) = 0\,. \tag{1.5}$$

Dies folgt aus der Gleichheit der gemischten Ableitungen von $\Phi(x)$.
5. Auch in Dimension $n \neq 3$ gibt die Kombination aus Divergenz und Gradient den Laplace-Operator, im $\mathbb{R}^n$ zum Beispiel

$$\mathbf{div}\,\mathbf{grad}\,\Phi = \sum_{i=1}^{n} \frac{\partial^2 \Phi(\boldsymbol{x})}{\partial (x^i)^2} = \boldsymbol{\Delta}\Phi(\boldsymbol{x})\,.$$

Auf einer Mannigfaltigkeit M^n, die nicht flach ist, oder schon auf $\mathbb{R}^n$ bei Verwendung von krummlinigen Koordinaten gilt eine etwas allgemeinere Formel, die den metrischen Tensor und Ableitungen davon enthält und auf die wir weiter unten zurück kommen.

Beispiel 1.2

Potential einer kugelsymmetrischen Ladungsverteilung: Es sei $\varrho(r)$ eine ganz im Endlichen liegende, stückweise stetige Ladungsverteilung, die im Integral die Gesamtladung Q enthält. Dies bedeutet, dass man eine Sphäre S^2_R mit Radius R um den Ursprung (dem Symmetriezentrum der Ladungsverteilung) legen kann, außerhalb derer $\varrho(r)$ verschwindet. Die Normierungsbedingung besagt

$$\int \mathrm{d}x^3\, \varrho(r) = 4\pi \int_0^\infty r^2\, \mathrm{d}r\, \varrho(r) = 4\pi \int_0^R r^2\, \mathrm{d}r\, \varrho(r) = Q\,.$$

Aus der Ladungsdichte $\varrho(r)$ werde die differenzierbare Funktion

$$U(r) = 4\pi \left\{ \frac{1}{r} \int_0^r r'^2\, \mathrm{d}r'\, \varrho(r') + \int_r^\infty r'\, \mathrm{d}r'\, \varrho(r') \right\}$$

gebildet. Für $r \geqslant R$ ergibt sie zusammen mit der Normierungsbedingung die einfache Form $U(r) = Q/r$, das ist nichts Anderes als das Coulomb-Potential zur Ladung Q. Für kleinere Werte der Radialvariablen weicht $U(r)$ i. Allg. von dieser einfachen Form ab. Ist z. B. eine homogene Ladungsverteilung vorgegeben,

$$\varrho(r) = \frac{3Q}{4\pi R^3}\Theta(R-r)\,, \quad \text{mit}$$

$$\Theta(x) = 1 \quad \text{für } x \geqslant 0\,, \quad \Theta(x) = 0 \quad \text{für } x < 0$$

der Heaviside-Funktion, so ist

$$U_{\text{innen}}(r) = \frac{Q}{R^3}\left(\frac{3}{2}R^2 - \frac{1}{2}r^2\right) \qquad \text{für } r \leqslant R\,,$$

$$U_{\text{außen}}(r) = \frac{Q}{r} \qquad \text{für } r > R\,.$$

Im Innenbereich ist das Potential $U(r)$ parabelförmig, im Außenbereich fällt es mit $1/r$ ab. An der Stelle $r = R$ sind $U(r)$ und seine erste Ableitung stetig, für die zweite Ableitung gilt dies aber nicht. Berechnet man das (negative) Gradientenfeld von $U(r)$ und beachtet, dass $\boldsymbol{\nabla}$ in sphärischen Polarkoordinaten durch

$$\boldsymbol{\nabla} \equiv \left(\nabla_r, \nabla_\phi, \nabla_\theta\right) = \left(\frac{\partial}{\partial r}, \frac{1}{r\sin\theta}\frac{\partial}{\partial\phi}, \frac{1}{r}\frac{\partial}{\partial\theta}\right)$$

gegeben ist, dann folgt für $\boldsymbol{E} = -\boldsymbol{\nabla} U(r)$

$$\boldsymbol{E}_{\text{innen}}(\boldsymbol{x}) = \frac{Q}{R^3} r\,\hat{\boldsymbol{e}}_r\,, \qquad \boldsymbol{E}_{\text{außen}}(\boldsymbol{x}) = \frac{Q}{r^2}\hat{\boldsymbol{e}}_r\,.$$

Das Feld $\boldsymbol{E}$ ist radial nach außen gerichtet, sein Betrag $E(r) = |\boldsymbol{E}|$ ist in Abb. 1.1 aufgetragen. Im Außenraum ist dies das bekannte elektrische Feld um die Punktladung Q, das mit dem inversen Quadrat des Radius abklingt. Im Innenraum wächst oder fällt (je nach Vorzeichen von Q) das Feld linear von Null im Ursprung auf den Wert Q/R^2 bei R.

Bildet man in diesem Beispiel die Divergenz von $\boldsymbol{E}$, so folgt mit

$$\boldsymbol{\Delta} U(r) = \frac{1}{r^2}\frac{\mathrm{d}}{\mathrm{d}r}\left(r^2\frac{\mathrm{d}\,U(r)}{\mathrm{d}r}\right)$$

sowohl im Innen- als auch im Außenbereich

$$\mathbf{div}\,\boldsymbol{E} = \boldsymbol{\nabla}\cdot\boldsymbol{E} = -\boldsymbol{\Delta} U(r) = 4\pi\varrho(r)\,.$$

Das ist natürlich nichts Anderes als die Poisson-Gleichung, die wir in Abschn. 1.7 ausführlicher diskutieren, hier im Gauß'schen Maßsystem notiert.

Beispiel 1.3

Vektorpotential eines magnetischen Dipols: Es sei das statische Vektorfeld

$$\boldsymbol{A}(\boldsymbol{x}) = \frac{\boldsymbol{m}\times\boldsymbol{x}}{r^3}\,, \qquad (r = |\boldsymbol{x}|)\,,$$

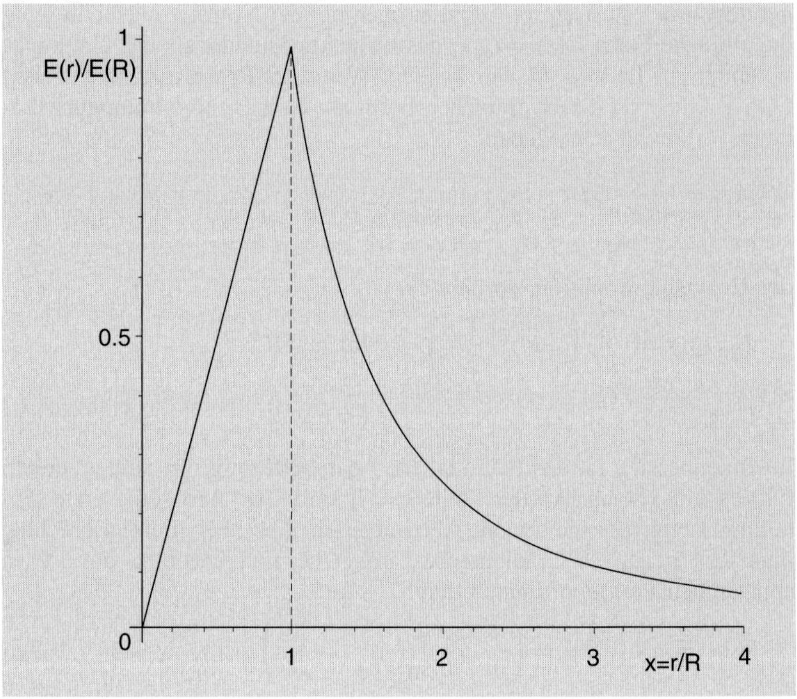

Abb. 1.1. Der Betrag $E(r)$ des elektrischen Feldes $\boldsymbol{E}(\boldsymbol{x}) = E(r)\,\hat{\boldsymbol{e}}_r$ für die homogene Ladungsverteilung mit Radius R

gegeben, wo $\boldsymbol{m}$ ein konstanter Vektor ist. Es soll $\boldsymbol{B} = \mathbf{rot}\,\boldsymbol{A}$ berechnet werden. Als Beispiel sei hier die 1-Komponente angegeben:

$$\begin{aligned}
B^1(\boldsymbol{x}) &= \frac{\partial}{\partial x^2} A_3(\boldsymbol{x}) - \frac{\partial}{\partial x^3} A_2(\boldsymbol{x}) \\
&= \frac{\partial}{\partial x^2}\left(\frac{m^1x^2 - m^2x^1}{r^3}\right) - \frac{\partial}{\partial x^3}\left(\frac{m^3x^1 - m^1x^3}{r^3}\right) \\
&= 2\frac{m^1}{r^3} + \frac{3}{r^5}\left[-m^1(x^2)^2 + m^2x^1x^2 + m^3x^1x^3 - m^1(x^3)^2\right] \\
&= -\frac{m^1}{r^3} + \frac{3x^1}{r^5}\left[m^1x^1 + m^2x^2 + m^3x^3\right] \\
&= \frac{1}{r^3}\left(-m^1 + 3(\hat{\boldsymbol{x}}\cdot\boldsymbol{m})\hat{\boldsymbol{x}}^1\right),
\end{aligned}$$

wobei im vorletzten Schritt ein Term $3m^1(x^1)^2/r^5$ addiert und subtrahiert und $\hat{\boldsymbol{x}} = \boldsymbol{x}/r$ eingesetzt wurden. Das Ergebnis ist somit

$$\boldsymbol{B}(\boldsymbol{x}) = \frac{1}{r^3}\left(3(\hat{\boldsymbol{x}}\cdot\boldsymbol{m})\hat{\boldsymbol{x}} - \boldsymbol{m}\right).$$

Wenn $\boldsymbol{m}$ ein statischer magnetischer Dipol ist, dann beschreibt $\boldsymbol{B}(\boldsymbol{x})$ das Induktionsfeld im Außenraum, das von diesem erzeugt wird.

1.2 Die Integralsätze im Fall des $\mathbb{R}^3$

In einer auf dem Raum $\mathbb{R}^3$ zulässigen einfachen Notation lauten die wichtigsten Integralsätze, auf denen die Elektrodynamik aufbaut, folgendermaßen:

Gauß'scher Satz

Es sei F eine glatte, orientierbare, geschlossene Fläche, die in den $\mathbb{R}^3$ eingebettet ist und die daher ganz im Endlichen liegt. Es sei $V(F)$ das von dieser Fläche eingeschlossene Volumen und es sei $\boldsymbol{V}$ ein glattes Vektorfeld. Dann gilt

$$\iiint\limits_{V(F)} \mathrm{d}^3x \, \nabla \cdot \boldsymbol{V} = \iint\limits_{F} \mathrm{d}\sigma \, \boldsymbol{V} \cdot \hat{\boldsymbol{n}} \, . \tag{1.6}$$

Hierbei ist $\hat{\boldsymbol{n}}$ die nach außen gerichtete Flächennormale am Ort des Flächenelements $\mathrm{d}\sigma$.

Die Relation (1.6) verknüpft das Volumenintegral der Divergenz eines Vektorfeldes mit dem Integral seiner nach außen gerichteten Normalkomponente über die Fläche, die das Volumen einschließt. Dabei kommt es nicht darauf an, ob $\boldsymbol{V}$ statisch, d. h. nur von $\boldsymbol{x}$ abhängig oder nichtstatisch, d. h. eine Funktion $\boldsymbol{V}(t, \boldsymbol{x})$ der Zeit und des Ortes ist. Man kann sich die rechte Seite von (1.6) als die Bilanz einer Strömung durch die Fläche F hindurch vorstellen, die durch die Normalkomponente von $\boldsymbol{V}$ gegeben ist. Die Divergenz im Integranden der linken Seite ist so etwas wie eine „Quellstärke", die diesen Fluss füttert. Hier folgt ein Beispiel für die Anwendung des Gauß'schen Satzes.

Beispiel 1.4

Elektrisches Feld der homogenen Ladungsverteilung. Die Ladungsverteilung sei kugelsymmetrisch und homogen, $\varrho(\boldsymbol{x}) = 3Q/(4\pi R^3)\,\Theta(R-r)$. Die Divergenz des elektrischen Feldes ist proportional zur Ladungsdichte, $\nabla \cdot \boldsymbol{E} = 4\pi\varrho$. Da keine Richtung ausgezeichnet ist, kann das Feld nur in die radiale Richtung zeigen, muss also die Form $\boldsymbol{E} = E(r)\hat{\boldsymbol{e}}_r$ haben. Setzt man diesen Ansatz anstelle von $\boldsymbol{V}$ in den Gauß'schen Satz ein und wählt für F die Sphäre S_r^2 mit Radius r um den Ursprung, so gibt die rechte Seite von (1.6) die skalare Funktion $E(r)$ mal dem Flächeninhalt der S_r^2, d. h. $E(r)4\pi r^2$. Auf der linken Seite macht man die Fallunterscheidung

$$\begin{aligned} r \leqslant R: \quad 4\pi \iiint \mathrm{d}^3x\, \varrho(r) &= (4\pi)^2 \int\limits_0^r r'^2 \mathrm{d}r' \left(\frac{3Q}{4\pi R^3}\right) \Theta(R-r') \\ &= 4\pi \frac{Q}{R^3} r^3 \, , \end{aligned}$$

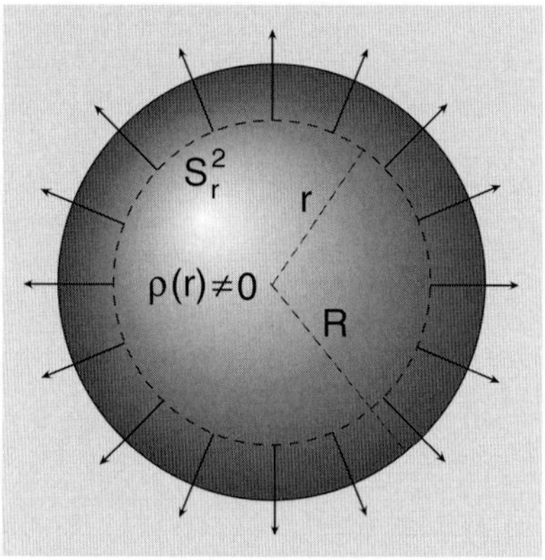

Abb. 1.2. Um das Symmetriezentrum einer kugelsymmetrischen Ladungsverteilung $\varrho(r)$ legt man z. B. eine Sphäre S_r^2 und integriert $\varrho(r)$ über das von ihr eingeschlossene Volumen. Das elektrische Feld auf S_r^2 ist radial gerichtet und folgt aus dem Gauß'schen Satz

$$r > R: \quad 4\pi \iiint \mathrm{d}^3x\, \varrho(r) = 4\pi Q\,.$$

Der Vergleich mit der rechten Seite ergibt das aufgrund des Beispiels 1.2 erwartete Resultat

$$E_{\text{innen}}(r) = \frac{Q}{R^3} r\,, \qquad E_{\text{außen}}(r) = \frac{Q}{r^2}\,, \qquad (\boldsymbol{E} = E(r)\hat{\boldsymbol{e}}_r)\,.$$

Abbildung 1.2 illustriert die Geometrie dieses einfachen Beispiels.

Stokes'scher Satz

Es sei $\mathcal{C}$ ein glatter, geschlossener Weg und es sei $F(\mathcal{C})$ eine von $\mathcal{C}$ begrenzte, ebenfalls glatte (orientierbare) Fläche. Für ein glattes Vektorfeld $\boldsymbol{V}$, das auf F inklusive seines Randes definiert ist, gilt

$$\iint_{F(\mathcal{C})} \mathrm{d}\sigma \left(\boldsymbol{\nabla} \times \boldsymbol{V}\right) \cdot \hat{\boldsymbol{n}} = \oint_{\mathcal{C}} \mathrm{d}\boldsymbol{s} \cdot \boldsymbol{V}\,. \tag{1.7}$$

Hierbei ist $\hat{\boldsymbol{n}}$ die orientierte Flächennormale auf $F(\mathcal{C})$, $\mathrm{d}\boldsymbol{s}$ ist das gerichtete Linienelement auf $\mathcal{C}$. Diese Orientierungen sind so korreliert, dass die geschlossene Kurve $\mathcal{C}$ und $\hat{\boldsymbol{n}}$ eine Rechtsschraube bilden.

Bemerkungen

1. Für die Gültigkeit des Gauß'schen Satzes genügt es zu fordern, dass die Fläche F, die das Volumen $V(F)$ berandet, stückweise glatt sei. Sie kann also beispielsweise wie die Oberfläche eines Fußballs aussehen: die Fläche ist überall stetig und besteht aus endlich vielen, glatten Teilstücken. Auch im Stokes'schen Satz kann man zulassen, dass die Randkurve $\mathcal{C}$ nur stückweise glatt ist.
2. Beiden Integralsätzen (1.6) und (1.7) ist gemeinsam, dass sie ein Integral über eine kompakte Mannigfaltigkeit M mit Rand mit einem Integral über deren Rand verknüpfen, den man in der Differentialgeometrie mit ∂M bezeichnet. Im Gauß'schen Satz ist M ein kompaktes Gebiet $V(F)$ im $\mathbb{R}^3$, ∂M ist seine Oberfläche F. Im Stokes'schen Satz ist M eine zweidimensionale, in den $\mathbb{R}^3$ eingebettete, berandete Fläche, ∂M ist deren Randkurve. Außerdem erscheint im Integral über ∂M eine Funktion des Vektorfeldes $\boldsymbol{V}$, im Integral über M erscheint dagegen eine Funktion der ersten Ableitungen von $\boldsymbol{V}$, einmal die Divergenz im Gauß'schen Satz, das andere Mal die Rotation im Stokes'schen Satz. In Tat und Wahrheit handelt es sich bei (1.6) und (1.7) um ein und denselben Satz, wenn auch für unterschiedliche Dimensionen von M. In Abschn. 2.1.2 wird man sehen, dass dieser wichtige Integralsatz in der Sprache der äußeren Formen allgemein, d. h. für jede Dimension n formuliert werden kann. Er sagt, um dies hier vorweg zu nehmen, folgendes: Ist ω eine

$(n-1)$-Form mit kompaktem Träger auf der orientierten, berandeten Mannigfaltigkeit M definiert und übernimmt man die dadurch induzierte Orientierung für ihren Rand ∂M, so gilt

$$\Bigg(\underbrace{\iint\cdots\int}_{(n)}\Bigg)_M \mathrm{d}\omega = \Bigg(\underbrace{\iint\cdots\int}_{(n-1)}\Bigg)_{\partial M} \omega\,, \tag{1.8a}$$

oder, etwas kompakter geschrieben

$$\int_M \mathrm{d}\omega = \int_{\partial M} \omega\,. \tag{1.8b}$$

Im Satz (1.6) ist ω eine 2-Form, $\mathrm{d}\omega$ eine 3-Form, im Satz (1.7) ist ω eine Einsform, ihre äußere Ableitung $\mathrm{d}\omega$ eine 2-Form. Mehr davon in Abschn. 2.1.2!

3. Hier kommt ein besonders einfaches Beispiel für den Stokes'schen Satz: Die Mannigfaltigkeit sei eine glatte Kurve $M=\gamma$, die von a nach b läuft, ω sei eine Funktion oder, in der Sprache der äußeren Formen, eine Nullform, $\omega=f$. Der Rand ∂M von M besteht aus den Punkten a und b, $\partial M=\{a,b\}$, und $\mathrm{d}\omega=\mathrm{d}f$ ist das totale Differential von f. Aus der allgemeinen Form (1.8b) zurück übersetzt lautet der Stokes'sche Satz hier

$$\int_{M=\gamma} \mathrm{d}f = \int_a^b \mathrm{d}t\,\frac{\mathrm{d}f}{\mathrm{d}t} = f(b)-f(a) = \int_{\partial M} f\,,$$

wovon der mittlere Teil wohlvertraut ist.

Green'sche Sätze

Der Gauß'sche Satz (1.6) hat zwei Varianten, die u. A. bei der Diskussion von Randwertproblemen im $\mathbb{R}^3$ von großem Nutzen sind.

Erster Green'scher Satz

Es seien $\Phi(t,\boldsymbol{x})$ und $\Psi(t,\boldsymbol{x})$ im Argument $\boldsymbol{x}$ C^2-Funktionen. Es sei $V(F)$ ein endliches Volumen und $F\equiv\partial V$ seine Oberfläche wie im Gauß'schen Satz. Dann gilt

$$\iiint_{V(F)} \mathrm{d}^3x\,\left(\Phi\boldsymbol{\Delta}\Psi + \boldsymbol{\nabla}\Phi\cdot\boldsymbol{\nabla}\Psi\right) = \iint_F \mathrm{d}\sigma\,\Phi\frac{\partial\Psi}{\partial\hat{\boldsymbol{n}}}\,. \tag{1.9}$$

Dieser Satz ist eine direkte Anwendung des Gauß'schen Satzes (1.6), wenn man dort das Vektorfeld

$$\boldsymbol{V}(t,\boldsymbol{x}) = \Phi(t,\boldsymbol{x})\,\left(\boldsymbol{\nabla}\Psi(t,\boldsymbol{x})\right)$$

einsetzt und die Produktregel für die Differentiation verwendet,

$$\nabla \cdot \left(\Phi \nabla \Psi\right) = \nabla \Phi \cdot \nabla \Psi + \Phi \boldsymbol{\Delta} \Psi \,.$$

Notiert man den Satz (1.9) mit den Funktionen Φ und Ψ vertauscht und subtrahiert man die beiden so erhaltenen Formeln voneinander, dann erhält man den zweiten Green'schen Satz:

Zweiter Green'scher Satz

Unter denselben Voraussetzungen wie im Gauß'schen Satz gilt

$$\iiint\limits_{V(F)} \mathrm{d}^3x \left(\Phi \boldsymbol{\Delta} \Psi - \Psi \boldsymbol{\Delta} \Phi\right) = \iint\limits_{F} \mathrm{d}\sigma \left(\Phi \frac{\partial \Psi}{\partial \hat{\boldsymbol{n}}} - \Psi \frac{\partial \Phi}{\partial \hat{\boldsymbol{n}}}\right) . \tag{1.10}$$

In beiden Fällen ist mit $\partial\Psi/\partial\hat{\boldsymbol{n}}$ bzw. $\partial\Phi/\partial\hat{\boldsymbol{n}}$ die Normalableitung gemeint, das ist die Richtungsableitung der jeweiligen Funktion in Richtung der Flächennormalen $\hat{\boldsymbol{n}}$ am betrachteten Punkt der Fläche F, die auch anders als $\hat{\boldsymbol{n}} \cdot \nabla\Psi$ bzw. $\hat{\boldsymbol{n}} \cdot \nabla\Phi$ geschrieben werden kann.

1.3 Maxwell'sche Gleichungen in integraler Form

Dieser Abschnitt fasst die Maxwell'schen Gleichungen in der integralen Form zusammen, wie sie in makroskopischen Experimenten ganz unterschiedlicher Art direkt und indirekt gestestet oder angewandt werden. Ich setze voraus, dass der Leser/die Leserin die wichtigsten Experimente zur klassischen Elektrodynamik und die daraus zu ziehenden Schlüsse schon von Schulzeiten her oder aus Vorlesungen über Experimentalphysik kennen.

1.3.1 Das Induktionsgesetz

Es sei $\mathcal{C}$ eine glatte Kurve endlicher Länge, $\mathrm{d}\boldsymbol{s}$ das Linienelement entlang dieser Kurve und sei $\boldsymbol{E}(t, \boldsymbol{x})$ ein elektrisches Feld. Dann nennt man das Wegintegral $\int_{\mathcal{C}} \mathrm{d}\boldsymbol{s} \cdot \boldsymbol{E}(t, \boldsymbol{x})$ die *elektromotorische Kraft.*

Sei nun ein magnetisches Induktionsfeld $\boldsymbol{B}(t, \boldsymbol{x})$ vorgegeben, das sowohl zeitlich als auch räumlich veränderlich sein darf, und sei $\mathcal{C}$ eine glatte, jetzt aber geschlossene Kurve im $\mathbb{R}^3$, die eine glatte Fläche F berandet. Sowohl die Fläche F als auch ihre Randkurve $\mathcal{C}$ können durchaus zeitlich veränderlich sein, allerdings sollen alle Änderungen mindestens stetig, oder sogar ihrerseits glatt sein. Die Fläche soll orientiert sein, die lokale Flächennormale sei mit $\hat{\boldsymbol{n}}(t, \boldsymbol{x})$ bezeichnet. Dann ist der *magnetische Fluss durch die Fläche F* als das Flächenintegral

$$\Phi(t) := \iint_F \mathrm{d}\sigma\, \boldsymbol{B}(t, \boldsymbol{x}) \cdot \hat{\boldsymbol{n}}(t, \boldsymbol{x}) \tag{1.11}$$

definiert. Das *Faraday'sche Induktionsgesetz* verknüpft die zeitliche Änderung des magnetischen Flusses mit der entlang der Randkurve induzierten elektromotorischen Kraft

Faraday'sches Induktionsgesetz (1831)

$$\oint_{\mathcal{C}} \mathrm{d}\boldsymbol{s} \cdot \boldsymbol{E}'(t, \boldsymbol{x}') = -f_{\mathrm{F}} \frac{\mathrm{d}}{\mathrm{d}t} \iint_F \mathrm{d}\sigma\, \boldsymbol{B}(t, \boldsymbol{x}) \cdot \hat{\boldsymbol{n}}(t, \boldsymbol{x}) \,, \tag{1.12}$$

$$\boldsymbol{x}' \in \mathcal{C} \,,\ \boldsymbol{x} \in F \,.$$

Der Faktor f_{F} ist dabei reell-positiv und hängt von der Wahl der physikalischen Einheiten ab: Im rationalen MKSA-System, dem sog. SI-System ist er $f_{\mathrm{F}} = 1$, im Gauß'schen Maßsystem ist er $f_{\mathrm{F}} = \frac{1}{c}$.

Bemerkungen

1. Im Integranden der linken Seite steht die *Tangential*komponente des elektrischen Feldes entlang der Randkurve, im Integranden der rechten Seite dagegen die *Normal*komponente des magnetischen Induktionsfeldes am betrachteten Punkt auf der Fläche. Das negative Vorzeichen der rechten Seite enthält eine physikalische Aussage: die Richtung des in der Kurve $\mathcal{C}$ induzierten Stroms ist derart, dass der eigene, von diesem Strom erzeugte magnetische Fluss der zeitlichen Änderung des Flusses der rechten Seite von (1.12) *entgegen* wirkt. Das ist der Inhalt der sog. *Lenz'schen Regel.*
2. Das Gesetz (1.12) fasst eine Fülle von unterschiedlichen experimentellen Beobachtungen zusammen. So können beispielsweise die Fläche und ihre Randkurve bezüglich des Intertialsystems eines Beobachters fest vorgegeben sein, das Induktionsfeld aber zeitlich veränderlich sein. Ein sehr einfaches Beispiel wäre ein Kreisring, durch den man einen Permanentmagneten so bewegt, dass der magnetische Fluss zu- oder abnimmt. Umgekehrt kann das Feld $\boldsymbol{B}(\boldsymbol{x})$ fest vorgegeben und möglicherweise sogar homogen sein, während die geschlossene Schleife durch das Feld in einer Weise bewegt wird, dass der Fluss $\Phi(t)$ zeitlich veränderlich ist (Elektromotoren!).
3. Die vorhergehende Bemerkung wirft ein Problem auf, das man genauer untersuchen muss. Es kann durchaus eine experimentelle Situation auftreten, bei der das elektrische Feld am Raumzeitpunkt $(t, \boldsymbol{x}')$ der linken Seite in einem anderen Bezugssystem vorgegeben ist als das Induktionsfeld $\boldsymbol{B}(t, \boldsymbol{x})$ der rechten Seite. (Dies ist der Grund warum wir auf der linken Seite vorsichtshalber $\boldsymbol{E}'$ statt $\boldsymbol{E}$ geschrieben haben.) Auf die Frage, die damit gestellt wird, gibt es hier eine erste Antwort, später eine wesentlich tiefergehende Analyse.

Stellen wir uns vor, die Form der Leiterschleife und der von ihr berandeten Fläche seien fest vorgegeben. Diese starre Anordnung möge sich relativ zu demjenigen Bezugssystem bewegen, in dem das Induktionsfeld $\boldsymbol{B}$ definiert ist. Von einem mit $\mathcal{C}$ mitbewegten System (momentanes Ruhesystem der Anordnung) aus gesehen ist

$$\frac{\mathrm{d}}{\mathrm{d}t} = \frac{\partial}{\partial t} + \boldsymbol{v}\cdot\nabla$$

und, auf die rechte Seite von (1.12) angewandt,

$$\frac{\mathrm{d}\boldsymbol{B}}{\mathrm{d}t} = \frac{\partial \boldsymbol{B}}{\partial t} + (\boldsymbol{v}\cdot\nabla)\boldsymbol{B} = \frac{\partial \boldsymbol{B}}{\partial t} + \nabla\times(\boldsymbol{B}\times\boldsymbol{v}) + (\nabla\cdot\boldsymbol{B})\boldsymbol{v}\,.$$

Greifen wir voraus und nehmen zur Kenntnis, dass das Induktionsfeld immer divergenzfrei ist, $\nabla\cdot\boldsymbol{B}=0$, setzen diese Entwicklung in (1.12) ein, dann lässt sich der Rotationsterm mittels des Stokes'schen Satzes (1.7) in ein Wegintegral über den Rand $\mathcal{C}$ verwandeln. Es ergibt sich

$$\oint_{\mathcal{C}} \mathrm{d}\boldsymbol{s}\cdot\left[\boldsymbol{E}' - f_{\mathrm{F}}(\boldsymbol{v}\times\boldsymbol{B})\right](t,\boldsymbol{x}') = -f_{\mathrm{F}}\iint_F \mathrm{d}\sigma\,\frac{\partial \boldsymbol{B}(t,\boldsymbol{x})}{\partial t}\cdot\hat{\boldsymbol{n}}(t,\boldsymbol{x})\,. \tag{1.13a}$$

Jetzt zumindest sind die Integranden auf beiden Seiten auf ein und dasselbe System bezogen und es liegt nahe,

$$\left[\boldsymbol{E}' - f_{\mathrm{F}}(\boldsymbol{v}\times\boldsymbol{B})\right] =: \boldsymbol{E} \tag{1.13b}$$

als das mit dem Induktionsfeld $\boldsymbol{B}$ zu vergleichende, elektrische Feld zu interpretieren. Die Differentialoperatoren wirken jetzt nur noch auf die Integranden, aber nicht auf das Integral der rechten Seite als Ganzer.

1.3.2 Das Gauß'sche Gesetz

Neben dem elektrischen Feld ist die *dielektrische Verschiebung* $\boldsymbol{D}(t,\boldsymbol{x})$ ein wichtiges Bestimmungsstück der Elektrodynamik. Im Vakuum ist dieses Vektorfeld proportional zum elektrischen Feld, $\boldsymbol{D}(t,\boldsymbol{x}) \propto \boldsymbol{E}(t,\boldsymbol{x})$, und damit wesensgleich mit diesem. In polarisierbaren Medien sind die beiden Typen von Vektorfeldern über die Relation $\boldsymbol{D}=\varepsilon\boldsymbol{E}$ verknüpft, wo $\varepsilon(\boldsymbol{x})$ ein Tensor zweiter Stufe ist und die Eigenschaften des Mediums – hier also seine elektrische Polarisierbarkeit – beschreibt.

Das Gauß'sche Gesetz setzt den Fluss der dielektrischen Verschiebung durch eine *geschlossene* Fläche in Beziehung zur gesamten, durch diese Fläche eingeschlossenen elektrischen Ladung.

Gauß'sches Gesetz

Es sei F eine geschlossene, glatte oder wenigstens stückweise glatte Fläche, $V(F)$ sei das von F definierte und eingeschlossene, räumliche Volumen. Wenn $\varrho(t, \boldsymbol{x})$ eine vorgegebene elektrische Ladungsdichte beschreibt, so gilt

$$\iint_F \mathrm{d}\sigma \left(\boldsymbol{D}(t, \boldsymbol{x}') \cdot \hat{\boldsymbol{n}}\right) = f_\mathrm{G} \iiint_{V(F)} \mathrm{d}^3x\, \varrho(t, \boldsymbol{x}) = f_\mathrm{G} Q_V\,. \tag{1.14}$$

Die reelle, positive Konstante f_G ist universell, hängt aber vom gewählten System physikalischer Einheiten ab, $\hat{\boldsymbol{n}}$ ist die nach außen gerichtete Flächennormale und Q_V ist die im Volumen $V(F)$ eingeschlossene Gesamtladung.

Bemerkungen

1. Auf der linken Seite steht die Bilanz des Flusses des Vektorfeldes $\boldsymbol{D}$ durch die Oberfläche. Diese kann positiv, negativ oder Null sein. Die Abb. 1.3 zeigt das Beispiel zweier gleicher Kugeln, die entgegengesetzt gleiche Ladungen $q_1 = q$ und $q_2 = -q$ tragen. Da die Gesamtladung $Q = q_1 + q_2$ gleich Null ist, verschwindet die Bilanz des Flusses der Verschiebung über jede Oberfläche, die die Kugeln vollständig einschließt.
2. Die Konstante auf der rechten Seite von (1.14) hat den Wert

   $f_\mathrm{G} = 1$ im SI-System,

   $f_\mathrm{G} = 4\pi$ im Gauß'schen Maßsystem.
3. Wenn $\boldsymbol{D}$ proportional zum elektrischen Feld $\boldsymbol{E}$ ist, $\boldsymbol{D} = \varepsilon \boldsymbol{E}$ mit konstantem Faktor ε, und wenn $\boldsymbol{D}$ nicht von der Zeit abhängt, dann folgt aus (1.14) die Poisson-Gleichung: Man verwandelt dazu die linke Seite unter Verwendung des Gauß'schen Satzes (1.6) in ein Volumenintegral der Divergenz über $V(F)$. Da die Wahl der Fläche F und damit des hiervon eingeschlossenen Volumens beliebig ist, müssen die Integranden der linken und der rechten Seite gleich sein und es folgt

   $$\boldsymbol{\nabla} \cdot \boldsymbol{E}(\boldsymbol{x}) = f_\mathrm{G} \frac{1}{\varepsilon} \varrho(\boldsymbol{x})\,. \tag{1.15a}$$

   Stellt man hier das elektrische Feld als Gradientenfeld dar[1], $\boldsymbol{E} = -\boldsymbol{\nabla}\Phi(\boldsymbol{x})$, dann ergibt sich die Poisson-Gleichung

   $$\boldsymbol{\Delta}\Phi(\boldsymbol{x}) = -f_\mathrm{G} \frac{1}{\varepsilon} \varrho(\boldsymbol{x})\,. \tag{1.15b}$$

   Sind die Felder nicht stationär, sondern hängen von $\boldsymbol{x}$ und von t ab, so folgt aus (1.14) nur

   $$\boldsymbol{\nabla} \cdot \boldsymbol{D}(t, \boldsymbol{x}) = f_\mathrm{G} \varrho(t, \boldsymbol{x})\,, \tag{1.15c}$$

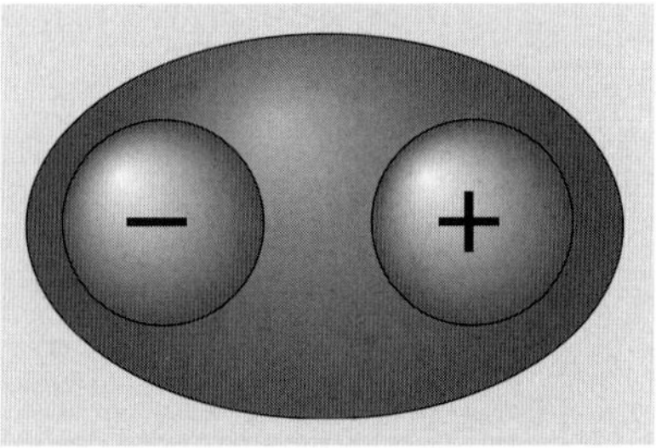

Abb. 1.3. Um zwei geometrisch gleiche, aber entgegengesetzt gleich geladene Kugeln wird als geschlossene Fläche ein Ellipsoid gelegt. Obwohl der Fluss des Vektorfeldes $\boldsymbol{D}$ lokal nicht Null ist, ist seine Bilanz über die ganze Fläche gleich Null, weil die eingeschlossenen Ladungen sich zu Null addieren

[1] Hier greifen wir vor, indem wir ausnutzen, dass in zeitunabhängigen Situationen das elektrische Feld wirbelfrei ist. Das gilt natürlich nicht im allgemeinen Fall!

der Zusammenhang zwischen $\boldsymbol{D}$ und $\boldsymbol{E}$ bleibt offen. Dies ist übrigens schon eine der Maxwell'schen Gleichungen in lokaler Form.

4. Eine weitere, für das Folgende wichtige Aussage lässt sich gewinnen, wenn man das Gauß'sche Gesetz (1.14) auf *magnetische* Ladungen und die von ihnen erzeugte magnetische Induktion überträgt. Das Experiment sagt uns, dass es keine freien magnetischen Ladungen gibt. Jeder statische Permanentmagnet hat einen *Nord*- und einen *Süd*pol, die sich auf keine Weise trennen oder isolieren lassen. Wenn immer man den Magneten in kleinere Teile zu zerlegen versucht, findet man Bruchstücke, die ebenfalls Nord- und Südpole haben. Das Integral der rechten Seite von (1.14) ist daher für jedes Volumen $V(F)$ gleich Null, wenn man dort die magnetische Ladungsdichte einsetzt. Deshalb erwartet man die folgende allgemeine Aussage: Es ist

$$\iint_F \mathrm{d}\sigma \left(\boldsymbol{B}(t,\boldsymbol{x}')\cdot\hat{\boldsymbol{n}}\right) = 0 \qquad (1.16)$$

für jede glatte oder stückweise glatte Fläche. Wendet man auf die linke Seite (ebenso wie in der vorhergehenden Bemerkung) den Gauß'schen Satz (1.6) an und beachtet, dass die Fläche F und damit das von ihr eingeschlossene Volumen $V(F)$ vollkommen beliebig sind, so folgt die lokale Gleichung

$$\nabla\cdot\boldsymbol{B}(t,\boldsymbol{x}) = 0\,. \qquad (1.17)$$

Die Gleichung (1.16) drückt die Erfahrungstatsache aus, dass die magnetische Induktion an keiner Stelle des Raums Quellen besitzt.

1.3.3 Gesetz von Biot und Savart

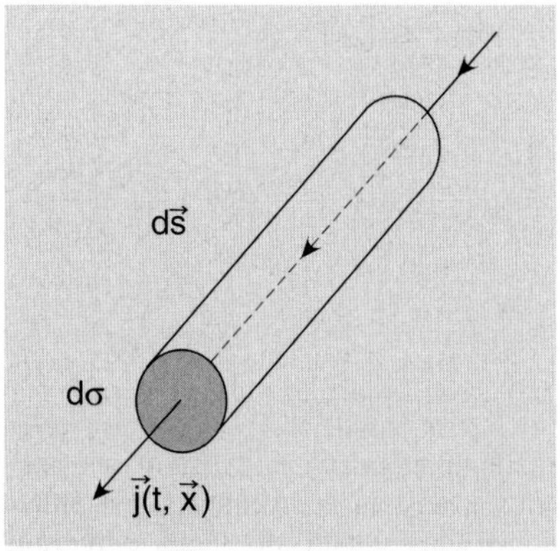

Abb. 1.4. Modell eines dünnen zylindrischen Leiters

Es ist wohlbekannt, dass stromdurchflossene Leiter im Außenraum magnetische Felder erzeugen, auch dann, wenn die elektrischen Ströme stationär sind. Unter einem Leiter stellt man sich gemeinhin einen dünnen Draht, also näherungsweise eine Kurve im $\mathbb{R}^3$ vor, durch den die Stromstärke J fließt. Andererseits ist es einfacher, weil von speziellen experimentellen Aufbauten unabhängig und zugleich allgemeiner, ein Vektorfeld der *Stromdichte* $\boldsymbol{j}(t,\boldsymbol{x}')$ einzuführen, das als die pro Zeiteinheit in der Richtung $\hat{\boldsymbol{j}}$ durch die Einheitsfläche tretende Ladung definiert ist. Die Stromstärke ist dann – etwas locker definiert – das Integral von $\boldsymbol{j}$ über den Leiterquerschnitt. Um dies zu veranschaulichen, betrachten wir ein einfaches Modell. Es sei ein gerader, zylindrischer Leiter mit Querschnitt F gegeben, der in 3-Richtung ausgerichtet ist. Die Stromdichte sei ebenfalls der Richtung $\hat{\boldsymbol{e}}_3$ proportional und sei nur innerhalb des Zylinders ungleich Null. Bezeichnet wie in Abb. 1.4 $\mathrm{d}\boldsymbol{s}$ ein Stück des Leiters, $d\sigma$ das Flächenelement quer zur 3-Richtung, so ist

$$J\,\mathrm{d}\boldsymbol{s} = \left(\int\limits_F \mathrm{d}\sigma \; |\boldsymbol{j}(t,\boldsymbol{x})| \right) \mathrm{d}\boldsymbol{s} \; .$$

In differentieller Form sagt das Gesetz von Biot und Savart aus, dass der Anteil $\mathrm{d}\boldsymbol{s}$ des Leiters einen Beitrag

$$\mathrm{d}\boldsymbol{H} = \frac{f_{\mathrm{BS}}}{4\pi} J\,\mathrm{d}\boldsymbol{s} \times \frac{\boldsymbol{x}}{|\boldsymbol{x}|^3}$$

zum Magnetfeld $\boldsymbol{H}$ erzeugt. Nimmt man diese beiden Formeln zusammen und lässt jetzt zu, dass die Stromdichte $\boldsymbol{j}(t,\boldsymbol{x})$ zwar weitgehend beliebig ist, aber ganz im Endlichen liegt, dann ist die folgende integrale Form des Biot-Savart'schen Gesetzes einleuchtend:

Biot-Savart'sches Gesetz (1822)

Die Stromdichte $\boldsymbol{j}(t,\boldsymbol{x}')$ liege ganz im Endlichen und sei ein glattes Vektorfeld. Dann ist das durch diese Verteilung erzeugte Magnetfeld gegeben durch

$$\boldsymbol{H}(t,\boldsymbol{x}) = \frac{f_{\mathrm{BS}}}{4\pi} \iiint \mathrm{d}^3x' \, \boldsymbol{j}(t,\boldsymbol{x}') \times \frac{\boldsymbol{x}-\boldsymbol{x}'}{|\boldsymbol{x}-\boldsymbol{x}'|^3} \; . \tag{1.18}$$

Dieser Ausdruck gilt im Außen- ebenso wie im Innenraum der Quellverteilung $\boldsymbol{j}(\boldsymbol{x}')$. Der Wert des konstanten Faktors f_{BS} ist von der Wahl des Systems der Einheiten abhängig.

Der Ortsvektor $\boldsymbol{x}$ bezeichnet den Aufpunkt, in dem das Feld gemessen wird, $\boldsymbol{x}'$ ist das Argument, mit dem die gegebene Verteilung $\boldsymbol{j}(t,\boldsymbol{x}')$ abgetastet wird. Die Abb. 1.5a illustriert den differentiellen Beitrag des Stromelements $J\,\mathrm{d}\boldsymbol{s}$ eines stromdurchflossenen Leiters zum Magnetfeld, in Abb. 1.5b ist eine mögliche Stromdichte skizziert, die ganz im Endlichen liegt, d. h. von einer Kugel mit Radius R eingeschlossen gedacht werden kann.

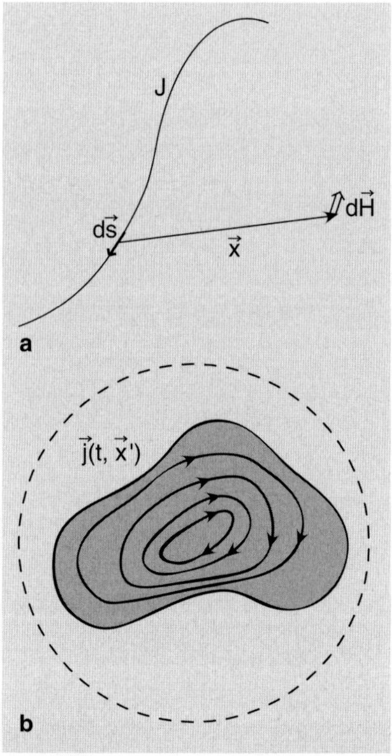

Abb. 1.5. (**a**) Ein dünner, vom Strom J durchflossener Leiter erzeugt ein Magnetfeld in seinem Außenraum, wobei das Stromelement $J\,\mathrm{d}\boldsymbol{s}$ den Anteil $\mathrm{d}\boldsymbol{H}$ beiträgt. (**b**) Eine Stromdichte, die ganz im Endlichen liegt. Das Gesetz von Biot und Savart beschreibt das von dieser erzeugte Magnetfeld außerhalb und innerhalb des Gebiets, wo die Stromdichte ungleich Null ist

1.3.4 Die Lorentz-Kraft

Eine weitere wichtige, vom Experiment bestätigte Erfahrungstatsache steckt im Ausdruck für die Kraftwirkung von beliebigen elektrischen Feldern $\boldsymbol{E}(t,\boldsymbol{x})$ und Induktionsfeldern $\boldsymbol{B}(t,\boldsymbol{x})$ auf ein Punktteilchen, das die elektrische Ladung q trägt und sich mit der Geschwindigkeit $\boldsymbol{v}$ relativ zu demjenigen Bezugssystem $\mathbf{K}$ bewegt, bezüglich dessen die Felder $\boldsymbol{E}$ und $\boldsymbol{B}$ definiert und vorgegeben sind.

Lorentz-Kraft auf ein geladenes Punktteilchen

Bewegt sich ein Teilchen der Ladung q mit der momentanen Geschwindigkeit $\boldsymbol{v}$ durch die in einem Bezugssystem **K** vorgegebenen Felder $\boldsymbol{E}(t,\boldsymbol{x})$ und $\boldsymbol{B}(t,\boldsymbol{x})$, so spürt es das Kraftfeld

$$\boldsymbol{F}(t,\boldsymbol{x}) = q\big(\boldsymbol{E}(t,\boldsymbol{x}) + f_{\mathrm{F}}\boldsymbol{v}\times\boldsymbol{B}(t,\boldsymbol{x})\big)\,. \tag{1.19}$$

In dieser Formel ist der Betrag der Geschwindigkeit kleiner als die oder gleich der Lichtgeschwindigkeit, $|\boldsymbol{v}| \leqslant c$.

Bemerkungen

1. Der Faktor f_{F} liegt eindeutig fest, hängt aber von der Wahl der physikalischen Einheiten ab. Er ist derselbe wie der Vorfaktor auf der rechten Seites des Induktionsgesetzes (1.12), d. h. er ist gleich 1 im SI-System, in Gauß'schen Einheiten ist er dagegen $f_{\mathrm{F}} = 1/c$.
2. Der erste Anteil, $q\boldsymbol{E}(t,\boldsymbol{x})$, ist die schon bekannte Kraftwirkung in elektrischen Feldern. Der zweite Anteil ist mit dem Biot-Savart'schen verträglich. Dies wird plausibel, wenn man das entlang der Bahnkurve $\boldsymbol{r}(t)$ bewegte geladene Teilchen als Stromdichte $\boldsymbol{j}(t,\boldsymbol{x}) = q\dot{\boldsymbol{r}}(t)\delta(\boldsymbol{x}-\boldsymbol{r}(t))$ beschreibt und die Kraftwirkung eines Induktionsfeldes auf diese ausrechnet.
3. Der Ausdruck (1.19) für das Kraftfeld ist exakt und gilt für alle mit der Speziellen Relativitätstheorie verträglichen Geschwindigkeiten. Auf diese wichtige, vom Experiment bestätigte Aussage kommen wir ausführlich zurück.

1.3.5 Die Kontinuitätsgleichung

Eine weitere, fundamental wichtige Aussage ist die der Erhaltung der Ladung: *Die elektrische Ladung ist unter allen Wechselwirkungen erhalten.* Dies gilt sogar lokal.

Versuchen wir dieses Gesetz in einer weitgehend allgemeinen, integralen (d. h. im Experiment direkt nachprüfbaren) Form zu fassen, so wäre das folgende Modell sicher physikalisch vernünftig: Eine zeitabhängige Ladungsdichte $\varrho(t,\boldsymbol{x})$, die ganz im Endlichen liegt, und eine von den Bewegungen der in ϱ enthaltenen Ladungen erzeugte Stromdichte $\boldsymbol{j}(t,\boldsymbol{x})$ seien vorgegeben. Mit jeder (stückweise) glatten, geschlossenen Fläche F und dem von ihr eingeschlossenen Volumen $V(F)$ gilt die Bilanzgleichung

$$-\frac{\mathrm{d}}{\mathrm{d}t}\iiint\limits_{V(F)} \mathrm{d}^3x\, \varrho(t,\boldsymbol{x}) = \iint\limits_{F} \mathrm{d}\sigma\, \big(\boldsymbol{j}(t,\boldsymbol{x}')\cdot\hat{\boldsymbol{n}}\big)\,, \tag{1.20}$$

oder, in Worten, die negative zeitliche Änderung der im Volumen V eingeschlossenen Ladung $Q(V)$ ist gleich dem gesamten über dessen

Oberfläche integrierten Fluss der elektrischen Stromdichte. Hat $Q(V)$ abgenommen, so muss in der Bilanz über die Fläche mehr Strom aus- als eingetreten sein; hat $Q(V)$ zugenommen, so muss insgesamt Ladung in das Volumen hinein geströmt sein.

Verwandelt man die rechte Seite von (1.20) mit Hilfe des Gauß'-schen Satzes (1.6) in ein Volumenintegral über die Divergenz von $\boldsymbol{j}$ und nutzt aus, dass die gewonnene Aussage für jede beliebige Wahl desselben und damit für die Integranden selbst gelten muss, dann erhält man die differenzielle Form der Kontinuitätsgleichung:

Kontinuitätsgleichung

$$\frac{\partial \varrho(t,\boldsymbol{x})}{\partial t} + \nabla \cdot \boldsymbol{j}(t,\boldsymbol{x}) = 0\,. \tag{1.21}$$

Bemerkungen

1. In dieser Gleichung gibt es keine vom Einheitensystem abhängigen, relativen Faktoren. Dies liegt daran, dass die physikalische Dimension der elektrischen Stromdichte kraft ihrer Definition durch die gewählte Einheit der Ladung schon festgelegt ist. Die oben angegebene Formel für die Stromdichte, die einem mit Geschwindigkeit $\boldsymbol{v}$ fliegenden Teilchen der Ladung e entspricht,

   $$\boldsymbol{j}(t,\boldsymbol{x}) = e\,\boldsymbol{v}(t)\delta(\boldsymbol{x}-\boldsymbol{r}(t))\,,$$

   gibt ein Beispiel hierfür. Misst man e in cgs-Einheiten, dann sind die Dimensionen der Ladung und der Stromdichte aus den Einheiten M der Masse, L der Länge und T der Zeit abgeleitete Dimensionen,

   $$[e] = \mathrm{M}^{1/2}\mathrm{L}^{3/2}\mathrm{T}^{-1}\,, \qquad [\boldsymbol{j}] = \mathrm{M}^{1/2}\,\mathrm{L}^{-1/2}\,\mathrm{T}^{-2}\,.$$

   Konkret sind dies also $1\,\mathrm{g}^{1/2}\mathrm{cm}^{3/2}\,\mathrm{s}^{-1}$ für die Ladung, bzw. $1\,\mathrm{g}^{1/2}\cdot \mathrm{cm}^{-1/2}\,\mathrm{s}^{-2}$ für die Stromdichte. Die Ladungsdichte ϱ ist als Ladung pro Volumeneinheit definiert; somit bestätigt man leicht, dass (1.21) in den physikalischen Dimensionen richtig ist.
   Im SI-System erhält die elektrische Ladung eine eigene Einheit, $[e] = 1\,\mathrm{C}$ (Coulomb), die Stromstärke wird in Ampère 1 A gemessen, so dass die Dimension der Stromdichte $[\boldsymbol{j}] = 1\,\mathrm{C\,m^{-2}\,s^{-1}} = 1\,\mathrm{A\,m^{-2}}$ ist. Dabei haben wir benutzt, dass die Einheit der Ladung $1\,\mathrm{C} = 1\,\mathrm{A\,s}$, d. h. dass 1 Coulomb gleich 1 (Ampère×Sekunde) ist.
2. In Band 1, Kap. 4 hat man gelernt, dass die Operation der Divergenz $\mathrm{div}(\boldsymbol{a}) = \nabla\cdot\boldsymbol{a}$, die im $\mathbb{R}^3$ wohlvertraut ist, auf die vierdimensionale Raumzeit der Speziellen Relativitätstheorie verallgemeinert werden kann. Dort lautet der entsprechende Operator mit $x^0 = ct$, $\{x^i\} \equiv \boldsymbol{x}$:

   $$\left\{\frac{\partial}{\partial x^\mu}\right\} = \left(\frac{\partial}{\partial x^0}, \frac{\partial}{\partial x^1}, \frac{\partial}{\partial x^2}, \frac{\partial}{\partial x^3}\right) \equiv \left(\frac{1}{c}\frac{\partial}{\partial t}, \nabla\right)\,. \tag{1.22a}$$

Das Verhalten dieses Differentialoperators unter eigentlichen, orthochronen Lorentz-Transformationen $\mathbf{\Lambda} \in L_+^\uparrow$ ruft man sich leicht wieder ins Gedächtnis, wenn man ihn auf das Lorentz-skalare Produkt $a \cdot x = a^0 x^0 - \boldsymbol{a} \cdot \boldsymbol{x} = a_\mu x^\mu$ aus einem konstanten Vierervektor a und aus x anwendet, dann ist nämlich

$$\frac{\partial}{\partial x^\mu}(a \cdot x) = a_\mu \,.$$

Die Ableitung einer Invarianten wie $(a \cdot x)$ nach dem (kontravarianten) Argument x^μ gibt a_μ, das ist eine kovariante Größe in der Terminologie von Band 1, Kap. 4. Mit Blick auf dieses Transformationsverhalten schreibt man den Operator (1.22a) auch in einer Weise, die dieses Verhalten augenfällig macht,

$$\{\partial_\mu\} = \left(\partial_0, \partial_1, \partial_2, \partial_3\right) . \tag{1.22b}$$

Unterwirft man die Punkte x der Raumzeit einer Lorentz-Transformation, z. B. der Speziellen Lorentz-Transformation

$$L(v\hat{\boldsymbol{e}}_3) = \begin{pmatrix} \gamma & 0 & 0 & \beta\gamma \\ 0 & 1 & 0 & 0 \\ 0 & 0 & 1 & 0 \\ \beta\gamma & 0 & 0 & \gamma \end{pmatrix}, \qquad \text{mit } \beta = \frac{v}{c}\,, \gamma = \frac{1}{\sqrt{1-\beta^2}}\,,$$

so werden in (1.21) die Ableitungsterme nach t und nach x^1 in einer zunächst scheinbar unübersichtlichen Weise vermischt. Wenn allerdings die Ladungsdichte und die Stromdichte sich wie folgt zu einer Vierer-Stromdichte j zusammenfassen ließen,

$$j = \left(c\varrho(x), \boldsymbol{j}(x)\right)^T , \qquad \text{mit } x = (x^0, \boldsymbol{x})^T , \quad x^0 = ct \,, \tag{1.23}$$

und wenn $j^\mu(x)$ sich unter $\mathbf{\Lambda} \in L_+^\uparrow$ kontravariant transformierte, so wäre

$$\partial_\mu j^\mu(x) = \partial_0 j^0(x) + \boldsymbol{\nabla} \cdot \boldsymbol{j}(x) = \frac{1}{c}\frac{\partial}{\partial t}\left(c\varrho(t,\boldsymbol{x})\right) + \boldsymbol{\nabla} \cdot \boldsymbol{j}(t,\boldsymbol{x}) = 0 \tag{1.24a}$$

mit der Kontinuitätsgleichung (1.21) identisch und könnte in der Lorentz-invarianten und sehr kompakten Form

$$\partial_\mu j^\mu(x) = 0 \tag{1.24b}$$

geschrieben werden. Was man *Ladungs*dichte nennt und was *Strom*dichte ist dann aber abhängig davon, in welchem Bezugssystem man sich als Beobachter befindet.

3. Man muss sich darüber klar sein, dass die Grundgleichungen der Maxwell'schen Theorie zwei unterschiedliche Gruppen von physikalischen Größen enthalten: einerseits die elektromagnetischen Felder

$\boldsymbol{E}(t,\boldsymbol{x})$, $\boldsymbol{H}(t,\boldsymbol{x})$, $\boldsymbol{D}(t,\boldsymbol{x})$ und $\boldsymbol{B}(t,\boldsymbol{x})$, andererseits die Quellterme $\varrho(t,\boldsymbol{x})$ und $\boldsymbol{j}(t,\boldsymbol{x})$. Während die Größen der ersten Gruppe sozusagen „für sich alleine leben" können, d. h. durch physikalisch aussagekräftige, in Experimenten im Vakuum nachprüfbare Bewegungsgleichungen verknüpft sind, betreffen die Größen der zweiten Gruppe die in ganz unterschiedlichen materiellen Formen vorliegenden Ladungsträger. Die erste Gruppe kann man etwas verkürzt die „Strahlung" nennen, die zweite die „Materie". Die Materie wird durch andere Bewegungsgleichungen beschrieben als die Strahlung, sie hat also zunächst ihre eigene Dynamik, z. B. die klassische Mechanik oder die Quantenmechanik, die man in den Bänden 1 und 2 kennen gelernt hat. Die Frage, die in der vorhergehenden Bemerkung aufgeworfen wird, ist somit die Frage, ob die Materie durch eine unter der Speziellen Relativitätstheorie invariante Theorie beschrieben wird und – natürlich – ob diese die absolute Erhaltung der elektrischen Ladung enthält. Nur unter diesen Bedingungen wird man die Quellterme der Maxwell'schen Gleichungen in der Form einer Vierer-Stromdichte $j(x)$ zusammenfassen können, die das richtige Transformationsverhalten besitzt.

4. An die vorhergehende Bemerkung schließt sich ein einfaches Beispiel an. Ein geladenes Punktteilchen, das sich gemäß der Speziellen Relativitätstheorie auf der Weltlinie $x(\tau)$ bewegt, wo τ die Eigenzeit ist, hat die Geschwindigkeit

$$u(\tau) = \frac{\mathrm{d}}{\mathrm{d}\,\tau} x(\tau) = \left(\gamma c, \gamma \boldsymbol{v}\right)^T .$$

Die Weltlinie $x(\tau)$ verläuft an jedem Punkt der Raumzeit zeitartig gerichtet, womit zum Ausdruck kommt, dass die momentane Geschwindigkeit immer *unterhalb* der Lichtgeschwindigkeit bleibt. Die Vierergeschwindigkeit ist so normiert, dass ihre invariante, quadrierte Norm gleich c^2 ist,

$$u^2 = (u^0)^2 - \boldsymbol{u}^2 = c^2\gamma^2(1-\beta^2) = c^2 .$$

Während $x(\tau)$ und $u(\tau)$ koordinatenfrei definiert sind – die Eigenzeit τ ist ein Lorentz-Skalar! –, setzt die Zerlegung $u = (\gamma c, \gamma \boldsymbol{v})^T$ voraus, dass ein Bezugssystem **K** ausgewählt wurde.

Dieses Teilchen, das die Ladung e tragen möge, erzeugt die Stromdichte

$$j(y) = ec \int \mathrm{d}\tau \; u(y)\, \delta^{(4)}\big(y - x(\tau)\big) . \tag{1.25}$$

Dies ist einerseits tatsächlich ein Lorentz-Vektor: die Geschwindigkeit u ist ein solcher, die Eigenzeit und das Produkt der vier Delta-Distributionen sind Lorentz-Skalare, womit klar wird, dass auch j ein Lorentz-Vektor ist; andererseits ergeben sich in jedem Bezugssystem **K** die erwarteten Ausdrücke für die Ladungs- und Stromdichten. Dies sieht man, wenn man das Integral über τ mit der

Beziehung $\mathrm{d}\tau = \mathrm{d}t'/\gamma$ zwischen Eigenzeit und Koordinatenzeit ausführt und hierbei die Formel $\delta(y^0 - x^0(\tau)) = \delta(ct - ct') = \delta(t - t')/c$ verwendet,

$$j^0(t, \boldsymbol{y}) = ce\,\delta^{(3)}\big(\boldsymbol{y} - \boldsymbol{x}(t)\big) \equiv c\varrho(t, \boldsymbol{y})\,,$$
$$j^i(t, \boldsymbol{y}) = e\,v^i(t)\delta^{(3)}\big(\boldsymbol{y} - \boldsymbol{x}(t)\big)\,, \quad i = 1, 2, 3\,.$$

Gleichung (1.25) beschreibt die vom bewegten Teilchen erzeugten Dichten ϱ und $\boldsymbol{j}$ richtig und obendrein in einer Form, die ihren Charakter als Lorentz-Vektor offensichtlich macht. Dass $j(y)$ die Kontinuitätsgleichung $\partial_\mu j^\mu(y) = 0$ erfüllt, ist eine Übungsaufgabe.

1.4 Die Maxwell'schen Gleichungen in lokaler Form

Die integrale Form der Grundgleichungen (1.12), (1.14), (1.16) und (1.18) hat den Vorteil, dass sie tatsächlich messbare Größen enthält und daher direkt mit den Ergebnissen von Experimenten vergleichbar sind. Ihr Nachteil ist, dass sie konkrete Anordnungen wie Leiterschleifen, Volumina, geschlossene Flächen u. dgl. enthalten und dass sie Dinge verknüpfen, die nicht ohne Weiteres als „Ereignisse" interpretiert werden können, d. h. als physikalische Phänomene, die an einem definierten Ort $\boldsymbol{x}$ zur definierten Zeit t stattfinden. Um von derlei konkreten experimentellen Aufbauten wegzukommen, überführt man die Grundgleichungen unter Verwendung der Integralsätze aus Abschn. 1.2 in *lokale* Gleichungen, d. h. in partielle Differentialgleichungen, die am *selben* Raumzeitpunkt $(t, \boldsymbol{x})$ formuliert sind. Man gewinnt damit zweierlei: zum Einen sind in solchen lokalen Gleichungen alle (historischen) experimentellen Anordnungen enthalten, aus denen man die Maxwell-Gleichungen in integraler Form abstrahiert hat; zum Anderen erlauben sie es, neue, von den Ersteren unabhängige Experimente vorzuschlagen und auf diese Weise die Theorie neuen Tests zu unterwerfen.

Ein berühmtes Beispiel sind die elektromagnetischen Wellen im Vakuum: Aus den Maxwell'schen Gleichungen in lokaler Form folgt die Wellengleichung, deren Lösungen zu vorgegebenen Randbedingungen berechnet werden können. Diese Konsequenz der Theorie wurde 1887 in den Versuchen Heinrich Hertz' überzeugend bestätigt. Gleichzeitig wurde damit die Realität des Maxwell'schen Verschiebungsstroms bestätigt, den dieser aus theoretischen Überlegungen postuliert hatte.

1.4.1 Induktions- und Gauß'sches Gesetz

Das Induktionsgesetz (1.12) ist mit der im eben beschriebenen Sinn lokalen Aussage

$$\nabla \times \boldsymbol{E}(t, \boldsymbol{x}) = -f_{\mathrm{F}} \frac{\partial}{\partial t} \boldsymbol{B}(t, \boldsymbol{x}) \tag{1.26}$$

verträglich. Um dies zu sehen, wende man den Stokes'schen Satz in der Form (1.7) auf die linke Seite von (1.13a) an,

$$\oint\limits_{\mathcal{C}=\partial F} \mathrm{d}\boldsymbol{s} \cdot \boldsymbol{E}(t, \boldsymbol{x}') = \iint\limits_{F} \mathrm{d}\sigma \big(\boldsymbol{\nabla} \times \boldsymbol{E}\big) \cdot \hat{\boldsymbol{n}} \,.$$

Dann argumentiert man, dass der Weg $\mathcal{C}$ auf stetige Weise zusammen gezogen werden kann, die von ihm eingeschlossene Fläche aber gleichzeitig auf einen Punkt schrumpft. In diesem Grenzfall müssen die Integranden gleich sein und es entsteht die lokale Gleichung (1.26). Man muss aber im Auge behalten, dass das Induktionsgesetz in seiner integralen Form zwar aus (1.26) folgt, dass die lokale Form aber nicht zwingend daraus abgeleitet ist, sondern dass in ihr eine zusätzliche Hypothese steckt. Diese Annahme ist in der Formel (1.13b) zu erkennen, die ja aussagt, dass ein Feld, das in einem Bezugssystem ein reines elektrisches Feld ist, bezüglich eines relativ dazu bewegten Systems als eine Linearkombination von elektrischem und magnetischem Feld erscheint.

Dies ist vielleicht überraschend, aber physikalisch durchaus einsichtig: Betrachten wir noch einmal das Beispiel eines geladenen Punktteilchens, das sich geradlinig-gleichförmig bewegt. In seinem Ruhesystem erzeugt es nichts Anderes als das bekannte elektrische Coulomb-Feld einer Punktladung. In jedem anderen Bezugssystem, in dem es die Geschwindigkeit $\boldsymbol{v}$ hat, stellt das Teilchen außer einer Ladungs- auch eine Stromdichte dar, die über das Gesetz (1.18) ein Magnetfeld erzeugt.

Auch das Gauß'sche Gesetz (1.14) läßt sich in eine lokale Aussage verwandeln, wenn man die linke Seite vermittels des Gauß'schen Integralsatzes (1.7) in ein Volumenintegral verwandelt,

$$\iint\limits_{F} \mathrm{d}\sigma \,\big(\boldsymbol{D} \cdot \hat{\boldsymbol{n}}\big) = \iiint\limits_{V(F)} \mathrm{d}^3x \; \boldsymbol{\nabla} \cdot \boldsymbol{D} = f_{\mathrm{G}} \iiint\limits_{V(F)} \mathrm{d}^3x \; \varrho(t, \boldsymbol{x}) \,.$$

Da das Volumen beliebig ist und seine Oberfläche F stetig zusammengezogen werden kann, müssen die Integranden gleich sein. Es entsteht die lokale Gleichung (1.15c), die wir in Abschn. 1.3.2 hergeleitet haben.

1.4.2 Lokale Form des Biot-Savart Gesetzes

Hier ist das Ziel, aus dem integralen Gesetz (1.18) eine lokale Gleichung zu destillieren. Zunächst notiert man die Hilfsformeln

$$\frac{\boldsymbol{x} - \boldsymbol{x}'}{|\boldsymbol{x} - \boldsymbol{x}'|^3} = -\boldsymbol{\nabla}_x \left(\frac{1}{|\boldsymbol{x} - \boldsymbol{x}'|} \right) = +\boldsymbol{\nabla}_{x'} \left(\frac{1}{|\boldsymbol{x} - \boldsymbol{x}'|} \right) . \qquad (1.27)$$

Setzt man die erste dieser Formeln auf der rechten Seite von (1.18) ein und beachtet, dass man die Ableitungen nach $\boldsymbol{x}$ aus dem Integral herausziehen kann, so ist

$$\begin{aligned} \boldsymbol{H}(t,\boldsymbol{x}) &= -\frac{f_{\mathrm{BS}}}{4\pi}\iiint \mathrm{d}^3x'\, \boldsymbol{j}(t,\boldsymbol{x}') \times \boldsymbol{\nabla}_x \left(\frac{1}{|\boldsymbol{x}-\boldsymbol{x}'|}\right) \\ &= +\frac{f_{\mathrm{BS}}}{4\pi}\boldsymbol{\nabla}_x \times \iiint \mathrm{d}^3x'\, \frac{\boldsymbol{j}(t,\boldsymbol{x}')}{|\boldsymbol{x}-\boldsymbol{x}'|}\,. \end{aligned}$$

Der Vorzeichenwechsel kommt von der Vertauschung der Reihenfolge im Vektorprodukt. Jetzt berechnet man die Rotation von $\boldsymbol{H}$ und benutzt die bekannte Identität (s. auch (1.47c) unten)

$$\boldsymbol{\nabla} \times \big(\boldsymbol{\nabla} \times \boldsymbol{A}\big) = \boldsymbol{\nabla}\big(\boldsymbol{\nabla}\cdot \boldsymbol{A}\big) - \boldsymbol{\Delta}\boldsymbol{A}\,. \tag{1.28}$$

Damit folgt

$$\begin{aligned} \boldsymbol{\nabla} \times \boldsymbol{H}(t,\boldsymbol{x}) &= \frac{f_{\mathrm{BS}}}{4\pi}\boldsymbol{\nabla}_x \times \left(\boldsymbol{\nabla}_x \times \iiint \mathrm{d}^3x'\, \frac{\boldsymbol{j}(t,\boldsymbol{x}')}{|\boldsymbol{x}-\boldsymbol{x}'|}\right) \\ &= \frac{f_{\mathrm{BS}}}{4\pi}\boldsymbol{\nabla}_x \iiint \mathrm{d}^3x' \left(\boldsymbol{j}(t,x')\cdot \boldsymbol{\nabla}_x \left(\frac{1}{|\boldsymbol{x}-\boldsymbol{x}'|}\right)\right) \end{aligned} \tag{1.29a}$$

$$-\frac{f_{\mathrm{BS}}}{4\pi}\iiint \mathrm{d}^3x'\, \boldsymbol{j}(t,x')\, \boldsymbol{\Delta}_x \left(\frac{1}{|\boldsymbol{x}-\boldsymbol{x}'|}\right)\,. \tag{1.29b}$$

Im ersten Term (1.29a) der rechten Seite ersetzt man den Gradienten nach der Variablen x vermittels der Hilfsformel (1.27) durch den Gradienten nach x'. In einem zweiten Schritt integriert man partiell nach dieser Variablen.

Im zweiten Term (1.29b) benutzt man die Relation

$$\boldsymbol{\Delta}_x \left(\frac{1}{|\boldsymbol{x}-\boldsymbol{x}'|}\right) = -4\pi\delta(\boldsymbol{x}-\boldsymbol{x}')\,, \tag{1.30}$$

(s. z. B. Band 2, Anhang A.1, Beispiel A.3, wo diese Formel bewiesen wird.) Damit ergibt sich

$$\begin{aligned} \boldsymbol{\nabla} \times \boldsymbol{H}(t,\boldsymbol{x}) &= \frac{f_{\mathrm{BS}}}{4\pi}\,\boldsymbol{\nabla}_x\left(\iiint \mathrm{d}^3x'\, \left(\boldsymbol{\nabla}_{x'}\cdot \boldsymbol{j}(t,\boldsymbol{x}')\right) \frac{1}{|\boldsymbol{x}-\boldsymbol{x}'|}\right) \\ &\quad + f_{\mathrm{BS}}\,\boldsymbol{j}(t,\boldsymbol{x})\,. \end{aligned}$$

Die im Integral auftretende Divergenz von $\boldsymbol{j}$ ist aufgrund der Kontinuitätsgleichung (1.21) gleich der negativen Zeitableitung der Ladungsdichte $\varrho(t,\boldsymbol{x})$. Somit folgt

$$\boldsymbol{\nabla} \times \boldsymbol{H}(t,\boldsymbol{x}) = -\frac{f_{\mathrm{BS}}}{4\pi}\frac{\partial}{\partial t}\boldsymbol{\nabla}_x \iiint \mathrm{d}^3x'\, \frac{\varrho(t,\boldsymbol{x}')}{|\boldsymbol{x}-\boldsymbol{x}'|} + f_{\mathrm{BS}}\,\boldsymbol{j}(t,\boldsymbol{x})\,.$$

Im ersten Term der rechten Seite ist der Gradient des Integrals proportional zu $\boldsymbol{D}(t,\boldsymbol{x})$,

$$\nabla_x \iiint \mathrm{d}^3x' \, \frac{\varrho(t,\boldsymbol{x}')}{|\boldsymbol{x}-\boldsymbol{x}'|} = -\frac{4\pi}{f_\mathrm{G}} \boldsymbol{D}(t,\boldsymbol{x}) \; ;$$

Dies folgt aus der Maxwell'schen Gleichung (1.15c), wenn man davon die Divergenz bildet, und der Relation (1.30) oben. Setzt man dies ein, so ergibt sich die Gleichung

$$\nabla \times \boldsymbol{H}(t,\boldsymbol{x}) = \frac{f_\mathrm{BS}}{f_\mathrm{G}} \frac{\partial}{\partial t} \boldsymbol{D}(t,\boldsymbol{x}) + f_\mathrm{BS}\, \boldsymbol{j}(t,\boldsymbol{x}) \, , \tag{1.31}$$

die in allen Teilen vollständig lokal ist.

1.4.3 Lokale Gleichungen in allen Maßsystemen

Wir fassen die lokalen Gleichungen (1.17), (1.26), (1.15c) und (1.31) zusammen, zunächst noch ohne Festlegung auf eines der in der Physik oder in den angewandten Naturwissenschaften verwendeten Maßsysteme:

$$\nabla \cdot \boldsymbol{B}(t,\boldsymbol{x}) = 0 \, , \tag{1.32a}$$

$$\nabla \times \boldsymbol{E}(t,\boldsymbol{x}) + f_\mathrm{F} \frac{\partial}{\partial t} \boldsymbol{B}(t,\boldsymbol{x}) = 0 \, , \tag{1.32b}$$

$$\nabla \cdot \boldsymbol{D}(t,\boldsymbol{x}) = f_\mathrm{G} \varrho(t,\boldsymbol{x}) \, , \tag{1.32c}$$

$$\nabla \times \boldsymbol{H}(t,\boldsymbol{x}) - \frac{f_\mathrm{BS}}{f_\mathrm{G}} \frac{\partial}{\partial t} \boldsymbol{D}(t,\boldsymbol{x}) = f_\mathrm{BS} \boldsymbol{j}(t,\boldsymbol{x}) \, . \tag{1.32d}$$

Diese Gleichungen werden ergänzt durch die Lorentz-Kraft (1.19) und durch die Beziehung zwischen $\boldsymbol{D}$ und $\boldsymbol{E}$, bzw. zwischen $\boldsymbol{B}$ und $\boldsymbol{H}$, die im Vakuum gelten und die ebenfalls davon abhängen, welches System von Maßeinheiten gewählt wurde,

$$\boldsymbol{D}(t,\boldsymbol{x}) = \varepsilon_0 \boldsymbol{E}(t,\boldsymbol{x}) \, , \qquad \boldsymbol{B}(t,\boldsymbol{x}) = \mu_0 \boldsymbol{H}(t,\boldsymbol{x}) \, . \tag{1.33}$$

Die positiven Konstanten f_F, f_G und f_BS sind dabei so bezeichnet, dass man noch erkennt, in welchem der integralen Grundgesetze sie vorkommen: „F“ für Faraday, „G“ für Gauß und „BS“ für Biot und Savart. Die ebenfalls postiven Konstanten ε_0 und μ_0 werden *Dielektrizitätskonstante,* bzw. *magnetische Permeabilität* genannt. Als Erstes bestätigt man, dass die Kontinuitätsgleichung (1.21) respektiert wird, d. h. dass sie in den inhomogenen Gleichungen (1.32c) und (1.32d) enthalten ist. Aus (1.32c) und (1.32d) folgt

$$\frac{\partial \varrho}{\partial t} + \nabla \cdot \boldsymbol{j} = \frac{1}{f_\mathrm{G}} \frac{\partial}{\partial t} (\nabla \cdot \boldsymbol{D}) + \frac{1}{f_\mathrm{BS}} \nabla \cdot \left(\nabla \times \boldsymbol{H}\right) - \frac{1}{f_\mathrm{G}} \nabla \cdot \frac{\partial}{\partial t} \boldsymbol{D} = 0 \, .$$

Dies ist in der Tat gleich Null, da die partiellen Ableitungen nach der Zeit und nach den Raumkomponenten vertauschen und da die Divergenz eines Rotationsfeldes verschwindet.

1.4.4 Die Frage der physikalischen Einheiten

Die Maxwell'schen Gleichungen (1.32a)–(1.32d) und der Ausdruck (1.19) für die Lorentz-Kraft werden noch ergänzt durch die Verknüpfungsrelationen (1.33) zwischen dem Verschiebungfeld $\boldsymbol{D}$ und dem elektrischen Feld $\boldsymbol{E}$, bzw. zwischen der magnetischen Induktion $\boldsymbol{B}$ und dem magnetischen Feld $\boldsymbol{H}$. Verfügt man über die Konstanten f_{F} in (1.32b) und über $f_{\mathrm{BS}}/f_{\mathrm{G}}$ in (1.32d) so, dass

$$f_{\mathrm{F}} = \frac{f_{\mathrm{BS}}}{f_{\mathrm{G}}} \tag{1.34}$$

wird, dann hat das Produkt aus $\boldsymbol{E}$ und $\boldsymbol{D}$ dieselbe Dimension wie das Produkt aus $\boldsymbol{H}$ und $\boldsymbol{B}$ oder, mit den Relationen (1.33)

$$\frac{[\mu_0]}{[\varepsilon_0]} = \frac{[\boldsymbol{E}^2]}{[\boldsymbol{H}^2]} \tag{1.35}$$

Während (1.34) eine Übereinkunft ist, die relative Dimensionen derart festlegt, dass

$$[\boldsymbol{E}] : [\boldsymbol{B}] = [\boldsymbol{H}] : [\boldsymbol{D}]$$

gilt, kann man über die verbleibende Freiheit in der Wahl des Maßsystems mehr erfahren, wenn man aus (1.32a)–(1.32d) schon anderweitig bekannte Gesetze ableitet.

a) Coulomb'sche Kraft zwischen Punktladungen

Aus der dritten Gleichung (1.32c) folgt das Coulomb-Kraftfeld mit einem vom Maßsystem abhängigen Vorfaktor,

$$\boldsymbol{F}_{\mathrm{C}} = \kappa_{\mathrm{C}} \frac{e_1 e_2}{r^2} \hat{\boldsymbol{r}} , \qquad \text{mit} \quad \kappa_{\mathrm{C}} = \frac{f_{\mathrm{G}}}{4\pi\varepsilon_0} . \tag{1.36}$$

Römer 28

Dies sieht man folgendermaßen ein: In einer statischen Situation, d. h. in einer Anordnung, bei der alle Felder unabhängig von der Zeit sind, entkoppeln die beiden Gruppen $(\boldsymbol{E}, \boldsymbol{D})$ und $(\boldsymbol{H}, \boldsymbol{B})$ vollständig von einander. Für die erste Gruppe reduzieren sich die Gleichungen (1.32b) und (1.32c) zusammen mit der Relation (1.33) auf

$$\nabla \times \boldsymbol{E}(\boldsymbol{x}) = 0 , \qquad \nabla \cdot \boldsymbol{E}(\boldsymbol{x}) = \frac{f_{\mathrm{G}}}{\varepsilon_0} \varrho(\boldsymbol{x}) .$$

Da das statische elektrische Feld rotationsfrei ist, kann man es als (per Konvention) negatives Gradientenfeld darstellen, $\boldsymbol{E} = -\nabla \Phi(\boldsymbol{x})$, womit die zweite Gleichung zur Poisson-Gleichung (1.15b) wird,

$$\boldsymbol{\Delta} \Phi(\boldsymbol{x}) = -f_{\mathrm{G}} \frac{1}{\varepsilon_0} \varrho(\boldsymbol{x}) .$$

Setzen wir jetzt eine Punktladung e_1 beispielsweise in den Punkt $\boldsymbol{x}_0$, so ist

$$\varrho(\boldsymbol{x}) = e_1 \, \delta(\boldsymbol{x} - \boldsymbol{x}_0) .$$

Die Relation (1.30) gibt die entsprechende Lösung der Poisson-Gleichung, nämlich

$$\Phi(\boldsymbol{x}) = \frac{f_{\mathrm{G}}}{4\pi\varepsilon_0} \frac{e_1}{|\boldsymbol{x} - \boldsymbol{x}_0|} \,. \tag{1.37}$$

Jetzt genügt es, $\boldsymbol{x} - \boldsymbol{x}_0 = \boldsymbol{r}$ zu setzen und den negativen Gradienten von Φ mit der Ladung e_2 des zweiten Massenpunktes zu multiplizieren, der bei $\boldsymbol{x}$ sitzen soll, um die angegebene Formel für die Coulomb-Kraft zu erhalten.

b) Wellengleichung und Lichtgeschwindigkeit

Betrachtet man die Maxwell-Gleichungen wieder mit ihrer vollen Zeitabhängigkeit, aber ohne äußere Quellen, so folgt aus (1.32a)–(1.32d), dass jede Komponente der elektrischen und magnetischen Felder die Wellengleichung erfüllt. Wir zeigen dies am Beispiel des elektrischen Feldes:

Nimmt man die Rotation der Gleichung (1.32b) und verwendet die Formel (1.28), so erhält man

$$-\boldsymbol{\Delta} \boldsymbol{E}(t, \boldsymbol{x}) + \mu_0 f_{\mathrm{F}} \frac{\partial}{\partial t} \nabla \times \boldsymbol{H}(t, \boldsymbol{x})) = 0 \,.$$

Gleichung (1.32d) mit $\boldsymbol{j}(t, \boldsymbol{x})) \equiv 0$ und die Verknüpfungsrelation (1.33) erlaubt es aber, die Rotation des H-Feldes durch die Zeitableitung von $\boldsymbol{E}(t, \boldsymbol{x}))$ auszudrücken,

$$\nabla \times \boldsymbol{H}(t, \boldsymbol{x})) = \varepsilon_0 \frac{f_{\mathrm{BS}}}{f_{\mathrm{G}}} \frac{\partial}{\partial t} \boldsymbol{E}(t, \boldsymbol{x})) \,.$$

Setzt man dies ein und benutzt die Konvention (1.34), so erhält man

$$\left(f_{\mathrm{F}}^2 \varepsilon_0 \mu_0 \frac{\partial^2}{\partial t^2} - \boldsymbol{\Delta} \right) \boldsymbol{E}(t, \boldsymbol{x})) = 0 \,,$$

d. h. eine partielle Differentialgleichung, die für jede Komponente des elektrischen Feldes im Vakuum gilt. Der Vorfaktor des ersten Terms muss die physikalische Dimension einer inversen Geschwindigkeit zum Quadrat haben, d. h. $[f_{\mathrm{F}}^2 \mu_0 \varepsilon_0] = \mathrm{T}^2 \mathrm{L}^{-2}$. Gibt man als Lösungsansatz für die Zeit- und die Raumabhängigkeit eine ebene Welle vor, also etwa

$$\boldsymbol{E}(t, \boldsymbol{x}) = \mathcal{E}\, e^{-\mathrm{i}\omega t} e^{\mathrm{i}\boldsymbol{k}\cdot\boldsymbol{x}} \,,$$

so entsteht die Beziehung $(f_{\mathrm{F}}^2 \mu_0 \varepsilon_0)\, \omega^2 = \boldsymbol{k}^2$ zwischen Kreisfrequenz und Wellenzahl. Mit $\omega = 2\pi\nu$ und $|\boldsymbol{k}| = 2\pi/\lambda$ ergibt dies die bekannte Beziehung $\nu\lambda = c$ für die Ausbreitung von Licht im Vakuum, wenn

$$f_{\mathrm{F}}^2 \mu_0 \varepsilon_0 = \frac{1}{c^2} \tag{1.38}$$

gilt. Dies ist eine weitere Bedingung an die Konstanten des Maßsystems.

c) Ampère'sche Kraft im Vergleich zur Coulomb-Kraft

Wir merken noch an, dass man zur selben Schlussfolgerung gelangt, wenn man die Ampère'sche Kraft pro Wegelement $\mathrm{d}l$ zwischen zwei parallelen, geradlinigen, von den konstanten Strömen J_1 bzw. J_2 durchflossenen Leitern ausrechnet, die sich im Abstand a voneinander befinden. Aus der Formel (1.19) für die Lorentz-Kraft und aus (1.32d) findet man für deren Betrag

$$\frac{\mathrm{d}}{\mathrm{d}l}\,|\boldsymbol{F}_\mathrm{A}| = 2\kappa_\mathrm{A}\frac{I_1 I_2}{a}\,, \qquad \text{mit} \quad \kappa_\mathrm{A} = \frac{f_\mathrm{F}^2 f_\mathrm{G}\mu_0}{4\pi}\,. \tag{1.39}$$

Aus einer einfachen Dimensionsbetrachtung schließt man, dass das Verhältnis $\kappa_\mathrm{C}/\kappa_\mathrm{A}$ die Dimension einer quadrierten Geschwindigkeit hat, also $\mathrm{L}^2\mathrm{T}^{-2}$. In ihren Versuchen über diese Kräfte fanden Weber und Kohlrausch (1882), dass die Geschwindigkeit, die hier auftaucht den numerischen Wert von c, der Lichtgeschwindigkeit hat – obwohl man es mit einer stationären Situation zu tun hat, bei der nur statische Kräfte gemessen werden! Es ist also

$$\frac{\kappa_\mathrm{C}}{\kappa_\mathrm{A}} = c^2\,, \qquad \text{d. h. wieder} \quad f_\mathrm{F}^2\mu_0\varepsilon_0 = \frac{1}{c^2}\,.$$

Damit sind die wesentlichen Bedingungen zusammengetragen, die erfüllt sein müssen, um ein System von physikalischen Maßeinheiten festzulegen.

1.4.5 Die elektromagnetischen Gleichungen im SI-System

Das SI-System (système international d'unités) oder *rationale MKSA-System* zeichnet sich dadurch aus, dass

$$f_\mathrm{F} = f_\mathrm{G} = 1 \tag{1.40}$$

gewählt werden und dass außer den Einheiten {m,kg,s} eine eigene Einheit für die Stromstärke, das Ampère, eingeführt wird. Diese wird über die Formel (1.39) wie folgt definiert:

> In beiden parallelen Drähten, deren Abstand $a = 1\,\mathrm{m}$ sein soll, fließe dieselbe Stromstärke $I_1 = I_1 \equiv I$. Diese Stromstärke hat den Wert 1 A, wenn die Ampère'sche Kraft pro Einheit der Länge, d. h. pro Meter, gerade gleich $2\cdot 10^{-7}\,\mathrm{N} = 2\cdot 10^{-7}\,\mathrm{kgms}^{-2}$ ist. Mit der Definition des Ampère ist auch die Einheit der Ladung, das Coulomb, festgelegt, es gilt (wie schon in Abschn. 1.3.5 festgestellt) der Zusammenhang $1\,\mathrm{C} = 1\,\mathrm{A\,s}$.

Mit der Konvention (1.40) wird der Wert von μ_0 wie folgt festgelegt,

$$\mu_0 = 4\pi\cdot 10^{-7}\,\mathrm{NA}^{-2}\,. \tag{1.41a}$$

Mit der Relation (1.38) und mit $f_F = 1$ ist dann

$$\varepsilon_0 = \frac{1}{4\pi c^2} \cdot 10^7 \,, \tag{1.41b}$$

wobei die physikalischen Einheiten dieser beiden Größen voneinander verschieden sind und folgendermaßen mit denen der Masse M, der Länge L, der Stromstärke I und der Zeit T zusammenhängen:

$$[\varepsilon_0] = \mathrm{M}^{-1}\mathrm{L}^{-3}\,\mathrm{I}^2\,\mathrm{T}^4 \,, \qquad [\mu_0] = \mathrm{M\;L\;I}^{-2}\mathrm{T}^{-2} \,,$$

Die Konstanten im Coulomb'schen bzw. im Ampère'schen Kraftgesetz liegen wie folgt fest:

$$\kappa_C = \frac{1}{4\pi\varepsilon_0} = c^2\, 10^{-7} \,, \qquad \kappa_A = \frac{\mu_0}{4\pi} = 10^{-7} \,, \tag{1.41c}$$

mit den aus $[\varepsilon_0]$ und $[\mu_0]$ folgenden Dimensionen.

Die lokalen Maxwell-Gleichungen lauten somit in SI-Einheiten

$$\nabla \cdot \boldsymbol{B}(t, \boldsymbol{x}) = 0 \,, \tag{1.42a}$$

$$\nabla \times \boldsymbol{E}(t, \boldsymbol{x}) + \frac{\partial}{\partial t}\boldsymbol{B}(t, \boldsymbol{x}) = 0 \,, \tag{1.42b}$$

$$\nabla \cdot \boldsymbol{D}(t, \boldsymbol{x}) = \varrho(t, \boldsymbol{x}) \,, \tag{1.42c}$$

$$\nabla \times \boldsymbol{H}(t, \boldsymbol{x}) - \frac{\partial}{\partial t}\boldsymbol{D}(t, \boldsymbol{x}) = \boldsymbol{j}(t, \boldsymbol{x}) \,. \tag{1.42d}$$

Die Lorentz-Kraft erscheint in der Form

$$\boldsymbol{F}(t, \boldsymbol{x}) = q\big(\boldsymbol{E}(t, \boldsymbol{x}) + \boldsymbol{v} \times \boldsymbol{B}(t, \boldsymbol{x})\big) \,, \tag{1.42e}$$

die Verknüpfungsrelationen bleiben wie in (1.33) angegeben. Für Felder im Vakuum, d. h. außerhalb von Quellen, gilt die Wellengleichung in der Form

$$\left(\frac{1}{c^2}\frac{\partial^2}{\partial t^2} - \boldsymbol{\Delta}\right) g(t, \boldsymbol{x}) = 0 \,, \tag{1.42f}$$

wo $g(t, \boldsymbol{x})$ eine der Komponenten des betrachteten Feldes ist.

In diesem vor allem für die Praxis wichtigen Einheitensystem überlegt man sich leicht, dass elektrische Felder und magnetische Induktionsfelder in den Einheiten

$$[\boldsymbol{E}] = 1\,\mathrm{kgmA}^{-1}\mathrm{s}^{-3} \,, \qquad [\boldsymbol{B}] = 1\,\mathrm{kgA}^{-1}\mathrm{s}^{-2}$$

ausgedrückt werden. Die Einheit der Spannung, das Volt, ist

$$[V] = 1\,\mathrm{kgm}^2\mathrm{A}^{-1}\mathrm{s}^{-3} \,,$$

so dass man die bekannte Aussage wiederfindet, dass elektrische Felder in Volt pro Meter gemessen werden,

$$[\boldsymbol{E}] = 1\,\mathrm{Vm}^{-1}\,.$$

Für magnetische Induktionsfelder hat man die Maßeinheit Tesla eingeführt, d. h.

$$[\boldsymbol{B}] = 1\,\text{Tesla} = 1\,\mathrm{Vsm}^{-2}\,.$$

Magnetische Felder werden in in Ampère-Windungen pro Meter ausgedrückt, $[\boldsymbol{H}] = 1\,\mathrm{Aw\,m}^{-1}$.

1.4.6 Das Gauß'sche Maßsystem

Im Gauß'schen Maßsystem soll keine neue Einheit für die elektrische Ladung bzw. für die Stromstärke eingeführt werden, vielmehr sollen diese durch die schon vorher festgelegten mechanischen Einheiten ausgedrückt werden. Dabei soll der Vorfaktor der Coulomb-Kraft gleich 1 sein, $\kappa_C = 1$. Weiterhin sollen die Felder $\boldsymbol{E}$ und $\boldsymbol{H}$, aber auch $\boldsymbol{B}$ und $\boldsymbol{D}$ alle dieselbe Dimension haben, was bedeutet, dass f_F und $f_{BS}/f_G = f_F$ die Dimension T L^{-1} haben. Ein Blick auf (1.35) und auf (1.38) zeigt, dass ε_0 und μ_0 jetzt nicht nur dieselbe Dimension haben, sondern sogar dimensionslos sind. Es liegt also nahe, beide gleich 1 zu setzen,

$$\varepsilon_0 = 1\,, \qquad \mu_0 = 1\,, \tag{1.43a}$$

womit erreicht wird, dass im Vakuum $\boldsymbol{D} = \boldsymbol{E}$ und $\boldsymbol{B} = \boldsymbol{H}$ gilt. Gleichzeitig wird über (1.38)

$$f_F = \frac{1}{c} \tag{1.43b}$$

festgelegt. Legt man den Vorfaktor der Ladungsdichte auf der rechten Seite von (1.32c) als

$$f_G = 4\pi \tag{1.43c}$$

fest, dann hat man erreicht, dass der Vorfaktor der Coulomb-Kraft (1.36) wie gewünscht gleich 1 wird – ein Ergebnis, das mit der Formel (1.30) in Einklang ist.

Mit diesen Setzungen folgen schließlich die Werte

$$f_{BS} = \frac{4\pi}{c}\,, \quad \kappa_C = 1\,, \quad \kappa_A = \frac{1}{c^2}\,. \tag{1.43d}$$

Da wir im Folgenden bis auf Ausnahmen, die ausdrücklich genannt werden, immer das Gauß'sche Maßsystem verwenden, notieren wir hier noch einmal die Grundgleichungen in Gauß'schen Einheiten:

Maxwell'sche Gleichungen in Gauß-Einheiten

$$\nabla \cdot \boldsymbol{B}(t,\boldsymbol{x}) = 0\,, \tag{1.44a}$$

$$\nabla \times \boldsymbol{E}(t,\boldsymbol{x}) + \frac{1}{c}\frac{\partial}{\partial t}\boldsymbol{B}(t,\boldsymbol{x}) = 0\,, \tag{1.44b}$$

$$\nabla \cdot \boldsymbol{D}(t,\boldsymbol{x}) = 4\pi\varrho(t,\boldsymbol{x})\,, \tag{1.44c}$$

$$\nabla \times \boldsymbol{H}(t,\boldsymbol{x}) - \frac{1}{c}\frac{\partial}{\partial t}\boldsymbol{D}(t,\boldsymbol{x}) = \frac{4\pi}{c}\boldsymbol{j}(t,\boldsymbol{x})\,. \tag{1.44d}$$

Der Ausdruck für die Lorentz-Kraft lautet hier

$$\boldsymbol{F}(t,\boldsymbol{x}) = q\big(\boldsymbol{E}(t,\boldsymbol{x}) + \frac{1}{c}\,\boldsymbol{v}\times\boldsymbol{B}(t,\boldsymbol{x})\big)\,, \tag{1.44e}$$

im Vakuum werden elektrisches Feld und elektrische Verschiebung, und ebenso magnetische Induktion und Magnetfeld identifiziert, d. h.

$$\boldsymbol{D}(t,\boldsymbol{x}) = \boldsymbol{E}(t,\boldsymbol{x})\,, \qquad \boldsymbol{B}(t,\boldsymbol{x}) = \boldsymbol{H}(t,\boldsymbol{x})\,, \quad \text{(im Vakuum)}\,. \tag{1.44f}$$

Schließlich notieren wir noch die Wellengleichung in Gauß'schen Einheiten,

$$\left(\frac{1}{c^2}\frac{\partial^2}{\partial t^2} - \boldsymbol{\Delta}\right) g(t,\boldsymbol{x}) = 0\,, \tag{1.45}$$

wo $g(t,\boldsymbol{x})$ für eine beliebige Komponente des elektrischen oder magnetischen Feldes im Vakuum steht. Natürlich hat sie dieselbe Form wie im SI-System.

Die folgende Tabelle vergleicht noch einmal das SI-System und das Gauß'sche System. Die Abkürzungen „esu“, „esc“ usw. stehen für „electrostatic charge unit“, usw. Die elektrostatische Ladungseinheit „esu“, als Beispiel, ist $1\,\text{esu} = 1\,\text{g}^{1/2}\,\text{cm}^{3/2}\,\text{s}^{-1}$.

Das Gauß'sche System ist ein für die Grundlagen besonders bequemes Maßsystem, für die tägliche Praxis im Labor ist es aber völlig ungeeignet. Da wir hier die Grundlagen der Elektrodynamik behandeln, werden wir im Folgenden fast ausschliesslich das Gauß'sche System verwenden. Die Überlegungen des Abschnitts 1.4.4 und die Tabelle 1.1 sollten das Umrechnen, falls es erforderlich wird, erleichtern. Hier sind einige Beispiele.

Die Elementarladung, d. h. der Betrag der Ladung des Elektrons, in cgs- bzw. SI-Einheiten ausgedrückt ist

$$\begin{aligned} e &= 4{,}80320420(19)\cdot 10^{-10}\,\text{esu} \\ &= 1{,}602176462(63)\cdot 10^{-19}\,\text{C}\,, \end{aligned} \tag{1.46a}$$

wobei die Zahlen in Klammern den z. Z. bekannten experimentellen Fehler der letzten beiden Ziffern angeben. Da Energien in der Physik häufig in Elektronenvolt oder Zehnerpotenzen von diesen angegeben

Tab. 1.1. Zwei wichtige Maßsysteme und ihr Vergleich: Das Gauß'sche oder cgs-System und das SI- oder MKSA-System

	Gauß-System	SI-System	Vergleich
Länge	1 cm	1 m	$1\,\text{m} = 1 \cdot 10^2\,\text{cm}$
Masse	1 g	1 kg	$1\,\text{kg} = 1 \cdot 10^3\,\text{g}$
Zeit	1 s	1 s	
Kraft	1 dyn	1 N	$1\,\text{N} = 1 \cdot 10^5\,\text{dyn}$
Energie	1 erg	1 J	$1\,\text{J} = 1 \cdot 10^7\,\text{erg}$
Leistung	$1\,\text{erg}\,\text{s}^{-1}$	1 W	$1\,\text{W} = 1 \cdot 10^7\,\text{erg}\,\text{s}^{-1}$
Ladung	1 esu	1 C	$1\,\text{C} = 3 \cdot 10^9\,\text{esu}$
Stromstärke	1 esc	1 A	$1\,\text{A} = 3 \cdot 10^9\,\text{esc}$
Potential	1 esv	1 V	$1\,\text{V} = 1/300\,\text{esv}$
Elektrisches Feld	$1\,\text{esv}\,\text{cm}^{-1}$	$1\,\text{Vm}^{-1}$	
Magnetisches Feld	1 Oersted (Oe)	$1\,\text{Aw}\,\text{m}^{-1}$	$1\,\text{Aw}\,\text{m}^{-1} = 4\pi \cdot 10^{-3}\,\text{Oe}$
Magnetische Induktion	1 Gauß (G)	1 Tesla	$1\,\text{Tesla} = 10^4\,\text{Gauß}$

werden, ist es wichtig, die Umrechnung in SI-Einheiten zu kennen. Aus den eben genannten Zahlen ergibt sie sich für das Elektronenvolt zu

$$1\,\text{eV} = 1{,}602176462(63) \cdot 10^{-19}\,\text{J} \tag{1.46b}$$

Einigen für die Praxis nützlichen Vielfachen des Elektronenvolts werden eigene Einheitensymbole zugewiesen, so z. B.

$$1\,\text{meV} = 1 \cdot 10^{-3}\,\text{eV}\,, \quad 1\,\text{keV} = 1 \cdot 10^{3}\,\text{eV}\,, \quad 1\,\text{MeV} = 1 \cdot 10^{6}\,\text{eV}\,,$$
$$1\,\text{GeV} = 1 \cdot 10^{9}\,\text{eV}\,, \quad 1\,\text{TeV} = 1 \cdot 10^{12}\,\text{eV}\,,$$

wobei „m" für „Milli-", „k" für „Kilo-", „M" für „Mega-", „G" für „Giga-" und „T" für „Tera-" stehen.

Auch Massen m von atomaren oder subatomaren Teilchen werden in aller Regel in einer Weise angegeben, dass die Ruheenergie mc^2 in Elektronenvolt oder Vielfachen davon erscheint. Übersetzt in SI-Einheiten ist

$$1\,\text{eV}/\text{c}^2 = 1{,}782661731(70) \cdot 10^{-36}\,\text{kg}\,. \tag{1.46c}$$

Um ein Gefühl für die Größenordnungen zu bekommen, ist es interessant die Masse eines sehr schweren Kerns in Kaufmannseinheiten oder typische elektrische Felder in Atomen in den einem Elektromechaniker geläufigen Einheiten auszudrücken, s. Aufgabe 1.3 und Aufgabe 1.4.

Bemerkungen

1. In der Relativitätstheorie und in der Elementarteilchenphysik verwendet man sog. *natürliche Einheiten,* die so gewählt werden, dass die Lichtgeschwindigkeit c und die (durch 2π dividierte) Planck'sche Konstante den Wert 1 annehmen,

$$c = 1\,, \qquad \hbar \equiv \frac{h}{2\pi} = 1\,.$$

Einige Anleitungen, wie man in dieser Wahl vorgeht und wie man in gewöhnliche, dimensionsbehaftete Größen umrechnet, findet man z. B. in Band 4, Abschn. 2.1.2.
Obwohl ich dies in diesem Band nicht tun werde, sei noch darauf hingewiesen, dass man auch im Gauß'schen System die Faktoren 4π auf den rechten Seiten von (1.44c) und (1.44d) zum Verschwinden bringen kann, indem man sie in den Feldern und in den Quellen wie folgt aufnimmt. Es sei

$$\boldsymbol{E}|_{\text{nat}} := \frac{1}{\sqrt{4\pi}} \boldsymbol{E}|_{\text{Gauß}} , \qquad \varrho|_{\text{nat}} := \sqrt{4\pi}\, \varrho|_{\text{Gauß}} .$$

Die entsprechenden Faktoren $1/\sqrt{4\pi}$ bzw. $\sqrt{4\pi}$ werden genauso in den Feldern $\boldsymbol{D}$, $\boldsymbol{H}$ und $\boldsymbol{B}$ bzw. in der Stromdichte absorbiert, so dass – zusammen mit der Konvention $c = 1$ – die Faktoren in den Maxwell-Gleichungen jetzt alle gleich 1 sind. Damit lässt es sich sehr bequem rechnen und erst am Ende einer konkreten Rechnung muss man wieder auf konventionelle Einheiten umrechnen. So ist z. B. die Sommerfeld'sche Feinstrukturkonstante α zwar eine dimensionslose Zahl, ihr Zusammenhang mit der Elementarladung hängt aber vom gewählten System ab. Es ist

$$\alpha = \frac{e^2|_{\text{Gauß}}}{\hbar c} = \frac{e^2|_{\text{nat}}}{4\pi} = \frac{1}{137{,}036} .$$

Am Ende einer Rechnung, bei der man natürliche Einheiten verwendet hat, muss man folglich $e^2|_{\text{nat}}$ durch $4\pi\alpha$ mit $\alpha = (137{,}036)^{-1}$ ersetzen.

2. Wie schon weiter oben bemerkt, enthalten die Maxwell-Gleichungen (1.44a)–(1.44d) auf der jeweils linken Seite nur elektromagnetische *Feld*größen, auf den rechten Seiten nur *Quell*terme. Die Größen der ersten Gruppe betreffen das, was man das *Strahlungsfeld* nennt, die zweite Gruppe betreffen die *Materie,* deren Bausteine Elektronen, Ionen, Atomkerne sind. Diese Unterscheidung ist physikalisch sinnvoll: Die Materie wird durch eine andere Dynamik als die Maxwell-Felder beschrieben, während die Maxwell-Gleichungen auch ohne äußere Quellen, d. h. mit $\varrho \equiv 0$ und $\boldsymbol{j} \equiv 0$, interessante physikalische Phänomene beschreiben.
3. Es lohnt sich, über die Vorzeichen in den Maxwell'schen Gleichungen nachzudenken und genau abzugrenzen, in wieweit diese Konventionssache sind oder aus physikalischen Gründen festliegen. Wir wollen dies folgendermaßen gliedern:
   Elektrisches Feld und positive Ladung
   Es ist üblich, das elektrische Feld einer ruhenden positiven Ladung radial nach außen, vom Zentrum weggehend zu definieren und darzustellen. Was man dabei positive Ladung nennt, ist historisch bedingt: aus der Zeit der einfachen elektrostatischen Versuche, bei denen man verschiedene Materialien – Glas, Kollophonium und Ähnliches – durch Reibung elektrostatisch auflud, stammt die

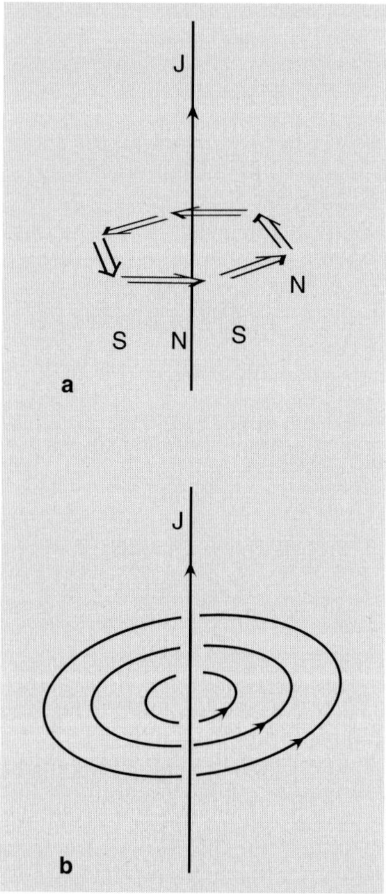

Abb. 1.6. (**a**) Ein dünner, vom Strom J durchflossener Leiter erzeugt ein Magnetfeld in seinem Außenraum, in dem Probemagnete sich wie eingezeichnet orientieren; (**b**) Verlauf des Magnetfeldes im Außenraum des Leiters

Bezeichnungsweise positiv für „Glas-elektrisch“, negativ für „Harz-elektrisch“. Mit dieser Festlegung trägt ein Elektron die *negative* Elementarladung, sein Antiteilchen, das Positron e^+, trägt ebenso wie das Proton die *positive* Elementarladung. Als eine weitere Konsequenz sagt dann die Kontinuitätsgleichung (1.21), dass die Stromdichte durch den Fluss der *positiven* Ladung definiert ist. Sie ist somit dem Fluss der frei beweglichen Elektronen entgegen gerichtet.

Permanentmagnete und Magnetfeld

Die Pole von Permanentmagneten, mit denen wir schon als Kinder gespielt haben, werden wie in der Geografie Nordpol N bzw. Südpol S genannt. Gibt man einen geradlinigen, von einem stationären Strom J durchflossenen Leiter vor, so richten sich kleine Probemagnete wie in Abb. 1.6a skizziert aus. Da man traditionell die Richtung der magnetischen Feldlinien im Außenraum eines Permanentmagneten von N nach S wählt, sind die Feldlinien, die der stromdurchflossene Leiter erzeugt, wie in Abb. 1.6b im positiven Schraubensinn gerichtet.

Mit diesen Konventionen legt das Biot-Savart'sche Gesetz die Gleichung (1.44d) mit den dort angegebenen Vorzeichen fest. Ebenso wird das Faraday'sche Induktionsgesetz in der Form (1.44b) mit den dort angegebenen Vorzeichen realisiert.

Natürlich hätte man die Vorzeichenkonventionen anders treffen können und hätte damit an einigen Stellen dieser Gleichungen andere Vorzeichen erhalten. Es ist daher interessant zu fragen, welche relativen Vorzeichen sich *nicht* ändern und welche physikalische Information dahinter steckt. Hätte man die Richtung des elektrischen Feldes so festgelegt, dass ein Elektron (das ja die Ladung $-|e|$ trägt) ein nach *außen* gerichtetes Feld erzeugt, oder hätte man zwar die oben beschriebene Konvention für elektrische Felder beibehalten, hätte aber beschlossen, das magnetische Feld eines Permanentmagneten im Außenraum von S nach N zeigen zu lassen, so würden sich auf den linken Seiten der Gleichungen (1.44b) und (1.44d) die relativen Vorzeichen ändern. Alles, was physikalisch relevant ist, würde aber invariant bleiben. So z. B.

- der physikalische Inhalt von (1.44b), das Ausdruck des Induktionsgesetzes ist, in Form der Lenz'schen Regel. Die durch die Bewegung von Magneten oder Strömen erzeugten Induktionsströme sind so gerichtet, dass ihr eigenes Magnetfeld der Bewegung entgegen gerichtet ist;
- die Ausrichtung eines Permanentmagneten in dem durch einen stromdurchflossenen Leiter erzeugten Magnetfeld: der Magnet stellt sich so ein, dass sein eigenes Feld und das des Leiters sich möglichst kompensieren, d. h. dass die Feldenergie, die proportional zum Raumintegral über $\boldsymbol{H}^2$ ist, möglichst klein wird;
- das relative Vorzeichen von $\boldsymbol{B}$ bzw. $\boldsymbol{H}$ und von $\boldsymbol{E}$ bzw. $\boldsymbol{D}$ in (1.44b) und (1.44d): wie wir in Abschn. 1.4.4 gezeigt haben, folgt genau

dann die Wellengleichung (1.45) für jede Komponente der Felder, die die Ausbreitung elektromagnetischer Wellen im Vakuum beschreibt. Umgekehrt, wenn dieses Vorzeichen nicht invariant, d. h. von den Konventionen unabhängig wäre, so würde der Differentialoperator $\left((1/c^2)\partial^2/\partial t^2 - \mathbf{\Delta}\right)$ in (1.45), der für die Ausbreitung von ebenen Wellen mit der Geschwindigkeit c verantwortlich ist, mit dem Operator

$$\left(\frac{1}{c^2}\frac{\partial^2}{\partial t^2} + \mathbf{\Delta}\right)$$

konkurrieren, der für eine ganz andere Art von Physik zuständig ist.

1.5 Skalare Potentiale und Vektorpotentiale

Bei statischen Verhältnissen kann man elektrische Felder $\boldsymbol{E}(\boldsymbol{x})$ als negativen Gradienten einer skalaren Hilfsfunktion $\Phi(\boldsymbol{x})$ darstellen, s. Abschn. 1.3.2, $\boldsymbol{E}(\boldsymbol{x}) = -\nabla\Phi(\boldsymbol{x})$. Während das elektrische Feld als beobachtbare Größe natürlich eindeutig festliegt, ist die Hilfsfunktion Φ nur bis auf eine additive konstante Funktion festlegbar. In diesem Abschnitt zeigen wir, dass auch bei nichtstatischen, zeitabhängigen Verhältnissen sowohl die elektrischen als auch die magnetischen Felder durch solche Funktionen bzw. Vektorfelder ausgedrückt werden können, die zwar selber nicht direkt beobachtbar und deshalb auch nicht eindeutig definierbar sind, die aber aus vielerlei Gründen sehr nützliche Hilfsgrößen sind. Ihre Definition und wichtigsten Eigenschaften stellen wir hier zusammen, ihre tiefere Bedeutung, ihre Vorzüge und Nachteile werden erst in den weiteren Abschnitten klar hervor treten.

1.5.1 Einige Formeln aus der Vektoranalysis

In Abschn. 1.1 hatten wir in den Gleichungen (1.4) und (1.5) gezeigt, dass die Rotation eines Gradientenfeldes und, in der Dimension 3, auch die Divergenz einer Rotation gleich Null sind. Diese und weitere für das Folgende nützliche Formeln leiten wir hier ab. Zur Illustration und zur Übung tun wir dies auf verschiedene, wenn auch äquivalente Weisen. Die wichtigsten Formeln, die wir unten benötigen werden, lauten

$$\nabla\cdot\left(\nabla\times\boldsymbol{A}(t,\boldsymbol{x})\right) = 0\,, \tag{1.47a}$$

$$\nabla\times\left(\nabla f(t,\boldsymbol{x})\right) = 0\,, \tag{1.47b}$$

$$\nabla\times\left(\nabla\times\boldsymbol{A}(t,\boldsymbol{x})\right) = \nabla\left(\nabla\cdot\boldsymbol{A}(t,\boldsymbol{x})\right) - \mathbf{\Delta}\boldsymbol{A}(t,\boldsymbol{x})\,. \tag{1.47c}$$

Die dritte dieser Gleichungen ist komponentenweise zu verstehen, d. h. in kartesischen Komponenten ausgeschrieben lautet sie

$$\left(\nabla\times(\nabla\times\boldsymbol{A}(t,\boldsymbol{x}))\right)_i = \frac{\partial}{\partial x^i}\left(\nabla\cdot\boldsymbol{A}(t,\boldsymbol{x})\right) - \mathbf{\Delta}A_i(t,\boldsymbol{x})\,, \quad i = 1,2,3\,.$$

Beweise bei Verwendung des ε-Tensors

Der ε-Tensor, oder Levi-Civita Symbol in Dimension 3 ist

$$\varepsilon_{ijk} = +1\,, \text{ wenn } \{i, j, k\} \text{ eine \textit{gerade} Permutation von } \{1,2,3\} \text{ ist,}$$
$$\varepsilon_{ijk} = -1\,, \text{ wenn } \{i, j, k\} \text{ eine \textit{ungerade} Permutation von } \{1,2,3\} \text{ ist,}$$
$$\varepsilon_{ijk} = 0\,, \quad \text{wenn zwei oder drei Indizes gleich sind.}$$

In Dimension 3 sind alle zyklischen Permutationen von $\{i, j, k\}$ gerade, alle antizyklischen sind ungerade, d. h. $\varepsilon_{123} = \varepsilon_{231} = \varepsilon_{312} = 1$, $\varepsilon_{132} = \varepsilon_{321} = \varepsilon_{213} = -1$. Bildet man die Kontraktion über zwei Indizes eines symmetrischen Tensors mit dem antisymmetrischen Levi-Civita Symbol, so kommt immer Null heraus,

$$\sum_{j,k=1}^{3} \varepsilon_{ijk} T^{ij} = 0 \quad \text{wenn } T^{ij} = T^{ji}\,.$$

Wichtig sind noch folgende Formeln für Summen über Produkte zweier ε-Tensoren:

$$\sum_{k=1}^{3} \varepsilon_{ijk}\varepsilon_{klm} = \delta_{il}\delta_{jm} - \delta_{im}\delta_{jl}\,, \tag{1.48a}$$

$$\sum_{j,k=1}^{3} \varepsilon_{ijk}\varepsilon_{jkm} = 2\delta_{im}\,. \tag{1.48b}$$

Die erste dieser Formeln soll man in Aufgabe 1.5 beweisen, die zweite folgt aus der ersten,

$$\sum_{j,k=1}^{3} \varepsilon_{ijk}\varepsilon_{jkm} = -\sum_{j,k=1}^{3} \varepsilon_{ijk}\varepsilon_{kjm} = -\sum_{j=1}^{3}\left(\delta_{ij}\delta_{jm} - \delta_{im}\delta_{jj}\right)$$
$$= -(1-3)\delta_{im}\,.$$

Kürzen wir die partiellen Ableitungen wie folgt ab

$$\frac{\partial}{\partial x^j} \equiv \partial_j\,,$$

dann ist die Rotation eines Vektorfeldes

$$\left(\nabla \times \boldsymbol{A}\right)_k = \sum_{l,m=1}^{3} \varepsilon_{klm}\partial_l A_m\,.$$

Damit ist die Divergenz hiervon die Kontraktion eines symmetrischen Tensors mit dem ε-Symbol und daher gleich Null,

$$\sum_k \partial_k \left(\nabla \times \boldsymbol{A}\right)_k = \sum_{k,l,m} \varepsilon_{klm}\partial_k\partial_l A_m = 0\,,$$

womit (1.47a) bewiesen ist.

Auch in (1.47b) wird der ε-Tensor mit dem symmetrischen Objekt $\partial_k \partial_l$ kontrahiert und ergibt Null.

Um (1.47c) zu beweisen, berechnet man eine Komponente der linken Seite wie folgt

$$\begin{aligned}
\left(\nabla \times (\nabla \times \boldsymbol{A})\right)_i &= \sum_{j,k} \varepsilon_{ijk} \partial_j (\nabla \times \boldsymbol{A})_k = \sum_{j,k} \sum_{l,m} \varepsilon_{ijk} \varepsilon_{klm} \partial_j \partial_l A_m \\
&= \sum_{j,l,m} \left(\delta_{il}\delta_{jm} - \delta_{im}\delta_{jl}\right) \partial_j \partial_l A_m \\
&= \partial_i \sum_m \partial_m A_m - \sum_j \partial_j^2 A_i = \partial_i (\nabla \cdot \boldsymbol{A}) - \boldsymbol{\Delta} A_i \,.
\end{aligned}$$

Beweis von (1.47a) und (1.47b) mithilfe der Integralsätze

Etwas intuitiv argumentierend kann man im Gauß'schen Satz (1.6) ein sehr kleines Volumen wählen, bzw. den Grenzübergang $V \to 0$ betrachten. Dann ist eine lokale Form des Gauß'schen Satzes

$$\nabla \cdot \boldsymbol{V} = \lim_{V \to 0} \frac{1}{V} \iint_{F=\partial V} \mathrm{d}\sigma \, \boldsymbol{V} \cdot \hat{\boldsymbol{n}} \,.$$

Der Stokes'sche Satz (1.7) andererseits verknüpft das Flächenintegral der Normalkomponente einer Rotation mit einem Wegintegral über die Randkurve der Fläche,

$$\iint_{F(\mathcal{C})} \mathrm{d}\sigma \, (\nabla \times \boldsymbol{A}) \cdot \hat{\boldsymbol{n}} = \oint_{\partial F} \mathrm{d}\boldsymbol{s} \cdot \boldsymbol{A} \,.$$

Wählt man hier eine *geschlossene* Fläche, so schrumpft deren Randkurve auf Null, die rechte Seite der Gleichung verschwindet. Vergleicht man dies mit der weiter oben angegebenen lokalen Form des Gauß'schen Satzes und setzt dort $\boldsymbol{V} = \nabla \times \boldsymbol{A}$ ein, so folgt (1.47a).
In den Stokes'schen Satz (1.7) werde jetzt ein Gradientenfeld $\boldsymbol{V} = -\nabla f$ eingesetzt. Für ein Wegintegral gilt dann allgemein

$$\int_a^b \mathrm{d}\boldsymbol{s} \cdot \nabla f = f(b) - f(a) \,;$$

im Stokes'schen Satz, wo ein geschlossenes Wegintegral auftritt, fallen Angfangspunkt a und Endpunkt b zusammen, die rechte Seite von (1.7) ist Null. Da dies für jede Wahl der Fläche F gilt, folgt die Formel (1.47b).

Beweise mithilfe äußerer Formen

Dieser Teil benutzt den Kalkül mit äußeren Formen (hier auf dem $\mathbb{R}^3$), der in Band 1, Abschn. 5.4.5 behandelt wird. Wer diese Methode nicht oder nicht mehr präsent hat, mag diesen Teil zunächst überspringen. Wir kommen später darauf zurück.

Schon bei Verwendung des ε-Tensors bekommt man den Eindruck, dass (1.47a) und (1.47b) sehr nahe verwandt sind und vielleicht aus ein und derselben Aussage bewiesen werden können. Tatsächlich sind beide Relationen Konsequenzen der Tatsache, dass die äußere Ableitung, zweimal hintereinander ausgeführt, Null ergibt, $\mathrm{d} \circ \mathrm{d} = 0$. Dies zeigt man wie folgt. Einem Vektorfeld $\boldsymbol{A}$ über $\mathbb{R}^3$ ordnet man je eine Eins-Form und eine Zwei-Form über folgende Definitionen

$$\overset{1}{\omega}_{\boldsymbol{A}} = \sum_{i=1}^{3} A_i \,\mathrm{d}x^i \,, \quad \overset{2}{\omega}_{\boldsymbol{A}} = A_1 \,\mathrm{d}x^2 \wedge \mathrm{d}x^3 + \text{zyklische Permutationen}$$

zu. Dabei sind $\mathrm{d}x^1$, $\mathrm{d}x^2$ und $\mathrm{d}x^3$ die Basis-Eins-Formen, die den Koordinaten eines kartesischen Bezugssystems entsprechen. Die äußere Ableitung der ersten Form führt zur Rotation des Vektorfeldes,

$$\mathrm{d}\,\overset{1}{\omega}_{\boldsymbol{A}} = \left(\boldsymbol{\nabla} \times \boldsymbol{A}\right)_3 \mathrm{d}x^1 \wedge \mathrm{d}x^2 + \text{ zyklische Permutationen} \,,$$

die äußere Ableitung der zweiten führt zur Divergenz von $\boldsymbol{A}$,

$$\mathrm{d}\,\overset{2}{\omega}_{\boldsymbol{A}} = \left(\boldsymbol{\nabla} \cdot \boldsymbol{A}\right) \mathrm{d}x^1 \wedge \mathrm{d}x^2 \wedge \mathrm{d}x^3 \,.$$

Zu jeder äußeren Form vom Grad k gibt es eine dazu duale $(n-k)$-Form (hier mit $n = 3$), die sog. Hogde-Duale, die festliegt, wenn man die Dualen der Basisformen kennt. Diese sind

$$\begin{aligned}
&* \mathrm{d}x^1 = \mathrm{d}x^2 \wedge \mathrm{d}x^3 \ \text{(zyklisch)},\\
&*\left(\mathrm{d}x^1 \wedge \mathrm{d}x^2\right) = \mathrm{d}x^3 \ \text{(zyklisch)},\\
&*\left(\mathrm{d}x^1 \wedge \mathrm{d}x^2 \wedge \mathrm{d}x^3\right) = 1 \,.
\end{aligned}$$

Damit sieht man, dass $* \overset{2}{\omega}_{\boldsymbol{A}} = \overset{1}{\omega}_{\boldsymbol{A}}$ ist. Man berechnet jetzt

$$\begin{aligned}
&\mathrm{d}\left(\mathrm{d}\,\overset{1}{\omega}_{\boldsymbol{A}}\right) = \boldsymbol{\nabla} \cdot \left(\boldsymbol{\nabla} \times \boldsymbol{A}\right) \mathrm{d}x^1 \wedge \mathrm{d}x^2 \wedge \mathrm{d}x^3 \,, \ \text{oder}\\
&* \mathrm{d}\left(\mathrm{d}\,\overset{1}{\omega}_{\boldsymbol{A}}\right) = \boldsymbol{\nabla} \cdot \left(\boldsymbol{\nabla} \times \boldsymbol{A}\right)
\end{aligned}$$

Da aber $\mathrm{d} \circ \mathrm{d} = 0$ ist, folgt die Relation (1.47a).

Bildet man andererseits die zum Gradientenfeld $\boldsymbol{\nabla} f$ gehörende Eins-Form,

$$\overset{1}{\omega}_{\mathbf{grad}\, f} = \sum_i \left(\partial_i f\right) \mathrm{d}x^i = \mathrm{d}f \,,$$

so ist die äußere Ableitung hiervon

$$\begin{aligned}
\mathrm{d}\,\overset{1}{\omega}_{\mathbf{grad}\, f} &= \left(\boldsymbol{\nabla} \times \boldsymbol{\nabla} f\right)_3 \mathrm{d}x^1 \wedge \mathrm{d}x^2 + \text{ zyklische Permutationen}\\
&= \mathrm{d} \circ \mathrm{d}f = 0 \,.
\end{aligned}$$

Dies ist die Relation (1.47b). Beide Relationen, (1.47a) und (1.47b), sind in der Tat nichts Anderes als Spezialfälle der allgemeinen Eigenschaft $\mathrm{d} \circ \mathrm{d} = 0$ der äußeren Ableitung im $\mathbb{R}^3$.

Die dritte Relation (1.47c) ist die interessantere von den dreien. Man bilde zunächst die äußere Ableitung von $\overset{1}{\omega}_{\boldsymbol{A}}$ und davon das Hodge-Duale,

$$* \mathrm{d} \overset{1}{\omega}_{\boldsymbol{A}} = \sum_i \left(\nabla \times \boldsymbol{A}\right)_i \mathrm{d}x^i ,$$

hiervon noch einmal die äußere Ableitung,

$$\mathrm{d} * \mathrm{d} \overset{1}{\omega}_{\boldsymbol{A}} = \left(\nabla \times \left(\nabla \times \boldsymbol{A}(t, \boldsymbol{x})\right)\right)_3 \mathrm{d}x^1 \wedge \mathrm{d}x^2 + \text{ zykl. Perm. } ,$$

und zuletzt noch einmal das Duale davon,

$$* \mathrm{d} * \mathrm{d} \overset{1}{\omega}_{\boldsymbol{A}} = \sum_i \left(\nabla \times \left(\nabla \times \boldsymbol{A}(t, \boldsymbol{x})\right)\right)_i \mathrm{d}x^i .$$

Anders ausgedrückt heißt dies, dass man die linke Seite von (1.47c) aus der Eins-Form $\overset{1}{\omega}_{\boldsymbol{A}}$ erhält, wenn man darauf den Operator $(* \mathrm{d} *) \mathrm{d}$ anwendet.

Es ist nun nicht schwer zu zeigen, dass der davon verschiedene Operator $\mathrm{d}(* \mathrm{d} *)$ auf dieselbe Eins-Form angewandt, den ersten Term der rechten Seite von (1.47c) ergibt,

$$\mathrm{d}(* \mathrm{d} *) \overset{1}{\omega}_{\boldsymbol{A}} = \sum_i \partial_i \left(\nabla \cdot \boldsymbol{A}\right) \mathrm{d}x^i .$$

Die Kombination $* \mathrm{d} *$ aus äußerer Ableitung und zweimaliger Dualisierung erscheint in der Definition des sog. Kodifferentials. In Dimension n und angewandt auf eine k-Form lautet sie

Definition Kodifferential und Laplace-de Rham Operator

Ist d die äußere Ableitung, $*$ die Hodge-Dualisierung über dem $\mathbb{R}^n$, so ist das Kodifferential auf beliebige glatte k-Formen angewandt, wie folgt definiert

$$\delta := (-)^{n(k+1)+1} * \mathrm{d} * . \tag{1.49}$$

Die Summe aus den Zusammensetzungen $\mathrm{d} \circ \delta$ und $\delta \circ \mathrm{d}$

$$\boldsymbol{\Delta}_{\mathrm{LdR}} := \mathrm{d} \circ \delta + \delta \circ \mathrm{d} \tag{1.50}$$

wird *Laplace-de Rham Operator* genannt[2].

Bevor wir zur Relation (1.47c) zurückkehren, wollen wir diese Definitionen kurz kommentieren. Während die äußere Ableitung d den Grad der Form, auf die sie wirkt, um eins erhöht,

$$d : \Lambda^k \to \Lambda^{k+1} : \overset{k}{\omega} \mapsto \overset{(k+1)}{\eta} = \mathrm{d} \overset{k}{\omega} ,$$

[2] Diese Definitionen sind auch auf allgemeinere glatte Mannigfaltigkeiten anwendbar, vorausgesetzt diese sind orientierbar. Diese Voraussetzung stellt sicher, dass die Hodge-Dualisierung existiert.

erniedrigt das Kodifferential δ den Grad um eins. In der Tat verwandelt $*$ den Grad k in $(n-k)$, der Operator d macht daraus $(n-k)+1$, die erneute Hodge-Dualisierung führt zum Grad $n-[(n-k)+1]=k-1$. Zusammengefasst gilt also

$$\delta\Lambda^k \to \Lambda^{k-1} : \overset{k}{\omega} \mapsto \overset{(k-1)}{\lambda} = (-)^{n(k+1)+1} * \mathrm{d} * \overset{k}{\omega} \; .$$

Dies bedeutet aber, dass $\mathbf{\Delta}_{\mathrm{LdR}}$, das sich aus beiden zusammensetzt, den Grad der Form, auf die dieser Operator angewandt wird, nicht ändert,

$$\mathbf{\Delta}_{\mathrm{LdR}} : \Lambda^k \to \Lambda^k \; .$$

Wendet man den Operator (1.50) auf eine Einsform an, so ist δ im ersten Term auf der rechten Seite mit $k=1$ anzusetzen, im zweiten Term aber mit $k=2$, da die vorhergehende Anwendung von d aus der Eins-Form eine Zwei-Form macht, d. h. es ist

$$\mathbf{\Delta}_{\mathrm{LdR}} \overset{1}{\omega} = \big(-\mathrm{d}(*\mathrm{d}*) + (*\mathrm{d}*)\,\mathrm{d}\big) \overset{1}{\omega} \; .$$

Jetzt kann man zu (1.47c) zurückkehren und $\mathbf{\Delta}_{\mathrm{LdR}}$ auf $\overset{1}{\omega}_{\boldsymbol{A}}$ anwenden:

$$\begin{aligned}\mathbf{\Delta}_{\mathrm{LdR}} \overset{1}{\omega}_{\boldsymbol{A}} &= \sum_i \left[-\partial_i\big(\boldsymbol{\nabla}\cdot\boldsymbol{A}\big) + \big(\boldsymbol{\nabla}\times\big(\boldsymbol{\nabla}\times\boldsymbol{A}(t,\boldsymbol{x})\big)\big)_i\right] \mathrm{d}x^i \\ &= -\sum_i \big(\mathbf{\Delta} A_i\big)\,\mathrm{d}x^i \; .\end{aligned}$$

Dieses Resultat ist in Übereinstimmung mit der Aussage, dass der Laplace - de Rham Operator auf Funktionen gleich minus dem gewöhnlichen Laplace (oder Laplace-Beltrami) Operator ist. In der Tat ist

$$\mathbf{\Delta}_{\mathrm{LdR}} f = \big(\mathrm{d}\circ\delta + \delta\circ\mathrm{d}\big) f = -(*\mathrm{d}*)(\mathrm{d}f) = -\sum_i \partial_i^2 f \; .$$

1.5.2 Konstruktion eines Vektorfeldes aus seinen Quellen und Wirbeln

Stellen wir uns vor, von einem glatten Vektorfeld sei zunächst nur bekannt, dass es glatt ist, dass seine Divergenz durch die glatte Funktion

$$f(t,\boldsymbol{x}) = \boldsymbol{\nabla}\cdot\boldsymbol{A}(t,\boldsymbol{x}) \; ,$$

seine Rotation durch das glatte Vektorfeld

$$\boldsymbol{g}(t,\boldsymbol{x}) = \boldsymbol{\nabla}\times\boldsymbol{A}(t,\boldsymbol{x})$$

gegeben sind und dass sowohl $f(t,\boldsymbol{x})$ als auch $\boldsymbol{g}(t,\boldsymbol{x})$ zu allen Zeiten lokalisiert sind, d. h. ganz im Endlichen liegen. Kann man aus den Daten $\big(f(t,\boldsymbol{x}),\boldsymbol{g}(t,\boldsymbol{x})\big)$ das volle Vektorfeld $\boldsymbol{A}(t,\boldsymbol{x})$ rekonstruieren und ist die so gewonnene Darstellung eindeutig?

Um diese Fragen zu beantworten, macht man den Ansatz

$$\boldsymbol{A}(t,\boldsymbol{x}) = \boldsymbol{A}_1(t,\boldsymbol{x}) + \boldsymbol{A}_2(t,\boldsymbol{x}) \quad \text{derart, dass} \tag{1.51a}$$

$$\begin{aligned} \boldsymbol{\nabla}\cdot\boldsymbol{A}_1(t,\boldsymbol{x}) &= f(t,\boldsymbol{x})\,, & \boldsymbol{\nabla}\times\boldsymbol{A}_1(t,\boldsymbol{x}) &= 0\,, \\ \boldsymbol{\nabla}\cdot\boldsymbol{A}_2(t,\boldsymbol{x}) &= 0\,, & \boldsymbol{\nabla}\times\boldsymbol{A}_1(t,\boldsymbol{x}) &= \boldsymbol{g}(t,\boldsymbol{x})\,. \end{aligned} \tag{1.51b}$$

Der erste Anteil trägt die Quellen, ist aber wirbelfrei, der zweite Anteil hat keine Quellen, wohl aber die für das gesuchte Vektorfeld vorgegebenen Wirbel. Man geht in zwei Schritten vor:

Der wirbelfreie Anteil kann als Gradientenfeld angesetzt werden, $\boldsymbol{A}_1 = -\boldsymbol{\nabla}\Phi$, wobei das Minuszeichen eine Sache der gewählten Konvention ist. Es gilt also die Poisson-Gleichung

$$\boldsymbol{\Delta}\Phi(t,\boldsymbol{x}) = -f(t,\boldsymbol{x})\,,$$

für die eine nicht weiter eingeschränkte Lösung als

$$\Phi(t,\boldsymbol{x}) = \frac{1}{4\pi}\iiint \mathrm{d}^3x'\,\frac{f(t,\boldsymbol{x}')}{|\boldsymbol{x}'-\boldsymbol{x}|}\,. \tag{1.52a}$$

angegeben werden kann. (Wem diese Formel nicht vertraut ist, möge sie mittels der Aufgabe 1.6 herleiten.)

Den quellenfreien Anteil $\boldsymbol{A}_2$ stellt man in der Form einer Rotation dar, $\boldsymbol{A}_2 = \boldsymbol{\nabla}\times\boldsymbol{C}$, wobei das Hilfsfeld $\boldsymbol{C}$ so gewählt werden kann, dass es selbst keine Quellen hat, d. h. dass $\boldsymbol{\nabla}\cdot\boldsymbol{C} = 0$ ist. Sollte $\boldsymbol{C}$ zwar schon vorliegen, aber nicht quellenfrei sein, so ersetze man es durch $\boldsymbol{C}' = \boldsymbol{C}+\boldsymbol{B}$ mit $\boldsymbol{\nabla}\times\boldsymbol{B} = 0$ und wähle $\boldsymbol{B}$ so, dass $\boldsymbol{\nabla}\cdot\boldsymbol{C}' = 0$ ist. Dies ist immer möglich, da $\boldsymbol{B}$ als Gradientenfeld dargestellt werden kann, $\boldsymbol{B} = -\boldsymbol{\nabla}h$, und da die Poisson-Gleichung $\boldsymbol{\Delta}h = \boldsymbol{\nabla}\cdot\boldsymbol{C}$ lösbar ist. Nach Voraussetzung gilt dann

$$\boldsymbol{\nabla}\times\big(\boldsymbol{\nabla}\times\boldsymbol{C}(t,\boldsymbol{x})\big) = \boldsymbol{g}(t,\boldsymbol{x})\,.$$

Da das Hilfsfeld $\boldsymbol{C}$ Divergenz Null hat, ist die linke Seite dieser Gleichung mit (1.47c) gleich $-\boldsymbol{\Delta}\boldsymbol{C}$ und somit gilt $\boldsymbol{\Delta}\boldsymbol{C} = -\boldsymbol{g}(t,\boldsymbol{x})$. Auch diese Poisson-Gleichung lässt sich lösen,

$$\boldsymbol{C}(t,\boldsymbol{x}) = \frac{1}{4\pi}\iiint \mathrm{d}^3x'\,\frac{\boldsymbol{g}(t,\boldsymbol{x}')}{|\boldsymbol{x}'-\boldsymbol{x}|}\,. \tag{1.52b}$$

Mit diesen Hilfsmitteln erhält man das gesuchte Vektorfeld in der Zerlegung

$$\begin{aligned} \boldsymbol{A}(t,\boldsymbol{x}) = &-\boldsymbol{\nabla}_x\left(\frac{1}{4\pi}\iiint \mathrm{d}^3x'\,\frac{f(t,\boldsymbol{x}')}{|\boldsymbol{x}'-\boldsymbol{x}|}\right) \\ &+\boldsymbol{\nabla}_x\times\left(\frac{1}{4\pi}\iiint \mathrm{d}^3x'\,\frac{\boldsymbol{g}(t,\boldsymbol{x}')}{|\boldsymbol{x}'-\boldsymbol{x}|}\right) \end{aligned} \tag{1.53}$$

in ein Gradientenfeld und ein Rotationsfeld.

Diese Zerlegung des gesuchten Vektorfeldes nach seinen Quellen und seinen Wirbeln ist natürlich nicht eindeutig: Man kann zu einem derart konstruierten $\boldsymbol{A}$ immer ein Gradientenfeld $\nabla\chi$ addieren, bei dem die glatte Funktion $\chi(t,\boldsymbol{x})$ der Laplace-Gleichung $\boldsymbol{\Delta}\chi(t,\boldsymbol{x})=0$ genügt, ohne etwas an seinen Quellen oder seinen Wirbeln zu ändern. Alle Vektorfelder der Klasse

$$\left\{\boldsymbol{A}(t,\boldsymbol{x})+\nabla\chi(t,\boldsymbol{x})\,|\,\chi(t,\boldsymbol{x})\text{ glatte Lösung von }\boldsymbol{\Delta}\chi(t,\boldsymbol{x})=0\right\} \qquad (1.54)$$

haben dieselben Quellen und Wirbel.

1.5.3 Skalare Potentiale und Vektorpotentiale

Die im vorigen Abschnitt erhaltenen Resultate kann man unmittelbar auf die $\boldsymbol{B}$- und $\boldsymbol{E}$-Felder in den Maxwell'schen Gleichungen anwenden. Gleichung (1.44a) besagt, dass man die magnetische Induktion als Rotation eines Hilfsfeldes $\boldsymbol{A}(t,\boldsymbol{x})$ darstellen kann, $\boldsymbol{B}=\nabla\times\boldsymbol{A}$. Setzt man diesen Ansatz in (1.44b) ein, so folgt

$$\nabla\times\left(\boldsymbol{E}+\frac{1}{c}\frac{\partial}{\partial t}\boldsymbol{A}\right)=0\,.$$

Dies wiederum bedeutet, dass man den Ausdruck in geschweiften Klammern als Gradientenfeld $-\nabla\Phi$ einer weiteren Hilfsfunktion $\Phi(t,\boldsymbol{x})$ darstellen kann. Damit erhält man eine Darstellung des Induktionsfeldes und des elektrischen Feldes als Funktionen von $\boldsymbol{A}$ und Φ

$$\boldsymbol{B}(t,\boldsymbol{x})=\nabla\times\boldsymbol{A}(t,\boldsymbol{x})\,, \qquad (1.55a)$$

$$\boldsymbol{E}(t,\boldsymbol{x})=-\frac{1}{c}\frac{\partial}{\partial t}\boldsymbol{A}(t,\boldsymbol{x})-\nabla\Phi(t,\boldsymbol{x})\,. \qquad (1.55b)$$

Während die Felder $\boldsymbol{B}$ und $\boldsymbol{E}$ die eigentlichen Observablen sind, ist weder die Funktion Φ, das sog. *skalare Potential*, noch das Vektorfeld $\boldsymbol{A}$, das *Vektorpotential* direkt messbar. Das können sie schon deshalb nicht sein, weil man beide Hilfsgrößen in einer gleich zu beschreibenden Weise ändern kann, ohne die Maxwell-Felder selbst zu ändern. Ein erster Grund, der es rechtfertigt, diese Größen dennoch einzuführen, ist, dass mit (1.55a) und (1.55b) die beiden homogenen Maxwell-Gleichungen (1.44a) und (1.44b) automatisch erfüllt sind.

Im Vakuum (und bei Wahl Gauß'scher Einheiten) sind die Felder $\boldsymbol{D}$ und $\boldsymbol{E}$ gleich, ebenso die Felder $\boldsymbol{B}$ und $\boldsymbol{H}$. In diesem Fall kann man (1.55a) und (1.55b) in die inhomogenen Maxwell-Gleichungen (1.44c) und (1.44d) einsetzen und erhält

$$\boldsymbol{\Delta}\Phi(t,\boldsymbol{x})+\frac{1}{c}\frac{\partial}{\partial t}\left(\nabla\cdot\boldsymbol{A}(t,\boldsymbol{x})\right)=-4\pi\varrho(t,\boldsymbol{x})\,, \qquad (1.56a)$$

$$\boldsymbol{\Delta}\boldsymbol{A}(t,\boldsymbol{x})-\frac{1}{c^2}\frac{\partial^2}{\partial t^2}\boldsymbol{A}(t,\boldsymbol{x})-\nabla\left(\frac{1}{c}\frac{\partial\Phi(t,\boldsymbol{x})}{\partial t}+\nabla\cdot\boldsymbol{A}(t,\boldsymbol{x})\right)$$
$$=-\frac{4\pi}{c}\boldsymbol{j}(t,\boldsymbol{x})\,. \qquad (1.56b)$$

Wie schon bemerkt, ist die Zerlegung (1.55a) und (1.55b) nicht eindeutig. Die verbleibende Freiheit in der Wahl der Potentiale kann man wie folgt genauer beschreiben. Wählt man $\boldsymbol{A}' = \boldsymbol{A} + \boldsymbol{\nabla}\chi$, wo $\chi(t, \boldsymbol{x})$ jetzt eine beliebige glatte Funktion über der Raumzeit ist, so bleibt das Induktionsfeld $\boldsymbol{B}$ ungeändert. Allerdings ändert sich aufgrund von (1.55b) dabei das elektrische Feld, es sei denn man ersetzt *gleichzeitig* Φ durch

$$\Phi'(t, \boldsymbol{x}) = \Phi(t, \boldsymbol{x}) - \frac{1}{c}\frac{\partial}{\partial t}\chi(t, \boldsymbol{x}) \,,$$

um den Zusatzterm wieder wegzuheben. Dies führt zu einer wichtigen Begriffsbildung:

Definition Eichtransformationen

Es sei $\chi(t, \boldsymbol{x})$ eine beliebige Funktion, die in ihren Argumenten (mindestens) C^3 ist. Ersetzt man das skalare Potential und das Vektorpotential wie folgt,

$$\Phi(t, \boldsymbol{x}) \longmapsto \Phi' = \Phi(t, \boldsymbol{x}) - \frac{1}{c}\frac{\partial}{\partial t}\chi(t, \boldsymbol{x}) \,, \tag{1.57a}$$

$$\boldsymbol{A}(t, \boldsymbol{x}) \longmapsto \boldsymbol{A}'(t, \boldsymbol{x}) = \boldsymbol{A}(t, \boldsymbol{x}) + \boldsymbol{\nabla}\chi(t, \boldsymbol{x}) \,, \tag{1.57b}$$

so bleiben das elektrische Feld und das Induktionsfeld ungeändert,

$$\boldsymbol{E}'(t, \boldsymbol{x}) = \boldsymbol{E}(t, \boldsymbol{x}) \,, \quad \boldsymbol{B}'(t, \boldsymbol{x}) = \boldsymbol{B}(t, \boldsymbol{x}) \,. \tag{1.57c}$$

Eine Transformation dieses Typs, die simultan an Φ und an $\boldsymbol{A}$ durchgeführt wird, heißt *Eichtransformation der Maxwell-Felder.*

Die Funktion $\chi(t, \boldsymbol{x})$, die *Eichfunktion* genannt wird, ist zunächst völlig beliebig. Man kann sie aber immer so einschränken, dass gewisse Bedingungen an die Potentiale erfüllt sind. Zum Beispiel kann man verlangen, dass χ der inhomogenen Differentialgleichung

$$\left(\frac{1}{c^2}\frac{\partial^2}{\partial t^2} - \boldsymbol{\Delta}\right)\chi(t, \boldsymbol{x}) = \boldsymbol{\nabla}\cdot\boldsymbol{A}(t, \boldsymbol{x}) + \frac{1}{c}\frac{\partial\Phi(t, \boldsymbol{x})}{\partial t}$$

genügt. Mit dieser Wahl gilt für die transformierten Potentiale

$$\frac{1}{c}\frac{\partial\Phi'(t, \boldsymbol{x})}{\partial t} + \boldsymbol{\nabla}\cdot\boldsymbol{A}'(t, \boldsymbol{x}) = 0 \,. \tag{1.58}$$

Jede Wahl der Eichtransformation, die diese Gleichung erfüllt, nennt man *Lorenz-Eichung*. Allerdings ist damit nur eine Klasse von Eichungen festgelegt: jede weitere Eichtransformation mit einer Eichfunktion $\psi(t, \boldsymbol{x})$, die Lösung der Differentialgleichung

$$\left(\frac{1}{c^2}\frac{\partial^2}{\partial t^2} - \boldsymbol{\Delta}\right)\psi(t, \boldsymbol{x}) = 0$$

ist und die der durch $\chi(t, \boldsymbol{x})$ erzeugten Eichtransformation nachgeschaltet ist, ändert die Lorenz-Bedingung (1.58) nicht mehr.

Nehmen wir an, wir hätten die Potentiale schon so gewählt, dass sie der Bedingung (1.58) genügen, und schreiben wir auch dann wieder Φ statt Φ', $\boldsymbol{A}$ statt $\boldsymbol{A}'$, so vereinfachen sich (1.56a) und (1.56b) zu Wellengleichungen (1.45) mit Quelltermen,

$$\left(\frac{1}{c^2}\frac{\partial^2}{\partial t^2} - \boldsymbol{\Delta}\right)\Phi(t, \boldsymbol{x}) = 4\pi\varrho(t, \boldsymbol{x}) \,, \qquad (1.59a)$$

$$\left(\frac{1}{c^2}\frac{\partial^2}{\partial t^2} - \boldsymbol{\Delta}\right)\boldsymbol{A}(t, \boldsymbol{x}) = 4\pi\boldsymbol{j}(t, \boldsymbol{x}) \,. \qquad (1.59b)$$

Auch hier enthalten die linken Seiten „Strahlungsgrößen“, hier in Gestalt der Potentiale, die rechte Seite die „Materie“ als Quellterme der Bewegungsgleichungen.

Hier ist ein zweiter Grund, der dafür spricht Potentiale zu verwenden: In manchen Situationen wird es einfacher sein, die Wellengleichung (1.45) für die Hilfsgrößen Φ und $\boldsymbol{A}$, mit oder ohne Quellterme, zu lösen und daraus die beobachtbaren Felder zu berechnen, als die Wellengleichung für diese selbst zusammen mit den Verknüpfungsrelationen, die in den Maxwell'schen Gleichungen enthalten sind.

An dieser Stelle lohnt es sich, noch einmal zur Bemerkung 2 in Abschn. 1.3.5 zurückzukehren, in der wir angenommen hatten, die Ladungsdichte $\varrho(t, \boldsymbol{x})$ und die Stromdichte $\boldsymbol{j}(t, \boldsymbol{x})$ ließen sich zu einem Vektorfeld über $\mathbb{R}^4$, $j(x) = \left(c\varrho, \boldsymbol{j}\right)^T$ mit $x = (x^0, \boldsymbol{x})^T$ und $x^0 = ct$, zusammenfassen derart, dass $j^\mu(x)$ sich unter $\boldsymbol{\Lambda} \in L_+^\uparrow$ kontravariant transformiert. Nun fasst man das skalare Potential und das Vektorpotential über folgende Definition zusammen:

Definition Vierer-Potential

Ist $\Phi(t, \boldsymbol{x})$ ein skalares Potential, $\boldsymbol{A}(t, \boldsymbol{x})$ ein Vektorpotential, die (1.56a) und (1.56b) genügen, so sei

$$A(x) := \left(\Phi(x), \boldsymbol{A}(x)\right)^T \,, \quad \text{d.h.}$$
$$A^0(x) = \Phi(t, \boldsymbol{x}) \,, \; A^i = \left(\boldsymbol{A}(t, \boldsymbol{x})\right)^i \,. \qquad (1.60)$$

Die Bedeutung dieser Definition mag sich erst später, in einem größeren Rahmen voll erschließen, dennoch können wir schon hier einige interessante Beobachtungen machen. Die zeitlichen und räumlichen Ableitungen lassen sich wie in (1.22a) und (1.22b) zusammenfassen,

$$\{\partial_\mu\} = \left(\partial_0, \boldsymbol{\nabla}\right) \,, \quad \text{mit } \partial_0 = \frac{1}{c}\frac{\partial}{\partial t} \,.$$

Mit der Definition (1.5.3) nimmt die Bedingung (1.58) eine sehr einfache, invariante Form an:

$$\partial_\mu A^\mu(x) = \partial_0 A^0(x) + \sum_{i=1}^{3} \partial_i A^i(x) = \partial_0 A^0(t, \boldsymbol{x}) + \boldsymbol{\nabla} \cdot \boldsymbol{A}(t, \boldsymbol{x}) = 0 \,. \tag{1.61}$$

Diese Gestalt wird sie in jedem Inertialsystem annehmen, wenn $A(x)$ sich wie ein Lorentz-Vektor transformiert.

Auch die allgemeine Eichtransformation (1.57a), (1.57b) nimmt in dieser Formulierung eine einfache und besser überschaubare Form an. Sie lautet jetzt

$$A^\mu(x) \longmapsto A'^\mu(x) = A^\mu(x) - \partial^\mu \chi(x) \,. \tag{1.62}$$

Hier taucht die kontravariante Form des Vierer-Gradienten auf, die man aus dessen kovarianter Form in (1.22a) und (1.22b) wie folgt erhält,

$$\{\partial^\mu\} = \{g^{\mu\nu}\partial_\nu\} = \mathrm{diag}(1, -1, -1, -1)\big(\partial_0, \boldsymbol{\nabla}\big)^T = \big(\partial_0, -\boldsymbol{\nabla}\big)^T \,.$$

Das Minuszeichen vor dem zweiten Term in (1.62) ist ohne tiefere Bedeutung, da man die (beliebige) Eichfunktion χ ja jederzeit durch ihr Negatives ersetzen kann. Auch hier ist die solcherart geschriebene Form (1.62) in jedem Inertialsystem dieselbe: die Ableitung $\partial^\mu \chi$ transformiert sich genau so wie A^μ, wenn $\chi(x)$ eine Lorentz-skalare Funktion ist.

Bemerkung

Eine andere Klasse von Eichungen wird durch die Bedingung

$$\boldsymbol{\nabla} \cdot \boldsymbol{A}(t, \boldsymbol{x}) = 0 \tag{1.63}$$

festgelegt. Jede Eichung, die diese Bedingung erfüllt, heißt *transversale* oder *Coulomb-Eichung*. Eine solche Eichung kann aus physikalischen Gründen sehr nützlich sein, weil sie die transversale Natur des physikalischen Strahlungsfeldes betont. Um dies schon an dieser Stelle einzusehen, betrachte man die Gleichungen (1.56a) und (1.56b) ohne äußere Quellen und setze das skalare Potential Φ gleich Null. Für die dann verbleibende freie Wellengleichung (1.56b) mache man den Lösungsansatz

$$\boldsymbol{A}(t, \boldsymbol{x}) = \boldsymbol{\varepsilon}(\boldsymbol{k})\, \mathrm{e}^{-\mathrm{i}\omega t}\, \mathrm{e}^{\mathrm{i}\boldsymbol{k}\cdot\boldsymbol{x}} \,,$$

wobei $\boldsymbol{k}$ der Wellenzahlvektor und $\omega = c|\boldsymbol{k}|$ die Kreisfrequenz sind. Der Einheitsvektor $\hat{\boldsymbol{k}}$ gibt die Ausbreitungsrichtung an, $\boldsymbol{\varepsilon}(\boldsymbol{k})$ ist ein Polarisationsvektor, der i. Allg. von $\boldsymbol{k}$ abhängt. Die Bedingung (1.63) gibt sofort

$$\boldsymbol{\varepsilon}(\boldsymbol{k}) \cdot \boldsymbol{k} = 0 \,,$$

d. h. die Richtung von $\boldsymbol{A}$ steht auf der Ausbreitungsrichtung senkrecht. Das Gleiche gilt aber auch für die messbaren Felder:

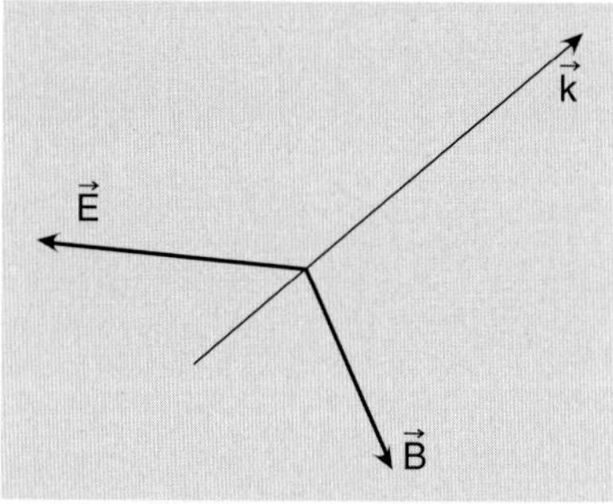

Abb. 1.7. In einer ebenen elektromagnetischen Welle stehen das elektrische Feld und die magnetische Induktion auf einander und auf der Ausbreitungsrichtung senkrecht. Dabei bilden $\boldsymbol{E}(t,\boldsymbol{x})$, $\boldsymbol{B}(t,\boldsymbol{x})$ und $\boldsymbol{k}$ ein Rechtssystem

Aus (1.55a) folgt für die ebene Welle, dass $\boldsymbol{B}$ proportional zu $\boldsymbol{k}\times\boldsymbol{\varepsilon}$ ist, d. h. ebenfalls auf der Ausbreitungsrichtung senkrecht steht. Das elektrische Feld enthält zunächst neben dem ebenfalls transversalen Anteil im ersten Term der rechten Seite von (1.55b) noch den Beitrag $-\boldsymbol{\nabla}\Phi$. Dieser ist aber gleich Null, weil das Potential selbst als identisch Null angesetzt wurde. Somit steht auch das Feld $\boldsymbol{E}(t,\boldsymbol{x})$ auf der Ausbreitungsrichtung senkrecht, $\boldsymbol{E}\propto\boldsymbol{\varepsilon}$. Dies ist eine wichtige physikalische Aussage: In einer ebenen elektromagnetischen Welle stehen die beiden Felder aufeinander und auf der Ausbreitungsrichtung senkrecht, $\boldsymbol{E}$, $\boldsymbol{B}$ und $\boldsymbol{k}$ bilden dabei ein rechtshändiges System wie in Abb. 1.7 skizziert.

1.6 Phänomenologie der Maxwell'schen Gleichungen

Nachdem die wesentlichen Inhalte der Maxwell'schen Gleichungen in integraler und in differentieller Form erklärt sind, dient dieser Abschnitt dazu, sich mit ihrer Phänomenologie, d. h. mit den in ihnen kodierten physikalischen Aussagen weiter vertraut zu machen. Wir stellen daher die weitere formale Entwicklung der Theorie noch für eine Weile zurück, zugunsten einiger Anmerkungen zu den Maxwell'schen Gleichungen. Dabei machen wir mehrfach Gebrauch von den Aussagen und Techniken des Abschn. 1.5.

1.6.1 Die Grundgleichungen und ihre Interpretation

Auch wenn einige der nun folgenden Bemerkungen Wiederholungen enthalten, ist es nützlich, sich noch einmal die wichtigsten Aussagen der Maxwell'schen Gleichungen vor Augen zu führen und in einem Block zusammen zu stellen. Wir tun dies schrittweise, den Grundgleichungen (1.44a) bis (1.44f) folgend.

i) Die erste homogene Gleichung (1.44a), $\boldsymbol{\nabla}\cdot\boldsymbol{B}(t,\boldsymbol{x})=0$ ist eine Konsequenz der Aussage, dass die magnetische Induktion keine isolierten oder isolierbaren Quellen hat. Im Gegensatz zum elektrischen Fall gibt es keine magnetische „Ladungsverteilung", die statische oder nichtstatische Felder erzeugen könnte. Magnetismus tritt immer – bildlich gesprochen – mit beiden Polen, Nord- und Südpol, auf.
ii) Die zweite homogene Gleichung (1.44b)

$$\boldsymbol{\nabla}\times\boldsymbol{E}(t,\boldsymbol{x})=-\frac{1}{c}\frac{\partial}{\partial t}\boldsymbol{B}(t,\boldsymbol{x})$$

sagt aus, dass die Wirbel des elektrischen Feldes aus den zeitlichen Veränderungen der magnetischen Induktion stammen. Im *stationären* Fall, d. h. immer dann, wenn die auftretenden Induktionsfelder gar nicht von der Zeit abhängen, $\boldsymbol{B}=\boldsymbol{B}(\boldsymbol{x})$, ist das elektrische Feld wirbelfrei. Wie man an (1.53) mit $\boldsymbol{g}(t,\boldsymbol{x})\equiv 0$ sieht, kann es in diesem Fall, und nur in diesem, als Gradientenfeld dargestellt werden.

iii) Die erste der inhomogenen Maxwell-Gleichungen (1.44c), $\nabla \cdot \boldsymbol{D}(t, \boldsymbol{x}) = 4\pi\varrho(t, \boldsymbol{x})$, drückt aus, dass die vorhandenen elektrischen Ladungen die Quellen des (elektrischen) Verschiebungsfeldes $\boldsymbol{D}$ sind. Über seine Wirbel wird nichts ausgesagt! An dieser und der vorhergehenden Bemerkung sieht man, dass man über die Grundgleichungen hinaus noch *Verknüpfungsrelationen* zwischen $\boldsymbol{D}$ und $\boldsymbol{E}$ und natürlich auch zwischen $\boldsymbol{B}$ und $\boldsymbol{H}$ braucht – Relationen, die im Vakuum durch (1.44f), je nach verwendetem Einheitensystem mit oder ohne konstante Vorfaktoren, gegeben sind. Wir kommen in Abschn. 1.6.2 und 1.6.3 darauf zurück.

iv) Die zweite inhomogene Maxwell-Gleichung (1.44d),

$$\nabla \times \boldsymbol{H}(t, \boldsymbol{x}) = \frac{4\pi}{c} \left(\boldsymbol{j}(t, \boldsymbol{x}) + \frac{1}{4\pi} \frac{\partial}{\partial t} \boldsymbol{D}(t, \boldsymbol{x}) \right) ,$$

die wir hier im Blick auf die nun folgende Bemerkung etwas umgeschrieben haben, reduziert sich im *stationären* Fall auf

$$\nabla \times \boldsymbol{H}(\boldsymbol{x}) = \frac{4\pi}{c} \boldsymbol{j}(\boldsymbol{x}) . \tag{1.64}$$

Die Wirbel stationärer magnetischer Felder stammen allein aus der zeitunabhängig vorgegebenen Stromdichte $\boldsymbol{j}(\boldsymbol{x})$. Da die Divergenz einer Rotation verschwindet, ist die Kontinuitätsgleichung (1.21) in der eingeschränkten Form $\nabla \cdot \boldsymbol{j}(\boldsymbol{x}) = 0$ erfüllt. Hätten wir nicht ohnehin die Kontinuitätsgleichung in ihrer vollen Form (1.21) als eine besonders wichtige Grundgleichung an den Anfang gestellt, könnte man auch folgendermaßen argumentieren: Die stationäre Gleichung (1.64) ist mit der Kontinuitätsgleichung verträglich. Stationäre Ströme sind immer geschlossene Ströme und sind über (1.64) für die entstehenden, ebenfalls stationären Magnetfelder verantwortlich. Soll die Kontinuitätsgleichung auch im *nichtstationären* Fall, dann natürlich in der allgemeinen Form (1.21) gültig bleiben, dann muss man die Stromdichte offenbar durch

$$\boldsymbol{j}(\boldsymbol{x}) \longmapsto \left(\boldsymbol{j}(t, \boldsymbol{x}) + \frac{1}{4\pi} \frac{\partial}{\partial t} \boldsymbol{D}(t, \boldsymbol{x}) \right) \tag{1.65a}$$

ersetzen, um von (1.64) zu (1.44d) zu gelangen. Der orts- und zeitabhängigen Stromdichte muss man formal die neue „Stromdichte"

$$\boldsymbol{j}_{\text{Maxwell}}(t, \boldsymbol{x}) = \frac{1}{4\pi} \frac{\partial}{\partial t} \boldsymbol{D}(t, \boldsymbol{x}) \tag{1.65b}$$

hinzufügen. Maxwell selbst nannte diesen Zusatzterm den *displacement current,* den *Verschiebungsstrom,* der unbedingt anwesend sein muss, wenn die Maxwell'schen Gleichungen nicht der Kontinuitätsgleichung widersprechen sollen. Es ist allerdings nur begrenzt möglich, mit diesem Verschiebungsterm eine anschauliche Vorstellung zu verbinden. Aufgabe 1.13 gibt zwar ein einfaches Beispiel, bei dem ein dielektrisches Medium zwischen die Platten eines aufgeladenen

Kondensators eingefügt wird und bei dem während der Entladung in der Tat Ladungen im Medium verschoben werden, aber im materiefreien Raum sieht man nicht so einfach ein, was da „verschoben" wird. Der Term, wie immer man ihn begründet, ist physikalisch essenziell wichtig. Er sorgt nicht nur dafür, dass die Kontinuitätsgleichung richtig bleibt, wenn die beteiligten Felder zeitabhängig werden, sondern ermöglicht überhaupt erst die Existenz von elektromagnetischen Wellen. Wie wir in Abschn. 1.4.4 gezeigt haben, folgt die Wellengleichung aus den Maxwell'schen Gleichungen nur dann, wenn dieser Term vorhanden ist. Der Nachweis der Existenz elektromagnetischer Wellen im Vakuum war also der entscheidende Prüfstein für diesen von Maxwell postulierten Verschiebungsstrom.

v) Die Lorentz-Kraft (1.44e) mit ihrer typischen Abhängigkeit von der Geschwindigkeit schließlich gibt einen wichtigen Hinweis auf die Raum-Zeitsymmetrien der Maxwell'schen Gleichungen, den wir weiter unten, in Abschn. 2.2, ausarbeiten.

vi) In statischen, d. h. zeitunabhängigen Situationen zerfallen die Maxwell'schen Gleichungen in zwei voneinander entkoppelte Gruppen:

$$\nabla \times \boldsymbol{E}(\boldsymbol{x}) = 0\,, \tag{1.66a}$$

$$\nabla \cdot \boldsymbol{D}(\boldsymbol{x}) = 4\pi\varrho(\boldsymbol{x})\,, \tag{1.66b}$$

$$\boldsymbol{D}(\boldsymbol{x}) = \boldsymbol{\varepsilon}(\boldsymbol{x})\boldsymbol{E}(\boldsymbol{x})\,; \tag{1.66c}$$

$$\nabla \cdot \boldsymbol{B}(\boldsymbol{x}) = 0\,, \tag{1.67a}$$

$$\nabla \times \boldsymbol{H}(\boldsymbol{x}) = \frac{4\pi}{c}\boldsymbol{j}(\boldsymbol{x})\,, \tag{1.67b}$$

$$\boldsymbol{B}(\boldsymbol{x}) = \boldsymbol{F}\big(\boldsymbol{H}(\boldsymbol{x})\big)\,. \tag{1.67c}$$

Die letzte dieser Gleichungen (1.67c) gibt nur unter gewissen Voraussetzungen einen *linearen* Zusammenhang zwischen $\boldsymbol{B}$ und $\boldsymbol{H}$, analog zu (1.66c),

$$\boldsymbol{B}(\boldsymbol{x}) = \boldsymbol{\mu}(\boldsymbol{x})\boldsymbol{H}(\boldsymbol{x})\,, \tag{1.67d}$$

auf die wir weiter unten eingehen.
Die ersten drei sind die Grundgleichungen der *Elektrostatik*, die zweite Gruppe enthält die Grundgleichungen der *Magnetostatik*. Allerdings werden magnetische und elektrische Phänomene nur scheinbar entkoppelt, weil die Ströme natürlich von bewegten Ladungen herrühren. Sobald aber die elektrischen oder magnetischen Größen zeitlich veränderlich sind, werden alle Phänomene verkoppelt. Man spricht daher zu Recht von *elektromagnetischen* Prozessen.

vii) Die Wellengleichung (1.45) spielt eine fundamentale Rolle: sie stellt sicher, dass elektromagnetische Schwingungen im Vakuum immer der Beziehung $\omega^2 = k^2c^2$ zwischen Kreisfrequenz $\omega = 2\pi\nu = 2\pi/T$ und Wellenzahl $k = 2\pi/\lambda$ einer monochromatischen Welle genügen. Zusammen mit den Beziehungen $E = \hbar\omega$ und $\boldsymbol{p}^2 = \hbar^2k^2$, die in der

Quantentheorie Energie und Kreisfrequenz bzw. Impuls und Wellenzahl verknüpfen, wird daraus die Beziehung zwischen Energie und Impuls

$$E^2 = \boldsymbol{p}^2 c^2 \,, \tag{1.68}$$

die für masselose Teilchen charakteristisch ist. Dies ist ein Hinweis darauf, dass die Maxwell-Theorie, wenn sie den Postulaten der Quantentheorie unterworfen wird, masselose Teilchen, die *Photonen*, beschreibt.

viii) Es ist wichtig sich klarzumachen, dass die Wellengleichung (1.45) eine *notwendige,* aber bei Weitem nicht *hinreichende* Forderung an die Maxwell'schen Feldgrößen darstellt. Zwar stellt sie sicher, dass überhaupt elektromagnetische Wellen auftreten können, auch legt sie die Beziehung zwischen Kreisfrequenz und Wellenzahl und damit, nach Quantisierung, zwischen Energie und Impuls des Photons fest, die Maxwell'schen Gleichungen enthalten aber mehr Information als diese. Diese partiellen Differentialgleichungen legen die Korrelationen zwischen den Richtungen der elektrischen und magnetischen Felder fest. Als Beispiel kann die monochromatische ebene Welle dienen, bei der wir schon festgestellt haben, dass diese Felder transversal sind und aufeinander senkrecht stehen. In die Quantentheorie übersetzt heißt das, dass die Maxwell'schen Gleichungen Informationen über Spin und Polarisation von Photonen enthalten.

1.6.2 Zusammenhang der Verschiebung mit dem elektrischen Feld

Im Zusammenhang zwischen dem elektrischen Verschiebungsfeld $\boldsymbol{D}(t, \boldsymbol{x})$ und dem elektrischen Feld $\boldsymbol{E}(t, \boldsymbol{x})$ treten Eigenschaften physikalischer Medien auf, die streng genommen nur aus einer eigenen Theorie der Materie berechenbar sind. In der makroskopischen Elektrostatik, Magnetostatik und Elektrodynamik, wo Phänomene auf makroskopischen Skalen untersucht werden, ist es nützlich, die Eigenschaften der Materie in einer etwas pauschalen Weise durch Größen zu parametrisieren, die zwar im Prinzip aus einer mikroskopischen Beschreibung berechenbar sind, die aber nur gemittelte Eigenschaften der Materie widerspiegeln. Im Blick auf die Elektrostatik z. B. ist es sinnvoll, ganz pauschal *elektrische Leiter* und *polarisierbare Medien* zu unterscheiden. In idealisierten Leitern gibt es frei bewegliche Ladungen, die sich bei Anlegen eines elektrischen Feldes so lange verschieben werden bis wieder ein statischer Gleichgewichtszustand erreicht ist. In polarisierbaren Medien gibt es keine freien Ladungen, es ist aber sehr wohl möglich, dass ein angelegtes elektrisches Feld *lokal*, d. h. über mikroskopische Distanzen das Medium polarisiert.

Ist das Medium in seinen elektrischen Eigenschaften *homogen* und *isotrop*, so ist $\boldsymbol{D}(\boldsymbol{x}) = \varepsilon \boldsymbol{E}(\boldsymbol{x})$, wo ε eine Konstante ist und infolgedessen mit allen Differentialoperatoren vertauscht. Ist das Medium zwar isotrop, aber nicht mehr homogen, so wird $\varepsilon(\boldsymbol{x})$ eine Funktion des Orts, an dem der Zusammenhang der beiden Typen von Feldern untersucht wird. In beiden Fällen sollte man besser $\varepsilon(\boldsymbol{x})\,\mathbb{1}_3$ schreiben, d. h.

$$\boldsymbol{D}(\boldsymbol{x}) = \varepsilon(\boldsymbol{x})\,\mathbb{1}_3\,\boldsymbol{E}(\boldsymbol{x}) \,,$$

mit $\mathbb{1}_3$ der 3×3-Einheitsmatrix. Damit wird die angenommene Isotropie des Mediums besser bewusst gemacht. Ist die Antwort des Mediums auf angelegte Felder nämlich von der Richtung, in der diese zeigen, abhängig, so wird die Funktion $\varepsilon(\boldsymbol{x})$ durch eine 3×3-Matrix $\boldsymbol{\varepsilon}(\boldsymbol{x})$ ersetzt, deren Einträge Funktionen von $\boldsymbol{x}$ sind.

Das elektrische Feld $\boldsymbol{E}$ ist die elementare, mikroskopische Feldgröße. Das elektrische Verschiebungsfeld $\boldsymbol{D}$ kann nur in einem Medium von $\boldsymbol{E}$ abweichen (mögliche Zahlenfaktoren, die vom gewählten Einheitensystem herrühren, natürlich ausgenommen!) und dies nur dann, wenn das elektrische Feld im Medium eine Polarisation induziert, d. h. wenn im Medium lokal verschiebbare Ladungen vorhanden sind. Um dies zu illustrieren betrachten wir ein einfaches, schematisches Modell.

Ein Stück elektrisch ungeladener Materie möge in Zellen eingeteilt sein derart, dass innerhalb jeder Zelle positive und negative Ladungen zwar verschoben werden können, die Zelle aber nicht verlassen können. Ohne äußeres elektrisches Feld sollen diese Ladungen gleichverteilt sein, so dass nicht nur das ganze Stück, sondern auch jede Zelle für sich elektrisch neutral ist. Legt man jetzt ein äußeres elektrisches Feld an, so werden gleich große positive und negative Ladungen innerhalb jeder Zelle wie in Abb. 1.8b illustriert verschoben, die positiven in Richtung des Feldes, die negativen entgegengesetzt dazu. Solcherart polarisierte Zellen kann man als elektrische Dipole $\boldsymbol{d}_i$ modellieren, so dass

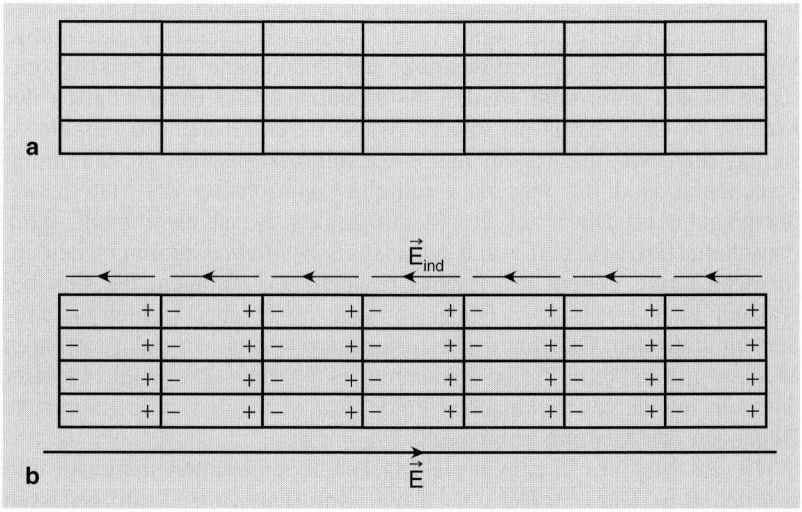

Abb. 1.8a,b. Schematisches Modell eines elektrisch polarisierbaren Mediums; (**a**) das Medium besteht aus elementaren Zellen, die elektrisch neutral sind, (**b**) wird ein äußeres Feld $\boldsymbol{E}$ angelegt, so trennen sich positive und negative Ladungen in den Elementarzellen wie eingezeichnet, es entsteht ein induziertes elektrisches Feld, das dem äußeren Feld entgegen wirkt

ihre makroskopische Wirkung in Form einer *Polarisierbarkeit*

$$\boldsymbol{P}(\boldsymbol{x}) = \sum_i N_i \langle \boldsymbol{d}_i \rangle (\boldsymbol{x}) \tag{1.69}$$

parametrisiert werden kann, wo N_i die mittlere Zahl von Dipolen pro Volumenelement ist, $\langle \boldsymbol{d}_i \rangle(\boldsymbol{x})$ der mittlere am Ort $\boldsymbol{x}$ wirksame Dipol ist.

Ein einzelner Dipol $\boldsymbol{d}$, der sich am Ort $\boldsymbol{x}'$ befindet, erzeugt am Aufpunkt $\boldsymbol{x}$ das statische Potential

$$\Phi_{\text{Dipol}}(\boldsymbol{x}) = \frac{\boldsymbol{d} \cdot (\boldsymbol{x} - \boldsymbol{x}')}{|\boldsymbol{x} - \boldsymbol{x}'|^3} = \boldsymbol{d} \cdot \nabla_{x'} \frac{1}{|\boldsymbol{x} - \boldsymbol{x}'|} , \tag{1.70a}$$

wobei die zweite Formel (1.27) eingesetzt ist. Bezeichnet $\varrho(\boldsymbol{x}')$ die Verteilung der wahren Ladungen, so geben diese und die in dem Stück Materie induzierte Polarisation somit das Potential

$$\begin{aligned} \Phi(\boldsymbol{x}) &= \iiint \mathrm{d}^3 x' \left\{ \frac{\varrho(\boldsymbol{x}')}{|\boldsymbol{x} - \boldsymbol{x}'|} + \boldsymbol{P}(\boldsymbol{x}') \cdot \nabla_{x'} \frac{1}{|\boldsymbol{x} - \boldsymbol{x}'|} \right\} \\ &= \iiint \mathrm{d}^3 x' \, \frac{\varrho(\boldsymbol{x}') - \nabla_{x'} \cdot \boldsymbol{P}(\boldsymbol{x}')}{|\boldsymbol{x} - \boldsymbol{x}'|} \end{aligned} \tag{1.70b}$$

Das elektrische Feld ist das negative Gradientenfeld hiervon, $\boldsymbol{E} = -\nabla \Phi$, und seine Divergenz berechnet sich mithilfe der Formel (1.30) und der ersten Formel (1.27) zu $\nabla \cdot \boldsymbol{E}(\boldsymbol{x}) = 4\pi[\varrho(\boldsymbol{x}) - \nabla_x \cdot \boldsymbol{P}(\boldsymbol{x})]$. Vergleicht man dies mit der ersten inhomogenen Maxwell-Gleichung (1.44c), so ergibt sich der Zusammenhang

$$\boldsymbol{D} = \boldsymbol{E} + 4\pi \boldsymbol{P} . \tag{1.71}$$

Im einfachsten Fall ist die Antwort des Mediums auf das angelegte elektrische Feld, d. h. die Polarisation $\boldsymbol{P}$ *linear* in $\boldsymbol{E}$ und in jeder Richtung dieselbe (Isotropie), in einer Formel also

$$\boldsymbol{P}(\boldsymbol{x}) = \chi_{\mathrm{e}}(\boldsymbol{x}) \boldsymbol{E}(\boldsymbol{x}) , \tag{1.72}$$

wo $\chi_{\mathrm{e}}(\boldsymbol{x})$ die *elektrische Suszeptibilität* des Mediums ist. In diesem Fall erhält man den Zusammenhang

$$\boldsymbol{D}(\boldsymbol{x}) = \varepsilon(\boldsymbol{x}) \, \boldsymbol{E}(\boldsymbol{x}) \quad \text{mit} \tag{1.73a}$$

$$\varepsilon(\boldsymbol{x}) = 1 + 4\pi \chi_{\mathrm{e}}(\boldsymbol{x}) . \tag{1.73b}$$

Ist das Medium außerdem noch homogen, dann ist ε über das ganze Medium eine Konstante, die *Dielektrizitätskonstante* genannt wird und es gilt die aus (1.44c) folgende inhomogene Differentialgleichung

$$\nabla \cdot \boldsymbol{E}(\boldsymbol{x}) = \frac{4\pi}{\varepsilon} \varrho(\boldsymbol{x}) . \tag{1.74}$$

Da die Richtung eines elektrischen Dipols von der negativen zur positiven Ladung weist, hat die Polarisation $\boldsymbol{P}$ dieselbe Richtung wie $\boldsymbol{E}$. Somit ist $\chi_{\mathrm{e}} > 0$ und $\varepsilon > 1$. Dies wiederum in (1.73a) eingesetzt bedeutet, dass das angelegte Feld durch die von ihm induzierten Dipolfelder abgeschwächt wird – in Übereinstimmung mit dem Modellbild der Abb. 1.8.

In elektrischen Leitern, soweit diese als ideal leitend modelliert werden können, tritt keine Polarisation auf. Alle vorhandenen Ladungen sind frei beweglich und wandern unter der Einwirkung eines angelegten, äußeren Feldes so lange bis wieder Gleichgewicht hergestellt ist. Die induzierten Ladungen sitzen dann auf den Oberflächen der leitenden Objekte, die man betrachtet. Mit Ausnahme dieser Leiteroberflächen sind $\boldsymbol{D}$ und $\boldsymbol{E}$ gleich.

1.6.3 Zusammenhang zwischen Induktions- und magnetischem Feld

Ich greife hier auf einige Formeln des Abschnitts Abschn. 1.8.3 über Magnetostatik vor, die erst dort abgeleitet werden, die aber schon auf dieser Stufe plausibel werden. Sie sollen dazu dienen, den zu (1.73a) analogen Zusammenhang zwischen dem magnetischen Induktionsfeld $\boldsymbol{B}$ und dem Magnetfeld $\boldsymbol{H}$ herzuleiten.

Ein magnetischer Punktdipol $\boldsymbol{m}$, der im Ursprung sitzt, erzeugt im Außenraum (bis auf Eichtransformationen) das Vektorpotential

$$\boldsymbol{A}_{\text{Dipol}}(\boldsymbol{x}) = \frac{\boldsymbol{m} \times \boldsymbol{x}}{|\boldsymbol{x}|^3} . \tag{1.75a}$$

Befindet er sich an einem beliebigen anderen Ort $\boldsymbol{x}'$, so erzeugt er somit am Aufpunkt $\boldsymbol{x}$ das Potential

$$\boldsymbol{A}_{\text{Dipol}}(\boldsymbol{x}) = \frac{\boldsymbol{m} \times (\boldsymbol{x} - \boldsymbol{x}')}{|\boldsymbol{x} - \boldsymbol{x}'|^3} . \tag{1.75b}$$

Die formale Ähnlichkeit zum skalaren Potential eines elektrischen Dipols (1.70a) ist offensichtlich.

Eine stationäre, wegen (1.67b) notwendigerweise divergenzfreie Stromdichte $\boldsymbol{j}(\boldsymbol{x})$ erzeugt ein Magnetfeld, dessen Rotation durch (1.67b) gegeben ist. Da hierdurch seine Wirbel vorgegeben sind, kann man die allgemeine Zerlegung (1.53) verwenden, um $\boldsymbol{H}$ wie folgt darzustellen:

$$\boldsymbol{H}(\boldsymbol{x}) = \nabla_x \times \left(\frac{1}{4\pi} \iiint \mathrm{d}^3x' \, \frac{(4\pi/c)\boldsymbol{j}(\boldsymbol{x}')}{|\boldsymbol{x}' - \boldsymbol{x}|} \right) .$$

Im Vakuum ist $\boldsymbol{H}(\boldsymbol{x}) = \boldsymbol{B}(\boldsymbol{x})$, so dass mit der Darstellung (1.55a) von $\boldsymbol{B}$ bzw. $\boldsymbol{H}$ durch ein Vektorpotential dieses einfach durch das Integral auf der rechten Seite der letzten Formel

$$\boldsymbol{A}_{\text{Strom}}(\boldsymbol{x}) = \frac{1}{c} \iiint \mathrm{d}^3x' \, \frac{\boldsymbol{j}(\boldsymbol{x}')}{|\boldsymbol{x}' - \boldsymbol{x}|} . \tag{1.75c}$$

gegeben ist. In dieser Formel liegt der Aufpunkt $\boldsymbol{x}$ außerhalb des Bereichs wo die Stromdichte ungleich Null ist.

Es liege nun ein ganz im Endlichen enthaltenes Stück Materie vor, dessen magnetische Polarisierbarkeit makroskopisch durch eine *Magnetisierungsdichte*

$$\boldsymbol{M}(\boldsymbol{x}) = \sum_i N_i \,\langle \boldsymbol{m}_i \rangle \,(\boldsymbol{x}) \tag{1.76}$$

charakterisiert werden kann, wo $\langle \boldsymbol{m}_i \rangle(\boldsymbol{x})$ das mittlere magnetische Dipolmoment einer Elementarzelle (z. B. ein Molekül) am Ort $(\boldsymbol{x})$ ist, N_i die mittlere Zahl solcher Zellen (bzw. Moleküle einer gegebenen Sorte). Falls außerdem noch eine freie Stromdichte $\boldsymbol{j}(\boldsymbol{x})$ vorhanden ist, so lässt sich ein Vektorpotential angeben, das aufgrund von (1.75c) und (1.75a) die Form hat

$$\begin{aligned}\boldsymbol{A}(\boldsymbol{x}) &= \boldsymbol{A}_{\text{Strom}}(\boldsymbol{x}) + \boldsymbol{A}_{\text{Dipol}}(\boldsymbol{x}) \\ &= \frac{1}{c} \iiint \mathrm{d}^3x' \left\{ \frac{\boldsymbol{j}(\boldsymbol{x}')}{|\boldsymbol{x}' - \boldsymbol{x}|} + c \frac{\boldsymbol{M}(\boldsymbol{x}') \times (\boldsymbol{x} - \boldsymbol{x}')}{|\boldsymbol{x} - \boldsymbol{x}'|^3} \right\} .\end{aligned}$$

Verwendet man im zweiten Term dieses Ausdrucks die zweite in (1.27) enthaltene Formel und integriert in einem zweiten Schritt einmal partiell nach $\boldsymbol{x}'$, so ist

$$\begin{aligned}\iiint \mathrm{d}^3x' \, \frac{\boldsymbol{M}(\boldsymbol{x}') \times (\boldsymbol{x} - \boldsymbol{x}')}{|\boldsymbol{x} - \boldsymbol{x}'|^3} &= \iiint \mathrm{d}^3x' \, \boldsymbol{M}(\boldsymbol{x}') \times \boldsymbol{\nabla}_{x'} \frac{1}{|\boldsymbol{x} - \boldsymbol{x}'|} \\ &= \iiint \mathrm{d}^3x' \, \left(\boldsymbol{\nabla}_{x'} \times \boldsymbol{M}(\boldsymbol{x}') \right) \frac{1}{|\boldsymbol{x} - \boldsymbol{x}'|} .\end{aligned}$$

Bei der partiellen Integration tritt hier kein Minuszeichen auf, weil die Reihenfolge des Nablaoperators und der Magnetisierungsdichte im Kreuzprodukt geändert wird. Da $\boldsymbol{M}(\boldsymbol{x})$ ganz im Endlichen liegt, treten auch keine Oberflächenterme auf. Mit diesem Zwischenergebnis nimmt das Vektorpotential eine zu (1.70b) nahe verwandte Form man:

$$\boldsymbol{A}(\boldsymbol{x}) = \frac{1}{c} \iiint \mathrm{d}^3x' \, \frac{\boldsymbol{j}(\boldsymbol{x}') + c\, \boldsymbol{\nabla}_{x'} \times \boldsymbol{M}(\boldsymbol{x}')}{|\boldsymbol{x} - \boldsymbol{x}'|} . \tag{1.77}$$

Berechnet man jetzt die Rotation von $\boldsymbol{B}$, so ist mit den Formeln (1.47c) und (1.30)

$$\boldsymbol{\nabla} \times \boldsymbol{B}(\boldsymbol{x}) = \boldsymbol{\nabla} \times \left(\boldsymbol{\nabla} \times \boldsymbol{A}(\boldsymbol{x}) \right) = -\boldsymbol{\Delta} \boldsymbol{A}(\boldsymbol{x}) = \frac{4\pi}{c} \boldsymbol{j}(\boldsymbol{x}) + 4\pi \boldsymbol{\nabla} \times \boldsymbol{M}(\boldsymbol{x}) .$$

(Ein Term in (1.47c), der die Divergenz von $\boldsymbol{A}$ enthält, verschwindet, weil die Stromdichte $\boldsymbol{j}$ divergenzfrei ist.) Bringt man dieses Ergebnis in die Form der zweiten inhomogenen Maxwell-Gleichung (1.67b), so muss man offenbar

$$\boldsymbol{H}(\boldsymbol{x}) = \boldsymbol{B}(\boldsymbol{x}) - 4\pi \boldsymbol{M}(\boldsymbol{x}) \tag{1.78a}$$

setzen, um die gewohnte Form der Grundgleichungen (1.67a) und (1.67b) zu erhalten.

Wie das Induktionsfeld $\boldsymbol{B}$ und das Magnetfeld $\boldsymbol{H}$ zusammenhängen, ist eine Frage an die magnetischen Eigenschaften der Materie. Für isotrope *diamagnetische* und *paramagnetische* Medien ist der Zusammenhang linear,

$$\boldsymbol{B}(\boldsymbol{x}) = \mu(\boldsymbol{x})\boldsymbol{H}(\boldsymbol{x}) \,. \tag{1.78b}$$

Die Funktion $\mu(\boldsymbol{x})$ heißt *magnetische Permeabilität.* Ähnlich wie in dielektrischen Medien ist die Antwort des Mediums im angelegten Magnetfeld $\boldsymbol{H}$ linear,

$$\boldsymbol{M}(\boldsymbol{x}) = \chi_{\mathrm{m}}(\boldsymbol{x})\boldsymbol{H}(\boldsymbol{x}) \,, \tag{1.78c}$$

wo χ_{m} die *magnetische Suszeptibilität* ist, so dass die Permeabilität durch die zu (1.73b) analoge Formel

$$\mu(\boldsymbol{x}) = 1 + 4\pi\chi_{\mathrm{m}}(\boldsymbol{x}) \tag{1.78d}$$

gegeben ist.

Diamagnetische Substanzen kann man sich aus Atomen zusammengesetzt vorstellen, deren Gesamtdrehimpuls gleich Null ist, die also kein eigenes magnetisches Moment besitzen. Das angelegte Magnetfeld induziert hier magnetische Momente, die dem angelegten Feld entgegen gerichtet sind – die induzierten, elementaren Dipole schwächen das äußere Feld durch ihr eigenes Feld. Dies bedeutet für die makroskopischen Parameter, dass $\chi_{\mathrm{m}} < 0$ und somit $\mu < 1$ ist.

Paramagnetische Substanzen bestehen aus Atomen, die einen nichtverschwindenden Gesamtdrehimpuls und ein eigenes magnetisches Moment besitzen. Dieses magnetische Moment, das vom ungepaarten Elektron der Atomhülle stammt, richtet sich parallel zum angelegten Feld aus, hier ist also $\chi_{\mathrm{m}} > 0$ und somit $\mu > 1$.

In beiden Fällen, dem Diamagnetismus und dem Paramagnetismus, ist χ_{m} sehr klein, μ daher sehr nahe bei 1.

In *ferromagnetischen* Substanzen ist die Antwort des Mediums auf das angelegte Feld nicht mehr linear und die Funktion $\boldsymbol{F}\big(\boldsymbol{H}(\boldsymbol{x})\big)$ ist sogar *mehrwertig,* d. h. der Wert der Induktion $\boldsymbol{B}$ bei vorgegebenem Wert von $\boldsymbol{H}$ hängt davon ab, wie das Feld $\boldsymbol{H}$ angefahren wurde. Es tritt das Phänomen der Hysterese auf, das in Abb. 1.9 qualitativ illustriert ist.

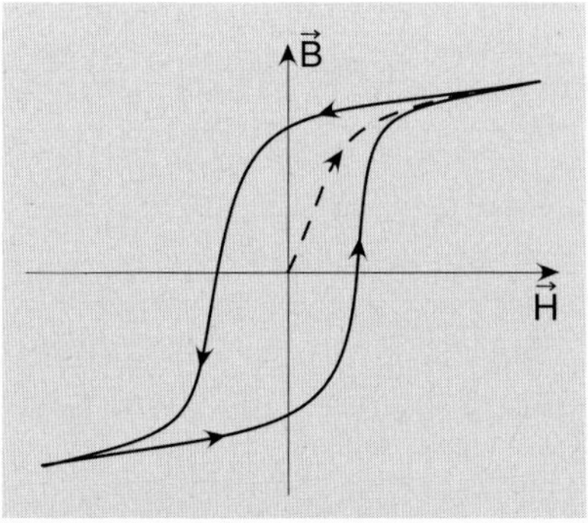

Abb. 1.9. Qualitativer Zusammenhang zwischen angelegtem Magnetfeld und resultierendem Induktionsfeld für eine ferromagnetische Substanz (Hystereseschleife in Stahl)

Bemerkung

Wir haben hier sowohl die Polarisierbarkeit als auch die Magnetisierungsdichte als phänomenologische, semi-makroskopische und daher gemittelte Größen eingeführt. Dies geschah ausschließlich mit dem Ziel, ein Gefühl für die Natur dieser Größen zu entwickeln, bedeutet aber nicht, dass diese nur in diesem Sinne existierten und dass die Felder $\boldsymbol{D}$ und $\boldsymbol{H}$ nur makroskopische Felder seien. Selbstverständlich ist die elektrische Polarisierbarkeit ebenso wie die Magnetisierung auch mikroskopisch, d. h. für ein einzelnes Atom oder sogar ein Elementarteilchen wohldefiniert. Das elektrische Verschiebungsfeld $\boldsymbol{D}(t, \boldsymbol{x})$ und das Magnetfeld $\boldsymbol{H}(t,\boldsymbol{x})$ sind ebenso fundamentale, mikroskopisch definierte Felder wie das elektrische Feld $\boldsymbol{E}(t,\boldsymbol{x})$ und das Induktionsfeld $\boldsymbol{B}(t,\boldsymbol{x})$. (Für eine vertiefte Diskussion s. Hehl-Obukhov 2003 und die darin zitierte Literatur.)

1.7 Statische elektrische Zustände

Die Grundgleichungen der Elektrostatik sind die Gleichungen (1.66a)–(1.66c), wobei die Funktion ε im Vakuum und bei Verwendung Gauß'scher Einheiten gleich der konstanten Funktion 1 ist. Auf der Basis der allgemeinen Bemerkungen in Abschn. 1.6.2 ist es sinnvoll, zunächst die polarisierbaren Medien außer Acht zu lassen und elektrostatische Phänomene nur in leitenden Medien und im Vakuum zu betrachten. Bis auf die Oberflächen von idealen Leitern sind dann die Felder $\boldsymbol{D}$ und $\boldsymbol{E}$ wesensgleich und können bei Verwendung Gauß'scher Einheiten identifiziert werden. Daraus ergeben sich die wesentlichen Aufgaben, die sich in der Elektrostatik stellen: Den Zusammenhang zwischen den vorgegebenen Ladungen und den davon erzeugten elektrischen Feldern herzustellen; Flächenladungen auf den Oberflächen ideal leitender Körper zu definieren und die Unstetigkeiten von Feldern an Oberflächen zu studieren.

1.7.1 Poisson- und Laplace-Gleichung

Identifiziert man $\boldsymbol{D}$ und $\boldsymbol{E}$, so gilt

$$\nabla \times \boldsymbol{E}(\boldsymbol{x}) = 0\,, \qquad \nabla \cdot \boldsymbol{E}(\boldsymbol{x}) = 4\pi\varrho(\boldsymbol{x})\,.$$

Als rotationsfreies Feld kann man $\boldsymbol{E}$ immer als Gradientenfeld

$$\boldsymbol{E}(\boldsymbol{x}) = -\nabla\Phi(\boldsymbol{x}) \tag{1.79}$$

schreiben, wo $\Phi(\boldsymbol{x})$ eine reelle, stückweise stetig differenzierbare Funktion ist. Zumindest lokal definiert die Gleichung $\Phi(\boldsymbol{x}) = c$, mit c einer Konstanten, eine glatte Fläche im $\mathbb{R}^3$, wie in Abb. 1.10 skizziert. Es sei $\hat{\boldsymbol{v}}_n$ die Flächennormale im Punkt P auf dieser Fläche, wobei die Richtung von $\hat{\boldsymbol{v}}_n$ so gewählt sein soll, dass die Funktion in dieser Richtung wächst. Es sei $\hat{\boldsymbol{v}}$ ein beliebiger Einheitsvektor in P. Er lässt sich wie eingezeichnet nach $\hat{\boldsymbol{v}}_n$ und nach einem Einheitsvektor $\hat{\boldsymbol{v}}_t$ in der Tangentialebene zerlegen,

$$\hat{\boldsymbol{v}} = a_n\hat{\boldsymbol{v}}_n + a_t\hat{\boldsymbol{v}}_t\,, \quad \text{mit } a_n, a_t \in \mathbb{R} \quad \text{und } a_n^2 + a_t^2 = 1\,.$$

Berechnet man die Richtungsableitung von $\Phi(\boldsymbol{x})$ in Richtung von $\hat{\boldsymbol{v}}$, die wir symbolisch auch als $\partial\Phi/\partial v$ schreiben,

$$\frac{\partial\Phi}{\partial v} \equiv \nabla\Phi(\boldsymbol{x}) \cdot \hat{\boldsymbol{v}}$$

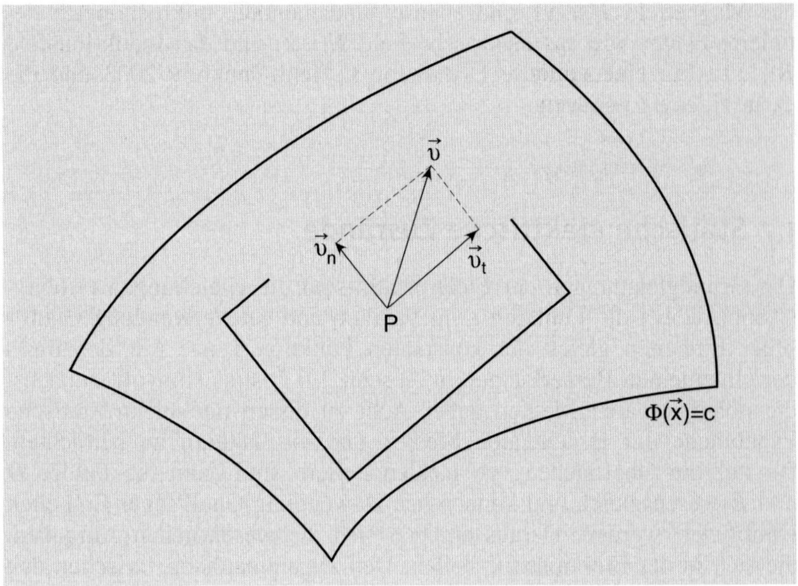

Abb. 1.10. Lokal definiert $\Phi(\boldsymbol{x}) = c$ eine Fläche im $\mathbb{R}^3$, deren Tangentialebene im Punkt P eingezeichnet ist

und setzt die Zerlegung von $\hat{\boldsymbol{v}}$ ein, so trägt nur die Normalkomponente bei – entlang eines Tangentialvektors ändert sich der Wert von $\Phi(\boldsymbol{x})$ nicht – und es ist

$$\frac{\partial \Phi}{\partial v} = a_n\big(\nabla \Phi(\boldsymbol{x}) \cdot \hat{\boldsymbol{v}}_n\big) \quad \text{mit } -1 \leqslant a_n \leqslant +1 \,.$$

Dieses Ergebnis zeigt, dass die Funktion in Richtung der positiven Flächennormalen, d. h. für die Wahl $\hat{\boldsymbol{v}} = \hat{\boldsymbol{v}}_n$ am stärksten zunimmt. In diesem Sinne gibt das Gradientenfeld die Richtung an, in der das Potential am stärksten wächst oder fällt. Mit der Wahl des Vorzeichens bei der Definition (1.79) folgt: *Das elektrische Feld steht in jedem Punkt der Fläche $\Phi(\boldsymbol{x}) = c$ auf dieser senkrecht und zeigt in die Richtung, in der das Potential am stärksten fällt.*

Solche Flächen $\Phi(\boldsymbol{x}) = c$ nennt man *Äquipotentialflächen.* Jede Kurve, deren Tangentialvektorfeld mit dem elektrischen Feld übereinstimmt, ist orthogonal zu diesen Flächen. Mit anderen Worten, ein geladenes Teilchen, das dem elektrischen Feld folgt, bewegt sich auf einer Bahn, die Orthogonaltrajektorie zu den Flächen $\Phi(\boldsymbol{x}) = c$ ist.

Mit $\boldsymbol{D}(\boldsymbol{x}) = \boldsymbol{E}(\boldsymbol{x})$ und dem Ansatz (1.79) genügt $\Phi(\boldsymbol{x})$ folgender gewöhnlichen Differentialgleichung

Poisson-Gleichung

$$\boldsymbol{\Delta}\Phi(\boldsymbol{x}) = -4\pi\varrho(\boldsymbol{x}) \,. \tag{1.80a}$$

Die Poisson-Gleichung – zusammen mit den durch experimentelle Anordnungen vorgegebenen Randbedingungen – ist ebenfalls eine der Grundgleichungen der Elektrostatik. Außerhalb von Ladungsdichten oder Punktladungen, also überall da, wo $\varrho(\boldsymbol{x})$ lokal verschwindet, wird sie durch die

Laplace-Gleichung

$$\boldsymbol{\Delta}\Phi(\boldsymbol{x}) = 0 \tag{1.80b}$$

ersetzt, eine Differentialgleichung, die *Laplace-Gleichung* genannt wird.

Allgemein gesprochen lässt die Poisson-Gleichung sich formal mit der Methode der Green-Funktionen lösen. Eine Green-Funktion, die in Wahrheit eine Distribution ist, hängt von zwei Argumenten ab, sagen wir $\boldsymbol{x}$ und $\boldsymbol{x}'$, und erfüllt die Differentialgleichung

$$\boldsymbol{\Delta}_x G(\boldsymbol{x}, \boldsymbol{x}') = \delta(\boldsymbol{x} - \boldsymbol{x}') \, . \tag{1.81}$$

In der Tat, ist der Quellterm $\varrho(\boldsymbol{x})$ in (1.80a) vorgegeben, so ist

$$\Phi(\boldsymbol{x}) = -4\pi \iiint \mathrm{d}^3x' \, G(\boldsymbol{x}, \boldsymbol{x}') \, \varrho(\boldsymbol{x}') \tag{1.82}$$

Lösung der Poisson-Gleichung. Die Relation (1.30), die in Band 2, Anhang A.1 bewiesen wird, zeigt, dass

$$G(\boldsymbol{x}, \boldsymbol{x}') = -\frac{1}{4\pi} \frac{1}{|\boldsymbol{x} - \boldsymbol{x}'|} \tag{1.83}$$

eine solche Green-Funktion ist. Setzt man dies in (1.82) ein, so folgt ein jetzt schon wohlbekannter Ausdruck,

$$\Phi(\boldsymbol{x}) = \iiint \mathrm{d}^3\boldsymbol{x}' \, \frac{\varrho(\boldsymbol{x}')}{|\boldsymbol{x} - \boldsymbol{x}'|} \, , \tag{1.84a}$$

das ist das elektrische Potential, das von der vorgegebenen Ladungsdichte erzeugt wird, wenn weiter keine anderen Randbedingungen (z. B. Leiterflächen, auf denen Ladungen induziert werden können oder Ähnliches) vorliegen. Sind die vorgebenen Ladungen in Gestalt von endlich vielen Punktladungen q_1, q_2, ..., q_N realisiert, die in den Punkten $\boldsymbol{x}_1$, $\boldsymbol{x}_2$, ... bzw. $\boldsymbol{x}_N$ sitzen, so ist

$$\varrho(\boldsymbol{x}) = \sum_{i=1}^{N} q_i \delta(\boldsymbol{x} - \boldsymbol{x}_i)$$

und das Potential ist

$$\Phi(\boldsymbol{x}) = \sum_{i=1}^{N} \frac{q_i}{|\boldsymbol{x} - \boldsymbol{x}_i|} \, . \tag{1.84b}$$

Da die auf eine Testladung q_0 wirkende Kraft $\boldsymbol{K}(\boldsymbol{x}) = q_0\boldsymbol{E}(\boldsymbol{x})$ in der Elektrostatik eine Potentialkraft ist, ist die Arbeit, die bei Verschiebung dieser Ladung von A („Alpha") nach Ω („Omega") geleistet oder gewonnen wird, unabhängig vom Weg,

$$W = -\int \mathrm{d}\boldsymbol{s}\cdot\boldsymbol{K}(\boldsymbol{x}) = -q_0\int \mathrm{d}\boldsymbol{s}\cdot\boldsymbol{E}(\boldsymbol{x}) = q_0[\Phi(\Omega)-\Phi(A)]\,.$$

Beispiel 1.5 Kugelsymmetrische Ladungsdichte

Die Ladungsdichte sei kugelsymmetrisch, $\varrho(\boldsymbol{x}) = \varrho(r)$, und liege ganz im Endlichen, d. h. es gibt eine Kugel mir Radius R um den Ursprung, außerhalb derer keine Ladung mehr anzutreffen ist. Der Radialanteil des Laplace-Operators ist in Gleichung (1.96) zu finden. Eingesetzt in die Poisson-Gleichung ergibt sich die Differentialgleichung in der Radialvariablen allein

$$\frac{1}{r^2}\frac{\mathrm{d}}{\mathrm{d}r}\left(r^2\frac{\mathrm{d}\Phi}{\mathrm{d}r}\right) = -4\pi\,\varrho(r)\,.$$

Eine erste Integration dieser Gleichung ergibt

$$\frac{\mathrm{d}\Phi}{\mathrm{d}r} = -\frac{4\pi}{r^2}\int_0^r \mathrm{d}r'\, r'^2\varrho(r') + \frac{c_1}{r^2}\,.$$

Offenbar muss man die Integrationskonstante c_1 gleich Null wählen, anderenfalls wäre die elektrische Feldstärke bei $r = 0$ unendlich groß. Der erste Term lässt sich physikalisch interpretieren: $4\pi\int_0^r \mathrm{d}r'\, r'^2\varrho(r')$ ist die gesamte, in der Kugel mit Radius r enthaltene Ladung $Q(r)$, die je nachdem, ob $r \leqslant R$ oder $r > R$ ist eine Teilladung bzw. die gesamte in der Ladungsdichte enthaltene Ladung ist. Integriert man ein zweites Mal und verwendet partielle Integration, so folgt

$$\begin{aligned}
\Phi(r) &= \int_0^r \mathrm{d}r'\left(-\frac{1}{r'^2}\right)Q(r') + c_2 \\
&= \left.\frac{Q(r')}{r'}\right|_0^r - 4\pi\int_0^r \mathrm{d}r'\, r'\varrho(r') + c_2 \\
&= \frac{Q(r)}{r} + 4\pi\int_r^\infty \mathrm{d}r'\, r'\varrho(r') + \left[-4\pi\int_0^\infty \mathrm{d}r'\, r'\varrho(r') + c_2\right].
\end{aligned}$$

Der dritte Term (in eckigen Klammern) ist eine Konstante, die man durch geeignete Wahl der Integrationskonstanten c_2 ohne Einschränkung gleich Null wählen kann. Dann bleibt eine wichtige Formel, der wir schon in Beispiel 1.2 begegnet sind:

$$\Phi(r) = 4\pi \left\{ \frac{1}{r} \int_0^r \mathrm{d}r'\, r'^2 \varrho(r') + \int_r^\infty \mathrm{d}r'\, r' \varrho(r') \right\} . \tag{1.85}$$

Mithilfe dieser Formel kann man das Potential für jede lokalisierte Ladungsverteilung berechnen, so z. B. für

(i) die homogene Dichte des Beispiels 1.2 in Abschn. 1.1;

(ii) eine idealleitende Kugel mit Radius R: alle Ladungen sitzen gleichverteilt auf der Oberfläche der Kugel, d. h. es gilt $Q(r) = 0$ für alle $r < R$. Ist Q die gesamte auf der Kugel sitzende Ladung, so ist

$$\boldsymbol{E}_{\text{innen}} = 0 , \qquad \boldsymbol{E}_{\text{außen}} = \frac{Q}{r^2}\hat{\boldsymbol{r}} .$$

Die zur Kugeloberfläche tangential gerichtete Komponente des elektrischen Feldes ist innen wie außen gleich Null, die (radial gerichtete) Normalkomponente ist unstetig;

(iii) die zur Modellierung der Ladungsverteilung von Atomkernen oft verwendete Verteilung

$$\varrho_{\text{Fermi}}(r) = \frac{N}{1 + \exp[(r-c)/z]} \qquad \text{mit}$$

$$N = \frac{3}{4\pi c^3} \left[1 + \left(\frac{\pi z}{c} \right)^2 - 6 \left(\frac{z}{c} \right)^3 \sum_{n=1}^{\infty} \frac{(-)^n}{n^3} \mathrm{e}^{-nc/z} \right]^{-1} ,$$

die sog. *Fermi-Verteilung*, in der der Parameter c den Abstand vom Ursprung angibt, bei dem ϱ auf die Hälfte ihres Wertes bei $r = 0$ abgesunken ist und z die Breite des Abfalls an der Oberfläche charakterisiert. In diesem Fall ist es zwar möglich, aber etwas mühsamer, das Potential analytisch anzugeben. In Anwendungen auf elektromagnetische Prozesse mit Kernen (Elektronenstreuung, myonische Atome u.A.) konstruiert man $\Phi(r)$ oft durch numerische Integration von (1.85).

Beispiel 1.6 Eine funktionentheoretische Methode

Wenn eine elektrostatische Anordnung in einer Raumrichtung homogen ist, d. h. nur in den dazu senkrechten Ebenen physikalisch interessante Eigenschaften besitzt, dann kann man sich auf diese beschränken und das ursprünglich dreidimensionale Problem auf ein effektiv zweidimensionales Problem reduzieren. Es seien die kartesischen Koordinaten im $\mathbb{R}^3$ hier mit x, y, z bezeichnet, und diese seien so gewählt, dass die z-Achse in diejenige Richtung zeigt, von der die Ladungsdichte ϱ und damit das Potential Φ nicht abhängt. In der Poisson-Gleichung bzw. der Laplace-Gleichung reduziert sich der Laplace-Operator dann auf

$$\boldsymbol{\Delta}\Phi(x, y) = \left(\frac{\partial^2}{\partial x^2} + \frac{\partial^2}{\partial y^2} \right) \Phi(x, y) = -4\pi\varrho(x, y) .$$

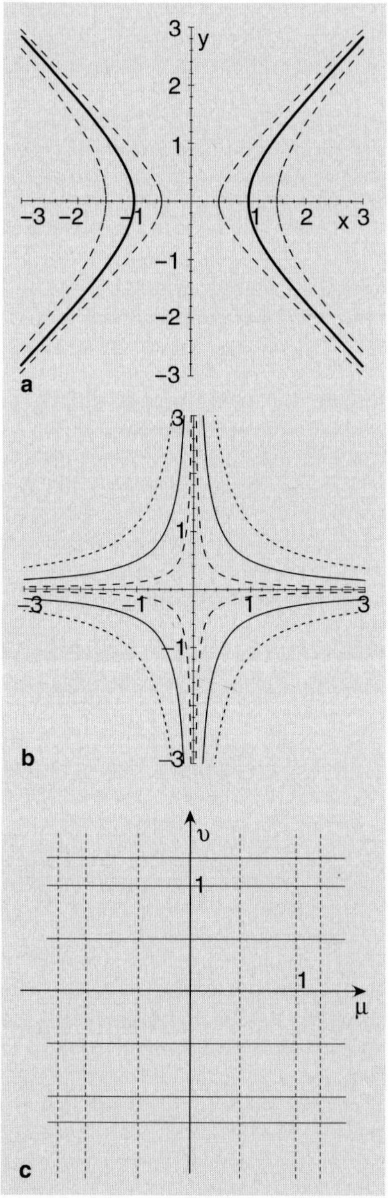

Abb. 1.11. (**a**) Äquipotentiallinien $x^2 - y^2 = a$ in der (x, y)-Ebene; (**b**) Elektrische Feldlinien $xy = b/2$, die Orthogonaltrajektorien der Äquipotentiallinien der Abb. 1.11a sind; (**c**) Bild dieser Anordnung unter der Abbildung $w = z^2$

Eine solche Differentialgleichung ist aus der Funktionentheorie wohlbekannt. Ist nämlich $w(z)$ eine im Punkt z differenzierbare Funktion der komplexen Variablen z und sind

$$z = x + \mathrm{i}y \longrightarrow w(z) = u(x, y) + \mathrm{i}v(x, y)$$

die Zerlegungen in Real- und Imaginärteil, so erfüllen die Funktionen u und v die Cauchy-Riemann'schen Differentialgleichungen

$$\frac{\partial u}{\partial x} = \frac{\partial v}{\partial y}, \tag{1.86a}$$

$$\frac{\partial u}{\partial y} = -\frac{\partial v}{\partial x}. \tag{1.86b}$$

Aus diesen Gleichungen folgt zweierlei: Erstens erfüllen sowohl $u(x, y)$ als auch $v(x, y)$ die Laplace-Gleichung in zwei Dimensionen,

$$\left(\frac{\partial^2}{\partial x^2} + \frac{\partial^2}{\partial y^2}\right) u(x, y) = 0, \qquad \left(\frac{\partial^2}{\partial x^2} + \frac{\partial^2}{\partial y^2}\right) v(x, y) = 0.$$

Dies zeigt man für $u(x, y)$, indem man (1.86a) partiell nach x, (1.86b) partiell nach y ableitet und die Ergebnisse addiert; für $v(x, y)$, indem man (1.86a) nach y, (1.86b) nach x ableitet und die entstehenden Gleichungen subtrahiert. Zweitens besagen (1.86a) und (1.86b), dass die Kurven $u(x, y) = \text{const}$ und $v(x, y) = \text{const}$ in der (x, y)-Ebene aufeinander senkrecht stehen. Dies sieht man, wenn man das Skalarprodukt der Tangentialvektoren im Punkt (x, y) berechnet,

$$(\partial u/\partial x \quad \partial u/\partial y) \begin{pmatrix} \partial v/\partial x \\ \partial v/\partial y \end{pmatrix} = 0.$$

Diese Kurven sind wie man sagt Orthogonaltrajektorien zueinander.

In den zweidimensionalen Schnitten unseres elektrostatischen Problems liegen ganz ähnliche Verhältnisse vor: die Schnitte der Äquipotentialflächen mit der (x, y)-Ebene und die elektrischen Feldlinien, die ebenfalls in dieser Schnittebene liegen, stehen aufeinander senkrecht. Dies kann man ausnutzen, um aus einer Lösung mit den genannten Eigenschaften der Laplace-Gleichung weitere solche Lösungen zu generieren. Jede analytische Funktion $f(z)$ vermittelt überall dort, wo ihre Ableitung nicht verschwindet, eine *konforme Abbildung,* d. h. eine Abbildung der komplexen z-Ebene auf die Ebene $w = f(z)$, bei der Schnittwinkel von Kurven in Betrag und Drehsinn erhalten bleiben. So seien als Beispiel die beiden Kurvenscharen

$$x^2 - y^2 = a \quad \text{und} \quad 2xy = b, \quad a \in \mathbb{R}_+,\ b \in \mathbb{R},$$

als Modell für Äquipotentiallinien (Abb. 1.11a) und für Feldlinien (Abb. 1.11b) gegeben. Diese sind offensichtlich nichts Anderes als Real- bzw. Imaginärteil der Funktion $w = f(z) = z^2$. Die Kurven $x^2 - y^2 = a$ der z-Ebene werden auf die Parallelen $w = a + \mathrm{i}v$ zur v-Achse, die Kurven $2xy = b$ auf die Parallelen $w = u + \mathrm{i}b$ zur u-Achse abgebildet. Als

Bild des gegebenen Systems ergibt sich ein homogenes elektrisches Feld parallel zur u-Achse mit seinen Äquipotentiallinien, die parallel zur v-Achse sind (Abb. 1.11c).

Bemerkungen

1. Wählt man zur Abbildung eine gebrochen lineare Funktion

$$z \longmapsto w = \frac{az+b}{cz+d}\,, \quad \text{mit} \quad ad-bc \neq 0\,, \quad c \neq 0\,,$$

so ist diese nicht nur konform, sondern auch bijektiv. Man kann sie also in beiden Richtungen verwenden.

2. Es ist wichtig im Auge zu behalten, dass die angesprochene Klasse von Problemen nach wie vor im $\mathbb{R}^3$ lebt, auch wenn eine Dimension effektiv nicht eingeht. Im „echten" $\mathbb{R}^2$ hat der Laplace-Operator

$$\begin{aligned}\mathbf{\Delta}^{(\text{Dim } 2)}\,\Phi(\boldsymbol{x}) &= \left(\frac{\partial^2}{\partial x^2} + \frac{\partial^2}{\partial y^2}\right)\Phi(\boldsymbol{x}) \\ &= \frac{1}{r}\frac{\partial}{\partial r}\Big(r\frac{\partial \Phi(r,\phi)}{\partial r}\Big) + \frac{1}{r^2}\frac{\partial^2 \Phi(r,\phi)}{\partial \phi^2} = 0\end{aligned}$$

einen anderen Typ von Lösung für die Punktladung: dieser ist $\Phi^{(2)}(r) = \ln r$, also recht verschieden von dem Potential einer Punktladung $\Phi^{(3)}(r) = 1/r$ im $\mathbb{R}^3$!

1.7.2 Flächenladungen, Dipole und Dipolschichten

Anknüpfend an das Beispiel 1.5 (ii) betrachten wir den mathematischen Grenzfall von allgemeinen Flächenladungen. Bei einem ganz im Endlichen gelegenen idealen Leiter, dessen Oberfläche eine glatte Fläche im $\mathbb{R}^3$ ist, verteilt die Ladung sich ausschließlich auf dieser Oberfläche. Anstelle der Ladungsdichte ϱ mit der physikalischen Dimension (Ladung/Volumen) tritt in dieser Idealisierung eine Flächen-Ladungsdichte η, deren Dimension (Ladung/Fläche) ist. Das Potential, das von einer solchen mit Ladung belegten Fläche erzeugt wird, ist durch

$$\Phi(\boldsymbol{x}) = \iint \mathrm{d}\sigma' \, \frac{\eta(\boldsymbol{x}')}{|\boldsymbol{x}-\boldsymbol{x}'|}$$

gegeben. Wendet man den Gauß'schen Satz (1.6) auf ein geeignet gewähltes Volumen an, das ein Stück der Oberfläche umschließt, und ist $\hat{\boldsymbol{n}}$ die nach „außen" gerichtete Flächennormale, so findet man (Aufgabe 1.8), dass die Differenz der elektrischen Feldstärken im Außen- und im Innenraum mit der Flächendichte η wie folgt zusammenhängen:

$$\big(\boldsymbol{E}_{\mathrm{a}} - \boldsymbol{E}_{\mathrm{i}}\big)\cdot\hat{\boldsymbol{n}} = 4\pi\eta\,. \tag{1.87a}$$

Die Normalkomponente des elektrischen Feldes ist unstetig, die Diskontinuität ist gleich 4π mal der Ladungsdichte pro Flächeneinheit. Wendet man nun noch den Stokes'schen Satz (1.7) auf einen geschlossenen Weg an, der innen und außen verläuft (Aufgabe 1.9), so findet man, dass die *Tangential*komponente an der Oberfläche stetig ist,

$$\left(\boldsymbol{E}_{\mathrm{a}} - \boldsymbol{E}_{\mathrm{i}}\right)\cdot\hat{\boldsymbol{t}} = 0\,. \tag{1.87b}$$

Diese Überlegungen gelten übrigens an jeder stückweise glatten Fläche, die eine Flächenladung trägt, unabhängig davon ob es sich um einen Leiter handelt oder nicht. Die Tangentialkomponente von $\boldsymbol{E}$ ist stetig, die Normalkomponente springt um den Betrag $4\pi\eta$. Bei elektrischen Leitern ist die Tangentialkomponente im stationären Fall allerdings Null, denn anderenfalls würden in der Oberfläche Ladungen fließen, und zwar so lange bis wieder Gleichgewicht hergestellt ist. Im Inneren des Leiters ist das Potential konstant, die elektrische Feldstärke gleich Null, $\boldsymbol{E}_{\mathrm{i}} = 0$. Auf der Außenseite ist nur eine Normalkomponente vorhanden, deren Betrag durch die Flächenladung bestimmt wird,

$$\boldsymbol{E}_{\mathrm{a}} = 4\pi\eta\,\hat{\boldsymbol{n}}\,.$$

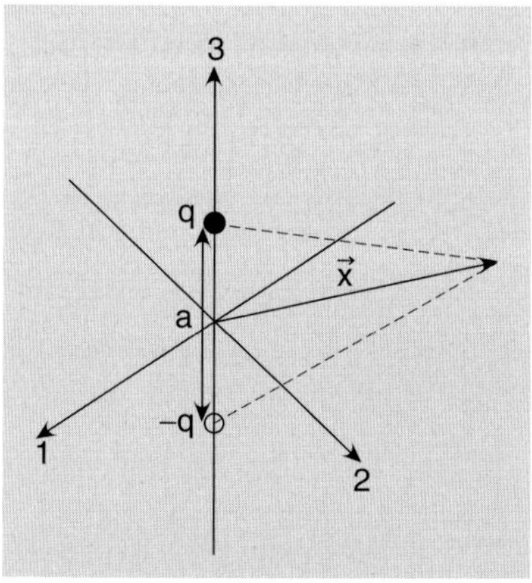

Abb. 1.12. Verkleinert man den Abstand a von zwei entgegengesetzten Punktladungen und vergrößert man gleichzeitig den Betrag q der Ladungen so, dass das Produkt qa endlich bleibt, so entsteht ein idealisierter Dipol

Ein statischer elektrischer Dipol entsteht als mathematischer Grenzfall eines Systems aus zwei entgegengesetzt gleichen Punktladungen, deren Abstand man nach Null streben lässt. Es seien die Ladungen $+q$ und $-q$ in den Punkten $(0, 0, (a/2)\hat{\boldsymbol{e}}_3)$ und $(0, 0, -(a/2)\hat{\boldsymbol{e}}_3)$ vorgegeben, s. Abb. 1.12. Sie erzeugen das elektrostatische Potential

$$\Phi(\boldsymbol{x}) = q\left[\frac{1}{|\boldsymbol{x} - (a/2)\hat{\boldsymbol{e}}_3|} - \frac{1}{|\boldsymbol{x} + (a/2)\hat{\boldsymbol{e}}_3|}\right].$$

Da a sehr klein gegen $|\boldsymbol{x}|$ sein soll, kann man die beiden Anteile bis zu Termen linear in a entwickeln. Mit $r = |\boldsymbol{x}|$ und $x^3 = r\cos\theta$ ist

$$\frac{1}{|\boldsymbol{x} \mp (a/2)\hat{\boldsymbol{e}}_3|} \simeq \frac{1}{r}\left[1 \pm \frac{1}{2}\frac{a}{r^2}x^3\right] = \frac{1}{r} \pm \frac{1}{2}\frac{a}{r^3}x^3 = \frac{1}{r} \pm \frac{1}{2}\frac{a}{r^2}\cos\theta\,.$$

Setzt man diese Formeln ein, so hebt sich der erste Term in der Differenz heraus, der zweite ist proportional zum Produkt qa. Führt man jetzt den simultanen Grenzübergang $q \to \infty$, $a \to 0$ aus, indem man den Wert des Produktes festhält,

$$q \to \infty\,, \quad a \to 0\,, \quad \text{mit} \quad qa =: d \quad \text{fest},$$

so erhält man den jetzt exakten Ausdruck

$$\Phi_{\mathrm{Dipol}}(\boldsymbol{x}) = \frac{d}{r^2}\cos\theta\,. \tag{1.88a}$$

Es ist nicht schwer, diesen Ausdruck auf den Fall zu verallgemeinern, wo der Dipol zwar im Ursprung lokalisiert ist, aber nicht entlang der

3-Achse liegt. Es sei $\boldsymbol{a}$ der Vektor, der von der negativen zur positiven Ladung zeigt (im Bild ist dies $\boldsymbol{a} = a\hat{\boldsymbol{e}}_3$) und – in der beschriebenen Weise – sei $\boldsymbol{d} = \lim(q\boldsymbol{a})$ für $q \to \infty$ und $|\boldsymbol{a}| \to 0$. Dann ist $d \cos\theta = \boldsymbol{d} \cdot \boldsymbol{x}/r$ und (1.88a) nimmt die Form an

$$\Phi_{\text{Dipol}}(\boldsymbol{x}) = \frac{\boldsymbol{d} \cdot \boldsymbol{x}}{r^3} = -\boldsymbol{d} \cdot \nabla \left(\frac{1}{|\boldsymbol{x}|} \right) . \tag{1.88b}$$

Sitzt der Dipol nicht im Ursprung, sondern im Punkt $\boldsymbol{x}' \neq \boldsymbol{0}$, so lautet (1.88b)

$$\Phi_{\text{Dipol}}(\boldsymbol{x}) = \frac{\boldsymbol{d} \cdot (\boldsymbol{x} - \boldsymbol{x}')}{|\boldsymbol{x} - \boldsymbol{x}'|^3} = -\boldsymbol{d} \cdot \nabla_x \left(\frac{1}{|\boldsymbol{x} - \boldsymbol{x}'|} \right) . \tag{1.88c}$$

Eine elektrische Dipolschicht ist wiederum eine Idealisierung, bei der man zwei zweidimensionale, mit elektrischer Ladung belegte Schichten F_1 und F_2 übereinander legt, etwa so wie in Abb. 1.13 skizziert. Es soll dabei $\eta_1 \, d\sigma_1 = \eta_2 \, d\sigma_2$ gewählt sein, die Flächenladungsdichte η soll bei Annäherung der beiden Flächen umgekehrt proportional zu deren Abstand $a(\boldsymbol{x})$ sein so dass das Produkt $\eta(\boldsymbol{x})a(\boldsymbol{x})$ bei $a \to 0$ endlich bleibt. Lokal liegen also wieder kleine Dipole vor und es entsteht ein vom Ort abhängiges Dipolmoment der Doppelschicht, das entlang der positiven Flächennormalen gerichtet ist,

$$\boldsymbol{D}(\boldsymbol{x}) = D(\boldsymbol{x}) \cdot \boldsymbol{n} \quad \text{mit} \quad D(\boldsymbol{x}) = \lim_{a \to 0, \eta \to \infty} (\eta(\boldsymbol{x}) a(\boldsymbol{x})) .$$

Das von einer solchen idealisierten Doppelschicht erzeugte Potential lässt sich aufgrund der Ergebnisse für den Punktdipol sofort angeben. Es lautet

$$\Phi(\boldsymbol{x}) = -\iint_F d\sigma' \, \boldsymbol{D}(\boldsymbol{x}') \cdot \nabla_x \left(\frac{1}{|\boldsymbol{x} - \boldsymbol{x}'|} \right) \tag{1.89a}$$
$$= \iint_F d\sigma' \, \boldsymbol{D}(\boldsymbol{x}') \cdot \nabla_{x'} \left(\frac{1}{|\boldsymbol{x} - \boldsymbol{x}'|} \right) .$$

In einem Aufpunkt P, der außerhalb der Fläche F liegt, sieht man das Flächenstück $d\sigma$ im Raumwinkel $d\Omega$ und es gilt

$$\hat{\boldsymbol{n}} \cdot \nabla_x \left(\frac{1}{|\boldsymbol{x} - \boldsymbol{x}'|} \right) = \frac{\cos\theta \, d\sigma}{|\boldsymbol{x} - \boldsymbol{x}'|^2} = d\Omega ,$$

so dass das Potential auch in der folgenden einfachen Form geschrieben werden kann:

$$\Phi(\boldsymbol{x}) = -\iint_F d\Omega' \, D(\boldsymbol{x}') . \tag{1.89b}$$

Der Dipol (1.88c) wird uns bei den zeitabhängigen Schwingungszuständen wieder begegnen, die Flächenladungen und die Dipolschichten bei der nun folgenden Diskussion von allgemeinen Randwertproblemen.

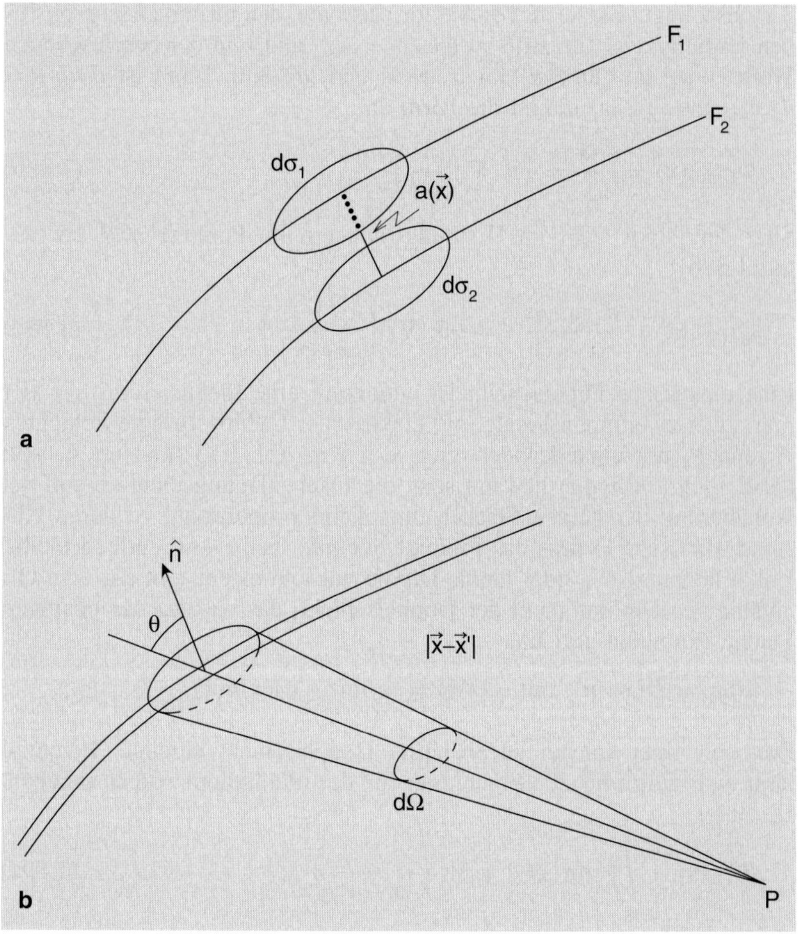

Abb. 1.13. (**a**) Eine Dipolschicht, bei der auf gegenüberliegenden Flächenstücken entgegengesetzt gleiche Flächenladungen sitzen, entsteht, wenn man den Abstand der Flächen nach Null gehen, die Flächenladungsdichte dabei gleichzeitig nach Unendlich streben lässt; (**b**) Im Aufpunkt *P* außerhalb der Dipolschicht kann man das Potential durch den Raumwinkel ausdrücken, siehe (1.89b)

1.7.3 Typische Randwertprobleme

Eine sehr allgemeine, deshalb aber nicht immer leicht umsetzbare Methode zur Lösung von Randwertproblemen ist die Methode der Green'schen Funktionen, die wir schon weiter oben in Abschn. 1.7.1 verwendet haben. Die zu lösende Differentialgleichung ist die Poisson-Gleichung (1.80a). Green-Funktionen sind in Wahrheit temperierte Distributionen, die der Differentialgleichung (1.81) genügen und deren allgemeinste Lösung durch (1.83) und eine beliebige Lösung der Laplace-Gleichung gegeben ist,

$$G(\boldsymbol{x}, \boldsymbol{x}') = -\frac{1}{4\pi} \frac{1}{|\boldsymbol{x} - \boldsymbol{x}'|} + F(\boldsymbol{x}, \boldsymbol{x}') , \qquad (1.90)$$

$$\text{mit} \quad \boldsymbol{\Delta}_x F(\boldsymbol{x}, \boldsymbol{x}') = 0 = \boldsymbol{\Delta}_{x'} F(\boldsymbol{x}, \boldsymbol{x}') .$$

Verwendet man den zweiten Green'schen Satz (1.10), indem man dort $\Psi = G(\boldsymbol{x},\boldsymbol{x}')$ und die Poisson-Gleichung (1.80a) einsetzt, dann ergibt sich

$$\begin{aligned}\Phi(\boldsymbol{x}) = &-4\pi \iiint\limits_{V(F)} \mathrm{d}^3x'\, G(\boldsymbol{x},\boldsymbol{x}')\varrho(\boldsymbol{x}') \\ &+ \iint\limits_{F} \mathrm{d}\sigma' \left(\Phi(\boldsymbol{x}')\frac{\partial}{\partial\hat{\boldsymbol{n}}'}G(\boldsymbol{x},\boldsymbol{x}') - G(\boldsymbol{x},\boldsymbol{x}')\frac{\partial}{\partial\hat{\boldsymbol{n}}'}\Phi(\boldsymbol{x}')\right),\end{aligned} \tag{1.91}$$

wenn immer $\boldsymbol{x}$ innerhalb des von der geschlossenen Fläche F eingefassten Volumens $V(F)$ liegt. Liegt $\boldsymbol{x}$ dagegen außerhalb dieses Volumens, so steht auf der linken Seite Null.

Um die Zusatzterme auf der rechten Seite von (1.91) physikalisch zu verstehen, ist es sinnvoll, zunächst $F(\boldsymbol{x},\boldsymbol{x}') = 0$ zu wählen. Dann gilt

$$\begin{aligned}\left.\begin{array}{l}\boldsymbol{x} \in V(F): \Phi(\boldsymbol{x}) \\ \boldsymbol{x} \notin V(F): \quad 0\end{array}\right\} = &\iiint\limits_{V(F)} \mathrm{d}^3x'\, \frac{\varrho(\boldsymbol{x})}{|\boldsymbol{x}-\boldsymbol{x}'|} \\ &+ \frac{1}{4\pi}\iint\limits_{F} \mathrm{d}\sigma' \left(-\Phi(\boldsymbol{x}')\frac{\partial}{\partial\hat{\boldsymbol{n}}'}\frac{1}{|\boldsymbol{x}-\boldsymbol{x}'|} + \frac{1}{|\boldsymbol{x}-\boldsymbol{x}'|}\frac{\partial}{\partial\hat{\boldsymbol{n}}'}\Phi(\boldsymbol{x}')\right).\end{aligned} \tag{1.92a}$$

Jetzt erkennt man die Bedeutung der beiden Terme des Flächenintegrals: der Erste von ihnen, wenn man ihn mit (1.89a) vergleicht, ist das Potential einer Dipolschicht, deren Dipoldichte durch

$$D(\boldsymbol{x}) = -\frac{1}{4\pi}\, \Phi(\boldsymbol{x})|_F \tag{1.92b}$$

gegeben ist. Der Zweite ist das Potential einer auf der Fläche F verteilten Flächenladung, die durch die Funktion

$$\eta(\boldsymbol{x}) = \frac{1}{4\pi}\left.\frac{\partial\Phi}{\partial\hat{\boldsymbol{n}}}\right|_F \tag{1.92c}$$

beschrieben wird. Schließlich kann man noch den Grenzfall betrachten, bei dem die geschlossene Fläche F ins Unendliche verschoben wird. Wenn die Richtungsableitungen des Potentials für $\boldsymbol{x}' \to \infty$ rascher verschwinden als die inverse Abstandsfunktion, dann trägt das Flächenintegral in diesem Grenzfall nichts bei und es bleibt die vertraute Formel

$$\Phi(\boldsymbol{x}) = \iiint\limits_{V(F)} \mathrm{d}^3x'\, \frac{\varrho(\boldsymbol{x})}{|\boldsymbol{x}-\boldsymbol{x}'|}.$$

Sprechen wir von Randwertaufgaben, d. h. von Problemen, bei denen Potentiale oder Felder vorgegeben werden, so stellt sich natürlich die Frage, welche Daten ein elektrostatisches Problem vollständig bestimmen. So kann man sich beispielsweise klar machen, dass auf einer gegebenen geschlossenen Fläche nicht gleichzeitig das Potential $\Phi(\boldsymbol{x})|_F$

und seine Normalableitung $\partial\Phi/\partial\hat{\boldsymbol{n}}|_F$ vorgeschrieben werden können. Mögliche, d. h. sinnvoll gestellte Randwertaufgaben sind die folgenden:

(a) Auf geschlossenen Flächen werden die Werte des Potentials vorgegeben. Ein Beispiel wäre eine Anordnung von elektrischen Leitern mit gegebenen Potentialen. Eine solche Vorgabe wird *Dirichlet'sches Randwertproblem* genannt.
(b) Auf Oberflächen mit vorgegebenen Flächenladungen wird die Normalkomponente des elektrischen Felds vorgegeben. Eine solche Aufgabe wird *Neumann'sches Randwertproblem* genannt.

Dass diese Vorgaben auf geschlossenen Flächen das Problem eindeutig festlegen, kann unter Verwendung der Integralsätze wie folgt nachgeprüft werden. Nehmen wir an, die Anordnung (a) *oder* die Anordnung (b) besäße zwei verschiedene Lösungen $\Phi_1(\boldsymbol{x}) \neq \Phi_2(\boldsymbol{x})$ und setzen $U(\boldsymbol{x}) := \Phi_2(\boldsymbol{x}) - \Phi_1(\boldsymbol{x})$. Im Inneren des von F eingeschlossenen Volumens gilt die Laplace-Gleichung $\boldsymbol{\Delta} U(\boldsymbol{x}) = 0$, während auf der Fläche F, die nicht einfach zusammenhängend sein muss,

$$\text{im Fall (a):} \quad U(\boldsymbol{x})|_F = 0 \,,$$
$$\text{im Fall (b):} \quad \left.\frac{\partial U(\boldsymbol{x})}{\partial \hat{\boldsymbol{n}}}\right|_F = 0$$

vorgegeben ist. Jetzt verwende man den ersten Green'schen Satz (1.9) mit $\Phi = \Psi = U$,

$$\iiint\limits_{V(F)} \mathrm{d}^3x \left(U\boldsymbol{\Delta}U + (\boldsymbol{\nabla}U)^2\right) = \iint\limits_F \mathrm{d}\sigma\, U\frac{\partial U}{\partial \hat{\boldsymbol{n}}} \,.$$

(Zur Erinnerung: $\partial U/\partial\hat{\boldsymbol{n}} = \hat{\boldsymbol{n}}\cdot\boldsymbol{\nabla}U$ ist die Richtungsableitung entlang der Flächennormalen, d. h. bis auf das Vorzeichen die Normalkomponente des elektrischen Feldes.) Da auf der linken Seite dieser Gleichung zweimal derselbe Beitrag steht und da auf der Fläche F entweder U selbst oder seine Normalableitung verschwindet, folgt

$$\iiint\limits_{V(F)} \mathrm{d}^3x\, (\boldsymbol{\nabla}U)^2 = 0 \,,$$

somit im Inneren $\boldsymbol{\nabla}U \equiv 0$ bzw. $U(\boldsymbol{x}) = 0$ für alle $x \in V(F)$. Im Fall der Dirichlet'schen Randwertprobleme heißt dies, dass $U(\boldsymbol{x}) = 0$, im Fall des Neumann'schen Vorgabe, dass U und damit die gesuchte Lösung $\Phi(\boldsymbol{x})$ bis auf eine willkürlich wählbare additive Konstante bestimmt ist. Eine solche Konstante ist physikalisch irrelevant. Damit ist nicht nur gezeigt, dass in jeder der beiden Aufgabenstellungen – wenn sie existiert – die Lösung (gegebenenfalls bis auf eine additive Konstante) eindeutig ist, sondern auch, dass eine Anordnung, bei der man die Potentiale *und* ihre Normalableitungen auf einer geschlossenen Fläche vorschreiben wollte, i. Allg. überbestimmt wäre[3].

[3] Die geschlossene Fläche F kann ganz im Endlichen liegen. Mit einiger mathematischer Umsicht kann man sie aber auch ganz oder teilweise ins Unendliche verlagern.

Formal gesehen – aber nur selten einfach in die Praxis umzusetzen – kann man bei einer Dirichlet'schen Aufgabe über die Lösung $F(\boldsymbol{x}, \boldsymbol{x}')$ der Laplace-Gleichung so verfügen, dass die Green'sche Funktion für alle $\boldsymbol{x}' \in F$ verschwindet,

$$G_\mathrm{D}(\boldsymbol{x}, \boldsymbol{x}') = 0 \quad \text{für alle } \boldsymbol{x}' \in F\,.$$

Beispiel 1.7 Dirichlet'sche Randbedingung auf der Kugel

Die geschlossene Fläche sei die Kugel mit Radius R um den Ursprung, $F = S^2_R \subset \mathbb{R}^3$. Mithilfe einer einfachen geometrischen Konstruktion (s. Aufgabe 1.14) konstruiert man den Zusatzterm in (1.90), der das Verschwinden von $G_\mathrm{D}(\boldsymbol{x}, \boldsymbol{x}')$ auf der Kugeloberfläche garantiert. Das Ergebnis ist

$$G_\mathrm{D}(\boldsymbol{x}, \boldsymbol{x}') = -\frac{1}{4\pi}\frac{1}{|\boldsymbol{x}-\boldsymbol{x}'|} + \frac{R|\boldsymbol{x}'|}{4\pi}\frac{1}{\left||\boldsymbol{x}'|^2\boldsymbol{x} - R^2\boldsymbol{x}'\right|}\,,$$

an dem man unmittelbar die gewünschte Eigenschaft $G_\mathrm{D}(\boldsymbol{x}, \boldsymbol{x}') = 0$ für alle $|\boldsymbol{x}'| = R$ bestätigt.

Hat man eine solche Lösung gefunden, so folgt die Darstellung

$$\Phi(\boldsymbol{x}) = -4\pi \iiint\limits_{V(F)} \mathrm{d}^3x'\, G_\mathrm{D}(\boldsymbol{x}, \boldsymbol{x}')\varrho(\boldsymbol{x}') + \iint\limits_F \mathrm{d}\sigma'\, \Phi(\boldsymbol{x}')\frac{\partial}{\partial\hat{\boldsymbol{n}}'}G_\mathrm{D}(\boldsymbol{x}, \boldsymbol{x}') \tag{1.93}$$

als, wie wir jetzt wissen, eindeutige Lösung für das Potential.

Bei einer Neumann'schen Aufgabe geht man so vor: Wie jede Green-Funktion erfüllt die für eine solche Randbedingung zuständige Distribution die Differentialgleichung (1.81)

$$\boldsymbol{\Delta} G_\mathrm{N}(\boldsymbol{x}, \boldsymbol{x}') = \delta(\boldsymbol{x} - \boldsymbol{x}')\,.$$

Die stückweise glatte, geschlossene Fläche F und das von diesem eingeschlossene Volumen $V(F)$ seien vorgegeben. Setzt man das Gradientenfeld $\boldsymbol{V} = \boldsymbol{\nabla} G_\mathrm{N}$ in den Gauß'schen Satz (1.6) ein und erinnert sich an die Definition

$$\frac{\partial G_\mathrm{N}}{\partial\hat{\boldsymbol{n}}} = \left(\boldsymbol{\nabla} G_\mathrm{N}\right)\cdot\hat{\boldsymbol{n}}\,,$$

so folgt aus der Gauß'schen Formel (1.6)

$$1 = \iint\limits_F \mathrm{d}\sigma\, \frac{\partial G_\mathrm{N}}{\partial\hat{\boldsymbol{n}}}\,.$$

Man kann folglich die Normalableitung von G_N so einrichten, dass sie auf der Fläche F konstant und gleich $1/F$ ist,

$$\frac{\partial G_\mathrm{N}}{\partial\hat{\boldsymbol{n}}} = \frac{1}{F}\,.$$

Aus der allgemeineren Formel (1.91) folgt dann die Darstellung

$$\begin{aligned}\Phi(\boldsymbol{x}) = &-4\pi \iiint\limits_{V(F)} \mathrm{d}^3x'\ G_{\mathrm{N}}(\boldsymbol{x},\boldsymbol{x}')\varrho(\boldsymbol{x}') \\ &+ \langle\Phi\rangle_F - \iint\limits_F \mathrm{d}\sigma'\ G_{\mathrm{N}}(\boldsymbol{x},\boldsymbol{x}')\frac{\partial}{\partial\hat{\boldsymbol{n}}'}\Phi(\boldsymbol{x}')\,,\end{aligned} \tag{1.94}$$

wobei der Mittelwert des Potentials über die Fläche F auftritt,

$$\langle\Phi\rangle_F = \frac{1}{F}\iint\limits_F \mathrm{d}\sigma\ \Phi(\boldsymbol{x})\,.$$

Dieser Mittelwert wird gleich Null, wenn man eine im Unendlichen liegende geschlossene Fläche hinzunimmt – immer vorausgesetzt, dass alle physikalischen Größen ganz im Endlichen liegen.

1.7.4 Multipolentwicklung von Potentialen

Eine wichtige und in der Praxis nützliche und gut umzusetzende Methode macht von Entwicklungen nach *Kugelflächenfunktionen* Gebrauch. Bevor wir die wichtigsten Formeln und Techniken aufstellen, sollen hier die wesentlichen Ideen dieser Methode zusammengefasst werden.

Ziel der Methode ist es, einen Satz von Grundlösungen der Laplace-Gleichung (1.80b) zu finden, die in einem noch zu spezifizierenden Sinn *vollständig* sind und die dazu dienen können, jede physikalisch interessante Lösung, die nicht direkt und analytisch darstellbar ist, als Reihe in diesen Grundlösungen darzustellen. Im Einzelnen führt man die folgenden Schritte aus:

1. Man löst die Laplace-Gleichung (1.80b) für einen speziellen Ansatz in sphärischen Polarkoordinaten (r,θ,ϕ), bei dem die Abhängigkeiten von r, von θ und von ϕ faktorisiert sind,
$$\Phi_{\mathrm{Ansatz}}(\boldsymbol{x}) \equiv \frac{1}{r}R(r)\,P(\theta)\,f(\phi)\,. \tag{1.95}$$
Dies ist zwar sicher nicht die allgemeinste Lösung, besitzt aber den Vorteil, dass die drei Typen von Funktionen $R(r)$, $Y(\theta)$ und $f(\phi)$ explizit angegeben werden können;
2. Man stellt dann fest, dass die Gesamtheit aller im Intervall $(0 \leqslant \theta \leqslant \pi,\ 0 \leqslant \phi \leqslant 2\pi)$ regulären Funktionen $Y(\theta)\,f(\phi)$ (in einem verallgemeinerten Sinn) *orthogonal* und *vollständig* sind. Diese Produktlösungen bilden somit eine Basis für reguläre Funktionen auf S^2, der Einheitssphäre im $\mathbb{R}^3$, die durch die Koordinaten θ und ϕ beschrieben wird;
3. Allgemeinere, i. Allg. nicht faktorisierende Lösungen der Laplace-Gleichung entwickelt man nach diesem Basissystem, wobei man

dessen Vollständigkeit ausnutzt. Auch zum Auffinden von Lösungen der Poisson-Gleichung sind die Kugelfunktionen äußerst nützlich, wenn man die Entwicklung mit der Technik der Green-Funktionen kombiniert.

In sphärischen Polarkoordinaten ausgedrückt lautet der Laplace-Operator

$$\mathbf{\Delta}\Phi(r,\theta,\phi) = \frac{1}{r^2}\frac{\partial}{\partial r}\left(r^2\frac{\partial\Phi}{\partial r}\right) + \frac{1}{r^2\sin\theta}\frac{\partial}{\partial\theta}\left(\sin\theta\frac{\partial\Phi}{\partial\theta}\right) + \frac{1}{r^2\sin^2\theta}\frac{\partial^2\Phi}{\partial\phi^2}\,. \tag{1.96}$$

Setzt man hier den Faktorisierungsansatz (1.95) ein, so führt dies zu *gewöhnlichen* Differentialgleichungen für den Radialanteil und für die von θ und ϕ allein abhängigen Anteile, die man getrennt diskutieren und lösen kann. Ohne auf diese Methode im Einzelnen einzugehen, seien hier die Differentialgleichungen für die von den Winkeln abhängigen Funktionen $P(\theta)$ und $f(\phi)$ angegeben

$$\frac{\mathrm{d}^2}{\mathrm{d}\phi^2}f(\phi) + m^2 f(\phi) = 0\,, \qquad m = 0, 1, 2, \ldots\,,$$

$$\frac{1}{\sin\theta}\frac{\mathrm{d}}{\mathrm{d}\theta}\left(\sin\theta\frac{\mathrm{d}\,P(\theta)}{\mathrm{d}\theta}\right) + \left(\ell(\ell+1) - \frac{m^2}{\sin^2\theta}\right)P(\theta) = 0\,,$$

$$\ell = 0, 1, 2, \ldots\,.$$

Die auf der Kugeloberfläche regulären Lösungen dieser Differentialgleichungen sind die Kugelflächenfunktionen

$$Y(\theta,\phi) = P(\theta)\,f(\phi)\,,$$

wobei die Lösungen $f(\phi)$ nach der Zahl m nummeriert werden, die Lösungen $P(\theta)$ nach den Zahlen ℓ und m,

$$Y_{\ell m}(\theta,\phi) = N_{\ell m}P_\ell^m(\theta)\,f_m(\phi)\,,$$

Die Forderung, dass $f_m(\phi)$ einwertig sein, d.h. sich bei einer vollständigen Drehung reproduzieren muss, $f_m(\phi+2\pi) = f_m(\phi)$, legt die Ganzzahligkeit von m fest. Die Differentialgleichung für $P_\ell^m(\theta)$ hat nur dann Lösungen, die im ganzen Intervall $\theta \in [0,\pi]$ bzw. $\cos\theta \in [-1, 1]$ regulär sind, wenn $\ell \in \mathbb{N}_0$ und wenn m dem Betrage nach nicht größer als ℓ ist.

Die Kugelflächenfunktionen gehören zu den sog. *speziellen Funktionen*, die man in der Physik und in vielen anderen Gebieten ebenso selbstverständlich einzusetzen lernen soll wie die trigonometrischen Funktionen, die Exponentialfunktion oder viele andere elementare Funktionen der Analysis bzw. der Funktionentheorie. Deshalb beschränke ich mich hier darauf, ihre Definition, einige Beispiele und ihre wesentlichen Eigenschaften anzugeben[4].

[4] Die Differentialgleichung, der sie genügen und die aus (1.96) folgt, wird in Band 2, Abschn. 1.9.1 im Zusammenhang mit dem Bahndrehimpuls in der Quantenmechanik abgehandelt. Dort findet man auch eine Herleitung der Formel (1.97a).

Kugelflächenfunktionen über der Einheitskugel S^2

Die Kugelflächenfunktionen $Y_{\ell m}(\theta, \phi)$ setzen sich aus Exponentialfunktionen in der Azimutvariablen ϕ und aus den zugeordneten Legendre-Funktionen erster Art $P_\ell^m(\theta)$ zusammen,

$$Y_{\ell m}(\theta, \phi) = \sqrt{\frac{2\ell+1}{4\pi}} \sqrt{\frac{(\ell-m)!}{(\ell+m)!}}\, P_\ell^m(\cos\theta)\, e^{im\phi} . \tag{1.97a}$$

Die Indizes ℓ und m haben dabei den Wertevorrat

$$\ell \in \mathbb{N}_0 , \quad m \in [-\ell, +\ell] , \quad \text{d. h. etwas ausführlicher}$$
$$\ell = 0, 1, 2, \ldots , \quad \text{und} \quad m = -\ell, -\ell+1, \ldots , +\ell . \tag{1.97b}$$

Die Legendre-Funktionen erster Art hängen von $\cos\theta =: z$ allein ab und entstehen durch Differentiation aus den Legendre-Polynomen

$$P_\ell^m(z) = (-)^m \left(1-z^2\right)^{m/2} \frac{d^m}{d z^m} P_\ell(z) , \quad (z \equiv \cos\theta) , \tag{1.97c}$$

wobei die Legendre-Polynome z.B. durch die Formel von Rodrigues definiert werden können,

$$P_\ell(z) = \frac{1}{2^\ell \ell!} \frac{d^\ell}{d z^\ell} \left(z^2-1\right)^\ell . \tag{1.97d}$$

Die ersten fünf Legendre-Polynome lauten explizit

$$P_0(z) = 1 \qquad P_1(z) = z$$
$$P_2(z) = \frac{1}{2}\left(3z^2-1\right) \qquad P_3(z) = \frac{1}{2}\left(5z^3-3z\right)$$
$$P_4(z) = \frac{1}{8}\left(35z^4-30z^2+3\right) \tag{1.97e}$$

Die Kugelflächenfunktionen zu $\ell = 0, 1, 2, 3$ lauten ausgeschrieben

$$Y_{0,0} = \frac{1}{\sqrt{4\pi}}$$
$$Y_{1,0} = \sqrt{\frac{3}{4\pi}} \cos\theta \qquad Y_{1,\pm1} = \mp\sqrt{\frac{3}{8\pi}} \sin\theta\, e^{\pm i\phi}$$
$$Y_{2,0} = \sqrt{\frac{5}{16\pi}} \left(3\cos^2\theta - 1\right)$$
$$Y_{2,\pm1} = \mp\sqrt{\frac{15}{8\pi}} \cos\theta \sin\theta\, e^{\pm i\phi} \qquad Y_{2,\pm2} = \sqrt{\frac{15}{32\pi}} \sin^2\theta\, e^{\pm 2i\phi} \tag{1.97f}$$
$$Y_{3,0} = \sqrt{\frac{7}{16\pi}} \left(5\cos^3\theta - 3\cos\theta\right)$$
$$Y_{3,\pm1} = \mp\sqrt{\frac{21}{64\pi}} \left(4\cos^2\sin\theta - \sin^3\theta\right) e^{\pm i\phi}$$
$$Y_{3,\pm2} = \sqrt{\frac{105}{32\pi}} \cos\theta \sin^2\theta\, e^{\pm 2i\phi} \qquad Y_{3,\pm3} = \sqrt{\frac{35}{64\pi}} \sin^3\theta\, e^{\pm 3i\phi}$$

Einige wichtige Eigenschaften, die man an der allgemeinen Formel (1.97a) und an den Beispielen (1.97f) nachprüfen mag, sind die Beziehungen zwischen $Y_{\ell m}(\theta, \phi)$ und seinem konjugiert Komplexen $Y^*_{\ell m}(\theta, \phi)$ sowie zwischen $Y_{\ell m}(\theta, \phi)$ am Punkt (θ, ϕ) der S^2 und derselben Funktion beim Antipoden $(\pi - \theta, \phi + \pi)$ dieses Punktes:

$$Y^*_{\ell m}(\theta, \phi) = (-)^m Y_{\ell,-m}(\theta, \phi) , \tag{1.97g}$$

$$Y_{\ell m}(\pi - \theta, \pi + \phi) = (-)^\ell Y_{\ell m}(\theta, \phi) . \tag{1.97h}$$

Da die Punkte (θ, ϕ) und $(\pi - \theta, \phi + \pi)$ durch Spiegelung am Ursprung auseinander hervorgehen, sagt die Beziehung (1.97h) aus, dass die Kugelfunktionen mit *geradem* ℓ unter der Raumspiegelung *gerade* sind, die mit *ungeradem* ℓ aber ihr Vorzeichen ändern.

Die Kugelflächenfunktionen sind in einem verallgemeinerten Sinn orthogonal. Sie erfüllen die folgende *Orthogonalitätsrelation:*

$$\int_{S^2} \mathrm{d}\Omega \, Y^*_{\ell' m'}(\theta, \phi) Y_{\ell m}(\theta, \phi) = \delta_{\ell' \ell} \delta_{m' m} . \tag{1.98a}$$

Dabei wird mit $\mathrm{d}\Omega = \mathrm{d}\phi \, \sin\theta \, \mathrm{d}\theta$ über die ganze Kugeloberfläche integriert. Außerdem bilden sie ein auf der S^2 vollständiges Basissystem. Dies bedeutet, dass man jede auf der S^2 stetige Funktion $f(\theta, \phi)$ nach dieser Basis entwickeln kann,

$$f(\theta, \phi) = \sum_{\ell=0}^{\infty} \sum_{m=-\ell}^{+\ell} Y_{\ell m}(\theta, \phi) a_{\ell m} \quad \text{mit} \tag{1.98b}$$

$$a_{\ell m} = \int_{S^2} \mathrm{d}\Omega \, Y^*_{\ell m}(\theta, \phi) f(\theta, \phi) \tag{1.98c}$$

Diese zweite Aussage kann man auch in einer *Vollständigkeitsrelation* zusammenfassen, die hier so lautet

$$\sum_{\ell=0}^{\infty} \sum_{m=-\ell}^{+\ell} Y_{\ell m}(\theta, \phi) Y^*_{\ell m}(\theta', \phi') = \delta(\phi - \phi') \delta(\cos\theta - \cos\theta') . \tag{1.98d}$$

Es bleibt jetzt noch festzustellen, zu welcher Differentialgleichung der Ansatz (1.95) für die Radialfunktion $R(r)$ führt. Hierzu stellt man zunächst fest, dass es sinnvoll ist, einen Faktor $1/r$ aus der Radialfunktion herauszuziehen, denn die verschachtelte Ableitung nach r in (1.96) wird damit zu einer schlichten, mit $1/r$ multiplizierten zweiten Ableitung,

$$\frac{1}{r^2} \frac{\mathrm{d}}{\mathrm{d}r} \left(r^2 \frac{\mathrm{d}}{\mathrm{d}r} \left(\frac{1}{r} R(r) \right) \right) = \frac{1}{r} \frac{\mathrm{d}^2 R(r)}{\mathrm{d}r^2} .$$

Verwendet man die oben angegebenen Differentialgleichungen für $f_m(\phi)$ und für $P^m_\ell(\theta)$, dann bleibt von (1.96) nur die gewöhnliche Differentialgleichung

$$\frac{\mathrm{d}^2 R(r)}{\mathrm{d}r^2} - \frac{\ell(\ell+1)}{r^2} R(r) = 0 \tag{1.99a}$$

übrig, deren allgemeine Lösung leicht zu bestimmen ist:

$$R(r) = c^{(1)} r^{\ell+1} + c^{(2)} \frac{1}{r^\ell} . \tag{1.99b}$$

Der erste Term ist zu verwenden, wenn $R(r)$ bei $r = 0$ regulär sein soll, der zweite Term ist relevant, wenn Regularität im Unendlichen verlangt wird.

a) Elektrostatische Probleme mit Axialsymmetrie

Ist eine Aufgabenstellung vorgegeben, die um eine Richtung im Raum axialsymmetrisch ist, so ist es sinnvoll, die 3-Achse in diese Richtung zu legen. Da das Potential nicht vom Azimutwinkel ϕ abhängt, können die Lösungen der Laplace-Gleichung nur von r und θ abhängen. In der Entwicklung einer solchen Lösung $\Phi(r,\theta)$ nach Kugelflächenfunktionen können daher nur solche mit $m = 0$ auftreten. Für diesen Fall reduzieren sich die Legendre-Funktionen (1.97c) auf die Legendre-Polynome (1.97d) und man kann das Potential von vorneherein als Reihe in diesen Polynomen ansetzen,

$$\Phi(r,\theta) = \sum_{\ell=0}^{\infty} \left(c_\ell^{(1)} r^\ell + c_\ell^{(2)} \frac{1}{r^{\ell+1}} \right) P_\ell(z) , \quad (z = \cos\theta) . \tag{1.100}$$

Die Entwicklungskoeffizienten $c_\ell^{(1)}$ und $c_\ell^{(2)}$ bestimmt man aus den vorgegebenen Randbedingungen. Man muss dabei aber beachten, dass die Legendre-Polynome zwar orthogonal, aber nicht auf 1 normiert sind. Vielmehr gilt, aufgrund der Definitionen (1.97a) und (1.97c), sowie der Orthogonalitätsrelation (1.98a)

$$\int_0^\pi \sin\theta \, \mathrm{d}\theta \, P_\ell^2(\cos\theta) = \int_{-1}^{+1} \mathrm{d}z \, P_\ell^2(z) = \frac{2}{2\ell+1} .$$

Die Legendre-Polynome sind bekanntlich so normiert, dass sie bei $\theta = 0$, d. h. bei $z = 1$ alle den Wert 1 haben, $P_\ell(1) = 1$. Dies ist nützlich, wenn man sie aus einer erzeugenden Funktion herleitet,

$$\frac{1}{\sqrt{1 - 2zt + t^2}} = \sum_{\ell=0}^{\infty} t^\ell P_\ell(z) , \tag{1.101}$$

die ja für $z = 1$ in die geometrische Reihe übergeht.

Wir betrachten als Beispiel für (1.100) folgende Anwendung: Da die Lösung (1.100) eindeutig festliegt, genügt es, die Koeffizienten bei einem festen Wert des Arguments z auszuwerten, so z. B. bei $z = 1$. Gesucht ist die Entwicklung der inversen Abstandsfunktion $|\boldsymbol{x} - \boldsymbol{x}'|$, wo

$\boldsymbol{x}$ und $\boldsymbol{x}'$ Vektoren sind, die den Winkel α einschließen, s. Abb. 1.14. Legt man die 3-Achse in Richtung von $\boldsymbol{x}'$, so ist

$$\frac{1}{|\boldsymbol{x}-\boldsymbol{x}'|} = \frac{1}{\sqrt{r^2+r'^2-2rr'\cos\alpha}} .$$

Um dies in der gewünschten Weise zu entwickeln,

$$\frac{1}{|\boldsymbol{x}-\boldsymbol{x}'|} = \sum_{\ell=0}^{\infty}\left(c_\ell^{(1)}\, r^\ell + c_\ell^{(2)}\frac{1}{r^{\ell+1}}\right) P_\ell(z) , \qquad (z=\cos\theta) ,$$

genügt es, den Fall $\cos\alpha = 1$ zu betrachten, d. h. den Vektor $\boldsymbol{x}$ ebenfalls in die 3-Richtung zu legen. Dann wird die Abstandsfunktion zum Absolutbetrag der Differenz der Radialvariablen, die Entwicklungskoeffizienten folgen aus der einfacheren Gleichung

$$\frac{1}{|r-r'|} = \sum_{\ell=0}^{\infty}\left(c_\ell^{(1)}\, r^\ell + c_\ell^{(2)}\frac{1}{r^{\ell+1}}\right) .$$

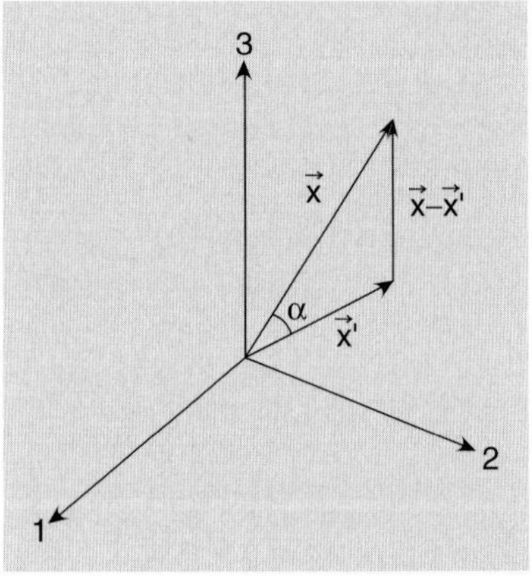

Abb. 1.14. Der Differenzvektor von Aufpunkt $\boldsymbol{x}$ und Quellpunkt $\boldsymbol{x}'$ eines konkreten elektrostatischen Problems, ausgedrückt durch die beiden Vektoren und den Winkel α, den sie einschließen

Die bekannte Reihenentwicklung von $1/(1-x) = 1+x+x^2\cdots$ konvergiert nur, wenn $|x|<1$ ist. Deshalb gilt

$$\text{für } r'>r: \frac{1}{|r-r'|} = \frac{1}{r'}\sum_{\ell=0}^{\infty}\frac{r^\ell}{r'^\ell} \qquad \text{und hieraus}$$

$$c_\ell^{(1)} = \frac{1}{r'^{\ell+1}} , \quad c_\ell^{(2)} = 0 ;$$

$$\text{für } r'<r: \frac{1}{|r-r'|} = \frac{1}{r}\sum_{\ell=0}^{\infty}\frac{r'^\ell}{r^\ell} \qquad \text{und daraus}$$

$$c_\ell^{(1)} = 0 , \quad c_\ell^{(2)} = r'^\ell .$$

Diese Fallunterscheidungen kann man bei Verwendung folgender Bezeichnungen

$$r_< = r , \quad r_> = r' \quad \text{für} \quad r<r' ,$$
$$r_> = r , \quad r_< = r' \quad \text{für} \quad r>r'$$

etwas kompakter schreiben, nämlich

$$\frac{1}{|r-r'|} = \frac{1}{r_>}\sum_{\ell=0}^{\infty}\left(\frac{r_<}{r_>}\right)^\ell .$$

Damit erhält man für die gesuchte Entwicklung

$$\frac{1}{|\boldsymbol{x}-\boldsymbol{x}'|} = \sum_{\ell=0}^{\infty}\frac{r_<^\ell}{r_>^{\ell+1}} P_\ell(\cos\alpha) . \tag{1.102}$$

Diese Reihe folgt natürlich auch aus der erzeugenden Funktion (1.101) (wie umgekehrt diese aus dem eben abgeleiteten Ergebnis konstruiert werden kann).

Beispiel 1.8 Potential einer kugelsymmetrischen Ladungsdichte

Legt man die 3-Richtung in die Richtung von $\boldsymbol{x}$, dann ist α der Polarwinkel von $\boldsymbol{x}'$. Setzt man die Entwicklung (1.102) ein und integriert über $\mathrm{d}^3x' = r'^2\,\mathrm{d}r'\,\mathrm{d}\Omega'$, so geben alle Legendre-Polynome mit $\ell \neq 0$ Null,

$$\iint_{S^2} \mathrm{d}\Omega' P_\ell(\cos\theta) = 2\pi \int_{-1}^{+1} \mathrm{d}z\, P_\ell(z) P_0(z) = 0 \qquad \text{für alle} \quad \ell \neq 0\,,$$

und es bleibt der Fallunterscheidung $r' < r$ bzw. $r' > r$ bei der Integration

$$\begin{aligned} \Phi(\boldsymbol{x}) &= \iiint \mathrm{d}^3x' \frac{\varrho(r)}{|\boldsymbol{x}-\boldsymbol{x}'|} = 4\pi \int_0^\infty \mathrm{d}r' r'^2 \frac{1}{r_>}\varrho(r') \\ &= 4\pi \left\{ \frac{1}{r}\int_0^r \mathrm{d}r' r'^2\, \varrho(r') + \int_r^\infty \mathrm{d}r' r'\, \varrho(r') \right\}, \end{aligned}$$

eine Formel, die wir in (1.85) durch direkte Integration der Poisson-Gleichung erhalten hatten.

b) Allgemeinere Anordnungen ohne Axialsymmetrie

Liegt keine Axialsymmetrie um eine ausgezeichnete Richtung im $\mathbb{R}^3$ vor, so tritt anstelle von (1.100) der allgemeinere Ansatz

$$\Phi(r,\theta,\phi) = \sum_{\ell=0}^{\infty} \sum_{m=-\ell}^{+\ell} \left(c^{(1)}_{\ell m} r^\ell + c^{(2)}_{\ell m} \frac{1}{r^{\ell+1}} \right) Y_{\ell m}(\theta,\phi)\,. \tag{1.103}$$

Auch die Entwicklung (1.102) der inversen Abstandsfunktion lässt sich mithilfe des wichtigen *Additionstheorems*

$$P_\ell(\cos\alpha) = \frac{4\pi}{2\ell+1} \sum_{m=-\ell}^{+\ell} Y^*_{\ell m}(\theta',\phi') Y_{\ell m}(\theta,\phi) \tag{1.104}$$

in eine allgemeinere Form umschreiben:

$$\frac{1}{|\boldsymbol{x}-\boldsymbol{x}'|} = \sum_{\ell=0}^{\infty} \frac{4\pi}{2\ell+1} \frac{r_<^\ell}{r_>^{\ell+1}} \sum_{m=-\ell}^{+\ell} Y^*_{\ell m}(\theta',\phi') Y_{\ell m}(\theta,\phi)\,. \tag{1.105}$$

Hierbei sind (θ,ϕ) die Polarkoordinaten des Einheitsvektors $\hat{\boldsymbol{x}}$, (θ',ϕ') diejenigen von $\hat{\boldsymbol{x}}'$, während α der von diesen Vektoren eingeschlossene Winkel ist. Der Beweis des Additionstheorems (1.104) gibt eine schöne Illustration der Technik von Entwicklungen nach Kugelflächenfunktionen. Aus diesem Grund, obwohl dies eigentlich in ein Handbuch der Speziellen Funktionen gehört, schieben wir ihn hier ein:

Beweis des Additionstheorems (1.104)

Das Legendre-Polynom $P_\ell(\cos\theta)$ ist eine auf der S^2 reguläre Funktion und lässt sich daher nach Kugelflächenfunktionen entwickeln,

$$P_\ell(\cos\alpha) = \sum_{\ell'=0}^{\infty} \sum_{m=-\ell'}^{m=+\ell'} c_{\ell' m} Y_{\ell' m}(\theta, \phi) .$$

Die auftretenden Winkel α, θ und ϕ sind dabei wie in Abb. 1.15 definiert, was wiederum bedeutet, dass die Entwicklungskoeffizienten $c_{\ell' m}$ von θ' und ϕ' abhängen werden (mit der offensichtlichen Freiheit den Vektor $\boldsymbol{x}'$ in Abb. 1.15 auf dem Kegel mit Öffnungswinkel α um $\boldsymbol{x}$ herum zu wählen). Da die linke und die rechte Seite dieses Ansatzes derselben Differentialgleichung genügen müssen, folgt, dass nur die Terme mit $\ell' = \ell$ beitragen können. Die Koeffizienten berechnen sich aufgrund der Orthogonalität (1.98a) aus

$$\begin{aligned} c_{\ell m}(\theta', \phi') &= \iint \mathrm{d}\Omega\, Y^*_{\ell m}(\theta, \phi) P_\ell(\cos\alpha) \\ &= \sqrt{\frac{4\pi}{2\ell+1}} \iint \mathrm{d}\Omega\, Y^*_{\ell m}(\theta, \phi) Y_{\ell m=0}(\alpha, \beta) . \end{aligned}$$

In der zweiten Kugelfunktion steht formal ein zu α gehörender Azimutwinkel β, der aber irrelevant ist, da die Funktion $Y_{\ell m=0}$ gar nicht von diesem Argument abhängt. Wenn wir jetzt wüssten, wie die Funktion $\sqrt{4\pi/(2\ell+1)}Y^*_{\ell m}(\theta, \phi)$ nach der Basis $Y_{\ell m=0}(\alpha, \beta)$ entwickelt wird, so hätten wir schon die gesuchte Formel. Dass dies tatsächlich ohne große Rechnung gelingt, wollen wir jetzt zeigen. Wegen der Eindeutigkeit einer solchen Entwicklung

$$Y^*_{\ell m}\big(\theta(\alpha, \beta), \phi(\alpha, \beta)\big) = \sum_m b_{\ell m} Y_{\ell m}(\alpha, \beta)$$

genügt es Spezialfälle zu betrachten, bei denen die Kugelfunktionen der rechten Seite sofort angegeben werden können. Außerdem muss man beachten, dass diese Entwicklung die Richtung $\hat{\boldsymbol{x}}'$ von Abb. 1.15 als 3-Achse voraussetzt. Bei $\alpha = 0$ bleibt auf der rechten Seite nur der Term $b_{\ell 0} Y_{\ell 0}(0, \beta) = \sqrt{(2\ell+1)/4\pi}\, b_{\ell 0}$ stehen, was direkt aus (1.97a) und der Eigenschaft $P_\ell(\cos\alpha = 1) = 1$ folgt. Damit folgt

$$b_{\ell 0} = \sqrt{\frac{4\pi}{2\ell+1}}\, Y^*_{\ell m}\big(\theta(\alpha, \beta), \phi(\alpha, \beta)\big)\Big|_{\alpha=0} , \quad \text{bzw.}$$

$$c_{\ell m}(\theta', \phi') = \sqrt{\frac{4\pi}{2\ell+1}} b_{\ell 0} = \frac{4\pi}{2\ell+1}\, Y^*_{\ell m}\big(\theta(\alpha, \beta), \phi(\alpha, \beta)\big)\Big|_{\alpha=0} .$$

Andererseits, wenn $\alpha = 0$ ist, so zeigt ein Blick auf Abb. 1.15

$$\theta(\alpha, \beta)|_{\alpha=0} = \theta' , \quad \phi(\alpha, \beta)|_{\alpha=0} = \phi' .$$

Damit ist die Formel (1.104) bewiesen.

Abb. 1.15. Die Einheitsvektoren $\hat{\boldsymbol{x}}$ und $\hat{\boldsymbol{x}}'$ schließen den Winkel α ein, während (θ, ϕ) die Polarwinkel des ersten, (θ', ϕ') die des zweiten sind

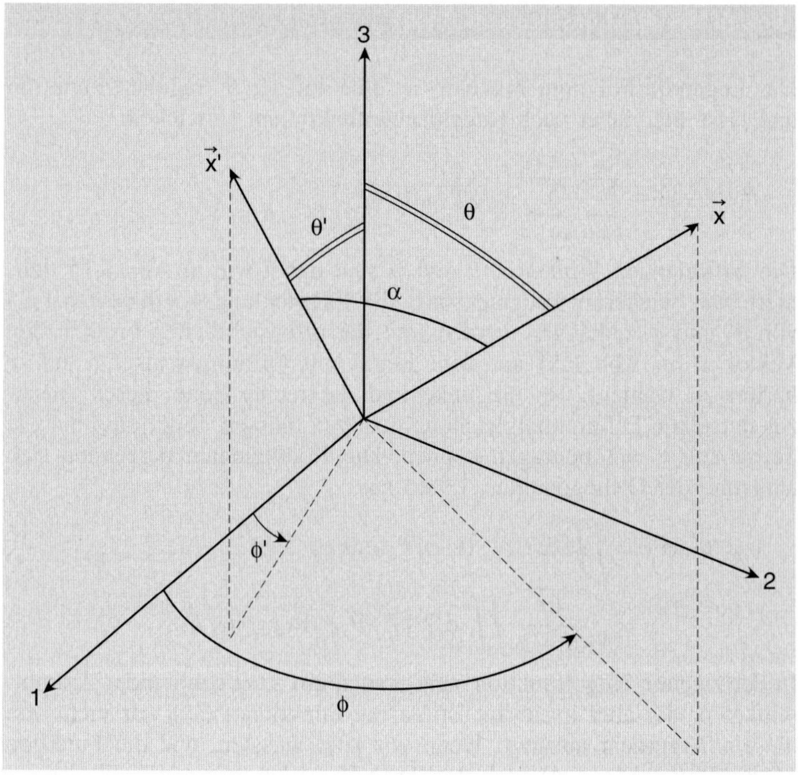

Es sei eine ganz im Endlichen liegende Ladungsverteilung $\varrho(\boldsymbol{x}')$ gegeben. Das von dieser erzeugte Potential am Ort $\boldsymbol{x}$ (der im Inneren oder außerhalb der gegebenen Dichte liegen kann) ist

$$\Phi(\boldsymbol{x}) = \iiint \mathrm{d}^3x' \frac{\varrho(\boldsymbol{x}')}{|\boldsymbol{x} - \boldsymbol{x}'|} \tag{1.106a}$$

$$= \sum_{\ell=0}^{\infty} \frac{4\pi}{2\ell+1} \sum_{m=-\ell}^{m=+\ell} Y_{\ell m}(\hat{\boldsymbol{x}}) \int_0^\infty r'^2 \mathrm{d}r' \, \frac{r_<^\ell}{r_>^{\ell+1}} \iint \mathrm{d}\Omega' \, Y_{\ell m}^*(\hat{\boldsymbol{x}}')\varrho(\boldsymbol{x}') \, .$$

In dieser Formel sind die Polarwinkel von $\boldsymbol{x}$ und von $\boldsymbol{x}'$ durch die entsprechenden Einheitsvektoren abgekürzt. Das Radialintegral verlangt offensichtlich die Fallunterscheidung nach kleinerem und größerem Argument, im Einzelnen also

$$\int_0^\infty r'^2 \mathrm{d}r' \, \frac{r_<^\ell}{r_>^{\ell+1}} \cdots = \frac{1}{r^{\ell+1}} \int_0^r r'^2 \mathrm{d}r' \, r'^\ell \cdots + r^\ell \int_r^\infty r'^2 \mathrm{d}r' \, \frac{1}{r'^{\ell+1}} \cdots \tag{1.106b}$$

Wesentlich einfacher werden die Verhältnisse, wenn man nur den Außenraum betrachtet, d. h. wenn $r \equiv |\boldsymbol{x}| > r' \equiv |\boldsymbol{x}'|$ bleibt, denn jetzt trägt in (1.106b) nur der erste Term bei. Es ist dann

$$\Phi(\boldsymbol{x})|_{\text{außen}} = \sum_{\ell=0}^{\infty} \frac{4\pi}{2\ell+1} \sum_{m=-\ell}^{m=+\ell} Y_{\ell m}(\hat{\boldsymbol{x}}) \frac{q_{\ell m}}{r^{\ell+1}} \quad \text{mit} \tag{1.106c}$$

$$q_{\ell m} = \int_0^r r'^2 \mathrm{d}r'\, r'^{\ell} \iint \mathrm{d}\Omega'\, Y^*_{\ell m}(\hat{\boldsymbol{x}}')\varrho(\boldsymbol{x}') \,. \tag{1.106d}$$

Da die Ladungsverteilung nach Voraussetzung ganz im Endlichen liegt, d. h. da man eine Kugel um den Ursprung mit Radius R angeben kann derart, dass $\varrho(\boldsymbol{x}') = 0$ für alle $r' > R$, kann man die obere Grenze des Radialintegrals in (1.106d) nach R oder auch nach $+\infty$ setzen. Die Formel (1.106c) besagt, dass die Eigenschaften der Quelle, die in den *Multipolmomenten* (1.106d) enthalten sind, und die funktionale Abhängigkeit des Potentials vom Aufpunkt $\boldsymbol{x}$ *faktorisieren* – im Gegensatz zum allgemeineren Fall der Formel (1.106a), in der beide Anteile verschachtelt erscheinen. Diese Vereinfachung ist zwar in vielen Fällen ausreichend und nützlich, aber klarerweise wird man mehr Information über die Ladungsdichte ϱ erhalten, wenn man sie sowohl von „innen" als auch von „außen" abfahren kann.

Die Multipolmomente (1.106d) haben folgende Eigenschaften. Obwohl die Ladungsdichte und das Potential reell sind, sind die $q_{\ell m}$ komplexe Zahlen. Generell gilt aber

$$q^*_{\ell m} = (-)^m\, q_{\ell -m} \,. \tag{1.107}$$

Dies folgt aus der Eigenschaft (1.97g) der Kugelfunktionen und aus der Aussage, dass ϱ reell ist. Für $\ell = 0$ gibt es nur ein Multipolmoment,

$$q_{00} = \sqrt{\frac{1}{4\pi}} \iiint \mathrm{d}^3x\, \varrho(\boldsymbol{x}) = \sqrt{\frac{1}{4\pi}}\, Q \,, \tag{1.108}$$

wo Q die Gesamtladung ist[5].

Für $\ell = 1$ gibt es drei Multipolmomente, von denen wegen (1.107) nur zwei wirklich berechnet werden müssen,

$$\begin{aligned} q_{11} &= \iiint \mathrm{d}^3x\, rY^*_{11}(\hat{\boldsymbol{x}})\varrho(\boldsymbol{x}) \\ &= -\sqrt{\frac{3}{8\pi}} \iiint \mathrm{d}^3x\, (x^1 - \mathrm{i}x^2)\varrho(\boldsymbol{x}) \equiv -\sqrt{\frac{3}{8\pi}}\left(d^1 - \mathrm{i}d^2\right) \end{aligned} \tag{1.109a}$$

$$\begin{aligned} q_{10} &= \iiint \mathrm{d}^3x\, rY_{10}(\hat{\boldsymbol{x}})\varrho(\boldsymbol{x}) \\ &= \sqrt{\frac{3}{4\pi}} \iiint \mathrm{d}^3x\, x^3\varrho(\boldsymbol{x}) \equiv \sqrt{\frac{3}{4\pi}}\, d^3 \,, \end{aligned} \tag{1.109b}$$

[5] Da der Quellbeitrag und die Abhängigkeit vom Aufpunkt vollständig faktorisieren, haben wir den Strich an der Variablen $\boldsymbol{x}'$, über die integriert wird, weggelassen.

wobei wir die Kugelfunktionen (1.97f) eingesetzt und durch kartesische Komponenten von $\boldsymbol{x}$ ausgedrückt, und schließlich die kartesischen Komponenten für das Dipolmoment

$$\boldsymbol{d} = \int \mathrm{d}^3\boldsymbol{x}\, \boldsymbol{x}\varrho(\boldsymbol{x}) \tag{1.109c}$$

eingeführt haben. Man betrachte als Beispiel das Moment q_{10} und setze es in die Formel (1.106c) ein:

$$\Phi_{\text{Dipol}}(\boldsymbol{x}) = \frac{4\pi}{3}\sqrt{\frac{3}{4\pi}}d^3\frac{1}{r^2}Y_{10}(\hat{\boldsymbol{x}}) = \frac{1}{r^2}d^3\cos\theta\,.$$

Dabei ist der explizite Ausdruck für Y_{10} aus (1.97f) eingesetzt. Das Ergebnis ist in Übereinstimmung mit der in Abschn. 1.7.2 abgeleiteten Formel (1.88b).

Bei $\ell = 2$ gibt es $2\ell + 1 = 5$ Multipolmomente, von denen vier über die Relation (1.107) verknüpft sind. Deshalb genügt es, die folgenden anzugeben

$$\begin{aligned} q_{22} &= \iiint \mathrm{d}^3x\, r^2 Y^*_{22}(\hat{\boldsymbol{x}})\varrho(\boldsymbol{x}) \\ &= \sqrt{\frac{15}{32\pi}} \iiint \mathrm{d}^3x\, (x^1 - \mathrm{i}x^2)^2\varrho(\boldsymbol{x}) \end{aligned} \tag{1.110a}$$

$$\begin{aligned} q_{21} &= \iiint \mathrm{d}^3x\, r^2 Y^*_{21}(\hat{\boldsymbol{x}})\varrho(\boldsymbol{x}) \\ &= -\sqrt{\frac{15}{8\pi}} \iiint \mathrm{d}^3x\, x^3(x^1 - \mathrm{i}x^2)\varrho(\boldsymbol{x}) \end{aligned} \tag{1.110b}$$

$$\begin{aligned} q_{20} &= \iiint \mathrm{d}^3x\, r^2 Y_{20}(\hat{\boldsymbol{x}})\varrho(\boldsymbol{x}) \\ &= \sqrt{\frac{5}{16\pi}} \iiint \mathrm{d}^3x\, \big(3(x^3)^2 - r^2\big)\varrho(\boldsymbol{x}) \end{aligned} \tag{1.110c}$$

Es ist instruktiv an dieser Stelle zu verweilen und dieselben Monopol-, Dipol- und Quadrupolterme noch auf eine andere Weise zu berechnen. Mit der anschaulichen Vorstellung, dass der Aufpunkt $\boldsymbol{x}$, also der Punkt, an dem das Potential bzw. sein Gradientenfeld gemessen wird, weit außerhalb der Ladungsdichte $\varrho(\boldsymbol{x}')$ liegt, ist die Multipolentwicklung nämlich nichts Anderes als eine Taylor-Entwicklung von

$$\Phi(\boldsymbol{x}) = \iiint \mathrm{d}^3\boldsymbol{x}'\,\frac{\varrho(\boldsymbol{x}')}{|\boldsymbol{x}-\boldsymbol{x}'|}$$

um die Stelle $\boldsymbol{x}' = \boldsymbol{0}$. Wir setzen $|\boldsymbol{x}| =: r$ und entwickeln in der Variablen $\boldsymbol{x}'$. Dabei geht man aus von

$$|\boldsymbol{x}-\boldsymbol{x}'| = \sqrt{\sum_{i=1}^{3}\left(x'^i - x^i\right)^2}\,,$$

$$\frac{\partial}{\partial x'^i}|\boldsymbol{x}-\boldsymbol{x}'| = \frac{x'^i - x^i}{|\boldsymbol{x}-\boldsymbol{x}'|}\,,$$

$$\frac{\partial}{\partial x'^i}\frac{1}{|\boldsymbol{x}-\boldsymbol{x}'|} = -\frac{x'^i - x^i}{|\boldsymbol{x}-\boldsymbol{x}'|^3} = +\frac{x^i - x'^i}{|\boldsymbol{x}-\boldsymbol{x}'|^3}\,,$$

woraus die gemischten zweiten Ableitungen folgen:

$$\frac{\partial^2}{\partial x'^k \partial x'^i}\frac{1}{|\boldsymbol{x}-\boldsymbol{x}'|} = -\frac{1}{|\boldsymbol{x}-\boldsymbol{x}'|^3}\delta^{ik} + \frac{3}{|\boldsymbol{x}-\boldsymbol{x}'|^5}\left(x^i - x'^i\right)\left(x^k - x'^k\right).$$

In die Taylor-Reihe gehen diese Ableitungen bei $\boldsymbol{x}' = \boldsymbol{0}$ ein; sie lautet

$$\frac{1}{|\boldsymbol{x}-\boldsymbol{x}'|} \simeq \frac{1}{r} + \frac{1}{r^2}\sum_{i=1}^{3}\frac{x^i}{r}x'^i + \frac{1}{2!}\sum_{i,k}\frac{3x^i x^k - r^2\delta^{ik}}{r^5}x'^i x'^k\,,$$

Setzt man diese Entwicklung in das Potential $\Phi(\boldsymbol{x})$ ein, so erhält man die Terme mit $\ell = 0$, $\ell = 1$ und mit $\ell = 2$ der Entwicklung (1.106c), jetzt aber in der Form

$$\Phi(\boldsymbol{x}) \simeq \frac{Q}{r} + \frac{\boldsymbol{d}\cdot\boldsymbol{x}}{r^3} + \frac{1}{2}\sum_{i,k} Q^{ik}\frac{x^i x^k}{r^5}\,, \quad \text{mit} \tag{1.111a}$$

$$\boldsymbol{d} = \iiint \mathrm{d}^3x'\, \boldsymbol{x}'\varrho(\boldsymbol{x}')\,, \tag{1.111b}$$

$$Q^{ik} = \iiint \mathrm{d}^3x'\,\left(3x'^i x'^k - r'^2\delta^{ik}\right)\varrho(\boldsymbol{x}')\,. \tag{1.111c}$$

Der Dipolterm (1.111b) ist uns schon vertraut. Der Quadrupolterm, hier in kartesischen Komponenten ausgedrückt, ist symmetrisch, $Q^{ki} = Q^{ik}$, und hat die Spur $\mathrm{Sp}\,\mathbf{Q} \equiv \sum_i Q^{ii} = 0$. Er hat somit nur fünf verschiedene Einträge, in Übereinstimmung mit der Aussage, dass bei $\ell = 2$ fünf Werte von m auftreten. Es ist nicht schwer, den genauen Zusammenhang zwischen den Multipolmomenten q_{2m} und den Q^{ik} herzustellen, es gilt

$$q_{22} = \frac{\sqrt{5}}{4\sqrt{6\pi}}\left(Q^{11} - 2\mathrm{i}Q^{12} - Q^{22}\right)\,,$$

$$q_{21} = \frac{5}{2\sqrt{6\pi}}\left(-Q^{13} + \mathrm{i}Q^{23}\right)\,, \quad q_{20} = \frac{\sqrt{5}}{4\sqrt{\pi}}Q^{33}\,.$$

Die physikalische Bedeutung der Terme (1.111b) und (1.111c) wird noch weiter erhellt, wenn man die Energie einer Ladungsverteilung $\eta(\boldsymbol{x})$

in dem von einem äußeren Potential $\Phi(\boldsymbol{x})$ erzeugten elektrischen Feld ausrechnet. Im Ausdruck für die Energie

$$W = \iiint \mathrm{d}^3x \, \eta(\boldsymbol{x})\Phi(\boldsymbol{x}) \tag{1.112a}$$

setze man die Taylor-Entwicklung des Potentials um $\boldsymbol{0}$ ein,

$$\begin{aligned}\Phi(\boldsymbol{x}) &= \Phi(\boldsymbol{0}) + \boldsymbol{x}\cdot\nabla\Phi(\boldsymbol{0}) + \frac{1}{2}\sum_{i,k} x^i x^k \frac{\partial^2\Phi}{\partial x^i \partial x^k}(\boldsymbol{0}) + \dots \\ &= \Phi(\boldsymbol{0}) - \boldsymbol{x}\cdot\boldsymbol{E}(\boldsymbol{0}) - \frac{1}{2}\sum_{i,k} x^i x^k \frac{\partial E^k}{\partial x^i}(\boldsymbol{0}) + \frac{1}{6}r^2\nabla\cdot\boldsymbol{E}(\boldsymbol{0}) + \dots\,.\end{aligned}$$

Zuletzt haben wir hier einen Term addiert, der zu $\nabla\cdot\boldsymbol{E}$ proportional ist. Wenn die Quelle ϱ des Potentials Φ außerhalb der Ladungsdichte η liegt, dann ist dort, wo der Integrand in (1.112a) von Null verschieden ist, das Feld $\boldsymbol{E}$ divergenzfrei und der von Hand addierte Term ist Null. Die Energie wird damit zu

$$W = Q\Phi(\boldsymbol{0}) - \boldsymbol{d}\cdot\boldsymbol{E}(\boldsymbol{0}) - \frac{1}{6}\sum_{i,k} Q^{ik}\frac{\partial E^k}{\partial x^i}(\boldsymbol{0}) + \dots\,. \tag{1.112b}$$

Der erste Summand ist, wie erwartet, einfach das Produkt aus der Ladung und dem Potential am Ursprung. Der zweite Summand ist die Energie eines elektrischen Dipols im äußeren elektrischen Feld; der dritte Term ist neu und enthält das innere Produkt aus dem Quadrupol $\mathbf{Q}$ und dem *Feldgradienten* $\{\partial E^k/\partial x^i\}$.

1.8 Stationäre Ströme und statische magnetische Zustände

Die Grundgleichungen, die alle Phänomene mit ruhenden Permanentmagneten und mit stationären, d. h. zeitlich unveränderlichen, elektrischen Strömen beschreiben, sind die Gleichungen (1.67a) bis (1.67c), von denen die ersten beiden hier noch einmal wiederholt seien:

$$\nabla\cdot\boldsymbol{B}(\boldsymbol{x}) = 0\,, \tag{1.113a}$$

$$\nabla\times\boldsymbol{H}(\boldsymbol{x}) = \frac{4\pi}{c}\boldsymbol{j}(\boldsymbol{x})\,. \tag{1.113b}$$

Außerhalb von magnetisierbaren Medien, im Vakuum, und bei Verwendung von Gauß'schen Einheiten ist $\boldsymbol{B}(\boldsymbol{x}) = \boldsymbol{H}(\boldsymbol{x})$.

Die Kontinuitätsgleichung reduziert sich wegen der angenommenen Stationarität auf

$$\nabla\cdot\boldsymbol{j}(\boldsymbol{x}) = 0\,. \tag{1.113c}$$

Die erste dieser Gleichungen, die auch im nichtstatischen und nichtstationären Fall gilt, ist Konsequenz der Aussage, dass es keine isolierten magnetischen Monopole gibt. Aus der zweiten, die der Maxwell'schen

Gleichung (1.44d) bei zeitunabhängigen Verhältnissen entspricht, folgt eine integrale Aussage, das *Ampère'sche Gesetz:* Gegeben eine endliche, (stückweise) glatte Fläche F im $\mathbb{R}^3$, deren Randkurve mit $\mathcal{C}$ bezeichnet sei. Man integriere die linke Seite von (1.113b) über diese Fläche. Mit dem Stokes'schen Satz (1.7) gibt dies

$$\iint_{F(\mathcal{C})} \mathrm{d}\sigma \left(\nabla \times \boldsymbol{H} \cdot \hat{\boldsymbol{n}}\right) = \oint_{\mathcal{C}} \mathrm{d}\boldsymbol{s} \cdot \boldsymbol{H} ,$$

wo $\hat{\boldsymbol{n}}$ die relativ zum Durchlaufungssinn der Randkurve $\mathcal{C}$ positive lokale Flächennormale ist (der Drehsinn von $\mathcal{C}$ und $\hat{\boldsymbol{n}}$ bilden eine rechtshändige Schraube). Die rechte Seite, über F integriert, gibt

$$\frac{4\pi}{c} \iint_{F(\mathcal{C})} \mathrm{d}\sigma\, \boldsymbol{j} \cdot \hat{\boldsymbol{n}} = \frac{4\pi}{c} J ,$$

wobei J der gesamte, durch die Fläche tretende elektrische Strom ist. Man erhält somit das Ampère'sche Gesetz in der Form

$$\oint_{\mathcal{C}} \mathrm{d}\boldsymbol{s} \cdot \boldsymbol{H} = \frac{4\pi}{c} J . \tag{1.114}$$

In Analogie zur elektromotorischen Kraft, die auf der linken Seite von (1.12) steht, tritt auf der linken Seite von (1.114) eine *magnetomotorische Kraft* auf. Man erkennt eine gewisse Analogie zum Gauß'schen Gesetz (1.14).

1.8.1 Poisson-Gleichung und Vektorpotential

Das Feld $\boldsymbol{B}$ kann man wie bisher auch durch ein Vektorpotential $\boldsymbol{A}$ beschreiben, $\boldsymbol{B} = \nabla \times \boldsymbol{A}$. Dürfen Magnetfeld und magnetische Induktion identifiziert werden, so folgt aus (1.47c) und aus (1.113b)

$$\nabla \times \left(\nabla \times \boldsymbol{A}\right) = -\boldsymbol{\Delta} \boldsymbol{A} + \nabla\left(\nabla \cdot \boldsymbol{A}\right) = \frac{4\pi}{c} \boldsymbol{j} .$$

Bei Verwendung der Coulomb-Eichung (1.63) reduziert sich diese Differentialgleichung auf eine Poisson-Gleichung für die Komponenten von $\boldsymbol{A}(\boldsymbol{x})$,

$$\boldsymbol{\Delta} \boldsymbol{A}(\boldsymbol{x}) = -\frac{4\pi}{c} \boldsymbol{j}(\boldsymbol{x}) , \tag{1.115}$$

deren allgemeine, zeitabhängige Form in (1.59b) steht. Ohne besondere Randbedingungen können wir mit der Erfahrung aus Abschn. 1.7.1 sofort eine Lösung angeben, sie lautet

$$\boldsymbol{A}(\boldsymbol{x}) = \frac{1}{c} \iiint \mathrm{d}^3 x' \, \frac{\boldsymbol{j}(\boldsymbol{x}')}{|\boldsymbol{x} - \boldsymbol{x}'|} . \tag{1.116}$$

Insofern besteht eine gewisse Analogie zwischen der Elektrostatik und der Magnetostatik, die man aber vielleicht nicht zu wörtlich auffassen sollte, weil sonst die tieferen physikalischen Unterschiede zwischen den beiden Bereichen verschleiert wird.

1.8.2 Magnetische Dipoldichte und magnetisches Moment

Nehmen wir an, der Bereich, in dem die Stromdichte $\boldsymbol{j}(\boldsymbol{x})$ von Null verschieden ist, liege ganz im Endlichen, in einem Bereich $|\boldsymbol{x}'| \leqslant R$ um den Ursprung. Im Außenraum, d. h. für $|\boldsymbol{x}| \gg |\boldsymbol{x}'|$ entwickeln wir die inverse Abstandsfunktion in (1.116),

$$\frac{1}{|\boldsymbol{x}-\boldsymbol{x}'|} \simeq \frac{1}{|\boldsymbol{x}|} + \frac{\boldsymbol{x}\cdot\boldsymbol{x}'}{|\boldsymbol{x}|^3}$$

und erhalten für die i-te Komponente des Vektorpotentials

$$A^i(\boldsymbol{x}) \simeq \frac{1}{c|\boldsymbol{x}|} \iiint \mathrm{d}^3x'\, j^i(\boldsymbol{x}') + \frac{1}{c|\boldsymbol{x}|^3} \sum_{k=1}^{3} x^k \iiint \mathrm{d}^3x'\, x'^k j^i(\boldsymbol{x}') \,. \tag{1.117}$$

Um den zweiten Term dieses Ausdrucks etwas transparenter zu machen, verwendet man folgende

Hilfsformel
Es seien f und g glatte Funktionen auf $\mathbb{R}^3$. Für ein glattes Vektorfeld $\boldsymbol{v}(\boldsymbol{x})$, das ganz im Endlichen liegt und das keine Quellen besitzt, gilt

$$\iiint \mathrm{d}^3x\, \{f(\boldsymbol{x})\, \boldsymbol{v}(\boldsymbol{x})\cdot\nabla g(\boldsymbol{x}) + g(\boldsymbol{x})\, \boldsymbol{v}(\boldsymbol{x})\cdot\nabla f(\boldsymbol{x})\} = 0\,. \tag{1.118}$$

Der Beweis dieser Formel ist einfach: Man integriert im zweiten Term partiell

$$\begin{aligned}\iiint \mathrm{d}^3x\, \{\cdots\} &= \iiint \mathrm{d}^3x\, \left\{f\, \boldsymbol{v}\cdot\nabla g - \nabla\cdot\left(g\boldsymbol{v}\right) f\right\} \\ &= \iiint \mathrm{d}^3x\, \left\{f\, \boldsymbol{v}\cdot\nabla g - \left(\nabla g\right)\boldsymbol{v} f - g\left(\nabla\cdot\boldsymbol{v}\right) f\right\}\,.\end{aligned}$$

Da das Vektorfeld $\boldsymbol{v}$ lokalisiert ist, treten bei der partiellen Integration keine Oberflächenterme auf. Die ersten beiden Terme heben sich weg, der dritte Term ist proportional zur Divergenz $\nabla\cdot\boldsymbol{v}$, die nach Voraussetzung verschwindet. Damit ist (1.118) bewiesen.

Zwei Anwendungen der Formel (1.118) sind hier mit $\boldsymbol{v}$ gleich der Stromdichte $\boldsymbol{j}$ wichtig:
(i) Man wähle für f die konstante Funktion 1, für g die i-te Koordinate, $f = 1$, $g = x^i$. Dann gibt (1.118)

$$\iiint \mathrm{d}^3x\, j^i(\boldsymbol{x}) = 0\,. \tag{1.119a}$$

Dies ist unter Beachtung von (1.115) äquivalent zur integralen Version der Aussage (1.113a): es gibt keine magnetischen Monopole,

(ii) Man setze $f = x^i$, $g = x^k$, womit (1.118) die Relation

$$\iiint \mathrm{d}^3 x \, \left\{ x^i j^k(\boldsymbol{x}) + x^k j^i(\boldsymbol{x}) \right\} = 0$$

ergibt. Damit lässt sich der zweite Summand in (1.117) umformen. Es ist

$$\begin{aligned}
&\sum_{k=1}^{3} x^k \iiint \mathrm{d}^3 x' \, x'^k j^i(\boldsymbol{x}') \\
&\quad = \frac{1}{2} \sum_k x^k \iiint \mathrm{d}^3 x' \, \left\{ x'^k j^i(\boldsymbol{x}') - x'^i j^k(\boldsymbol{x}') \right\} \\
&\quad = -\frac{1}{2} \sum_{k,l} \varepsilon_{ikl} x^k \iiint \mathrm{d}^3 x' \, \left(\boldsymbol{x}' \times \boldsymbol{j}(\boldsymbol{x}') \right)^l \\
&\quad = -\frac{1}{2} \left(\boldsymbol{x} \times \left(\iiint \mathrm{d}^3 x' \, \boldsymbol{x}' \times \boldsymbol{j}(\boldsymbol{x}') \right) \right)^i .
\end{aligned}$$

Setzt man dies in (1.117) ein und definiert man

$$\boldsymbol{m}(\boldsymbol{x}) := \frac{1}{2c} \boldsymbol{x} \times \boldsymbol{j}(\boldsymbol{x}) \tag{1.120a}$$

als *magnetische Dipoldichte,* das Raumintegral über diese Dichte als das *magnetische Moment,*

$$\boldsymbol{\mu} := \frac{1}{2c} \iiint \mathrm{d}^3 x \, \boldsymbol{x} \times \boldsymbol{j}(\boldsymbol{x}) , \tag{1.120b}$$

so nimmt der zweite Summand in (1.117), der Dipolterm, die Form an

$$\boldsymbol{A}_{\mathrm{Dipol}}(\boldsymbol{x}) = \frac{1}{|\boldsymbol{x}|^3} \boldsymbol{\mu} \times \boldsymbol{x} . \tag{1.121}$$

Bemerkungen

1. Betrachten wir kurz die physikalischen Dimensionen der hier auftretenden Größen: Bezeichnet man pauschal die Dimension der elektrischen Ladung mit $[q]$, die der Länge mit L und die der Zeit mit T, so ist

   $$[\varrho] = [q] L^{-3} , \quad [\boldsymbol{j}] = [\varrho] L T^{-1} = [q] L^{-2} T^{-1} ,$$
   und somit $\quad [\boldsymbol{\mu}] = [q] L$.

   Aus der Atomphysik und aus der Quantenmechanik in Band 2 kennt man das Bohr'sche Magneton

   $$\mu_{\mathrm{B}} = \frac{e\hbar}{2mc} , \tag{1.122}$$

   wo e die Elementarladung bezeichnet und m die Masse des Elektrons ist. Das magnetische Moment des Elektrons wird in dieser Einheit ausgedrückt. Nun prüft man sofort nach, dass das in (1.120b) definierte $\boldsymbol{\mu}$ die richtige Dimension hat:

$$\left[\frac{e\hbar}{mc}\right] = [q]\left[\frac{\hbar c}{mc^2}\right] = [q]L\,.$$

2. Bei Verwendung von Gauß'schen Einheiten haben die Felder, die in den Maxwell'schen Gleichungen vorkommen, alle dieselbe Dimension

$$[\boldsymbol{E}] = [\boldsymbol{D}] = [\boldsymbol{H}] = [\boldsymbol{B}] = [q]L^{-2}\,.$$

Das Produkt aus einem elektrischen Dipolmoment mit der elektrischen Feldstärke, ebenso wie das Produkt aus einem magnetischen Moment und dem Magnetfeld, hat die Dimension einer Energie,

$$\left[\boldsymbol{d}\cdot\boldsymbol{E}\right] = [q^2]L^{-1} = \left[\boldsymbol{\mu}\cdot\boldsymbol{H}\right],$$

eine Aussage, die das Resultat (1.112b) bestätigt.

Beispiel 1.9 Magnetisches Moment einer ebenen Stromschleife

Wir betrachten die stationäre Stromdichte $\boldsymbol{j}(\boldsymbol{x})$ in der ebenen, geschlossenen und glatten Leiterschleife der Abb. 1.16. Wenn der leitende Draht ideal dünn ist, dann ist

$$\iiint \mathrm{d}^3x\, \boldsymbol{x}\times\boldsymbol{j}(\boldsymbol{x}) = J\oint \boldsymbol{x}\times \mathrm{d}\boldsymbol{s}\,.$$

Das magnetische Moment, das diese Schleife im Außenraum erzeugt, ist somit

$$\boldsymbol{\mu} = \frac{1}{2c}J\oint \boldsymbol{x}\times\mathrm{d}\boldsymbol{s}\,.$$

Das hier auftretende Integral ist aber nichts Anderes als die zweifache, von der Leiterschleife eingeschlossene Fläche F, s. Abb. 1.16. Das magnetische Moment steht auf der Fläche senkrecht und hat den Betrag $|\boldsymbol{\mu}| = JF/c$.

Beispiel 1.10 Magnetisches Moment eines Flusses von Teilchen

Gegeben ein Schwarm von N punktförmigen Teilchen, $i = 1, 2, \ldots N$, die die Ladungen q_i tragen und mit den Geschwindigkeiten $\boldsymbol{v}^{(i)}$ fliegen. Sie erzeugen die Stromdichte

$$\boldsymbol{j}(\boldsymbol{x}) = \sum_{i=1}^{N} q_i \boldsymbol{v}^{(i)}\delta\big(\boldsymbol{x}-\boldsymbol{x}^{(i)}\big)\,.$$

Setzt man diesen Ausdruck in die Formel (1.120b) ein, so folgt

$$\begin{aligned}\boldsymbol{\mu}(\boldsymbol{x}) &= \frac{1}{2c}\sum_{i=1}^{N} q_i\boldsymbol{x}^{(i)}\times\boldsymbol{v}^{(i)}\\ &= \sum_{i=1}^{N}\frac{q_i}{2m_ic}\boldsymbol{\ell}^{(i)} = \sum_{i=1}^{N}\frac{q_i\hbar}{2m_ic}\Big(\frac{1}{\hbar}\boldsymbol{\ell}^{(i)}\Big)\,.\end{aligned} \tag{1.123}$$

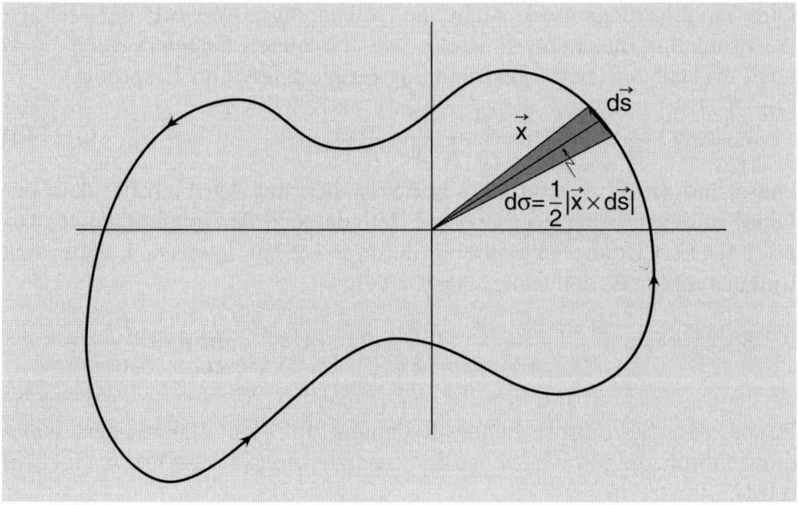

Abb. 1.16. Eine geschlossene Schleife in einer Ebene wird vom konstanten Strom J durchflossen und erzeugt ein magnetisches Moment, das auf der Ebene senkrecht steht

Auf der rechten Seite dieses Ausdrucks tritt das Analogon des Bohr'schen Magnetons (1.122) auf, sowie der dimensionslose Vektor $\boldsymbol{\ell}^{(i)}/\hbar$, der in der Quantenmechanik zum Operator des Bahndrehimpulses wird.

1.8.3 Felder von magnetischen und elektrischen Dipolen

Berechnen wir zuerst das Induktionsfeld, das aus dem Vektorpotential (1.121) folgt,

$$\boldsymbol{B}_{\text{Dipol}}(\boldsymbol{x}) = \nabla \times \boldsymbol{A}_{\text{Dipol}}(\boldsymbol{x}) \,.$$

Im Einzelnen und komponentenweise berechnet ergibt sich

$$\begin{aligned}
\left(\nabla \times \boldsymbol{A}_{\text{Dipol}}(\boldsymbol{x})\right)^i &= \sum_{k,l,m,n} \varepsilon_{ikl}\varepsilon_{lmn} \left(\nabla^k \frac{\mu^m x^n}{|\boldsymbol{x}|^3}\right) \\
&= \sum_{k,l,m,n} \varepsilon_{ikl}\varepsilon_{lmn} \left(\frac{\mu^m}{|\boldsymbol{x}|^3}\delta^{kn} - 3\mu^m x^n x^k \frac{1}{|\boldsymbol{x}|^5}\right) \\
&= 2\sum_m \delta^{im}\frac{\mu^m}{|\boldsymbol{x}|^3} - \left(\delta^{im}\delta^{kn} - \delta^{in}\delta^{km}\right)3\mu^m x^n x^k \frac{1}{|\boldsymbol{x}|^5} \\
&= \frac{2}{|\boldsymbol{x}|^3}\mu^i - 3\frac{1}{|\boldsymbol{x}|^3}\mu^i + 3x^i \boldsymbol{\mu}\cdot\boldsymbol{x}\frac{1}{|\boldsymbol{x}|^5} \,.
\end{aligned}$$

Mit dem Einheitsvektor $\hat{\boldsymbol{x}} = \boldsymbol{x}/|\boldsymbol{x}|$ und in Vektornotation geschrieben, lautet das Ergebnis somit

$$\nabla \times \boldsymbol{A}_{\text{Dipol}}(\boldsymbol{x}) = \frac{3(\hat{\boldsymbol{x}}\cdot\boldsymbol{\mu})\,\hat{\boldsymbol{x}} - \boldsymbol{\mu}}{|\boldsymbol{x}|^3} \,. \qquad (1.124\text{a})$$

Dies ist allerdings noch nicht die vollständige Antwort; der richtige Ausdruck für das Induktionsfeld, wie wir gleich zeigen werden, wird noch ergänzt um einen Distributionswertigen Term im Ursprung,

$$\boldsymbol{B}_{\text{Dipol}}(\boldsymbol{x}) = \frac{3(\hat{\boldsymbol{x}}\cdot\boldsymbol{\mu})\,\hat{\boldsymbol{x}} - \boldsymbol{\mu}}{|\boldsymbol{x}|^3} + \frac{8\pi}{3}\boldsymbol{\mu}\,\delta(\boldsymbol{x})\,. \tag{1.124b}$$

Diese und die Formel (1.121) beziehen sich auf den Fall, bei dem der Dipol in den Ursprung gesetzt ist. Befindet sich der (punktförmige) Dipol am Ort $\boldsymbol{x}'$, dann ist $\boldsymbol{x}$ überall durch $\boldsymbol{x}-\boldsymbol{x}'$ zu ersetzen, $\hat{\boldsymbol{x}}$ durch den Einheitsvektor $\hat{\boldsymbol{n}}$, der von $\boldsymbol{x}'$ nach $\boldsymbol{x}$ zeigt,

$$\boldsymbol{B}_{\text{Dipol}}(\boldsymbol{x}) = \frac{3(\hat{\boldsymbol{n}}\cdot\boldsymbol{\mu})\,\hat{\boldsymbol{n}} - \boldsymbol{\mu}}{|\boldsymbol{x}-\boldsymbol{x}'|^3} + \frac{8\pi}{3}\boldsymbol{\mu}\,\delta(\boldsymbol{x}-\boldsymbol{x}')\,, \quad \text{mit } \hat{\boldsymbol{n}} = \frac{\boldsymbol{x}-\boldsymbol{x}'}{|\boldsymbol{x}-\boldsymbol{x}'|}\,. \tag{1.124c}$$

Bevor wir die entsprechende Rechnung für den elektrischen Dipol durchführen, zeigen wir woher der Zusatzterm in (1.124b) bzw. (1.124c) rührt:

a) Herleitung des Zusatzterms in (1.124b)

Der Einfachheit halber sei der magnetische Dipol wieder in den Ursprung gesetzt und es werde die 3-Richtung entlang der Richtung von $\boldsymbol{\mu}$ gewählt. Der Dipol erzeugt eine Magnetisierungsdichte

$$\boldsymbol{m} = \boldsymbol{\mu}\,\delta(\boldsymbol{x}) = \mu\,\delta(\boldsymbol{x})\hat{\boldsymbol{e}}_3 \equiv m(r)\hat{\boldsymbol{e}}_3\,.$$

Die zuletzt angewandte Schreibweise ist einerseits nichts Anderes als eine Abkürzung, andererseits lässt sie die Möglichkeit offen, dass der Dipol möglicherweise eine um den Ursprung lokalisierte, aber endliche Ausdehnung hat. Das ist z. B. dann der Fall, wenn der Dipol ein Atomkern mit magnetischem Moment ist, der mit dem magnetischen Moment der Elektronen des Atoms in Wechselwirkung steht.

Aus (1.78a) folgt $\boldsymbol{B} = \boldsymbol{H} + 4\pi\boldsymbol{m}$ und somit, da $\boldsymbol{\nabla}\cdot\boldsymbol{B} = 0$ ist, $\boldsymbol{\nabla}\cdot\boldsymbol{H} = -4\pi\boldsymbol{\nabla}\cdot\boldsymbol{m}$. Außerdem ist das Feld $\boldsymbol{H}$ in der Magneto*statik* wirbelfrei, $\boldsymbol{\nabla}\times\boldsymbol{H} = 0$. Deshalb kann man es als Gradientenfeld eines magnetischen Potentials $\Psi(\boldsymbol{x})$ schreiben und für dieses eine Poisson-Gleichung aufstellen,

$$\boldsymbol{H} = -\boldsymbol{\nabla}\Psi\,, \qquad \boldsymbol{\Delta}\Psi(\boldsymbol{x}) = 4\pi\big(\boldsymbol{\nabla}\cdot\boldsymbol{m}\big)(\boldsymbol{x})\,.$$

Vergleicht man mit der Poisson-Gleichung (1.80a) und beachtet das Vorzeichen der rechten Seite, so kann mann sofort eine Lösung angeben:

$$\Psi(\boldsymbol{x}) = -\iiint \mathrm{d}^3y\,\frac{\boldsymbol{\nabla}\cdot\boldsymbol{m}(\boldsymbol{y})}{|\boldsymbol{x}-\boldsymbol{y}|}\,.$$

Jetzt berechnet man die Divergenz, die im Zähler des Integranden auftritt. Mit r oder $s := |\boldsymbol{y}|$ und der speziellen Wahl der 3-Achse sowie mit der expliziten Form der Kugelflächenfunktion Y_{10} ist

$$\boldsymbol{\nabla}\cdot\boldsymbol{m} = \left(\frac{\mathrm{d}}{\mathrm{d}r}m(r)\right)\frac{\partial r}{\partial z} = m'(r)\cos\theta = m'(r)\frac{x^3}{r} = \sqrt{\frac{4\pi}{3}}m'(r)Y_{10}(\hat{\boldsymbol{y}}).$$

Für die inverse Abstandsfunktion setzt man die Multipolentwicklung (1.105) ein, von der wegen der Orthogonalitätsrelation (1.98a) nur der Term mit $\ell = 1$ und $m = 0$ beiträgt,

$$\Psi = -\sqrt{\frac{4\pi}{3}}\left(\int_0^\infty s^2\,\mathrm{d}s\;\mathrm{d}\Omega_y\,m'(s)\frac{4\pi}{3}\frac{r_<}{r_>^2}Y_{10}^*(\hat{\boldsymbol{y}})Y_{10}(\hat{\boldsymbol{y}})\right)Y_{10}(\hat{\boldsymbol{x}})\,.$$

Da man immer außerhalb der Quelle bleibt, ist $r_< = s$ und $r_> = r$ zu setzen,

$$\begin{aligned}\Psi &= -\left(\frac{4\pi}{3}\right)^{3/2}\frac{1}{r^2}Y_{10}(\hat{\boldsymbol{x}})\int_0^r s^3\,\mathrm{d}s\,\frac{\mathrm{d}}{\mathrm{d}s}m(s)\\ &= +\left(\frac{4\pi}{3}\right)^{3/2}\frac{3Y_{10}(\hat{\boldsymbol{x}})}{r^2}\int_0^r s^2\,\mathrm{d}s\,m(s) \equiv \frac{4\pi}{3}x^3\,f(r)\,, \qquad (1.125\text{a})\end{aligned}$$

wo einmal partiell integriert, $x^3 = r\cos\theta$ gesetzt und die Abkürzung

$$f(r) := \frac{3}{r^3}\int_0^r s^2\,\mathrm{d}s\,m(s) = \frac{3}{4\pi r^3}\iiint \mathrm{d}^3y\,\boldsymbol{m}(\boldsymbol{y})\cdot\hat{\boldsymbol{e}}_3 \qquad (1.125\text{b})$$

eingeführt wurde. Berechnet man jetzt die Felder $\boldsymbol{H}$ und $\boldsymbol{B}$, so verwendet man den Ausdruck

$$f'(r) = \frac{3}{r}\big(m(r) - f(r)\big) \qquad (1.125\text{c})$$

für die Ableitung von $f(r)$. Mit

$$\boldsymbol{H} = -\boldsymbol{\nabla}\Psi = -\frac{4\pi}{3}\left(x^3 f'\frac{x^1}{r},\, x^3 f'\frac{x^2}{r},\, x^3 f'\frac{x^3}{r} + f(r)\right)^T,$$

ergibt sich

$$\begin{aligned}\boldsymbol{B}(\boldsymbol{x}) &= \boldsymbol{H}(\boldsymbol{x}) + 4\pi\boldsymbol{m}(\boldsymbol{x})\\ &= 4\pi\left\{\big[f(r) - m(r)\big]\left[\frac{x^3}{r^2}\boldsymbol{x} - \frac{1}{3}\hat{\boldsymbol{e}}_3\right] + \frac{2m(r)}{3}\hat{\boldsymbol{e}}_3\right\}\\ &= \frac{8\pi}{3}m(r)\hat{\boldsymbol{e}}_3 + \frac{4\pi}{3}\big[f(r) - m(r)\big]\left[3\frac{x^3}{r}\hat{\boldsymbol{x}} - \hat{\boldsymbol{e}}_3\right].\end{aligned}$$

Setzt man (1.125b) ein, beachtet, dass der ideale Dipol nur im Ursprung ungleich Null ist und dass der Anteil in $m(r)$ außerhalb des Ursprungs nicht beiträgt, so folgt das behauptete Ergebnis

$$\begin{aligned}\boldsymbol{B}(\boldsymbol{x}) &= \frac{8\pi}{3}\mu\,\delta(\boldsymbol{x})\hat{\boldsymbol{e}}_3 + \mu\frac{3x^3\hat{\boldsymbol{x}}/r - \hat{\boldsymbol{e}}_3}{r^3}\\ &\mathrel{\widehat{=}} \frac{8\pi}{3}\boldsymbol{\mu}\,\delta(\boldsymbol{x}) + \frac{3(\boldsymbol{\mu}\cdot\hat{\boldsymbol{x}})\hat{\boldsymbol{x}} - \boldsymbol{\mu}}{r^3}\,, \qquad (1.125\text{d})\end{aligned}$$

wo wir im letzten Schritt den Dipol wieder in eine beliebige Richtung zeigen lassen.

Der zur δ-Distribution proportionale Kontaktterm spielt eine wichtige Rolle in der Beschreibung der Hyperfeinstruktur bei atomaren s-Zuständen (s. z. B. Band 2, Abschn. 5.1.4), im Beispiel des Wasserstoffs z. B. in der Wechselwirkung zwischen dem Spin des punktförmigen Protons im Ursprung und dem Spin des Elektrons[6]. In diesem Fall ist die Funktion $m(r)$ proportional zur Aufenthaltswahrscheinlichkeit des Elektrons am Ursprung, dem Ort wo das Proton näherungsweise ruht, weil es sehr viel schwerer als das Elektron ist,

$$m(r) = \mu_{\mathrm{P}} \, |\psi(r)|^{\,2} \,, \quad \text{mit} \quad \psi(r) = \frac{1}{\sqrt{4\pi}} R_{1s}(r) \,,$$

worin $R_{1s}(r)$ die Radialfunktion im 1s-Zustand ist und der Vorfaktor vom Winkelanteil Y_{00} stammt.

Man erkennt eine gewisse, wenn auch nicht vollständige Analogie dieser Resultate zum *elektrischen* Dipol, der durch das skalare Potential (1.88c) beschrieben wird,

$$\Phi_{\mathrm{Dipol}}(\boldsymbol{x}) = \frac{\boldsymbol{d} \cdot (\boldsymbol{x} - \boldsymbol{x}')}{|\boldsymbol{x} - \boldsymbol{x}'|^3} \,,$$

Berechnet man das elektrische Feld als negatives Gradientenfeld dieser Funktion, so findet man eine zu (1.124a) sehr ähnliche Form

$$-\nabla \Phi_{\mathrm{Dipol}}(\boldsymbol{x}) = \frac{3(\hat{\boldsymbol{n}} \cdot \boldsymbol{d})\, \hat{\boldsymbol{n}} - \boldsymbol{d}}{|\boldsymbol{x} - \boldsymbol{x}'|^3} \,,$$

wo $\boldsymbol{d}$ wie in (1.88b) das elektrische Dipolmoment ist. Allerdings ist auch diese Antwort unvollständig: das elektrische Feld des am Ort $\boldsymbol{x}'$ angebrachten elektrischen Dipols wird ebenfalls um einen Kontaktterm ergänzt und lautet vollständig

$$\boldsymbol{E}_{\mathrm{Dipol}}(\boldsymbol{x}) = \frac{3(\hat{\boldsymbol{n}} \cdot \boldsymbol{d})\, \hat{\boldsymbol{n}} - \boldsymbol{d}}{|\boldsymbol{x} - \boldsymbol{x}'|^3} - \frac{4\pi}{3} \boldsymbol{d}\, \delta\big(\boldsymbol{x} - \boldsymbol{x}'\big) \,. \tag{1.126}$$

Für alle $\boldsymbol{x} \neq \boldsymbol{x}'$ ist dies derselbe Ausdruck wie der vorige. Der zur δ-Distribution proportionale Zusatz kann ähnlich wie im Fall des magnetischen Dipols abgeleitet werden, er garantiert, dass das Integral des elektrischen Feldes über eine den Dipol einschließende Kugel V den Wert (man integriere im ersten Term von (1.126) zuerst über die Winkel!)

$$\iiint\limits_V \mathrm{d}^3x \, \boldsymbol{E}_{\mathrm{Dipol}}(\boldsymbol{x}) = -\frac{4\pi}{3} \boldsymbol{d}$$

hat. Dass dem so sein muss, wird in Aufgabe 1.12 behandelt.

[6] Die hier gegebene Ableitung folgt weitgehend R. A. Sorensen, Am. J. Phys. **35** (1967) 1078. Ein anderer, ganz natürlicher Zugang, der nicht die Singularität des Kontaktterms hat, geht über die relativistische Behandlung der Hyperfeinstruktur mittels der Dirac-Gleichung und liefert den nichtrelavistischen Kontaktterm in der Näherung $v/c \ll 1$. Beides findet man ausgearbeitet in J. Hüfner, F. Scheck und C. S. Wu, *Muon Physics I*, Kap. 3.

1.8.4 Energie und Energiedichte

Ein der Leserin, dem Leser vielleicht neuer Aspekt der Feldtheorie ist die Aussage, dass die elektrischen und magnetischen Felder, ob sie nun statisch oder nichtstatisch seien, einen wohldefinierten Energieinhalt besitzen. Dies kann man an einem elementaren Beispiel, das direkt an der Mechanik anknüpft, demonstrieren und verstehen:

Es seien im Vakuum $N-1$ Punktladungen $q_1, q_2, \ldots, q_{N-1}$ gegeben, die alle im Endlichen liegen und sich an den Orten $\boldsymbol{x}_1, \ldots, \boldsymbol{x}_{N-1}$ befinden. An einem beliebigen Aufpunkt $\boldsymbol{x}$ erzeugen sie das Potential

$$\Phi(\boldsymbol{x}) = \sum_{k=1}^{N-1} \frac{q_k}{|\boldsymbol{x} - \boldsymbol{x}^{(k)}|} .$$

Denkt man sich eine weitere Punktladung q_N aus dem Unendlichen an den Punkt $\boldsymbol{x}_N$ gebracht, so ist die für diesen Vorgang aufzubringende Arbeit $W = q_N \Phi(\boldsymbol{x}_N)$. Dies ist zugleich die potentielle Energie der N-ten Ladung im Potential, das von den vorher schon vorhandenen Ladungen aufgebaut wird. Diese Überlegung ist dieselbe wie die, die beim Einbringen eines Massenpunktes in ein gravitatives Potential angestellt wird und bezieht sich daher direkt auf die Mechanik. Die gesamte potentielle Energie, die in dem Aufbau der insgesamt N Ladungen an den angegebenen Orten steckt, ist somit

$$W_{\mathrm{E}} = \sum_{i=2}^{N} \sum_{k=1}^{i-1} \frac{q_i q_k}{|\boldsymbol{x}^{(i)} - \boldsymbol{x}^{(k)}|} = \frac{1}{2} \sum_{\substack{i,k=1 \\ i \neq k}}^{N} \frac{q_i q_k}{|\boldsymbol{x}^{(i)} - \boldsymbol{x}^{(k)}|} , \tag{1.127a}$$

wobei im zweiten Ausdruck nur $k \neq i$ sein, aber nicht mehr $k < i$ sein muss – daher der Faktor $1/2$.

Es ist wichtig zu bemerken, dass hier nur die wechselseitige Energie berechnet wurde, nicht aber die Energie, die es brauchen würde, um die Ladung q_i im Punkt $\boldsymbol{x}^{(i)}$ zu konzentrieren. Diese sog. *Selbstenergie,* die unendlich groß ist, wird ganz außen vor gelassen. Das Problem solcher Selbstenergien ist in der klassischen Feldtheorie sehr schwierig und bekommt erst in ihrer quantisierten Version ein handhabbare Form.

Treten anstelle der Punktladungen stetige, ganz im Endlichen liegende Ladungsdichten, so ist die Verallgemeinerung der Formel (1.127a) offenbar

$$W_{\mathrm{E}} = \frac{1}{2} \iiint \mathrm{d}^3x \iiint \mathrm{d}^3x' \, \frac{\varrho(\boldsymbol{x})\varrho(\boldsymbol{x}')}{|\boldsymbol{x} - \boldsymbol{x}'|} . \tag{1.127b}$$

Diese Formel lässt sich umformen derart, dass die Energie durch die elektrische Feldstärke ausgedrückt wird. Verwendet man das Potential (1.84a) und die Poisson-Gleichung (1.80a), so ist

$$\begin{aligned} W_{\mathrm{E}} &= \frac{1}{2} \iiint \mathrm{d}^3x \, \varrho(\boldsymbol{x})\Phi(\boldsymbol{x}) = -\frac{1}{8\pi} \iiint \mathrm{d}^3x \, \Phi(\boldsymbol{x}) \boldsymbol{\Delta} \Phi(\boldsymbol{x}) \\ &= \frac{1}{8\pi} \iiint \mathrm{d}^3x \, (\nabla \Phi)^2 . \end{aligned}$$

Im Schritt von der zweiten zur dritten Formel wurde hier partiell integriert. Da die Ladungsdichte ganz im Endlichen liegt, das Potential somit im Unendlichen nach Null strebt, gib es dabei keinen Oberflächenterm. An dieser Stelle tritt das elektrische Feld $\boldsymbol{E}(\boldsymbol{x}) = -\boldsymbol{\nabla}\Phi(\boldsymbol{x})$ auf und es folgt ein Ausdruck für die Energie

$$W_{\mathrm{E}} = \frac{1}{8\pi} \iiint \mathrm{d}^3x\, \boldsymbol{E}^2(\boldsymbol{x}) \tag{1.127c}$$

auf, der in zweierlei Hinsicht bemerkenswert ist: Einerseits hat man jetzt die gesamte, im vorgegebenen Vektorfeld $E(\boldsymbol{x})$ enthaltene Energie direkt durch das elektrische Feld und nicht mehr durch Hilfsgrößen ausgedrückt; andererseits lässt sich der Integrand

$$u_{\mathrm{E}}(\boldsymbol{x}) := \frac{1}{8\pi} \boldsymbol{E}^2(\boldsymbol{x}) \tag{1.127d}$$

als *Energiedichte* des Feldes interpretieren, also als eine ebenso lokale Größe wie das Feld selber. So kann man jetzt z. B. auch nach dem Energieinhalt eines Teilbereichs V des $\mathbb{R}^3$ fragen und diesen durch Integration von (1.127d) über das Volumen V berechnen.

Bemerkungen

1. Ein wichtiger Unterschied zwischen (1.127a) und (1.127b) ist der, dass in (1.127a) W positiv oder negativ oder Null sein kann, während in (1.127b) immer $W \geq 0$ sein wird. Der Grund für diesen Unterschied liegt in den Selbstenergien, die im zweiten Ausdruck (1.127b) enthalten sind, im Ersten aber nicht.
2. In Medien mit einer nichtverschwindenden Dielektrizitätskonstanten ε werden die Ausdrücke (1.127c) und (1.127d) etwas abgeändert. Es sei Φ das von der bereits vorhandenen Ladungsdichte erzeugte Potential. Ändert man die Ladungsdichte um den Anteil $\delta\varrho$, so ändert sich die Energie um

$$\delta W_{\mathrm{E}} = \iiint \mathrm{d}^3x\, \Phi(\boldsymbol{x})\, \delta\varrho(\boldsymbol{x}) \,.$$

Aufgrund der Maxwell-Gleichung (1.44c) hängt $\delta\varrho$ mit einer Änderung des Verschiebungsfeldes $\boldsymbol{D}$ zusammen,

$$\delta\varrho(\boldsymbol{x}) = \frac{1}{4\pi} \boldsymbol{\nabla} \cdot \big(\delta \boldsymbol{D}\big) \,,$$

so dass die Änderung der Energie ebenfalls durch $\delta\boldsymbol{D}$ ausgedrückt werden kann. Dies in den Integranden von δW eingesetzt und einmal partiell integriert, gibt mit $\boldsymbol{E} = -\boldsymbol{\nabla}\Phi$

$$\delta W_{\mathrm{E}} = \frac{1}{4\pi} \iiint \mathrm{d}^3x\, \boldsymbol{E} \cdot \delta\boldsymbol{D} \,. \tag{1.128a}$$

Wenn der Zusammenhang zwischen $\boldsymbol{E}$ und $\boldsymbol{D}$ *linear* ist, d. h. wenn das Medium auf ein angelegtes elektrisches Feld in linearer Weise reagiert, dann ist $\boldsymbol{E} \cdot \delta \boldsymbol{D} = \delta(\boldsymbol{E} \cdot \boldsymbol{D})/2$. Die gesamte, in der Feldkonfiguration enthaltene Energie kann man sich aus solchen infinitesimalen Beiträgen aufgebaut denken, über die man formal integriert. Daraus entsteht folgender Ausdruck für die Energie der Konfiguration

$$W_{\mathrm{E}} = \frac{1}{8\pi} \iiint \mathrm{d}^3 x \, \boldsymbol{E}(\boldsymbol{x}) \cdot \boldsymbol{D}(\boldsymbol{x}) \, . \tag{1.128b}$$

Auch hier lässt sich der Integrand als Energiedichte interpretieren,

$$u_{\mathrm{E}}(\boldsymbol{x}) = \frac{1}{8\pi} \boldsymbol{E}(\boldsymbol{x}) \cdot \boldsymbol{D}(\boldsymbol{x}) \, . \tag{1.128c}$$

Im Vakuum, wo $\boldsymbol{D} = \boldsymbol{E}$ gewählt werden kann, gehen beide Ausdrücke in die Formeln (1.127c) bzw. (1.127d) über.

Der Energieinhalt einer magnetischen Feldkonfiguration lässt sich in enger Analogie zum elektrostatischen Fall analysieren. Es sei $\boldsymbol{j}(\boldsymbol{x})$ eine stationäre, lokalisierte Stromdichte und sei $\boldsymbol{A}(\boldsymbol{x})$ das Vektorpotential, aus dem das Induktionsfeld $\boldsymbol{B}(\boldsymbol{x})$ berechnet wird. Mit Bezug auf (1.127b) wird man den Zusammenhang

$$W_{\mathrm{M}} = \frac{1}{2} \iiint \mathrm{d}^3 x \, \frac{1}{c} \boldsymbol{j}(\boldsymbol{x}) \cdot \boldsymbol{A}(\boldsymbol{x}) \tag{1.129a}$$

vermuten: an die Stelle der Ladungsdichte tritt die Stromdichte (multipliziert mit $1/c$), an die Stelle des skalaren Potentials das Vektorpotential. Wenn dem so ist, kann man die magnetische Energie unter Verwendung der Maxwell'schen Gleichungen (1.67a) und (1.67b) durch die Felder $\boldsymbol{H}$ und $\boldsymbol{B}$ ausdrücken,

$$W_{\mathrm{M}} = \frac{1}{8\pi} \iiint \mathrm{d}^3 x \, \boldsymbol{H}(\boldsymbol{x}) \cdot \boldsymbol{B}(\boldsymbol{x}) \, . \tag{1.129b}$$

Auch hier erstreckt sich das Integral über die *magnetische Energiedichte*

$$u_{\mathrm{M}}(\boldsymbol{x}) := \frac{1}{8\pi} \boldsymbol{H}(\boldsymbol{x}) \cdot \boldsymbol{B}(\boldsymbol{x}) \, , \tag{1.129c}$$

in enger Analogie zu (1.128c). Für eine strenge Ableitung muss man allerdings zunächst die Änderung der magnetischen Energie ausrechnen, die bei einer Änderung des Vektorpotentials auftritt,

$$\delta W_{\mathrm{M}} = \frac{1}{c} \iiint \mathrm{d}^3 x \, \delta \boldsymbol{A}(\boldsymbol{x}) \cdot \boldsymbol{j}(\boldsymbol{x}) \, .$$

Setzt man voraus, dass die im Integranden auftretenden Größen lokalisiert sind und verwendet (1.67b), so folgt

$$\delta W_{\mathrm{M}} = \frac{1}{4\pi} \iiint \mathrm{d}^3 x \, \delta \boldsymbol{B}(\boldsymbol{x}) \boldsymbol{H}(\boldsymbol{x}) \, ,$$

ein Ausdruck, der das Analogon zu (1.128a) darstellt. Jetzt sieht man auch, wann das Ergebnis (1.129b) herauskommt: nur wenn der Zusammenhang zwischen $\boldsymbol{B}$ und $\boldsymbol{H}$ linear ist, d. h. wenn es sich um ein paramagnetisches oder ein diamagnetisches Medium handelt, lässt sich der zuletzt erhaltene Ausdruck zur Formel (1.129b) integrieren.

Insgesamt halten wir als Ergebnis für die elektrische und magnetische Energiedichte sowie für die Gesamtenergie fest

$$u(\boldsymbol{x}) = u_{\mathrm{E}}(\boldsymbol{x}) + u_{\mathrm{M}}(\boldsymbol{x}) \tag{1.130}$$

$$W = W_{\mathrm{E}} + W_{\mathrm{M}} = \frac{1}{8\pi} \iiint \mathrm{d}^3x \; (\boldsymbol{E}(\boldsymbol{x}) \cdot \boldsymbol{D}(\boldsymbol{x}) + \boldsymbol{H}(\boldsymbol{x}) \cdot \boldsymbol{B}(\boldsymbol{x})) \; . \tag{1.131}$$

Diese Formeln gelten bei linearem Zusammenhang zwischen $\boldsymbol{D}$ und $\boldsymbol{E}$, und zwischen $\boldsymbol{B}$ und $\boldsymbol{H}$. Obwohl sie hier nur in der statischen bzw. stationären Näherung aufgestellt wurden, gelten sie, wie wir später lernen werden, auch bei zeitabhängigen Vorgängen.

1.8.5 Ströme und Leitfähigkeit

In Materie ist die Stromdichte $\boldsymbol{j}$ in der Regel proportional zur Kraftdichte $\boldsymbol{f}$,

$$\boldsymbol{j}(\boldsymbol{x}) = \sigma \boldsymbol{f}(\boldsymbol{x}) \; . \tag{1.132}$$

(Wir nehmen hier an, dass die Stromverteilung stationär sei.) Die Größe σ wird *Leitfähigkeit* genannt, ihr Kehrwert ist der spezifische Widerstand. Für die Kraftdichte können wir die Lorentz-Kraft (1.44e) einsetzen, so dass

$$\boldsymbol{j}(\boldsymbol{x}) = \sigma\big(\boldsymbol{E} + \frac{1}{c}\boldsymbol{v} \times \boldsymbol{B}\big) \tag{1.132a}$$

ist. Wenn die magnetische Kraftwirkung vernachlässigbar ist – dies ist typisch in elektrischen Stromkreisen der Fall –, dann folgt daraus der einfache Zusammenhang

$$\boldsymbol{j}(\boldsymbol{x}) = \sigma \boldsymbol{E}(\boldsymbol{x}) \; , \tag{1.132b}$$

in dem das bekannte Ohm'sche Gesetz

$$V = RI \tag{1.133}$$

enthalten ist, wo V die Spannung, I den elektrischen Strom und R den Ohm'schen Widerstand bezeichnen. Das Gesetz (1.133) ist offensichtlich für den Praktiker von großer Bedeutung, der zugrunde liegende Zusammenhang steckt aber in der Gleichung (1.132). Wir betrachten das Beispiel eines homogenen Zylinders der Länge L und der Querschnittsfläche F, der aus einem Material der Leitfähigkeit σ besteht. Hier ist der Widerstand durch die Formel $R = L/(\sigma F)$ gegeben.

Symmetrien und Kovarianz der Maxwell'schen Gleichungen

Einführung

Schon bei einer festen Aufteilung der vierdimensionalen Raumzeit in den Raum, in dem Experimente ausgeführt werden, und in die Laborzeit zeigen die Maxwell'schen Felder ein interessantes Transformationsverhalten unter kontinuierlichen und diskreten Transformationen. Ihre volle Symmetriestruktur entfaltet sich aber erst wirklich, wenn man die Wirkung der Lorentz-Gruppe auf die Maxwell'schen Gleichungen studiert. Ihre Kovarianz unter dieser Gruppe wird besonders anschaulich am Beispiel der elektromagnetischen Felder einer gleichförmig bewegten Punktladung.

Die Reformulierung der Maxwell-Theorie in der Sprache der äußeren Formen über dem $\mathbb{R}^4$ wirft einerseits Licht auf einige ihrer Eigenschaften, die im Rahmen der älteren Vektoranalysis nicht so klar hervortreten, andererseits bringt sie den geometrischen Charakter dieser einfachsten aller Eichtheorien zu Tage und bereitet den Boden für das Verständnis der nicht-Abel'schen Eichtheorien, die für die Beschreibung der fundamentalen Wechselwirkungen der Natur wesentlich sind.

Inhalt

2.1 Die Maxwell'schen Gleichungen im festen Bezugssystem

In einem festen Inertialsystem, in dem $\boldsymbol{x}$ die Koordinaten im gewöhnlichen Raum $\mathbb{R}^3$ bezeichnen und t die Koordinatenzeit ist, die ein ruhender Beobachter auf seiner Uhr abliest, lauten die Maxwell'schen Gleichungen (1.44a)–(1.44d)

$$\nabla \cdot \boldsymbol{B}(t, \boldsymbol{x}) = 0 \,, \tag{2.1a}$$

$$\nabla \times \boldsymbol{E}(t, \boldsymbol{x}) + \frac{1}{c}\frac{\partial}{\partial t}\boldsymbol{B}(t, \boldsymbol{x}) = 0 \,, \tag{2.1b}$$

$$\nabla \cdot \boldsymbol{D}(t, \boldsymbol{x}) = 4\pi\varrho(t, \boldsymbol{x}) \,, \tag{2.1c}$$

$$\nabla \times \boldsymbol{H}(t, \boldsymbol{x}) - \frac{1}{c}\frac{\partial}{\partial t}\boldsymbol{D}(t, \boldsymbol{x}) = \frac{4\pi}{c}\boldsymbol{j}(t, \boldsymbol{x}) \,. \tag{2.1d}$$

Sie werden ergänzt durch die Verknüpfungsrelationen

$$\boldsymbol{D} = \varepsilon \boldsymbol{E} \,, \qquad \boldsymbol{B} = \mu \boldsymbol{H} \tag{2.2}$$

zwischen dem Verschiebungsfeld und dem elektrischen Feld, bzw. zwischen dem Induktions- und dem Magnetfeld, wo ε die Dielektrizitätskonstante, μ die magnetische Permeabilität ist. (Im Vakuum und bei Verwendung von Gauß'schen Einheiten sind beide gleich 1.) Die auf ein Teilchen wirkende Kraft, das die Ladung q trägt und sich relativ zum Beobachter mit der Geschwindigkeit $\boldsymbol{v}$ bewegt, ist die Lorentz-Kraft (1.44e)

$$\boldsymbol{F}(t,\boldsymbol{x}) = q\big[\boldsymbol{E}(t,\boldsymbol{x}) + \frac{1}{c}\,\boldsymbol{v}\times\boldsymbol{B}(t,\boldsymbol{x})\big]\,, \tag{2.3}$$

an der besonders der zweite, geschwindigkeitsabhängige Anteil bemerkenswert ist. Schließlich notieren wir noch eine Beziehung zwischen der Stromdichte in einem gegebenen Medium und dem angelegten elektrischen Feld

$$\boldsymbol{j}(t,\boldsymbol{x}) = \sigma\boldsymbol{E}(t,\boldsymbol{x})\,, \tag{2.4}$$

in der σ pauschal die Leitfähigkeit des Mediums beschreibt.

Das Bezugssystem im $\mathbb{R}^3\times\mathbb{R}_t$, in dem diese Gleichungen formuliert sind, wird für's Erste durch den Beobachter definiert, der seinen Ort als Ursprung interpretiert und im Übrigen geeignete Koordinaten im $\mathbb{R}^3$ auswählt und seine Uhr zur Messung der Zeit verwendet. Ein Experimentator misst das *elektrische* Feld mit Instrumenten, die von denen verschieden sind, mit denen er *magnetische* Felder misst. Insofern wird die spezifische Natur dieser beiden ansonsten ähnlichen physikalischen Vektorfelder empirisch eindeutig festgestellt. Diese Bemerkung, die scheinbar eine Selbstverständlichkeit ausdrückt, wird wichtig werden, wenn wir fragen, ob ein elektrisches oder ein magnetisches Feld für einen zweiten Beobachter, der sich relativ zum ersten Beobachter mit konstanter Geschwindigkeit bewegt, ein elektrisches bzw. magnetisches Feld bleibt.

2.1.1 Drehungen und diskrete Raum-Zeittransformationen

Bevor wir der eben gestellten Frage nachgehen, bleiben wir noch eine Weile in dem von besagtem Beobachter ausgewählten Inertialsystem und untersuchen die Kovarianz der Gleichungen (2.1a)–(2.4) unter Drehungen, unter Raum- bzw. Zeitspiegelung sowie unter Ladungskonjugation.

a) Drehungen des Bezugssystems im $\mathbb{R}^3$

Unter Drehungen $\mathbf{R}\in\mathrm{SO}(3)$, d. h. unter Koordinatentransformationen

$$(t,\boldsymbol{x})^T \longmapsto (t'=t,\boldsymbol{x}'=\mathbf{R}\boldsymbol{x})^T\,,\quad \text{die}\quad \mathbf{R}^T\mathbf{R}=\mathbb{1}\,,\ \det\mathbf{R}=+1$$

erfüllen, bleibt ein Skalarfeld φ invariant,

$$\varphi(t,\boldsymbol{x}) \longmapsto \varphi'(t',\boldsymbol{x}') = \varphi(t,\boldsymbol{x})\,, \tag{2.5a}$$

während ein Vektorfeld sich gemäß

$$\boldsymbol{A}(t,\boldsymbol{x}) \longmapsto \boldsymbol{A}'(t',\boldsymbol{x}') = \mathbf{R}\boldsymbol{A}(t,\boldsymbol{x}) \tag{2.5b}$$

transformiert. (Hier haben wir ausgenutzt, dass in der orthogonalen Gruppe SO(3) die Inverse der Transponierten gleich der ursprünglichen Matrix ist, $(\mathbf{R}^T)^{-1} = \mathbf{R}$.) Lässt man Transformationen aus O(3) zu, d. h. auch solche Transformationen $\tilde{\mathbf{R}} \in O(3)$, deren Determinante gleich -1 ist und die daher als Produkt aus einem $\mathbf{R} \in SO(3)$ und der Raumspiegelung $\mathbf{\Pi}$ geschrieben werden können, dann gibt es auch Felder $\tilde{\varphi}$ des ersten Typs (2.5a), die zwar drehinvariant sind, aber bei Raumspiegelung einen Faktor $\det\tilde{\mathbf{R}} = -1$ erhalten. Auch bei der zweiten Kategorie gibt es Felder $\tilde{\boldsymbol{A}}$, die außer dem Transformationsverhalten (2.5b) denselben Faktor $\det\tilde{\mathbf{R}}$ erhalten. Mit $\mathbf{R} \in SO(3)$ und mit $\tilde{\mathbf{R}} = \mathbf{R}\mathbf{\Pi}$ gilt für diese

$$\tilde{\varphi}(t,\boldsymbol{x}) \mapsto \tilde{\varphi}'(t',\boldsymbol{x}') = \left(\det\tilde{\mathbf{R}}\right)\tilde{\varphi}(t,\boldsymbol{x}), \tag{2.6a}$$

$$\tilde{\boldsymbol{A}}(t,\boldsymbol{x}) \mapsto \tilde{\boldsymbol{A}}'(t',\boldsymbol{x}') = \left(\det\tilde{\mathbf{R}}\right)\mathbf{R}\tilde{\boldsymbol{A}}(t,\boldsymbol{x}). \tag{2.6b}$$

Obwohl – geometrisch gesprochen – hier kein Skalarfeld bzw. Vektorfeld vorliegt, sind die in der Physik gebräuchlichen Bezeichnungen *Pseudoskalarfeld* für $\tilde{\varphi}(t,\boldsymbol{x})$, bzw. *Axialvektorfeld* für $\tilde{\boldsymbol{A}}(t,\boldsymbol{x})$ überaus nützlich. Einige Beispiele über dem $\mathbb{R}^3$ mögen dies illustrieren:

(i) Eine Geschwindigkeit $\boldsymbol{v}$ ist ebenso wie der Impuls $\boldsymbol{p}$ ein echter Vektor, d. h. transformiert sich unter Drehungen $\mathbf{R} \in SO(3)$ wie in (2.5b) angegeben. Wenn sie in glatter Weise über $\mathbb{R}^3$ definiert sind, dann werden daraus Vektorfelder. Der Bahndrehimpuls $\boldsymbol{\ell} = \boldsymbol{x} \times \boldsymbol{p}$ dagegen ist ein Axialvektor: bei einer Raumspiegelung ändern $\boldsymbol{x}$ und $\boldsymbol{p}$ beide ihr Vorzeichen, nicht aber $\boldsymbol{\ell}$.

(ii) Das Skalarprodukt $\boldsymbol{x}\cdot\boldsymbol{p}$ ist ein Skalar, ebenso das Skalarprodukt $\boldsymbol{s}\cdot\boldsymbol{\ell}$ aus einem Spin und einem Bahndrehimpuls, die Produkte $\boldsymbol{x}\cdot\boldsymbol{\ell}$ und $\boldsymbol{x}\cdot\boldsymbol{s}$ sind dagegen Pseudoskalare.

Was die Größen (2.6a) und (2.6b) geometrisch wirklich bedeuten, in der Sprache der äußeren Formen, wird weiter unten in Abschn. 2.4.3 klar werden. Für den Moment behalten wir die eben definierte Terminologie bei.

Ein Blick auf die Maxwell'schen Gleichungen (2.1a)–(2.1b) zeigt, dass sie unter Drehungen aus SO(3) kovariant sind, wenn die Felder $\boldsymbol{E}$, $\boldsymbol{D}$, $\boldsymbol{H}$, $\boldsymbol{B}$ und die Stromdichte $\boldsymbol{j}$ gemäß (2.5b), die Ladungsdichte ϱ gemäß (2.5a) transformieren. In der ersten Gleichung (2.1a) steht die Divergenz von $\boldsymbol{B}$, die unter $\mathbf{R} \in SO(3)$ ein Skalar ist. In der zweiten (2.1b) gilt für den ersten Term

$$\left(\nabla' \times \boldsymbol{E}'\right) = \left(\mathbf{R}\nabla\right) \times \left(\mathbf{R}\boldsymbol{E}\right) = \mathbf{R}\left(\nabla \times \boldsymbol{E}\right),$$

und für den Zweiten ganz offensichtlich

$$\frac{1}{c}\frac{\partial}{\partial t}\boldsymbol{B}' = \frac{1}{c}\frac{\partial}{\partial t}\left(\mathbf{R}\boldsymbol{B}\right) = \mathbf{R}\left(\frac{1}{c}\frac{\partial}{\partial t}\boldsymbol{B}\right),$$

womit die Kovarianz von (2.1b) erwiesen ist. Eine ähnliche Argumentation zeigt die Kovarianz der beiden inhomogenen Maxwell'schen Gleichungen (2.1c) und (2.1d). Alle Terme, die durch die Maxwell'schen Gleichungen verknüpft werden, haben dasselbe Transformationsverhalten.

b) Raumspiegelung des Bezugssystems

Das Verhalten der Maxwell'schen Gleichungen unter Spiegelung der räumlichen Koordinaten am Ursprung,

$$(t, \boldsymbol{x})^T \longmapsto (t' = t, \boldsymbol{x}' = -\boldsymbol{x})^T$$

ist weniger offensichtlich. Zunächst stellt man fest, dass die Rotation eines echten Vektorfeldes (im $\mathbb{R}^3$) ein Axialvektorfeld ist,

$$\boldsymbol{A}'(t', \boldsymbol{x}') = -\boldsymbol{A}(t, \boldsymbol{x}) \Longleftrightarrow \nabla' \times \boldsymbol{A}'(t', \boldsymbol{x}') = +\nabla \times \boldsymbol{A}(t, \boldsymbol{x}) ,$$

während die Rotation eines Axialvektorfeldes wieder ein Vektorfeld ist. Mit diesem Wissen ausgestattet sieht man, dass die Maxwell'schen Gleichungen unter der Raumspiegelung invariant sind, wenn

$\boldsymbol{E}$, $\boldsymbol{D}$ und $\boldsymbol{j}$ *Vektor*felder sind,

$\boldsymbol{B}$ und $\boldsymbol{H}$ *Axialvektor*felder sind,

ϱ ein Skalarfeld ist.

Dies scheint vernünftig, wenn man sich einige konkrete physikalische Anordnungen in Erinnerung ruft, bei denen elektrische oder magnetische Felder entstehen. So ist z. B. das elektrische Feld einer ruhenden Punktladung

$$\boldsymbol{E}(\boldsymbol{x}) = \frac{q}{r^2}\hat{\boldsymbol{r}}$$

proportional zum Ortsvektor $\boldsymbol{r}$, mit Vorfaktoren, die unter $\boldsymbol{\Pi}$ invariant bleiben, und ist somit ein Vektorfeld. Eine Stromdichte $\boldsymbol{j}$ kann man durch den Fluss von punktförmigen Ladungen modellieren, die mit der Geschwindigkeit $\boldsymbol{v}$ durch den Raum strömen. Auch dies ist ein echtes Vektorfeld. Die magnetische Dipoldichte (1.120a) ist dem Kreuzprodukt aus $\boldsymbol{x}$ und $\boldsymbol{j}(\boldsymbol{x})$ proportional und ist daher ein Axialvektorfeld. Dieselbe Aussage gilt auch für das entsprechende Induktionsfeld (1.124b). Die Ladungsdichte schließlich muss schon deshalb ein Skalarfeld sein, weil die Kontinuitätsgleichung (1.21) die Zeitableitung von ϱ mit der Divergenz der Stromdichte verknüpft und als Ganzes invariant sein muss.

Wiederum verweisen wir auf die geometrische Formulierung der Maxwell-Theorie, um den eben festgestellten Unterschied zwischen den elektrischen Größen $\boldsymbol{E}$ und $\boldsymbol{D}$ einerseits und den magnetischen Größen $\boldsymbol{B}$ und $\boldsymbol{H}$ andererseits klarer herauszuarbeiten. Dabei wird sich herausstellen, dass die ersten beiden zu äußeren *Eins*formen äquivalent sind, die beiden letzten dagegen zu äußeren *Zwei*formen.

c) Verhalten unter Zeitumkehr

Es ist sicher sinnvoll zu fordern, dass die Ladungsdichte $\varrho(t, \boldsymbol{x})$ nicht davon abhängt, in welcher Richtung, in die Zukunft oder die Vergangenheit, die Zeit abläuft, d. h. dass sie unter der Zeitumkehr **T** invariant ist,

$$\varrho'(t', \boldsymbol{x}') = \varrho(t, \boldsymbol{x}) \,, \qquad t' = -t \,,\ \boldsymbol{x}' = \boldsymbol{x} \,.$$

Dann folgt aus der Kontinuitätsgleichung, die die erste Ableitung der Ladungsdichte nach der Zeit enthält, dass die Stromdichte *ungerade* sein muss, $\boldsymbol{j}'(t', \boldsymbol{x}') = -\boldsymbol{j}(t, \boldsymbol{x})$ – eine Eigenschaft, die man auch aufgrund der oben entwickelten Modellvorstellung erwartet. Damit die beiden inhomogenen Maxwell'schen Gleichungen (2.1c) und (2.1d) invariant bleiben, muss

$$\boldsymbol{H}'(t', \boldsymbol{x}') = -\boldsymbol{H}(t, \boldsymbol{x}) \,, \qquad \boldsymbol{D}'(t', \boldsymbol{x}') = +\boldsymbol{D}(t, \boldsymbol{x})$$

gelten. Das elektrische Feld $\boldsymbol{E}$ transformiert sich wie das Verschiebungsfeld $\boldsymbol{D}$, das Induktionsfeld $\boldsymbol{B}$ wie das magnetische Feld $\boldsymbol{H}$.

d) Die Ladungskonjugation

Besonders interessant und neu gegenüber der Mechanik ist die Frage, wie die Maxwell'schen Gleichungen sich verhalten, wenn man die Vorzeichen aller darin vorkommenden Ladungen umkehrt. Dies ist die Operation der *Ladungskonjugation* **C**, die in der quantentheoretischen Dynamik eine wichtige Rolle spielt. Auf ein Wasserstoffatom angewandt, als Beispiel, heißt dies, dass man das Proton p durch $\overline{p}$, ein Antiproton, das Elektron e^- durch ein Positron e^+ ersetzt.

Per Definition kehren sowohl die Ladungsdichte als auch die Stromdichte ihre Vorzeichen um, symbolisch geschrieben also $\mathbf{C}\varrho(t, \boldsymbol{x}) = -\varrho(t, \boldsymbol{x})$, $\mathbf{C}\boldsymbol{j}(t, \boldsymbol{x}) = -\boldsymbol{j}(t, \boldsymbol{x})$. Aus (2.1c) und der ersten dieser Beziehungen folgt, dass das Verschiebungsfeld $\boldsymbol{D}$ sein Vorzeichen ebenfalls umkehrt. Dies gilt dann auch für das elektrische Feld. Die zweite Beziehung, zusammen mit (2.1d), verlangt, dass $\boldsymbol{H}$ und damit auch $\boldsymbol{B}$ ebenfalls ungerade ist. Insgesamt also

$$\mathbf{C}\boldsymbol{D}(t, \boldsymbol{x}) = -\boldsymbol{D}(t, \boldsymbol{x}) \,, \qquad \mathbf{C}\boldsymbol{E}(t, \boldsymbol{x}) = -\boldsymbol{E}(t, \boldsymbol{x}) \,,$$
$$\mathbf{C}\boldsymbol{H}(t, \boldsymbol{x}) = -\boldsymbol{H}(t, \boldsymbol{x}) \,, \qquad \mathbf{C}\boldsymbol{B}(t, \boldsymbol{x}) = -\boldsymbol{B}(t, \boldsymbol{x}) \,.$$

Auch diese Transformationsregeln sind einleuchtend: wenn man die Ladungen, die die Quellen für das elektrische Feld sind, im Vorzeichen umkehrt ohne ihren Betrag zu ändern, dann kehrt sich das elektrische Feld überall von $\boldsymbol{E}(t, \boldsymbol{x})$ zu $-\boldsymbol{E}(t, \boldsymbol{x})$ um. Da auch alle Stromdichten ihr Vorzeichen ändern, gilt dies auch für die dadurch hervorgerufenen Magnetfelder.

Insgesamt stellen wir fest, dass die Maxwell'schen Gleichungen unter den Drehungen im festgehaltenen Bezugssystem sowie unter den diskreten Transformationen $\mathbf{\Pi}$, **T** und **C** kovariant sind. Ob allerdings diese diskreten Transformationen im Sinne der Quantenmechanik erhalten sind, ist eine Frage nach den anderen Wechselwirkungen als der Elektrodynamik, denen die Bausteine der Materie unterworfen sind. Die elektromagnetische Wechselwirkung, für sich genommen, ist in der Tat invariant unter Raumspiegelung und Zeitumkehr sowie unter Ladungskonjugation. In einer Welt, in der man alle Protonen durch Antiprotonen, alle Neutronen durch Antineutronen und alle Elektronen durch Positronen ersetzt, haben die Atome dieselben gebundenen Zustände, die Spektrallinien der Atomphysik sind dieselben wie in unserer gewohnten Welt.

2.1.2 Die Maxwell'schen Gleichungen und äußere Formen

In diesem Abschnitt gehen wir zum ersten, aber nicht zum letzten Mal der geometrischen Natur der in den Maxwell'schen Gleichungen auftretenden physikalischen Größen nach. Insbesondere klären wir die wahre Bedeutung dessen, was man in der physikalisch-intuitiven Sprache Pseudoskalar und Axialvektor nennt. Dies tun wir anhand einer kurzen Zusammenstellung der wichtigsten Definitionen und Eigenschaften des äußeren Differentialkalküls auf Euklidischen Räumen $\mathbb{R}^n$, verweisen für eine ausführlichere und allgemeinere Darstellung aber auch auf Band 1, Kapitel 5.

a) Äußere Formen auf $\mathbb{R}^n$

Äußere Einsformen $\overset{1}{\omega}$ im Punkt $x \in M = \mathbb{R}^n$ sind lineare Abbildungen der Tangentialvektoren an M in x, d. h. von Elementen des Tangentialraums $T_x M$ in die reellen Zahlen,

$$\overset{1}{\omega} \,:\, T_x M \longrightarrow \mathbb{R} \,:\, v \longmapsto \overset{1}{\omega}(v)\,. \tag{2.7a}$$

Ein wichtiges Beispiel, das der unmittelbaren Anschauung entgegenkommt, ist das totale Differential $\mathrm{d}f$ einer glatten Funktion auf $\mathbb{R}^n$, für welches

$$\mathrm{d}f(v)|_x = v(f)(x) = \sum_{i=1}^{n} v^i \left.\frac{\partial f}{\partial x^i}\right|_x \equiv \sum_{i=1}^{n} v^i \partial_i f\Big|_x \tag{2.7b}$$

die Richtungsableitung der Funktion f am Punkt x und entlang der Richtung von v darstellt. Die Wirkung von $\mathrm{d}f$ auf den Tangentialvektor v ist gleich der Wirkung $v(f)$ dieses Vektors auf die Funktion und ist nichts Anderes als die Ableitung von f in der von v vorgegebenen Richtung. Die Richtungsableitung ist in der Tat eine reelle Zahl. In der Formalisierung (2.7b) dieser Aussagen haben wir gleich die kompakte Notation

$$\partial_i f := \frac{\partial f}{\partial x^i} \tag{2.7c}$$

für die Ableitung nach der kontravarianten Komponente x^i eingeführt, die selbst kovariant ist.

Die Menge der linearen Abbildungen von $T_x M$ nach $\mathbb{R}$ liegt (definitionsgemäß) im dazu dualen Vektorraum $T_x^* M$, dem sog. *Kotangentialraum*, der ebenso wie $T_x M$ an den Punkt x „angeheftet" wird.

Bemerkung

Wenn M eine n-dimensionale glatte Mannigfaltigkeit ist, die kein $\mathbb{R}^n$ ist, dann muss man einen vollständigen Atlas mit lokalen Karten (oder, wie man auch sagt, Koordinatensystemen) (φ, U) verwenden, wo U eine offene Umgebung des Punktes $p \in M$ ist und

$$\varphi : M \to \mathbb{R}^n : U \mapsto \varphi(U)$$

ein Homöomorphismus von U auf M in das Bild $\varphi(U) \subset \mathbb{R}^n$ ist. Bezeichnet man die lokalen Koordinaten in dieser Karte mit $\{x^i\}$, $i = 1, \ldots, n$, so ist die partielle Ableitung einer Funktion f durch

$$\partial_i^{(\varphi)}\Big|_p (f) = \frac{\partial(f \circ \varphi^{-1})}{\partial x^i}\big(\varphi(p)\big) . \tag{2.8}$$

gegeben. Nur die Zusammensetzung aus $\varphi^{-1} : \mathbb{R}^n \to M$ und $f : M \to \mathbb{R}$ ist eine reelle Funktion auf $\mathbb{R}^n$, die man nach den Regeln der Analysis differenzieren kann. Ist die Mannigfaltigkeit selbst ein $\mathbb{R}^n$, dann vereinfachen sich die Verhältnisse: Für $M = \mathbb{R}^n$ benötigt man nur eine einzige Karte $U = M$ und kann als Kartenabbildung $\varphi =$ id, die identische Abbildung, verwenden. In diesem Fall gilt der ursprünglich lokale Ausdruck (2.8) auf ganz M und vereinfacht sich zur gewohnten partiellen Ableitung (2.7c) der reellen Analysis.

Wenn $v(f)$ die Richtungsableitung der Funktion f im Punkt x und wenn $\partial_i f$ die partielle Ableitung nach der Koordinate x^i ist, dann ist

$$v = \sum_{i=1}^{n} v^i \partial_i$$

die Zerlegung des Vektors v nach den Basisfeldern $\{\partial_i\}$, $i = 1, \ldots, n$. Diese spannen den Tangentialraum $T_x M$ auf. Im Fall des $\mathbb{R}^n$ kann man aber alle Tangentialräume untereinander und mit der Mannigfaltigkeit selbst identifizieren. Dies bedeutet, dass man jedes glatte Vektorfeld V auf $M = \mathbb{R}^n$ in der Form

$$V = \sum_{i=1}^{n} v^i(x) \partial_i \tag{2.9}$$

zerlegen kann, wobei die Koeffizienten $v^i(x)$ glatte Funktionen sind.

Natürlich sind auch die Koordinaten x^i glatte Funktionen auf M: x^i ordnet dem Punkt $x \in M$ seine i-te Koordinate zu. Die Differentiale $\mathrm{d}x^i$ dieser Funktionen sind Einsformen, die *Basis-Einsformen* genannt werden. Die Gesamtheit der $\{\mathrm{d}x^i\}$, $i = 1, \ldots, n$, ist dual zur Basis $\{\partial_i\}$, denn es gilt

$$\mathrm{d}x^i(\partial_k) = \partial_k(x^i) \equiv \frac{\partial}{\partial x^k} x^i = \delta^i_k \, .$$

Daher kann man jede Einsform $\overset{1}{\omega} \in T_x M$ nach dieser Basis entwickeln, $\overset{1}{\omega} = \sum \omega_i \, \mathrm{d}x^i$.

Glatt heißt eine Einsform $\overset{1}{\omega}$, wenn sie überall auf M definiert ist und wenn $\overset{1}{\omega}(V)$ für alle glatten Vektorfelder $V \in \mathcal{V}(M)$ eine glatte Funktion ist. Auf $M = \mathbb{R}^n$ heißt das, dass man jede Einsform $\overset{1}{\omega}$ durch die Entwicklung

$$\overset{1}{\omega} = \sum_{i=1}^{n} \omega_i(x) \, \mathrm{d}x^i \tag{2.10}$$

darstellen kann, in der die n Koeffizienten $\omega_i(x)$ glatte Funktionen sind. Diese Koeffizientenfunktionen lassen sich aus der Wirkung der Form auf die Basis-Vektorfelder berechnen, d. h.

$$\omega_i(x) = \overset{1}{\omega}(\partial_i) \, ;$$

die Wirkung auf ein beliebiges, glattes Vektorfeld ist somit

$$\overset{1}{\omega}(V) = \sum_{i=1}^{n} V^i(x) \omega_i(x) \, ,$$

wo

$$V = \sum_j V^j(x) \partial_j \quad \text{und} \quad \overset{1}{\omega} = \sum_k \omega_k(x) \, \mathrm{d}x^k \, .$$

Für äußere Formen gibt es ein schiefsymmetrisches, assoziatives Produkt, das sog. *äußere Produkt,* das am Einfachsten für Basis-Einsformen und durch deren Wirkung auf Vektoren wie folgt definiert wird[1]

$$\left(\mathrm{d}x^i \wedge \mathrm{d}x^j\right)(v, w) = v^i w^j - v^j w^i = \det \begin{pmatrix} v^i & w^i \\ v^j & w^j \end{pmatrix} , \tag{2.11a}$$

worin die Antisymmetrie

$$\mathrm{d}x^i \wedge \mathrm{d}x^j = -\mathrm{d}x^j \wedge \mathrm{d}x^i \tag{2.11b}$$

benutzt wurde. Wie man am folgenden Beispiel sieht, ist dies die direkte Verallgemeinerung des bekannten Kreuzproduktes im $\mathbb{R}^3$:
Im $\mathbb{R}^3$ gibt es drei Basis-Einsformen, $\mathrm{d}x^1$, $\mathrm{d}x^2$ und $\mathrm{d}x^3$. Wendet man das Dachprodukt der zweiten und der dritten hiervon auf zwei Vektoren $\boldsymbol{a}$ und $\boldsymbol{b}$ an,

$$\left(\mathrm{d}x^2 \wedge \mathrm{d}x^3\right)(\boldsymbol{a}, \boldsymbol{b}) = a^2 b^3 - a^3 b^2 = (\boldsymbol{a} \times \boldsymbol{b})_1 \quad (\text{auf } \mathbb{R}^3) \, ,$$

[1] Das äußere Produkt wird auch „Dachprodukt“, auf englisch *wedge product* genannt.

so ist das Ergebnis die erste Komponente des Kreuzprodukts. Diese Formel um die beiden zyklischen Permutationen der Indizes ergänzt, ergibt das volle Kreuzprodukt $\boldsymbol{a} \times \boldsymbol{b}$.

Das äußere Produkt lässt sich auf drei oder mehr Faktoren fortsetzen, so z. B. für drei Basis-Einsformen und drei Tangentialvektoren

$$\left(\mathrm{d}x^i \wedge \mathrm{d}x^j \wedge \mathrm{d}x^k\right)(u, v, w) = \det \begin{pmatrix} u^i & v^i & w^i \\ u^j & v^j & w^j \\ u^k & v^k & w^k \end{pmatrix} \tag{2.11c}$$

An dieser Formel wird offensichtlich, dass keine Klammern gesetzt werden müssen, d. h. dass $(\mathrm{d}x^i \wedge \mathrm{d}x^j) \wedge \mathrm{d}x^k$ das Gleiche ist wie $\mathrm{d}x^i \wedge (\mathrm{d}x^j \wedge \mathrm{d}x^k)$. (Im zweiten Beispiel entspricht die Klammersetzung der Entwicklung der Determinante nach der ersten Zeile.)

Die Produkte $\mathrm{d}x^i \wedge \mathrm{d}x^j$ mit $i < j$, von denen es $n(n-1)/2 = \binom{n}{2}$ Stück gibt, sind Elemente aus $T_x^* \times T_x^*$, die überdies antisymmetrisch sind. Ihre Gesamtheit bildet eine Basis für beliebige glatte *Zweiformen*

$$\overset{2}{\omega} = \sum_{i<j} \omega_{ij}(x)\, \mathrm{d}x^i \wedge \mathrm{d}x^j\,. \tag{2.12}$$

Die Koeffizienten $\omega_{ij}(x)$ sind dabei glatte Funktionen auf $M = \mathbb{R}^n$. In der Sprache der klassischen Tensoranalysis ist ein solches $\overset{2}{\omega}$ ein Tensorfeld vom Typus $(0, 2)$

$$\overset{2}{\omega} \in \mathfrak{T}_2^0(M)\,,$$

das überdies antisymmetrisch ist. Die Koeffizienten ω_{ij} geben seine Darstellung in Koordinaten und in der Form eines kovarianten, antisymmetrischen Tensors zweiter Stufe.

Die Kette der Basisformen lässt sich in endlich vielen Schritten bis zum Dachprodukt von n Basis-Einsformen fortsetzen. Dabei entstehen Basis-k-Formen $\mathrm{d}x^{i_1} \wedge \mathrm{d}x^{i_2} \wedge \cdots \wedge \mathrm{d}x^{i_k}$, $k = 3, \ldots, n$, von denen es jeweils $\binom{n}{k}$ Stück gibt, und mit deren Hilfe man glatte k-Formen konstruieren kann

$$\overset{k}{\omega} = \sum_{i_1<\cdots<i_k} \omega_{i_1\ldots i_k}(x)\, \mathrm{d}x^{i_1} \wedge \ldots \wedge \mathrm{d}x^{i_k}\,. \tag{2.13}$$

Die äußere Form $\overset{k}{\omega}$ liegt in $\mathfrak{T}_k^0(M)$, d. h. im Raum der kovarianten Tensorfelder k-ter Stufe und ist außerdem in allen k Vektorfeldern, auf die sie angewandt wird, antisymmetrisch. Für die Räume der antisymmetrischen, kovarianten Tensorfelder hat sich eine eigene Notation eingebürgert, nämlich

$$\overset{k}{\omega} \in \Lambda^k(M)\,. \tag{2.14}$$

Es ist nicht schwer, z. B. anhand der Basiselemente $\mathrm{d}x^{i_1} \wedge \mathrm{d}x^{i_2} \wedge \ldots \wedge \mathrm{d}x^{i_k}$ die Dimension dieser Räume abzuzählen: Die Dimension von

$\Lambda^k(M)$ ist (s. Aufgabe 2.1)

$$\dim \Lambda^k(M) = \binom{n}{k} = \frac{n!}{k!(n-k)!} \,.$$

So hat Λ^1 die Dimension n, ebenso wie Λ^{n-1}, Λ^n hat die Dimension 1, während es keinen Raum mit Dimension größer als n gibt.

b) Die äußere Ableitung

Die äußere Ableitung ist die Verallgemeinerung des totalen Differentials bei Funktionen, des Gradienten, der Rotation und der Divergenz bei Vektorfeldern im $\mathbb{R}^3$, und hat folgende Eigenschaften: Sie bildet k-Formen auf $(k+1)$-Formen ab (die gleich Null sein können),

$$\mathrm{d} : \Lambda^k(M) \to \Lambda^{k+1}(M) : \overset{k}{\omega} \mapsto \mathrm{d}\overset{k}{\omega} \,; \tag{2.15a}$$

Auf den glatten Funktionen gibt sie das totale Differential

$$\mathrm{d}\, f \mapsto \mathrm{d}f = \sum_i \frac{\partial f}{\partial x^i}\,\mathrm{d}x^i \,; \tag{2.15b}$$

Sie erfüllt eine graduierte, d. h. mit Vorzeichen versehene Leibniz-Regel: Angewandt auf das äußere Produkt einer r- und einer s-Form $(r, s = 0, 1, \dots, n)$ gibt sie

$$\mathrm{d}\big(\overset{r}{\omega} \wedge \overset{s}{\omega}\big) = \big(\mathrm{d}\overset{r}{\omega}\big) \wedge \overset{s}{\omega} + (-)^r\, \overset{r}{\omega} \wedge \big(\mathrm{d}\overset{s}{\omega}\big) \,. \tag{2.15c}$$

Dies ist ähnlich wie die gewohnte Produktregel der Differentialrechnung, mit dem Unterschied, dass der zweite Term sein Pluszeichen nur dann behält, wenn die erste Form eine *geradzahlige* äußere Form war, aber ein Minuszeichen erhält, wenn ihr Grad r *ungerade* ist. Als Faustregel kann man sich merken, dass das „Vorbeiziehen" von d an einer r-Form ein Vorzeichen $(-)^r$ liefert. Klarerweise liegt das äußere Produkt $\overset{r}{\omega} \wedge \overset{s}{\omega}$ in Λ^{r+s}, die äußere Ableitung davon liegt in Λ^{r+s+1}.

Wendet man d zweimal hintereinander an, so ist das Resultat immer Null

$$\mathrm{d} \circ \mathrm{d} = 0 \,. \tag{2.15d}$$

Eine für die Praxis nützliche Rechenregel ist folgende Formel für die äußere Ableitung einer k-Form in der Darstellung (2.13)

$$\begin{aligned} \mathrm{d}\overset{k}{\omega} &= \sum_{i_1<\dots<i_k} \mathrm{d}\omega_{i_1\dots i_k}(x) \wedge \mathrm{d}x^{i_1} \wedge \mathrm{d}x^{i_2} \wedge \dots \wedge \mathrm{d}x^{i_k} \\ &= \sum_{j=1}^{n} \sum_{i_1<\dots<i_k} \frac{\partial \omega_{i_1\dots i_k}(x)}{\partial x^j}\, \mathrm{d}x^j \wedge \mathrm{d}x^{i_1} \wedge \mathrm{d}x^{i_2} \wedge \dots \wedge \mathrm{d}x^{i_k} \,. \end{aligned} \tag{2.15e}$$

Hierbei tritt das totale Differential der Funktionen $\omega_{i_1,\dots,i_k}(x^1, \dots, x^n)$ auf und ist nach der Regel (2.15b) für Funktionen zu berechnen. Am

Ende einer solchen Rechnung muss man wieder die Basis-Einsformen in aufsteigender Nummerierung ordnen und dabei die Vorzeichen beachten, die bei der Vertauschung auftreten.

Bemerkungen

1. Die Eigenschaft (2.15d) ist für Funktionen nichts Anderes als die Aussage, dass die zweiten gemischten Ableitungen einer glatten Funktion gleich sind. Bildet man das äußere Differential von $\mathrm{d}f$, so ist

$$\begin{aligned}
\mathrm{d}(\mathrm{d}f) &= \sum_i \left(\mathrm{d}\frac{\partial f}{\partial x^i}\right) \wedge \mathrm{d}x^i \qquad \text{(gemäß Regel (2.15e))} \\
&= \sum_{k \neq i} \frac{\partial^2 f}{\partial x^k \partial x^i}\, \mathrm{d}x^k \wedge \mathrm{d}x^i \qquad \text{(mit Formel (2.15b) für totale Differentiale)} \\
&= \sum_{k<i} \left\{ \frac{\partial^2 f}{\partial x^k \partial x^i} - \frac{\partial^2 f}{\partial x^i \partial x^k} \right\} \mathrm{d}x^k \wedge \mathrm{d}x^i = 0 \\
&\qquad \text{(Antisymmetrie der Basisformen)}\,.
\end{aligned}$$

   Für Formen höheren Grades folgt (2.15d) aus der Leibniz-Regel (2.15c).

2. An der Reihe der Räume $\Lambda^1(M), \ldots, \Lambda^k(M), \ldots, \Lambda^n(M)$ fällt auf, dass die Dimensionen $\binom{n}{1} = n, \ldots, \binom{n}{n} = 1$ der binomischen Reihe vorkommen, die Reihe der Zahlen des Pascal'schen Dreiecks aber unvollständig ist: es fehlt $\binom{n}{0} = 1$, die Dimension von $\Lambda^0(M)$. Andererseits ist die äußere Ableitung $\mathrm{d}f$ einer Funktion f eine Einsform und d führt gemäß (2.15a) von $\Lambda^k(M)$ nach $\Lambda^{k+1}(M)$. Es erscheint also sinnvoll, im Rahmen der äußeren Formen die glatten Funktionen als *Nullformen* zu interpretieren,

$$f \in \mathfrak{F}(M) \quad \text{(glatte Funktionen auf } M\text{)}, \qquad f \in \Lambda^0(M)\,.$$

3. Wenn die Anwendung von d auf eine äußere k-Form Null ergibt, so nennt man sie *geschlossen,*

$$\mathrm{d}\omega = 0\,, \qquad \omega \in \Lambda^k(M)\,.$$

   So ist z. B. das totale Differential einer Funktion eine geschlossene Einsform, $\mathrm{d}(\mathrm{d}f) = 0$.

Es kann aber auch vorkommen, dass eine $(k+1)$-Form η als äußere Ableitung einer k-Form ω geschrieben werden kann, d. h.

$$\eta = \mathrm{d}\omega\,, \qquad \eta \in \Lambda^{k+1}(M)\,, \qquad \omega \in \Lambda^k(M)\,.$$

Eine solche Form nennt man *exakt.* Klarerweise ist jede exakte Form auch geschlossen. Für die Umkehrung gilt: Auf $M = \mathbb{R}^n$ lässt sich jede geschlossene k-Form als äußere Ableitung einer $(k-1)$-Form schreiben, auf anderen Mannigfaltigkeiten gilt dies nur lokal[2] (dies ist die Aussage des Poincaré'schen Lemmas).

[2] Für jede Umgebung $U \subset M$ des Punktes $p \in M$, die sich auf p zusammenziehen lässt ohne M zu verlassen, gilt die Aussage des Poincaré'schen Lemmas.

c) Hodge-duale Formen

Der $\mathbb{R}^n$ ist nicht nur eine glatte, sondern auch eine orientierbare Mannigfaltigkeit, d. h. mit anderen Worten, dass eine geordnete Basis $(\hat{\boldsymbol{e}}_1, \hat{\boldsymbol{e}}_2, \dots, \hat{\boldsymbol{e}}_n)$ ein verallgemeinertes Parallelepiped aufspannt, dem man ein Vorzeichen zuordnen kann. Die Räume $\Lambda^k(M)$ und $\Lambda^{(n-k)}(M)$ haben dieselbe Dimension, da

$$\binom{n}{k} = \binom{n}{n-k} = \frac{n!}{k!(n-k)!}$$

ist, und sie sind zueinander isomorph. Eine bijektive Abbildung, die jeder k-Form eine $(n-k)$-Form zuordnet, ist die sog. $\star$-Operation. Definiert man sie über die Wirkung der Formen auf Einheitsvektoren, so wird der k-Form ω die $(n-k)$-Form $\star\omega$ über

$$(\star\omega)\left(\hat{\boldsymbol{e}}_{i_{k+1}}, \dots, \hat{\boldsymbol{e}}_{i_n}\right) = \varepsilon_{i_1 \dots i_k i_{k+1} \dots i_n}\, \omega\left(\hat{\boldsymbol{e}}_{i_1}, \dots, \hat{\boldsymbol{e}}_{i_k}\right) \tag{2.16}$$

zugeordnet. So gilt beispielsweise im $\mathbb{R}^3$

$$\star\, \mathrm{d}x^i = \frac{1}{2} \sum_{j,k} \varepsilon_{ijk}\, \mathrm{d}x^j \wedge \mathrm{d}x^k\,, \tag{2.17a}$$

$$\star\left(\mathrm{d}x^i \wedge \mathrm{d}x^j\right) = \varepsilon_{ijk}\, \mathrm{d}x^k\,, \tag{2.17b}$$

$$\star\left(\mathrm{d}x^1 \wedge \mathrm{d}x^2 \wedge \mathrm{d}x^3\right) = 1\,. \tag{2.17c}$$

In diesem Beispiel sind die Räume der Einsformen und der Zweiformen isomorph, weil $\binom{3}{1} = \binom{3}{2} = 3$ ist und weil $\mathbb{R}^3$ orientierbar ist. Ebenso stehen die Dreiformen (hier gibt es nur eine Basis-Dreiform) und die Funktionen in einer Eins-zu-Eins Beziehung.

Die Bijektivität im allgemeinen Fall des $\mathbb{R}^n$ wird durch die Beziehung

$$\star\left((\star\omega)\right) = (-)^{k(n-k)}\omega\,, \quad (\omega \in \Lambda^k)\,, \tag{2.18}$$

konkretisiert: Die zweifache Anwendung der Sternoperation bringt uns mit einem von ihrem Grad abhängigen Vorzeichen zur Ausgangsform zurück.

Die Sternoperation lässt sich mit der äußeren Ableitung zu einer neuen und interessanten Operation kombinieren. Es seien wie in den Gleichungen (1.49) und (1.50) vorweggenommen

$$\delta = (-)^{n(k+1)+1} \star \mathrm{d} \star\,, \tag{2.19a}$$

$$\boldsymbol{\Delta}_{\mathrm{LdR}} = \mathrm{d} \circ \delta + \delta \circ \mathrm{d}\,. \tag{2.19b}$$

Der erste dieser Operatoren ist sozusagen das Gegenstück zur äußeren Ableitung: man macht sich leicht klar, dass δ den Grad der äußeren Form um eins *erniedrigt*,

$$\delta : \Lambda^k(M) \longrightarrow \Lambda^{(k-1)}(M)\,.$$

Die erste Abbildung $\star$ führt von Grad k zu Grad $(n-k)$, d macht daraus eine $(n-k+1)$-Form und die erneute $\star$-Abbildung liefert eine $(n-(n-k+1))=(k-1)$-Form. Daraus folgt zugleich, dass der Laplace-de-Rham-Operator $\mathbf{\Delta}_{\text{LdR}}$ den Grad der Form nicht ändert, auf die er wirkt.

Beispiel 2.1

Über dem $\mathbb{R}^3$ gibt es die Räume Λ^0 und Λ^3, die beide Dimension $\binom{3}{0}=1=\binom{3}{3}$ haben, sowie die Räume Λ^1 und Λ^2, die beide die Dimension $\binom{3}{1}=3=\binom{3}{2}$ haben. Für die Basis-Formen gilt

$$\star\,\mathrm{d}x^i=\frac{1}{2}\sum_{j,k}\varepsilon_{ijk}\,\mathrm{d}x^j\wedge\mathrm{d}x^k\,, \tag{2.20a}$$

$$\star\big(\mathrm{d}x^i\wedge\mathrm{d}x^j\big)=\sum_{k}\varepsilon_{ijk}\,\mathrm{d}x^k\,, \tag{2.20b}$$

$$\star\big(\mathrm{d}x^1\wedge\mathrm{d}x^2\wedge\mathrm{d}x^3\big)=1\,. \tag{2.20c}$$

Beispiel 2.2

Hier wiederhole ich ein für die Elektrodynamik und das Folgende besonders wichtiges Beispiel, das in Band 1, Abschn. 5.4.5 ausgearbeitet wurde und das in Abschn. 1.5.1 benutzt wurde. Es sei $\boldsymbol{a}$ ein Vektorfeld auf $M=\mathbb{R}^3$. Für dieses Feld definiert man die kovarianten Komponenten $a_i=a^i$ und damit eine Einsform sowie eine Zweiform (hier für $\boldsymbol{a}(\boldsymbol{x})$)

$$\overset{1}{\omega}_{\boldsymbol{a}}=\sum_{i=1}^{3}a_i(\boldsymbol{x})\,\mathrm{d}x^i\,, \tag{2.21a}$$

$$\overset{2}{\omega}_{\boldsymbol{a}}=\frac{1}{2}\sum_{i,j,k}\varepsilon_{ijk}a_i(\boldsymbol{x})\,\mathrm{d}x^j\wedge\mathrm{d}x^k\,. \tag{2.21b}$$

(Der Vorfaktor in (2.21b) berücksichtigt die antisymmetrischen Permutationen von (i,j,k).) Unter Beachtung der Relation (2.20b) und der Formel (1.48b) sieht man, dass

$$\star\,\overset{2}{\omega}_{\boldsymbol{a}}=\frac{1}{2}\sum_{i,j,k}\varepsilon_{ijk}a_i(\boldsymbol{x})\varepsilon_{jkl}\,\mathrm{d}x^l=\overset{1}{\omega}_{\boldsymbol{a}}$$

ist.

Die äußere Ableitung der ersten Form gibt die zur Rotation von $\boldsymbol{a}$ gehörende Zweiform, bzw. nach Anwendung von $\star$ die zur Rotation gehörende Einsform

$$\mathrm{d}\,\overset{1}{\omega}_{\boldsymbol{a}}=\frac{1}{2}\sum_{i,j,k}\varepsilon_{ijk}\big(\nabla\times\boldsymbol{a}\big)_i\,\mathrm{d}x^j\wedge\mathrm{d}x^k\,,\quad\text{bzw.}\quad\star\,\mathrm{d}\,\overset{1}{\omega}_{\boldsymbol{a}}=\overset{1}{\omega}_{\nabla\times\boldsymbol{a}}\,. \tag{2.22}$$

Die äußere Ableitung der Zweiform (2.21b) ergibt die Divergenz von $\boldsymbol{a}$,

$$\mathrm{d}\overset{2}{\omega}_{\boldsymbol{a}} = \left(\boldsymbol{\nabla}\cdot\boldsymbol{a}\right)\,\mathrm{d}x^1 \wedge \mathrm{d}x^2 \wedge \mathrm{d}x^3\,, \qquad \text{bzw.} \quad \star\,\mathrm{d}\overset{2}{\omega}_{\boldsymbol{a}} = \boldsymbol{\nabla}\cdot\boldsymbol{a}\,. \tag{2.23}$$

Der Laplace-de-Rham-Operator liefert bei Anwendung auf eine Funktion bzw. auf eine Einsform vom Typus (2.21a)

$$\boldsymbol{\Delta}_{\mathrm{LdR}} f = -\boldsymbol{\Delta} f(\boldsymbol{x})\,, \tag{2.24a}$$

$$\boldsymbol{\Delta}_{\mathrm{LdR}}\overset{1}{\omega}_{\boldsymbol{a}} = -\sum_{i=1}^{3}\left(\boldsymbol{\Delta} a_i(\boldsymbol{x})\right)\mathrm{d}x^i\,, \tag{2.24b}$$

wobei $\boldsymbol{\Delta}$ den gewohnten Laplace(-Beltrami) Operator bezeichnet, $\boldsymbol{\Delta} = \partial_1^2 + \partial_2^2 + \partial_3^2$, der in beiden Fällen auf glatte Funktionen wirkt.

d) Felder und Quellen der Maxwell'schen Gleichungen

Wir befinden uns noch immer in einem festen Bezugssystem, die Raumzeit hat hier die Struktur $\mathbb{R}_t \times \mathbb{R}^3$ mit einer festgelegten Aufteilung der Raumzeit in den Anteil, der Zeit heißen soll und in das, was sich im gewohnten Raum des Experimentators abspielt. Alle Größen, die in den Maxwell'schen Gleichungen vorkommen, sind als geometrische Objekte über $\mathbb{R}^3$ definiert, hängen aber außerdem parametrisch von der Zeit ab. In dieser – zugegeben subjektiven, weil auf eine feste Aufteilung von Zeit und Raum aufbauenden – eingeschränkten Perspektive geben uns die Grundgesetze der Elektrodynamik in integraler Form direkte Hinweise auf die geometrische Rolle der Felder und Dichten.

Das Faraday'sche Gesetz (1.12) enthält einerseits das Wegintegral der Tangentialkomponente der elektrischen Feldstärke und andererseits das Integral des magnetischen Flusses über die Fläche, die von jenem Weg berandet wird. Der Weg $\mathcal{C}$ ist für sich genommen eine geschlossene, glatte Mannigfaltigkeit mit Dimension $\dim \mathcal{C} = 1$. Die Fläche, die $\mathcal{C}$ als Rand hat, ist ebenfalls eine glatte Mannigfaltigkeit mit Dimension $\dim F(\mathcal{C}) = 2$. Ganz allgemein ist über einer orientierbaren Mannigfaltigkeit M mit Metrik g und $\dim M = n$ die äußere n-Form

$$\Omega^{(n)} = \sqrt{|g|}\,\mathrm{d}x^1 \wedge \mathrm{d}x^2 \wedge \cdots \wedge \mathrm{d}x^n \tag{2.25}$$

die Volumenform. Hierbei ist $|g|$ die Determinante, genauer: der Absolutbetrag der Determinante der Metrik, $|g| = |\det\{g_{ik}\}|$. Diese äußere Form, die zum einzigen Basis-Element proportional ist, das es in $\Lambda^n(M)$ gibt, trägt durch die Ordnung des Produkts $\mathrm{d}x^1 \wedge \cdots \wedge \mathrm{d}x^n$ die Orientierung der Basis, ist aber von der Wahl des Koordinatensystems unabhängig. Dies sieht man wie folgt: Es sei Φ ein Diffeomorphismus, der die Koordinaten $(x^1, \ldots, x^n)$ mit neuen Koordinaten $(y^1, \ldots, y^n)$ verknüpft. Der metrische Tensor, der in den ersten Koordinaten die Form $\{g_{ij}(x)\}$ hat, wird dabei zu $\bar{g}_{kl}(y)$ in den zweiten und es gilt

$$(x^1, \ldots, x^n) \longleftrightarrow (y^1, \ldots, x^n)\,, \quad \bar{g}_{mn}(y) = \sum_{i,j=1}^{n} \frac{\partial x^i}{\partial y^k}\frac{\partial x^j}{\partial y^l}\, g_{ij}(x)\,.$$

Die Determinanten der metrischen Tensoren g und $\bar{g}$ sind somit durch

$$\left|\bar{g}\right|(y) = \left(\det\left(\frac{\partial x^i}{\partial y^k}\right)\right)^2 |g|(x)\,.$$

verknüpft. Sind beide Koordinatensysteme gleich orientiert, d. h. erhält Φ die Orientierung, so kann man hieraus die Wurzel ziehen und erhält

$$\sqrt{|\bar{g}|} = \det\left(\frac{\partial x^i}{\partial y^k}\right)\sqrt{|g|}\,.$$

Für eine beliebige glatte n-Form gilt damit in den ersten bzw. zweiten Koordinaten

$$\overset{n}{\omega} = a(x)\,\mathrm{d}x^1 \wedge \cdots \wedge \mathrm{d}x^n = \bar{a}(y)\,\mathrm{d}y^1 \wedge \cdots \wedge \mathrm{d}y^n \quad \text{mit}$$
$$\bar{a}(y) = a(x)\det\left(\frac{\partial x^i}{\partial y^k}\right).$$

Damit ist unmittelbar klar, dass $\Omega^{(n)}$, Gleichung (2.25), invariant ist.

Beispiel 2.3

Hier ist ein Beispiel in Dimension 2, wo die Rechnung besonders einfach ist:

$$\begin{aligned}
\Omega^{(2)}(x) &= \sqrt{|g|}\,\mathrm{d}x^1 \wedge \mathrm{d}x^2 \\
&= \sqrt{|g|}\left(\frac{\partial x^1}{\partial y^1}\mathrm{d}y^1 + \frac{\partial x^1}{\partial y^2}\mathrm{d}y^2\right)\left(\frac{\partial x^2}{\partial y^1}\mathrm{d}y^1 + \frac{\partial x^2}{\partial y^2}\mathrm{d}y^2\right) \\
&= \sqrt{|g|}\left\{\frac{\partial x^1}{\partial y^1}\frac{\partial x^2}{\partial y^2} - \frac{\partial x^1}{\partial y^2}\frac{\partial x^2}{\partial y^1}\right\}\mathrm{d}y^1 \wedge \mathrm{d}y^2 \\
&= \sqrt{|g|}\det\left(\frac{\partial x^i}{\partial y^k}\right)\mathrm{d}y^1 \wedge \mathrm{d}y^2 \\
&= \sqrt{|\bar{g}|}\,\mathrm{d}y^1 \wedge \mathrm{d}y^2 \equiv \Omega^{(2)}(y)\,.
\end{aligned}$$

Man sieht, dass nicht nur das Volumenelement, sondern auch die Orientierung des Koordinatensystems erhalten ist. Bei der Transformation tritt die Jacobi-Determinante der Transformation zwischen x und y auf, die ein wohldefiniertes Vorzeichen trägt. Der Liouville'sche Satz über die Erhaltung von Volumen und Orientierung eines Gebiets von Anfangsbedingungen der kanonischen Mechanik gibt ein anschauliches Beispiel.

Diese Überlegungen und das Beispiel zeigen, dass Integration über die n-dimensionale Mannigfaltigkeit M die Form

$$\int_M (\text{Integrand})\,\Omega^{(n)}\,, \quad \text{mit} \quad \Omega^{(n)} \text{ der Volumenform auf } M\,,$$

haben muss. Das bedeutet, mit anderen Worten, dass man nur n-Formen sinnvoll über ganz M integrieren kann.

Eine eingehende Diskussion der Integration auf Mannigfaltigkeiten würde diesen Abschnitt und damit den Rahmen dieses Buches sprengen. Daher beschränke ich mich hier auf einige Plausibilitätsbetrachtungen, die an der integralen Form der Maxwell'schen Gleichungen anknüpfen und verweise ansonsten auf die Literatur über Differentialgeometrie. Für eine kurze, aber klare Einführung und insbesondere für einen Beweis des Stokes'schen Satzes in der allgemeinen Form der Gleichung (1.8b) verweise ich auf [Arnol'd 1988, Abschn. 36].

Kehren wir für einen Moment zur ursprünglichen, integralen Fassung des Faraday'schen Gesetzes (1.12) zurück. Die geschlossene Kurve $\mathcal{C}$, über die auf der linken Seite integriert wird, ist geometrisch gesprochen eine eindimensionale Mannigfaltigkeit, die in den $\mathbb{R}^3$ eingebettet ist. Sie erbt eine durch die Metrik $g_{ik} = \mathrm{diag}(1,1,1)$ induzierte Metrik. Im Sinne des eben Gesagten kann das Wegintegral über die Tangentialkomponente $\mathrm{d}\boldsymbol{s} \cdot \boldsymbol{E}(t,\boldsymbol{x})$ des elektrischen Feldes nichts Anderes sein als das Integral über eine *Eins*form auf $\mathcal{C}$ und somit, durch die Einbettung in den Raum, auf $\mathbb{R}^3$. Es ist daher ganz natürlich, der elektrischen Feldstärke eine Einsform nach dem Muster von (2.21a) zuzuordnen,

$$\overset{1}{\omega}_{\boldsymbol{E}} := E_1(t,\boldsymbol{x})\,\mathrm{d}x^1 + E_2(t,\boldsymbol{x})\,\mathrm{d}x^2 + E_3(t,\boldsymbol{x})\,\mathrm{d}x^3 \,. \qquad (2.26\text{a})$$

Auf der rechten Seite des Faraday'schen Gesetzes (1.12) wird die Normalkomponente des $\boldsymbol{B}$-Feldes über die Fläche F integriert, die ebenfalls in $\mathbb{R}^3$ eingebettet ist. Vergleicht man dies mit der Definition der Zweiform (2.21b) und deren charakteristischer Zuordnung der Indizes und beachtet, dass nur Zweiformen in konsistenter Weise über Flächen ($\dim F = 2$) integriert werden können, so sieht man, dass $\boldsymbol{B}$ geometrisch gesehen durch eine *Zwei*form gemäß dem Muster (2.21b) gegeben sein muss,

$$\begin{aligned}\overset{2}{\omega}_{\boldsymbol{B}} := {} & B_1(t,\boldsymbol{x})\,\mathrm{d}x^2 \wedge \mathrm{d}x^3 + B_2(t,\boldsymbol{x})\,\mathrm{d}x^3 \wedge \mathrm{d}x^1 \\ & + B_3(t,\boldsymbol{x})\,\mathrm{d}x^1 \wedge \mathrm{d}x^2 \,.\end{aligned} \qquad (2.26\text{b})$$

Beispiel 2.4

Ein besonders einfaches, wenn auch physikalisch unrealistisches Beispiel für die Fläche F ist ein Rechteck in der $(1,2)$-Ebene, das durch die Vektoren $\boldsymbol{v} = v\hat{\boldsymbol{e}}_1$ und $\boldsymbol{w} = w\hat{\boldsymbol{e}}_2$ definiert wird. Das Integral der Einsform (2.26a) über den Rand des Rechtecks ist nichts Anderes als das Integral der Tangentialkomponente von $\boldsymbol{E}$ entlang dieser Kurve. In der Einschränkung der Zweiform (2.26b) auf die Fläche des Rechtecks andererseits bleibt nur der dritte Term übrig, der in der Tat die Normalkomponente B_3 als Koeffizienten hat.

Beispiel 2.5

Das folgende Beispiel ist physikalisch realistischer. Es sollte sorgfältig studiert werden, denn einerseits illustriert es die Aussage, dass nur Integration einer n-Form über eine n-dimensionale Mannigfaltigkeit sinnvoll ist, andererseits zeigt es, dass die mit äußeren Formen formulierte, integrale Form des Faraday'schen Gesetzes,

$$\int_{\partial F} \overset{1}{\omega}_{\boldsymbol{E}} = -\frac{1}{c}\frac{\mathrm{d}}{\mathrm{d}t}\int_{F} \overset{2}{\omega}_{\boldsymbol{B}} ,$$

mit der bisher gewohnten Form (1.12) identisch ist.

Als Fläche F wählen wir die in Abb. 2.1 gezeigte Kugelkalotte, die zwischen dem Breitenkreis mit Winkel θ_0 und dem Nordpol ($\theta = 0$) einer Kugel mit Radius $r = R$ eingeschlossen ist. Ihr Rand ∂F ist der eingezeichnete Breitenkreis mit festem $\theta = \theta_0$ und Azimuth im Intervall $\phi \in [0, 2\pi]$. In diesem Beispiel liegt es nahe, an Stelle der kartesischen Koordinaten x^1, x^2, x^2 sphärische Polarkoordinaten r, θ, ϕ einzuführen,

$$x^1 = r\sin\theta\cos\phi\,, \quad x^2 = r\sin\theta\sin\phi\,, \quad x^3 = r\cos\theta\,.$$

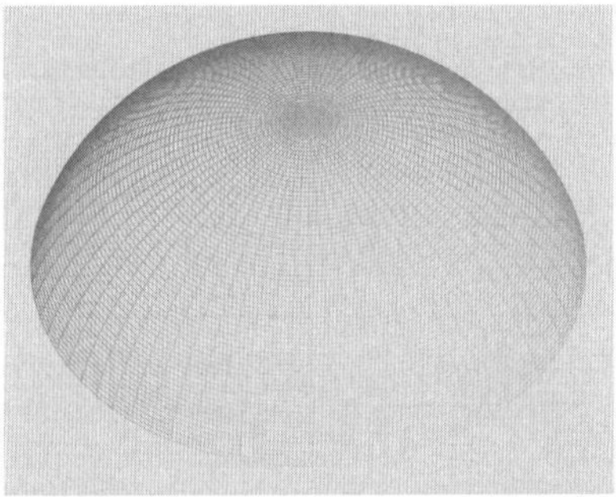

Abb. 2.1. Kugelkalotte im Raum, auf der das Faraday'sche Gesetz mit äußeren Formen formuliert wird

Die Aufgabe besteht also zunächst darin, die Basis-Einsformen $\mathrm{d}u^k$ in Kugelkoordinaten zu bestimmen und die beiden äußeren Formen nach diesen zu entwicklen. Bezeichnen $\hat{\boldsymbol{e}}_i$ die kartesischen, $\hat{\boldsymbol{a}}_1 \equiv \hat{\boldsymbol{e}}_r$ (in radialer Richtung zeigend), $\hat{\boldsymbol{a}}_2 \equiv \hat{\boldsymbol{e}}_\theta$ (tangential zum Meridian gerichtet), $\hat{\boldsymbol{a}}_3 \equiv \hat{\boldsymbol{e}}_\phi$ (tangential zum Breitenkreis) die sphärischen Einheitsvektoren, so gilt der Zusammenhang

$$\hat{\boldsymbol{a}}_1 = \hat{\boldsymbol{e}}_1\sin\theta\cos\phi + \hat{\boldsymbol{e}}_2\sin\theta\sin\phi + \hat{\boldsymbol{e}}_3\cos\theta\,,$$
$$\hat{\boldsymbol{a}}_2 = \hat{\boldsymbol{e}}_1\cos\theta\cos\phi + \hat{\boldsymbol{e}}_2\cos\theta\sin\phi - \hat{\boldsymbol{e}}_3\sin\theta\,,$$
$$\hat{\boldsymbol{a}}_3 = -\hat{\boldsymbol{e}}_1\sin\phi + \hat{\boldsymbol{e}}_2\cos\phi\,.$$

Die Basisformen $\mathrm{d}u^k$ sind dual zu den Basisvektoren $\hat{\boldsymbol{a}}_j$ und müssen somit die Relationen $\mathrm{d}u^k(\hat{\boldsymbol{a}}_j) = \delta^k_j$ erfüllen. Bei beiden Systemen handelt es sich um reelle und orthogonale Koordinaten, daher gelten dieselben Transformationsformeln für Basis-Einsformen wie für Basisvektoren,

$$\mathrm{d}u^1 = \mathrm{d}x^1\sin\theta\cos\phi + \mathrm{d}x^2\sin\theta\sin\phi + \mathrm{d}x^3\cos\theta\,,$$
$$\mathrm{d}u^2 = \mathrm{d}x^1\cos\theta\cos\phi + \mathrm{d}x^2\cos\theta\sin\phi - \mathrm{d}x^3\sin\theta\,,$$
$$\mathrm{d}u^3 = -\,\mathrm{d}x^1\sin\phi + \mathrm{d}x^2\cos\phi\,.$$

Dieses Zwischenergebnis kann man auf zwei Weisen bestätigen: Man berechnet die Wirkung der $\mathrm{d}u^k$ auf die Einheitsvektoren $\hat{\boldsymbol{a}}_j$, benutzt dabei die Relation $\mathrm{d}x^p(\hat{\boldsymbol{e}}_q) = \delta^p_q$ und erhält die geforderte Beziehung $\mathrm{d}u^k(\hat{\boldsymbol{a}}_j) = \delta^k_j$. Alternativ verwendet man die Differentiale

$$\mathrm{d}x^1 = \sin\theta\cos\phi\;\mathrm{d}r + r\cos\theta\cos\phi\;\mathrm{d}\theta - r\sin\theta\sin\phi\;\mathrm{d}\phi\,,$$
$$\mathrm{d}x^2 = \sin\theta\sin\phi\;\mathrm{d}r + r\cos\theta\sin\phi\;\mathrm{d}\theta + r\sin\theta\cos\phi\;\mathrm{d}\phi\,,$$
$$\mathrm{d}x^3 = \cos\theta\;\mathrm{d}r - r\sin\theta\;\mathrm{d}\theta\,,$$

um das Linienelement

$$(\mathrm{d}s)^2 = \sum_{i=1}^{3} (\mathrm{d}x^i)^2 = \sum_{k=1}^{3} (\mathrm{d}u^k)^2$$
$$= (\mathrm{d}r)^2 + (r\,\mathrm{d}\theta)^2 + (r \sin\theta\,\mathrm{d}\phi)^2$$

zu bestimmen. Als Ergebnis stellt man die Darstellung der Basis-Einsformen in Kugelkoordinaten fest:

$$\mathrm{d}u^1 = \mathrm{d}r\,, \quad \mathrm{d}u^2 = r\,\mathrm{d}\theta\,, \quad \mathrm{d}u^3 = r \sin\theta\,\mathrm{d}\phi\,.$$

Wendet man diese Ergebnisse auf die äußeren Formen der Elektrodynamik an, so folgt auf dem Breitenkreis $\theta = \theta_0$

$$\overset{1}{\omega}_{\boldsymbol{E}} = \sum_{i=1}^{3} E_i\,\mathrm{d}x^i = [-E_1 \sin\phi + E_2 \cos\phi]\, R \sin\theta\,\mathrm{d}\phi = E_\phi\,\mathrm{d}u^3\,.$$

Die Einsform des elektrischen Feldes erscheint wie erwartet in Form ihrer gerichteten Tangentialkomponente entlang des Breitenkreises; für das Integral darüber gilt

$$\int_{\partial F} \overset{1}{\omega}_{\boldsymbol{E}} = \int_0^{2\pi} R \sin\theta\,\mathrm{d}\phi\, E_\phi\,.$$

In der Zweiform der magnetischen Induktion, wenn sie auf die Kugelkalotte eingeschränkt wird, ist $\mathrm{d}u^1 = 0$ und nur die Basis-Zweiform $\mathrm{d}u^2 \wedge \mathrm{d}u^3$ trägt bei. Setzt man die oben gegebenen Ergebnisse ein, so ist

$$B_1\,\mathrm{d}x^2 \wedge \mathrm{d}x^3 + B_2\,\mathrm{d}x^3 \wedge \mathrm{d}x^1 + B_3\,\mathrm{d}x^1 \wedge \mathrm{d}x^2$$
$$= [B_1 \sin\theta \cos\phi + B_2 \sin\theta \sin\phi + B_3 \cos\theta]\ \mathrm{d}u^2 \wedge \mathrm{d}u^3\,,$$

wobei die Basisform $\mathrm{d}u^2 \wedge \mathrm{d}u^3$ die Orientierung der Flächennormalen festlegt und gleich $R^2 \sin\theta\,\mathrm{d}\theta\,\mathrm{d}\phi$ ist. Der Ausdruck in eckigen Klammern ist die Normalkomponente $B_n = \boldsymbol{B} \cdot \hat{\boldsymbol{n}}$ der magnetischen Induktion, wobei die Normale $\hat{\boldsymbol{n}}$ die nach *außen* gerichtete Normalenrichtung auf der Kalotte ist. Das Integral über die Zweiform ist somit

$$\int_F \overset{2}{\omega}_{\boldsymbol{B}} = R^2 \int_0^{\theta_0} \sin\theta\,\mathrm{d}\theta \int_0^{2\pi} \mathrm{d}\phi\, \boldsymbol{B} \cdot \hat{\boldsymbol{n}}$$

und man erhält in der Tat die integrale Form des Faraday'schen Gesetzes.

Mit derselben Argumentation wie für $\boldsymbol{B}$ folgert man aus dem ebenfalls integralen Gauß'schen Gesetz (1.14), dass dem Feld $\boldsymbol{D}$ – anders als dem elektrischen Feld $\boldsymbol{E}$ – eine *Zwei*form zugeordnet werden muss,

$$\overset{2}{\omega}_{\boldsymbol{D}} := D_1(t,\boldsymbol{x})\,\mathrm{d}x^2 \wedge \mathrm{d}x^3 + D_2(t,\boldsymbol{x})\,\mathrm{d}x^3 \wedge \mathrm{d}x^1 + D_3(t,\boldsymbol{x})\,\mathrm{d}x^1 \wedge \mathrm{d}x^2\,. \tag{2.27a}$$

Es sollte unmittelbar klar sein, dass die Maxwell'schen Gleichungen in äußeren Formen ausgedrückt, nur Formen gleichen Grades in Beziehung setzen können. In der zweiten inhomogenen Maxwell-Gleichung (2.1d), die wir ohne Einschränkung der Allgemeinheit für einen Augenblick im Vakuum, d. h. mit $\boldsymbol{j} \equiv 0$ betrachten können, muss die Rotation des $\boldsymbol{H}$-Feldes einer Zweiform äquivalent sein, dem Feld $\boldsymbol{H}$ selbst muss daher eine Einsform vom Typus (2.21a) zugeordnet sein,

$$\overset{1}{\omega}_{\boldsymbol{H}} := H_1(t,\boldsymbol{x})\,\mathrm{d}x^1 + H_2(t,\boldsymbol{x})\,\mathrm{d}x^2 + H_3(t,\boldsymbol{x})\,\mathrm{d}x^3\,. \tag{2.27b}$$

Was die Quellterme in den inhomogenen Gleichungen (2.1c) und (2.1d) angeht, so sieht man, dass man der Ladungsdichte eine Dreiform, der Stromdichte eine Zweiform wie folgt zuordnen muss,

$$\overset{3}{\omega}_{\varrho} := \varrho(t,\boldsymbol{x})\,\mathrm{d}x^1 \wedge \mathrm{d}x^2 \wedge \mathrm{d}x^3\,, \tag{2.28a}$$

$$\overset{2}{\omega}_{\boldsymbol{j}} := j_1(t,\boldsymbol{x})\,\mathrm{d}x^2 \wedge \mathrm{d}x^3 + j_2(t,\boldsymbol{x})\,\mathrm{d}x^3 \wedge \mathrm{d}x^1 + j_3(t,\boldsymbol{x})\,\mathrm{d}x^1 \wedge \mathrm{d}x^2 \tag{2.28b}$$

Dies folgt einerseits natürlich aus den inhomogenen Gleichungen, ist aber auch aus den integralen Grundgesetzen plausibel ablesbar: Die Ladungsdichte wird immer über dreidimensionale Volumina integriert, um physikalische Ladungen zu ergeben; Die Stromdichte, über Leiterquerschnitte integriert, gibt die physikalischen Stromstärken.

Jetzt kann man die Maxwell'schen Gleichungen in äußeren Formen formulieren und zwar derart, dass die lokale Form (2.1a)–(2.1d) durch Koeffizientenvergleich bei Formen gleichen Grades ablesbar sind. Sowohl die beiden homogenen Maxwell-Gleichungen (2.1a) und (2.1b) als auch die inhomogenen Gleichungen (2.1c) und (2.1d) nehmen eine sehr einfache Gestalt an; im Einzelnen lauten sie

$$\mathrm{d}\overset{2}{\omega}_{\boldsymbol{B}} = 0\,, \tag{2.29a}$$

$$\mathrm{d}\overset{1}{\omega}_{\boldsymbol{E}} + \frac{1}{c}\frac{\partial}{\partial t}\overset{2}{\omega}_{\boldsymbol{B}} = 0\,, \tag{2.29b}$$

$$\mathrm{d}\overset{2}{\omega}_{\boldsymbol{D}} = 4\pi\,\overset{3}{\omega}_{\varrho}\,, \tag{2.29c}$$

$$\mathrm{d}\overset{1}{\omega}_{\boldsymbol{H}} - \frac{1}{c}\frac{\partial}{\partial t}\overset{2}{\omega}_{\boldsymbol{D}} = \frac{4\pi}{c}\overset{2}{\omega}_{\boldsymbol{j}}\,. \tag{2.29d}$$

Die erste dieser Gleichungen folgt mit (2.23) aus Beispiel 2.2, in der zweiten hat man die Gleichung (2.22) desselben Beispiels benutzt. Ganz Ähnliches gilt für die beiden inhomogenen Gleichungen (2.29c) und (2.29d). In der ersten und dritten Gleichung werden äußere Dreiformen, in der zweiten und vierten werden Zweiformen in Beziehung gesetzt.

Die Kontinuitätsgleichung nimmt in äußeren Formen die Gestalt

$$\frac{\partial}{\partial t}\overset{3}{\omega}_{\varrho} + \mathrm{d}\overset{2}{\omega}_{j} = 0\,, \qquad \Longrightarrow \qquad \frac{\partial \varrho(t,\boldsymbol{x})}{\partial t} + \nabla\cdot \boldsymbol{j}(t,\boldsymbol{x}) = 0 \tag{2.30}$$

an, wobei wieder Gleichung (2.23) verwendet wurde.

Bemerkungen

1. Die vielleicht wichtigste Beobachtung an den Definitionen (2.26a), (2.26b), (2.27a) und (2.27b) ist die folgende: diese äußeren Formen sind unter allen Drehungen $\mathbf{R} \in \mathrm{SO}(3)$ des Bezugssystems *invariant*. Im Gegensatz zu den Komponenten der ursprünglichen Felder hängen sie nicht vom gewählten Koordinatensystem ab. Die Kovarianz der Maxwell'schen Gleichungen (2.29a)–(2.29d) bezüglich Drehungen ist in dieser Formulierung offensichtlich und sie bedarf keiner weiteren Nachprüfung.
2. Interessant ist auch ihr Verhalten unter der Raumspiegelung $\mathbf{\Pi}$, die wir in Abschn. 2.1.1 diskutiert haben. Die Einsform (2.26a) für das elektrische Feld und die Zweiform (2.26b) für das Induktionsfeld sind unter $\mathbf{\Pi}$ invariant. Gleichzeitig wird damit der eigenartige Unterschied im Verhalten der ursprünglichen Vektorfelder $\boldsymbol{E}$ und $\boldsymbol{B}$ unter $\mathbf{\Pi}$ aufgeklärt: Das elektrische Feld ist ein echtes Vektorfeld und entspricht einer *Eins*form, das Induktionsfeld mit dem „falschen" Transformationsverhalten bei Raumspiegelung entspricht in Wirklichkeit einer *Zwei*form.
3. Die Raumzeit, auf der die Maxwell'schen Gleichungen formuliert werden, ist ein $\mathbb{R}^4$, d. h. eine orientierbare Mannigfaltigkeit. Solange wir nur eigentliche Drehungen $\mathbf{R} \in \mathrm{SO}(3)$ betrachten, wird die Orientierung nicht geändert und alle vier äußeren Formen für die Felder bleiben ungeändert. Die Raumspiegelung kehrt die Orientierung um. Im Gegensatz zur Einsform (2.26a) des elektrischen Feldes ändert die Einsform (2.27b) des Magnetfeldes dabei ihre Vorzeichen. Etwas Ähnliches gilt, wenn man (2.26b) und (2.27a) vergleicht. Äußere Formen dieser Art sind solche, die man auf nichtorientierbaren Mannigfaltigkeiten definiert. Sie heißen *getwistete Formen*.
4. Obwohl dies noch nicht das letzte Wort sein kann (siehe die nächstfolgende Bemerkung), ist es interessant das Verhalten aller hier auftretenden äußeren Formen unter den drei diskreten Transformationen $\mathbf{\Pi}$, $\mathbf{T}$ und $\mathbf{C}$ zusammen zu stellen. Tabelle 2.1 basiert auf den Überlegungen des Abschnitts 2.1.1.
5. Etwas unbefriedigend bleibt in dieser vorläufigen Analyse einer geometrischen Interpretation der Maxwell'schen Felder, dass diese i. Allg. nicht nur von $\boldsymbol{x} \in \mathbb{R}^3$, sondern auch von der Zeitkoordinate $t \in \mathbb{R}_t$ abhängen, somit also über einer *vier*dimensionalen Mannigfaltigkeit definiert sind. Im nun folgenden Abschnitt wer-

Tab. 2.1. Verhalten der elektromagnetischen äußeren Formen unter drei diskreten Transformationen. Das Verhalten unter **T** und damit unter dem Produkt **ΠTC** wird allerdings teilweise modifiziert, wenn diese Formen über Raum *und* Zeit betrachtet werden

	Π	T	C	ΠTC
$\overset{1}{\omega}_E$	+	+	−	−
$\overset{2}{\omega}_B$	+	−	−	+
$\overset{1}{\omega}_H$	−	−	−	−
$\overset{2}{\omega}_D$	−	+	−	+
$\overset{3}{\omega}_\varrho$	−	+	−	+
$\overset{2}{\omega}_j$	−	−	−	−

den wir das feste Bezugssystem, das hier zu Grunde lag, verlassen und die Kovarianz der Maxwell'schen Gleichungen unter Lorentz-Transformationen nachweisen. Dann wird es ganz natürlich sein, die Definitionen dieses Abschnitts so zu verallgemeinern, dass die Felder und die Quellterme äußere Formen über dem Minkowski-Raum werden.

6. Möchte man wie in Abschn. 1.5.3 das elektrische und das Induktionsfeld durch Potentiale beschreiben, so ist es sinnvoll – bei fester Aufteilung von Raum und Zeit – noch die Einsform

$$\overset{1}{\omega}_{\boldsymbol{A}} := \sum_{i=1}^{3} A_i(t, \boldsymbol{x})\, \mathrm{d}x^i \tag{2.31}$$

zu definieren, deren Koeffizienten aus den Komponenten des Vektorpotentials $\boldsymbol{A}(t, \boldsymbol{x})$ entnommen sind. Das skalare Potential $\Phi(t, \boldsymbol{x})$ ist eine Funktion und kann als Nullform über dem Raum $\mathbb{R}^3$ interpretiert werden. Die Darstellungen (1.55a) und (1.55b) des Induktionsfeldes bzw. des elektrischen Feldes lauten dann in äußeren Formen

$$\overset{2}{\omega}_{\boldsymbol{B}} = \mathrm{d}\,\overset{1}{\omega}_{\boldsymbol{A}}\,, \tag{2.32a}$$

$$\overset{1}{\omega}_{\boldsymbol{E}} = -\frac{1}{c}\frac{\partial}{\partial t}\,\overset{1}{\omega}_{\boldsymbol{A}} - \mathrm{d}\Phi\,. \tag{2.32b}$$

Nimmt man die äußere Ableitung der ersten Gleichung, so entsteht

$$\mathrm{d}\,\overset{2}{\omega}_{\boldsymbol{B}} = \mathrm{d}\big(\mathrm{d}\,\overset{1}{\omega}_{\boldsymbol{A}}\big) = 0\,, \qquad \text{oder} \qquad \nabla\cdot\boldsymbol{B}(t,\boldsymbol{x}) = 0\,.$$

Hierbei wurde die Eigenschaft (2.15d) der äußeren Ableitung benutzt. Dies wiederholt die bekannte Aussage, dass ein durch ein Vektorpotential dargestelltes Induktionsfeld automatisch divergenzfrei ist. Die äußere Ableitung der zweiten Gleichung (2.32b) liefert dagegen die Aussage, dass die Wirbel von $\boldsymbol{E}$ mit der Zeitableitung der Wirbel von $\boldsymbol{A}$ verknüpft sind,

$$\mathrm{d}\,\overset{1}{\omega}_{\boldsymbol{E}} = -\frac{1}{c}\frac{\partial}{\partial t}\,\mathrm{d}\,\overset{1}{\omega}_{\boldsymbol{A}}\,, \qquad \text{oder} \qquad \nabla\times\boldsymbol{E}(t,\boldsymbol{x}) = -\frac{1}{c}\frac{\partial}{\partial t}\nabla\times\boldsymbol{A}(t,\boldsymbol{x})\,.$$

Ist das Vektorpotential von der Zeit unabhängig, dann ist das elektrische Feld wirbelfrei.

Auch in dieser Darstellung bleibt unbefriedigend, dass dem Vektorpotential $\boldsymbol{A}$ zwar eine *Eins*form über $\mathbb{R}^3$ zugeordnet wird, dem skalaren Potential aber eine *Null*form und dass die Zeitabhängigkeit dieser Größen nicht wirklich ausgenutzt wird. Warum diese Unsymmetrie zwischen Raum und Zeit?

2.2 Lorentz-Kovarianz der Maxwell'schen Gleichungen

Räumliche und zeitliche Translationen,

$$\boldsymbol{x}' = \boldsymbol{x} + \boldsymbol{a}\,, \qquad t' = t + s\,,$$

Drehungen ($t' = t$, $\boldsymbol{x}' = \mathbf{R}\boldsymbol{x}$) im $\mathbb{R}^3$, die Raumspiegelung diag $(1, -1, -1, -1)$ und die Zeitumkehr diag$(-1, 1, 1, 1)$ werden in der Galilei-Gruppe und in der Poincaré-Gruppe in derselben Weise dargestellt. Allein die Speziellen Galilei-Transformationen

$$\begin{pmatrix} t \\ \boldsymbol{x} \end{pmatrix} \longmapsto \begin{pmatrix} t' = t \\ \boldsymbol{x}' = \boldsymbol{x} + \boldsymbol{v}t \end{pmatrix}, \quad \text{oder} \quad \begin{pmatrix} t' \\ |\boldsymbol{x}'\rangle \end{pmatrix} = \begin{pmatrix} 1 & \boldsymbol{0} \\ |\boldsymbol{v}\rangle & \mathbb{1}_3 \end{pmatrix} \begin{pmatrix} t \\ |\boldsymbol{x}\rangle \end{pmatrix} \tag{2.33}$$

unterscheiden sich wesentlich von den Speziellen Lorentz-Transformationen (den sog. *boosts*)

$$\begin{pmatrix} x^0 \\ |\boldsymbol{x}\rangle \end{pmatrix} \longmapsto \begin{pmatrix} x'^0 \\ |\boldsymbol{x}'\rangle \end{pmatrix} = \begin{pmatrix} \gamma & \frac{1}{c}\gamma\langle\boldsymbol{v}| \\ \frac{1}{c}\gamma|\boldsymbol{v}\rangle & \mathbb{1}_3 + \frac{\gamma^2}{c^2(\gamma+1)}|\boldsymbol{v}\rangle\langle\boldsymbol{v}| \end{pmatrix} \begin{pmatrix} x^0 \\ |\boldsymbol{x}\rangle \end{pmatrix}, \tag{2.34}$$

worin an Stelle der Zeitvariablen die äquivalente Länge $x^0 = ct$ eingeführt wurde. Für eine solche Transformation entlang der 1-Achse als Beispiel, $|\boldsymbol{v}\rangle = v|\hat{\boldsymbol{e}}_1\rangle$, gilt im Fall der Galilei-Gruppe

$$t' = t\,, \quad x'^1 = x^1 + vt\,, \quad x'^2 = x^2\,, \quad x'^3 = x^3\,,$$

oder, mit Hilfe von $x^0 = ct$ und $\beta = v/c$ etwas anders geschrieben,

$$x'^0 = x^0\,, \qquad x'^1 = \beta x^0 + x^1\,,$$
$$x'^2 = x^2\,, \qquad x'^3 = x^3\,,$$

während im Fall der Lorentz-Gruppe

$$x'^0 = \gamma x^0 + \gamma\beta x^1\,, \qquad x'^1 = \gamma\beta x^0 + \gamma x^1\,,$$
$$x'^2 = x^2\,, \qquad x'^3 = x^3\,,$$

mit $\beta = |\boldsymbol{v}|/c$ und $\gamma = (1-\beta^2)^{-1/2}$ gilt.

Unter einer Speziellen Lorentz-Transformation, die ja nichts Anderes tut als zwei Inertialbeobachter miteinander in Beziehung zu setzen, die sich relativ zueinander mit der konstanten Geschwindigkeit $\boldsymbol{v}$ bewegen, können das elektrische Feld $\boldsymbol{E}$ für sich und das Induktionsfeld $\boldsymbol{B}$ für sich kein einfaches Transformationsverhalten haben. Dies kann man auf verschiedene Weisen einsehen. Hier ist ein erstes, intuitives Argument:

Die intuitive Begründung knüpft am Biot-Savart'schen Gesetz (1.18) an und baut auf dem Modell einer einzelnen Punktladung q auf, die sich relativ zu einem Inertialbeobachter mit der konstanten Geschwindigkeit $\boldsymbol{v}$ bewegen möge. Der Beobachter sieht in seinem Bezugssystem **K** das Teilchen geradlinig-gleichförmig zuerst näherkommen und dann sich wieder entfernen, so dass er dessen Coulomb-Feld in der Stärke anschwellen und wieder abklingen und sich in dessen Richtung verändern sieht. Außerdem erscheint ihm das vorbeifliegende Teilchen als elektrische Stromdichte $\boldsymbol{j}(t, \boldsymbol{x}) = q\,\delta\big(\boldsymbol{x} - (\boldsymbol{v}t + \boldsymbol{x}_0)\big)$, die gemäß (1.18) ein $\boldsymbol{H}$-Feld – und da er sich im Vakuum befindet, gleichermaßen ein Induktionsfeld $\boldsymbol{B}$ – an seinem Ort erzeugt, das ebenfalls zeit- und ortsabhängig ist. Ein zweiter Inertialbeobachter, der sich mit dem Teilchen mitbewegt, sieht in seinem Bezugssystem $\mathbf{K}'$ etwas ganz Anderes: Das Teilchen ruht und erzeugt das kugelsymmetrische elektrische Feld $\boldsymbol{E}' = q\,\hat{\boldsymbol{r}}/r^2$. Da kein elektrischer Strom fließt, ist auch kein Magnet- oder Induktionsfeld vorhanden, $\boldsymbol{H}' = \boldsymbol{B}' = 0$. Die beiden Beobachter sind absolut gleichberechtigt, denn allein ihre *relative* Bewegung zählt. Die Maxwell'schen Gleichungen sollten für beide Bezugssysteme dieselbe physikalische Bedeutung haben. Ganz gleich, ob die relative Geschwindigkeit klein ist im Vergleich zur Lichtgeschwindigkeit oder nicht, die Spezielle Transformation $\mathbf{L}(\boldsymbol{v}) : (\boldsymbol{E}(t,\boldsymbol{x}), \boldsymbol{B}(t,\boldsymbol{x})) \mapsto (\boldsymbol{E}'(t',\boldsymbol{x}'), \boldsymbol{B}'(t',\boldsymbol{x}'))$ vermischt offenbar beide Typen von Feldern.

Ein strenges, analytisches Argument geht von der Lorentz-Kraft (1.44e) aus und wird in Abschn. 2.2.4 unten weiter verfolgt. Es führt rasch zum richtigen Transformationsverhalten: die Maxwell'schen Gleichungen erweisen sich als kovariant unter der Lorentz-Gruppe.

Wir beginnen mit einer Zusammenfassung der wichtigsten Eigenschaften der Poincaré- und Lorentz-Gruppe, verweisen für eine ausführlichere Darstellung aber auf Band 1.

2.2.1 Poincaré- und Lorentz-Gruppe

Eine Poincaré-Transformation ist eine allgemeine affine Transformation der Punkte x der Raumzeit $M = \mathbb{R}^4$, sowie von Tangentialvektoren[3] $v \in T_x M$,

$$(\mathbf{\Lambda}, a) : x \longmapsto x' = \mathbf{\Lambda} x + a\,, \qquad y \longmapsto y' = \mathbf{\Lambda} y + a\,, \tag{2.35a}$$

die den verallgemeinerten (quadrierten) Abstand

$$(x-y)^2 = \left(x^0 - y^0\right)^2 - \left(\boldsymbol{x} - \boldsymbol{y}\right)^2 \tag{2.35b}$$

invariant lässt. Hierbei ist $(x^0 = ct,\ \boldsymbol{x})$ die Zerlegung von x in einem gegebenen Bezugssystem $\mathbf{K}$, das ein Inertialsystem sein kann (aber nicht muss), in Zeit- bzw. Raumanteile. Wie üblich bezeichnet man die Komponenten mit *griechischen* Indizes, wenn alle vier – für Zeit und Raum –, gemeint sind, mit *lateinischen* Indizes, wenn nur der Raumanteil gemeint ist,

$$x = \{x^\mu \mid \mu = 0,1,2,3\} = \left(x^0, \{x^i \mid i = 1,2,3\}\right)^T = \left(x^0, \boldsymbol{x}\right)^T .$$

Die Invariante (2.35b) beschreibt, wenn sie gleich Null ist, den kausalen Zusammenhang zwischen der Emission ein Lichtquants bei x, d. h. zur Zeit $t_x = x^0/c$ und am Ort $\boldsymbol{x}$, und seinem Nachweis am Weltpunkt y, zur Zeit $t_y = y^0/c$ und am Ort $\boldsymbol{y}$, und drückt die experimentell bestätigte *Konstanz der Lichtgeschwindigkeit* aus: In allen Inertialsystemen hat die Lichtgeschwindigkeit ein und denselben universellen Wert

$$c = 2{,}99792458 \cdot 10^8\ \mathrm{ms}^{-1}\,. \tag{2.36}$$

Der quadrierte Abstand (2.35b) ist unter Poincaré-Transformationen auch dann invariant, wenn er nicht gleich Null ist (wenn er also nicht

[3] Da die Basismannigfaltigkeit M der flache Raum $\mathbb{R}^4$ ist, können alle Tangentialräume $T_x\mathbb{R}^4$ mit diesem identifiziert werden. Daher haben Punkte $x \in M$ und Vektoren $v \in T_x M$ dasselbe Transformationsverhalten.

lichtartig ist), d. h. auch dann, wenn er positiv *(zeitartig)* oder negativ *(raumartig)* ist. Eine äquivalente Schreibweise für (2.35b) verwendet den *metrischen Tensor* $\mathbf{g} = \{g_{\mu\nu}\} = \mathrm{diag}(1, -1, -1, -1)$ und lautet

$$(x-y)^2 = \sum_{\mu,\nu=0}^{3} (x^\mu - y^\mu) g_{\mu\nu} (x^\nu - y^\nu) \equiv (x^\mu - y^\mu) g_{\mu\nu} (x^\nu - y^\nu) , \tag{2.37}$$

wenn wir die Einstein'sche Summenkonvention verwenden, derzufolge über zwei gleiche Indizes von 0 bis 3 summiert werden soll, wenn einer kovariant ist („unten" steht), der andere kontravariant ist („oben" steht).

Setzt man das Transformationsverhalten (2.35a) in die Formel (2.37) ein und verlangt, dass $(x'-y')^2 = (x-y)^2$ für alle Inertialsysteme gelten soll, so hebt sich der Translationsanteil a in der Differenz von x und y heraus. Für den homogenen Anteil der Transformation (2.35a) ergibt sich die Forderung

$$\mathbf{\Lambda}^T \mathbf{g} \mathbf{\Lambda} = \mathbf{g} . \tag{2.38a}$$

Diese Gleichung ist die bestimmende Gleichung für die Lorentz-Gruppe, aus der man alle charakteristischen Eigenschaften der Lorentz-Transformationen herleitet. Man beachte die Analogie zur Drehgruppe im $\mathbb{R}^3$: die definierende Eigenschaft der Drehgruppe O(3) im dreidimensionalen Raum mit der Metrik $\mathbf{g}|_{\mathbb{R}^3} = \mathrm{diag}(1, 1, 1)$ ist

$$\mathbf{R}^T \mathbb{1}_3 \mathbf{R} = \mathbb{1}_3 ,$$

aus der folgt, dass $(\det \mathbf{R})^2 = 1$ sein muss und dass $\mathbf{R}$ orthogonal ist.

Aus (2.38a), in Komponenten ausgeschrieben, folgen einige Aussagen, die wir hier schematisch zusammen fassen. Mit $\mathbf{\Lambda} = \{\Lambda^\mu{}_\nu\}$ schreibt man (2.38a) – bei Verwendung der Summenkonvention – etwas ausführlicher

$$\Lambda^\mu{}_\sigma g_{\mu\nu} \Lambda^\nu{}_\tau = g_{\sigma\tau} . \tag{2.38b}$$

Hier sind μ und ν Summationsindizes, während σ und τ feste Indizes sind, die auf beiden Seiten der Gleichung auftreten. Die Stellung der Indizes im linken Faktor von (2.38b) ist scheinbar „verkehrt", d. h. weicht von den Regeln der Matrizenmultiplikation ab – dies ist aber in Übereinstimmung mit der Feststellung, dass hier die Transponierte von $\mathbf{\Lambda}$ steht.

Je nachdem welche Werte die festen Indizes σ und τ annehmen, gibt (2.38b) für

$$\sigma = 0\,,\ \tau = 0: \quad \left(\Lambda^0{}_0\right)^2 - \sum_{j=1}^{3} \left(\Lambda^j{}_j\right)^2 = 1\,, \tag{2.38c}$$

$$\sigma = i\,,\ \tau = k: \quad \Lambda^0{}_i \Lambda^0{}_k - \sum_{j=1}^{3} \Lambda^j{}_i \Lambda^j{}_k = -\delta_{ik}\,, \tag{2.38d}$$

$$\sigma = 0\,, \tau = k: \quad \Lambda^0{}_0 \Lambda^0{}_k - \sum_{j=1}^{3} \Lambda^j{}_0 \Lambda^j{}_k = 0\,. \tag{2.38e}$$

Aus der ersten dieser Gleichungen folgert man, dass

$$\text{entweder} \quad \text{(a):} \;\; \Lambda^0{}_0 \geqslant +1\,, \qquad \text{oder} \quad \text{(b):} \;\; \Lambda^0{}_0 \leqslant -1 \tag{2.39a}$$

sein muss. Die Lorentz-Transformationen mit der Eigenschaft (a) bilden die Zeitkoordinate vorwärts, d. h. in die Zukunft ab und heißen *orthochron*. Berechnet man die Determinante der beiden Seiten von (2.38a), so folgt, da $\mathbf{\Lambda}$ reell ist,

$$\left(\det \mathbf{\Lambda}\right)^2 = 1\,, \quad \text{somit entweder (c):} \;\; \det \Lambda = +1 \quad \text{oder (d):} \;\; \det \Lambda = -1\,. \tag{2.39b}$$

Entsprechend den vier Kombinationen der Eigenschaften (a) bis (d) zerfällt die Lorentz-Gruppe in vier Zweige, die man mit einem unteren Index $\pm$ für das Vorzeichen der Determinante und einem Pfeil bezeichnet, der nach oben oder unten weist, je nachdem, ob $\Lambda^0{}_0$ größer als oder gleich $+1$, oder kleiner als oder gleich -1 ist. Der Zweig $L_+^\uparrow$, die *eigentliche, orthochrone Lorentz-Gruppe*, enthält alle Elemente $\mathbf{\Lambda}$ mit $\det \mathbf{\Lambda} = 1$ und $\Lambda^0{}_0 \geqslant +1$. Man prüft leicht nach, dass dies eine Untergruppe der Lorentz-Gruppe ist: Sie enthält die Identität $\mathbb{1}_4$; das Produkt von zwei Transformationen $\mathbf{\Lambda}_1, \mathbf{\Lambda}_2 \in L_+^\uparrow$ liegt wieder in $L_+^\uparrow$; die Inverse $\mathbf{\Lambda}^{-1}$ jedes Elements $\mathbf{\Lambda} \in L_+^\uparrow$ liegt ebenfalls in $L_+^\uparrow$.

Die Raumspiegelung $\mathbf{\Lambda} = \mathbf{\Pi} = \mathrm{diag}(1, -1, -1, -1)$ hat $\det \mathbf{\Lambda} = -1$, $\Lambda^0{}_0 = +1$ und gehört zum Zweig $L_-^\uparrow$. Die Zeitumkehr $\mathbf{T} = \mathrm{diag}(-1, 1, 1, 1)$ gehört zu $L_-^\downarrow$, das Produkt $\mathbf{\Pi T}$ hat Determinante $+1$, aber $\Lambda^0{}_0 = -1$ und gehört daher zu $L_+^\downarrow$. Diese drei Zweige sind keine Untergruppen. Die wesentliche Aussage dieser Analyse ist aber, dass man die ganze Lorentz-Gruppe verstanden hat, wenn man ihre Untergruppe $L_+^\uparrow$, die eigentliche, orthochrone Lorentz-Gruppe kennt. So lässt sich jedes Element aus $L_-^\uparrow$ als Produkt eines Elements aus $L_+^\uparrow$ mit $\mathbf{\Pi}$ darstellen, jedes Element aus $L_-^\downarrow$ als Produkt eines Elements aus $L_+^\uparrow$ mit $\mathbf{T}$, jedes Element aus $L_+^\downarrow$ als Produkt eines Elements aus $L_+^\uparrow$ mit $\mathbf{\Pi T}$.

Der Schlüssel zur eigentlichen, orthochronen Lorentz-Gruppe liegt im *Zerlegungssatz*, der aussagt, dass jedes Element aus $L_+^\uparrow$ sich in eindeutiger Weise in ein Produkt aus einer Drehung

$$\mathcal{R} = \begin{pmatrix} 1 & \mathbf{0} \\ \mathbf{0} & \mathbf{R} \end{pmatrix}, \qquad \text{mit} \quad \mathbf{R} \in \mathrm{SO}(3)$$

und einer Speziellen Lorentz-Transformation, wie sie in (2.34) auftritt, zerlegen lässt,

$$\mathbf{\Lambda} = \mathbf{L}(\boldsymbol{v})\, \mathcal{R}\,, \qquad \mathbf{\Lambda} \in L_+^\uparrow\,. \tag{2.40a}$$

Die Einträge der 4×4-Matrix $\mathbf{L}(\boldsymbol{v})$ werden dabei durch die Geschwindigkeit

$$\boldsymbol{v} = \frac{c}{\Lambda^0{}_0} \left(\Lambda^1{}_0, \Lambda^2{}_0, \Lambda^3{}_0 \right)^T \tag{2.40b}$$

und somit durch die Einträge $\Lambda^\mu{}_0$der gegebenen Transformation $\mathbf{\Lambda}$ bestimmt, während die Einträge der orthogonalen 3×3-Matrix $\mathbf{R}$ aus den Formeln

$$R^{ik} = \Lambda^i{}_k - \frac{\Lambda^i{}_0 \Lambda^0{}_k}{1 + \Lambda^0{}_0} \tag{2.40c}$$

berechnet werden. (Einen Beweis dieses wichtigen Satzes findet man in Band 1, Abschnitt 4.5.1.)

2.2.2 Relativistische Kinematik und Dynamik

In der Natur sind, nach allem was wir wissen, *geladene* Teilchen immer auch massive Teilchen. Physikalische Bahnkurven, bei denen ein solches Teilchen mit Masse $m \neq 0$ mit Geschwindigkeiten kleiner als oder gleich c fliegt, werden durch *Weltlinien* $x(\tau)$ beschrieben, deren Tangentialvektorfeld an jedem Punkt *zeit*artig ist. Der Lorentz-invariante Parameter τ ist die Eigenzeit, d. h. die Zeit, die ein mit dem Teilchen reisender Beobachter auf seiner Uhr abliest. Die Bahnkurve durch Raum und Zeit wird koordinatenfrei durch die Funktion $x(\tau)$ beschrieben. Die zugehörige Geschwindigkeit wird durch einen Vierervektor charakterisiert, der in koordinatenfreier Weise durch

$$u(\tau) := \frac{\mathrm{d}}{\mathrm{d}\,\tau} x(\tau) \tag{2.41}$$

gegeben ist. Das invariante Quadrat von u kann man ohne Einschränkung der Allgemeinheit auf $u^2 = c^2$ normieren.

Im Ruhesystem stimmt die Eigenzeit mit der Koordinatenzeit von $\mathbf{K}_0$ überein und es ist $\mathrm{d}\tau = \mathrm{d}t$. Bezüglich eines bewegten Systems $\mathbf{K}$ ist das Linienelement $(\mathrm{d}s)^2 = c^2(\mathrm{d}\tau)^2 = c^2(\mathrm{d}t)^2 - (\mathrm{d}\boldsymbol{x})^2$ und es gilt daher

$$(\mathrm{d}\tau)^2 = (\mathrm{d}t)^2 - \tfrac{1}{c^2}(\mathrm{d}\boldsymbol{x})^2 = (1 - \beta^2)(\mathrm{d}t)^2 = (\mathrm{d}t)^2/\gamma^2 \,.$$

Im momentanen Ruhesystem $\mathbf{K}_0$ des Teilchens (und da $m \neq 0$ ist, gibt es immer ein solches) ist die Geschwindigkeit folglich

$$u(\tau)|_{\mathbf{K}_0} = \left(c, \boldsymbol{0} \right)^T \,, \tag{2.41a}$$

während sie für einen anderen, relativ dazu bewegten Beobachter in dessen Bezugssystem, dem „Laborsystem" $\mathbf{K}$ gleich

$$u(\tau)|_{\mathbf{K}} = \left(\gamma c, \gamma \boldsymbol{v} \right)^T \tag{2.41b}$$

ist. Die relativistische Variante des Impulses ist der Vierervektor $p := mu$ und umfasst neben dem räumlichen Impuls $\boldsymbol{p} = m\gamma\boldsymbol{v}$ auch die zugehörige Energie (geteilt durch c) $p^0 = mc\gamma = E_p/c$. Dabei gilt im

Bezugssystem **K** des Beobachters, dem Laborsystem,

$$p|_{\mathbf{K}} = \left(\tfrac{1}{c}E, \boldsymbol{p}\right)^T, \quad \text{mit } E = \gamma mc^2 = \sqrt{(\boldsymbol{p}c)^2 + (mc^2)^2}, \quad \boldsymbol{p} = m\gamma\boldsymbol{v}, \tag{2.42a}$$

während im momentanen Ruhesystem des Teilchens natürlich

$$p|_{\mathbf{K}_0} = \left(mc, \boldsymbol{0}\right)^T, \qquad E|_{\mathbf{K}_0} = mc^2, \qquad \boldsymbol{p}|_{\mathbf{K}_0} = \boldsymbol{0} \tag{2.42b}$$

gilt. Man bestätigt leicht, dass (2.41b) aus (2.41a) durch Anwendung der Speziellen Lorentz-Transformation $\mathbf{L}(\boldsymbol{v})$, s. (2.34), hervorgeht. Ebenso rechnet man nach, dass

$$p|_{\mathbf{K}} = \mathbf{L}(\boldsymbol{p})\, p|_{\mathbf{K}_0}$$

$$\text{mit} \quad \mathbf{L}(\boldsymbol{p}) = \frac{1}{mc^2}\begin{pmatrix} E & c\langle\boldsymbol{p}| \\ c|\boldsymbol{p}\rangle & mc^2\,\mathbb{1}_3 + \frac{c^2}{(E+mc^2)}|\boldsymbol{p}\rangle\langle\boldsymbol{p}| \end{pmatrix}$$

ist, wobei **L** mittels der Beziehungen (2.42a) von der Parametrisierung mit der Geschwindigkeit $\boldsymbol{v}$ auf eine solche mit dem räumlichen Impuls $\boldsymbol{p}$ umgerechnet ist. In der Tat ist

$$\begin{pmatrix} E & c\langle\boldsymbol{p}| \\ c|\boldsymbol{p}\rangle & mc^2\,\mathbb{1}_3 + \frac{c^2}{(E+mc^2)}|\boldsymbol{p}\rangle\langle\boldsymbol{p}| \end{pmatrix}\begin{pmatrix} mc \\ |\boldsymbol{0}\rangle \end{pmatrix} = mc^2\begin{pmatrix} (E/c) \\ |\boldsymbol{p}\rangle \end{pmatrix}.$$

Die relativistische, Lorentz-kovariante Fassung des zweiten Newton'schen Gesetzes lautet

$$m\frac{\mathrm{d}^2}{\mathrm{d}\tau^2}x(\tau) = f(x), \tag{2.43}$$

und entsteht aus der gewohnten nichtrelativistischen Form $m\ddot{\boldsymbol{x}} = \boldsymbol{F}_{\mathrm{N}}(\boldsymbol{x})$, in der $\boldsymbol{F}_{\mathrm{N}}$ das Kraftfeld der Newton'schen Mechanik ist, durch „Anschieben" aus dem Ruhesystem $\mathbf{K}_0$. Im Ruhesystem muss also

$$m\frac{\mathrm{d}^2}{\mathrm{d}\tau^2}x(\tau)\bigg|_{\mathbf{K}_0} = m(0, \ddot{\boldsymbol{x}})^T \quad \text{und} \quad f|_{\mathbf{K}_0} = (0, \boldsymbol{F}_{\mathrm{N}})^T$$

gelten. Wendet man auf diese beiden Vierervektoren die Spezielle Lorentz-Transformation $\mathbf{L}(\boldsymbol{v})$ an,

$$\begin{pmatrix} f^0 \\ |\boldsymbol{f}\rangle \end{pmatrix} = \begin{pmatrix} \gamma & \frac{1}{c}\gamma\langle\boldsymbol{v}| \\ \frac{1}{c}\gamma|\boldsymbol{v}\rangle & \mathbb{1}_3 + \frac{\gamma^2}{c^2(\gamma+1)}|\boldsymbol{v}\rangle\langle\boldsymbol{v}| \end{pmatrix}\begin{pmatrix} 0 \\ |\boldsymbol{F}_{\mathrm{N}}\rangle \end{pmatrix}, \tag{2.44}$$

so sind die Komponenten von f mit $\langle\boldsymbol{a}|\boldsymbol{c}\rangle \equiv \boldsymbol{a}\cdot\boldsymbol{c}$ im Einzelnen

$$f^0 = \frac{1}{c}\gamma\left(\boldsymbol{v}\cdot\boldsymbol{F}_{\mathrm{N}}\right), \tag{2.44a}$$

$$|\boldsymbol{f}\rangle = \boldsymbol{F}_{\mathrm{N}} + \frac{\gamma^2}{c^2(\gamma+1)}\left(\boldsymbol{v}\cdot\boldsymbol{F}_{\mathrm{N}}\right)|\boldsymbol{v}\rangle. \tag{2.44b}$$

Diese Gleichungen lassen sich in eine andere, instruktive Form umrechnen: Nimmt man von (2.44b) das Skalarprodukt mit $\boldsymbol{v}$ und benutzt die Relation

$$\frac{\boldsymbol{v}^2}{c^2} = \beta^2 = \frac{\gamma^2 - 1}{\gamma^2} = (\gamma - 1)\frac{\gamma + 1}{\gamma^2} ,$$

so ist

$$(\boldsymbol{v} \cdot \boldsymbol{f}) = \left\{1 + \frac{\gamma^2}{\gamma + 1}\beta^2\right\} \left(\boldsymbol{v} \cdot \boldsymbol{F}_\mathrm{N}\right) = \gamma \left(\boldsymbol{v} \cdot \boldsymbol{F}_\mathrm{N}\right) .$$

Damit kann die Nullkomponente (2.44a) auch als $f^0 = (1/c)(\boldsymbol{v} \cdot \boldsymbol{f})$ geschrieben werden. In der Raumkomponente (2.44b) verwendet man die Identität

$$(\boldsymbol{v} \cdot \boldsymbol{a})\boldsymbol{v} = \boldsymbol{v}^2\boldsymbol{a} + \boldsymbol{v} \times \left(\boldsymbol{v} \times \boldsymbol{a}\right)$$

und erhält wiederum mit der Beziehung $\beta^2 = (\gamma^2 - 1)/\gamma^2$

$$\begin{aligned} \boldsymbol{f} &= \boldsymbol{F}_\mathrm{N} + \frac{\gamma^2}{\gamma + 1} \left\{\frac{1}{c^2}\boldsymbol{v} \times \left(\boldsymbol{v} \times \boldsymbol{F}_\mathrm{N}\right) + \beta^2 \boldsymbol{F}_\mathrm{N}\right\} \\ &= \boldsymbol{F}_\mathrm{N}(1 + \gamma - 1) + \frac{\gamma}{c}\boldsymbol{v} \times \left(\frac{\gamma}{c(\gamma + 1)}\left(\boldsymbol{v} \times \boldsymbol{F}_\mathrm{N}\right)\right) \\ &= \gamma \left[\boldsymbol{F}_\mathrm{N} + \frac{1}{c}\, \boldsymbol{v} \times \left(\frac{\gamma}{c(\gamma + 1)}\left(\boldsymbol{v} \times \boldsymbol{F}_\mathrm{N}\right)\right)\right] . \end{aligned} \tag{2.44c}$$

Der Raumanteil der linken Seite der Bewegungsgleichung (2.43), durch die Zeitableitung des räumlichen Impulses ausgedrückt, ist gleich $\gamma\, \mathrm{d}\boldsymbol{p}/\mathrm{d}t$, so dass die Bewegungsgleichung nach Division durch γ wie folgt lautet

$$\frac{\mathrm{d}\boldsymbol{p}}{\mathrm{d}t} = \boldsymbol{F}_\mathrm{N} + \frac{1}{c}\, \boldsymbol{v} \times \left(\frac{\gamma}{c(\gamma + 1)}\left(\boldsymbol{v} \times \boldsymbol{F}_\mathrm{N}\right)\right) , \tag{2.43a}$$

während der Zeitanteil die Differentialgleichung

$$mc\frac{\mathrm{d}\gamma}{\mathrm{d}t} = \frac{1}{c}\left(\boldsymbol{F}_\mathrm{N} \cdot \boldsymbol{v}\right) \tag{2.43b}$$

erfüllt. (Man rechnet leicht nach, dass (2.43b) aus (2.43a) folgt.) Die erste dieser Gleichungen hat auffallende Ähnlichkeit mit der Bewegungsgleichung eines geladenen Teilchens unter der Wirkung der Lorentz-Kraft, wobei $\boldsymbol{F}_\mathrm{N}$ die Rolle von $q\boldsymbol{E}$ spielt und

$$\text{“}q\boldsymbol{B}\text{”} \equiv \frac{\gamma}{c(\gamma + 1)}\left(\boldsymbol{v} \times \boldsymbol{F}_\mathrm{N}\right) \equiv \frac{q\gamma}{c(\gamma + 1)}\left(\boldsymbol{v} \times \boldsymbol{E}\right)$$

an die Stelle der magnetischen Kraftwirkung tritt.

2.2.3 Lorentz-Kraft und Feldstärkentensorfeld

Die Lorentz-Kraft mit ihrer charakteristischen Geschwindigkeitsabhängigkeit

$$\frac{\mathrm{d}\boldsymbol{p}}{\mathrm{d}t} = q\Big(\boldsymbol{E}(t,\boldsymbol{x}) + \frac{1}{c}\boldsymbol{v}\times\boldsymbol{B}(t,\boldsymbol{x})\Big) \tag{2.45}$$

lässt sich ohne Schwierigkeiten in die Gestalt der Bewegungsgleichung (2.43) gießen. Den Raumanteil erhält man durch Multiplikation von (2.45) mit dem Faktor $\gamma = 1/\sqrt{1-\boldsymbol{v}^2/c^2}$, den Zeitanteil aus dem Skalarprodukt von (2.45) mit dem Vektor $(\gamma/c)\boldsymbol{v}$:

$$m\gamma\frac{\mathrm{d}}{\mathrm{d}t}(\gamma c) = \gamma\frac{1}{c}q\boldsymbol{E}\cdot\boldsymbol{v}\,, \tag{2.45a}$$

$$m\gamma\frac{\mathrm{d}}{\mathrm{d}t}(\gamma\boldsymbol{v}) = \gamma\Big(q\boldsymbol{E}(t,\boldsymbol{x}) + \frac{q}{c}\,\boldsymbol{v}\times\boldsymbol{B}(t,\boldsymbol{x})\Big)\,. \tag{2.45b}$$

Man erkennt auch hier die Analogie der Differentialgleichungen (2.45b) und (2.43a), sowie die der Gleichungen (2.45a) und (2.43b). Die linke Seite von (2.45a) und (2.45b) lautet kovariant geschrieben $m(\mathrm{d}u^\mu/\mathrm{d}\tau)$; die rechte Seite lässt sich ebenfalls durch die Vierer-Geschwindigkeit u ausdrücken, wenn man im oben betrachteten Bezugssystem **K**

$$F^{\mu\nu}(x) := \begin{pmatrix} 0 & -E^1(x) & -E^2(x) & -E^3(x) \\ +E^1(x) & 0 & -B^3(x) & +B^2(x) \\ +E^2(x) & +B^3(x) & 0 & -B^1(x) \\ +E^3(x) & -B^2(x) & +B^1(x) & 0 \end{pmatrix}, \quad x = (t,\boldsymbol{x})^T\,, \tag{2.46}$$

setzt und auf $u_\nu = g_{\nu\sigma}u^\sigma = (\gamma c, -\gamma\boldsymbol{v})^T$ anwendet. Es ist (mit Summenkonvention)

$$F^{\mu\nu}u_\nu = \begin{pmatrix} 0 & -E^1(x) & -E^2(x) & -E^3(x) \\ +E^1(x) & 0 & -B^3(x) & +B^2(x) \\ +E^2(x) & +B^3(x) & 0 & -B^1(x) \\ +E^3(x) & -B^2(x) & +B^1(x) & 0 \end{pmatrix}\begin{pmatrix} \gamma c \\ -\gamma v^1 \\ -\gamma v^2 \\ -\gamma v^3 \end{pmatrix}$$

$$= \begin{pmatrix} \gamma(\boldsymbol{E}(x)\cdot\boldsymbol{v}) \\ \gamma c E^1(x) + \gamma(v^2B^3(x) - v^3B^2(x)) \\ \gamma c E^2(x) + \gamma(v^3B^1(x) - v^1B^3(x)) \\ \gamma c E^3(x) + \gamma(v^1B^2(x) - v^2B^1(x)) \end{pmatrix},$$

die allgemeine Bewegungsgleichung (2.43), hier in der speziellen Gestalt

$$m\frac{\mathrm{d}u^\mu}{\mathrm{d}\tau} = \frac{q}{c}\,F^{\mu\nu}u_\nu\,, \tag{2.47}$$

ist identisch mit den Gleichungen (2.45a) und (2.45b) im Bezugssystem **K**.

An diesem Punkt stellt sich eine wichtige Frage:

Hat die mit der Definition (2.46) gegebene Zusammenfassung des elektrischen Feldes und der magnetischen Induktion eine tiefere und allgemeinere Bedeutung als die, die Lorentz-Kraft (2.45) im speziellen Bezugssystem **K** *kompakt zu schreiben?* Anders formuliert, lautet dieselbe Frage wie folgt: In einem anderen Bezugssystem **K**$'$, das sich von **K** durch eine Lorentz-Transformation unterscheidet (so dass mit **K** auch **K**$'$ ein Inertialsystem ist), lässt sich die Lorentz-Kraft in genau derselben Weise kompakt schreiben, d. h. durch $F'^{\mu\nu}u'_\nu$ ausdrücken. Hängen dann $F'^{\mu\nu}$ und $F^{\mu\nu}$ ebenfalls durch Lorentz-Transformationen zusammen? Etwas genauer, gilt mit

$$u' = \mathbf{\Lambda} u \quad \text{auch} \quad F' = \mathbf{\Lambda}\, F\, \mathbf{\Lambda}^T \ ?$$

Oder, in Komponenten ausgeschrieben,

$$u'^{\sigma} = \Lambda^{\sigma}{}_{\mu} u^{\mu} \,, \qquad F'^{\sigma\tau}(x') = \Lambda^{\sigma}{}_{\mu}\Lambda^{\tau}{}_{\nu} F^{\mu\nu}(x) \ ?$$

Wenn dem so ist, dann ist die Bewegungsgleichung (2.47) Lorentz-kovariant; ihre rechte Seite $F^{\mu\nu}u_\nu$, bei der über ν summiert wird, ist ein Lorentz-Vektor und transformiert daher ebenso mit $\mathbf{\Lambda}$ wie ihre linke Seite, die Bewegungsgleichung hat folglich in jedem Inertialsystem dieselbe Form. Die eigentliche Frage, die damit aufgeworfen wird, lautet dann: *Sind die Maxwell'schen Gleichungen unter den durch die spezielle Form der Lorentz-Kraft nahe gelegten Transformationen* $\mathbf{\Lambda} \in L_+^\uparrow$ *kovariant?*

Die Untersuchung dieser Frage ist der Gegenstand des nächsten Abschnitts. Bevor wir uns dieser zuwenden, seien hier noch die Umkehrformeln angegeben, die die Felder aus $F^{\mu\nu}$ liefern,

$$E^i = F^{i0} = -F^{0i} \,, \qquad (i = 1, 2, 3) \,, \tag{2.48a}$$

$$B^i = -\frac{1}{2}\sum_{j,k=1}^{3} \varepsilon_{ijk} F^{jk} \,, \qquad (i = 1, 2, 3) \,. \tag{2.48b}$$

Das Objekt $F^{\mu\nu}(x)$ wird *Tensorfeld der Feldstärken* oder kurz *Feldstärkentensor* genannt[4]. An seiner Definition (2.46) sieht man, dass er antisymmetrisch ist. Dies hätte man aber auch direkt an der Bewegungsgleichung (2.47) ablesen können, denn wegen der Eigenschaft $u^2 = c^2 = \text{konst.}$ ist

$$\frac{1}{2}\frac{\mathrm{d}\, u^2}{\mathrm{d}\,\tau} = u_\mu \frac{\mathrm{d}\, u^\mu}{\mathrm{d}\,\tau} = 0 \,.$$

Wenn man daher (2.47) mit u_μ verjüngt, so folgt für alle x

$$u_\mu F^{\mu\nu}(x) u_\nu = 0 \,.$$

Dies kann aber nur richtig sein, wenn $F^{\nu\mu}(x) = -F^{\mu\nu}(x)$ ist: der in μ und ν *symmetrische* Tensor $u_\mu u_\nu$, mit dem *antisymmetrischen* Tensor $F^{\mu\nu}$ verjüngt, gibt Null. Umgekehrt, hätte $F^{\mu\nu}$ einen symmetrischen Anteil, so gäbe dieser, mit $u_\mu u_\nu$ verjüngt, nicht Null.

[4] Auf Englisch heißt er *field strength tensor*

2.2.4 Kovarianz der Maxwell'schen Gleichungen

Die homogenen Maxwell'schen Gleichungen (2.1a) und (2.1b) lassen sich ohne weitere Schwierigkeit mit Hilfe des Tensorfeldes $F^{\mu\nu}(x)$ ausdrücken. Wir zeigen, dass sie wie folgt lauten

$$\partial^\lambda F^{\mu\nu} + \partial^\mu F^{\nu\lambda} + \partial^\nu F^{\lambda\mu} = 0\,, \quad \text{mit } \lambda \neq \mu \neq \nu \in (0,1,2,3)\,. \tag{2.49}$$

Eine dazu alternative Schreibweise erhält man, wenn man das Levi-Civita Symbol in Dimension 4 einführt, das folgende Eigenschaften hat:

$$\begin{aligned} &\varepsilon_{0123} = +1 \\ &\varepsilon_{\mu\nu\sigma\tau} = +1 \quad \text{für } (\mu,\nu,\sigma,\tau) = \text{gerade Permutation von } (0,1,2,3) \\ &\varepsilon_{\mu\nu\sigma\tau} = -1 \quad \text{für } (\mu,\nu,\sigma,\tau) = \text{ungerade Permutation von } (0,1,2,3) \end{aligned} \tag{2.50}$$

und $\varepsilon_{\mu\nu\sigma\tau} = 0$ in allen anderen Fällen, d. h. immer dann, wenn zwei oder mehr Indizes gleich sind. Verwendet man dieses vollständig antisymmetrische Symbol, so lauten die Gleichungen (2.49)

$$\varepsilon_{\mu\nu\sigma\tau}\partial^\nu F^{\sigma\tau}(x) = 0\,, \quad (\mu = 0,1,2,3)\,. \tag{2.49a}$$

Es ist nicht schwer zu bestätigen, dass (2.49a) die insgesamt vier homogenen Maxwell-Gleichungen zusammenfasst. Man muss dabei nur beachten, dass

$$\partial^0 = \partial_0 = \frac{\partial}{\partial x^0}\,, \quad \text{aber} \quad \partial^i = -\partial_i = -\frac{\partial}{\partial x^i} = -(\nabla)_i$$

ist. So ergibt (2.49a) für $\mu = 0$ und mit $\varepsilon_{0\nu\sigma\tau} \equiv \varepsilon_{0ijk} = \varepsilon_{ijk}$ (wo im letzten Schritt das gewohnte ε-Symbol in Dimension 3 auftritt)

$$\begin{aligned} 0 = \varepsilon_{0\nu\sigma\tau}\partial^\nu F^{\sigma\tau}(x) &= \sum_{i,j,k=1}^{3} \varepsilon_{ijk}\partial^i F^{jk}(t,\boldsymbol{x}) \\ &= 2\left[\varepsilon_{123}\partial^1 F^{23} + \varepsilon_{231}\partial^2 F^{31} + \varepsilon_{312}\partial^3 F^{12}\right] = 2\nabla\cdot\boldsymbol{B}(t,\boldsymbol{x})\,. \end{aligned}$$

Dies ist die Maxwell-Gleichung (2.1a). Setzt man den ersten, freien Index in (2.49a) gleich 1, so müssen von den übrigen Indizes ν, σ und τ einer gleich 0, von den beiden anderen einer gleich 2 und einer gleich 3 sein. Gleichung (2.49a) ergibt in diesem Fall

$$\begin{aligned} 0 &= \varepsilon_{1023}\partial^0 F^{23} + \varepsilon_{1230}\partial^2 F^{30} + \varepsilon_{1302}\partial^3 F^{02} \\ &= -1\Big(\partial_0(-B^1) + (-\partial_2)E^3 + (-\partial_3)(-E^2)\Big) \\ &= \frac{1}{c}\frac{\partial B^1}{\partial t} + \frac{\partial E^3}{\partial x^2} - \frac{\partial E^2}{\partial x^3}\,. \end{aligned}$$

Dies ist ersichtlich die 1-Komponente der homogenen Maxwell-Gleichung (2.1b). Die beiden anderen Raumkomponenten ergeben sich durch zyklische Permutation der Indizes $(1,2,3)$.

Die *inhomogenen* Gleichungen (2.1c) und (2.1d) sind nicht ganz so einfach in eine kovariante Form umzusetzen, da sie Quellterme enthalten, die nicht zur eigentlichen Maxwell-Theorie gehören, sondern aus einer Theorie der *Materie* folgen sollten. Wir beginnen mit einer heuristischen Bemerkung:

Das Volumenelement im $\mathbb{R}^4$ ist unter $\mathbf{\Lambda} \in L_+^\uparrow$ invariant, $\mathrm{d}^4x' = \mathrm{d}^4x$ oder, in einem gegebenen Bezugssystem $\mathbf{K}$, $\mathrm{d}x'^0\,\mathrm{d}^3x' = \mathrm{d}x^0\,\mathrm{d}^3x$. Wenn $\varrho(t, \boldsymbol{x})$ die Ladungsdichte in diesem Bezugssystem ist, dann ist die Ladung im Volumenelement

$$\mathrm{d}q = \varrho(t, \boldsymbol{x})\,\mathrm{d}^3x = \varrho'(t', \boldsymbol{x}')\,\mathrm{d}^3x'$$

naturgemäß eine (physikalische) Invariante. Dies deutet darauf hin, dass die Ladungsdichte unter Lorentz-Transformationen sich wie die Zeitkomponente eines Vierervektors transformieren muss. Dem ist in der Tat so, wenn die Ladungsdichte und die Stromdichte zusammen einen Lorentz-Vierervektor bilden, d. h. wenn

$$j(x) = \left(c\varrho(x), \boldsymbol{j}(x)\right)^T , \quad x = \left(x^0, \boldsymbol{x}\right)^T , \tag{2.51}$$

ein Vektorfeld ist, das sich wie ein Lorentz-Vektor transformiert. Wie in Abschn. 1.3.5 vorweg genommen, hat die Kontinuitätsgleichung (1.21) dann die sehr kompakte und Lorentz-invariante Form (1.24b), $\partial_\mu j^\mu(x) = 0$. Natürlich ist dies eine Frage, deren Antwort schon außerhalb der eigentlichen Maxwell-Theorie gesucht werden muss. Die geladene Materie, die die Quellterme der Maxwell'schen Gleichungen liefert, muss selbst durch eine Lorentz-kovariante Theorie beschrieben werden und muss einen Vierervektorstrom $j(x)$ zulassen, der erhalten ist. Setzen wir also im Folgenden voraus, dass dies so sei und dass die geladenen Materieteilchen, d. h. die Elektronen, Atomkerne, Ionen, die makroskopische Materie ausmachen, einer Lorentz-kovarianten Theorie gehorchen.

Es ist naheliegend, das dielektrische Verschiebungsfeld $\boldsymbol{D}$ und das Magnetfeld $\boldsymbol{H}$ in einem zu (2.46) analogen Tensorfeld zusammen zu fassen,

$$\mathcal{F}^{\mu\nu}(x) := \begin{pmatrix} 0 & -D^1(x) & -D^2(x) & -D^3(x) \\ +D^1(x) & 0 & -H^3(x) & +H^2(x) \\ +D^2(x) & +H^3(x) & 0 & -H^1(x) \\ +D^3(x) & -H^2(x) & +H^1(x) & 0 \end{pmatrix} , \tag{2.52a}$$

das ebenfalls antisymmetrisch ist. Die Felder lassen sich aus $\mathcal{F}^{\mu\nu}$ durch zu (2.48a) und zu (2.48b) analoge Formeln ausdrücken

$$D^i = \mathcal{F}^{i0} = -\mathcal{F}^{0i} , \qquad (i = 1, 2, 3) , \tag{2.52b}$$

$$H^i = -\frac{1}{2} \sum_{j,k=1}^{3} \varepsilon_{ijk} \mathcal{F}^{jk} , \qquad (i = 1, 2, 3) . \tag{2.52c}$$

Die inhomogenen Maxwell-Gleichungen nehmen dann die kompakte Form an

$$\partial_\mu \mathcal{F}^{\mu\nu}(x) = \frac{4\pi}{c} j^\nu(x) , \quad (\nu = 0, 1, 2, 3) . \tag{2.53}$$

Auch diese Aussage prüfen wir zunächst im Einzelnen nach.

Für $\nu = 0$ kann der erste Index an $\mathcal{F}$ nur die Werte 1, 2 und 3 annehmen, Gleichung (2.53) reduziert sich auf

$$\sum_{i=1}^{3} \partial_i \mathcal{F}^{i0}(x) = \nabla \cdot \boldsymbol{D}(t, \boldsymbol{x}) = \frac{4\pi}{c} c\varrho(t, \boldsymbol{x}) = 4\pi\varrho(t, \boldsymbol{x}) .$$

Dies ist offensichtlich dasselbe wie (2.1c).
Für einen Raumindex, z. B. $\nu = 1$, ergibt (2.53)

$$\begin{aligned}
\frac{4\pi}{c} j^1(t, \boldsymbol{x}) &= \partial_0 \mathcal{F}^{01}(x) + \partial_2 \mathcal{F}^{21}(x) + \partial_3 \mathcal{F}^{31}(x) \\
&= -\partial_0 D^1(t, \boldsymbol{x}) + \partial_2 H^3(t, \boldsymbol{x}) - \partial_3 H^2(t, \boldsymbol{x}) \\
&= \left(-\frac{1}{c}\frac{\partial \boldsymbol{D}(t, \boldsymbol{x})}{\partial t} + \nabla \times \boldsymbol{H}(t, \boldsymbol{x})\right)^1 .
\end{aligned}$$

Dies ist die 1-Komponente der Differentialgleichung (2.1d); die beiden restlichen folgen durch zyklische Permutation der Indizes $(1, 2, 3)$.

Unter der oben diskutierten Voraussetzung, die Stromdichte $j(x)$ möge sich wie ein Lorentz-Vektor transformieren, sind die inhomogenen Gleichgungen (2.53) manifest kovariant: ihre linke ebenso wie ihre rechte Seite transformieren wie Vektoren unter $\boldsymbol{\Lambda} \in L_+^\uparrow$.

Bemerkungen

1. An Stelle der Kontraktion aus dem Levi-Civita Symbol in Dimension 4 und dem Feldstärketensor, die in den homogenen Gleichungen (2.49a) auftritt, kann man das zu $F^{\mu\nu}$ duale kovariante Tensorfeld zweiter Stufe

   $$\star F_{\alpha\beta}(x) := \tfrac{1}{2}\varepsilon_{\alpha\beta\mu\nu} F^{\mu\nu}(x) \tag{2.54a}$$

   einführen, bzw. das entsprechende kontravariante Tensorfeld

   $$\star F^{\sigma\tau}(x) = g^{\sigma\alpha}\big(\star F_{\alpha\beta}(x)\big) g^{\beta\tau} . \tag{2.54b}$$

   Es ist nicht schwer, $\star F_{\alpha\beta}$ und dann $\star F^{\sigma\tau}$ auszurechnen. Das (antisymmetrisch zu ergänzende) Ergebnis

   $$\star F^{\sigma\tau} = \begin{pmatrix} 0 & B^1 & B^2 & B^3 \\ & 0 & -E^3 & E^2 \\ & & 0 & -E^1 \\ & & & 0 \end{pmatrix} \tag{2.54c}$$

ist interessant, zeigt es doch, dass die Ersetzung von $F^{\mu\nu}$ durch $\star F^{\mu\nu}$ Vertauschung von elektrischem Feld und magnetischer Induktion bedeutet, und zwar wie folgt

$$F^{\mu\nu} \longmapsto \star F^{\mu\nu} \,:\, (\boldsymbol{E}, \boldsymbol{B}) \longmapsto (-\boldsymbol{B}, \boldsymbol{E})\,. \tag{2.55}$$

Im Vakuum, wo mit der hier getroffenen Wahl der Einheiten $\boldsymbol{D} = \boldsymbol{E}$ und $\boldsymbol{H} = \boldsymbol{B}$ ist, und ohne äußere Quellen ist die Ersetzung (2.55) eine Symmetrie der Maxwell'schen Gleichungen (2.1a)–(2.1d). Diese Symmetrie nennt man *elektrisch-magnetische Dualität.* Sie vertauscht (2.1a) und (2.1c), sowie (2.1b) und (2.1d). Diese Dualität ist eng verwandt mit der Hodge'schen Sternoperation, die wir in Abschn. 2.1.2, Gleichung (2.16) kennen gelernt haben. Wir gehen weiter unten in Abschn. 2.4.1 noch einmal darauf ein.

2. Wesentlich für die Kovarianz der Maxwell'schen Gleichungen ist das Postulat der Konstanz der Lichtgeschwindigkeit, s. Abschn. 2.2.1. Wäre dieses nicht richtig, so würden die Maxwell'schen Gleichungen eine besondere Klasse von Bezugssystemen auszeichnen, deren Elemente sich nur durch Translationen und Drehungen, nicht aber durch Spezielle Lorentz-Transformationen unterscheiden. In der Frühzeit des Elektromagnetismus nannte man diese Klasse den „Äther“ als diejenige, in der die Maxwell'schen Gleichungen in der angegebenen Form gelten würden und in der die Lichtgeschwindigkeit den Wert (2.36) hätte. Wie man in den Kursen über Experimentalphysik lernt, widerlegen die Experimente von A. A. Michelson und E. W. Morley die Annahme eines solchen Äthers. Es wurden keinerlei Mitnahmeeffekte des Lichts durch Bewegung relativ zum angenommenen Äther festgestellt. Die Lichtgeschwindigkeit hat in allen Inertialsystemen denselben universellen Wert.
3. Die vollen Maxwell-Gleichungen sind genau dann Lorentz-kovariant, wenn die Stromdichte $j(x)$ ein Vierervektor ist. Wie bereits mehrfach betont, ist dies eine Forderung an die Quellen in (2.53). Die Formulierung mit Hilfe der Tensorfelder $F^{\mu\nu}(x)$ und $\mathcal{F}^{\mu\nu}(x)$, sowie der Vierer-Stromdichte $j^{\mu}(x)$ in den zu (2.1a)–(2.1d) äquivalenten Differentialgleichungen (2.49a) und (2.53) macht die Kovarianz explizit sichtbar – während sie in den Gleichungen (2.1a) bis (2.1d) nicht evident ist! – und man spricht daher auch von *manifester Lorentz-Kovarianz.*
4. Auch die Erhaltung des Viererstromes $j(x)$ ist jetzt manifest sichtbar. Nimmt man nämlich die (Vierer-)Divergenz der inhomogenen Gleichungen (2.53), so ist

$$\partial_\nu \partial_\mu \mathcal{F}^{\mu\nu}(x) = 0\,,$$

da der in μ und ν symmetrische Ableitungsoperator $\partial_\nu\partial_\mu$ mit dem antisymmetrischen Tensorfeld $F^{\mu\nu}(x)$ verjüngt wird. Dies ist nur mit (2.53) verträglich, wenn

$$\partial_\nu j^\nu(x) = \frac{\partial}{\partial t}\varrho(t, \boldsymbol{x}) + \boldsymbol{\nabla}\cdot \boldsymbol{j}(t, \boldsymbol{x}) = 0 \tag{2.56}$$

ist. Die Kontinuitätsgleichung ist für die Gültigkeit von (2.53) unabdingbar. Sie garantiert den universellen Erhaltungssatz für die elektrische Ladung, auf den wir schon weiter oben hingewiesen haben.

2.2.5 Eichinvarianz und Potentiale

Wie in Abschn. 1.5.3 skizziert, lassen sich das skalare Potential $\Phi(t,\boldsymbol{x})$ und das Vektorpotential $\boldsymbol{A}(t,\boldsymbol{x})$ in der Definition

$$A(x) := \big(\Phi(t,\boldsymbol{x}),\, \boldsymbol{A}(t,\boldsymbol{x})\big)^T \tag{2.57}$$

zusammenfassen. Stellt man das elektrische Feld und das Induktionsfeld durch Potentiale dar, so ist das gleichbedeutend mit folgender Darstellung des Feldstärketensors:

$$F^{\mu\nu}(x) = \partial^\mu A^\nu(x) - \partial^\nu A^\mu(x)\,. \tag{2.58}$$

Auch dies ist leicht nachzuprüfen: Für $\nu = 0$ ist

$$\begin{aligned} F^{i0}(x) = E^i(t,\boldsymbol{x}) &= \partial^i A^0(t,\boldsymbol{x}) - \partial^0 A^i(t,\boldsymbol{x}) \\ &= -\partial_i \Phi(t,\boldsymbol{x}) - \frac{1}{c}\partial_t A^i(t,\boldsymbol{x})\,, \end{aligned}$$

in Übereinstimmung mit (1.55b). Nimmt man eine Raum-Raum-Komponente, z. B. $\mu = 3$ und $\nu = 2$, so ist

$$\begin{aligned} F^{32} = B^1(t,\boldsymbol{x}) &= \partial^3 A^2(t,\boldsymbol{x}) - \partial^2 A^3(t,\boldsymbol{x}) \\ &= -\partial_3 A^2(t,\boldsymbol{x}) + \partial_2 A^3(t,\boldsymbol{x}) = \big(\nabla\times\boldsymbol{A}(t,\boldsymbol{x})\big)^1\,. \end{aligned}$$

Die Komponenten $B^2(t,\boldsymbol{x})$ und $B^3(t,\boldsymbol{x})$ erhält man in analoger Weise und erhält auch hier Übereinstimmung mit der nichtkovarianten Darstellung (1.55a).

Eichtransformationen der Potentiale sind per Definition solche orts- und zeitabhängigen Transformationen, die die beobachtbaren Felder nicht ändern. Aufgelöst nach skalarem und nach Vektorpotential haben sie die etwas unübersichtliche Form (1.57a) und (1.57b). In der Lorentz-kovarianten Formulierung lauten sie

$$A^\mu(x) \longmapsto A'^\mu(x) = A^\mu(x) - \partial^\mu \chi(x)\,. \tag{2.59}$$

Die kovariante Ableitung hängt mit der Zeitableitung und dem Gradienten im $\mathbb{R}^3$ über

$$\partial^\mu = \Big(\frac{1}{c}\frac{\partial}{\partial t}, -\nabla\Big)$$

zusammen und man sieht sofort, dass (2.59) mit den Gleichungen (1.57a) und (1.57b) identisch ist. Da $\chi(x)$ eine glatte Funktion ist, sind ihre zweiten gemischten Ableitungen $\partial_\mu\partial_\nu\chi(x)$ und $\partial_\nu\partial_\mu\chi(x)$ gleich. Diese heben sich in der Differenz auf der rechten Seite der Definition (2.58) heraus, das Tensorfeld $F^{\mu\nu}(x)$ bleibt invariant. Aus demselben Grund sind die homogenen Gleichungen (2.49a) mit der Definition (2.58) automatisch erfüllt. Man hat also die Wahl: Entweder man verwendet ausschließlich die *Observablen*, d. h. die Felder $\boldsymbol{E}$ und $\boldsymbol{B}$ und verlangt die homogenen Gleichungen (2.49a), oder man drückt den Feldstärkentensor durch Potentiale $A^{\mu}(x)$ aus. Die homogenen Gleichungen sind dann redundant. Die inhomogenen Gleichungen werden im Vakuum zu

$$\Box A^{\nu}(x) - \partial^{\nu}\big(\partial_{\mu} A^{\mu}(x)\big) = \frac{4\pi}{c} j^{\nu}(x) . \tag{2.60}$$

Hier steht, wie nicht anders zu erwarten, im ersten Term der linken Seite der Differentialoperator $\Box = \partial_{\mu}\partial^{\mu} = (1/c^2)\partial_t^2 - \boldsymbol{\Delta}$, der für die Wellengleichung charakteristisch ist. Der zweite Term der linken Seite ist von der Wahl der Eichung abhängig; die rechte Seite ist der Quellterm. Verwendet man beispielsweise die Lorenz-Eichung (2.61), dann ist (2.60) genau die inhomogene Wellengleichung.

Bemerkungen

1. Die Kovarianz der Maxwell'schen Gleichungen ist, wie wir eben festgestellt haben, nur garantiert, wenn $F^{\mu\nu}(x)$ ein kontravarianter Tensor zweiter Stufe und $j^{\mu}(x)$ ein kontravarianter Vektor bezüglich Lorentz-Transformationen ist. Das Viererpotential $A^{\mu}(x)$ *kann* ein Lorentz-Vektor sein. Es ist hier aber auch jederzeit möglich, die manifeste Lorentz-Kovarianz zu verbergen, ohne die Kovarianz der Maxwell-Theorie und ihren physikalischen Inhalt zu ändern. Beispielsweise kann man statt der Lorentz-invarianten Bedingung

$$\partial_{\mu} A^{\mu}(x) = 0 \tag{2.61}$$

(das ist die Lorenz-Bedingung (1.58)) Klassen von nichtkovarianten Eichungen wählen. Man kann z. B. die Coulomb-Eichung (1.63) verlangen und damit eine spezielle Klasse von Bezugssystemen auszeichnen. Die Lorentz-Kovarianz der Maxwell'schen Gleichungen ist dann nicht mehr manifest sichtbar, geht aber dennoch nicht verloren. Man hat die Freiheit in der Wahl der Eichung ausgenutzt, um andere Eigenschaften der Theorie hervortreten zu lassen (im Falle der Coulomb-Eichung z. B. die Transversalität elektromagnetischer Wellen), hat die Kovarianz dabei versteckt. Da alle physikalischen Aussagen der Theorie von Eichtransformationen nicht tangiert werden, ist die Theorie in jeder Formulierung physikalisch dieselbe, auch wenn sie in ganz unterschiedlichen Gestalten auftritt.
2. Wie wir in einem späteren Abschnitt lernen werden, bedeutet die Eichfreiheit (2.59) in Wirklichkeit Invarianz der Maxwell-Theorie unter der Gruppe der lokalen U(1)-Transformationen,

$$\mathcal{U}(1) :$$
$$\big\{ g \in \mathcal{F}(\mathbb{R}^4) \,,\ \text{glatte Funktion} \mid g(x) = \mathrm{e}^{\mathrm{i}\alpha(x)},\, \alpha(x) \text{ glatt, reell} \big\} .$$

Mit dem Ausdruck *lokal* ist hier gemeint, dass jedem Punkt $x \in \mathbb{R}^4$ der Raumzeit eine Kopie der Gruppe

$$\mathrm{U}(1) = \left\{ g \in \mathbb{C} \middle| \, |g|^2 = 1 \, , \ \text{d.h.} \ g = \mathrm{e}^{\mathrm{i}\alpha}, \alpha \in [0, 2\pi] \right\}$$

angeheftet ist. Diese Eichgruppe (die eine Abel'sche Gruppe ist) wirkt auf die Potentiale A^μ gemäß

$$A'^{\mu}(x) = A^\mu(x) - \mathrm{i} g(x) \partial^\mu g^{-1}(x) \, , \tag{2.62}$$

sie wirkt aber auch auf die Quellterme der Maxwell-Gleichungen. Gleichung (2.62) ist ein Spezialfall einer Transformationsformel für allgemeinere, nicht-Abel'sche Gruppen, die wir in Kapitel 5 herleiten. Hier bestätigen wir einstweilen, dass (2.62) mit $\alpha(x) = \chi(x)$ die Formel (2.59) reproduziert.

3. Wenn alle Ladungs- und Stromdichten ganz im Endlichen liegen, dann folgt aus der Kontinuitätsgleichung (2.56), dass die Zeitableitung des Integrals der Ladungsdichte über den ganzen Raum verschwindet,

$$\partial_0 \iiint \mathrm{d}^3x \; j^0(x) = \iiint \mathrm{d}^3x \; \partial_0 j^0(t, \boldsymbol{x})$$
$$= - \iiint \mathrm{d}^3x \; \partial_i j^i(t, \boldsymbol{x}) = 0 \, .$$

Hierbei ist ausgenutzt, dass das Raumintegral mit Hilfe des Gauß'schen Satzes (1.6) in ein Oberflächenintegral über eine unendlich entfernte Fläche verwandelt werden kann, auf der die Stromdichte nach Voraussetzung verschwindet. Die gesamte, im Raum vorhandene Ladung

$$Q := \iiint \mathrm{d}^3x \; j^0(t, \boldsymbol{x}) \tag{2.63}$$

ist erhalten. Dies ist zwar ein schönes und wichtiges Ergebnis, es scheint aber wieder eine bestimmte Klasse von Lorentz-Systemen auszuzeichnen, bei denen festliegt, was Raum ist und was Zeit. Dennoch ist der Erhaltungssatz (2.63) der elektrischen Ladung Lorentz-invariant. Das kann man sich wie folgt klarmachen:
Sei Σ_0 die Hyperfläche $x^0 = \text{const.}$ im Minkowski-Raum[5]. Man sagt, diese Fläche ist *raum*artig und meint damit, dass je zwei Punkte auf Σ_0 zueinander raumartig liegen, an jedem Punkt $x \in \Sigma_0$ die (in positiver Zeitrichtung orientierte) Flächennormale $n(x)$ daher *zeit*artig liegt. Speziell für Σ_0 ist $n^\mu(x) = (1, \boldsymbol{0})^T$ für alle x. Generell gilt für jede raumartige Hyperfläche $n^2(x) \equiv n_\mu(x) n^\mu(x) = 1$. Die Eigenschaft einer Hyperfläche, raumartig zu sein, ist invariant unter allen $\boldsymbol{\Lambda} \in L_+^\uparrow$. Die Aussage, dass der Normalenvektor n zeitartig sei, bleibt für alle Inertialbeobachter richtig, die sich um eigentliche, orthochrone Lorentz-Transformationen voneinander unterscheiden.

[5] Jede glatte, endlichdimensionale Fläche, die in eine größere Mannigfaltigkeit eingebettet ist, nennt man *Hyperfläche*.

Es ist nicht schwer zu erraten, dass die vierdimensionale Version des Gauß'schen Satzes (1.6) etwa so aussehen muss

$$\iiiint_V \mathrm{d}^4x\, \partial^\mu F_\mu(x) = \iiint_{\Delta(V)} \mathrm{d}\sigma^\mu F_\mu(x)\,. \tag{2.64}$$

In dieser Formel ist $\Delta(V)$ eine stückweise glatte, geschlossene Hyperfläche im Minkowski-Raum, V das von ihr eingeschlossene (vierdimensionale) Volumen, und $F^\mu(x)$ ein glattes Vektorfeld. Die Integration auf der rechten Seite enthält $\mathrm{d}\sigma^\mu = n^\mu(x)\,\mathrm{d}\sigma$, wo $n^\mu(x)$ die nach außen gerichtete Flächennormale, $\mathrm{d}\sigma$ das Flächenelement auf $\Delta(V)$ ist.

Die Gesamtladung (2.63) ist nichts Anderes als das Integral der Stromdichte $j(x)$ über die raumartige Hyperfläche Σ_0,

$$Q = \iiint \mathrm{d}^3x\, j^0(x) = \iiint_{\Sigma_0} \mathrm{d}\sigma^\mu j_\mu(x)\,, \tag{2.63a}$$

$$\left(\mathrm{d}\sigma^\mu = n^\mu\,\mathrm{d}\sigma\,,\ n^\mu = (1,0,0,0)^T\,,\ \mathrm{d}\sigma = \mathrm{d}^3x\right).$$

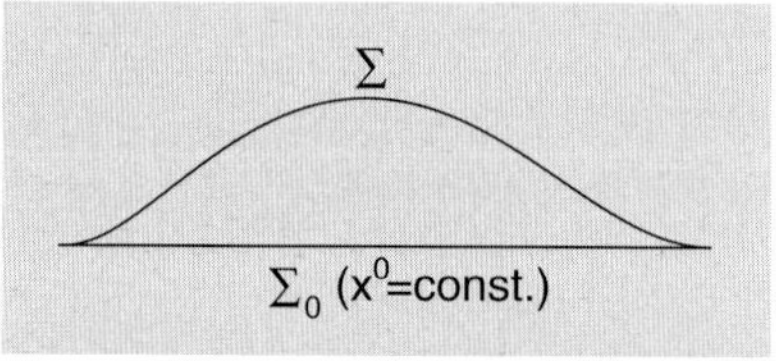

Abb. 2.2. Die dreidimensionale Hyperfläche $x^0 = \text{const.}$ wird lokal und stetig in die ebenfalls raumartige Hyperfläche Σ deformiert derart, dass $\Sigma - \Sigma_0$ ein endliches Volumen umschließt

Betrachtet man eine andere, raumartige glatte Hyperfläche Σ, die sich nur im Endlichen von Σ_0 unterscheidet, etwa so wie in Abb. 2.2 skizziert, dann ist die Differenz $\Sigma - \Sigma_0 =: \Delta(V)$ eine stückweise glatte, geschlossene Hyperfläche, die ein endliches Volumen V umschließt. Auf $\Delta(V)$ und V kann man den Gauß'schen Satz in der Form (2.64) anwenden. Tut man dies, so sieht man, dass

$$Q' = \iiint_\Sigma \mathrm{d}\sigma^\mu j_\mu(x) \quad \text{und} \quad Q = \iiint_{\Sigma_0} \mathrm{d}\sigma^\mu j_\mu(x)$$

sich nur um das Integral von $\partial^\mu j_\mu(x)$ über das Volumen V unterscheiden. Diese Differenz ist genau dann gleich Null, wenn die Stromdichte $j^\mu(x)$ erhalten ist. Genau dann ist die Ladung (2.63a) unabhängig von der Wahl der raumartigen Hyperfläche Σ. Deshalb ist die Definition (2.63) – trotz ihrer scheinbaren Abhängigkeit von der Aufteilung in Zeit und Raum – Lorentz-invariant.

2.3 Felder einer gleichförmig bewegten Punktladung

Eine Spezielle Lorentz-Transformation „wirbelt" elektrische Felder und Induktionsfelder „durcheinander". Während das Tensorfeld $F^{\mu\nu}(x)$ ein überschaubares Transformationsverhalten unter $\mathbf{L}(\boldsymbol{v}) \in L_+^\uparrow$ zeigt, gilt dies nicht für die Felder $\boldsymbol{E}$ und $\boldsymbol{B}$. Um diesen Sachverhalt zu erläutern und physikalisch transparent zu machen, betrachten wir das Beispiel eines Teilchens der elektrischen Ladung q, das sich relativ zu einem Inertialsystem $\mathbf{K}$ (im Folgenden Laborsystem genannt) mit der konstanten

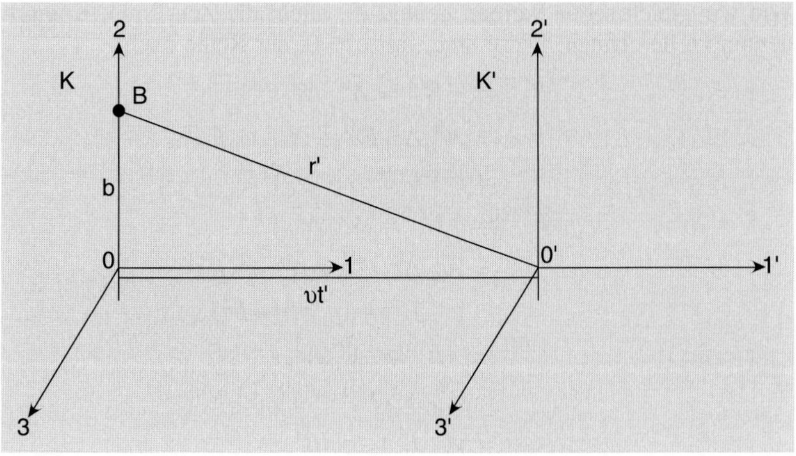

Abb. 2.3. Ein Beobachter möge relativ zum Inertialsystem $\mathbf{K}$ an der Stelle ($x^1 = 0$, $x^2 = b$, $x^3 = 0$) ruhen. Er sieht ein geladenes Teilchen mit konstanter Geschwindigkeit vorbeifleigen, das zur Koordinatenzeit $t = t' = 0$ durch den Ursprung von $\mathbf{K}$ fliegt

Geschwindigkeit $\boldsymbol{v}$ bewegt und berechnen die Felder $\boldsymbol{E}(t, \boldsymbol{x})$ und $\boldsymbol{B}(t, \boldsymbol{x})$, wie sie der Beobachter misst, der im vorgegebenen Inertialsystem eine feste Position im Raum einnimmt.

Das Ruhesystem des Teilchens sei mit $\mathbf{K}'$ bezeichnet. Es sei so eingerichtet, dass es zum Zeitpunkt $t = t' = 0$ mit dem Laborsystem zusammen fällt. Bezüglich $\mathbf{K}$ ruht der Beobachter B und hat die räumlichen Koordinaten $(0, b, 0)$; das Teilchen befindet sich im Ursprung von $\mathbf{K}'$ und bewegt sich – vom Laborsystem aus gesehen – mit der konstanten Geschwindigkeit $\boldsymbol{v} = v\hat{\boldsymbol{e}}_1$, somit entlang der 1-Achse von $\mathbf{K}$, wie in Abb. 2.3 skizziert. Mit $\beta = v/c$ und $\gamma = 1/\sqrt{1-\beta^2}$ gilt für die Koordinaten von B

$$x'^0 = \gamma(x^0 - \beta x^1)\,, \qquad x'^2 = x^2\,,$$
$$x'^1 = \gamma(x^1 - \beta x^0)\,, \qquad x'^3 = x^3\,.$$

Setzt man hier die Koordinaten $x^2 = b$ und $x^1 = 0 = x^3$ ein, so gilt

$$B : \left(ct, 0, b, 0\right)\Big|_{(\text{bez. }\mathbf{K})}\,,$$
$$B : \left(ct' = c\gamma t, x'^1 = -v\gamma t = -vt', x'^2 = b, x'^3 = 0\right)\Big|_{(\text{bez. }\mathbf{K}')}\,.$$

Die Spezielle Lorentz-Transformation, die $\mathbf{K}$ mit $\mathbf{K}'$ verbindet, und die Transformationsformel, die den Feldstärketensor vom einen zum anderen System trägt, lauten

$$\mathbf{L}(-\boldsymbol{v}) = \begin{pmatrix} \gamma & -\gamma\beta & 0 & 0 \\ -\gamma\beta & \gamma & 0 & 0 \\ 0 & 0 & 1 & 0 \\ 0 & 0 & 0 & 1 \end{pmatrix}$$
$$F'^{\sigma\tau}(x') = \Lambda^{\sigma}{}_{\mu}\Lambda^{\tau}{}_{\nu}\,F^{\mu\nu}(\boldsymbol{\Lambda}^{-1}x')\,.$$

Wie wir gleich sehen werden genügt es, allein die Zeit-Raum-Komponenten zu berechnen. Diese sind, mit $\sigma = 0$, der Reihe nach,

$$\begin{aligned}
\tau = 1: \qquad & F'^{01} = -E'^{1} = \Lambda^{0}{}_{\mu}\Lambda^{1}{}_{\nu}F^{\mu\nu} \\
& = \Lambda^{0}{}_{0}\Lambda^{1}{}_{1}F^{01} + \Lambda^{0}{}_{1}\Lambda^{1}{}_{0}F^{10} \\
& = (\gamma)^2(-E^1) + (\gamma\beta)^2 E^1 = -E^1 \,, \\
\tau = 2: \qquad & F'^{02} = -E'^{2} = \Lambda^{0}{}_{\mu}\Lambda^{2}{}_{\nu}F^{\mu\nu} \\
& = \Lambda^{0}{}_{0}\Lambda^{2}{}_{2}F^{02} + \Lambda^{0}{}_{1}\Lambda^{2}{}_{2}F^{12} \\
& = \gamma(-E^2) + (-\gamma\beta)(-B^3) \,, \\
\tau = 3: \qquad & F'^{03} = -E'^{3} = \Lambda^{0}{}_{\mu}\Lambda^{3}{}_{\nu}F^{\mu\nu} \\
& = \Lambda^{0}{}_{0}\Lambda^{3}{}_{3}F^{03} + \Lambda^{0}{}_{1}\Lambda^{3}{}_{3}F^{13} \\
& = \gamma(-E^3) - \gamma\beta B^2 \,.
\end{aligned}$$

Hierbei ist ausgenutzt, dass

$$\Lambda^{1}{}_{2} = 0 = \Lambda^{1}{}_{3}\,, \quad \Lambda^{2}{}_{1} = 0 = \Lambda^{2}{}_{3}\,, \quad \Lambda^{3}{}_{1} = 0 = \Lambda^{3}{}_{2}\,.$$

Zusammengefasst ergeben sich somit die Formeln

$$E'^{1} = E^1 \,, \tag{2.65a}$$

$$E'^{2} = \gamma\big(E^2 - \beta B^3\big) \,, \tag{2.65b}$$

$$E'^{3} = \gamma\big(E^3 + \beta B^2\big) \,. \tag{2.65c}$$

Das Transformationsverhalten der $\boldsymbol{B}$-Felder kann man mit Hilfe eines kleinen Tricks ohne weitere Rechnung aus den Formeln (2.65a) - (2.65c) ableiten. Das Tensorfeld $\star F^{\mu\nu}$, Gleichung (2.54c), transformiert sich genauso wie wie das Tensorfeld $F^{\mu\nu}$, gleichzeitig entsteht es aus diesem durch die Ersetzung (2.55). Somit folgt

$$B'^{1} = B^1 \,, \tag{2.65d}$$

$$B'^{2} = \gamma\big(B^2 + \beta E^3\big) \,, \tag{2.65e}$$

$$B'^{3} = \gamma\big(B^3 - \beta E^2\big) \,. \tag{2.65f}$$

Es ist auch nicht schwer diese Formeln auf eine beliebige Richtung der Geschwindigkeit $\boldsymbol{v}$ zu verallgemeinern: man sieht ja am Ergebnis (2.65a)–(2.65f), dass die Komponenten, die zu $\boldsymbol{v}$ parallel sind, ungeändert bleiben und dass in den Komponenten senkrecht zu $\boldsymbol{v}$ das Kreuzprodukt aus der Geschwindigkeit und des jeweils anderen Feldes auftritt. Es gilt

$$E'_{\|} = E_{\|} \,, \quad B'_{\|} = B_{\|} \,, \tag{2.66a}$$

$$\boldsymbol{E}'_{\perp} = \gamma\big(\boldsymbol{E}_{\perp} + \frac{1}{c}\boldsymbol{v} \times \boldsymbol{B}\big) \tag{2.66b}$$

$$\boldsymbol{B}'_{\perp} = \gamma\big(\boldsymbol{B}_{\perp} - \frac{1}{c}\boldsymbol{v} \times \boldsymbol{E}\big) \,. \tag{2.66c}$$

Kehrt man zum konkreten Beispiel $\boldsymbol{v} = v\hat{\boldsymbol{e}}_1$ zurück, so ist in Abb. 2.3 $r' = \sqrt{b^2 + (vt')^2}$. In seinem Ruhesystem $\mathbf{K}'$ erzeugt das Teilchen das kugelsymmetrische elektrische Feld

$$\boldsymbol{E} = \frac{q}{r'^3}\boldsymbol{r}' ,$$

und es ist kein Induktionsfeld vorhanden. Am Ort des Beobachters ist speziell

$$E'^1 = -\frac{q}{r'^2}\frac{(vt')}{r'} , \quad E'^2 = \frac{q}{r'^2}\frac{b}{r'} , \quad E'^3 = 0 ,$$
$$B'^1 = 0 = B'^2 = B'^3 .$$

Da im Ruhesystem $\boldsymbol{B}' = 0$ ist, folgt aus (2.65e) bzw.(2.65f) $B^2 = -\beta E^3$ und $B^3 = \beta E^2$. Setzt man dies in (2.65c) bzw.(2.65b) ein, so folgt $E'^2 = E^2/\gamma$ bzw. $E'^3 = E^3/\gamma$. Damit rechnet man die Felder im Laborsystem $\mathbf{K}$ aus: Am Ort von B und mit der vorgegebenen Bewegung des Teilchens sind

$$E^1 = -q\frac{v\gamma t}{\left(b^2 + (v\gamma t)^2\right)^{3/2}} , \tag{2.67a}$$

$$E^2 = \gamma E'^2 = q\frac{\gamma b}{\left(b^2 + (v\gamma t)^2\right)^{3/2}} , \tag{2.67b}$$

$$\boldsymbol{B}_\perp = \frac{\gamma}{c}\boldsymbol{v} \times \boldsymbol{E} , \quad \text{d. h.} \quad B^3 = \frac{v}{c}\gamma E'^2 = \frac{v}{c}E^2 , \tag{2.67c}$$

sowie natürlich $E^3 = E'^3 = 0$. Um dieses Ergebnis anschaulich zu machen ist es sinnvoll, die dimensionslose Variable

$$u := \frac{ct}{b}$$

einzuführen und die Felder in Einheiten von q/b^2 auszudrücken. Die Gleichung (2.67a) bzw.(2.67b) werden dann mit $vt/b = \beta u$ und mit $\beta^2\gamma^2 = \gamma^2 - 1$ zu

$$f_1(u) := -\frac{E^1}{(q/b^2)} = \frac{\sqrt{\gamma^2 - 1}\, u}{\left(1 + (\gamma^2 - 1)u^2\right)^{3/2}} ,$$

$$f_2(u) := \frac{E^2}{(q/b^2)} = \frac{\gamma}{\left(1 + (\gamma^2 - 1)u^2\right)^{3/2}} .$$

Teil a) der Abb. 2.4 zeigt die Funktion f_1 als Funktion von u, d. h. als Funktion der Koordinatenzeit t. Diese Funktion ist ungerade, ihr Maximum und ihr Minimum liegen bei $u_{\text{max/min}} = \mp 1/(\sqrt{2(\gamma^2 - 1)})$ und sie hat an beiden Stellen den Absolutwert $2/(3\sqrt{3})$. Teil b) zeigt die Funktion $f_2(u)$. Diese hat ihr Maximum bei $u = 0$. Ihr Wert zur Zeit Null ist $f_2(0) = \gamma$, die Breite dieser Kurve, d. h. der Abstand zwischen den beiden Punkten, an denen sie auf die Hälfte ihres Wertes bei $u = 0$

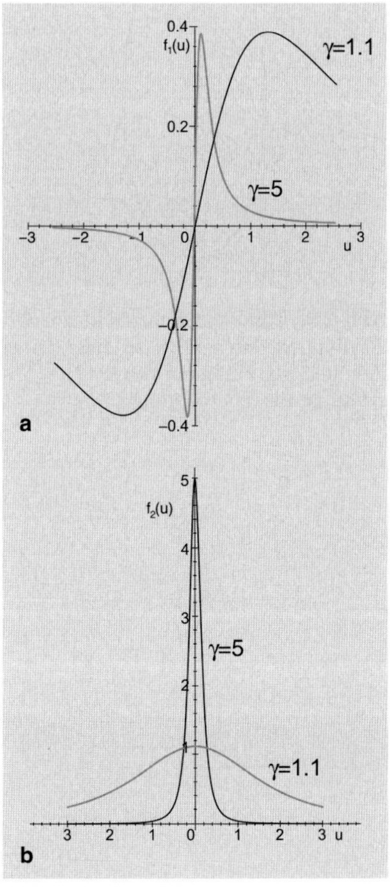

Abb. 2.4. (**a**) Die Komponente E^1 des elektrischen Feldes in Richtung von $\boldsymbol{v}$, (**b**) die Komponente E^2 senkrecht zu $\boldsymbol{v}$, als Funktion der Zeit und für zwei Werte von γ

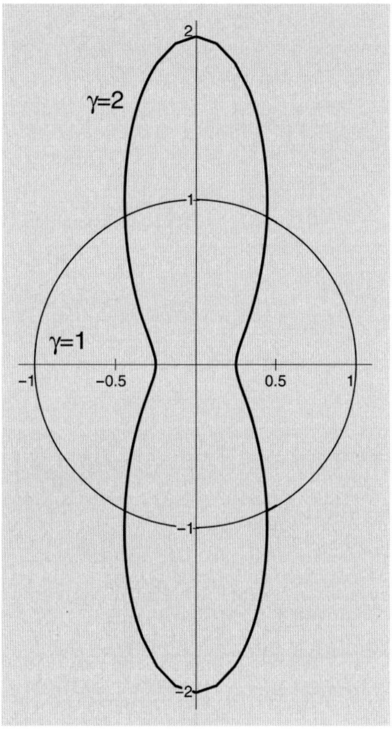

Abb. 2.5. Das elektrische Feld am Ort B, dividiert durch $\boldsymbol{E}^{(0)}$, zu einer *festen* Zeit und als Funktion von φ. Die Abszisse ist die Flugrichtung

abgesunken ist, ist

$$\Delta u = \frac{2\sqrt{4^{1/3}-1}}{\sqrt{\gamma^2-1}} \simeq \frac{1{,}533}{\sqrt{\gamma^2-1}} \,.$$

Je höher der Wert von γ, umso ausgeprägter und umso schmaler ist der „Puls", den der Beobachter in der 2-Richtung sieht. Was *in* der Flugrichtung geschieht, hat mit der Lorentz-Kontraktion zu tun. Man sieht dies deutlich, wenn man das elektrische Feld am Ort des Beobachters B und im Laborsystem zu einem beliebigen, aber festen Zeitpunkt berechnet. Aus der Geometrie der Abb. 2.5 liest man ab, dass

$$\frac{E^1}{E^2} = -\frac{vt}{b} \,,$$

d. h. $\boldsymbol{E}$ hat dieselbe Richtung wie der Ortsvektor $\boldsymbol{r}$. Im Nenner der Ausdrücke (2.67a) und (2.67b) berechnet man

$$\begin{aligned} b^2 + (v\gamma t)^2 &= \gamma^2\left(b^2 + (vt)^2\right) + b^2\left(1-\gamma^2\right) \\ &= \gamma^2 r^2 \left[1 + \frac{1-\gamma^2}{\gamma^2}\frac{b^2}{r^2}\right] = \gamma^2 r^2 \left(1 - \beta^2 \sin^2\varphi\right) \,. \end{aligned}$$

Zur festen Zeit t ist das elektrische Feld am Ort B daher

$$\boldsymbol{E}(t_{\text{fest}}, \boldsymbol{r}) = \frac{q\boldsymbol{r}}{r^3 \gamma^2 \left(1-\beta^2 \sin^2\varphi\right)^{3/2}} \,. \tag{2.68}$$

An diesem Ergebnis kann man den Kontraktionseffekt ablesen: Ist $\boldsymbol{E}^{(0)} = q\boldsymbol{r}/r^3$ das Feld des ruhenden Teilchens, dann ist

$$\text{für } \varphi = \pm\frac{\pi}{2}: \qquad \boldsymbol{E}(t_{\text{fest}}, \boldsymbol{r}) = \gamma \boldsymbol{E}^{(0)}(t_{\text{fest}}, \boldsymbol{r}) \,,$$

$$\text{für } \varphi = 0 \text{ und } \pi: \qquad \boldsymbol{E}(t_{\text{fest}}, \boldsymbol{r}) = \frac{1}{\gamma^2} \boldsymbol{E}^{(0)}(t_{\text{fest}}, \boldsymbol{r}) \,.$$

In der Flugrichtung des Teilchens ($\varphi = 0$ oder π) erscheint das ursprünglich kugelsymmetrische Feld gegenüber der Richtung $\varphi = \pm\pi/2$ senkrecht dazu kontrahiert.

2.4 Lorentz-invariante äußere Formen und die Maxwell'schen Gleichungen

In Abschn. 2.1.2 haben wir gelernt, dass den Feldern der Maxwell'schen Gleichungen bei fester Aufteilung der Raumzeit in Zeitachse und Raum $\mathbb{R}^3$ sowie ihren Potentialen einfache äußere Formen zugeordnet werden können, die es gestatten die Maxwell'schen Gleichungen knapp und transparent zu formulieren. Ausgestattet mit dieser Erfahrung liegt es nahe die Observablen und die Potentiale der Maxwell-Theorie – in ihrer kovarianten Form – als geometrische Objekte auf dem Minkoski-Raum $\mathbb{R}^4$ zu interpretieren. In diesem Abschnitt zeigen wir, dass der

Feldstärkentensor, die Lorentz-Kraft, die Potentiale und die äußeren Quellen auch und in der Tat noch einfacher als über dem $\mathbb{R}^3$ als äußere Formen geschrieben werden können, die einfache und natürliche Gleichungen erfüllen. Zugleich zeigen wir, dass die scheinbare Unsymmetrie zwischen beispielsweise dem elektrischen Feld, das über dem $\mathbb{R}^3$ eine *Eins*form war, und dem Induktionsfeld, das dort eine *Zwei*form ist, aufgehoben wird. Nicht zuletzt legen wir den Grundstein für die Verallgemeinerung auf nicht-Abel'sche Eichtheorien, die Gegenstand des Kapitels 5 sind.

2.4.1 Feldstärkentensor und Lorentz-Kraft

Das Tensorfeld $F^{\mu\nu}(x)$, das in jedem Inertialsystem gemäß (2.46) in die dort messbaren $\boldsymbol{E}$- und $\boldsymbol{B}$-Felder zerlegt wird, ist über dem Minkowski-Raum $\big(\mathbb{R}^4, \mathbf{g} = \mathrm{diag}(1,-1,-1,-1)\big)$ definiert. Bezeichnen $\mathrm{d}x^\mu$ die Basis-Einsformen über diesem Raum, so sei

$$\omega_F := \sum_{\mu<\nu} F_{\mu\nu}(x)\,\mathrm{d}x^\mu \wedge \mathrm{d}x^\nu\,. \tag{2.69}$$

Die Summen über μ und ν sind wegen der Bedingung $\mu < \nu$ ausgeschrieben. (Natürlich könnte man auch hier die Summenkonvention verwenden, müsste dann aber einen Vorfaktor $1/2$ dazu schreiben.) In (2.69) ist das *ko*variante Tensorfeld

$$F_{\mu\nu}(x) = g_{\mu\sigma} F^{\sigma\tau}(x) g_{\tau\nu}$$

eingesetzt (hier mit Summenkonvention!). Die Basis-Einsformen

$$\mathrm{d}x^0 = c\,\mathrm{d}t\,,\ \mathrm{d}x^1\,,\ \mathrm{d}x^2\,,\ \mathrm{d}x^3$$

laufen wie die Koordinaten von 0 bis 3 und beziehen sich auf das ausgewählte Bezugssystem. Die Notation der äußeren Form ist dadurch etwas vereinfacht, dass der Grad der Form hier nicht über dem Symbol erscheint, man sieht der Definition (2.69) jedoch sofort an, dass es sich um eine Zweiform handelt.

Eine wichtige Beobachtung kann man schon an dieser Stelle machen: Im Gegensatz zur Darstellung als $F^{\mu\nu}$, die ja eine Koordinatendarstellung ist und somit auf ein gegebenes Bezugssystem rekurriert, ist die Definition der Zweiform ω_F Lorentz-invariant. Bleibt man aber für einen Moment im Bezugssystem, in dem unter Berücksichtigung der durch die beiden Faktoren $\mathbf{g}$ induzierten Vorzeichen[6]

$$F_{\mu\nu}(x) = \begin{pmatrix} 0 & +E_1 & +E_2 & +E_3 \\ -E_1 & 0 & -B_3 & +B_2 \\ -E_2 & +B_3 & 0 & -B_1 \\ -E_3 & -B_2 & +B_1 & 0 \end{pmatrix} \tag{2.69a}$$

[6] Man beachte, dass über $\mathbb{R}^3$, dem Euklidischen Raum, $E_i = E^i$ und $B_k = B^k$ gesetzt werden dürfen. Über dem $\mathbb{R}^3$ können kovariante und kontravariante Indizes identifiziert werden und müssen daher nicht unterschieden werden.

ist, dann folgt

$$
\begin{aligned}
\omega_F = {}& dx^0 \wedge \left[E_1 \, dx^1 + E_2 \, dx^2 + E_3 \, dx^3 \right] \\
& - \left[B_3 \, dx^1 \wedge dx^2 + B_1 \, dx^2 \wedge dx^3 + B_2 \, dx^3 \wedge dx^1 \right] \\
= {}& dx^0 \wedge \overset{1}{\omega}_E - \overset{2}{\omega}_B \,,
\end{aligned}
\tag{2.70}
$$

wo die in (2.26a) und (2.26b) definierten Formen auftreten. Diese kleine Rechnung erklärt ohne Weiteres, warum dem **E**-Feld eine Einsform, dem **B**-Feld eine Zweiform auf dem $\mathbb{R}^3$ zugeordnet werden. Über dem Minkowski-Raum werden den beiden Sorten von Feldern Zweiformen zugeordnet. Es ist also sinnvoll die Definitionen (2.26a) und (2.26b) durch die folgenden zu ersetzen:

106

$$
\omega_E \equiv \overset{2}{\omega}_E := \sum_{i=1}^{3} E_i(t, \boldsymbol{x}) \, dx^0 \wedge dx^i \,,
\tag{2.71a}
$$

$$
\omega_B \equiv \overset{2}{\omega}_B := \frac{1}{2} \sum_{i,j,k} \varepsilon_{ijk} B_i(t, \boldsymbol{x}) \, dx^j \wedge dx^k \,.
\tag{2.71b}
$$

Wir werden im Folgenden von beiden Schreibweisen, von (2.69) aber auch von (2.71a) und (2.71b), Gebrauch machen.

Als Zweiform ist ω_F auf bis zu zwei Vektorfelder anwendbar. So ist mit

$$
u = u^\alpha \partial_\alpha \quad \text{und} \quad v = v^\beta \partial_\beta
$$

$$
\omega_F(u, v) = \sum_{\mu < \nu} F_{\mu\nu} \big(v^\mu u^\nu - u^\mu v^\nu \big) = 2 \sum_{\mu < \nu} F_{\mu\nu} u^\nu v^\mu
$$

$$
= 2 \frac{1}{2} \sum_{\mu, \nu} F_{\mu\nu} u^\nu v^\mu \,.
$$

Wendet man ω_F dagegen auf nur ein Vektorfeld an, so entsteht eine Einsform

$$
\omega_F(u, \bullet) = \sum_{\mu, \nu} F_{\mu\nu} u^\nu \, dx^\mu \,.
$$

Multipliziert man dies mit q/c, so entsteht die Lorentz-Kraft (2.47), der offenbar die Einsform

$$
\omega_{\text{Lor}} := \sum_{\mu=0}^{3} K_\mu(x) \, dx^\mu \,, \quad \text{mit} \quad K_\mu(x) = \frac{q}{c} \sum_{\nu=0}^{3} F_{\mu\nu}(x) u^\nu
\tag{2.72}
$$

zuzuordnen ist.

Es ist jetzt nicht schwer die Maxwell'schen Gleichungen in manifest kovarianter Form mit Hilfe der Zweiform (2.69) und ihrer Hodge-Dualen zu notieren. Die Hodge'sche Sternoperation im Minkowski-Raum ist wegen der charakteristischen Vorzeichen in der Metrik etwas subtiler zu handhaben als in einem Euklidischen Raum, für den die Definition (2.16) zuständig ist. Wir geben die Dualen der Basis-Formen im

Minkowski-Raum an:

$$\star\,\mathrm{d}x^\mu = \frac{1}{3!} g^{\mu\lambda} \varepsilon_{\lambda\nu\sigma\tau}\, \mathrm{d}x^\nu \wedge \mathrm{d}x^\sigma \wedge \mathrm{d}x^\tau \,, \tag{2.73a}$$

$$\star\left(\mathrm{d}x^\mu \wedge \mathrm{d}x^\nu\right) = \frac{1}{2!} g^{\mu\lambda} g^{\nu\varrho} \varepsilon_{\lambda\varrho\sigma\tau}\, \mathrm{d}x^\sigma \wedge \mathrm{d}x^\tau \,, \tag{2.73b}$$

$$\star\left(\mathrm{d}x^\mu \wedge \mathrm{d}x^\nu \wedge \mathrm{d}x^\sigma\right) = g^{\mu\lambda} g^{\nu\varrho} g^{\sigma\eta} \varepsilon_{\lambda\varrho\eta\tau}\, \mathrm{d}x^\tau \,, \tag{2.73c}$$

$$\star\left(\mathrm{d}x^0 \wedge \mathrm{d}x^1 \wedge \mathrm{d}x^2 \wedge \mathrm{d}x^3\right) = \det \mathbf{g} = -1 \,. \tag{2.73d}$$

Bemerkung

In diesen Formeln ist $\varepsilon_{\alpha\beta\gamma\delta}$ das aus (2.50) bekannte, vollständig antisymmetrische Levi-Civita Symbol in vier Dimensionen, mit der Konvention $\varepsilon_{0123} = +1$. Die (inverse) Metrik, die in den Formeln (2.73a)–(2.73d) auftritt, gibt Anlass zu Vorzeichen, da zwar $g^{00} = +1$, aber $g^{ii} = -1$ ist. Damit wird auch die Beziehung (2.18) zwischen dem Doppelt-Dualen $\star\star\omega$ und dem Original ω, die für Euklidische Räume gilt, abgeändert. Sie lautet hier

$$\star\star\omega = (-)^{k(n-k)+1}\, \omega \,, \tag{2.74}$$

wo 1 von der Signatur des semi-Euklidischen Raums $\mathbb{R}^{(p,q)}$ (mit p Raumkoordinaten und q Zeitkoordinaten) stammt, mit $p+q=n$ und mit der Metrik $\mathbf{g} = \big(1, 1, \ldots\ (q\text{-mal}), -1, -1, \ldots\ (p\text{-mal})\big)$. Die Signatur ist die Kodimension des größten Unterraums, auf dem die Metrik *definit* ist. Im Fall des Minkowski-Raums $\mathbb{R}^{(1,3)}$ ist $\mathbf{g} = \mathrm{diag}(1, -1, -1, -1)$. Auf den Raumanteil eingeschränkt ist $\mathbf{g}|_{\mathbb{R}^3}$ negativ definit und somit ist $s = 4 - 3 = 1$.

Hier sind einige Beispiele: Die Formel (2.73d) kann man alternativ auch so schreiben

$$\star\big(\mathrm{d}x^\mu \wedge \mathrm{d}x^\nu \wedge \mathrm{d}x^\sigma \wedge \mathrm{d}x^\tau\big) = g^{\mu\alpha} g^{\nu\beta} g^{\sigma\gamma} g^{\tau\delta} \varepsilon_{\alpha\beta\gamma\delta} \,,$$

und natürlich gilt auch für das Duale der 1

$$\star 1 = \frac{1}{4!} \varepsilon_{\mu\nu\sigma\tau}\, \mathrm{d}x^\mu \wedge \mathrm{d}x^\nu \wedge \mathrm{d}x^\sigma \wedge \mathrm{d}x^\tau \,.$$

Aus (2.73b) folgt

$$\star\mathrm{d}x^0 \wedge \mathrm{d}x^1 = g^{00} g^{11} \varepsilon_{0123}\, \mathrm{d}x^2 \wedge \mathrm{d}x^3 = -\,\mathrm{d}x^2 \wedge \mathrm{d}x^3 \,,$$

$$\star\mathrm{d}x^2 \wedge \mathrm{d}x^3 = g^{22} g^{33} \varepsilon_{2301}\, \mathrm{d}x^0 \wedge \mathrm{d}x^1 = +\mathrm{d}x^0 \wedge \mathrm{d}x^1 \,, \quad \text{und somit}$$

$$\star\star\, \mathrm{d}x^0 \wedge \mathrm{d}x^1 = -\,\mathrm{d}x^0 \wedge \mathrm{d}x^1 \,,$$

in Übereinstimmung mit (2.74), da $k = 2$ und $s = 1$ ist. Mit der Formel (2.73a)

$$\star\mathrm{d}x^0 = g^{00} \varepsilon_{0123}\, \mathrm{d}x^1 \wedge \mathrm{d}x^2 \wedge \mathrm{d}x^3 = \mathrm{d}x^1 \wedge \mathrm{d}x^2 \wedge \mathrm{d}x^3 \,,$$

$$\begin{aligned}\star\mathrm{d}x^1 &= g^{11} \varepsilon_{1023}\, \mathrm{d}x^0 \wedge \mathrm{d}x^2 \wedge \mathrm{d}x^3 = -\varepsilon_{1023}\, \mathrm{d}x^0 \wedge \mathrm{d}x^2 \wedge \mathrm{d}x^3 \\ &= \mathrm{d}x^0 \wedge \mathrm{d}x^2 \wedge \mathrm{d}x^3 \,,\end{aligned}$$

$$\star \mathrm{d}x^2 = g^{22}\varepsilon_{2013}\,\mathrm{d}x^0 \wedge \mathrm{d}x^1 \wedge \mathrm{d}x^3 = -\,\mathrm{d}x^0 \wedge \mathrm{d}x^1 \wedge \mathrm{d}x^3$$
$$= +\mathrm{d}x^0 \wedge \mathrm{d}x^3 \wedge \mathrm{d}x^1 \,,$$
$$\star \mathrm{d}x^3 = g^{33}\varepsilon_{3012}\,\mathrm{d}x^0 \wedge \mathrm{d}x^1 \wedge \mathrm{d}x^2 = \mathrm{d}x^0 \wedge \mathrm{d}x^1 \wedge \mathrm{d}x^2 \,.$$

(An den letzten drei Formeln sieht man die zyklische Symmetrie in den Raumindizes.) Vergleicht man mit der Formel (2.73c), so sieht man, dass Basis-Dreiformen und Basis-Einsformen unter der zweifachen Sternoperation ihr Vorzeichen nicht wechseln, in Übereinstimmung mit (2.74) für $n = 4$ und $s = 1$, $k = 1$ bzw. $k = 3$.

Die Sternoperation auf ω_F, Gleichung (2.69), angewandt, gibt mit den eben aufgestellten Regeln (2.73b)

$$\star\omega_F = -\,E_1\,\mathrm{d}x^2 \wedge \mathrm{d}x^3 - E_2\,\mathrm{d}x^3 \wedge \mathrm{d}x^1 - E_3\,\mathrm{d}x^1 \wedge \mathrm{d}x^2$$
$$-\,B_1\,\mathrm{d}x^0 \wedge \mathrm{d}x^1 - B_2\,\mathrm{d}x^0 \wedge \mathrm{d}x^2 - B_3\,\mathrm{d}x^0 \wedge \mathrm{d}x^3 \,.$$

Dies ist die Zweiform (2.70), in der

$$\boldsymbol{E} \longmapsto -\boldsymbol{B}\,, \quad \boldsymbol{B} \longmapsto \boldsymbol{E}$$

ersetzt wurden. Vergleicht man dies mit (2.55), dann ist klar, dass „dual" gleich „dual" ist, d. h. dass

$$\star\,\omega_F = \omega_{(\star F)} \,. \tag{2.75}$$

Die Zweiform (2.69), mit $\star F$ gebildet, ist dasselbe wie das Hodge-Duale von ω_F, Gleichung (2.69).

Dieselbe Konstruktion lässt sich natürlich auch für $\mathcal{F}^{\mu\nu}(x)$, das Tensorfeld der $\boldsymbol{D}$- und $\boldsymbol{H}$-Felder, Gleichung (2.52a), durchführen. Analog zu (2.69) definiert man

$$\omega_{\mathcal{F}} = \sum_{\mu<\nu} \mathcal{F}_{\mu\nu}(x)\,\mathrm{d}x^\mu \wedge \mathrm{d}x^\nu \,. \tag{2.76}$$

Beide Zweiformen, ω_F und $\omega_{\mathcal{F}}$, kommen in den mit äußeren Formen formulierten Maxwell'schen Gleichungen vor, denen wir uns jetzt zuwenden.

2.4.2 Differentialgleichungen für die Zweiformen ω_F und $\omega_{\mathcal{F}}$

Die homogenen Maxwell-Gleichungen (2.49) bzw. (2.49a) sind in der Sprache der äußeren Formen besonders einfach. Sie besagen nichts Anderes als dass ω_F geschlossen ist,

$$\mathrm{d}\omega_F = 0 \,. \tag{2.77}$$

Man bestätigt dies durch Anwendung der Formel (2.15e) für die äußere Ableitung:

$$\mathrm{d}\omega_F = \big(\mu < \nu\big)\,\partial_\lambda F_{\mu\nu}(x)\,\mathrm{d}x^\lambda \wedge \mathrm{d}x^\mu \wedge \mathrm{d}x^\nu$$
$$= \frac{1}{2}\,\partial_\lambda F_{\mu\nu}(x)\,\mathrm{d}x^\lambda \wedge \mathrm{d}x^\mu \wedge \mathrm{d}x^\nu \,.$$

Die drei Indizes λ, μ und ν müssen alle verschieden sein. Da die Basis-Dreiformen linear unabhängig sind, muss der Koeffizient

$$\partial_\lambda F_{\mu\nu} + \partial_\mu F_{\nu\lambda} + \partial_\nu F_{\lambda\mu} ,$$

der die Basisform $\mathrm{d}x^\lambda \wedge \mathrm{d}x^\mu \wedge \mathrm{d}x^\nu$ multipliziert, gleich Null sein. Dies ist die Aussage der Gleichung (2.49). Alternativ hierzu kann man mit Hilfe von (2.73c) das Duale von $\mathrm{d}\omega_F$ berechnen:

$$\star\mathrm{d}\omega_F = \frac{1}{2}\,\partial^\nu F^{\sigma\tau}(x)\varepsilon_{\mu\nu\sigma\tau}\,\mathrm{d}x^\mu .$$

Da der Koeffizient jeder einzelnen Basis-Einsform $\mathrm{d}x^\mu$ verschwinden muss, gibt dies die homogenen Gleichungen in der Form (2.49a).

Um die inhomogenen Gleichungen (2.53) zu beschreiben, bildet man zunächst die äußere Ableitung der dualisierten Form $\star\omega_{\mathcal{F}}$,

$$\mathrm{d}\big(\star\omega_{\mathcal{F}}\big) = \frac{1}{4}\,\partial_\alpha \mathcal{F}_{\mu\nu}(x)g^{\mu\lambda}g^{\nu\varrho}\varepsilon_{\lambda\varrho\beta\gamma}\,\mathrm{d}x^\alpha \wedge \mathrm{d}x^\beta \wedge \mathrm{d}x^\gamma$$
$$= \frac{1}{4}\,\partial_\alpha \mathcal{F}^{\lambda\varrho}(x)\varepsilon_{\lambda\varrho\beta\gamma}\,\mathrm{d}x^\alpha \wedge \mathrm{d}x^\beta \wedge \mathrm{d}x^\gamma .$$

Schon hier sieht man, da α, β und γ in der Basis-Dreiform verschieden sein müssen. Da andererseits β und γ im ε-Symbol auch von λ und von ϱ verschieden sein müssen, muss entweder $\lambda = \alpha$ oder $\varrho = \alpha$ sein. Noch klarer wird dies aber, wenn man das zuletzt erhaltene Ergebnis noch einmal der Sternoperation unterwirft. Verwendet man den Tensor

$$\varepsilon^{\alpha\beta\gamma\delta} = g^{\alpha\mu}g^{\beta\nu}g^{\gamma\sigma}g^{\delta\tau}\varepsilon_{\mu\nu\sigma\tau}$$

und die Formel (2.73d), so ist

$$\star\,\mathrm{d}\star\omega_{\mathcal{F}} = \frac{1}{4}\,\partial_\alpha \mathcal{F}^{\lambda\varrho}(x)\varepsilon_{\lambda\varrho\beta\gamma}\varepsilon^{\alpha\beta\gamma\delta}\,g_{\delta\eta}\,\mathrm{d}x^\eta .$$

Hier muss wieder jeder Koeffizient der Einsformen $\mathrm{d}x^\eta$ für sich gleich Null sein. Zuvor lässt sich aber die Summe über β und über γ mittels folgender Formel ausführen

$$\varepsilon_{\lambda\varrho\beta\gamma}\varepsilon^{\alpha\beta\gamma\delta} = \varepsilon_{\beta\gamma\lambda\varrho}\varepsilon^{\beta\gamma\alpha\delta} = -2\left\{\delta^\alpha_\lambda\delta^\delta_\varrho - \delta^\alpha_\varrho\delta^\delta_\lambda\right\} . \tag{2.78}$$

Setzt man dies ein, so bleibt vier Mal derselbe Beitrag stehen,

$$\star\,\mathrm{d}\star\omega_{\mathcal{F}} = -\partial_\lambda \mathcal{F}^{\lambda\varrho}(x)g_{\varrho\eta}\,\mathrm{d}x^\eta ,$$

oder, wenn man den Operator $\delta = -\star\mathrm{d}\star$, Gleichung (2.19a) mit $n = 4$, $k = 2$, einführt,

$$\delta\,\omega_{\mathcal{F}} = \partial_\lambda \mathcal{F}^{\lambda\varrho}(x)g_{\varrho\eta}\,\mathrm{d}x^\eta .$$

Vergleicht man die Dreiform (2.28a) der Ladungsdichte und die Zweiform (2.38b) der Stromdichte, so liegt die Vermutung nahe, dass in der kovarianten Formulierung beide Dreiformen sind, d. h.

$$\omega_j = \frac{1}{3!}\,\varepsilon_{\mu\alpha\beta\gamma}\, j^\mu(x)\, \mathrm{d}x^\alpha \wedge \mathrm{d}x^\beta \wedge \mathrm{d}x^\gamma\,. \tag{2.79}$$

Nimmt man hiervon das Duale und verwendet die Formel

$$\varepsilon_{\mu\alpha\beta\gamma}\varepsilon^{\alpha\beta\gamma\eta} = -\varepsilon_{\alpha\beta\gamma\mu}\varepsilon^{\alpha\beta\gamma\eta} = 3!\delta^\eta_\mu\,,$$

so ist

$$\star\omega_j = j^\mu(x) g_{\mu\eta}\, \mathrm{d}x^\eta\,. \tag{2.79a}$$

Daraus und aus dem Vergleich der Koeffizienten von $\mathrm{d}x^\eta$ sieht man, dass die inhomogenen Maxwell-Gleichungen (2.53) in äußeren Formen-die Gestalt annehmen

$$\delta\,\omega_{\mathcal{F}} = \frac{4\pi}{c}\star\omega_j\,. \tag{2.80}$$

Bemerkungen

1. Wenn man die Elektrodynamik ausschließlich in der geometrischen Sprache mit äußeren Formen formuliert, dann schreibt man einfach F statt ω_F, $\mathcal{F}$ anstelle von $\omega_{\mathcal{F}}$ usw. Dann ist also

   $$F \equiv \frac{1}{2}\, F_{\mu\nu}(x)\, \mathrm{d}x^\mu \wedge \mathrm{d}x^\nu\,.$$

   Die Kovarianz der Maxwell'schen Gleichungen ist in der Gestalt der Gleichungen (2.77) und (2.80) offensichtlich, weil beide koordinatenfrei geschrieben sind, somit in *allen* Inertialsystemen gelten.
2. Die homogenen Gleichungen, die in (2.77) zusammengefasst sind, machen noch keinen Gebrauch von der Metrik auf dem Minkowski-Raum. Erst in den inhomogenen Gleichungen, die in (2.80) schlummern, tritt die Hodge'sche Sternabbildung auf, für deren Definition eine Metrik gegeben sein muss. Hehl und Obukhov gehen in ihrer axiomatischen Darstellung der Elektrodynamik daher zunächst von topologischen Mannigfaltigkeiten aus, ohne von Anfang an die Existenz einer Metrik zu fordern.
3. Natürlich gibt auch δ zwei Mal hintereinander ausgeführt Null, $\delta\circ\delta = \star\mathrm{d}\star\circ\star\,\mathrm{d}\star = 0$. Wendet man daher δ auf die inhomogenen Gleichungen (2.80) an, so folgt

   $$\delta\big(\star\omega_j\big) = 0 \quad \text{bzw.} \quad \partial_\mu j^\mu(x) = 0\,. \tag{2.81}$$

   Wir finden die schon bekannte Aussage wieder, dass die Stromerhaltung aus den inhomogenen Maxwell-Gleichungen folgt (und umgekehrt), oder, anders ausgedrückt, dass nur ein *erhaltener* Strom Quelle der Maxwell'schen Gleichungen sein kann.

2.4.3 Potentiale und Eichtransformationen

Auch das Vierer-Potential (2.57) lässt sich als äußere Form darstellen, indem man mit $A_\nu\,(x) = g_{\nu\lambda} A^\lambda(x)$ die folgende Einsform

$$\omega_A := A_\nu(x)\, \mathrm{d}x^\nu \tag{2.82}$$

bildet. Nimmt man die äußere Ableitung hiervon, so ist

$$\begin{aligned}\mathrm{d}\omega_A &= \mathrm{d}A_\nu(x) \wedge \mathrm{d}x^\nu = \partial_\mu A_\nu(x)\, \mathrm{d}x^\mu \wedge \mathrm{d}x^\nu \\ &= \sum_{\mu<\nu} \Big(\partial_\mu A_\nu(x) - \partial_\mu A_\nu(x)\Big)\, \mathrm{d}x^\mu \wedge \mathrm{d}x^\nu\,.\end{aligned}$$

Der Vergleich mit der Definition (2.69) zeigt, dass ω_F die äußere Ableitung von ω_A ist,

$$\omega_F = \mathrm{d}\omega_A\,. \tag{2.83}$$

Wir finden hier eine schon bekannte Aussage, dieses Mal aber in sehr einfacher Form wieder: Wenn man Potentiale verwendet, so sind die homogenen Maxwell-Gleichungen trivial erfüllt. In der Tat gilt mit der Eigenschaft (2.15d) der äußeren Ableitung

$$\omega_F = \mathrm{d}\omega_A \Longrightarrow \mathrm{d}\omega_F = \mathrm{d}^2\omega_A = 0\,.$$

Auch die Eichtransformationen (2.59) passen gut in die Sprache der äußeren Formen. Es sei $\Lambda(x)$ eine glatte Funktion auf dem Minkowski-Raum. Ihr totales Differential $\mathrm{d}\Lambda$ ist eine Einsform, die man zu ω_A addieren kann, ohne die Maxwell-Gleichung (2.77) zu ändern:

$$\begin{aligned}\omega_A \mapsto \omega_{A'} = \omega_A + \mathrm{d}\Lambda \Longrightarrow \omega_{F'} &= \mathrm{d}\omega_{A'} = \mathrm{d}\omega_A + \mathrm{d}^2\Lambda \\ &= \mathrm{d}\omega_A \;= \omega_F\,;\end{aligned}$$

Die exakte Form $\mathrm{d}\Lambda$ ist geschlossen. Die Eichfreiheit für das Potential $A_\mu(x)$ bedeutet, dass die Einsform ω_A nur modulo einer beliebigen exakten Form bestimmt ist. (Verglichen mit (2.59) ist hier $\Lambda(x)$ bis auf das Vorzeichen dieselbe Funktion wie $\chi(x)$ dort.)

Die Wirkung des Laplace-de-Rham-Operators (2.19b) auf eine Einsform der Art (2.82) wird mit Hilfe der Relationen (2.73a)–(2.73d) wie folgt berechnet:

$$\begin{aligned}\mathbf{\Delta}_{\mathrm{LdR}}\big(A_\mu\, \mathrm{d}x^\mu\big) &= \mathrm{d}\circ\delta\,\big(A_\mu\, \mathrm{d}x^\mu\big) + \delta\circ\mathrm{d}\,\big(A_\mu\, \mathrm{d}x^\mu\big) \\ &= -\big(\mathrm{d}\star\mathrm{d}\star + \star\,\mathrm{d}\star\mathrm{d}\big)\big(A_\mu\, \mathrm{d}x^\mu\big)\,,\end{aligned}$$

wovon der erste Term auf der rechten Seite mit (2.73a) und (2.73d) auf

$$-\frac{1}{3!}\partial_\varrho\partial_\lambda A_\mu g^{\mu\alpha}\varepsilon_{\alpha\nu\sigma\tau}\varepsilon^{\lambda\nu\sigma\tau}\, \mathrm{d}x^\varrho$$

führt. Die Kontraktion der beiden ε-Symbole berechnet man aus (2.78),

$$\begin{aligned}\varepsilon_{\alpha\nu\sigma\tau}\varepsilon^{\lambda\nu\sigma\tau} &= \varepsilon_{\nu\sigma\tau\alpha}\varepsilon^{\nu\sigma\tau\lambda} = -2\big(\delta^\beta_\tau\delta^\lambda_\alpha - \delta^\beta_\alpha\delta^\lambda_\tau\big)\delta^\tau_\beta \\ &= -2(4-1)\delta^\lambda_\alpha = -3!\,\delta^\lambda_\alpha\,,\end{aligned}$$

so dass der erste Term

$$\partial_\varrho \partial_\lambda A^\lambda(x)\, \mathrm{d}x^\varrho$$

ergibt. Im zweiten Term benötigt man die Formeln (2.73b) und (2.73c) und muss

$$-\frac{1}{2} \partial_\eta \partial_\lambda A_\mu g^{\lambda\bar{\lambda}} g^{\mu\bar{\mu}} g_{\bar{\gamma}\gamma} \varepsilon_{\bar{\lambda}\bar{\mu}\alpha\beta} \varepsilon^{\eta\alpha\beta\bar{\gamma}}\, \mathrm{d}x^\gamma$$

berechnen. Die Kontraktion der beiden ε-Symbole steht in (2.78), der zweite Term gibt insgesamt zwei Beiträge,

$$\partial^\lambda \partial_\lambda A_\mu\, \mathrm{d}x^\mu - \partial^\mu \partial_\lambda A_\mu\, \mathrm{d}x^\lambda\,.$$

Nimmt man die Summe beider Terme, so folgt

$$\boldsymbol{\Delta}_{\mathrm{LdR}} A_\mu(x)\, \mathrm{d}x^\mu = \partial^\lambda \partial_\lambda A_\mu(x)\, \mathrm{d}x^\mu \equiv \big(\Box A_\mu(x)\big)\, \mathrm{d}x^\mu\,, \tag{2.84}$$

worin $\Box = \partial_0^2 - \boldsymbol{\Delta}$ ist, mit $\boldsymbol{\Delta}$ dem gewohnten Laplace(-Beltrami) Operator im $\mathbb{R}^3$.

Aus dieser Rechnung und aus der inhomogenen Gleichung (2.80) folgt die Bewegungsgleichung für ω_A:

$$\delta\omega_F = \delta \circ \mathrm{d}\omega_A = \boldsymbol{\Delta}_{\mathrm{LdR}}\, \omega_A - \mathrm{d} \circ \delta\, \omega_A = \frac{4\pi}{c} \star\omega_j\,.$$

Setzt man hier die Entwicklungen (2.82) bzw. (2.79a) der Einsformen ω_A und $\star\omega_j$ nach Basis-Einsformen ein und vergleicht die Koeffizienten von $\mathrm{d}x^\mu$, so entsteht die Differentialgleichung

$$\Box A_\nu(x) - \partial_\nu\big(\partial^\mu A_\mu(x)\big) = \frac{4\pi}{c} j_\nu(x)\,. \tag{2.85}$$

Den Index ν zieht man in allen drei Termen mittels der inversen Metrik nach oben und findet die Gleichung (2.60) wieder.

2.4.4 Verhalten unter den diskreten Transformationen

Hier wollen wir das Verhalten der für die Maxwell'schen Gleichungen relevanten äußeren Formen – jetzt über dem vierdimensionalen Minkowski-Raum! – unter der Raumspiegelung $\boldsymbol{\Pi}$, der Zeitumkehr $\mathbf{T}$ und der Ladungskonjugation $\mathbf{C}$ untersuchen. Vergleicht man ω_E, Gleichung (2.71a), mit $\omega_{\boldsymbol{E}}$, Gleichung (2.26a), so sieht man sofort, dass diese beiden Formen sich in ihrem Transformationsverhalten unter der Zeitumkehr unterscheiden. Die Zweiform ω_B, Gleichung (2.71b), dagegen unterscheidet sich nicht von der Zweiform (2.26b) über dem Raum $\mathbb{R}^3$. Das Transformationsverhalten von ω_E und von ω_B unter $\boldsymbol{\Pi}$, $\mathbf{T}$ und $\mathbf{C}$ ist jetzt dasselbe. Dies gilt auch für die Zweiform ω_F, Gleichung (2.69), und natürlich auch für $\omega_{\mathcal{F}}$, Gleichung (2.76). Diese Feststellungen sind in den ersten vier Zeilen der Tabelle 2.2 eingetragen.

Betrachtet man ω_A wie in (2.82) definiert und beachtet, dass das skalare Potential $\Phi(t, \boldsymbol{x})$ ein echter Skalar, das Vektorpotential $\boldsymbol{A}$ ein echtes

Tab. 2.2. Verhalten der elektromagnetischen äußeren Formen im kovarianten Formalismus unter drei diskreten Transformationen

	$\boldsymbol{\Pi}$	$\mathbf{T}$	$\mathbf{C}$	$\boldsymbol{\Pi}\mathbf{TC}$
ω_E	+	−	−	+
ω_B	+	−	−	+
ω_F	+	−	−	+
$\omega_{\mathcal{F}}$	+	−	−	+
ω_A	+	−	−	+
ω_j	−	+	−	+

Vektorfeld über dem $\mathbb{R}^3$ ist und $\boldsymbol{B} = \nabla \times \boldsymbol{A}$ ist, dann wird klar, dass die Einsform ω_A dieselben Transformationseigenschaften wie die ersten vier betrachteten Zweiformen hat. Auch dies ist in Tabelle 2.2 eingetragen.

Die Dreiform (2.79), in der für eine gegebene Aufteilung des Minkowski-Raums in Zeit und Raum die Ladungsdichte $\varrho(t, \boldsymbol{x})$ und die Stromdichte $\boldsymbol{j}(t, \boldsymbol{x})$ enthalten sind, hat dasselbe Transformationsverhalten wie $\overset{3}{\omega}_\varrho$, Gleichung (2.28a), s. Tabelle 2.1 und wir können das Ergebnis von dort direkt in Tabelle 2.2 eintragen. Man macht sich leicht klar, dass die dazu Hodge-duale Einsform $\star\omega_j$ unter $\mathbf{\Pi}$ *gerade*, unter $\mathbf{T}$ *ungerade* ist.

Allen betrachteten Formen gemeinsam ist, dass sie unter der kombinierten transformation $\mathbf{\Pi TC}$ invariant sind. Vergleicht man mit Tabelle 2.1, so sieht man, dass die Betrachtung der äußeren Formen auf dem Minkowski-Raum für dieses Resultat wesentlich ist. Die Invarianz der Maxwell-Theorie und aller anderen, uns heute bekannten Theorien unter der kombinierten, sog. „PCT"-Symmetrie berührt ein tiefes und bedeutendes Resultat der Quantenfeldtheorie.

2.4.5 * Kovariante Ableitung und Strukturgleichung

Dieser Abschnitt ist eigentlich mehr eine Bemerkung, mit der wir auf den allgemeineren Rahmen der nicht-Abel'schen Eichtheorien vorgreifen. Deshalb wird er an dieser Stelle vielleicht nicht vollständig verständlich sein, man mag aber zu einem späteren Zeitpunkt darauf zurück kommen.

Es sei folgender Differentialoperator definiert:

$$\begin{aligned} D_A &:= \mathrm{d} + \mathrm{i}\,\frac{q}{\hbar c}\omega_A \\ &= \mathrm{i}\left(-\mathrm{i}\,\mathrm{d} + \frac{q}{\hbar c}\omega_A\right). \end{aligned} \tag{2.86}$$

Die einfache Umschreibung in der zweiten Zeile von (2.86) dient dazu, diese Definition schon jetzt wenigstens intuitiv zu verstehen: Es sei daran erinnert, dass in der Quantenmechanik an die Stelle des klassischen, räumlichen Impulses $\boldsymbol{p}$ der Operator $-\mathrm{i}\hbar\nabla$ tritt. Multipliziert man daher D_A mit $\hbar$, so sieht man, dass (2.86) die natürliche Verallgemeinerung des Terms

$$\boldsymbol{p} - \frac{q}{c}\boldsymbol{A}$$

ist, dessen Quadrat in der Hamiltonfunktion für ein geladenes Teilchen in äußeren Feldern auftritt (s. Band 1, Abschn. 2.16) und den man mit dem Begriff *minimale Kopplung* und – in der Differentialgeometrie ebenso wie in der Quantentheorie – mit *kovarianter Ableitung* umschreibt.

Auf eine beliebige äußere Form ω soll D_A gemäß

$$D_A\,\omega = \mathrm{d}\,\omega + \mathrm{i}\frac{q}{\hbar c}\omega_A \wedge \omega \tag{2.86a}$$

wirken; seine Wirkung auf Funktionen (d. h. auf Nullformen) insbesondere ist

$$D_A f = \left(\partial_\mu f + \mathrm{i}\frac{q}{\hbar c} A_\mu f\right) \mathrm{d}x^\mu \,. \tag{2.86b}$$

Der Operator D_A ist eine Linearkombination aus äußerer Ableitung und äußerem Produkt mit der Einsform ω_A, d. h. D_A macht, ebenso wie d, aus einer k-Form eine $(k+1)$-Form.

Bildet man das Quadrat des Operators D_A, d. h. wendet man D_A zweimal hintereinander auf eine beliebige äußere Form ω an, dann ergibt sich ein bemerkenswertes Resultat,

$$\begin{aligned} D_A \circ D_A\, \omega &= \left(\mathrm{d} + \mathrm{i}\frac{q}{\hbar c}\omega_A\right) \circ \left(\mathrm{d} + \mathrm{i}\frac{q}{\hbar c}\omega_A\right) \omega \\ &= \left\{ \mathrm{d} \circ \mathrm{d} + \mathrm{i}\frac{q}{\hbar c}\left(\mathrm{d}\omega_A \wedge + \omega_A \wedge \mathrm{d}\right) + \left(\mathrm{i}\frac{q}{\hbar c}\right)^2 \omega_A \wedge \omega_A \wedge \right\} \omega \,. \end{aligned}$$

Der erste Term in der geschweiften Klammer gibt Null, weil $\mathrm{d}^2 = 0$ ist (s. Gleichung (2.15d)). Der dritte Term ist wegen der Antisymmetrie des Dachprodukts ebenfalls gleich Null. Im mittleren Term ist mit der Regel (2.15c)

$$\begin{aligned} \mathrm{d}\omega_A \wedge \omega + \omega_A \wedge \mathrm{d}\omega &= \left(\mathrm{d}\omega_A\right) \wedge \omega - \omega_A \wedge \mathrm{d}\omega + \omega_A \wedge \mathrm{d}\omega \\ &= \left(\mathrm{d}\omega_A\right) \wedge \omega \,. \end{aligned}$$

Damit und mit (2.83) folgt ein wichtiges und interessantes Resultat

$$D_A^2 = \mathrm{i}\frac{q}{\hbar c}(\mathrm{d}\omega_A) = \mathrm{i}\frac{q}{\hbar c}\omega_F \,. \tag{2.87}$$

Besonders bemerkenswert ist hierin, dass der Operator $(\mathrm{d}\omega_A)$ in sich saturiert ist, d. h. dass die äußere Ableitung, im Gegensatz zu D_A selber, nicht weiter nach rechts wirkt. Bis auf den Vorfaktor ergibt das Quadrat der kovarianten Ableitung D_A die Zweiform (2.69) der Feldstärken. Mathematisch ausgedrückt sagt (2.87), dass D_A^2 *linear* wirkt, während diese Aussage für D_A nicht zutrifft.

Diese Zusammenhänge werden noch etwas übersichtlicher, wenn wir die Einsform ω_A und die Zweiform ω_F durch die Einsform A bzw. die Zweiform F

$$A := \mathrm{i}\frac{q}{\hbar c}\omega_A \,, \quad F := \mathrm{i}\frac{q}{\hbar c}\omega_F \tag{2.88a}$$

ersetzen. Es ist dann

$$D_A = \mathrm{d} + A \,, \tag{2.88b}$$

$$D_A^2 = (\mathrm{d}A) + A \wedge A = (\mathrm{d}A) = F \,. \tag{2.88c}$$

Solcherart Gleichungen sind aus der Differentialgeometrie wohlbekannt: Die Einsform A, die hier in einem besonders einfachen Fall auftritt, wird *Zusammenhangsform* genannt, $D_A = \mathrm{d} + A$ ist die kovariante Ableitung, F wird die zum gegebenen Zusammenhang gehörende *Krümmungsform* genannt. In der Tat kann man zeigen, dass $F = D_A^2$ als „Rundreise" über einen kleinen geschlossenen Weg interpretiert werden kann. Eine Gleichung der Art (2.88c) heißt *Strukturgleichung*.

Die Maxwell-Theorie als klassische Feldtheorie

Einführung

Das Hamilton'sche Extremalprinzip und die Lagrange'sche Mechanik, die darauf aufbaut, sind überaus erfolgreich in ihrer Anwendung auf mechanische Systeme mit *endlich* vielen Freiheitsgraden. Das Hamilton'sche Extremalprinzip charakterisiert die physikalisch realisierbaren unter allen denkbaren Bahnen als diejenigen, die kritische Elemente des Wirkungsintegrals sind. Die Lagrangefunktion, obwohl selbst keine Observable, dient nicht nur zur rationellen Herleitung der Bewegungsgleichungen, sondern ist auch ein wichtiges Hilfsmittel, um Symmetrien der Theorie festzustellen und die zugehörigen Erhaltungsgrößen über das Noether'sche Theorem zu konstruieren.

Das Extremalprinzip und die Lagrange'sche Mechanik lassen sich auf Systeme mit überabzählbar unendlich vielen Freiheitsgraden verallgemeinern. An die Stelle der Lagrangefunktion tritt die Lagrangedichte, an die Stelle der (i. Allg. verallgemeinerten) Koordinaten treten Zeit- und Ortsabhängige Felder. Die Euler-Lagrange-Gleichungen sind Bewegungsgleichungen in diesen Feldern und so zeigt sich, dass die Maxwell'schen Gleichungen aus einem Variationsprinzip herleitbar sind. Das Theorem von Noether liefert auch hier den Zusammenhang zwischen der Invarianz der Lagrangedichte unter Transformationen in Raum und Zeit und den Erhaltungssätzen.

Inhalt

3.1 Lagrangefunktion und Symmetrien bei endlich vielen Freiheitsgraden

Zu Beginn erinnern wir noch einmal an den Begriff der Lagrangefunktion in der Mechanik von Systemen mit endlich vielen Freiheitsgraden, wobei wir ihre Rolle bei der Beschreibung von Symmetrien einer gegebenen Theorie besonders betonen. Wenn man damit gut vertraut ist, mag man diesen Abschnitt überspringen.

Die *Invarianz* der Lagrangefunktion $L(q_1, q_2, \ldots, q_f, \dot{q}_1, \ldots \dot{q}_f, t)$ (bis auf Eichterme) unter einer Symmetrieoperation hat zur Folge, dass die Bewegungsgleichungen, das sind die Euler-Lagrange-Gleichungen zu L, unter dieser Symmetriewirkung *kovariant,* d. h. forminvariant sind. Dieser Aussage macht den Begriff der Lagrangefunktion so zentral wichtig: Es ist ja oft einfacher, Invarianten zu konstruieren, die als

Lagrangefunktionen in Frage kommen, als kovariante Bewegungsgleichungen aus dem Hut zu zaubern. Ein elementares Beispiel soll diese Aussage illustrieren:

Beispiel 3.1 Kräftefreies Teilchen

Ein Punktteilchen der Masse m im $\mathbb{R}^3$, das keinen Kräften unterworfen ist, kann durch die Lagrangefunktion

$$L(\boldsymbol{x},\, \dot{\boldsymbol{x}}) = T_{\text{kin}} = \frac{1}{2} m \dot{\boldsymbol{x}}^2$$

beschrieben werden. Diese sehr einfache Lagrangefunktion ist offensichtlich unter den Galilei-Transformationen

$$t \mapsto t' = t + s\,, \quad s \in \mathbb{R}\,, \tag{3.1a}$$

$$\boldsymbol{x} \mapsto \boldsymbol{x}' = \mathbf{R}\boldsymbol{x} + \boldsymbol{a}\,, \quad \mathbf{R} \in \mathrm{SO}\,(3)\,, \quad \boldsymbol{w}, \boldsymbol{a} \quad \text{reell} \tag{3.1b}$$

invariant. Die zugehörigen Euler-Lagrange-Gleichungen

$$\frac{\mathrm{d}}{\mathrm{d}\,t} \frac{\partial L}{\partial \dot{\boldsymbol{x}}} - \frac{\partial L}{\partial \boldsymbol{x}} = m \ddot{\boldsymbol{x}} = 0$$

sind unter diesen Galilei-Transformationen kovariant, d. h. wenn eine der folgenden Gleichungen erfüllt ist, so ist auch die andere erfüllt,

$$\frac{\mathrm{d}^2 \boldsymbol{x}(t)}{\mathrm{d}\,t^2} = 0 \quad \Longleftrightarrow \quad \frac{\mathrm{d}^2 \boldsymbol{x}'(t')}{\mathrm{d}\,t'^2} = 0\,.$$

In allen Inertialsystemen sind die Bewegungsgleichungen dieselben. Nimmt man noch die Speziellen Galilei-Transformationen

$$\boldsymbol{x} \mapsto \boldsymbol{x}' = \boldsymbol{x} + \boldsymbol{w} t\,, \quad \boldsymbol{w} \quad \text{reell} \tag{3.1c}$$

hinzu, so bleibt die Lagrangefunktion zwar nicht mehr strikt invariant,

$$L'(\boldsymbol{x}', \dot{\boldsymbol{x}}') = L(\boldsymbol{x}, \dot{\boldsymbol{x}}) + m\dot{\boldsymbol{x}} \cdot \left(\mathbf{R}^{-1} \boldsymbol{w}\right) + \frac{m}{2} \boldsymbol{w}^2\,,$$

aber sie wird nur um die Zeitableitung einer Funktion

$$M(\boldsymbol{x}, t) = m\boldsymbol{x} \cdot \left(\mathbf{R}^{-1} \boldsymbol{w}\right) + t \frac{m}{2} \boldsymbol{w}^2$$

von $\boldsymbol{x}$ und von t geändert. Eine solche Eichtransformation (der Mechanik) lässt die Bewegungsgleichungen ungeändert, präziser: sie bleiben kovariant (s. Band 1, Abschn. 2.10).

Aus der Invarianz unter Zeittranslationen (3.1a) folgt die Erhaltung der Energie, hier also der kinetischen Energie $E = T_{\text{kin}}$; aus der Invarianz unter Translationen im Raum folgt die Erhaltung des Impulses $\boldsymbol{p} = m\dot{\boldsymbol{x}}$, aus der Invarianz unter Drehungen die Erhaltung des Drehimpulses $\boldsymbol{\ell} = \boldsymbol{x} \times \boldsymbol{p}$. (Der Schwerpunktssatz ist hier trivial, da wir es mit nur einem Teilchen zu tun haben.)

3.1.1 Satz von Noether bei strikter Invarianz

Hier und im Folgenden sei ein Satz von verallgemeinerten Koordinaten eines mechanischen Systems mit f Freiheitsgraden schlicht mit $q = (q_1, q_2, \dots, q_f)$ (anstelle des „Untertilde" Symbols aus Band 1) bezeichnet. Diese Variablen sind, geometrisch gesprochen, Koordinaten von Punkten der Bewegungsmannigfaltigkeit Q. Der Satz von E. Noether in der einfachen Form wie sie in Band 1 behandelt wird, sagt für autonome Systeme folgendes aus:

Wenn die Lagrangefunktion $L(q, \dot{q})$ unter solchen kontinuierlichen Transformationen invariant ist, die sich stetig in die Identität deformieren lassen, d. h. unter

$$q \longmapsto q' = h^s(q) \quad \text{mit} \quad h^{s=0}(q) = q\,, \tag{3.2}$$

so ist die Funktion $I : TQ \to \mathbb{R} : (q, \dot{q}) \mapsto I(q, \dot{q})$, die durch

$$I(q, \dot{q}) = \sum_{i=1}^{f} \frac{\partial L(q, \dot{q})}{\partial \dot{q}^i} \left. \frac{\mathrm{d}\, h^s(q^i)}{\mathrm{d}\, s} \right|_{s=0} \tag{3.3}$$

gegeben ist, entlang von Lösungen $q = \varphi(t)$ der Bewegungsgleichungen konstant.

Man sieht, dass dieses Integral der Bewegung sich aus den (verallgemeinerten) Impulsen $p_i = \partial L / \partial \dot{q}^i$ und der Erzeugenden der Transformation in ihrer Wirkung auf die q^i zusammensetzt. Die Transformation h^s ist aber einparametrig, d. h. bei einer Gruppenwirkung wie der SO(3) in (3.1b) muss man einparametrige Untergruppen betrachten, im Fall der Drehgruppe also Drehungen um eine feste Richtung. Im einfachen Beispiel 3.1 betrachte man die (aktive) Drehung um die Richtung $\hat{\boldsymbol{n}}$

$$\boldsymbol{x} \mapsto \boldsymbol{x}' = \boldsymbol{x} \cos s + \hat{\boldsymbol{n}} \times \boldsymbol{x} \sin s \equiv h^s(\boldsymbol{x})\,.$$

Hier ist $\mathrm{d}h^s(\boldsymbol{x})/\mathrm{d}s|_0 = \hat{\boldsymbol{n}} \times \boldsymbol{x}$, das Integral (3.3) ist daher

$$m\dot{\boldsymbol{x}} \cdot \left(\hat{\boldsymbol{n}} \times \boldsymbol{x}\right) = \hat{\boldsymbol{n}} \cdot \left(\boldsymbol{x} \times (m\dot{\boldsymbol{x}})\right) = \hat{\boldsymbol{n}} \cdot \boldsymbol{\ell}\,.$$

Wie erwartet ist die Projektion des Bahndrehimpulses auf die Richtung, um die gedreht wird, erhalten.

Aus der Mechanik, Band 1, Abschnitt 2.34, ist bekannt, dass auch die Umkehrung des Theorems von Noether gilt: Jede glatte dynamische Größe $f(q, p)$, deren Poisson-Klammer mit der Hamiltonfunktion verschwindet, erzeugt eine Symmetrietransformation des Systems.

3.1.2 Verallgemeinerter Satz von Noether

Der Satz von Noether lässt sich in zweierlei Hinsicht verallgemeinern[1]:

Zum einen, wie wir am Beispiel 3.1 gesehen haben, ist die Kovarianz der Bewegungsgleichungen auch dann garantiert, wenn die

[1] W. Sarlet, F. Cantrijn; SIAM Review **23** (1981) 467

Lagrangefunktion um einen Eichterm verändert wird,

$$L(q,\dot{q},t) \mapsto L'(q,\dot{q},t) = L(q,\dot{q},t) + \frac{\mathrm{d}}{\mathrm{d}t} M(t,q) , \tag{3.4}$$

in dem die Funktion M nur von q und t abhängt. Das mechanische System kann dabei auch nichtautonom, d. h. zeitabhängig sein.

Zum anderen – und dies ist die eigentliche Verallgemeinerung – kann man sogar zulassen, dass die Eichfunktion M nicht nur von q und t, sondern auch von $\dot{q}$ abhängt, vorausgesetzt man sorgt über eine Nebenbedingung dafür, dass neue, durch die Symmetrietransformation verursachte Beschleunigungsterme in $\ddot{q}^i$ identisch verschwinden. Es sei ein mechanisches System mit f Freiheitsgraden gegeben, dem man eine Lagrangefunktion $L(q,\dot{q},t)$ und Koordinaten $(t.q,\dot{q})$ auf $\mathbb{R}_t \times TQ$ zuordnen kann. Wir betrachten Tranformationen der Koordinaten

$$t' = g(t,q,\dot{q},s) , \tag{3.5a}$$

$$q'^{\,i} = h^i(t,q,\dot{q},s) , \tag{3.5b}$$

wobei die Funktionen g und h^i in allen $2f+2$ Variablen mindestens zweimal stetig differenzierbar sind und der reelle Parameter s in einem Intervall der reellen Achse liegen möge, das die Null einschließt. Bei $s=0$ soll gelten

$$g(t,q,\dot{q},s=0) = t , \qquad h^i(t,q,\dot{q},s=0) = q^i .$$

Ähnlich wie im ersten Fall kommt es nur auf die unmittelbare Nachbarschaft des Ursprungs $s=0$ an und man kann g und h bis zur ersten Ordnung entwickeln,

$$\delta t := t' - t = \left.\frac{\partial g}{\partial s}\right|_{s=0} s + \mathcal{O}(s^2) \equiv \tau(t,q,\dot{q})s + \mathcal{O}(s^2) , \tag{3.6a}$$

$$\delta q^i := q'^{\,i} - q^i = \left.\frac{\partial h^i}{\partial s}\right|_{s=0} s + \mathcal{O}(s^2) \equiv \kappa^i(t,q,\dot{q})s + \mathcal{O}(s^2) . \tag{3.6b}$$

Die Funktionen, die in (3.6a) und in (3.6b) definiert sind,

$$\tau(t,q,\dot{q}) = \left.\frac{\partial g(t,q,\dot{q},s)}{\partial s}\right|_{s=0} , \quad \kappa^i(t,q,\dot{q}) = \left.\frac{\partial h^i(t,q,\dot{q},s)}{\partial s}\right|_{s=0} ,$$

sind die infinitesimalen Erzeugenden der Transformationen (3.5a) und (3.5b). Eine beliebige glatte Kurve $t \to q(t)$ wird auf $t' \to q'(t')$ abgebildet, für ihre Zeitableitungen gilt in erster Ordnung in s

$$\frac{\mathrm{d}q'^{\,i}}{\mathrm{d}t'} = \frac{\mathrm{d}q'^{\,i}}{\mathrm{d}t}\frac{\mathrm{d}t}{\mathrm{d}t'} = \frac{\dot{q}^i + s\dot{\kappa}^i}{1+s\dot{\tau}} = \dot{q}^i + s(\dot{\kappa}^i - \dot{q}^i\dot{\tau}) . \tag{3.7}$$

Das Wirkungsfunktional, auf dem das Hamilton'sche Prinzip aufbaut, bleibt bis auf Eichterme invariant, wenn es eine Funktion $M(t, q, \dot{q})$ gibt derart, dass

$$\int_{t'_1}^{t'_2} \mathrm{d}t' \, L\Big(q'(t'), \frac{\mathrm{d}}{\mathrm{d}t'}q'(t'), t'\Big)$$

$$= \int_{t_1}^{t_2} \mathrm{d}t \, L\Big(q(t), \frac{\mathrm{d}}{\mathrm{d}t}q(t), t\Big) + s \int_{t_1}^{t_2} \mathrm{d}t \, \frac{\mathrm{d}\,M(t, q, \dot{q})}{\mathrm{d}t} + \mathcal{O}(s^2)$$

für jede differenzierbare Kurve $t \to q(t)$ gilt. Verwandelt man das erste Integral dieser Formel in ein Integral über t, das von t_1 bis t_2 verläuft,

$$\int_{t'_1}^{t'_2} \mathrm{d}t' \cdots = \int_{t_1}^{t_2} \mathrm{d}t \Big(\frac{\mathrm{d}t'}{\mathrm{d}t}\Big) \cdots,$$

dann muss offenbar für jede solche Kurve

$$L\Big(q'(t'), \frac{\mathrm{d}}{\mathrm{d}t'}q'(t'), t'\Big)\frac{\mathrm{d}t'}{\mathrm{d}t} = L\Big(q(t), \frac{\mathrm{d}}{\mathrm{d}t}q(t), t\Big) + s\frac{\mathrm{d}\,M(t, q, \dot{q})}{\mathrm{d}t} \tag{3.8a}$$

gelten, d. h. dies muss eine Identität in den Variablen t, q und $\dot{q}$ sein. Zur ersten Ordnung in s und mit $\mathrm{d}t'/\mathrm{d}t = 1 + s\dot{\tau}$ gibt diese Gleichung

$$\frac{\partial L}{\partial t}\delta t + \sum_i \frac{\partial L}{\partial q^i}\delta q^i + \sum_i \frac{\partial L}{\partial \dot{q}^i}\delta \dot{q}^i + sL(t, q, \dot{q})\dot{\tau} = s\frac{\mathrm{d}\,M(t, q, \dot{q})}{\mathrm{d}t}\,. \tag{3.8b}$$

Nun muss man hier (3.7) einsetzen und außerdem die totalen Differentiale $\dot{\tau}$, $\dot{\kappa}^i$ und $\dot{M}(t, q, \dot{q})$ ausrechnen. Man erhält somit die Hilfsformeln

$$\begin{aligned}
\delta\dot{q}^i &= s(\dot{\kappa}^i - \dot{q}^i\dot{\tau})\,, \\
\dot{\tau} &= \frac{\partial \tau}{\partial t} + \sum_i \frac{\partial \tau}{\partial q^i}\dot{q}^i + \sum_i \frac{\partial \tau}{\partial \dot{q}^i}\ddot{q}^i\,, \\
\dot{\kappa}^i &= \frac{\partial \kappa^i}{\partial t} + \sum_k \frac{\partial \kappa^i}{\partial q^k}\dot{q}^k + \sum_k \frac{\partial \kappa^i}{\partial \dot{q}^k}\ddot{q}^k\,, \\
\dot{M} &= \frac{\partial M}{\partial t} + \sum_i \frac{\partial M}{\partial q^i}\dot{q}^i + \sum_i \frac{\partial M}{\partial \dot{q}^i}\ddot{q}^i\,.
\end{aligned}$$

Sammelt man alle Terme in Gleichung (3.8b), die mit s multipliziert erscheinen und verwendet die vier Hilfsformeln, so gibt der Koeffizientenvergleich in (3.8b) einen etwas längeren Ausdruck:

$$\begin{aligned}
&\frac{\partial L}{\partial t}\tau + \sum_i \frac{\partial L}{\partial q^i}\kappa^i \\
&+ \sum_i \frac{\partial L}{\partial \dot{q}^i}\Big\{\Big(\frac{\partial \kappa^i}{\partial t} + \sum_j \frac{\partial \kappa^i}{\partial q^j}\dot{q}^j + \sum_j \frac{\partial \kappa^i}{\partial \dot{q}^j}\ddot{q}^j\Big) \\
&\qquad - \dot{q}^i\Big(\frac{\partial \tau}{\partial t} + \sum_j \frac{\partial \tau}{\partial q^j}\dot{q}^j + \sum_j \frac{\partial \tau}{\partial \dot{q}^j}\ddot{q}^j\Big)\Big\} \\
&+ L(t,q,\dot{q})\Big(\frac{\partial \tau}{\partial t} + \sum_j \frac{\partial \tau}{\partial q^j}\dot{q}^j + \sum_j \frac{\partial \tau}{\partial \dot{q}^j}\ddot{q}^j\Big) \\
&= \Big(\frac{\partial M}{\partial t} + \sum_i \frac{\partial M}{\partial q^i}\dot{q}^i + \sum_i \frac{\partial M}{\partial \dot{q}^i}\ddot{q}^i\Big)\,. \qquad (3.8c)
\end{aligned}$$

Die eingangs gestellte Forderung an die Beschleunigungsterme bedeutet, dass die Summe der Koeffizienten aller Terme in $\ddot{q}^j$ gleich Null sein müssen. Sammelt man diese Terme für jeden Wert von j, so gibt diese Forderung f Gleichungen (f ist die Zahl der Freiheitsgrade)

$$L(t,q,\dot{q})\frac{\partial \tau}{\partial \dot{q}^j} + \sum_i \frac{\partial L}{\partial \dot{q}^i}\Big(\frac{\partial \kappa^i}{\partial \dot{q}^j} - \dot{q}^i\frac{\partial \tau}{\partial \dot{q}^j}\Big) = \frac{\partial M}{\partial \dot{q}^j}\,, \quad j = 1, \ldots, f\,. \qquad (3.9a)$$

Wenn diese Gleichungen erfüllt sind, dann bleibt von (3.8c) noch eine weitere Gleichung übrig, die für das Aufsuchen von Integralen der Bewegung wichtig ist,

$$\begin{aligned}
&\frac{\partial L}{\partial t}\tau + \sum_i \frac{\partial L}{\partial q^i}\kappa^i + \sum_i \frac{\partial L}{\partial \dot{q}^i}\Big\{\frac{\partial \kappa^i}{\partial t} + \sum_j \frac{\partial \kappa^i}{\partial q^j}\dot{q}^j - \dot{q}^i\Big(\frac{\partial \tau}{\partial t} + \sum_j \frac{\partial \tau}{\partial q^j}\dot{q}^j\Big)\Big\} \\
&+ L(t,q,\dot{q})\Big(\frac{\partial \tau}{\partial t} + \sum_j \frac{\partial \tau}{\partial q^j}\dot{q}^j\Big) = \frac{\partial M}{\partial t} + \sum_i \frac{\partial M}{\partial q^i}\dot{q}^i\,. \qquad (3.9b)
\end{aligned}$$

Insgesamt erhält man somit $(f+1)$ Gleichungen, die hier zunächst noch für beliebige glatte Kurven $t \to q(t)$ gelten. Sie vereinfachen sich aber wesentlich und führen direkt auf ein Noether-Integral der Bewegung, wenn $q(t)$ gleich einer Lösung $\varphi(t)$ der Euler-Lagrange-Gleichungen zur Lagrangefunktion L ist, d. h. die f Bewegungsgleichungen

$$\frac{\mathrm{d}}{\mathrm{d}t}\frac{\partial L}{\partial \dot{q}^i} - \frac{\partial L}{\partial q^i} = 0\,, \quad i = 1, 2, \ldots, f\,, \qquad q(t) = \varphi(t)\,,$$

erfüllt. Die Strategie, die dazu dient das Integral der Bewegung aufzufinden, ist die folgende: man schreibe (3.8c), soweit möglich, als Summe von Termen, die nur *totale* Differentiale nach der Zeit enthalten und benutze die Bewegungsgleichungen um, wo erforderlich, $\partial L/\partial q^i$ durch $\mathrm{d}/\mathrm{d}t(\partial L/\partial \dot{q}^i)$ zu ersetzen. Die zwischen runde Klammern gesetzten Ausdrücke in (3.8c) sind bereits totale Differentiale, lediglich die ersten beiden Terme der linken Seite enthalten noch partielle Ableitungen. Wiederholen wir (3.8c) in dieser Weise und setzen im zweiten Term die Bewegungsgleichungen ein, so lautet sie

$$\frac{\partial L}{\partial t}\tau+\sum_i\left(\frac{\mathrm{d}}{\mathrm{d}t}\frac{\partial L}{\partial \dot{q}^i}\right)\kappa^i+\sum_i\frac{\partial L}{\partial \dot{q}^i}\frac{\mathrm{d}\kappa^i}{\mathrm{d}t}$$
$$-\sum_i\frac{\partial L}{\partial \dot{q}^i}\dot{q}^i\frac{\mathrm{d}\tau}{\mathrm{d}t}+L\frac{\mathrm{d}\tau}{\mathrm{d}t}-\frac{\mathrm{d}M}{\mathrm{d}t}=0\,. \tag{3.10a}$$

Die Summe der zweiten und dritten Terme dieser Gleichung ist schon ein totales Zeitdifferential. Fasst man die ersten und vierten Terme aus (3.10a) zusammen, so gilt unter erneuter Verwendung der Bewegungsgleichungen

$$\frac{\partial L}{\partial t}\tau-\sum_i\frac{\partial L}{\partial \dot{q}^i}\dot{q}^i\frac{\mathrm{d}\tau}{\mathrm{d}t}$$
$$=\frac{\mathrm{d}L}{\mathrm{d}t}\tau-\sum_i\left(\frac{\mathrm{d}}{\mathrm{d}t}\frac{\partial L}{\partial \dot{q}^i}\right)\dot{q}^i\tau-\sum_i\frac{\partial L}{\partial \dot{q}^i}\left(\frac{\mathrm{d}}{\mathrm{d}t}\dot{q}^i\right)\tau-\sum_i\frac{\partial L}{\partial \dot{q}^i}\dot{q}^i\frac{\mathrm{d}\tau}{\mathrm{d}t}$$
$$=\frac{\mathrm{d}L}{\mathrm{d}t}\tau-\frac{\mathrm{d}}{\mathrm{d}t}\sum_i\left(\frac{\partial L}{\partial \dot{q}^i}\dot{q}^i\tau\right). \tag{3.10b}$$

Dies in (3.10a) eingesetzt liefert in der Tat ausschließlich totale Zeitdifferentiale,

$$\frac{\mathrm{d}}{\mathrm{d}t}(L\tau)+\frac{\mathrm{d}}{\mathrm{d}t}\sum_i\left[\frac{\partial L}{\partial \dot{q}^i}\left(\kappa^i-\dot{q}^i\tau\right)\right]-\frac{\mathrm{d}}{\mathrm{d}t}M=0\,. \tag{3.10c}$$

Damit ist gezeigt, dass die folgende dynamische Größe $I:\mathbb{R}_t\times TQ\to\mathbb{R}$

$$I(t,q,\dot{q})=L(t,q,\dot{q})\tau(t,q,\dot{q})$$
$$+\sum_i\frac{\partial L}{\partial \dot{q}^i}\left[\kappa^i(t,q,\dot{q})-\dot{q}^i\tau(t,q,\dot{q})\right]-M(t,q,\dot{q}) \tag{3.11}$$

entlang von Lösungen $q=\varphi(t)$ der Bewegungsgleichungen konstant ist.

Wir schließen hier einige Bemerkungen an, die den Charakter der Erhaltungsgröße und ihren Zusammenhang mit Symmetrien des durch die Lagrangefunktion beschriebenen mechanischen Systems illustrieren.

Bemerkungen

1. Der Fall der strikten Invarianz mit dem Integral der Bewegung (3.3) ist natürlich im Ergebnis (3.11) enthalten, wenn die Erzeugende τ und die Eichfunktion M identisch Null sind,

$$\tau(t,q,\dot{q})\equiv 0\,,\quad M(t,q,\dot{q})\equiv 0\,.$$

Die Funktionen κ^i, die in (3.6b) definiert wurden, sind mit dem zweiten Faktor auf der rechten Seite von (3.3) identisch.

2. Der Satz von Noether lässt sich in folgendem Sinn umkehren. Leitet man die Funktion $I(t, q, \dot{q})$ nach $\dot{q}^j$ ab und verwendet die Gleichungen (3.9a) und (3.9b), so sieht man, dass

$$\frac{\partial I}{\partial \dot{q}^j} = \sum_k \frac{\partial^2 L}{\partial \dot{q}^j \partial \dot{q}^k} \left(\kappa^k - \dot{q}^k \tau \right)$$

ist. Die hier auftretende Matrix $\partial^2 L / \partial \dot{q}^j \partial \dot{q}^k$ ist uns aus Band 1 unter dem Stichwort Legendre-Transformation wohlbekannt. Bezeichnen wir sie mit

$$\mathbf{A} = \{A_{jk}\} := \left\{ \frac{\partial^2 L}{\partial \dot{q}^j \partial \dot{q}^k} \right\}$$

und nehmen wir an, dass ihre Determinante ungleich Null ist,

$$D = \det \mathbf{A} \neq 0 ,$$

(dies ist bekanntlich die Bedingung dafür, dass die Legendre-Transformierte von $L(t, q, \dot{q})$ existiert) und somit $\mathbf{A}$ eine Inverse besitzt. Bezeichnet man die Einträge dieser Inversen mit

$$\mathbf{A}^{-1} = \{A^{kl}\} , \quad \text{d. h.} \sum_k A_{jk} A^{kl} = \delta^l_j ,$$

so folgt durch Auflösen nach κ^k

$$\kappa^k(t, q, \dot{q}) = \sum_l A^{kl} \frac{\partial I}{\partial \dot{q}^l} + \dot{q}^k \tau(t, q, \dot{q}) . \tag{3.12a}$$

Diesen Ausdruck setzt man in (3.11) ein, löst nach τ auf und erhält

$$\tau(t, q, \dot{q}) = \frac{1}{L} \left\{ I(t, q, \dot{q}) + M(t, q, \dot{q}) - \sum_l A^{kl} \frac{\partial I}{\partial \dot{q}^l} \frac{\partial L}{\partial \dot{q}^k} \right\} . \tag{3.12b}$$

Jedem Integral der Bewegung $I(t, q, \dot{q})$ des durch die Lagrangefunktion $L(t, q, \dot{q})$ beschriebenen dynamischen Systems entsprechen infinitesimale Transformationen (3.12a) und (3.12b), die das Hamilton'sche Wirkungsintegral für alle Lösungen $t \to \varphi(t)$ der Bewegungsgleichungen, möglicherweise bis auf Eichterme, invariant lassen.

Man muss allerdings beachten, dass $M(t, q, \dot{q})$ ja weitgehend beliebig wählbar ist, somit auch die Funktion $\tau(t, q, \dot{q})$ nicht festliegt. Mit anderen Worten, die Gleichungen (3.12a) und (3.12b) definieren eine ganze Familie von unendlich vielen Symmetrietransformationen.

3. Man kann auch folgendes Korollar zu der in Bemerkung 2 gemachten Aussage angeben. Gegeben ein Integral der Bewegung $I = I^{(0)}(t, q, \dot{q})$ für das durch $L(t, q, \dot{q})$ beschriebene System, das der Transformation

$$\tau^{(0)} \equiv 0 , \quad \kappa^i = \kappa^{(0)i}(t, q, \dot{q}) , \quad \text{mit} \quad M = M^{(0)}(t, q, \dot{q})$$

entspricht. Dann geben die Transformationen

$$\tau = \tau(t, q, \dot{q}) \,, \quad \kappa^i = \kappa^{(0)i}(t, q, \dot{q}) + \tau(t, q, \dot{q})\dot{q}^i \,, \quad \text{zusammen mit}$$
$$M = M^{(0)}(t, q, \dot{q}) + L(t, q, \dot{q})\tau(t, q, \dot{q})$$

dasselbe Integral $I = I^{(0)}$ der Bewegung.

4. Es ist sinnvoll, wie in Abschn. 3.1.1 von *strikter Invarianz* zu sprechen, wenn der Eichterm identisch verschwindet, $M(t, q, \dot{q}) \equiv 0$, die Lagrangefunktion also ganz ungeändert bleibt. Ist dagegen ein Eichterm vorhanden, so kann man von *Quasisymmetrie* sprechen. Hier folgt ein Beispiel:

Beispiel 3.2 Abgeschlossenes n-Teilchensystem

Im abgeschlossenen n-Teilchensystem gibt es bekanntlich zehn Integrale der Bewegung (Band 1, Abschn. 1.12). Die Invarianz unter Translationen im Raum hat die Erhaltung des Gesamtimpulses zur Folge, die Invarianz unter Drehungen liefert die Erhaltung des gesamten Drehimpulses, s. Abschn. 3.1.1. Die Lagrangefunktion

$$L = \frac{1}{2}\sum_{k=1}^{n} m_k \dot{\boldsymbol{x}}^{(k)\,2} - U(\boldsymbol{x}^{(1)}, \ldots, \boldsymbol{x}^{(k)})$$

ist auch unter Translationen der Zeitvariablen invariant, woraus bekanntlich der Energiesatz folgt. Diesen findet man im Rahmen des verallgemeinerten Satzes von Noether wieder (dies ist eine Variation des in Aufgabe 2.17 in Band 1 gewählten Lösungsweges), wenn man

$$\tau(t, q, \dot{q}) = -1 \,, \quad \kappa^i(t, q, \dot{q}) = 0 \,, \quad M(t, q, \dot{q}) = 0$$

wählt. In den Ausdruck (3.11) eingesetzt ergibt sich

$$I = -L + \sum_i \dot{q}^i \frac{\partial L}{\partial \dot{q}^i} = -(T_{\text{kin}} - U) + 2T_{\text{kin}} = T_{\text{kin}} + U = E \,.$$

Ein andere Wahl von τ, κ^i und M ist

$$\tau(t, q, \dot{q}) = 0 \,, \quad \kappa^{(k)1}(t, q, \dot{q}) = t \,, \quad M(t, q, \dot{q}) = \sum_{k=1}^{n} m_k x^{(k)1} \,.$$

Der Index k zählt die Teilchen von 1 bis n, die Zahl der Freiheitsgrade ist $f = 3k$ und die Funktionen κ^i werden nach k und den drei kartesischen Richtungen 1, 2, 3 nummeriert. In (3.11) eingesetzt findet man hier

$$I = t\sum_{k=1}^{n} m_k \dot{x}^{(k)1} - \sum_{k=1}^{n} m_k x^{(k)1} \,.$$

Die Erhaltungsgröße ist die 1-Komponente der Linearkombination

$$t M \boldsymbol{v}_S - M \boldsymbol{r}_S(t) = t\boldsymbol{P} - M\boldsymbol{r}_S(t) \,, \qquad (M = \sum_{k=1}^{n} m_k)$$

aus der Geschwindigkeit, bzw. dem Impuls des Schwerpunkts und seiner Bahnkurve und ist gleich der 1-Komponente von $M\boldsymbol{r}_S(0)$. Man findet hier somit den Schwerpunktssatz wieder, der aus der Invarianz der Bewegungsgleichungen unter Speziellen Galilei-Transformationen folgt.

Es gibt viele weitere Beispiele, die die Allgemeinheit des Satzes von Noether in der Form (3.11) weiter illustrieren. Dazu gehört der sog. Lenz'sche Vektor[2] des Kepler-Problems. Sehr viel mehr zu diesem Thema und zu seiner Bedeutung für die Himmelsmechanik findet man in [Boccaletti und Pucacco 1996, 1999].

3.2 Lagrangedichte und Bewegungsgleichungen für eine Feldtheorie

Das Hamilton'sche Prinzip lässt sich auch auf Systeme mit überabzählbar unendlich vielen Freiheitsgraden erweitern, die durch klassische Felder $\psi^{(i)}(t, \boldsymbol{x})$ an Stelle der verallgemeinerten Koordinaten q beschrieben werden (s. auch Band 1, Kap. 7). Man ordnet dem System eine *Lagrangedichte* zu, die von den Feldern selbst und deren räumlichen und zeitlichen Ableitungen, möglicherweise sogar explizit von t und $\boldsymbol{x}$ oder von äußeren Quellen $j^{(k)}(x)$, abhängt,

$$\mathcal{L}\big(t, \boldsymbol{x}, j^{(k)}, \psi^{(i)}, \partial_\mu \psi^{(i)}\big)\,, \quad i = 1, 2, \ldots, N\,. \tag{3.13}$$

Ihr Integral über den ganzen Raum ist das Analogon der Lagrangefunktion der Mechanik mit endlich vielen Freiheitsgraden,

$$L = \iiint \mathrm{d}^3x\, \mathcal{L}\,, \tag{3.14}$$

und ist die Größe, die das Wirkungsintegral des Hamilton'schen Prinzips definiert. Dieses Wirkungsintegral ist jetzt ein Funktional der Felder

$$I\big[\psi^{(1)}, \ldots, \psi^{(N)}\big] = \int_{t_1}^{t_2} \mathrm{d}t\, L = \int_{t_1}^{t_2} \mathrm{d}t \iiint \mathrm{d}^3x\, \mathcal{L}\,. \tag{3.15a}$$

Das Hamilton'sche Prinzip, auf diese Verallgemeinerung übertragen, fordert, dass das Funktional (3.15a) für physikalische Lösungen stationär sei. Hieraus folgen die Bewegungsgleichungen als Euler-Lagrange-Gleichungen für das Variationsproblem

$$\delta I\big[\psi^{(1)}, \ldots, \psi^{(N)}\big] = 0 \quad \text{mit festgehaltenen Randpunkten } t_1 \text{ und } t_2\,, \tag{3.15b}$$

unter der Bedingung, dass die Variationen $\delta\psi^{(i)}$ der Felder auf den Hyperflächen $t = t_1$ und $t = t_2$ verschwinden. Sie lauten (mit Summenkonvention im zweiten Term)

$$\frac{\partial \mathcal{L}}{\partial \psi^{(i)}} - \partial_\mu \frac{\partial \mathcal{L}}{\partial\big(\partial_\mu \psi^{(i)}\big)} = 0\,, \quad i = 1, 2, \ldots, N\,. \tag{3.16}$$

[2] Die Entdeckung dieses im Kepler-Problem erhaltenen Vektors geht auf Jakob Hermann (1710) zurück und war durch diesen Joh. I. Bernoulli und P.-S. de Laplace bekannt (H. Goldstein, Am. J. Phys. **44**, No. 11, 1976)

Die Herleitung dieser Gleichungen ist formal dieselbe wie die der Euler-Lagrange-Gleichungen in der Mechanik. Wir skizzieren sie hier für ein einzelnes Feld ψ: Es ist

$$\begin{aligned}\delta I[\psi] &= \int_{t_1}^{t_2} \mathrm{d}t \iiint \mathrm{d}^3x \left\{ \frac{\partial \mathcal{L}}{\partial \psi} \delta\psi + \frac{\partial \mathcal{L}}{\partial(\partial_\mu \psi)} \delta(\partial_\mu \psi) \right\} \\ &= \int_{t_1}^{t_2} \mathrm{d}t \iiint \mathrm{d}^3x \left\{ \frac{\partial \mathcal{L}}{\partial \psi} \delta\psi + \frac{\partial \mathcal{L}}{\partial(\partial_\mu \psi)} \partial_\mu(\delta \psi) \right\} \\ &= \int_{t_1}^{t_2} \mathrm{d}t \iiint \mathrm{d}^3x \left\{ \frac{\partial \mathcal{L}}{\partial \psi} - \partial_\mu \frac{\partial \mathcal{L}}{\partial(\partial_\mu \psi)} \right\} \delta\psi \,.\end{aligned}$$

Im ersten Schritt wurde angenommen, dass die Variation einer Ableitung der Felder $\delta(\partial_\mu \phi)$ gleich der Ableitung $\partial_\mu(\delta\phi)$ der Variation ist. Das ist vernünftig, wenn man voraussetzt, dass die Felder glatte Funktionen sind und dass die Variationen ebenfalls glatt sind. Beim Übergang vom zweiten zum dritten Schritt haben wir einmal partiell integriert, daher das Minuszeichen, und haben ausgenutzt, dass $\delta\psi$ nach Voraussetzung auf den beiden Hyperflächen $t = t_1$ und $t = t_2$ verschwindet. Wenn dieses Integral für alle erlaubten Variationen $\delta\psi$ gleich Null sein soll, dann muss der Integrand in den geschweiften Klammern verschwinden. Dies ist bereits die (hier einzige) Euler-Lagrange-Gleichung. Sind mehrere Felder vorhanden, so gilt diese Ableitung für jedes von ihnen und es folgen die Gleichungen (3.16).

Im Hinblick auf die Maxwell'schen Gleichungen haben wir natürlich den Minkowski-Raum M^4 und die Kovarianz unter der eigentlichen, orthochronen Lorentz-Gruppe $L_+^\uparrow$ im Sinne, möglicherweise auch die diskreten Transformationen $\mathbf{\Pi}$, $\mathbf{T}$ und $\mathbf{C}$. Die Felder sind dann als Funktionen von $x \in M^4 = \mathbb{R}^4$ definiert, die Aufschlüsselung des Punktes x in Zeitkoordinate t und Raumkoordinaten $\boldsymbol{x}$ bezieht sich auf eine Klasse von Bezugssystemen, in denen die Aufteilung von M^4 in Zeitachse und Raum $\mathbb{R}^3$ festgelegt ist. Lorentz-Kovarianz der Bewegungsgleichungen (3.16) ist dann garantiert, wenn die Lagrangedichte (3.13) unter Lorentz-Transformationen invariant ist.

Bemerkungen

1. Im Allgemeinen sind die Felder $\psi^{(i)}(x)$ voneinander unabhängig. Der Index i dient nur dazu, verschiedene Typen von Feldern zu unterscheiden, z. B. elektromagnetische Felder und äußere Quellen. Die Felder können aber auch gewissen Relationen unterworfen sein, etwa dann, wenn sie in ihrer Gesamtheit $\{\psi^{(i)}\}$ ein Teilchen mit Spin beschreiben sollen. Betrachten wir als Beispiel ein massives Teilchen, das den Spin 1 trägt. Zu seiner Beschreibung brauchen wir drei unabhängige Felder – entsprechend den drei Komponenten eines

[3] Der Spin ist zwar eine quantenmechanische Eigenschaft von Elementarteilchen und wird daher durch selbstadjungierte Operatoren $\hat{\boldsymbol{S}} = \{\hat{S}_i\}$, $i = 1, 2, 3$, beschrieben. Die Erwartungswerte in quantenmechanischen Zuständen $\langle \hat{\boldsymbol{S}} \rangle$ sind aber klassische Größen.

[4] Dieses Beispiel wird in Band 4, Abschn. 2.1. in einem anderem Zusammenhang behandelt.

[5] In der Quantenfeldtheorie ist es sinnvoll, dem skalaren (dort quantisierten) Feld ϕ die Dimension (Länge)$^{-1}$ zu geben. Man bestätigt, dass $\mathcal{L}$ dann die Dimension E/L^3, d. h. Energie/Volumen hat.

Spinvektors im Raum[3]. Ein natürlicher Kandidat ist ein Lorentz-Vektorfeld $V(x) = (V^0(x), V^1(x), V^2(x), V^3(x))^T$, das aber vier und nicht drei unabhängige Komponenten hat. Hier wäre

$$\mathcal{L} = \mathcal{L}\big(x, V^\alpha(x), \partial_\mu V^\alpha(x)\big)\,, \quad \text{d.h.}$$
$$\psi^{(1)}(x) \equiv V^0(x)\,,\ \psi^{(2)}(x) \equiv V^1(x)\,,\ \psi^{(3)}(x) \equiv V^2(x)\,,$$
$$\psi^{(4)}(x) \equiv V^3(x)\,.$$

Die Felder $V^\alpha(x)$ können in diesem Fall nicht unabhängig sein, da sie sonst sowohl Spin 1, wie erwünscht, als auch Spin 0 beschreiben würden. Den unerwünschten zweiten Fall kann man in der Tat durch eine Nebenbedingung, nämlich

$$\partial_\alpha V^\alpha(x) = 0$$

eliminieren. Diese Divergenz ist ja offensichtlich ein Lorentz-Skalar und es ist plausibel, dass in ihr der Spin 0 Anteil des Feldes steckt, den man ausschließen möchte.

2. Dass das Funktional (3.15a) und das Variationsproblem (3.15b) scheinbar die Zeitachse vor dem Raum auszeichnen, bricht nicht die Lorentz-Invarianz des Verfahrens. Man kann die beiden Flächen $t = t_1$, $t = t_2$ und ihre Ergänzung im Unendlichen durch eine geschlossene, dreidimensionale, glatte Hyperfläche $\partial\Sigma$ ersetzen und in (3.15a) über das von ihr eingeschlossene Volumen Σ integrieren. (Wir benutzen wieder die geometrische Bezeichnung: $\partial\Sigma$ ist der Rand von Σ.) Es genügt zu fordern, dass die Variationen $\delta\psi^{(i)}$ auf $\partial\Sigma$ verschwinden, man erhält dieselben Bewegungsgleichungen (3.16) wie zuvor. Diese sind also wirklich kovariant.

Beispiel 3.3 Reelles Skalarfeld

Wir betrachten als einfaches Beispiel ein einzelnes, reelles und Lorentz-skalares Feld $\phi(x)$, das an eine äußere, ebenfalls skalare Dichte $\varrho(x)$ koppeln soll[4]. Mit den gemachten Voraussetzungen an Feld und Dichte ist folgende Lagrangedichte selbst ein Skalar unter Lorentz-Transformationen,

$$\frac{1}{\hbar c}\mathcal{L}(\phi, \partial_\mu\phi, \varrho) = \frac{1}{2}\left[\partial_\mu\phi(x)\partial^\mu\phi(x) - \kappa^2\phi^2(x)\right] - \varrho(x)\phi(x)\,. \quad (3.17a)$$

In diesem Ansatz ist $\kappa = mc^2/(\hbar c)$ zu setzen – das ist die inverse Compton-Wellenlänge eines Teilchens mit Masse m –, der Vorfaktor auf der linken Seite dient dazu, der Größe $\mathcal{L}$ die richtige physikalische Dimension zu geben[5]. Für die Bewegungsgleichungen ist dieser Faktor aber irrelevant, da diese linear in $\mathcal{L}$ sind.

Die Euler-Lagrange-Gleichung (3.16) (hier gibt es nur eine einzige) sieht hier wie folgt aus. Man berechnet

$$\frac{1}{\hbar c}\frac{\partial L}{\partial \phi} = -\kappa^2 \phi(x) - \varrho(x)\,,$$
$$\frac{1}{\hbar c}\frac{\partial L}{\partial(\partial_\mu \phi)} = \frac{1}{2}\frac{\partial}{\partial(\partial_\mu \phi)}\big(\partial_\mu \phi(x)\big)g^{\mu\nu}\big(\partial_\nu \phi(x)\big) = \partial^\mu \phi(x)$$

(man beachte, dass $\partial_\mu \phi(x)$ hier an zwei Stellen vorkommt), nimmt die Viererdivergenz des zweiten Ausdrucks und setzt beide Anteile in (3.16) ein. Dies ergibt die Bewegungsgleichung

$$\big(\partial_\mu \partial^\mu + \kappa^2\big)\phi(x) = \big(\Box + \kappa^2\big)\phi(x) = -\varrho(x)\,. \qquad (3.17\text{b})$$

Man erkennt die Analogie zur Wellengleichung (2.60), wenn die Lorenz-Bedingung $\partial_\mu A^\mu(x) = 0$, Gleichung (2.61), erfüllt ist: Die linke Seite von (3.17b) enthält nur das Feld $\phi(x)$, die rechte Seite enthält die Quelle des Feldes.

Vergleicht man die Lagrangedichte (3.17a) mit der Lagrangefunktion der Punktmechanik in natürlicher Form, $L = T_{\text{kin}} - U$, so lassen sich die drei Summanden physikalisch interpretieren. Der erste Anteil

$$\frac{1}{2}\partial_\mu \phi(x)\partial^\mu \phi(x)\,,$$

bzw. das Integral dieses Terms über den ganzen Raum, ist das Analogon der kinetischen Energie in der Punktmechanik. Die übrigen zwei Terme

$$\frac{1}{2}\kappa^2 \phi^2(x) + \varrho(x)\phi(x)$$

bestehen aus dem Massenterm (der neu ist) und dem Kopplungsterm $\varrho(x)\phi(x)$, dessen Integral das Analogon der potentiellen Energie in der Punktmechanik ist.

Das Beispiel 3.3 zeigt, dass sich die formale Analogie zur Mechanik bei endlich vielen Freiheitsgraden fortsetzt. Wenn man vom Energieinhalt eines Feldes oder eines Satzes von Feldern sprechen kann, dann gibt es auch das Analogon der Hamiltonfunktion und, mit dieser, die Verallgemeinerung des zu einem Feld kanonisch konjugierten Impulses, in enger Analogie zu $p := \partial L/\partial \dot{q}$ in der Mechanik. Das zum Feld $\psi^{(i)}(x)$ kanonisch konjugierte Impulsfeld $\pi^{(i)}(x)$ ist definiert als

$$\pi^{(i)}(x) := \frac{\partial \mathcal{L}}{\partial(\partial_0 \psi^{(i)})}\,. \qquad (3.18)$$

Die Hamiltondichte erhält man aus der Funktion

$$\widetilde{\mathcal{H}} := \sum_{i=1}^{N} \pi^{(i)}(x)\partial_0 \psi^{(i)}(x) - \mathcal{L}\big(t, \boldsymbol{x}, j^{(k)}, \psi^{(i)}, \partial_\mu \psi^{(i)}\big) \qquad (3.19)$$

durch Legendre-Transformation bezüglich der Variablen $\psi^{(i)}$. Das bedeutet, dass man (3.18) nach $\partial_0\psi^{(i)}$ auflösen und diese Variablen in $\tilde{\mathcal{H}}$ ersetzen muss. Im einfachsten Fall wird $\mathcal{L}$ einen kinetischen Term der Bauart

$$\mathcal{L}_{\text{kin}} = \frac{1}{2}\sum_{i=1}^{N}\left(\partial_\mu\psi^{(i)}(x)\partial^\mu\psi^{(i)}(x)\right)$$

enthalten, so dass der kanonisch konjugierte Impuls gleich

$$\pi^{(i)}(x) = \partial_0\psi^{(i)}(x)$$

ist. Für die Lagrangedichte (3.17a) des Beispiels 3.3 ergibt sich die Hamiltondichte aus $\tilde{\mathcal{H}}$, Gleichung (3.19), dann zu

$$\mathcal{H} = \frac{1}{2}\left\{\pi^2(x) + \left(\nabla\phi(x)\right)^2 + \kappa^2\phi^2(x)\right\} + \varrho(x)\phi(x)\,. \tag{3.20}$$

Nehmen wir an, die Lagrangedichte (3.13) sei autonom, d. h. hänge nur von den Feldern und deren Ableitungen, nicht aber explizit von Raum- und Zeitpunkt oder äußeren Quellen ab. Wir bilden die Ableitung von $\mathcal{L}$ nach x^α

$$\partial^\alpha\mathcal{L}\left(\psi^{(i)}, \partial_\mu\psi^{(i)}\right) = g^{\alpha\beta}\partial_\beta\mathcal{L}\left(\psi^{(i)}, \partial_\mu\psi^{(i)}\right)$$

und vergleichen dies mit dem Resultat derselben Ableitung, die mit der Kettenregel und unter Verwendung der Bewegungsgleichungen (3.16) leicht auszuführen ist,

$$\begin{aligned}\partial^\alpha\mathcal{L}\left(\psi^{(i)}, \partial_\mu\psi^{(i)}\right) &= \sum_i\left\{\frac{\partial\mathcal{L}}{\partial\psi^{(i)}}\partial^\alpha\psi^{(i)} + \frac{\partial\mathcal{L}}{\partial(\partial_\beta\psi^{(i)})}\partial^\alpha(\partial_\beta\psi^{(i)})\right\}\\ &= \sum_i\left\{\left[\partial_\beta\left(\frac{\partial\mathcal{L}}{\partial(\partial_\beta\psi^{(i)})}\right) + \frac{\partial\mathcal{L}}{\partial(\partial_\beta\psi^{(i)})}\partial_\beta\right]\partial^\alpha\psi^{(i)}\right\}\\ &= \partial_\beta\left(\sum_i\frac{\partial\mathcal{L}}{\partial(\partial_\beta\psi^{(i)})}\partial^\alpha\psi^{(i)}\right).\end{aligned}$$

(Der Index α ist hier fest, während über β summiert wird.)

Wenn wir jetzt das Tensorfeld

$$\mathcal{T}^{\mu\nu} := \sum_i\left(\frac{\partial\mathcal{L}}{\partial(\partial_\mu\psi^{(i)})}\right)\partial^\nu\psi^{(i)} - g^{\mu\nu}\mathcal{L}\left(\psi^{(i)}, \partial_0\psi^{(i)}, \nabla\psi^{(i)}\right) \tag{3.21}$$

bilden, so sagt die eben durchgeführte Rechnung, dass dieses für alle Lösungen der Bewegungsgleichungen (3.16) eine Kontinuitätsgleichung erfüllt:

$$\partial_\mu\mathcal{T}^{\mu\nu} = 0\,. \tag{3.22}$$

Wir werden in Abschn. 3.4.3 das Analogon dieses Tensorfeldes (3.21) für die Maxwell-Theorie im Einzelnen analysieren und werden zeigen, dass der Erhaltungssatz (3.22) unter anderem die Erhaltung des Energie- und des Impulsinhalts der Felder beschreibt. An dieser Stelle wollen wir nur das Beispiel 3.3 aufnehmen und hier $\mathcal{T}^{\mu\nu}$ berechnen. Es ist im Beispiel (3.17a)

$$\mathcal{T}^{\mu\nu} = \partial^\mu\phi(x)\partial^\nu\phi(x) - g^{\mu\nu}\Big(\tfrac{1}{2}\partial_\lambda\phi g^{\lambda\eta}\partial_\eta\phi - \tfrac{1}{2}\kappa^2\phi^2(x) - \varrho(x)\phi(x)\Big)\,. \tag{3.23a}$$

Berechnet man hiervon die Komponenten mit $(\mu = 0, \nu = 0)$ und mit $(\mu = 0, \nu = i)$, so ergibt sich

$$\begin{aligned}\mathcal{T}^{00} &= (\partial^0\phi(x))^2 - \frac{1}{2}\partial_\lambda\phi(x)\partial^\lambda\phi(x) + \frac{1}{2}\kappa^2\phi^2(x) + \varrho(x)\phi(x)\\ &= \frac{1}{2}\big\{\pi^2(x) + (\nabla\phi(x))^2 + \kappa^2\phi^2(x)\big\} + \varrho(x)\phi(x)\,, \qquad (3.23b)\\ \mathcal{T}^{0i} &= \pi(x)\partial^i\phi(x)\,. \qquad (3.23c)\end{aligned}$$

Die Komponente $\mathcal{T}^{00}$, Gleichung (3.23b), ist in der Tat mit (3.20) identisch; die Komponenten $\mathcal{T}^{0i}$ beschreiben die Impulsdichte, deren Divergenz über die Erhaltungsgleichung (3.22) mit der Zeitableitung von $\mathcal{T}^{00}$ verknüpft ist. Eine weitere wichtige Eigenschaft des Energie-Impulstensors (3.23a) ist

$$T^{\mu\nu}(x) = T^{\nu\mu}(x)\,, \tag{3.24}$$

der Energie-Impulstensor ist symmetrisch.

3.3 Lagrangedichte für das Maxwell-Feld mit Quellen

Zur Konstruktion einer unter der eigentlichen, orthochronen Lorentz-Gruppe $L_+^\uparrow$ invarianten Lagrangedichte stehen das Tensorfeld $F^{\mu\nu}(x)$, Gleichung (2.46), bzw. sein Pendant $\mathcal{F}^{\mu\nu}(x)$, Gleichung (2.52a), das dazu duale Tensorfeld $\star F^{\mu\nu}(x)$, Gleichung (2.54c), das Vierer-Vektorpotential $A^\mu(x)$, Gleichung (2.57), und die Stromdichte $j^\mu(x)$, Gleichung (2.51), zur Verfügung. Invarianten sind offensichtlich

$$F_{\mu\nu}(x)F^{\mu\nu}(x)\,, \quad \big(\star F\big)_{\mu\nu}(x)F^{\mu\nu}(x)\,, \quad \text{und} \quad j^\mu(x)A_\mu(x)\,.$$

Um diese Invarianten physikalisch zu verstehen, berechnen wir sie als Funktion der elektrischen und magnetischen Felder bei einer gegebenen Aufteilung der Raumzeit in die Koordinatenzeitachse $\mathbb{R}_t$ und den Raumanteil $\mathbb{R}^3$. Berechnet man z. B. die Kontraktion $F_{\mu\nu}F^{\mu\nu}$, so entnimmt man $F_{\mu\nu}$ der Formel (2.69a) und nimmt vom zweiten Faktor die Transponierte von (2.46), $F^{\nu\mu} = -F^{\mu\nu}$. Das Produkt $F_{\mu\nu}F^{\mu\nu}$ ist dann die Spur eines Produkts zweier 4×4-Matrizen. Im Einzelnen ist

$$F_{\mu\nu}F^{\mu\nu} = \mathrm{Sp}\left\{\begin{pmatrix} 0 & E^1 & E^2 & E^3 \\ -E^1 & 0 & -B^3 & B^2 \\ -E^2 & B^3 & 0 & -B^1 \\ -E^3 & -B^2 & B^1 & 0 \end{pmatrix}\begin{pmatrix} 0 & E^1 & E^2 & E^3 \\ -E^1 & 0 & B^3 & -B^2 \\ -E^2 & -B^3 & 0 & B^1 \\ -E^3 & B^2 & -B^1 & 0 \end{pmatrix}\right\}$$

$$= -2\left(\boldsymbol{E}^2 - \boldsymbol{B}^2\right) , \tag{3.25a}$$

$$\star F_{\mu\nu}F^{\mu\nu} = \mathrm{Sp}\left\{\begin{pmatrix} 0 & -B^1 & -B^2 & -B^3 \\ B^1 & 0 & -E^3 & E^2 \\ B^2 & E^3 & 0 & -E^1 \\ -B^3 & -E^2 & E^1 & 0 \end{pmatrix}\begin{pmatrix} 0 & E^1 & E^2 & E^3 \\ -E^1 & 0 & B^3 & -B^2 \\ -E^2 & -B^3 & 0 & B^1 \\ -E^3 & B^2 & -B^1 & 0 \end{pmatrix}\right\}$$

$$= 4\boldsymbol{B}\cdot\boldsymbol{E} , \tag{3.25b}$$

$$j^\mu A_\mu = c\varrho\Phi - \boldsymbol{j}\cdot\boldsymbol{A} . \tag{3.25c}$$

Natürlich geben die Produkte $\mathcal{F}_{\mu\nu}\mathcal{F}^{\mu\nu}$ usw. ganz ähnliche Formeln, in denen $\boldsymbol{E}$ durch $\boldsymbol{D}$, $\boldsymbol{B}$ durch $\boldsymbol{H}$ ersetzt sind.

Geht man noch einmal zurück zu Abschn. 2.1.1, dann sieht man, dass die $L_+^\uparrow$-Invariante (3.25a) auch unter den drei diskreten Transformationen $\mathbf{\Pi}$ (Raumspiegelung), $\mathbf{T}$ (Zeitumkehr) und $\mathbf{C}$ (Ladungskonjugation) invariant ist. Dasselbe gilt auch für den dritten Term (3.25c). Der Term (3.25b) dagegen ist *ungerade* unter $\mathbf{\Pi}$, er ist ein Pseudoskalar. Er ist auch ungerade unter der Zeitumkehr $\mathbf{T}$, da er aber gerade unter der Ladunsgkonjugation ist, bleibt er genau wie die beiden anderen Terme unter der kombinierten Transformation $\mathbf{\Pi CT}$ invariant.

Die Erfahrung und eine große Zahl experimenteller Tests sagen aus, dass keine paritätsverletzenden Effekte in elektromagnetischen Prozessen beobachtet werden und dass somit die Wechselwirkung, die diese beschreibt, unter der Raumspiegelung ein wohldefiniertes Verhalten haben muss. Ein paritätsverletzender Effekt wäre z. B. durch eine Observable gegeben, die zum Skalarprodukt eines Impulses und eines Drehimpulses proportional ist, $\mathcal{O} = f(E)\,\boldsymbol{p}\cdot\boldsymbol{\ell}$, mit f einer Funktion (z. B. der Energie)[6]. Solche paritätsverletzenden Effekte, die in den *Schwachen* Wechselwirkungen (β-Zerfall, Neutrinoreaktionen u.A.) auftreten, s. auch Abb. 3.1, wurden in rein *elektromagnetischen* Prozessen nie beobachtet. Für die Maxwell-Theorie bedeutet dies, dass die Lagrangedichte nicht gleichzeitig die Terme (3.25a) und (3.25c) einerseits und den Term (3.25b) andererseits enthalten kann.

Auf der Basis dieser Überlegungen und mit der Erwartung, dass die Hamiltondichte, die aus $\mathcal{L}$ abgeleitet wird, auf jeden Fall die Wechselwirkung $j^\mu(x)A_\mu(x)$ enthalten soll, ist es plausibel, die Lagrangedichte als Linearkombination aus dem ersten und dem dritten Term anzusetzen,

$$\mathcal{L} = a_1 F_{\mu\nu}(x)F^{\mu\nu}(x) + a_2 j^\mu(x)A_\mu(x) . \tag{3.26a}$$

Die Koeffizienten a_1 und a_2 werden durch zwei Forderungen festgelegt: (i) die Lagrangedichte (3.26a) soll die Maxwell'schen Gleichungen

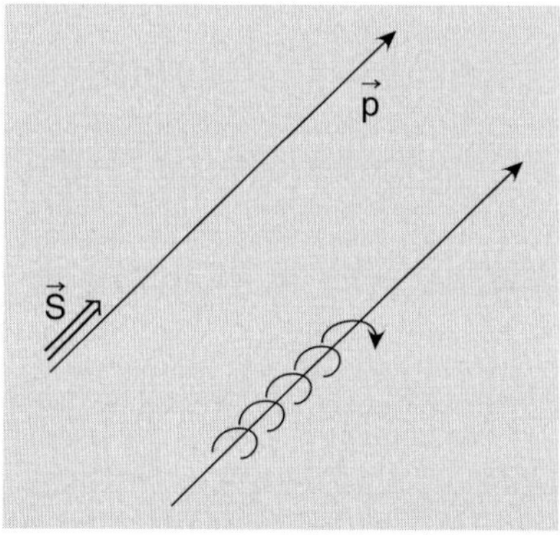

Abb. 3.1. Im β-Zerfall vieler Kerne werden Positronen beobachtet, deren Spin nahezu vollständig entlang der Richtung ihres räumlichen Impulses ausgerichtet ist. Da der Anfangszustand, ein β-instabiler Atomkern, sich in einem Eigenzustand der Parität befindet, bedeutet das Auftreten einer solchen Korrelation, dass die Schwache Wechselwirkung unter Raumspiegelung nicht invariant ist

[6] Die genaue Aussage ist: Wenn ein Anfangszustand, der ein wohldefiniertes Verhalten unter Raumspiegelung hat, aufgrund einer elektromagnetischen Wechselwirkung in einen anderen Zustand überginge, in dem eine solche Impuls-Drehimpuls Korrelation auftritt, dann müsste die Wechselwirkung sowohl Paritäts-gerade als auch Paritäts-ungerade Anteile enthalten.

in der Form der homogenen Gleichungen (2.49a) und der inhomogenen Gleichungen (2.53) mit dem richtigen Faktor auf der rechten Seite von (2.53) liefern; (ii) auf die Hamiltondichte umgerechnet soll die Energiedichte mit dem schon bekannten Ausdruck (1.130) für stationäre Verhältnisse verträglich sein. Zunächst aber muss man sich darüber klar werden, welches die Freiheitsgrade der Maxwell-Theorie sind, nach denen im Hamilton'schen Extremalprinzip variiert werden kann. Hier steht einerseits das Tensorfeld $F_{\mu\nu}(x)$ zur Verfügung, das die Observablen enthält, andererseits enthält der zweite Term die Potentiale $A_\mu(x)$, die nicht als solche beobachtbar sind, weil sie ja nur bis auf Eichtransformationen definiert sind. Entscheidet man sich für die $A_\mu(x)$ als Feldvariable, so müssen auch die Observablen $F_{\mu\nu}(x)$ durch Potentiale – wie in (2.58) angegeben – ausgedrückt werden.

Bemerkung

Die Wahl, die Potentiale als die dynamischen Freiheitsgrade zu verwenden, ist nicht unproblematisch, denn die vier Felder $A^\mu(x)$ können nicht unabhängig sein. Dies sieht man z. B. an der Freiheit in Eichtransformationen an A^μ, die man hat, um beispielsweise die Bedingung $\partial_\mu A^\mu(x) = 0$ zu fordern. Wie man in Band 4 lernen wird, trägt das Photon den Spin 1, die eben genannte Bedingung erhält damit die Bedeutung, den in jedem Vektorfeld enthaltenen Spin-0 Anteil herauszunehmen. Die Abhängigkeit der Felder A^μ hat zur Folge, dass eines von ihnen keinen kanonisch konjugierten Impuls besitzt. Dies wiederum führt zu Schwierigkeiten bei der Quantisierung der Maxwell-Theorie, die sorgfältig untersucht werden müssen (mehr dazu s. Band 4).

Der Einfachheit halber behandeln wir Maxwell-Felder im Vakuum, außerhalb der Quellen, von denen wir annehmen, dass sie ganz im Endlichen liegen. Die Lagrangedichte ist dann eine Funktion der vier Felder $A_\tau(x)$, $\tau = 0, 1, 2, 3$, und deren Ableitungen $\partial_\sigma A_\tau(x)$,

$$\begin{aligned}\mathcal{L}(A_\tau, \partial_\sigma A_\tau) &= a_1 F_{\mu\nu} g^{\mu\lambda} g^{\nu\eta} F_{\lambda\eta} + a_2 j^\mu A_\mu \\ &= a_1 \big(\partial_\mu A_\nu - \partial_\nu A_\mu\big) g^{\mu\lambda} g^{\nu\eta} \big(\partial_\lambda A_\eta - \partial_\eta A_\lambda\big) + a_2 j^\mu A_\mu \,.\end{aligned} \tag{3.26b}$$

(Man beachte, dass der Lorentz-Index τ an den Argumenten von $\mathcal{L}$ die Felder abzählt, in Analogie zum Index (i) der Felder $\psi^{(i)}$ in der allgemeinen Form der Lagrangedichte (3.13), während μ und ν auf der rechten Seite Summationsindizes sind.) Die partielle Ableitung von $\mathcal{L}$ nach A_τ ist $a_2 j^\tau(x)$, die partiellen Ableitungen nach den abgeleiteten Feldern $\partial_\sigma A_\tau$, zu denen nur der erste Term von $\mathcal{L}$ beiträgt, berechnet man mit Hilfe der Kettenregel,

$$\frac{\partial}{\partial\big(\partial_\sigma A_\tau\big)} = \frac{\partial F_{\mu\nu}}{\partial\big(\partial_\sigma A_\tau\big)} \frac{\partial}{\partial F_{\mu\nu}} = \big(\delta_{\mu\sigma}\delta_{\nu\tau} - \delta_{\mu\tau}\delta_{\nu\sigma}\big) \frac{\partial}{\partial F_{\mu\nu}}$$

(wo wieder σ und τ feste Werte haben, über μ und ν aber summiert wird). Die in den Euler-Lagrange-Gleichungen (3.16) auftretenden partiellen Ableitungen und die Bewegungsgleichungen zur Lagrangedichte (3.26b) sind

$$\frac{\partial \mathcal{L}}{\partial A_\tau} = a_2 j^\tau(x)\,,$$
$$\frac{\partial \mathcal{L}}{\partial(\partial_\sigma A_\tau)} = \left(\delta_{\mu\sigma}\delta_{\nu\tau} - \delta_{\mu\tau}\delta_{\nu\sigma}\right) 2a_1 F^{\mu\nu}(x) = 4a_1 F^{\sigma\tau}(x)\,,$$
$$\frac{\partial \mathcal{L}}{\partial A_\tau} - \partial_\sigma \frac{\partial \mathcal{L}}{\partial(\partial_\sigma A_\tau)} = a_2 j^\tau(x) - 4a_1 \partial_\sigma F^{\sigma\tau}(x) = 0\,.$$

In der zweiten Zeile wurde die Antisymmetrie des Feldstärkentensors benutzt, in der dritten Zeile wurden die ersten beiden Zeilen in die Bewegungsgleichungen (3.16) eingesetzt. Da wir im Vakuum sind und Gauß'sche Einheiten verwenden, ist $\mathcal{F}^{\mu\nu} = F^{\mu\nu}$. Der Vergleich mit den inhomogenen Gleichungen (2.53) gibt die erste Bestimmungsgleichung für die Koeffizienten in (3.26a)

$$\frac{a_2}{4a_1} = \frac{4\pi}{c}\,. \tag{3.27a}$$

Die zweite solche Bedingung

$$a_2 = -\frac{1}{c}\,, \tag{3.27b}$$

aus der dann der Wert von a_1 folgt, ergibt sich aus einer Dimensionsbetrachtung und dem Vergleich mit statischen oder mit stationären Verhältnissen. Das Produkt aus Stromdichte j, Gleichung (2.51) und Potential A, Gleichung (2.57), hat die Dimension von $c\varrho\Phi$, d. h.

$$\left[c\varrho(x)\Phi(x)\right] = \frac{\text{Länge} \times \text{ Energie}}{\text{Zeit} \times (\text{Länge})^3}\,.$$

Daraus wird erst dann die für $\mathcal{L}$ gewünschte Dimension (Energie)/(Länge)^3, wenn durch c dividiert wird. Zugleich sieht man, dass $-a_2 j_\mu A^\mu$, wie es in der Hamiltondichte (3.19) erscheinen wird, über den ganzen Raum integriert, den richtigen Ausdruck (Ladung)×(Potential) der Elektrostatik liefert. Wir halten somit fest, dass die Konstanten im verwendeten Maßsystem die Werte

$$a_1 = -\frac{1}{16\pi}\,, \qquad a_2 = -\frac{1}{c} \tag{3.27c}$$

haben. Die Lagrangedichte, die sich damit ergibt,

$$\mathcal{L}(A_\tau, \partial_\sigma A_\tau) = -\frac{1}{16\pi} F_{\mu\nu}(x) F^{\mu\nu}(x) - \frac{1}{c} j^\mu(x) A_\mu(x) \tag{3.28}$$

liefert die inhomogenen Maxwell'schen Gleichungen als ihre Euler-Lagrange-Gleichungen. Die Maxwell'schen Gleichungen sind also aus dem Hamilton'schen Prinzip herleitbar.

Bemerkungen

1. Wir haben vorausgesetzt, dass das Tensorfeld der Feldstärken durch Potentiale ausgedrückt wird,

   $$F_{\mu\nu}(x) = \partial_\mu A_\nu(x) - \partial_\nu A_\mu(x) .$$

   Die homogenen Maxwell-Gleichungen sind damit automatisch erfüllt.
2. Obwohl wir in diesem Band keinen Gebrauch davon machen werden, sei darauf hingewiesen, dass man die Wahl der Einheiten – über das Gauß'sche System hinaus – noch weiter vereinfachen kann, wenn man sog. *natürliche Einheiten* einführt. Hierbei setzt man nicht nur die Lichtgeschwindigkeit auf 1, $c = 1$, sondern definiert Felder und Quellen mit anderen numerischen Vorfaktoren. Im Einzelnen setzt man

   $$F^{(\mathrm{nat})}_{\mu\nu}(x) := \frac{1}{\sqrt{4\pi}} F^{(\mathrm{Gauß})}_{\mu\nu}(x) , \qquad A^{(\mathrm{nat})}_{\mu}(x) := \frac{1}{\sqrt{4\pi}} A^{(\mathrm{Gauß})}_{\mu}(x)$$

   und

   $$j^\mu_{(\mathrm{nat})}(x) := \sqrt{4\pi}\, j^\mu_{(\mathrm{Gauß})}(x) .$$

   In diesen Einheiten wird die Lagrangedichte (3.28)

   $$\mathcal{L}(A_\tau, \partial_\sigma A_\tau) = -\frac{1}{4} F^{(\mathrm{nat})}_{\mu\nu}(x) F^{\mu\nu}_{(\mathrm{nat})}(x) - j^\mu_{(\mathrm{nat})}(x) A^{(\mathrm{nat})}_\mu(x) .$$

   Den kinetischen Term $F_{\mu\nu}F^{\mu\nu}$ in der Lagrangedichte sieht man in der Literatur häufig mit dem Vorfaktor $-1/(16\pi)$, oft aber auch mit dem Vorfaktor $-1/4$. Dies ist Dasselbe, lediglich die verwendeten Einheiten sind andere.
3. Die Lagrangedichte (3.28) ist unter der ganzen Gruppe $L_+^\uparrow$, darüber hinaus auch unter der Raumspiegelung (Parität) $\mathbf{\Pi}$ und unter der Zeitumkehr $\mathbf{T}$ invariant. Die Maxwell'schen Gleichungen folgen aus (3.28) über ein invariantes Variationsprinzip und sind daher unter den genannten Transformationen kovariant, oder, wie man auch sagt, *forminvariant.* Dies ist eine schöne Illustration für den weiter oben allgemein diskutierten Zusammenhang

„invariante Lagrangedichte" $\Longrightarrow$ „kovariante Bewegungsgleichungen"

Als Nächstes berechnen wir die kanonisch konjugierten Feldimpulse und die Hamiltondichte, die aus der Lagrangedichte (3.28) folgen. Es sind

$$\pi^0(x) = \frac{\partial \mathcal{L}}{\partial\big(\partial_0 A_0\big)} = 0 , \tag{3.29a}$$

$$\pi^i(x) = \frac{\partial \mathcal{L}}{\partial\big(\partial_0 A_i\big)} = -\frac{1}{4\pi} F^{0i}(x) = \frac{1}{4\pi} E^i(x) . \tag{3.29b}$$

Hier sieht man die erste Überraschung: das Feld A_0 hat keinen zugehörigen kanonischen Impuls. Berechnet man jetzt die Hamiltondichte nach dem Muster der Gleichung (3.19) und verwendet die Gleichung $E^i = -\nabla^i A_0 - \partial A^i / \partial x^0$, so ergibt sich

$$\begin{aligned}\mathcal{H} &= -\pi^i \frac{\partial A^i}{\partial x^0} - \mathcal{L} \\ &= \frac{1}{4\pi} \boldsymbol{E} \cdot \left(\boldsymbol{E} + \boldsymbol{\nabla} A_0\right) - \frac{1}{8\pi}\left(\boldsymbol{E}^2 - \boldsymbol{B}^2\right) + \frac{1}{c} j^\mu(x) A_\mu(x) \\ &= \frac{1}{8\pi}\left(\boldsymbol{E}^2 + \boldsymbol{B}^2\right) + \frac{1}{c} j^\mu(x) A_\mu(x) + \frac{1}{4\pi} \boldsymbol{E} \cdot \boldsymbol{\nabla} A_0 \,. \end{aligned} \tag{3.30a}$$

Der erste der drei Terme auf der rechten Seite ist die aus Abschn. 1.8.4, Gleichung (1.130) schon bekannte elektrische und magnetische Energiedichte mit $\boldsymbol{D} = \boldsymbol{E}$ und $\boldsymbol{H} = \boldsymbol{B}$. Die Summe aus dem zweiten und dem dritten Term in (3.30a) lässt sich ebenfalls physikalisch deuten, wenn man daraus die Hamiltonfunktion, das ist das Integral der Dichte über den ganzen Raum ausrechnet. Es ist nämlich, mit partieller Integration,

$$\begin{aligned}\frac{1}{4\pi} \iiint \mathrm{d}^3x\, \boldsymbol{E} \cdot \boldsymbol{\nabla} A_0 &= -\frac{1}{4\pi} \iiint \mathrm{d}^3x \left(\boldsymbol{\nabla} \cdot \boldsymbol{E}\right) A_0 \\ &= -\iiint \mathrm{d}^3x\, \varrho(x) A_0(x) \,,\end{aligned}$$

wo die Maxwell-Gleichung (2.1c) benutzt wurde. Damit und mit $j^0(x) = c\varrho(x)$ folgt

$$\begin{aligned}H &= \iiint \mathrm{d}^3x\, \mathcal{H} \\ &= \iiint \mathrm{d}^3x \left\{ \frac{1}{8\pi}\left(\boldsymbol{E}^2(x) + \boldsymbol{B}^2(x)\right) - \frac{1}{c} \boldsymbol{j}(x) \cdot \boldsymbol{A}(x) \right\} ,\end{aligned} \tag{3.30b}$$

ein Ausdruck, der neben der Feldenergie die Wechselwirkung zwischen den Feldern und dem elektromagnetischen Strom in der Quelle enthält. Wenn gar keine äußere Quelle vorhanden ist, $\boldsymbol{j}(t, \boldsymbol{x}) = 0$, dann ist die gesamte Feldenergie der Maxwell-Felder

$$H^{(0)} = \frac{1}{8\pi} \iiint \mathrm{d}^3x \left\{ \boldsymbol{E}^2(x) + \boldsymbol{B}^2(x) \right\} . \tag{3.30c}$$

Bemerkung

In Abschn. 1.8.4 sind wir von dem Ausdruck (1.129a), d. h. dem Integral über $\boldsymbol{j} \cdot \boldsymbol{A}$ ausgegangen, um den Energieinhalt von magnetischen Feldern durch das Integral über $\boldsymbol{B} \cdot \boldsymbol{H}$ auszudrücken. In (3.30b) treten beide Sorten von Beiträgen nebeneinander auf. Das ist kein Widerspruch zu den stationären Verhältnissen des Abschnitts 1.8.4: Dort war vorausgesetzt, dass die Stromdichte $\boldsymbol{j}(\boldsymbol{x})$ selbst die Quelle des magnetischen Feldes ist. Hier ist gemeint, dass Maxwell-Felder, die schon vorhanden sind und von anderen Quellen verursacht werden, auf Materie treffen, in der die äußere Stromdichte fließt.

3.4 Symmetrien und Noether'sche Erhaltungsgrößen

Dieser Abschnitt behandelt Eichtransformationen und Transformationen in Raum und Zeit, an den Feldern und äußeren Quellen, unter denen die Lagrangedichte entweder strikt invariant bleibt oder nur um Eichterme verändert wird. Diese Analyse steht in enger Analogie zu den Aussagen der Abschnitte 3.1.1 und 3.1.2, die für mechanische Systeme entwickelt wurden. Aus der Invarianz der Lagrangedichte – bis auf Eichterme – unter einparametrigen Gruppen von Transformationen folgt die Existenz von Erhaltungsgrößen. Das ist die zentrale Aussage des Theorems von E. Noether.

Das Hamilton'sche Prinzip verwendet das Funktional (3.15a) oder, etwas anders formuliert, das Funktional

$$I\left[\psi^{(i)}\right] = \int_{\Sigma} \mathrm{d}^4 x\, \mathcal{L}(\psi^{(i)}, \partial_\mu \psi^{(i)}, \dots)\,, \tag{3.31}$$

bei dem über ein vierdimensionales Volumen Σ mit der (stückweise) glatten Oberfläche $\partial\Sigma$ in der Raumzeit integriert wird. Dieses Funktional soll bei Variationen $\delta\psi^{(i)}(x)$ der Felder, die auf $\partial\Sigma$ verschwinden, extremal sein. Eine vorgegebene Transformation, die eine Symmetrie der durch $\mathcal{L}$ beschriebenen Theorie darstellt, lässt entweder $\mathcal{L}$ strikt invariant oder ersetzt $\mathcal{L}$ durch $\mathcal{L}' = \mathcal{L} + \partial_\mu \Lambda^\mu(x)$, d. h. addiert eine (Vierer-)Divergenz. Ein solcher Zusatzterm wird mittels des Stokes'schen Satzes in ein Integral über die Oberfläche $\partial\Sigma$ überführt, auf dem die Variationen der Felder verschwinden sollen. Das bedeutet, dass $\mathcal{L}'$ zu denselben Bewegungsgleichungen führt wie $\mathcal{L}$. Wir illustrieren diese Aussagen durch einige konkrete, für die Maxwell-Theorie wichtige Fälle.

3.4.1 Invarianz unter einparametrigen Gruppen

Die Lagrangedichte $\mathcal{L}(\psi^{(i)}(x), \partial_\mu \psi^{(i)}(x))$, die einen Satz von Feldern $\psi^{(i)}(x)$, $i = 1, 2, \dots, N$ beschreibt, sei unter einer einparametrigen linearen Gruppe von Transformationen

$$\psi^{(i)}(x) \longmapsto \psi^{(i)\prime} = h^\alpha\left(\psi^{(1)}(x), \dots, \psi^{(N)}(x)\right) \quad \text{mit} \quad h^{\alpha=0}\left(\psi^{(1)}(x), \dots, \psi^{(N)}(x)\right) = \psi^{(i)}(x) \tag{3.32a}$$

invariant. Für α nahe bei Null entstehen Variationen der Felder, die in α linear sind

$$\delta\psi^{(i)} = \psi^{(i)\prime} - \psi^{(i)}(x) = \frac{\mathrm{d}}{\mathrm{d}\alpha} h^\alpha\left(\psi^{(1)}(x), \dots, \psi^{(N)}(x)\right)\bigg|_{\alpha=0} \alpha\,. \tag{3.32b}$$

Man beachte die Ähnlichkeit mit den Entwicklungen (3.6a) und (3.6b). Auch hier ist die Ableitung von h^α nach α bei Null Erzeugende einer einparametrigen Gruppe von Transformationen.

Die Änderung $\delta\mathcal{L}$, die sich ergibt wenn jedes der Felder um $\delta\psi^{(i)}$ variiert wird, lässt sich wie folgt berechnen

$$\begin{aligned}\delta\mathcal{L} &= \sum_{i=1}^{N}\left\{\frac{\partial\mathcal{L}}{\partial\psi^{(i)}}\delta\psi^{(i)} + \frac{\partial\mathcal{L}}{\partial\left(\partial_\mu\psi^{(i)}\right)}\partial_\mu\delta\psi^{(i)}\right\}\\ &= \sum_{i=1}^{N}\left\{\frac{\partial\mathcal{L}}{\partial\psi^{(i)}} - \partial_\mu\left(\frac{\partial\mathcal{L}}{\partial\left(\partial_\mu\psi^{(i)}\right)}\right)\right\}\delta\psi^{(i)} + \partial_\mu\left(\sum_{i=1}^{N}\frac{\partial\mathcal{L}}{\partial\left(\partial_\mu\psi^{(i)}\right)}\delta\psi^{(i)}\right).\end{aligned} \tag{3.33}$$

Hier haben wir im ersten Schritt wieder $\delta(\partial_\mu\psi^{(i)}) = \partial_\mu\delta\psi^{(i)}$ verwendet, im zweiten Schritt haben wir einen neuen Term abgezogen und wieder hinzu addiert derart, dass zwischen den geschweiften Klammern die linke Seite der Bewegungsgleichungen (3.16) auftritt. Nun schließt man folgendermaßen weiter: Wenn die Lagrangedichte unter (3.32a) bzw. (3.32b) strikt invariant ist und wenn $\psi^{(i)}$ Lösung der Euler-Lagrange-Gleichung (3.16) ist, dann ist folgender Vierervektor erhalten:

$$J^\mu(x) = \sum_{i=1}^{N}\frac{\partial\mathcal{L}}{\partial\left(\partial_\mu\psi^{(i)}\right)}\delta\psi^{(i)}\,,\qquad \partial_\mu J^\mu(x) = 0\,. \tag{3.34}$$

Die nun folgenden Beispiele zeigen, dass es durchaus berechtigt ist, die dynamische Größe (3.34) einen „Strom“ zu nennen, denn entweder ist er proportional zum elektrischen Strom oder er ist eine physikalisch sinnvolle Verallgemeinerung davon.

Schon jetzt sieht man, dass die Voraussetzungen und der Erhaltungssatz (3.34) den in Abschn. 3.1.1 behandelten Fall strikter Invarianz der Lagrangefunktion direkt auf eine Feldtheorie verallgemeinern.

Beispiel 3.4 Komplexes Skalarfeld

Wir greifen noch einmal das Beispiel 3.3 (ohne die äußere Quelle $\varrho(x)$) auf, nehmen aber an, dass das Skalarfeld jetzt ein komplexes Feld sei

$$\Phi(x) = \phi_1(x) + \mathrm{i}\phi_2(x)\,,\qquad \text{mit } \phi_1(x), \phi_2(x) \text{ reell}\,.$$

Die Lagrangefunktion, die dieses Feld ohne Wechselwirkung beschreiben soll, sei ähnlich wie in (3.17a) aufgebaut

$$\frac{1}{\hbar c}\mathcal{L}^{(0)}(\Phi, \partial_\mu\Phi, \varrho) = \frac{1}{2}\left[\partial_\mu\Phi^*(x)\partial^\mu\Phi(x) - \kappa^2\Phi^*(x)\Phi(x)\right]. \tag{3.35a}$$

Hier treten das Feld Φ und sein komplex Konjugiertes Φ^* in einer Weise auf, dass die Lagrangedichte eine reelle Funktion wird. Anders als im Beispiel 3.3 hat dieses Modell zwei Freiheitsgrade, nämlich die unabhängigen Felder ϕ_1 und ϕ_2. Eine wichtige Beobachtung ist die, dass man an Stelle dieser beiden reellen Felder genauso gut die Felder Φ und Φ^* unabhängig variieren kann um zu den Bewegungsgleichungen zu gelangen. Tut man dies, so erhält man im vorliegenden Fall der wechselwirkungsfreien Lagrangedichte (3.35a) die Klein-Gordon-Gleichung (3.17b) ohne äußere Quelle

$$\left(\Box + \kappa^2\right)\Phi(x) = 0$$

und ihr komplex Konjugiertes.

Die Lagrangedichte (3.35a) ist unter einer sog. *Eichtransformation erster Art* oder, etwas geometrischer ausgedrückt, einer *globalen Eichtransformation* strikt invariant

$$\Phi(x) \longmapsto e^{i\alpha}\Phi(x)\,, \quad \Phi^*(x) \longmapsto e^{-i\alpha}\Phi^*(x)\,, \quad \alpha \in \mathbb{R}\,. \tag{3.35b}$$

Wir benötigen die Transformationsformeln nur in der Nähe der Identität. So ist nach (3.32b)

$$\delta\Phi(x) = i\alpha\Phi(x)\,, \quad \delta\Phi^*(x) = -i\alpha\Phi^*(x)\,, \tag{3.35c}$$

der gemäß (3.34) erhaltene Strom ist hier

$$\begin{aligned} J^\mu(x) &= \sum_{i=1}^{N} \frac{\partial \mathcal{L}^{(0)}}{\partial\left(\partial_\mu \psi^{(i)}\right)} \delta\psi^{(i)} \\ &= \hbar c \left\{ \left(\partial^\mu \Phi^*(x)\right)\Phi(x) - \Phi^*(x)\left(\partial^\mu \Phi(x)\right) \right\}. \end{aligned} \tag{3.35d}$$

Klarerweise ist $J^\mu(x)$ nur bis auf eine multiplikative Konstante definiert. Deshalb kann man daraus ohne Weiteres eine Viererstromdichte $j^\mu(x)$ machen, die dieselbe Dimension wie eine elektrische Stromdichte hat. Hat das Feld Φ die physikalische Dimension (1/Länge), so könnte dies

$$j^\mu(x) = ec J^\mu(x)$$

sein. Die Invarianz der Lagrangedichte (3.35a) unter den Transformationen (3.25b) liefert die Kontinuitätsgleichung $\partial_\mu j^\mu(x) = 0$ und damit die Erhaltung der elektrischen Ladung.

3.4.2 Eichtransformationen an der Lagrangedichte

Eine Eichtransformation (2.59), $A'_\mu = A_\mu - \partial_\mu \Lambda(x)$, lässt die Lagrangedichte (3.28) i. Allg. nicht invariant, sondern ändert sie wie folgt:

$$\mathcal{L}'\left(A'_\tau, \partial_\sigma A'_\tau\right) = \mathcal{L}\left(A_\tau, \partial_\sigma A_\tau\right) + \frac{1}{c} j^\mu(x)\partial_\mu \Lambda(x)\,.$$

Nun kann man aber im Zusatzterm ohne Weiteres

$$j^\mu(x)\partial_\mu\Lambda(x) \quad \text{durch} \quad \partial_\mu\left(j^\mu(x)\Lambda(x)\right)$$

ersetzen, da ja $\partial_\mu j^\mu(x) = 0$ gilt. Der Zusatzterm ist dann eine Divergenz und gibt im Wirkungsintegral (3.31) nur einen Oberflächenterm

auf $\partial\Sigma$. Da dort die Variationen der Felder verschwinden, ändern die Bewegungsgleichungen sich nicht. Das ist ein wichtiges Ergebnis:
Der Kopplungsterm $j^\mu(x)A_\mu(x)$ des Strahlungsfeldes an die Materie ist nur dann eichinvariant, wenn der elektromagnetische Strom $j^\mu(x)$ die Kontinuitätsgleichung $\partial_\mu j^\mu(x) = 0$ erfüllt.

Verfügt man außer der Lagrangedichte (3.28) für die Maxwell-Felder auch über eine Lagrangedichte für die Materie, so lässt sich die Invarianz unter Eichtransformationen noch weiter analysieren. Das nun folgende Beispiel illustriert, was damit gemeint ist.

Beispiel 3.5 Atome in äußeren Feldern

In der Atomphysik werden Elektronen im Rahmen der nichtrelativistischen Quantenmechanik mit Hilfe der Schrödinger-Gleichung beschrieben (s. Band 2). Wir wollen seine Wechselwirkung mit den Maxwell-Feldern in einem halbklassischen Zugang untersuchen, d. h. in solchen experimentellen Anordnungen, in denen das Elektron durch äußere, klassische (d. h. nichtquantisierte) elektrische und magnetische Felder beeinflusst wird. Solche Situationen liegen z. B. dann vor, wenn man die Bahndynamik von Elektronen in Beschleunigern und in Strahlführungssystemen studiert.

Wir schreiben den Maxwell-Feldern und dem Elektron je eine Lagrangedichte zu, wobei die Wechselwirkung zwischen dem Elektron und den Maxwell-Feldern in der Lagrangedichte enthalten sein soll, die die Schrödinger-Gleichung mit äußeren Feldern liefert, $\mathcal{L} = \mathcal{L}_\mathrm{M} + \mathcal{L}_\mathrm{E}$, mit

$$\mathcal{L}_\mathrm{M} = -\frac{1}{16\pi} F_{\mu\nu}(x) F^{\mu\nu}(x)\,, \tag{3.36a}$$

$$\begin{aligned}\mathcal{L}_\mathrm{E} = {} & \frac{1}{2}\mathrm{i}\hbar\big[\psi^*\partial_t\psi - (\partial_t\psi^*)\psi\big] - e\Phi(t,\boldsymbol{x})\psi^*\psi \\ & - \frac{1}{2m}\Big(\big[\mathrm{i}\hbar\boldsymbol{\nabla} - \frac{e}{c}\boldsymbol{A}(t,\boldsymbol{x})\big]\psi^*\Big)\Big(\big[-\mathrm{i}\hbar\boldsymbol{\nabla} - \frac{e}{c}\boldsymbol{A}(t,\boldsymbol{x})\big]\psi\Big)\,. \end{aligned} \tag{3.36b}$$

Um sich mit der Lagrangedichte (3.36b) vertraut zu machen, ist es instruktiv, zunächst das Vektorpotential $\boldsymbol{A}$ gleich Null zu setzen. Mit $e\Phi(t,\boldsymbol{x}) = U(t,\boldsymbol{x})$ lautet sie dann

$$\mathcal{L}_\mathrm{E} = \frac{1}{2}\mathrm{i}\hbar\big[\psi^*\partial_t\psi - (\partial_t\psi^*)\psi\big] - U(t,\boldsymbol{x})\psi^*\psi - \frac{\hbar^2}{2m}(\boldsymbol{\nabla}\psi^*)(\boldsymbol{\nabla}\psi)\,.$$

Variiert man z. B. das konjugiert komplexe Feld ψ^*, so muss man die partiellen Ableitungen von $\mathcal{L}_\mathrm{E}$ nach ψ^*, nach $(\partial_t\psi^*)$ und nach $(\boldsymbol{\nabla}\psi^*)$ berechnen:

$$\frac{\partial\mathcal{L}_\mathrm{E}}{\partial\psi^*} = \frac{1}{2}\mathrm{i}\hbar\partial_t\psi - U(t,\boldsymbol{x})\psi\,,$$

$$\frac{\partial\mathcal{L}_\mathrm{E}}{\partial(\partial_t\psi^*)} = -\frac{1}{2}\mathrm{i}\hbar\psi\,, \qquad \frac{\partial\mathcal{L}_\mathrm{E}}{\partial(\boldsymbol{\nabla}\psi^*)} = -\frac{\hbar^2}{2m}\boldsymbol{\nabla}\psi\,.$$

Diese Ausdrücke eingesetzt in die Bewegungsgleichung (3.16) (dort mit $\psi^{(i)} = \psi^*$) ergibt

$$\frac{\partial \mathcal{L}_E}{\partial \psi^*} - \partial_t \left(\frac{\partial \mathcal{L}_E}{\partial(\partial_t \psi^*)} \right) - \nabla \left(\frac{\partial \mathcal{L}_E}{\partial(\nabla \psi^*)} \right) = 0 \,, \quad \text{hier also}$$

$$\mathrm{i}\hbar\partial_t \psi(t,\boldsymbol{x}) - U(t,\boldsymbol{x})\psi(t,\boldsymbol{x}) + \frac{\hbar^2}{2m}\boldsymbol{\Delta}\psi(t,\boldsymbol{x}) = 0 \,.$$

Dies ist die Schrödinger-Gleichung $\mathrm{i}\hbar\partial_t\psi(t,\boldsymbol{x}) = [(\boldsymbol{p}^2/2m) + U(t,\boldsymbol{x})]\,\psi(t,\boldsymbol{x})$ mit $\boldsymbol{p} = -\mathrm{i}\hbar\nabla$. (Variiert man nach ψ an Stelle von ψ^*, so findet man auf dieselbe Weise die konjugiert komplexe Schrödinger-Gleichung für ψ^*.) Dieselbe Rechnung für die Lagrangedichte (3.36b) mit beliebigen Potentialen $\boldsymbol{A}$ und Φ ergibt die Bewegungsgleichung

$$\mathrm{i}\hbar\partial_t\psi(t,\boldsymbol{x}) = \frac{1}{2m}\left[-\mathrm{i}\hbar\nabla - \frac{e}{c}\boldsymbol{A}(t,\boldsymbol{x})\right]^2\psi(t,\boldsymbol{x}) + e\Phi(t,\boldsymbol{x})\psi(t,\boldsymbol{x}) \,. \tag{3.37}$$

Ersetzt man wieder $-\mathrm{i}\hbar\nabla$ durch $\boldsymbol{p}$, dann steht auf der rechten Seite der schon aus der Mechanik bekannte Ausdruck für die Hamiltonfunktion eines geladenen Teilchens in äußeren Feldern (s. Band 1, Abschnitt 2.16b))

$$H = \frac{1}{2m}\left[\boldsymbol{p} - \frac{e}{c}\boldsymbol{A}(t,\boldsymbol{x})\right]^2 + e\Phi(t,\boldsymbol{x}) \,.$$

Die Ersetzung

$$\boldsymbol{p} \mapsto \boldsymbol{p} - \frac{e}{c}\boldsymbol{A} \quad \text{bzw.} \quad -\mathrm{i}\hbar\nabla \mapsto -\mathrm{i}\hbar\nabla - \frac{e}{c}\boldsymbol{A} \tag{3.38}$$

wird Regel der *minimalen Substitution* genannt, die Art der Kopplung an das Strahlungsfeld, die dabei entsteht, heißt *minimale Kopplung.*

Eine allgemeine Eichtransformation (2.59), an den Potentialen ausgeführt,

$$\Phi \mapsto \Phi' = \Phi - \frac{1}{c}\,\partial_t\chi(t,\boldsymbol{x}) \,, \qquad \boldsymbol{A} \mapsto \boldsymbol{A}' = \boldsymbol{A} + \nabla\chi(t,\boldsymbol{x}) \,, \tag{3.39a}$$

ändert $\mathcal{L}_E$ und damit $\mathcal{L}$ um Terme, die man wie zu Anfang dieses Unterabschnitts behandeln kann. Das wäre nichts Neues gegenüber rein klassischen Situationen. Wirklich interessant wird der Vergleich aber dann, wenn man gleichzeitig mit der Eichtransformation (3.39a) an der Schrödinger'schen Wellenfunktion eine von Zeit und Raum abhängige Phasentransformation vornimmt

$$\psi(t,\boldsymbol{x}) \mapsto \psi'(t,\boldsymbol{x}) = \mathrm{e}^{\mathrm{i}\alpha(t,\boldsymbol{x})}\psi(t,\boldsymbol{x}) \,. \tag{3.39b}$$

Eine Phasentransformation mit *konstanter* reeller Phase α wie im Beispiel (3.35b) lässt alle quantenmechanischen Erwartungswerte und somit alle Obervablen invariant. Das ist die aus der Quantenmechanik bekannte Aussage, dass nicht die einzelne Wellenfunktion ψ, sondern der sog. Einheitsstrahl $\{e^{i\alpha}\psi\}$ mit $\alpha \in \mathbb{R}$ den physikalischen Zustand beschreibt. Diese Phasenfaktoren sind Elemente einer Lie-Gruppe U(1), die durch α (mod 2π) parametrisiert wird und als Erzeugende die Identität hat. Was in Gleichung (3.39b) geschieht ist etwas Neues: Dort steht ein Phasenfaktor, der von einer glatten Funktion $\alpha(t, \boldsymbol{x})$ abhängt, eine Transformation also, die in jedem Punkt $(t, \boldsymbol{x})$ der Raumzeit eine eigene Kopie der eben genannten $\mathrm{U}(1)|_x$ bereitstellt. Der Unterschied zwischen den beiden Fällen ist recht anschaulich: Mit der konstanten Phase $e^{i\alpha}$ transformiert man die Wellenfunktion gleichzeitig und im ganzen Universum. Ist α dagegen eine Funktion von Zeit und Raum, so kann man diese Funktion durchaus lokalisiert wählen, d. h. derart, dass sie nur in einem vorgebbaren Zeitintervall und in einem endlichen räumlichen Bereich wesentlich von Null verschieden ist.

Die Transformation (3.39b) bedeutet für die in der Schrödinger-Gleichung vorkommenden Zeitableitungen und Gradienten Folgendes

$$i\partial_t\psi \mapsto i\partial_t\psi' = e^{i\alpha(t,\boldsymbol{x})}\Big\{i\partial_t - \big(\partial_t\alpha\big)\Big\}\psi\,, \tag{3.40a}$$

$$\boldsymbol{\nabla}\psi \mapsto \boldsymbol{\nabla}\psi' = e^{i\alpha(t,\boldsymbol{x})}\Big\{\boldsymbol{\nabla} + i\big(\boldsymbol{\nabla}\alpha\big)\Big\}\psi\,, \tag{3.40b}$$

(die Klammern unterstreichen, wo die Wirkung von ∂_t und von $\boldsymbol{\nabla}$ nach rechts aufhört). Führt man die Transformationen (3.39a) und (3.39b) in $\mathcal{L}_\mathrm{E}$, Gleichung (3.36b), gleichzeitig aus, so werden die ersten beiden Summanden wie folgt ersetzt

$$\begin{aligned} &\frac{1}{2}i\hbar\big[\psi^{*\prime}\partial_t\psi' - (\partial_t\psi^{*\prime})\psi'\big] - e\Phi(t,\boldsymbol{x})\psi^{*\prime}\psi' \\ &= \frac{1}{2}i\hbar\big[\psi^*\partial_t\psi - (\partial_t\psi^*)\psi\big] - \hbar\big(\partial_t\alpha\big)\psi^*\psi \\ &\qquad\qquad - e\Phi(t,\boldsymbol{x})\psi^*\psi + \frac{e}{c}\big(\partial_t\chi\big)\psi^*\psi\,, \end{aligned} \tag{3.40c}$$

während man im zweiten Summanden

$$\begin{aligned} &\Big[-i\hbar\boldsymbol{\nabla} - \frac{e}{c}\boldsymbol{A}'\Big]\psi' \\ &= e^{i\alpha(t,\boldsymbol{x})}\Big[-i\hbar\boldsymbol{\nabla} - \frac{e}{c}\boldsymbol{A} + \hbar\big(\boldsymbol{\nabla}\alpha\big) - \frac{e}{c}\big(\boldsymbol{\nabla}\chi\big)\Big]\psi \end{aligned} \tag{3.40d}$$

und einen entsprechenden Ausdruck für den dazu konjugiert komplexen Faktor bekommt. Die lokale Phase $\exp\{i\alpha(t, \boldsymbol{x})\}$ hebt sich in allen Anteilen von $\mathcal{L}_\mathrm{E}$ heraus. Wählt man außerdem die Phasenfunktion $\alpha(t, \boldsymbol{x})$ proportional zur Eichfunktion $\chi(t, \boldsymbol{x})$, konkreter setzt man

$$\alpha(t,\boldsymbol{x}) = \frac{e}{\hbar c}\chi(t,\boldsymbol{x})\,, \tag{3.41}$$

so heben sich der zweite und der vierte Summand auf der rechten Seite von (3.40c), und ebenso die beiden letzten Summanden auf der rechten Seite von (3.40d) heraus. Unter der simultanen Transformation (3.39a), (3.39b) und mit der Relation (3.41) bleibt $\mathcal{L}_\mathrm{E}$ und damit auch $\mathcal{L} = \mathcal{L}_\mathrm{M} + \mathcal{L}_\mathrm{E}$ vollkommen ungeändert!

Es ist jetzt klar geworden, warum man in diesem Fall von *lokalen* Eichtransformationen spricht. Die Transformationen (3.39a) und (3.39b), die simultan an der Schrödinger Wellenfunktion des Elektrons und an den Potentialen der Maxwell-Felder ausgeführt werden, bilden die lokale Eichgruppe U(1). In diesem Sinne ist dies die Eichgruppe der Maxwell-Theorie.

Bemerkung

Die beiden Typen von Eichtransformationen wurden in der älteren Literatur Eichtransformationen erster (für die globalen) bzw. zweiter Art (für die lokalen) genannt. Heute benutzt man eher die in der Differentialgeometrie übliche Nomenklatur, auch wenn diese nicht immer ganz einheitlich ist. Die Gruppe der globalen, starren U(1)-Transformationen

$$G = \left\{ e^{i\alpha} \middle| \alpha \in [0, 2\pi) \right)$$

wird *Strukturgruppe* genannt, die Gruppe der lokalen Eichtransformationen

$$\mathfrak{G} = \left(e^{i\alpha(x)} \middle| x \in \mathbb{R}^4, \alpha \in \mathfrak{F}(\mathbb{R}^4) \quad (\mathrm{mod}\ 2\pi) \right\} ,$$

mit α aus den glatten Funktionen auf dem Minkowski-Raum, heißt *Eichgruppe.* Auf Englisch spricht man von *gauge transformations,* die beiden Gruppen heißen *structure group* bzw. *gauge group.* Wie oben geschildert liefert die Eichgruppe eine Kopie der Strukturgruppe an jedem Punkt x der Raumzeit. Sie tut dies in einer glatten, d. h. differenzierbaren Weise.

3.4.3 Invarianz unter Translationen

Hier kehren wir zur ursprünglichen Form des Theorems von Noether zurück. Wir untersuchen die Wirkung einer Translation im Raum und in der Zeit zuerst für eine allgemeine Lagrangedichte

$$\mathcal{L}\left(\psi^{(i)}(x), \partial_\mu \psi^{(i)}(x)\right) , \quad i = 1, 2, \ldots , N , \tag{3.42}$$

die nicht explizit von x abhängt, danach für die Lagrangedichte (3.28) der Maxwell-Theorie. Unter der Transformation

$$x^\nu \longmapsto x'^\nu = x^\nu + \varepsilon a^\nu \tag{3.43}$$

gilt bis zur ersten Ordnung in ε (wir unterdrücken den Zusatz $+\mathcal{O}(\varepsilon^2)$)

$$\psi^{(i)}(x) \mapsto \psi'^{(i)}(x') = \psi^{(i)}(x + \varepsilon a) = \psi^{(i)}(x) + \delta\psi^{(i)}(x) , \quad \text{mit}$$

$$\delta\psi^{(i)} = \left.\frac{\partial \psi^{(i)}}{\partial \varepsilon}\right|_{\varepsilon=0} \varepsilon = \varepsilon a_\nu \partial^\nu \psi^{(i)} . \tag{3.43a}$$

Für die dadurch induzierte Änderung der Lagrangedichte erhält man

$$\begin{aligned} \delta\mathcal{L} &= \mathcal{L}\left(\psi'^{(i)}(x'), \partial_\mu \psi'^{(i)}(x')\right) - \mathcal{L}\left(\psi^{(i)}(x), \partial_\mu \psi^{(i)}(x)\right) \\ &= \left.\frac{\partial \mathcal{L}}{\partial \varepsilon}\right|_{\varepsilon=0} \varepsilon = \varepsilon a_\nu \partial^\nu \mathcal{L}\left(\psi^{(i)}(x), \partial_\mu \psi^{(i)}(x)\right) . \end{aligned} \tag{3.43b}$$

Sind die Felder $\psi^{(i)}$ Lösungen der Bewegungsgleichungen, so ist gemäß (3.4.1)

$$\delta\mathcal{L} = \partial_\mu \left(\sum_{i=1}^{N} \frac{\partial \mathcal{L}}{\partial\left(\partial_\mu \psi^{(i)}\right)} \delta\psi^{(i)} \right) . \tag{3.43c}$$

Zusammen mit dem Ausdruck (3.43b) für $\delta\mathcal{L}$ und (3.43a) für $\delta\psi^{(i)}$ schließt man auf die Gleichung

$$\varepsilon a_\nu \left\{ \partial^\nu \mathcal{L} - \partial_\mu \left(\sum_{i=1}^{N} \frac{\partial \mathcal{L}}{\partial\left(\partial_\mu \psi^{(i)}\right)} \partial^\nu \psi^{(i)} \right) \right\} = 0 , \quad \text{bzw.}$$

$$\varepsilon a_\nu \partial_\mu \left\{ -g^{\mu\nu} \mathcal{L} + \left(\sum_{i=1}^{N} \frac{\partial \mathcal{L}}{\partial\left(\partial_\mu \psi^{(i)}\right)} \partial^\nu \psi^{(i)} \right) \right\} = 0 .$$

Da die Komponenten des Translationsvektors a beliebig gewählt werden können, folgt hieraus, dass das Tensorfeld

$$T^{\mu\nu} := \left(\sum_{i=1}^{N} \frac{\partial \mathcal{L}}{\partial\left(\partial_\mu \psi^{(i)}\right)} \partial^\nu \psi^{(i)} \right) \Bigg\} - g^{\mu\nu} \mathcal{L}\left(\psi^{(i)}, \partial_\alpha \psi^{(i)}\right) \tag{3.44}$$

die vier Erhaltungssätze erfüllt

$$\partial_\mu T^{\mu\nu}(\psi^{(i)}, \partial_\alpha \psi^{(i)}) = 0 . \tag{3.45}$$

Hier finden sich dasselbe Tensorfeld wie in (3.21) und dieselben Erhaltungssätze wie in (3.22) wieder, allerdings in einem tieferen Zusammenhang: Die Erhaltungssätze (3.45) folgen aus der Invarianz der durch die Lagrangedichte (3.42) definierten Theorie unter Translationen (3.43).

Bevor wir den physikalischen Inhalt dieser Erhaltungssätze herausarbeiten, wollen wir dieselbe Analyse für den konkreten Fall der Maxwell-Theorie durchführen. Die Lagrangedichte (3.28) ohne Kopplung an äußere Quellen

$$\mathcal{L} = -\frac{1}{16\pi} F_{\mu\nu}(x) F^{\mu\nu}(x) \tag{3.46a}$$

sei unter den Translationen (3.43) invariant. Wir variieren die Felder $A_\sigma(x)$ in folgender Weise:

$$\delta A_\sigma = \varepsilon a_\nu F^{\nu}{}_{\sigma}(x) = \varepsilon a_\nu \left(\partial^\nu A_\sigma - \partial_\sigma A^\nu \right) \tag{3.46b}$$

In diesem Ansatz ist der erste Term auf der rechten Seite von derselben Art wie im allgemeinen Fall der Transformation (3.43a). Im zweiten Term ist eine Eichtransformation mit der Eichfunktion $\chi = (\varepsilon a_\nu A^\nu)$ hinzugefügt, was jederzeit zulässig ist. Der Vorteil dieses Ansatzes ist der, dass die Variation des Feldes A_σ von weiteren Eichtransformationen

$$A_\sigma \longmapsto A'_\sigma = A_\sigma - \partial_\sigma \Lambda(x)$$

ungeändert bleibt. *Alle Potentiale aus einer Klasse von eichäquivalenten Potentialen werden um denselben Anteil variiert.*

Die Variation an $\mathcal{L}$ berechnet man wie folgt

$$\delta\mathcal{L} = \varepsilon a_\nu \partial_\mu \Big(\frac{\partial \mathcal{L}}{\partial(\partial_\mu A_\sigma)} F^\nu{}_\sigma \Big) \,.$$

Mit derselben Argumentation wie im allgemeinen Fall erhält man die Gleichungen

$$\varepsilon a_\nu \partial_\mu \left\{ -g^{\mu\nu}\mathcal{L} + \frac{\partial \mathcal{L}}{\partial(\partial_\mu A_\sigma)} F^\nu{}_\sigma \right\} = 0 \,.$$

In dieser Gleichung ist die partielle Ableitung von $\mathcal{L}$ nach den abgeleiteten Feldern

$$\frac{\partial \mathcal{L}}{\partial(\partial_\mu A_\sigma)} = -\frac{1}{4\pi} F^{\mu\sigma} \,.$$

Setzt man $\mathcal{L}$ aus (3.46a) ein, so entsteht das *Maxwell'sche Tensorfeld*

$$T_{\mathrm{M}}^{\mu\nu}(x) = \frac{1}{4\pi} \left\{ F^{\mu\sigma}(x) F_\sigma{}^\nu(x) + \frac{1}{4} g^{\mu\nu} F_{\alpha\beta}(x) F^{\alpha\beta}(x) \right\} , \tag{3.47}$$

in dem $F_\sigma{}^\nu = g_{\sigma\tau} F^{\tau\nu} = -F^\nu{}_\sigma$ ist und das die Erhaltungsssätze

$$\partial_\mu T_{\mathrm{M}}^{\mu\nu}(x) = 0 \,, \qquad (j^\alpha(x) \equiv 0) \,, \tag{3.47a}$$

erfüllt, solange keine äußeren Quellen vorhanden sind. Lässt man zu, dass die in $F^{\mu\nu}$ enthaltenen Felder mit äußeren Quellen j^μ in Wechselwirkung treten, so berechnet man die Divergenz $\partial_\mu T^{\mu\nu}$ mit Hilfe der Maxwell'schen Gleichungen folgendermaßen

$$\begin{aligned}
\partial_\mu T_{\mathrm{M}}^{\mu\nu}(x) &= \frac{1}{4\pi} \left\{ \partial_\mu \big(F^{\mu\alpha} F_\alpha{}^\nu \big) + \frac{1}{4} \partial^\nu \big(F_{\alpha\beta} F^{\alpha\beta} \big) \right\} \\
&= \frac{1}{4\pi} \left\{ \big(\partial^\mu F_{\mu\alpha} \big) F^{\alpha\nu} + F_{\mu\alpha} \partial^\mu \big(F^{\alpha\nu} \big) + \frac{1}{2} F_{\alpha\beta} \partial^\nu F^{\alpha\beta} \right\} \\
&= \frac{1}{c} j_\alpha F^{\alpha\nu} + \frac{1}{8\pi} F_{\mu\alpha} \left\{ [\partial^\mu F^{\alpha\nu} + \partial^\nu F^{\mu\alpha}] + \partial^\mu F^{\alpha\nu} \right\} .
\end{aligned}$$

Im ersten Schritt hat man an einigen Stellen Indizes auf konsistente Weise von oben nach unten und von unten nach oben versetzt und hat die Ableitungen nach der Kettenregel ausgeschrieben. Insbesondere ist zu beachten, dass

$$\begin{aligned}
\partial^\nu \big(F_{\alpha\beta} F^{\alpha\beta} \big) &= -\partial^\nu \big(F_{\alpha\beta} F^{\beta\alpha} \big) = -\partial^\nu \operatorname{Sp}\big(F^2 \big) \\
&= -2 \operatorname{Sp}\big(F(\partial^\nu F) \big) = 2 F_{\alpha\beta} \partial^\nu F^{\alpha\beta}
\end{aligned}$$

ist, was daran liegt, dass die Spur zyklische Eigenschaft hat, d. h. $\operatorname{Sp}(F\partial^\nu F) = \operatorname{Sp}((\partial^\nu F)F)$. Beim Übergang von der zweiten zur dritten Zeile sind die inhomogenen Maxwell'schen Gleichungen eingesetzt worden, der Term $\partial^\mu F^{\alpha\nu}$ wurde zweimal hingeschrieben. Für die beiden Anteile in eckigen Klammern verwendet man die homogenen Maxwell'schen Gleichungen und ersetzt sie somit durch $-\partial^\alpha F^{\nu\mu} = \partial^\alpha F^{\mu\nu}$. Den Quellterm $j_\alpha F^{\alpha\nu} = -j_\alpha F^{\nu\alpha}$ bringt man auf die linke Seite; auf der rechten bleibt dann noch

$$F_{\mu\alpha}\left\{\partial^\mu F^{\alpha\nu} + \partial^\alpha F^{\mu\nu}\right\},$$

ein Anteil, der gleich Null ist, weil der Ausdruck in den geschweiften Klammern unter $\mu \leftrightarrow \alpha$ symmetrisch ist und mit dem in denselben Indizes antisymmetrischen $F_{\mu\alpha}$ verjüngt wird. Es bleibt die wichtige Bilanzgleichung

$$\partial_\mu T_{\mathrm{M}}^{\mu\nu}(x) + \frac{1}{c} F^{\nu\alpha}(x) j_\alpha(x) = 0 . \tag{3.47b}$$

Ist $j_\alpha(x) \equiv 0$, so ist das Maxwell'sche Tensorfeld $T_{\mathrm{M}}^{\mu\nu}$ erhalten, ist dem nicht so, so beschreibt der zweite Term auf der linken Seite von (3.47b) den Austausch von Energie und Impuls zwischen Strahlungsfeld und Materie. Diesen Fragen der Interpretation ist der nächste Abschnitt gewidmet.

Zuvor liest man noch folgende Eigenschaften des Maxwell'schen Tensorfeldes (3.47) ab:

(i) Das Tensorfeld $T_{\mathrm{M}}^{\mu\nu}(x)$ ist symmetrisch. Wenn man die Feldstärken durch Potentiale darstellt, ist es invariant unter Eichtransformationen;
(ii) Mit $g_{\mu\nu} g^{\mu\nu} = 4$ ist die Spur von (3.47) gleich Null,

$$\mathrm{Sp}\, T_{\mathrm{M}}^{\mu\nu}(x) = g_{\mu\nu} T_{\mathrm{M}}^{\mu\nu}(x) = \frac{1}{4\pi}\left\{F^{\mu\sigma} F_{\sigma\mu} + \frac{1}{4} 4 F_{\alpha\beta} F^{\alpha\beta}\right\} = 0 . \tag{3.48}$$

Das Maxwell'sche Tensorfeld ohne äußere Quellen ist ein symmetrisches und spurloses Tensorfeld zweiter Stufe.

3.4.4 Interpretation der Erhaltungssätze

Wie schon dort betont gehört das Tensorfeld (3.47) zur Maxwell-Theorie im Vakuum, wo zwischen $\boldsymbol{E}$ und $\boldsymbol{D}$, ebenso wie zwischen $\boldsymbol{B}$ und $\boldsymbol{H}$ kein physikalisch wesentlicher Unterschied besteht. (Bei Verwendung Gauß'scher Einheiten sind sie paarweise gleich zu setzen.) Wenn wir zunächst noch bei diesem Fall bleiben, aber dennoch die Bilanzgleichung (3.47b) verwenden, dann steht im Hintergrund ein störungstheoretisches Bild: Das im Vakuum vorgegebene Strahlungsfeld trifft auf Ladungen und Ströme von einzelnen Teilchen oder von lokalisierten Ladungs- und Stromdichten, die so beschaffen sind, dass die Wechselwirkung zwischen ihnen und den Maxwell-Feldern wie eine Störung behandelt werden kann. Maxwell-Felder einerseits und Materie andererseits tauschen zwar Energie und Impuls über die Bilanzgleichung (3.47b) aus, die Rückwirkung auf die vorgegebenen Felder bleibt aber klein. Dieses Bild ist die Basis für die quantisierte Version der Theorie, die Quantenelektrodynamik (s. Band 4), in der man die Wechselwirkung der ursprünglich freien, quantisierten Maxwell-Felder mit Elektronen oder anderen geladenen Elementarteilchen beschreibt.

Erst in einem zweiten Schritt betrachten wir elektromagnetische Felder in Materie, indem wir den Ausdruck (3.47) entsprechend verallgemeinern.

a) Maxwell-Tensorfeld im Vakuum

Die physikalische Deutung des Tensorfeldes (3.47) wird wesentlich klarer, wenn man einem Experimentator folgt, der elektrische und magnetische Felder misst und damit eine Klasse von Bezugssystemen auszeichnet, in denen die Aufteilung von $\mathbb{R}^4$ in Zeitachse $\mathbb{R}_t$ und dreidimensionalen Raum $\mathbb{R}^3$ festliegt. Mit $g^{\mu\eta}g_{\eta\nu} = \delta^\mu{}_\nu$ ist

$$\left(T_\mathrm{M}(x)\right)^\mu{}_\nu = \frac{1}{4\pi}\left\{F^{\mu\sigma}(x)F_{\sigma\nu}(x) + \frac{1}{4}\delta^\mu{}_\nu F_{\alpha\beta}(x)F^{\alpha\beta}(x)\right\}$$

und mit den expliziten Darstellungen (2.46) und (2.69a) ist der erste Term der rechten Seite das Produkt der 4×4-Matrizen

$$F^{\mu\sigma} = \begin{pmatrix} 0 & -E^1 & -E^2 & -E^3 \\ E^1 & 0 & -B^3 & B^2 \\ E^2 & B^3 & 0 & -B^1 \\ E^3 & -B^2 & B^1 & 0 \end{pmatrix} \quad \text{und } F_{\sigma\nu} = \begin{pmatrix} 0 & E^1 & E^2 & E^3 \\ -E^1 & 0 & -B^3 & B^2 \\ -E^2 & B^3 & 0 & -B^1 \\ -E^3 & -B^2 & B^1 & 0 \end{pmatrix}.$$

Der zweite Term ist die Einheitsmatrix, die mit $F_{\alpha\beta}F^{\alpha\beta}/4$ multipliziert wird, ein Term, den wir schon in (3.25a) berechnet hatten. Damit ergeben sich für die einzelnen Komponenten von $(T_\mathrm{M})^\mu{}_\nu$ folgende Funktionen des elektrischen und des magnetischen Feldes

$$(T_\mathrm{M})^0{}_0 = \frac{1}{8\pi}\left\{\boldsymbol{E}^2 + \boldsymbol{B}^2\right\} =: u(t,\boldsymbol{x})\,, \tag{3.49a}$$

$$(T_\mathrm{M})^0{}_i = -\frac{1}{4\pi}\left(\boldsymbol{E}\times\boldsymbol{B}\right)^i =: -cP^i(t,\boldsymbol{x})\,, \tag{3.49b}$$

$$(T_\mathrm{M})^i{}_0 = +\frac{1}{4\pi}\left(\boldsymbol{E}\times\boldsymbol{B}\right)^i =: \frac{1}{c}S^i(t,\boldsymbol{x})\,, \tag{3.49c}$$

$$(T_\mathrm{M})^k{}_i = \frac{1}{4\pi}\left[E^kE^i + B^kB^i - \frac{1}{2}\delta^{ki}\left(\boldsymbol{E}^2+\boldsymbol{B}^2\right)\right]. \tag{3.49d}$$

Die Bezeichnungen auf den rechten Seiten haben folgende Bedeutung: Wenn die in Abschn. 1.8.4 erhaltenen Ausdrücke auch für zeitabhängige Felder richtig sind – und dies ist der Fall –, dann ist $u(t,\boldsymbol{x})$ die *Energiedichte*. Der Vektor $\boldsymbol{P} = (P^1, P^2, P^3)^T$ wird als *Impulsdichte* interpretiert. Der Vektor $\boldsymbol{S}$ stellt sich als Flussdichte der Energie heraus und wird *Poynting'scher Vektor* genannt. Die Raum-Raumkomponenten $(T_\mathrm{M})^k{}_i$ bilden den sog. *Maxwell'schen Spannungstensor.*

Die Bilanzgleichung (3.47b), etwas umgeschrieben, lautet

$$\partial_\mu (T_{\mathrm{M}}(x))^\mu{}_\nu + \frac{1}{c} F_{\nu\alpha}(x) j^\alpha(x) = 0$$

und ergibt zusammen mit den Zerlegungen nach Raum- und Zeitkoordinaten

$$\partial_\mu = \left\{\frac{1}{c}\partial_t, \boldsymbol{\nabla}\right\} \quad \text{und} \quad j^\alpha = \left\{c\varrho(t,\boldsymbol{x}), \boldsymbol{j}(t,\boldsymbol{x})\right\}$$

für $\nu = 0$ die Gleichung

$$\frac{\partial}{\partial t} u(t,\boldsymbol{x}) + \boldsymbol{\nabla} \cdot \boldsymbol{S}(t,\boldsymbol{x}) + \boldsymbol{E}(t,\boldsymbol{x}) \cdot \boldsymbol{j}(t,\boldsymbol{x}) = 0 \,. \tag{3.50}$$

Diese Gleichung verknüpft die zeitliche Zu- oder Abnahme der Energiedichte und die Divergenz des Flussfeldes $\boldsymbol{S}(t,\boldsymbol{x})$ mit der Arbeit pro Zeit- und pro Volumeneinheit, die von den elektromagnetischen Feldern an den Quellen geleistet wird. Das Vektorfeld

$$\boldsymbol{S}(t,\boldsymbol{x}) = \frac{c}{4\pi} \boldsymbol{E}(t,\boldsymbol{x}) \times \boldsymbol{H}(t,\boldsymbol{x}) \tag{3.51}$$

wird *Poynting'sches Vektorfeld* genannt, die Bilanzgleichung (3.50) wird oft als *Poynting'sches Theorem* umschrieben. Wenn man über ein endliches Volumen V mit stückweise glatter Oberfläche ∂V integriert, dann ist

$$\iiint\limits_V \mathrm{d}^3x \, \frac{\partial}{\partial t} u(t,\boldsymbol{x}) = \frac{\mathrm{d}}{\mathrm{d}t} \iiint\limits_V \mathrm{d}^3x \, u(t,\boldsymbol{x}) = \frac{\mathrm{d}}{\mathrm{d}t} W_{\mathrm{Feld}}$$

die Änderung des Energieinhalts der Felder, während

$$\iiint\limits_V \mathrm{d}^3x \, \boldsymbol{E}(t,\boldsymbol{x}) \cdot \boldsymbol{j}(t,\boldsymbol{x}) = \frac{\mathrm{d}}{\mathrm{d}t} W_{\mathrm{mech}}$$

die Änderung der mechanischen Energie der im Volumen vorhandenenTeilchen darstellt. Das Volumenintegral über die Divergenz von $\boldsymbol{S}(t,\boldsymbol{x})$ wird zum Flächenintegral über ∂V, so dass die integrale Form von (3.50) so lautet

$$\frac{\mathrm{d}}{\mathrm{d}t}\left(W_{\mathrm{Feld}} + W_{\mathrm{mech}}\right) = -\iint\limits_{\partial V} \mathrm{d}\sigma \, \hat{\boldsymbol{n}} \cdot \boldsymbol{S}(t,\boldsymbol{x}) \,,$$

mit $\mathrm{d}\sigma$ dem Flächenelement und $\hat{\boldsymbol{n}}$ der nach außen gerichteten Flächennormalen. Diese Relation zwischen der zeitlichen Änderung der gesamten Energie und dem Oberflächenintegral der rechten Seite zeigt, dass das Vektorfeld $\boldsymbol{S}(t,\boldsymbol{x})$ in der Tat den Energiefluss beschreibt.

Die Raumkomponenten der Bilanzgleichung (3.47b) geben mit $\nu = i$

$$-\frac{\partial}{\partial t} P^i + \frac{1}{4\pi} \sum_{k=1}^{3} \nabla^k \left[E^k E^i + B^k B^i - \frac{1}{2}\delta^{ki}(\boldsymbol{E}^2 + \boldsymbol{B}^2)\right]$$
$$- E^i \varrho - \frac{1}{c}\left(\boldsymbol{j} \times \boldsymbol{B}\right)^i = 0 \,.$$

Schreibt man dies etwas um und verwendet die Raum-Raumkomponenten des Maxwell'schen Tensors, so nimmt diese Gleichung einer leichter zu interpretierende Form an:

$$\varrho(t,\boldsymbol{x})E^i(t,\boldsymbol{x})+\frac{1}{c}\big(\boldsymbol{j}(t,\boldsymbol{x})\times\boldsymbol{B}(t,\boldsymbol{x})\big)^i+\frac{\partial P^i}{\partial t}-\sum_{k=1}^{3}\partial_k(T_\mathrm{M})^k{}_i=0\,. \tag{3.52}$$

Die ersten beiden Terme erinnern an die Lorentz-Kraft: die hier auftretende Kraft*dichte,* die man Lorentz-Kraftdichte nennen mag, ist gleich der zeitlichen Änderung der Impulsdichte. Zusammen mit dem dritten Term steht hier somit

$$\frac{\partial}{\partial t}\big(P^i_\mathrm{mech}+P^i_\mathrm{Feld}\big)\,.$$

Der letzte Term von (3.52) wird verständlich, wenn man auch hier die integrale Form dieser Bilanzgleichung betrachtet: Man integriert wieder über ein endliches Volumen V, dessen Oberfläche ∂V (stückweise) glatt ist und erhält mit dem Gauß'schen Satz

$$\sum_{k=1}^{3}\iiint\limits_V \mathrm{d}^3x\;\partial_k(T_\mathrm{M})^k{}_i=\iint\limits_{\partial V}\mathrm{d}\sigma\;\sum_{k=1}^{3}(T_\mathrm{M})^k{}_i n^k\,.$$

Der Integrand stellt den Fluss der i-ten Komponente des Impulses pro Einheitsfläche auf ∂V dar, d. h. die Kraft pro Flächeneinheit, die auf Teilchen und Felder in V wirkt. Dies ist der sog. *Strahlungsdruck.*

b) Maxwell-Tensorfeld in Materie

Studiert man die Maxwell-Felder innerhalb von elektrisch und magnetisch polarisierbarer Materie, dann werden die Zusammenhänge deutlich komplizierter. Streng genommen kann man die Frage, wie die Impulsdichte, der Energiefluss und der Spannungstensor in diesen Fällen zu berechnen sind, erst dann beantworten, wenn ein konkretes Modell für das Stück kondensierter Materie vorliegt, das man betrachtet. Im einfachsten Fall mit *linearen*, konstanten Zusammenhängen

$$\boldsymbol{D}=\varepsilon\boldsymbol{E}\,,\qquad \boldsymbol{B}=\mu\boldsymbol{H}$$

zwischen den Feldern, wie wir sie in Abschn. 1.6.2 und Abschn. 1.6.3 studiert haben, kann man versuchen zu erraten, wie das Tensorfeld (3.47) aussieht.

Man schaut sich noch einmal die einzelnen Schritte der Ableitung der Bilanzgleichung (3.47b) an und achtet besonders darauf, an welcher Stelle man die inhomogenen, an welcher man die homogenen Maxwell'schen Gleichungen benutzt hat. Außerdem sieht man leicht, dass das bei der Ableitung der Spur benutzte Argument auch hier gilt, solange, wie vorausgesetzt, die Zusammenhänge zwischen den Feldern $\boldsymbol{D}$

und $\boldsymbol{E}$ bzw. $\boldsymbol{B}$ und $\boldsymbol{H}$ linear und konstant sind,

$$\partial^\nu\big(\mathcal{F}_{\alpha\beta}F^{\alpha\beta}\big) = -\partial^\nu\big(\mathcal{F}_{\alpha\beta}F^{\beta\alpha}\big) = -\partial^\nu\big(\boldsymbol{E}\cdot\boldsymbol{D}+\boldsymbol{B}\cdot\boldsymbol{H}\big) = \mathcal{F}_{\alpha\beta}\partial^\nu F^{\alpha\beta}\,.$$

Das Tensorfeld (3.47) kann somit durch folgendes, aus beiden Typen von Feldern zusammengesetztes Tensorfeld ersetzt werden

$$T^{\mu\nu}(x) = \frac{1}{4\pi}\left\{\mathcal{F}^{\mu\sigma}(x)F_\sigma{}^\nu(x) + \frac{1}{4}g^{\mu\nu}\mathcal{F}_{\alpha\beta}(x)F^{\alpha\beta}(x)\right\}, \tag{3.53}$$

Arbeit man die einzelnen Komponenten hiervon wie in (3.49a)–(3.49d) aus, so erhält man

$$u(t,\boldsymbol{x}) = \frac{1}{8\pi}\{\boldsymbol{E}\cdot\boldsymbol{D}+\boldsymbol{H}\cdot\boldsymbol{B}\} = \frac{1}{8\pi}\{\varepsilon\boldsymbol{E}^2+\mu\boldsymbol{H}^2\}\,, \tag{3.54a}$$

$$\boldsymbol{P}(t,\boldsymbol{x}) = \frac{1}{4\pi c}\boldsymbol{D}\times\boldsymbol{B} = \frac{1}{4\pi c}\varepsilon\mu\boldsymbol{E}\times\boldsymbol{H}\,, \tag{3.54b}$$

$$\boldsymbol{S}(t,\boldsymbol{x}) = \frac{c}{4\pi}\boldsymbol{E}\times\boldsymbol{H}\,, \tag{3.54c}$$

$$T^k{}_j(t,\boldsymbol{x}) = \frac{1}{4\pi}\left\{\varepsilon\big(E^kE^j-\frac{1}{2}\delta^{kj}\boldsymbol{E}^2\big)+\mu\big(H^kH^j-\frac{1}{2}\delta^{kj}\boldsymbol{H}^2\big)\right\}. \tag{3.54d}$$

Die Gleichungen (3.50) und (3.52) und ihre Interpretation bleiben unverändert gültig.

Bemerkung

Mit der Interpretation von $\boldsymbol{P}$ in (3.54b) als Impulsdichte leuchtet unmittelbar ein, dass

$$\boldsymbol{\ell} := \frac{1}{4\pi c}\boldsymbol{x}\times\big(\boldsymbol{D}\times\boldsymbol{B}\big) = \frac{\varepsilon\mu}{4\pi c}\boldsymbol{x}\times\big(\boldsymbol{E}\times\boldsymbol{H}\big) \tag{3.55}$$

als Drehimpulsdichte des Strahlungsfeldes gedeutet werden kann.

3.5 Wellengleichung und Green-Funktionen

In diesem und im folgenden Abschnitt erarbeiten wir einige allgemeine Lösungsmethoden für die Wellengleichung und untersuchen, wie sich die kausale Struktur der Minkowski-Raumzeit in den Lösungen widerspiegelt. Konkrete, exemplarische Anwendungen in der Optik und ausgewählte Wellenlösungen werden im nächsten Kapitel behandelt.

Verwendet man Potentiale zur Beschreibung des Tensorfeldes $F^{\mu\nu}(x)$,

$$F^{\mu\nu}(x) = \partial^\mu A^\nu(x) - \partial^\nu A^\mu(x)\,,$$

und unterwirft diese der Lorenz-Bedingung (2.61), so vereinfacht sich die Differentialgleichung (2.60) zur inhomogenen Wellengleichung

$$\Box A^\mu(x) = \frac{4\pi}{c}j^\mu(x)\,, \tag{3.56}$$

in der die Stromdichte j (in der sich die Materie manifestiert) als Quellterm auftritt. Bei gegebener Aufteilung in Zeitachse und Raum, d. h. in einer speziellen Klasse von Bezugssystemen ist

$$j = \left(c\varrho(t,\boldsymbol{x}), \boldsymbol{j}(t,\boldsymbol{x})\right)^T , \quad A = \left(\Phi(t,\boldsymbol{x}), \boldsymbol{A}(t,\boldsymbol{x})\right)^T ,$$

$$\Box = \partial_\mu \partial^\mu = \partial_0^2 - \boldsymbol{\Delta} = \frac{1}{c^2}\frac{\partial^2}{\partial t^2} - \boldsymbol{\Delta} .$$

Die Wellengleichung (3.56) hat somit die allgemeine Form

$$\Box \Psi(x) = 4\pi F(x) , \tag{3.57a}$$

worin $\Psi(x)$ eine Feldgröße ist, d. h. im Falle der Gleichung (3.56) eine Komponente von A oder eine Komponente eines der physikalischen Felder, und $F(x)$ ein Quellterm.

3.5.1 Lösungen in nichtkovarianter Form

Nichtkovariant geschrieben lautet die inhomogene Wellengleichung

$$\left(\boldsymbol{\Delta}_x - \frac{1}{c^2}\frac{\partial^2}{\partial t^2}\right) \Psi(t,\boldsymbol{x}) = -4\pi F(t,\boldsymbol{x}) . \tag{3.57b}$$

Eine Standardmethode diese Gleichung zu lösen besteht darin, sie einer Fourier-Transformation zu unterwerfen und damit zu einer algebraischen Gleichung zu machen, die sich elementar lösen lässt. Man macht den Ansatz[7]

$$\Psi(t,\boldsymbol{x}) = \frac{1}{\sqrt{2\pi}} \int\limits_{-\infty}^{+\infty} \mathrm{d}\omega\, \widetilde{\Psi}(\omega,\boldsymbol{x})\, \mathrm{e}^{-\mathrm{i}\omega t} , \tag{3.58a}$$

$$F(t,\boldsymbol{x}) = \frac{1}{\sqrt{2\pi}} \int\limits_{-\infty}^{+\infty} \mathrm{d}\omega\, \widetilde{F}(\omega,\boldsymbol{x})\, \mathrm{e}^{-\mathrm{i}\omega t} . \tag{3.58b}$$

Die Fourier-Transformation wird also in der Zeitvariablen t ausgeführt und es wird nach den Basisfunktionen

$$\varphi(\omega, t) = \frac{1}{\sqrt{2\pi}} \mathrm{e}^{-\mathrm{i}\omega t}$$

entwickelt, die in folgendem Sinn orthogonal und vollständig sind:

$$\int\limits_{-\infty}^{+\infty} \mathrm{d}t\, \varphi^*(\omega,t)\varphi(\omega',t) = \delta(\omega-\omega') \quad \text{(Orthogonalität)} , \tag{3.59a}$$

$$\int\limits_{-\infty}^{+\infty} \mathrm{d}\omega\, \varphi^*(\omega,t)\varphi(\omega,t') = \delta(t-t') \quad \text{(Vollständigkeitsrelation)} . \tag{3.59b}$$

[7] Wir folgen der oft verwendeten Konvention, indem wir die Fourier-Komponenten mit der „Tilde" kennzeichnen.

Mit Hilfe dieser Formeln lassen sich die Umkehrformeln zu (3.58a) und zu (3.58b) angeben. Diese lauten

$$\widetilde{\Psi}(\omega, \boldsymbol{x}) = \frac{1}{\sqrt{2\pi}} \int\limits_{-\infty}^{+\infty} \mathrm{d}t\, \Psi(t, \boldsymbol{x})\, \mathrm{e}^{\mathrm{i}\omega t}\,, \tag{3.60a}$$

$$\widetilde{F}(\omega, \boldsymbol{x}) = \frac{1}{\sqrt{2\pi}} \int\limits_{-\infty}^{+\infty} \mathrm{d}t\, F(t, \boldsymbol{x})\, \mathrm{e}^{\mathrm{i}\omega t}\,. \tag{3.60b}$$

Die Differentialgleichung (3.57b) wird in Fourier-transformierter Form zu einer in der Zeit algebraischen Gleichung, die Wirkung der zweiten partiellen Ableitung nach der Zeit wird zur Multiplikation mit $(\omega/c)^2$,

$$\left\{\boldsymbol{\Delta} + k^2\right\} \widetilde{\Psi}(\omega, \boldsymbol{x}) = -4\pi\, \widetilde{F}(\omega, \boldsymbol{x})\,, \quad \text{mit} \quad k := \frac{\omega}{c}\,. \tag{3.61}$$

Die Differentialgleichung (3.61), die wir *inhomogene Helmholtz-Gleichung* nennen, löst man mit der Methode der Green-Funktionen in direkter Analogie zu Abschn. 1.7.1, (1.81) und (1.83). Dies bedeutet hier, dass eine Distribution $G_k(\boldsymbol{x}, \boldsymbol{x}')$ gefunden werden soll, die Lösung von

$$\left(\boldsymbol{\Delta}_x + k^2\right) G_k(\boldsymbol{x}, \boldsymbol{x}') = \delta(\boldsymbol{x} - \boldsymbol{x}') \tag{3.62a}$$

ist. Hat man diese konstruiert, so kann man daraus eine Green-Funktion $G(t, \boldsymbol{x}; t', \boldsymbol{x}')$ herleiten, die Lösung der ursprünglichen Differentialgleichung

$$\left(\boldsymbol{\Delta}_x - \frac{1}{c^2}\frac{\partial^2}{\partial t^2}\right) G(t, \boldsymbol{x}; t', \boldsymbol{x}') = \delta(\boldsymbol{x} - \boldsymbol{x}')\delta(t - t') \tag{3.62b}$$

ist. Wir führen dieses Programm in zwei Schritten aus:

a) Green-Funktion der Helmholtz-Gleichung

Ohne besondere Randbedingungen, die die Translations- und die Rotationsinvarianz stören, kann $G_k(\boldsymbol{x}, \boldsymbol{x}')$ nur von der *Differenz* $\boldsymbol{r} := (\boldsymbol{x} - \boldsymbol{x}')$ abhängen und muss in der Variablen $\boldsymbol{r}$ *kugelsymmetrisch* sein,

$$G_k(\boldsymbol{x}, \boldsymbol{x}') = G_k(r) \quad \text{mit} \quad r := \left|\boldsymbol{x} - \boldsymbol{x}'\right|\,.$$

Setzt man dies in (3.61) ein und verwendet die Darstellung des Laplace-Operators in sphärischen Kugelkoordinaten, so reduziert diese sich auf eine gewöhnliche Differentialgleichung in der Variablen r,

$$\frac{1}{r^2}\frac{\mathrm{d}}{\mathrm{d}r}\left(r^2 \frac{\mathrm{d}\,G_k}{\mathrm{d}r}\right) + k^2 G_k = \delta(\boldsymbol{r})\,, \quad \text{wobei} \tag{3.61a}$$

$$\frac{1}{r^2}\frac{\mathrm{d}}{\mathrm{d}r}\left(r^2 \frac{\mathrm{d}\,f(r)}{\mathrm{d}r}\right) = \frac{\mathrm{d}^2 f(r)}{\mathrm{d}r^2} + \frac{2}{r}\frac{\mathrm{d}\,f(r)}{\mathrm{d}r} = \frac{1}{r}\frac{\mathrm{d}^2}{\mathrm{d}r^2}\big(r f(r)\big)\,.$$

Solange $r \neq 0$ ist, bleibt somit die homogene Differentialgleichung

$$\frac{\mathrm{d}^2}{\mathrm{d}r^2}\big(rG_k(r)\big) + k^2\big(rG_k(r)\big) = 0\,,$$

deren allgemeine Lösung man leicht angeben kann:

$$rG_k(r) = a_+\,\mathrm{e}^{\mathrm{i}kr} + a_-\,\mathrm{e}^{-\mathrm{i}kr}\,, \quad \text{mit} \quad a_\pm \in \mathbb{R}\,.$$

Für $r \to 0$ und für festen Wert von k wird das Produkt $kr \ll 1$. Die Radialgleichung (3.61a) geht dabei in den Radialanteil der Poisson-Gleichung über, deren Lösung wir schon aus (1.83) kennen,

$$\lim_{kr \ll 1} G_k(r) = -\frac{1}{4\pi}\frac{1}{r}\,.$$

Setzt man diese beiden Ergebnisse zusammen und ersetzt wieder r durch $|\boldsymbol{x}-\boldsymbol{x}'|$, so folgt die gesuchte Lösung von (3.61a):

$$G_k(|\boldsymbol{x}-\boldsymbol{x}'|) = a_+ G_k^{(+)}(|\boldsymbol{x}-\boldsymbol{x}'|) + a_- G_k^{(-)}(|\boldsymbol{x}-\boldsymbol{x}'|)\,, \quad \text{mit} \quad a_+ + a_- = 1\,, \tag{3.63a}$$

$$G_k^{(\pm)}(|\boldsymbol{x}-\boldsymbol{x}'|) = -\frac{1}{4\pi}\frac{\mathrm{e}^{\pm\mathrm{i}k|\boldsymbol{x}-\boldsymbol{x}'|}}{|\boldsymbol{x}-\boldsymbol{x}'|}\,. \tag{3.63b}$$

b) Green-Funktion der vollen Wellengleichung

Mit Hilfe des Ergebnisses (3.63a), (3.63b) und zweimaliger Fourier-Transformation findet man die entsprechenden Green-Funktionen für (3.62b). Transformiert man bezüglich der Variablen t, d. h. setzt man

$$G(t,\boldsymbol{x},t',\boldsymbol{x}') = \frac{1}{\sqrt{2\pi}}\int_{-\infty}^{+\infty} \mathrm{d}\omega\, \widetilde{G}(\omega,\boldsymbol{x};t',\boldsymbol{x}')\,\mathrm{e}^{-\mathrm{i}\omega t}\,, \tag{3.64a}$$

so wird die linke Seite von (3.62b)

$$\left(\boldsymbol{\Delta}_x - \frac{1}{c^2}\frac{\partial^2}{\partial t^2}\right) G(t,\boldsymbol{x};t',\boldsymbol{x}') = \frac{1}{\sqrt{2\pi}}\int_{-\infty}^{+\infty} \mathrm{d}\omega\,\big[\boldsymbol{\Delta}_x + k^2\big]\widetilde{G}(\omega,\boldsymbol{x};t',\boldsymbol{x}')\,\mathrm{e}^{-\mathrm{i}\omega t}\,,$$

während auf der rechten Seite von (3.62b) die δ-Distribution in $(t-t')$ durch eine Integraldarstellung ersetzt werden kann,

$$\delta(\boldsymbol{x}-\boldsymbol{x}')\delta(t-t') = \delta(\boldsymbol{x}-\boldsymbol{x}')\,\frac{1}{2\pi}\int_{-\infty}^{+\infty}\mathrm{d}\omega\;\mathrm{e}^{-\mathrm{i}\omega(t-t')}\,. \tag{3.64b}$$

Hieraus folgt eine Differentialgleichung für $\widetilde{G}$,

$$\big(\boldsymbol{\Delta}_x + k^2\big)\widetilde{G}(\omega,\boldsymbol{x};t',\boldsymbol{x}') = \frac{1}{\sqrt{2\pi}}\delta(\boldsymbol{x}-\boldsymbol{x}')\,\mathrm{e}^{\mathrm{i}\omega t'}\,,$$

für die man die Basislösungen (3.63b) von (3.62a) einsetzen kann,

$$\widetilde{G}^{(\pm)}(\omega, \boldsymbol{x}; t', \boldsymbol{x}') = \frac{1}{\sqrt{2\pi}} \mathrm{e}^{\mathrm{i}\omega t'} G_k^{(\pm)}(|\boldsymbol{x}-\boldsymbol{x}'|)\,, \qquad (\omega = kc)\,.$$

In einem letzten Schritt macht man die Fourier-Transformation in (3.64a) wieder rückgängig,

$$G^{(\pm)}(t, \boldsymbol{x}, t', \boldsymbol{x}') = \frac{1}{2\pi} \int\limits_{-\infty}^{+\infty} \mathrm{d}\omega \, \frac{-1}{4\pi|\boldsymbol{x}-\boldsymbol{x}'|} \exp\left\{\mathrm{i}\left[-\omega(t-t') \pm \frac{\omega}{c}\,|\boldsymbol{x}-\boldsymbol{x}'|\right]\right\},$$

wobei k wieder durch ω/c ersetzt wurde. Das Integral über ω ist leicht anzugeben:

$$\frac{1}{2\pi} \int\limits_{-\infty}^{+\infty} \mathrm{d}\omega \, \exp\left\{-\mathrm{i}\omega\left[(t-t') \mp \frac{1}{c}\,|\boldsymbol{x}-\boldsymbol{x}'|\right]\right\} = \delta\Big(t - \big[t' \pm \tfrac{1}{c}\,|\boldsymbol{x}-\boldsymbol{x}'|\big]\Big)\,.$$

Damit erhält man zuletzt die gesuchten Green-Funktionen für (3.62b)

$$G^{(\pm)}(t, \boldsymbol{x}; t', \boldsymbol{x}') = -\frac{1}{4\pi|\boldsymbol{x}-\boldsymbol{x}'|}\delta\Big(t - \big[t' \pm \tfrac{1}{c}\,|\boldsymbol{x}-\boldsymbol{x}'|\big]\Big)\,. \qquad (3.65)$$

Lösungen der inhomogenen Wellengleichung (3.57b), von der wir ausgegangen waren, lauten somit

$$\Psi^{(\pm)}(t, \boldsymbol{x}) = -4\pi \int\limits_{-\infty}^{+\infty} \mathrm{d}t' \iiint \mathrm{d}^3x' \, G^{(\pm)}(t, \boldsymbol{x}; t', \boldsymbol{x}')\, F(t', \boldsymbol{x}')\,. \quad (3.66)$$

Ihre physikalische Deutung ist an diesen Formeln abzulesen. Wir betrachten nacheinander

c) Die retardierte Green-Funktion $G^{(+)}$

Hier erzwingt die δ-Distribution die Relation

$$t = t' + \frac{1}{c}\,|\boldsymbol{x}-\boldsymbol{x}'|\,, \quad \text{d. h.} \quad t > t'\,.$$

Das Signal, das von der Quelle am Ort $\boldsymbol{x}'$ zur Zeit t' ausgeht, läuft mit Lichtgeschwindigkeit zum Beobachter am Ort $\boldsymbol{x}$ und erreicht diesen zur Zeit

$$t = t' + \text{(Laufzeit des Signals von } \boldsymbol{x}' \text{ nach } \boldsymbol{x})\,.$$

Diese Green-Funktion beschreibt den intuitiv einleuchtenden Kausalzusammenhang zwischen Ursache und Wirkung, das Signal erreicht den Beobachter mit der richtigen, kausalen Retardierung[8] wie in Abb. 3.2 skizziert. Die Distribution $G^{(+)}$ wird *retardierte Green-Funktion* genannt.

[8] Das Wort stammt vom französischen *le retard,* die Verspätung, und beschreibt das Gegenteil von avanciert, das von *avancer,* vorgehen, abgeleitet ist.

Es möge $F(t', \boldsymbol{x}')$ eine in Raum und Zeit lokalisierte Quelle beschreiben. Dies bedeutet insbesondere in der Zeitvariablen, dass die Quelle wie in Abb. 3.3 gezeichnet für alle $t' < 0$ und für $t' \geqslant T > 0$ nicht vorhanden ist. Wenn zur Zeit $t = -\infty$ bereits ein gewisser Anfangszustand $\Psi_{\text{in}}(-\infty, \boldsymbol{x})$ vorlag („in" für *incoming*), d. h. eine Lösung der zu (3.57b) gehörenden homogenen Wellengleichung, dann lautet die vollständige Lösung von (3.57b)

$$\Psi(t, \boldsymbol{x}) = \Psi_{\text{in}}(t, \boldsymbol{x}) - 4\pi \int\limits_{-\infty}^{+\infty} \mathrm{d}t' \iiint \mathrm{d}^3x' \; G^{(+)}(t, \boldsymbol{x}; t', \boldsymbol{x}') F(t', \boldsymbol{x}') \,. \tag{3.67}$$

Es ist zwar schon lange bevor die Quelle funkt ein einlaufendes Signal vorhanden, die Quelle liefert aber zusätzliche Beiträge nur dann, wenn t gleich $t' + |\boldsymbol{x} - \boldsymbol{x}'|/c$ ist. Sie trägt zum Gesamtfeld Ψ nur auf retardierte Weise, d. h. kausal bei.

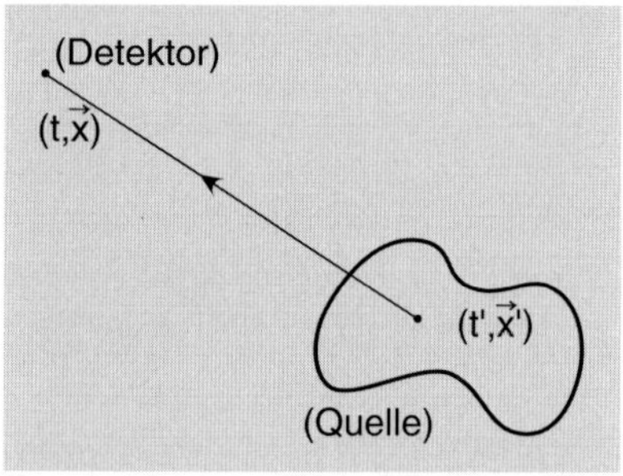

Abb. 3.2. Ein Signal, das zur Zeit t' am Ort $\boldsymbol{x}'$ entsteht, verursacht zur Zeit t eine beobachtbare Wirkung im Detektor am Ort $\boldsymbol{x}$. Verwendet man die retardierte Green-Funktion $G^{(+)}$, dann wird die Kausalität respektiert: t ist später als t' und $t - t'$ ist die richtige Laufzeit von der Quelle zum Detektor

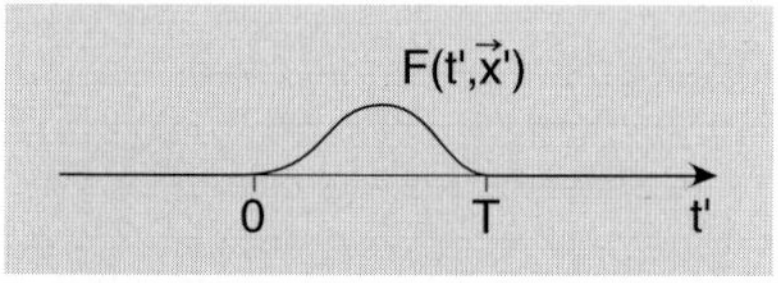

Abb. 3.3. Das Signal der Quelle, über der Zeit aufgetragen, ist nur in einem endlichen Intervall $(0, T)$ der t'-Achse aktiv. Vorher und nachher schweigt die Quelle

d) Die avancierte Green-Funktion $G^{(-)}$

Hier ist $t = t' - |\boldsymbol{x} - \boldsymbol{x}'|/c$, die Zeit, zu der der Beobachter etwas wahrnimmt, früher als die Zeit, zu der die Quelle gefunkt hat, die Quellenzeit t' ist mit der Beobachterzeit t kausal verknüpft, aber nicht t mit t'. Dennoch besteht kein Grund, die avancierte Distribution $G^{(-)}$ einfach außer Acht zu lassen. Die Lösung (3.67) gibt auch schon den Schlüssel zur Erklärung dieses scheinbaren Widerspruchs: Es kann nämlich sein, dass nicht das *ein*laufende Feld, sondern die *aus*laufende Lösung Ψ_{out} („out" für englisch *outgoing*) gegeben ist, die sich zur Zeit $t \to +\infty$ einstellt. Die vollständige Lösung von (3.57b) muss in diesem Fall so aussehen:

$$\Psi(t, \boldsymbol{x}) = \Psi_{\text{out}}(t, \boldsymbol{x}) - 4\pi \int\limits_{-\infty}^{+\infty} \mathrm{d}t' \iiint \mathrm{d}^3x' \; G^{(-)}(t, \boldsymbol{x}; t', \boldsymbol{x}') F(t', \boldsymbol{x}') \,. \tag{3.68}$$

Die Distribution $G^{(-)}$ sorgt dafür, dass wenn immer $t \neq t' - |\boldsymbol{x} - \boldsymbol{x}'|/c$ ist, kein Beitrag von der Quelle kommt. Das bedeutet insbesondere, dass das Feld Ψ keine weiteren Beiträge mehr erhält, wenn die Quelle bereits abgeschaltet wurde. Alle solchen Beiträge sind schon in Ψ_{out} enthalten.

3.5.2 Lösungen der Wellengleichung in kovarianter Form

Den Weg über die explizite, nichtkovariante Form der Gleichungen haben wir im vorangehenden Abschnitt genommen, um die kausale Struktur der Verbindung zwischen Quelle und Beobachtung deutlich zu machen. Selbstverständlich kann man die Differentialgleichung (3.57a) von vornherein in manifest Lorentz-kovarianter Form behandeln und entsprechende Green-Funktionen bestimmen. Dies ist der Inhalt dieses Abschnitts.

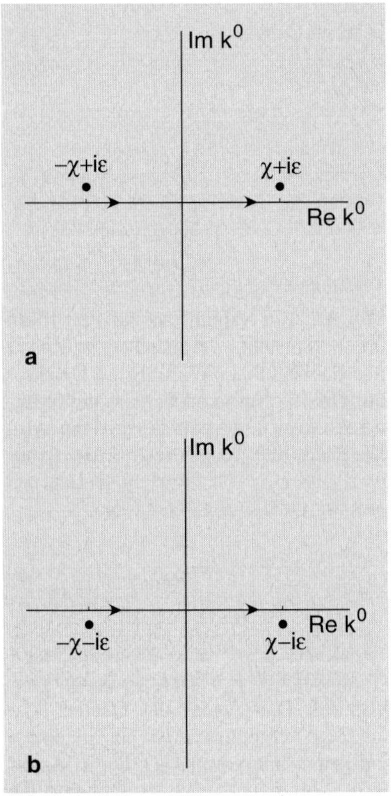

Abb. 3.4. (**a**) Lage der Pole des Integranden von $G(z)$ bei Wahl des oberen Vorzeichens in (3.72); (**b**) Lage der Pole bei Wahl des unteren Vorzeichens in (3.72)

Wir suchen Distributionen $G(x, x')$, die der Differentialgleichung[9]

$$\Box_x G(x, x') = \delta^{(4)}(x - x') \tag{3.69}$$

genügen. Ohne besondere Randbedingungen hängt $G(x, x')$ nur von der Differenz $z := x - x'$ ab, so dass die Gleichung

$$\Box G(z) = \delta^{(4)}(z) \tag{3.69a}$$

zu lösen bleibt. Auch hier bietet es sich an, zur Fourier-Transformierten überzugehen, dieses Mal aber gleich in allen vier Variablen, so dass die partielle Differentialgleichung (3.69a) in einem einzigen Schritt zu einer rein algebraischen Gleichung wird.

Wir bezeichnen die Fourier-Transformierte von $G(z)$ mit $\widetilde{G}(k)$, normieren diese aber etwas anders als in den Formeln (3.58a) und (3.58b),

$$G(z) = \frac{1}{(2\pi)^4} \int \mathrm{d}^4k\, \widetilde{G}(k)\,\mathrm{e}^{-\mathrm{i}(kz)} \,. \tag{3.70}$$

Dabei ist $(kz) = k^0z^0 - \boldsymbol{k}\cdot\boldsymbol{z}$, k ist ein Wellenzahlvektor, über dessen vier unabhängige Komponenten integriert wird (das Vierfachintegral haben wir der Übersichtlichkeit halber nur mit einem Integralzeichen notiert). Setzt man diesen Ansatz in (3.69a) ein und benutzt die Darstellung

$$\delta^{(4)}(z) = \frac{1}{(2\pi)^4} \int \mathrm{d}^4k\ \mathrm{e}^{-\mathrm{i}(kz)}$$

für die δ-Distribution, so folgert man

$$(2\pi)^4 \Box G(z) = \int \mathrm{d}^4k\ \mathrm{e}^{-\mathrm{i}(kz)}(-k^2)\widetilde{G}(k) = \int \mathrm{d}^4k\ \mathrm{e}^{-\mathrm{i}(kz)} \quad \text{und}$$

$$\widetilde{G}(k) = -\frac{1}{k^2} \,. \tag{3.71}$$

Die Green-Funktion als Funktion von z berechnet man aus (3.70) wie folgt

$$\begin{aligned} G(z) &= -\frac{1}{(2\pi)^4} \int \mathrm{d}^4k\, \frac{1}{k^2}\,\mathrm{e}^{-\mathrm{i}(kz)} \\ &= -\frac{1}{(2\pi)^4} \int \mathrm{d}^3k \int \mathrm{d}k^0\ \mathrm{e}^{\mathrm{i}\boldsymbol{k}\cdot\boldsymbol{z}}\,\frac{\mathrm{e}^{-\mathrm{i}k^0z^0}}{(k^0)^2 - \boldsymbol{k}^2} \,. \end{aligned}$$

Es sei $\kappa := |\boldsymbol{k}|$. Der Integrationsweg der Variablen k^0 läuft durch die beiden Pole des Integranden bei $k^0 = \kappa$ und bei $k^0 = -\kappa$. Um dem Integral einen wohldefinierten Wert zu geben, muss man diesen Integrationsweg so deformieren, dass die Pole oberhalb oder unterhalb davon zu liegen kommen. Je nachdem wie man deformiert, erhält man verschiedene Green-Funktionen. Äquivalent dazu ist es natürlich, die Pole selbst ein wenig von der reellen Achse wegzunehmen, den Integrationsweg aber zu lassen wie er ist. Zum Beispiel kann man folgende Wahl treffen

$$\frac{1}{(k^0)^2 - \kappa^2} \longrightarrow \frac{1}{(k^0 \mp \mathrm{i}\varepsilon)^2 - \kappa^2} = \frac{1}{\big(k^0 - (\kappa \pm \mathrm{i}\varepsilon)\big)\big(k^0 + (\kappa \mp \mathrm{i}\varepsilon)\big)}$$
$$\text{mit } \varepsilon \to 0^+ \,. \tag{3.72}$$

[9] Man beachte, dass hier im Vergleich zu (3.62b) ein anderes Vorzeichen auf der rechten Seite gewählt ist. Diese Wahl ändert das Vorzeichen der entsprechenden Green-Funktionen, beschränkt aber die Allgemeinheit der Methode nicht.

Je nach Wahl der Vorzeichen in (3.72) und Abb. 3.4 erhält man andere Green-Funktionen. Die Wahl des oberen Vorzeichens in (3.72) liefert die avancierte, die Wahl des unteren Vorzeichens die retardierte Green-Funktion. Wir prüfen dies im Fall der retardierten Funktion nach:

Klarerweise, da ε ja nur eine sehr kleine Hilfsgröße ist, die über positive Werte nach Null streben soll, hat der Integrand $((k^0+\mathrm{i}\varepsilon)^2-\kappa^2)^{-1}$ denselben Effekt wie $((k^0)^2-\kappa^2+\mathrm{i}\varepsilon)^{-1}$, man muss also konkret das folgende Integral berechnen,

$$\int_{-\infty}^{+\infty} \mathrm{d}k^0 \, \frac{\mathrm{e}^{-\mathrm{i}k^0 z^0}}{(k^0)^2-\kappa^2+\mathrm{i}\varepsilon} = \lim_{R\to\infty} \int_{-R}^{+R} \mathrm{d}k^0 \, \frac{\mathrm{e}^{-\mathrm{i}k^0 z^0}}{(k^0)^2-\kappa^2+\mathrm{i}\varepsilon} \, .$$

Wenn z^0 negativ ist, ergänzt man den Abschnitt $[-R,+R]$ der reellen Achse durch den Halbkreis in der oberen Halbebene $\mathrm{Im}\, k^0 > 0$, der in Abb. 3.5a eingezeichnet ist. Der Beitrag des Integranden geht mit $R \to \infty$ wegen der abklingenden Exponentialfunktion $\mathrm{e}^{-\mathrm{Im}\, k^0 z^0}$ nach Null, so dass das gesuchte Integral gleich dem Integral über den geschlossenen Weg der Abb. 3.5a ist. Dieses Integral ist aber aufgrund des Cauchy'schen Integralsatzes gleich Null, da im eingeschlossenen Gebiet keine Pole erster Ordnung liegen.

Für positive Werte von z^0 ergänzt man das Intervall durch den in Abb. 3.5b gezeichneten Halbkreis in der unteren Halbebene. Das gesuchte Integral ist gleich dem Integral über den dann geschlossenen Weg und damit gleich $-2\pi\mathrm{i}$ mal der Summe der Residuen der eingeschlossenen Pole erster Ordnung (das Minuszeichen stammt von der Orientierung des Weges). Im Grenzübergang $\varepsilon \to 0^+$ ist somit

$$\int_{-\infty}^{+\infty} \mathrm{d}k^0 \, \frac{\mathrm{e}^{-\mathrm{i}k^0 z^0}}{(k^0)^2-\kappa^2+\mathrm{i}\varepsilon} = -2\pi\mathrm{i}\left\{\frac{\mathrm{e}^{-\mathrm{i}\kappa z^0}}{2\kappa} + \frac{\mathrm{e}^{\mathrm{i}\kappa z^0}}{-2\kappa}\right\} = -\frac{2\pi}{\kappa}\sin(\kappa z^0) \, ,$$
$$(z^0 > 0) \, .$$

Die Bedingung, dass das Integral nur dann von Null verschieden ist, wenn z^0 positiv ist, berücksichtigt man durch die Heaviside'sche Stufenfunktion $\Theta(z^0)$. Verwendet man im $\mathbb{R}^3_\kappa$ sphärische Kugelkoordinaten, so ist

$$\begin{aligned} G_{\mathrm{ret}}(z) &= \frac{1}{(2\pi)^2}\Theta(z^0) \int_{-1}^{+1} \mathrm{d}(\cos\theta) \int_0^\infty \kappa^2 \, \mathrm{d}\kappa \; \mathrm{e}^{\mathrm{i}\kappa r\cos\theta} \frac{\sin(\kappa z^0)}{\kappa} \\ &= \frac{2}{r(2\pi)^2}\Theta(z^0) \int_0^\infty \mathrm{d}\kappa \; \sin(\kappa r)\sin(\kappa z^0) \, . \end{aligned}$$

Das Integral über κ enthält einen in dieser Variablen geraden Integranden und kann daher auf das Intervall $(-\infty,+\infty)$ ausgedehnt werden

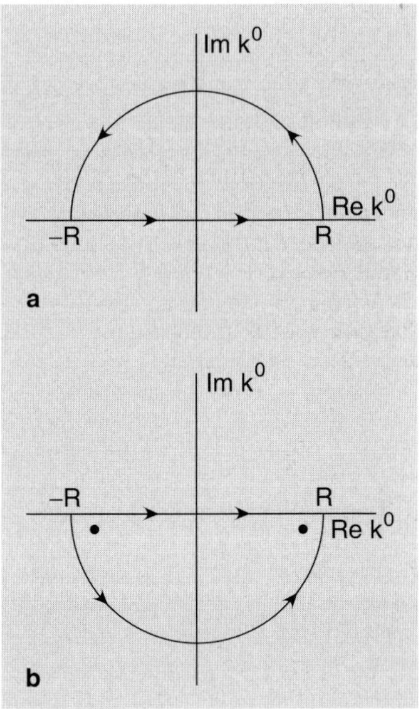

Abb. 3.5. (**a**) Bei $z^0 < 0$ wird das Geradenstück $[-R,+R]$ der reellen k^0-Achse mittels eines Halbkreises in der oberen Halbebene zu einem geschlossenen Weg ergänzt: (**b**) bei $z^0 > 0$ fügt man einen Halbkreis in der unteren Halbebene an

und ist gleich

$$\frac{1}{2}\int_{-\infty}^{+\infty} \mathrm{d}\kappa \, \sin(\kappa r)\sin(\kappa z^0) = \frac{1}{2}\frac{2}{(2\mathrm{i})^2}\int_{-\infty}^{+\infty} \mathrm{d}\kappa \left[\mathrm{e}^{\mathrm{i}\kappa(r+z^0)} - \mathrm{e}^{-\mathrm{i}\kappa(r-z^0)} \right] .$$

Da aber $z^0 > 0$ sein muss und r immer positiv ist, trägt hiervon nur der zweite Term bei und ist gleich $(\pi/2)\delta(z^0 - r)$. Es folgt

$$G_{\text{ret}}(z) = \Theta(z^0)\frac{1}{4\pi r}\delta(z^0 - r) , \tag{3.73a}$$

bzw. wenn man wieder $z = x - x'$ einsetzt,

$$G_{\text{ret}}(x, x') = \Theta(x^0 - x'^0)\frac{1}{4\pi|\boldsymbol{x} - \boldsymbol{x}'|}\delta\big(x^0 - x'^0 - |\boldsymbol{x} - \boldsymbol{x}'|\big) . \tag{3.73b}$$

Diese Distribution ist nur dann von Null verschieden, wenn $x^0 > x'^0$ und $x^0 = x'^0 + |\boldsymbol{x} - \boldsymbol{x}'|$ ist, dies ist in der Tat die retardierte Green-Funktion. Sie lässt sich auch manifest Lorentz-invariant schreiben, wenn man die bekannte Gleichung

$$\delta(a^2 - b^2) = \frac{1}{2b}\{\delta(a+b) + \delta(a-b)\}$$

benutzt, dank derer mit $z = x - x'$ folgendes gilt

$$\delta(z^2) = \delta((z^0)^2 - \boldsymbol{z}^2) = \delta((z^0)^2 - r^2) = \frac{1}{2r}\{\delta(z^0 - r) + \delta(z^0 + r)\} .$$

Da die Stufenfunktion in $G_{\text{ret}}(x, x')$ nur positive Werte von $z^0 = x^0 - x'^0$ zulässt, kann nur der erste Term dieser Formel zur Green-Funktion beitragen und es folgt

$$G_{\text{ret}}(x, x') = \frac{1}{2\pi}\Theta(x^0 - x'^0)\delta\big((x - x')^2\big) . \tag{3.74a}$$

Man bestätigt in analoger Weise, dass die *avancierte* Green-Funktion durch dieselbe Formel gegeben ist, wenn man nur x^0 und x'^0 vertauscht,

$$G_{\text{av}}(x, x') = \frac{1}{2\pi}\Theta(x'^0 - x^0)\delta\big((x - x')^2\big) . \tag{3.74b}$$

Bemerkungen

1. Die retardierte Green-Funktion $G_{\text{ret}}(z)$ ist nur auf dem Vorwärtskegel im Raum der z^0 und $\boldsymbol{z}$, der in Abb. 3.6a eingezeichnet ist, von Null verschieden. Da die eigentlichen, orthochronen Lorentz-Transformationen $\boldsymbol{\Lambda} \in L_+^\uparrow$ den Lichtkegel als Ganzes invariant lassen, ist die Fallunterscheidung zwischen $z^0 \geqslant 0$ und $z^0 \leqslant 0$, multipliziert mit $\delta(z^2)$, unabhängig vom gewählten Bezugssystem. Obwohl die Stufenfunktion die Zeitkoordinate auszeichnet, ist die retardierte

Green-Funktion (3.74a) invariant. So ist die Wirkung einer Speziellen Lorentz-Transformation zum Beispiel mit $z^1 = z^0$

$$z'^0 = \gamma z^0 - \beta\gamma z^1 = \gamma(1-\beta)z^0 .$$

Da aber immer $1-\beta \geqslant 0$ gilt, ist stets sign $z'^0 =$ sign z^0.

2. Die avancierte Green-Funktion (3.74b), die man mit der Wahl des oberen Vorzeichens in (3.72) erhält, hat als Träger nur den Rückwärtskegel der Abb. 3.6b. Auch diese Green-Funktion ist unter allen $\mathbf{\Lambda} \in L_+^\uparrow$ invariant.

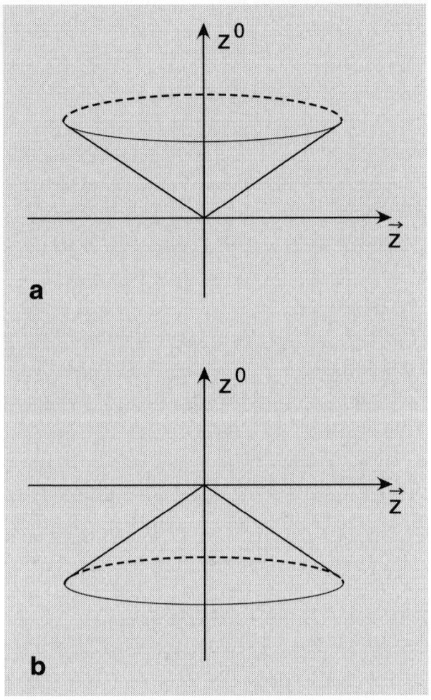

Abb. 3.6. (**a**) Die retardierte Green-Funktion ist nur auf dem Vorwärts-Lichtkegel von Null verschieden; (**b**) die avancierte Green-Funktion ist auf dem Rückwärts-Lichtkegel ungleich Null

3.6 Abstrahlung einer beschleunigten Ladung

Ein elektrisch geladenes Teilchen, das im räumlichen Bezugssystem **K** die Bahnkurve $\boldsymbol{r}(t)$ durchläuft, erzeugt außer der punktförmigen Ladungsdichte $\varrho(t,\boldsymbol{x})$ eine Stromdichte $\boldsymbol{j}(t,\boldsymbol{x})$, die zu seiner Geschwindigkeit proportional ist. Dabei sind diese Größen durch folgende, systemabhängige Ausdrücke gegeben

$$\varrho(t,\boldsymbol{x}) = e\,\delta^{(3)}(\boldsymbol{x}-\boldsymbol{r}(t))\,, \tag{3.75a}$$

$$\boldsymbol{j}(t,\boldsymbol{x}) = e\,\boldsymbol{v}(t)\delta^{(3)}(\boldsymbol{x}-\boldsymbol{r}(t))\,. \tag{3.75b}$$

Hierbei ist e die (Lorentz-invariante) Ladung des Teilchens, $\boldsymbol{v}(t) = \dot{\boldsymbol{r}}(t)$ seine momentane, räumliche Geschwindigkeit.

Die Auswahl eines festen Bezugssystems bedeutet nicht, dass die Lorentz-Kovarianz gebrochen würde, sondern stellt nur das dar, was ein gegebener Beobachter in seinem Bezugssystem sieht bzw. misst. Die Ausdrücke (3.75a) und (3.75b) lassen sich genauso gut in kovarianter und damit vom Bezugssystem unabhängiger Weise als

$$j^\alpha(x) = e\,c \int \mathrm{d}\sigma\; u^\alpha(\sigma)\delta^{(4)}\big(x - r(\sigma)\big) \tag{3.76}$$

schreiben, wobei c die Lichtgeschwindigkeit, σ die (Lorentz-invariante) Eigenzeit, x ein Raum-Zeitpunkt und $r(\sigma) \equiv \{r^\alpha(\sigma)\}$ die Weltlinie des Teilchens ist. Der Lorentz-Vektor $u(\sigma) = \mathrm{d}r/\mathrm{d}\sigma$ ist die Vierer-Geschwindigkeit des Teilchens. Da auf der rechten Seite von (3.76) über die Eigenzeit und eine Lorentz-invariante δ-Distribution integriert wird, übernimmt die Stromdichte $j(x)$ den (Lorentz-)Vektorcharakter der Geschwindigkeit u.

Zeigen wir zunächst, dass die kovariante Formel (3.76) im Bezugssystem **K** wirklich darstellt, was in den Gleichungen (3.75a) und (3.75b) physikalisch ausgesagt wird. Bezeichnet s die zu σ gehörende Koordinatenzeit, die der Beobachter in **K** auf seiner Uhr abliest, so ist $\mathrm{d}\sigma = \mathrm{d}s/\gamma$, Bahnkurve und Geschwindigkeit des Teilchens haben die Zerlegung

$$r(\sigma) = \big(cs, \boldsymbol{r}(s)\big)^T\,,$$

$$u(\sigma) = \big(c\gamma, \gamma\boldsymbol{v}(s)\big)^T\,.$$

Man benutzt die Formel $\delta(c(t-s)) = \delta(t-s)/c$ und berechnet

$$\begin{aligned} j^0(t) &= ec \int \frac{\mathrm{d}s}{\gamma}\,(c\gamma)\delta^{(1)}(ct-cs)\delta^{(3)}(\boldsymbol{x}-\boldsymbol{r}(s)) \\ &= ec\,\delta^{(3)}(\boldsymbol{x}-\boldsymbol{r}(t)) \equiv c\varrho(t,\boldsymbol{x})\,. \end{aligned}$$

Die räumlichen Komponenten der Vierer-Stromdichte berechnet man in derselben Weise,

$$\begin{aligned} j^k(t) &= ec \int \frac{\mathrm{d}s}{\gamma}\,(\gamma v^k(s))\delta^{(1)}(ct-cs)\delta^{(3)}(\boldsymbol{x}-\boldsymbol{r}(s)) \\ &= e\,v^k(t)\delta^{(3)}(\boldsymbol{x}-\boldsymbol{r}(t))\,, \quad k=1,2,3\,. \end{aligned}$$

Dies sind die Ausdrücke (3.75a) und (3.75b), deren physikalische Interpretation transparenter ist als die der Formel (3.76): die punktförmige Ladung befindet sich da, wo das Teilchen zur Zeit t sitzt, die von ihm zur Zeit t erzeugte Stromdichte ist proportional zur Geschwindigkeit, die es am Ort $\boldsymbol{r}$ und bei der Zeit t hat.

Wir denken uns die Stromdichte (3.76) als Quelle in die Wellengleichung für $A^\alpha(x)$, das Vierer-Potential, eingesetzt und nehmen an, dass kein einlaufendes Feld vorhanden ist. Unter dieser Voraussetzung und bei Beachtung von (3.69) liefert (3.67) die Lösung für das daraus erzeugte Potential

$$A^\alpha(x) = \frac{4\pi}{c} \int \mathrm{d}^4x'\; G_{\mathrm{ret}}(x-x')j^\alpha(x')\,. \tag{3.77}$$

Setzt man hier den Ausdruck (3.76) für die Stromdichte und die Formel (3.74a) für die Green-Funktion ein, so ist

$$A^\alpha(x) = 2e\int\mathrm{d}\sigma\int\mathrm{d}^4x'\;\Theta(x^0-x'^0)\,\delta^{(1)}\big((x-x')^2\big)u^\alpha(\sigma)\,\delta^{(4)}\big(x'-r(\sigma)\big)\,.$$

Die Integration $\int \mathrm{d}^4x'$ über die Variable x' lässt sich sofort ausführen mit dem Ergebnis, dass x' durch $r(\sigma)$ ersetzt wird. Diese Integration ergibt somit

$$A^\alpha(x) = 2e \int \mathrm{d}\sigma\;\Theta\big(x^0-r^0(\sigma)\big)\,\delta^{(1)}\big((x-r(\sigma)^2\big)u^\alpha(\sigma)\,. \tag{3.78}$$

Das Zwischenergebnis (3.78) lässt sich schon jetzt physikalisch und im Sinne der Kausalität interpretieren. Dazu geben wir den Punkt x, an dem das Potential bestimmt werden soll, vor und analysieren anhand des Integrals auf der rechten Seite von (3.78) wann und wo das geladene Teilchen dazu beiträgt. Wegen der eindimensionalen δ-Distribution muss $(x-r(\sigma))^2 = 0$ sein, d. h. der Quellpunkt $r(\tau)$ und der Aufpunkt x müssen relativ zueinander auf einem Lichtkegel liegen. Die Stufenfunktion andererseits sorgt dafür, dass die Zeit t^0, zu der das Teilchen das Potential $A^\alpha(x)$ bestimmt, früher liegt als die Zeit x^0. Nur unter diesen beiden Bedingungen sind die Quelle, das vorbeifliegende geladene Teilchen, und die Wirkung, das Potential $A^\alpha(x)$, kausal richtig verknüpft. Mit Bezug auf ein beliebig ausgewähltes Inertialsystem ausgedrückt und wie in Abb. 3.7 illustriert, liegt der Aufpunkt x mit seiner Koordinatenzeit $x^0 = ct$ immer auf dem Vorwärts-Lichtkegel desjenigen Weltpunktes, den das Teilchen zur früheren Koordinatenzeit t^0 eingenommen hatte.

Um das Integral über σ mit $\delta^{(1)}(x - r(\sigma)^2)$ im Integranden auszurechnen verwendet man wieder die Hilfsformel

$$\delta\big(f(u)\big) = \sum_i \frac{1}{|f'(u_i)|} \delta(u - u_i) ,$$

wo die Werte u_i die *einfachen* Nullstellen von $f(u)$ sind. Klarerweise kommen nichtverschwindende Beiträge nur von dort, wo die Integrationsvariable σ gleich der Eigenzeit τ^0 ist. Außerdem ist

$$\begin{aligned} \frac{\mathrm{d}}{\mathrm{d}\sigma}\big(x - r(\sigma)\big)^2\Big|_{\tau=\tau^0} &= -2\big(x - r(\tau^0)\big)_\mu \frac{\mathrm{d}}{\mathrm{d}\sigma} r^\mu(\sigma)\Big|_{\tau=\tau^0} \\ &= -2\big(x - r(\tau^0)\big)_\mu u^\mu(\tau^0) . \end{aligned}$$

Dies in die Formel (3.78) eingesetzt ergibt als Ergebnis das sog. *Liénard-Wiechert'sche Potential*

$$A^\alpha(x) = e \left. \frac{u^\alpha(\tau)}{u(\tau)\cdot\big(x - r(\tau)\big)} \right|_{\tau=\tau^0} . \tag{3.79}$$

Dieses Potential ist wie erwartet proportional zur Vierer-Geschwindigkeit $u(\tau)$ des Teilchens. Im Nenner steht das Lorentz-Skalarprodukt von u mit $(x - r(\tau))$; der ganze Ausdruck ist bei $\tau = \tau^0$ auszuwerten derart, dass x auf dem Vorwärtskegel von $r(\tau^0)$ liegt. Um dies noch klarer herauszuarbeiten kann man anhand von (3.79) die Raum- und Zeitkomponenten des Potentials in einem Bezugssystem **K** berechnen. In einem solchen System, ist

$$u \cdot (x - r) = u^0(x^0 - r^0) - \boldsymbol{u} \cdot (\boldsymbol{x} - \boldsymbol{r}) = \gamma c^2 (t_x - t_r) - \gamma \boldsymbol{v} \cdot (\boldsymbol{x} - \boldsymbol{r}) .$$

Wegen der Bedingungen $(x - r(\tau^0))^2 = 0$ und $x^0 > r^0(\tau^0)$ gilt

$$x^0 - r^0(\tau^0) = c(t - t^0) = \Big|\boldsymbol{x} - \boldsymbol{r}(\tau^0)\Big| =: R ,$$

wobei wir den räumlichen Abstand von $r(\tau^0)$ und x (wie er im Bezugssystem **K** definiert ist) mit R bezeichnet haben. Daraus folgt mit der Definition $\hat{\boldsymbol{n}} = (\boldsymbol{x} - \boldsymbol{r}(\tau^0))/|\boldsymbol{x} - \boldsymbol{r}(\tau^0)|$ der Koordinatenausdruck im System **K**

$$u \cdot (x - r) = \gamma c R - \gamma \boldsymbol{v} \cdot \hat{\boldsymbol{n}}\, R = \gamma c R\Big[1 - \frac{1}{c} \boldsymbol{v} \cdot \hat{\boldsymbol{n}}\Big] .$$

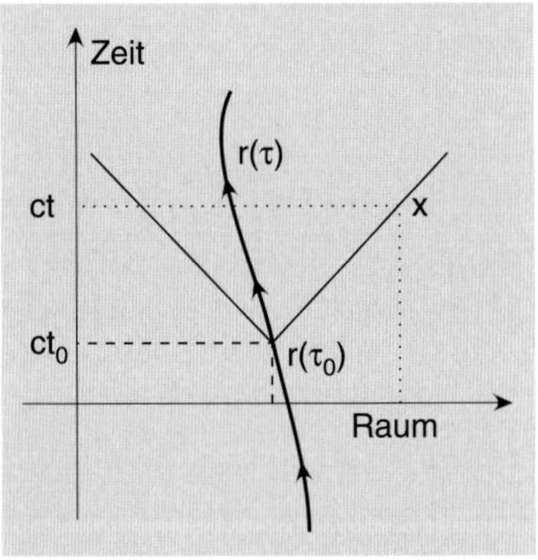

Abb. 3.7. Das geladene Teilchen bewegt sich – bezüglich eines Inertialsystems **K** – auf der Weltlinie $r(\tau)$. Zur Koordinatenzeit t^0 befindet es sich am Weltpunkt $r(\tau^0)$. In diesem Punkt kann es nur Wirkungen verursachen, die auf dem Vorwärts-Lichtkegel von $r(\tau^0)$ liegen

Setzt man noch die Zerlegung der Vierergeschwindigkeit $u = (c\gamma, \gamma \boldsymbol{v})^T$ ein, so sind die Zeit- und Raumanteile von $A^\alpha = (\Phi, \boldsymbol{A})^T$

$$\Phi(t, \boldsymbol{x}) = \frac{e}{R} \left. \frac{1}{1 - \frac{1}{c}\boldsymbol{v} \cdot \hat{\boldsymbol{n}}} \right|_{\text{ret}} , \tag{3.80a}$$

$$\boldsymbol{A}(t, \boldsymbol{x}) = \frac{e}{R} \left. \frac{\boldsymbol{v}/c}{1 - \frac{1}{c}\boldsymbol{v} \cdot \hat{\boldsymbol{n}}} \right|_{\text{ret}} . \tag{3.80b}$$

Der Hinweis „ret“ bedeutet dabei, dass die Potentiale Φ und $\boldsymbol{A}$ retardiert sind, d. h. dass sie im Abstand R vom Teilchen für den Zeitpunkt

$$t = t^0 + \frac{R}{c} \tag{3.81}$$

gelten. Damit ist die Laufzeit der Wirkung des Teilchens bis zum Aufpunkt, an dem die Potentiale berechnet wurden, richtig berücksichtigt.

Aus $A^\alpha(x)$ in (3.79) berechnet man in einem zweiten Schritt das Tensorfeld der Feldstärken $F^{\mu\nu} = \partial^\mu A^\nu - \partial^\nu A^\mu$, entweder indem man die ersten Ableitungen anhand der Formel (3.79) ausrechnet oder indem man zur Integraldarstellung (3.78) zurückkehrt. Wir wählen hier den zweiten Weg. Die Variablen x^μ treten an zwei Stellen auf, in der Stufenfunktion und in der δ-Distribution:

(a) Leitet man im Integranden die Stufenfunktion nach x ab, so gibt diese eine δ-Distribution $\delta(x^0 - r^0(\sigma))$. Von der ursprünglichen Distribution $\delta^{(1)}((x - r(\sigma))^2)$ bleibt dann nur ein räumlicher Anteil, $\delta^{(1)}(-\boldsymbol{R}^2)$, dieser liefert aber keinen Beitrag, solange man den Ursprung $\boldsymbol{R} = 0$ ausschließt.

(b) Die δ-Distribution des Integranden von (3.78) leitet man mit Hilfe der folgenden Nebenrechnungen ab,

$$\partial^\mu \delta\big(f(x, \sigma)\big) = \big(\partial^\mu f\big) \frac{\mathrm{d}}{\mathrm{d}\,f} \delta(f) = \big(\partial^\mu f\big) \frac{\mathrm{d}\,\sigma}{\mathrm{d}\,f} \frac{\mathrm{d}}{\mathrm{d}\,\sigma} \delta\big(f(x, \sigma)\big) ,$$

wo $f(x, \sigma) = ((x - r(\sigma))^2)$ ist. Es ist

$$\partial^\mu f = 2\big(x - r(\sigma)\big)^\mu , \quad \frac{\mathrm{d}\,f}{\mathrm{d}\,\sigma} = -2(x - r) \cdot \frac{\mathrm{d}\,r}{\mathrm{d}\,\sigma} = -2(x - r) \cdot u$$

und somit noch

$$\partial^\mu \delta\big(f(x, \sigma)\big) = -\frac{(x - r)^\mu}{(x - r) \cdot u} \frac{\mathrm{d}}{\mathrm{d}\,\sigma} \delta\big(f(x, \sigma)\big) .$$

Setzt man diese Hilfsformeln in (3.78) ein und integriert einmal partiell, so erhält man

$$\partial^\mu A^\nu(x) = 2e \int \mathrm{d}\sigma \, \frac{\mathrm{d}}{\mathrm{d}\,\sigma} \left(\frac{(x - r)^\mu u^\nu}{(x - r) \cdot u} \right) \Theta\big(x^0 - r^0(\sigma)\big)\, \delta^{(1)}\big((x - r(\sigma)^2\big) . \tag{3.82}$$

Die Integration über σ führt man in derselben Weise aus wie beim Übergang von (3.78) zu (3.79) und erhält als Ergebnis

$$F^{\mu\nu}(x) = \frac{e}{u(\tau)\cdot\big(x-r(\tau)\big)} \times \frac{\mathrm{d}}{\mathrm{d}\tau}\left\{\frac{\big(x-r(\tau)\big)^{\mu}u(\tau)^{\nu}-\big(x-r(\tau)\big)^{\nu}u(\tau)^{\mu}}{u(\tau)\cdot\big(x-r(\tau)\big)}\right\}\Bigg|_{\tau=\tau^0} . \tag{3.83}$$

Dies ist das Tensorfeld der elektromagnetischen Felder, die von einer bewegten Ladung erzeugt werden.

Um auch dieses wichtige Ergebnis etwas „fühlbarer" zu machen, ist es nützlich das elektrische Feld und die magnetische Induktion in einem Bezugssystem **K** zu bestimmen. (Dies möge man als Übung durchführen.) Man findet

$$\boldsymbol{E}(t,\boldsymbol{x}) = \boldsymbol{E}_{\text{stat}}(t,\boldsymbol{x}) + \boldsymbol{E}_{\text{acc}}(t,\boldsymbol{x}) , \tag{3.84}$$

worin die beiden Summanden durch folgende Ausdrücke gegeben sind:

$$\boldsymbol{E}_{\text{stat}}(t,\boldsymbol{x}) = \frac{e}{R^2}\left.\frac{\hat{\boldsymbol{n}}-\boldsymbol{v}/c}{\gamma^2\big(1-\frac{1}{c}\boldsymbol{v}\cdot\hat{\boldsymbol{n}}\big)^3}\right|_{\text{ret}} , \tag{3.84a}$$

$$\boldsymbol{E}_{\text{acc}}(t,\boldsymbol{x}) = \frac{e}{R}\left.\frac{\hat{\boldsymbol{n}}\times\big[\big(\hat{\boldsymbol{n}}-\boldsymbol{v}/c\big)\times\dot{\boldsymbol{v}}\big]}{c^2\big(1-\frac{1}{c}\boldsymbol{v}\cdot\hat{\boldsymbol{n}}\big)^3}\right|_{\text{ret}} . \tag{3.84b}$$

Der Abstand R und der Einheitsvektor $\hat{\boldsymbol{n}}$ sind wie in (3.80a) und (3.80b) definiert, die Bedeutung der beiden Anteile im elektrischen Feld wird sogleich erklärt. Zuvor notieren wir noch das Ergebnis für die magnetische Induktion,

$$\boldsymbol{B}(t,\boldsymbol{x}) = \hat{\boldsymbol{n}}\times\boldsymbol{E}(t,\boldsymbol{x}) . \tag{3.85}$$

Der erste Anteil $\boldsymbol{E}_{\text{stat}}$ in (3.84) wird *statisches* oder *Geschwindigkeitsfeld* genannt, weil es auch dann vorhanden ist, wenn das Teilchen sich geradlinig-gleichförmig bewegt. Dieses Feld ist ein im Wesentlichen statisches Feld, da es zwar die momentane Geschwindigkeit des Teilchens, nicht aber seine Beschleunigung enthält. Der zweite Anteil $\boldsymbol{E}_{\text{acc}}(t,\boldsymbol{x})$ heißt das *Beschleunigungsfeld*; es ist eine Funktion von $\dot{\boldsymbol{v}}$, der momentanen Beschleunigung der Ladung und verschwindet daher, wenn die Geschwindigkeit des Teilchens konstant ist. Dies sind die Felder, deren analytische Form wir in Band 2, im Beispiel 1.2 vorausgesetzt haben um die (klassische) Abstrahlung eines Wasserstoffatoms abzuschätzen. Dort hatten wir auch gezeigt, dass bei solchen Geschwindigkeiten, die im Vergleich zur Lichtgeschwindigkeit klein sind, $|\boldsymbol{v}|\ll c$, das Poynting'sche Vektorfeld näherungweise gleich

$$\boldsymbol{S}(t,\boldsymbol{x}) = \frac{c}{4\pi}\boldsymbol{E}(t,\boldsymbol{x})\times\boldsymbol{B}(t,\boldsymbol{x}) = \frac{c}{4\pi}\boldsymbol{E}\times\big(\hat{\boldsymbol{n}}\times\boldsymbol{E}\big) \simeq \frac{c}{4\pi}\boldsymbol{E}^2(t,\boldsymbol{x})\,\hat{\boldsymbol{n}} \tag{3.86}$$

ist und dass hier nur das Beschleunigungsfeld

$$\boldsymbol{E}(t,\boldsymbol{x}) \simeq \frac{e}{R}\,\frac{1}{c^2}\hat{\boldsymbol{n}} \times \left(\hat{\boldsymbol{n}} \times \dot{\boldsymbol{v}}\right)\Big|_{\text{ret}}$$

beiträgt. Alle diese Formeln sind jetzt anhand der Ergebnisse dieses Abschnitts und des Ausdrucks (3.49c) für den Poynting'schen Vektor leicht herzuleiten. So ist die in das Raumwinkelelement $\mathrm{d}\Omega$ unter dem Winkel θ zwischen $\dot{\boldsymbol{v}}$ und $\hat{\boldsymbol{n}}$ abgestrahlte Leistung

$$\frac{\mathrm{d}\,P}{\mathrm{d}\,\Omega} \simeq R^2 \frac{c}{4\pi} \boldsymbol{E}^2(t,\boldsymbol{x}) = \frac{e^2 \dot{\boldsymbol{v}}^2}{4\pi c^3} \sin^2\theta\,. \tag{3.87}$$

Integriert man diesen Ausdruck über alle Winkel, so folgt die gesamte abgestrahlte Leistung

$$P \simeq \frac{2e^2}{3c^3} \dot{\boldsymbol{v}}^2\,. \tag{3.88}$$

Auch für Geschwindigkeiten, die nicht mehr klein gegen c sind, kommt ein ähnliches Resultat heraus. Man findet

$$P = \frac{2e^2}{3c^3} \gamma^6 \left\{ \dot{\boldsymbol{v}}^2 - \frac{1}{c^2} \left(\boldsymbol{v} \times \dot{\boldsymbol{v}}\right)^2 \right\}\,. \tag{3.89}$$

In beiden Fällen, wenn $|\boldsymbol{v}| \ll c$ ist und auch wenn dies nicht mehr gilt, ist die abgestrahlte Leistung gleich Null wenn das Teilchen nicht beschleunigt ist. *Nur ein beschleunigtes geladenes Teilchen strahlt Energie ab. Bewegt es sich mit konstanter Geschwindigkeit, so strahlt es nicht.*

Einfache Anwendungen der Maxwell-Theorie

Einführung

Aus der ungeheuren Fülle von elektromagnetischen und optischen Phänomenen, die durch die Maxwell'schen Gleichungen erfolgreich beschrieben werden, greifen wir hier einige wenige charakteristische Beispiele auf. Dabei handelt es sich in diesem Band ausschließlich um Anwendungen, auf die die klassische, nichtquantisierte Version der Theorie anwendbar ist. Der Bereich der semiklassischen Wechselwirkung von (Quanten-)Materie mit dem (klassischen) Strahlungsfeld ebenso wie die volle quantenfeldtheoretische Behandlung der Maxwell-Theorie wird in Band 4 behandelt.

Inhalt

4.1 Ebene Wellen im Vakuum und in homogenen, nichtleitenden Medien

Im einfachsten Fall sind nichtleitende Medien elektromagnetisch homogen und isotrop. Dies bedeutet, dass sie durch skalare Materialgrößen, eine Dielektrizitätskonstante ε und eine magnetische Permeabilität μ beschrieben werden können derart, dass die Verknüpfungsrelationen (2.2) zwischen Verschiebungsfeld $\boldsymbol{D}$ und elektrischem Feld $\boldsymbol{E}$, zwischen magnetischer Induktion $\boldsymbol{B}$ und Magnetfeld $\boldsymbol{H}$ linear sind und diese Paare proportional zueinander sind. In diesem Abschnitt studieren wir harmonische Lösungen der Wellengleichung in solchen einfachen Medien, einschließlich des Vakuums, und analysieren die Polarisation von elektromagnetischen Wellen.

4.1.1 Dispersionsrelation und harmonische Lösungen

Unter den eben genannten Voraussetzungen und in Abwesenheit von Ladungs- und Stromdichten erfüllt jede Komponente des elektrischen Feldes $\boldsymbol{E}(t, \boldsymbol{x})$ und jede Komponente des Induktionsfeldes $\boldsymbol{B}(t, \boldsymbol{x})$ eine Wellengleichung vom Typus (1.45)

$$\frac{1}{v^2}\frac{\partial^2}{\partial t^2} f(t, \boldsymbol{x}) - \boldsymbol{\Delta} f(t, \boldsymbol{x}) = 0 \,, \tag{4.1}$$

mit der je nach Art des betrachteten Mediums modifizierten Geschwindigkeit

$$v = \frac{c}{\sqrt{\varepsilon\mu}} . \tag{4.2}$$

Hier steht $f(t, \boldsymbol{x})$ generisch für eine beliebige Komponente von $\boldsymbol{E}$ oder $\boldsymbol{B}$. Dass wir eine bestimmte Klasse von Bezugssystemen ausgewählt haben und nicht die kovariante Form der Wellengleichung verwenden, liegt daran, dass wir hier über die beobachtbaren Felder sprechen. Wie früher dargelegt bedeutet schon das Messen von *elektrischen* bzw. *magnetischen* Feldern, dass die Aufteilung des $\mathbb{R}^4$ der Maxwell-Theorie in Raumanteil und Zeitachse festgelegt wird. Andererseits, da wir Observable vorliegen haben, ist keine Eichbedingung zu beachten, die Wellengleichung (4.1) gilt ohne Zusatzvoraussetzungen.

Wir beweisen (4.1) am Beispiel des elektrischen Feldes. Man bildet die Rotation des Vektorfeldes $\nabla \times \boldsymbol{E} + (1/c)\partial\boldsymbol{B}/\partial t$, das aufgrund von (1.44b) gleich Null sein soll. Für den ersten Term verwendet man die Formel (1.47c)

$$\nabla \times \big(\nabla \times \boldsymbol{E}\big) = \nabla\big(\nabla \cdot \boldsymbol{E}\big) - \boldsymbol{\Delta}\boldsymbol{E}$$

und beachtet, dass der erste Term auf der rechten Seite aufgrund von (1.44c) Null ist. In der Tat ist

$$\nabla \cdot \boldsymbol{D} = \varepsilon\nabla \cdot \boldsymbol{E} = 0 ,$$

da keine freie Ladungsdichte vorhanden ist. Für die Rotation der Induktion verwendet man (1.44d) mit $\boldsymbol{j}(t, \boldsymbol{x}) \equiv 0$ und erhält

$$\nabla \times \boldsymbol{B} = \mu\nabla \times \boldsymbol{H} = \frac{\mu}{c}\frac{\partial \boldsymbol{D}}{\partial t} = \frac{\mu\varepsilon}{c}\frac{\partial \boldsymbol{E}}{\partial t} .$$

Setzt man die Zwischenresultate ein, so bleibt

$$\Big(-\boldsymbol{\Delta} + \frac{\mu\varepsilon}{c^2}\frac{\partial^2}{\partial t^2}\Big)\boldsymbol{E}(t, \boldsymbol{x}) = 0 ,$$

das ist die Wellengleichung (4.1) für jede Komponente von $\boldsymbol{E}$. Dieselbe Differentialgleichung für $\boldsymbol{B}(t, \boldsymbol{x})$ leitet man her, indem man die Rotation der Gleichung (1.44d) bildet.

Die Wellengleichung (4.1) ist ebenso wie die Maxwell'schen Gleichungen ohne äußere Quellen eine *lineare* Gleichung in der gesuchten Funktion $f(t, \boldsymbol{x})$. Deshalb gilt hier das Superpositionsprinzip: Mit je zwei Lösungen $f_1(t, \boldsymbol{x})$ und $f_2(t, \boldsymbol{x})$ ist auch jede Linearkombination

$$c_1 f_1(t, \boldsymbol{x}) + c_2 f_2(t, \boldsymbol{x}) \qquad \text{mit} \quad c_1, c_2 \in \mathbb{R} \quad \text{oder} \quad c_1, c_2 \in \mathbb{C} \tag{4.3}$$

Lösung von (4.1). Die Bedeutung bzw. Nützlichkeit komplexer statt reeller Koeffizienten wird weiter unten erkennbar werden.

Auch wenn das Medium isotrop und homogen ist, kann es durchaus sein, dass die Permeabilität μ und die Dielektrizitätskonstante ε und somit die Ausbreitungsgeschwindigkeit v Funktionen der Kreisfrequenz ω

der betrachteten Strahlung sind. Deshalb unterscheidet man die beiden Fälle

a) μ und ε sind unabhängig von der Frequenz

Klarerweise gehört das Vakuum zu dieser Sorte „Medium": In Gauß'schen Einheiten sind beide Konstanten gleich 1, unabhängig von der Frequenz jeder harmonischen Schwingung.

Eine harmonische Lösung (eine reine „Sinusschwingung") hat beispielsweise die Form

$$f_k(t, \boldsymbol{x}) = \mathrm{e}^{-\mathrm{i}\omega t}\,\mathrm{e}^{\pm\mathrm{i}\boldsymbol{k}\cdot\boldsymbol{x}} \quad \text{mit} \tag{4.4a}$$

$$k \equiv |\boldsymbol{k}| = \frac{\omega}{v} = \sqrt{\mu\varepsilon}\,\frac{\omega}{c}\,. \tag{4.4b}$$

Der Vektor $\boldsymbol{k}$ ist der *Wellenvektor,* sein Betrag k heißt *Wellenzahl.* Setzt man die Kreisfrequenz $\omega = 2\pi\nu$, mit ν der Frequenz, und $k = 2\pi/\lambda$, mit λ der Wellenlänge, dann ist (4.4b) die bekannte Relation $v = \lambda\nu$. Als Beispiel sei der Wellenvektor entlang der 3-Achse gewählt, $\boldsymbol{k} = k\hat{\boldsymbol{e}}_3$. Dann ist die allgemeine Lösung zu diesem Wellenzahlvektor

$$f_k(t, \boldsymbol{x}) = c_+\,\mathrm{e}^{\mathrm{i}k(x^3 - vt)} + c_-\,\mathrm{e}^{\mathrm{i}k(x^3 + vt)}\,.$$

Solche Grundlösungen kann man linear beliebig kombinieren, so z. B. als

$$g(x^3 - vt) = \frac{1}{\sqrt{2\pi}} \int_{-\infty}^{+\infty} \mathrm{d}k\, \tilde{g}(k)\,\mathrm{e}^{\mathrm{i}k(x^3 - vt)}\,, \tag{4.5a}$$

$$h(x^3 + vt) = \frac{1}{\sqrt{2\pi}} \int_{-\infty}^{+\infty} \mathrm{d}k\, \tilde{h}(k)\,\mathrm{e}^{\mathrm{i}k(x^3 + vt)}\,, \tag{4.5b}$$

so dass die allgemeine, differenzierbare Lösung

$$f(t, x^3) = g(x^3 - vt) + h(x^3 + vt) \tag{4.6}$$

lautet. Dabei ist unmittelbar einsichtig, dass die beiden Lösungstypen (4.5a) und (4.5b) sich durch die Laufrichtung – in Richtung der 3-Achse oder entgegengesetzt dazu – unterscheiden.

b) Medien mit Dispersion

In dispersiven Medien ist das Produkt $\mu\varepsilon$ und damit die Ausbreitungsgeschwindigkeit v eine Funktion der Kreisfrequenz ω. Setzt man für die Feldkomponenten f, d. h. für jede der Komponenten E^i oder B^k, eine Zerlegung nach ihren Fourierkomponenten in der Kreisfrequenz ω an,

$$f(t, \boldsymbol{x}) = \int_{-\infty}^{+\infty} \mathrm{d}\omega\, \tilde{f}(\omega, \boldsymbol{x})\,\mathrm{e}^{-\mathrm{i}\omega t}\,, \tag{4.7}$$

dann wird aus der Wellengleichung (4.1), die ja eine partielle Differentialgleichung in den Raum- und Zeitkoordinaten ist, eine solche nur in den räumlichen Koordinaten,

$$\left[\boldsymbol{\Delta} + \mu\varepsilon\frac{\omega^2}{c^2}\right]\widetilde{f}(\omega, \boldsymbol{x}) = 0\,. \tag{4.8}$$

Diese Differentialgleichung ist die homogene Form der *Helmholtz-Gleichung* (3.61). Die Wellenzahl ist jetzt eine i. Allg. nicht mehr lineare Funktion der Kreisfrequenz

$$k(\omega) = \sqrt{\mu(\omega)\varepsilon(\omega)}\,\frac{\omega}{c}\,. \tag{4.9}$$

Eine solche Relation zwischen Kreisfrequenz und Wellenzahl wird *Dispersionsrelation* genannt. Wie diese Funktion im Einzelnen aussieht, ist keine Frage der Maxwell-Theorie mehr, sondern eine Frage an die Beschaffenheit des Mediums, also auch wieder der Materie, mit der die Maxwell-Felder wechselwirken.

Betrachten wir ebene Wellen der Art (4.4a), oder wie man auch sagt, harmonische Lösungen, so setzt man das elektrische Feld bzw. das Induktionsfeld wie folgt an

$$\boldsymbol{E}_{\mathrm{c}}(t, \boldsymbol{x}) = \boldsymbol{e}\ \mathrm{e}^{\mathrm{i}(k\hat{\boldsymbol{n}}\cdot\boldsymbol{x} - \omega t)}\,, \tag{4.10a}$$

$$\boldsymbol{B}_{\mathrm{c}}(t, \boldsymbol{x}) = \boldsymbol{b}\ \mathrm{e}^{\mathrm{i}(k\hat{\boldsymbol{n}}\cdot\boldsymbol{x} - \omega t)}\,. \tag{4.10b}$$

Der Index „c" weist hier darauf hin, dass die Felder ins Komplexe erweitert worden sind. Die physikalischen, messbaren Felder sind die Realteile davon. In den Ansätzen (4.10a), (4.10b) ist $k = |\boldsymbol{k}|$ mit $\boldsymbol{k} = k\hat{\boldsymbol{n}}$, die Wellenzahl, und genügt der Dispersionsrelation (4.9), $\hat{\boldsymbol{n}}$ gibt die Ausbreitungsrichtung der ebenen Welle an, die Vektoren $\boldsymbol{e}$ und $\boldsymbol{b}$ sind konstante, möglicherweise sogar komplexe Vektoren, deren Eigenschaften und Bedeutung noch geklärt werden müssen. Zuvor setzen wir aber noch eine Bemerkung über das Rechnen mit komplexen Feldern.

Bemerkung: Komplexe Maxwell-Felder

Die Maxwell'schen Gleichungen ohne äußere Quellen sind in den Observablen, d. h. den elektrischen und magnetischen Feldern *linear*, alle Koeffizienten sind reell. Man sieht dies am klarsten in der kovarianten Formulierung (2.49a) und (2.53), die im Vakuum

$$\varepsilon_{\mu\nu\sigma\tau}\partial^{\nu}F^{\sigma\tau}(x) = 0\,,$$
$$\partial_{\mu}F^{\mu\nu}(x) = 0$$

lauten, aber natürlich ebenso in der ursprünglichen Form der Gleichungen (1.44a)–(1.44d) mit $\varrho = 0$ und $\boldsymbol{j} = 0$. Es ist daher ohne Weiteres möglich, Lösungen $\boldsymbol{E}_{\mathrm{c}}(t, \boldsymbol{x})$, $\boldsymbol{B}_{\mathrm{c}}(t, \boldsymbol{x})$ zunächst im Komplexen zu suchen, die Realteile der komplexen Felder als die physikalisch realisierten Felder zu interpretieren – eine Methode, die auch in der Elektrotechnik gerne verwendet wird.

Es gibt aber auch Anwendungen, und zu diesen gehören die in diesem Teil behandelten optischen Schwingungen, bei denen die Methode der komplexen Felder nicht nur aus rechentechnischer, sondern auch aus physikalischer Perspektive nützlich ist. Zwei Beispiele mögen dies illustrieren: Verwendet man formal komplexe Felder, so werden die Formeln (3.54a) für die Energiedichte und (3.54c) für den Energiefluss durch

$$u(t,\boldsymbol{x}) = \frac{1}{8\pi}\left\{\varepsilon\,(\mathrm{Re}\;\boldsymbol{E}_\mathrm{c})^2 + \mu\,(\mathrm{Re}\;\boldsymbol{H}_\mathrm{c})^2\right\},$$

$$\boldsymbol{S}(t,\boldsymbol{x}) = \frac{c}{4\pi}\,(\mathrm{Re}\;\boldsymbol{E}_\mathrm{c})\times(\mathrm{Re}\;\boldsymbol{H}_\mathrm{c})$$

ersetzt. Rechnet man diese Größen aus, so ist

$$\begin{aligned} u(t,\boldsymbol{x}) &= \frac{1}{32\pi}\left\{\varepsilon\left(\boldsymbol{E}_\mathrm{c}+\boldsymbol{E}_\mathrm{c}^*\right)^2 + \mu\left(\boldsymbol{H}_\mathrm{c}+\boldsymbol{H}_\mathrm{c}^*\right)^2\right\} \\ &= \frac{1}{16\pi}\left\{\varepsilon\left(\boldsymbol{E}_\mathrm{c}^*\cdot\boldsymbol{E}_\mathrm{c}\right) + \mu\left(\boldsymbol{H}_\mathrm{c}^*\cdot\boldsymbol{H}_\mathrm{c}\right)\right\} \\ &\quad + \frac{1}{32\pi}\left\{\varepsilon\left(\boldsymbol{E}_\mathrm{c}^2+\boldsymbol{E}_\mathrm{c}^{*\,2}\right) + \mu\left(\boldsymbol{H}_\mathrm{c}^2+\boldsymbol{H}_\mathrm{c}^{*\,2}\right)\right\}. \end{aligned}$$

Wenn die Felder die harmonischen Zeitabhängigkeiten (4.10a) und (4.10b) haben, so ist der erste Term auf der rechten Seite von der Zeit unabhängig, während der zweite proportional zu $\mathrm{e}^{\pm 2\mathrm{i}\omega t}$ ist. Bei Anwendungen in der Optik ist die Kreisfrequenz ω groß im Vergleich zu 1, außerdem kommt es zumeist nur auf zeitliche Mittelwerte an. Dann trägt der zweite Term nicht bei und es ist

$$\langle u\rangle = \frac{1}{16\pi}\left\{\varepsilon\left(\boldsymbol{E}_\mathrm{c}^*\cdot\boldsymbol{E}_\mathrm{c}\right) + \mu\left(\boldsymbol{H}_\mathrm{c}^*\cdot\boldsymbol{H}_\mathrm{c}\right)\right\}, \tag{4.11a}$$

wobei der zeitliche Mittelwert mit $\langle\ \rangle$ bezeichnet wird.

Für den Energiefluss gilt eine ähnliche Formel, nämlich

$$\begin{aligned} \boldsymbol{S}(t,\boldsymbol{x}) &= \frac{c}{4\pi}\mathrm{Re}\;\boldsymbol{E}_\mathrm{c}\times\mathrm{Re}\;\boldsymbol{H}_\mathrm{c} = \frac{c}{16\pi}\left\{\left(\boldsymbol{E}_\mathrm{c}+\boldsymbol{E}_\mathrm{c}^*\right)\times\left(\boldsymbol{H}_\mathrm{c}+\boldsymbol{H}_\mathrm{c}^*\right)\right\} \\ &= \frac{c}{16\pi}\left\{\boldsymbol{E}_\mathrm{c}\times\boldsymbol{H}_\mathrm{c}^* + \boldsymbol{E}_\mathrm{c}^*\times\boldsymbol{H}_\mathrm{c}\right\} + \text{ Terme in } \mathrm{e}^{\pm 2\mathrm{i}\omega t}, \end{aligned}$$

so dass auch hier der zeitliche Mittelwert durch den ersten Term gegeben ist

$$\langle\boldsymbol{S}(t,\boldsymbol{x})\rangle = \frac{c}{16\pi}\left\{\boldsymbol{E}_\mathrm{c}\times\boldsymbol{H}_\mathrm{c}^* + \boldsymbol{E}_\mathrm{c}^*\times\boldsymbol{H}_\mathrm{c}\right\}. \tag{4.11b}$$

Beide Ausdrücke, (4.11a) und (4.11b), haben eine intuitiv einleuchtende Form.

Wir kehren zu den Ansätzen (4.10a) und (4.10b) zurück und klären, welchen Bedingungen die Vektoren $\boldsymbol{e}$ und $\boldsymbol{b}$ aufgrund der Maxwell'schen Gleichungen unterliegen: Da das Induktionsfeld immer divergenzfrei ist, $\boldsymbol{\nabla}\cdot\boldsymbol{B}_\mathrm{c} = 0$, folgt mit (4.10b)

$$\boldsymbol{\nabla}\cdot\boldsymbol{B}_\mathrm{c}(t,\boldsymbol{x}) = \boldsymbol{b}\cdot\boldsymbol{\nabla}\,\mathrm{e}^{\mathrm{i}(\boldsymbol{k}\cdot\boldsymbol{x}-\omega t)} = \mathrm{i}\,(\boldsymbol{b}\cdot\boldsymbol{k})\,\mathrm{e}^{\mathrm{i}(\boldsymbol{k}\cdot\boldsymbol{x}-\omega t)} = 0\,.$$

Ohne äußere Quellen gilt aber auch $\nabla \cdot \boldsymbol{E}_{\mathrm{c}}(t, \boldsymbol{x}) = 0$. Aus beiden Gleichungen folgen somit die Bedingungen

$$\hat{\boldsymbol{n}} \cdot \boldsymbol{e} = 0\,, \quad \text{und} \quad \hat{\boldsymbol{n}} \cdot \boldsymbol{b} = 0\,. \tag{4.12a}$$

Sowohl das elektrische Feld als auch das Induktionsfeld sind transversale Felder: *sie stehen auf der Ausbreitungsrichtung senkrecht.*

Um zu bestimmen, wie die beiden Felder relativ zueinander ausgerichtet sind, geht man zurück zur homogenen Maxwell-Gleichung (1.44b),

$$\nabla \times \boldsymbol{E}_{\mathrm{c}} + \frac{1}{c}\frac{\partial \boldsymbol{B}_{\mathrm{c}}}{\partial t} = 0\,.$$

Setzt man die harmonischen Funktionen (4.10a) und (4.10b) ein, so folgt hieraus

$$k\,\hat{\boldsymbol{n}} \times \boldsymbol{e} - \frac{\omega}{c}\boldsymbol{b} = 0\,,$$

oder, wenn man die Dispersionsbeziehung (4.9) einsetzt,

$$\boldsymbol{b} = \sqrt{\mu\varepsilon}\,\hat{\boldsymbol{n}} \times \boldsymbol{e}\,. \tag{4.12b}$$

Da $\hat{\boldsymbol{n}}$ ein reeller Einheitsvektor ist, müssen die Vektoren $\boldsymbol{e}$ und $\boldsymbol{b}$ dieselbe Phase haben. Sie können daher auch ohne Einschränkung reell gewählt werden. Die Relation (4.12b) sagt aus, dass das elektrische Feld und das Induktionsfeld aufeinander senkrecht stehen und dass $\boldsymbol{E}$, die Ausbreitungsrichtung $\hat{\boldsymbol{n}}$ und $\boldsymbol{B}$ ein rechtshändiges System von Vektoren bilden, wie in Abb. 4.1 skizziert.

Wir geben zwei Beispiele, bei denen die 3-Achse in die Ausbreitungsrichtung gelegt ist, d. h. wo $\hat{\boldsymbol{n}} = \hat{\boldsymbol{e}}_3$ ist.
(i) Es sei $\boldsymbol{e} = c_1\hat{\boldsymbol{e}}_1$ mit c_1 einer konstanten komplexen Zahl. Dann ist $\boldsymbol{b} = \sqrt{\mu\varepsilon}\,c_1\hat{\boldsymbol{e}}_2$.
(ii) Es sei $\boldsymbol{e} = c_2\hat{\boldsymbol{e}}_2$. Dann folgt $\boldsymbol{b} = -\sqrt{\mu\varepsilon}\,c_2\hat{\boldsymbol{e}}_1$.

Im Beispiel (i) schwingt das elektrische Feld in der 1-Richtung, im Beispiel (ii) in der 2-Richtung. In diesen Fällen spricht man von *linearer Polarisation.* Der allgemeinste Fall entsteht daraus durch lineare Superposition, d. h.

$$\boldsymbol{E}_{\mathrm{c}}(t, \boldsymbol{x}) = \left(c_1\hat{\boldsymbol{e}}_1 + c_2\hat{\boldsymbol{e}}_2\right) \mathrm{e}^{\mathrm{i}(k\hat{\boldsymbol{n}}\cdot\boldsymbol{x} - \omega t)}\,, \tag{4.13a}$$

$$\boldsymbol{B}_{\mathrm{c}}(t, \boldsymbol{x}) = \frac{1}{k}\sqrt{\mu\varepsilon}\,\boldsymbol{k} \times \boldsymbol{E}_{\mathrm{c}}(t, \boldsymbol{x})\,, \tag{4.13b}$$

$$\text{mit} \quad c_1\,,\; c_2 \in \mathbb{C}\,. \tag{4.13c}$$

Wenn die beiden komplexen Zahlen (4.13c) dieselbe Phase haben, d. h. wenn das Verhältnis c_1/c_2 reell ist, so ist (4.13a) wieder eine *linear* polarisierte Welle, deren Polarisationsrichtung durch

$$\hat{\boldsymbol{e}} = \hat{\boldsymbol{e}}_1 \cos\varphi + \hat{\boldsymbol{e}}_2 \sin\varphi \qquad \text{mit} \quad \tan\varphi = \frac{c_2}{c_1}$$

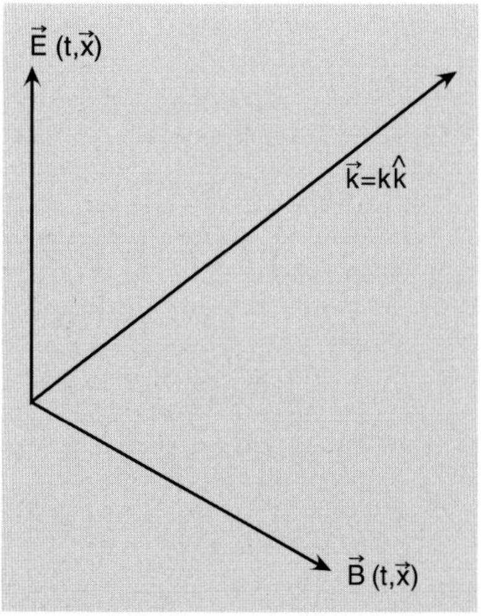

Abb. 4.1. Wenn $\hat{\boldsymbol{n}}$ die Ausbreitungsrichtung der ebenen Welle angibt, so stehen elektrisches Feld $\boldsymbol{E}$ und Induktionsfeld $\boldsymbol{B}$ darauf senkrecht, $\boldsymbol{E}$, $\hat{\boldsymbol{n}}$ und $\boldsymbol{B}$ bilden dabei ein rechtshändiges System

gegeben ist. Sind die Phasen von c_1 und c_2 dagegen unterschiedlich, so treten Polarisationen auf, die nicht mehr linear sind. Diesen Fall, sowie Situationen wo ein Lichtsstrahl nur partiell polarisiert ist, wollen wir genauer untersuchen.

4.1.2 Vollständig polarisierte elektromagnetische Wellen

Die wesentliche Aussage des vorigen Abschnitts ist die, dass das elektrische Feld – obgleich es ein Vektorfeld über dem $\mathbb{R}^3$ ist und daher drei Komponenten besitzt – relativ zur Ausbreitungsrichtung nur *zwei* Einstellungsmöglichkeiten hat. (Dieselbe Aussage gilt für das Induktionsfeld.) Wegen der Transversalität elektromagnetischer Felder und der Linearität der Maxwell'schen Gleichungen ist die Polarisation durch einen zweidimensionalen, reellen Vektorraum beschreibbar, für den man als Basis

$$\hat{\boldsymbol{e}}_1 = \begin{pmatrix} 1 \\ 0 \end{pmatrix} \quad \text{und} \quad \hat{\boldsymbol{e}}_2 = \begin{pmatrix} 0 \\ 1 \end{pmatrix}$$

wählen kann.

Bemerkung

Diese Beobachtung, die man hier in der klassischen Feldtheorie des Lichtes macht, wird in der quantisierten Version der Maxwell-Theorie aus einer anderen Perspektive beleuchtet. Dort stellt man fest, dass Lichtquanten Teilchen ohne Masse sind, die den Spin 1 tragen. Im Gegensatz zu *massiven* Spin-1 Objekten hat dieser aber nicht drei Einstellungsmöglichkeiten, $m_s = \pm 1$ und $m_s = 0$, sondern deren nur zwei: der Spin steht entweder nur in der Richtung des Impulses $\boldsymbol{p} = \hbar \boldsymbol{k}$ oder in der dazu entgegengesetzten Richtung. Man sagt, das Photon trägt einen Schraubensinn, eine *Helizität* $h = \boldsymbol{S} \cdot \boldsymbol{p}/|\boldsymbol{p}|$, die nur die Werte ± 1 annimmt. Die Helizität ist die Projektion des Spins auf die Impulsrichtung. Die beiden möglichen Werte entsprechen den Links- und Rechtspolarisationen der klassischen Theorie, die weiter unten definiert werden.

Wie zuvor sei o. B. d. A. die 3-Achse in die Richtung von $\boldsymbol{k}$ gelegt. Da es ja nur auf die Schwingungen in der Zeit und auf die relative Stärke und relative Phase der Transversalkomponenten ankommt, kann man die Verhältnisse an einem festen Ort, beispielsweise bei $\boldsymbol{x} = \boldsymbol{0}$ betrachten. Mit reellen, physikalischen Feldern ausgedrückt lässt sich der allgemeine Fall auf die Form

$$\boldsymbol{E}(t, \boldsymbol{x} = \boldsymbol{0}) = \varepsilon_1 \cos(\omega t) \begin{pmatrix} 1 \\ 0 \end{pmatrix} + \varepsilon_2 \cos(\omega t + \alpha) \begin{pmatrix} 0 \\ 1 \end{pmatrix} \tag{4.14}$$

bringen, die von den (reellen) Amplituden ε_i und der Phasenverschiebung α abhängt. Wir zeigen jetzt, dass dies i. Allg. eine *elliptische* Polarisation ist, bei der die Spitzen der Felder auf einer Ellipse wandern, und berechnen die Lage und die Parameter dieser Ellipse als Funktion von ε_1, ε_2 und α. Ins Komplexe erweitert ist $\boldsymbol{E} = \mathrm{Re}\,\boldsymbol{E}_\mathrm{c}$ mit

$$\boldsymbol{E}_\mathrm{c}(t, \boldsymbol{x} = \boldsymbol{0}) = \mathrm{e}^{\mathrm{i}\omega t} \begin{pmatrix} \varepsilon_1 \\ \varepsilon_2\,\mathrm{e}^{\mathrm{i}\alpha} \end{pmatrix} \tag{4.15}$$

Dies ist jetzt ein zweikomponentiger Vektor mit komplexwertigen Koeffizienten. Er lässt sich daher immer als Summe

$$\boldsymbol{E}_\mathrm{c} = \boldsymbol{u} + \mathrm{i}\boldsymbol{v} \tag{4.16a}$$

schreiben, wo $\boldsymbol{u}$ und $\boldsymbol{v}$ Vektoren mit reellen Koeffizienten sind. Wenn man diese beiden so einrichtet, dass sie zueinander orthogonal sind, $\boldsymbol{u} \cdot \boldsymbol{v} = 0$, dann hat man die Hauptachsen der in (4.14) enthaltenen Ellipse gefunden.

Es seien $u := |\boldsymbol{u}|$ und $v := |\boldsymbol{v}|$. Man berechnet der Reihe nach

$$\boldsymbol{E}_\mathrm{c}^* \cdot \boldsymbol{E}_\mathrm{c} = u^2 + v^2 = \varepsilon_1^2 + \varepsilon_2^2\,, \tag{4.16b}$$

$$\boldsymbol{E}_\mathrm{c}^* \times \boldsymbol{E}_\mathrm{c} = 2\mathrm{i}\,\boldsymbol{u} \times \boldsymbol{v} = 2\mathrm{i}\,uv\,\hat{\boldsymbol{e}}_3 = 2\mathrm{i}\,\varepsilon_1\varepsilon_2 \sin\alpha\,\hat{\boldsymbol{e}}_3 \tag{4.16c}$$

und erhält daraus die Beträge u und v

$$\left.\begin{matrix} u \\ v \end{matrix}\right\} = \frac{1}{2}\left\{\sqrt{\varepsilon_1^2 + \varepsilon_2^2 + 2\varepsilon_1\varepsilon_2 \sin\alpha} \pm \sqrt{\varepsilon_1^2 + \varepsilon_2^2 - 2\varepsilon_1\varepsilon_2 \sin\alpha}\right\}\,. \tag{4.16d}$$

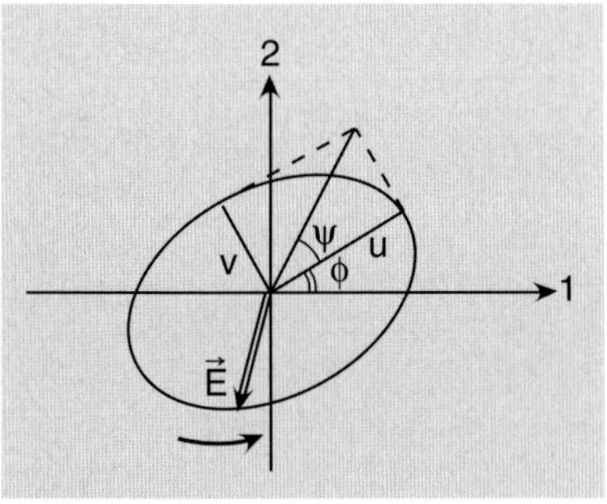

Abb. 4.2. Allgemeiner Fall elliptischer Polarisation einer harmonischen Lösung der Wellengleichung. Es ist $\tan\psi = v/u$, der Winkel φ gibt die Orientierung der großen Halbachse relativ zur 1-Richtung

Dies sind die beiden Halbachsen der gesuchten Ellipse in der (reellen) $(1, 2)$-Ebene. Man bestimmt daraus den Winkel ψ, dessen Tangens gleich v/u ist und der in Abb. 4.2 eingezeichnet ist,

$$\sin(2\psi) = \frac{2\tan\psi}{1 + \tan^2\psi} == \frac{2uv}{u^2 + v^2} = \frac{2\varepsilon_1\varepsilon_2 \sin\alpha}{\varepsilon_1^2 + \varepsilon_2^2}\,. \tag{4.17}$$

Die Orientierung der großen Halbachse in der $(1, 2)$-Ebene kann man folgendermaßen bestimmen. Aufgrund von (4.16a) ist einerseits $\boldsymbol{E}_\mathrm{c} \cdot \boldsymbol{u} = u^2$ und $\boldsymbol{E}_\mathrm{c}^* \cdot \boldsymbol{v} = -\mathrm{i}v^2$. Andererseits kann man diese Skalarprodukte mittels der Komponenten der drei auftretenden Vektoren ausrechnen,

$$\boldsymbol{E}_\mathrm{c} \cdot \boldsymbol{u} = u\,\mathrm{e}^{\mathrm{i}\omega t}\left\{\varepsilon_1 \cos\varphi + \varepsilon_2 \sin\varphi\,\mathrm{e}^{\mathrm{i}\alpha}\right\},$$

$$\boldsymbol{E}_\mathrm{c}^* \cdot \boldsymbol{v} = v\,\mathrm{e}^{-\mathrm{i}\omega t}\left\{-\varepsilon_1 \sin\varphi + \varepsilon_2 \cos\varphi\,\mathrm{e}^{-\mathrm{i}\alpha}\right\}.$$

Das Produkt dieser beiden Skalarprodukte ist gleich $-\mathrm{i}u^2v^2$ und somit rein imaginär. Rechnet man daher den Realteil dieses Produkts aus der Komponentendarstellung aus, so muss dieser gleich Null sein,

$$-\left(\varepsilon_1^2 - \varepsilon_2^2\right)\sin\varphi\cos\varphi + \varepsilon_1\varepsilon_2\left(\cos^2\varphi - \sin^2\varphi\right)\cos\alpha = 0\,.$$

Dies ergibt die gesuchte Formel für den Winkel zwischen großer Halbachse und der 1-Richtung

$$\tan(2\varphi) = \frac{2\varepsilon_1\varepsilon_2 \cos\alpha}{\varepsilon_1^2 - \varepsilon_2^2}\,. \tag{4.18}$$

In den Ergebnissen (4.16d), (4.17) und (4.18) sind verschiedene Spezialfälle leicht zu identifizieren.

(i) Ist $\alpha = 0$, dann ist $v = 0$, die Polarisation ist linear und entlang der Richtung φ mit $\tan\varphi = \varepsilon_2/\varepsilon_1$ ausgerichtet:

$$\alpha = 0: \quad \tan(2\varphi) = \frac{2(\varepsilon_2/\varepsilon_1)}{1-(\varepsilon_2/\varepsilon_1)^2} = \frac{2\tan\varphi}{1-\tan^2\varphi}\,.$$

Dies bestätigt das Ergebnis im vorhergehenden Unterabschnitt.

(ii) Ist $\alpha = \pi/2$ und sind die Amplituden gleich, $\varepsilon_1 = \varepsilon_2$, dann ist $v = u$, $\psi = \pi/4$, φ bleibt unbestimmt. Hier läuft die Spitze von $\boldsymbol{E}_c$ in der $(1, 2)$-Ebene der Abb. 4.2 im Urzeigersinn auf dem Kreis mit Radius $\varepsilon_1 = \varepsilon_2$. Man spricht in diesem Fall von *rechtszirkularer Polarisation.*

(iii) Analog dazu ist der Fall $\alpha = -\pi/2$, $\varepsilon_1 = \varepsilon_2$: Auch hier ist $v = u$, aber $\psi = -\pi/4$. Die Spitze von $\boldsymbol{E}_c$ läuft in Abb. 4.2 jetzt im Gegenuhrzeigersinn auf einem Kreis mit Radius $\varepsilon_1 = \varepsilon_2$. Hier spricht man von *linkszirkularer Polarisation.* Diese Drehung des elektrischen Feldes definiert zusammen mit der orientierten 3-Achse (die in Abb. 4.2 nach vorne weist) einen Drehsinn – analog zu dem eines üblichen Korkenziehers – , der als *positive Helizität* bezeichnet wird.

Der entgegengesetzte Drehsinn des vorhergehenden Beispiels (ii) wird als *negative Helizität* bezeichnet. (Man kann sich diesen Fall als Analogon zu den Scherz-Korkenziehern vorstellen, bei denen die Spirale in der unerwarteten, falschen Richtung geformt ist und mit denen man, indem man gewohnheitsmäßig nach rechts dreht, vergeblich versucht, eine Flasche zu öffnen.)

Bemerkung

In der quantisierten Version der Maxwell-Theorie sind die beiden Helizitätszustände die Zustände, in denen sich der Spin $s = 1$ des Photons befinden kann, sie übernehmen die Rolle der Projektionsquantenzahl s_3 der Quantentheorie massiver Teilchen. Es gibt aber einen wesentlichen Unterschied: Für ein *massives* Teilchen, das den Spin s trägt, hat dessen Projektion auf die 3-Achse die $(2s+1)$ Werte $m_s = -s, -s+1, \ldots, s$, die man aus der Quantenmechanik des Drehimpulses kennt. Für ein Teilchen, das keine Ruhemasse hat und das den Spin s trägt, treten an Stelle dieser Projektionsquantenzahlen nur die Helizitätszustände $h = +s$ und $h = -s$ auf. Dies ist eine charakteristische Eigenschaft *masseloser* Teilchen.

Im komplexen, zweidimensionalen Vektorraum, den wir in den letzten beiden Spezialfällen benutzen, entsprechen diese Zustände einer Basis

$$\hat{\boldsymbol{e}}_+ = -\frac{1}{\sqrt{2}}\begin{pmatrix}1\\ \mathrm{i}\end{pmatrix} \quad \text{und} \quad \hat{\boldsymbol{e}}_- = \frac{1}{\sqrt{2}}\begin{pmatrix}1\\ -\mathrm{i}\end{pmatrix}\,, \tag{4.19}$$

die an die Stelle der in (4.14) verwendeten Basis

$$\hat{\boldsymbol{e}}_1 = \begin{pmatrix} 1 \\ 0 \end{pmatrix} \quad \text{und} \quad \hat{\boldsymbol{e}}_2 = \begin{pmatrix} 0 \\ 1 \end{pmatrix} \tag{4.20}$$

tritt. Es ist natürlich nicht zwingend, die Elemente dieser Basen als auf 1 normiert zu nehmen. Auch die Wahl der Vorzeichen ist nicht fest vorgegeben. Ich habe diese Vorzeichen in (4.19) so gewählt, dass sie der Konvention in der Wahl der sphärischen Basis im $\mathbb{R}^3$ entsprechen. Festzuhalten bleibt aber, dass man den allgemeinen Fall elliptischer Polarisation – bei Verwendung komplexifizierter Felder – genauso gut als Linearkombination der Basisvektoren (4.20) als auch der Basisvektoren (4.19) darstellen kann.

4.1.3 Beschreibung der Polarisation

Laserstrahlen sind zwar in der Regel zu einem hohen Grad polarisiert, auch die von einfachen Antennen emittierten elektromagnetischen Wellen sind polarisiert, dies gilt aber für viele Lichtquellen, die wir kennen nicht. So ist z. B. das Sonnenlicht überhaupt nicht polarisiert. Wie können wir auf der Basis der Ergebnisse des vorangegangenen Abschnitts elektromagnetische Strahlung beschreiben, die entweder gar nicht oder nur partiell polarisiert ist?

Die Methode der komplexen Felder ist bei der Beantwortung dieser Frage sehr hilfreich. Obwohl alle Information über eine vollständig polarisierte, monochromatische Welle eigentlich schon in der reellen Formel (4.14) enthalten ist, werden die Verhältnisse transparenter, wenn man das elektrische Feld komplexifiziert und somit in den komplexen, zweidimensionalen Vektorraum $V^2(\mathbb{C})$ einbettet. Über diesem Raum, für den man wahlweise die „sphärische" Basis (4.19) oder die „lineare" Basis (4.20) verwenden kann, spielen *hermitesche* 2×2-Matrizen eine besondere Rolle,

$$\left\{ \mathbf{H} \in M_2(\mathbb{C}) \middle| \mathbf{H}^\dagger = \mathbf{H} \right\} .$$

Dies ist deshalb so, weil sie diagonalisierbar sind und reelle Eigenwerte haben. Sie können damit als Repräsentanten von physikalischen Observablen verwendet werden.

Bemerkungen

1. Eine $n \times n$-Matrix mit komplexen Einträgen heißt hermitesch, wenn

$$\mathbf{H}^\dagger = \mathbf{H} \, , \quad \text{d. h.} \quad H^*_{ik} = H_{ki} \, , \quad i, k = 1, 2, \ldots , n \, , \tag{4.21}$$

gilt. Das „dagger"- oder Kreuzsymbol bedeutet dabei die Transponierte, deren Einträge komplex konjugiert werden. Der Begriff der hermiteschen Matrix ist die Verallgemeinerung des Begriffs der *symmetrischen* Matrix (deren Einträge reell sind) auf komplexwertige

Matrizen. Eine hermitesche Matrix lässt sich vermittels einer unitären Transformation diagonalisieren

$$\overset{0}{\mathbf{H}} = \mathbf{U}\mathbf{H}\mathbf{U}^\dagger \quad \text{mit} \quad \mathbf{U}\mathbf{U}^\dagger = \mathbb{1}_n \,. \tag{4.22}$$

In Dimension $n = 2$ ist diese Prozedur besonders einfach. Die notwendigerweise reellen Eigenwerte von $\mathbf{H}$ seien mit λ_1 und λ_2 bezeichnet. Unter einer unitären Transformation bleiben die Spur und die Determinante von $\mathbf{H}$ ungeändert, d. h.

$$\det\left(\mathbf{U}\mathbf{H}\mathbf{U}^\dagger\right) = \det \mathbf{H} = H_{11}H_{22} - |H_{12}|^2 = \lambda_1\lambda_2 \equiv P \,,$$
$$\mathrm{Sp}\left(\mathbf{U}\mathbf{H}\mathbf{U}^\dagger\right) = \mathrm{Sp}\,\mathbf{H} = H_{11} + H_{22} = \lambda_1 + \lambda_2 \equiv S \,.$$

Die beiden zu bestimmenden Eigenwerte, deren Produkt und deren Summe wir kennen, sind die Wurzeln der quadratischen Gleichung $x^2 - Sx + P = 0$, sie sind somit durch

$$\lambda_1 = \frac{1}{2}\left\{H_{11} + H_{22} + \sqrt{(H_{11} - H_{22})^2 + 4\,|H_{12}|^2}\right\}, \tag{4.23a}$$
$$\lambda_2 = \frac{1}{2}\left\{H_{11} + H_{22} - \sqrt{(H_{11} - H_{22})^2 + 4\,|H_{12}|^2}\right\} \tag{4.23b}$$

gegeben.

2. In der Quantenmechanik wird ein solcher zweidimensionaler Vektorraum über den komplexen Zahlen $\mathbb{C}$ zur Beschreibung des Spins von Elektronen oder anderer Fermionen mit Spin $1/2$ verwendet. Diesen Raum kann man sich als den Raum vorstellen, der von den Eigenvektoren der 3-Komponente s_3 des Spinoperators zu den beiden Spineinstellungen $s_3 = +1/2$ und $s_3 = -1/2$ aufgespannt wird. Observable, die nur auf die Spinfreiheitsgrade ansprechen, werden als zweidimensionale hermitesche Matrizen dargestellt. Wem dieser Sachverhalt schon geläufig ist, dem wird die nun folgende Entwicklung ganz natürlich vorkommen.

Jede hermitesche 2×2-Matrix kann in eindeutiger Weise als Linearkombination der Einheitsmatrix $\sigma_0 = \mathbb{1}_2$ und der drei Pauli'schen Matrizen

$$\sigma_1 = \begin{pmatrix} 0 & 1 \\ 1 & 0 \end{pmatrix}, \quad \sigma_2 = \begin{pmatrix} 0 & -\mathrm{i} \\ \mathrm{i} & 0 \end{pmatrix}, \quad \sigma_3 = \begin{pmatrix} 1 & 0 \\ 0 & -1 \end{pmatrix} \tag{4.24}$$

dargestellt werden,

$$\mathbf{H} = \sum_{\mu=0}^{3} a_\mu \sigma_\mu = \begin{pmatrix} a_0 + a_3 & a_1 - \mathrm{i}a_2 \\ a_1 + \mathrm{i}a_2 & a_0 - a_3 \end{pmatrix}, \qquad (\mathbf{H} = \mathbf{H}^\dagger) \,.$$

Man prüft leicht nach, dass die Vektoren (4.20) Eigenvektoren von σ_3 sind und zu den Eigenwerten $+1$ bzw. -1 gehören. Die Vektoren (4.19) sind Eigenvektoren von σ_2 und gehören ebenfalls zu den

Eigenwerten ± 1:

$$\begin{pmatrix} 0 & -\mathrm{i} \\ \mathrm{i} & 0 \end{pmatrix} \begin{pmatrix} 1 \\ \mathrm{i} \end{pmatrix} = \begin{pmatrix} 1 \\ \mathrm{i} \end{pmatrix} \quad \begin{pmatrix} 0 & -\mathrm{i} \\ \mathrm{i} & 0 \end{pmatrix} \begin{pmatrix} 1 \\ -\mathrm{i} \end{pmatrix} = - \begin{pmatrix} 1 \\ -\mathrm{i} \end{pmatrix} .$$

Man bestätigt ebenso, dass die Vektoren

$$\frac{1}{\sqrt{2}} \begin{pmatrix} 1 \\ 1 \end{pmatrix} \quad \text{und} \quad \frac{1}{\sqrt{2}} \begin{pmatrix} 1 \\ -1 \end{pmatrix}$$

Eigenvektoren von σ_1 sind und zu den Eigenwerten $+1$ bzw. -1 gehören.

Um die Polarisation der Welle mit Größen in Verbindung zu bringen, die man messen kann, ist es naheliegend, Erwartungswerte der Matrizen σ_μ mit dem Vektor (4.15) zu bilden. Kürzen wir diesen mit

$$\mathcal{E} := \boldsymbol{E}_{\mathrm{c}}(t, \boldsymbol{0}) = \mathrm{e}^{\mathrm{i}\omega t} \begin{pmatrix} \varepsilon_1 \\ \varepsilon_2 \, \mathrm{e}^{\mathrm{i}\alpha} \end{pmatrix}$$

ab, so geben die Skalarprodukte aus $\sigma_\mu \mathcal{E}$ mit dem konjugiert Komplexen $\mathcal{E}^*$ von (4.15)

$$s_0 := \left(\mathcal{E}^*, \sigma_0 \mathcal{E}\right) = \varepsilon_1^2 + \varepsilon_2^2 , \tag{4.25a}$$

$$s_1 := \left(\mathcal{E}^*, \sigma_1 \mathcal{E}\right) = 2\varepsilon_1 \varepsilon_2 \cos\alpha , \tag{4.25b}$$

$$s_2 := \left(\mathcal{E}^*, \sigma_2 \mathcal{E}\right) = 2\varepsilon_1 \varepsilon_2 \sin\alpha , \tag{4.25c}$$

$$s_3 := \left(\mathcal{E}^*, \sigma_3 \mathcal{E}\right) = \varepsilon_1^2 - \varepsilon_2^2 . \tag{4.25d}$$

Als ein Beispiel rechnen wir (4.25c) nach:

$$\begin{aligned} \left(\mathcal{E}^*, \sigma_2 \mathcal{E}\right) &= \mathrm{e}^{-\mathrm{i}\omega t} \left(\varepsilon_1 \;\; \varepsilon_2 \, \mathrm{e}^{-\mathrm{i}\alpha}\right) \begin{pmatrix} 0 & -\mathrm{i} \\ \mathrm{i} & 0 \end{pmatrix} \begin{pmatrix} \varepsilon_1 \\ \varepsilon_2 \, \mathrm{e}^{\mathrm{i}\alpha} \end{pmatrix} \mathrm{e}^{-\mathrm{i}\omega t} \\ &= \left(\varepsilon_1 \;\; \varepsilon_2 \, \mathrm{e}^{-\mathrm{i}\alpha}\right) \begin{pmatrix} -\mathrm{i}\varepsilon_2 \, \mathrm{e}^{\mathrm{i}\alpha} \\ \mathrm{i}\varepsilon_1 \end{pmatrix} \\ &= \varepsilon_1 \varepsilon_2 (-\mathrm{i} \, \mathrm{e}^{\mathrm{i}\alpha} + \mathrm{i} \, \mathrm{e}^{-\mathrm{i}\alpha}) = 2\varepsilon_1 \varepsilon_2 \sin\alpha . \end{aligned}$$

Die vier reellen Parameter s_0, s_1, s_2 und s_3, die *Stokes'sche Parameter* genannt werden, geben eine vollständige Beschreibung der Polarisation: Drei von ihnen sind unabhängig. So ist z. B. s_0, das ein Maß für die Intensität der Welle ist, gleich

$$s_0 = \sqrt{s_1^2 + s_2^2 + s_3^2} . \tag{4.26}$$

Aus den drei anderen kann man die gesuchten Parameter ε_1, ε_2 und α extrahieren. Auch die Winkel ψ und φ der Abb. 4.2 lassen sich durch Stokes'sche Parameter ausdrücken. Es ist gemäß (4.17) bzw. gemäß (4.18)

$$\sin(2\psi) = \frac{s_2}{s_0} , \qquad \tan(2\varphi) = \frac{s_1}{s_3} . \tag{4.27}$$

Einige Spezialfälle sind die folgenden:
(i) Ist $\alpha = 0$, so ist $s_2 = 0$ und $\psi = 0$. Es liegt lineare Polarisation in der durch φ gegebenen Richtung vor.
(ii) Ist $\alpha = \pm\pi/2$ und sind die Amplituden gleich, $\varepsilon_1 = \varepsilon_2$, so ist $s_1 = 0 = s_3$. Der Winkel φ bleibt unbestimmt, während ψ gleich $\pm\pi/4$ ist. Es liegt zirkulare Polarisation vor, die je nach Vorzeichen von α links- oder rechtsdrehend ist. Für den Parameter s_2 gilt

$$\frac{s_2^{(+)}}{s_0} = +1 \text{ für rechts-,} \quad \frac{s_2^{(-)}}{s_0} = -1 \text{ für linkszirkulare Polarisation.} \tag{4.28}$$

Der Stokes-Parameter s_2, auf s_0 normiert, entspricht den beiden Helizitätszuständen der quantisierten Theorie.

Die Nützlichkeit und Bedeutung der Stokes'schen Parameter (4.25a)–(4.25d) wird bei der Beschreibung von unpolarisiertem oder nur teilweise polarisiertem Licht besonders klar. Von polarisierten elektromagnetischen Wellen kann man ja nur sprechen, wenn wie bei den harmonischen Lösungen (4.4a) feste Phasenbeziehungen vorliegen. Unpolarisierte Strahlung einer gegebenen Frequenz andererseits kann man sich als Addition von nahezu monochromatischen, in ihren Phasen aber unkorrelierten Wellenzügen vorstellen[1].

Offenbar sind zwei Wellen, deren Stokes'sche Parameter entgegengesetzte Werte annehmen, entgegengesetzt polarisiert. Hierfür gibt (4.28) ein Beispiel: Die Zustände ($s_1 = s_3 = 0$, $s_2 = \pm 1$) haben entgegengesetzte zirkulare Polarisation. Einen unpolarisierten oder teilweise polarisierten Zustand wird man daher als *inkohärente* Mischung zweier entgegengesetzter Polarisationen darstellen, wobei die relativen Gewichte der beiden Komponenten den Grad der Polarisation festlegen. Ein Beispiel soll dies illustrieren.

Die inkohärente Mischung eines rechtszirkular polarisierten Strahls mit Gewicht w_+ und eines linkszirkularen Strahls mit Gewicht w_-, die beide dieselbe Intensität haben, gibt

$$s_1 = 0 = s_3\,, \quad s_2 = w_+ s_2^{(+)} + w_- s_2^{(-)} = (w_+ - w_-) s_0$$

und hat den Polarisationsgrad – bezogen auf die Ausbreitungsrichtung –

$$P = \frac{w_+ - w_-}{w_+ + w_-}\,.$$

Ein Strahl mit $w_+ = 0{,}7$ und $w_- = 0{,}3$ ist zu 40% rechtszirkular polarisiert. Ein anderer Strahl mit $w_+ = w_-$ ist völlig unpolarisiert.

Bemerkung

Die formale Ähnlichkeit zur Beschreibung der Polarisation von Spin-1/2 Teilchen in der Quantenmechanik ist deutlich zu erkennen. Hier wie dort kann man eine Dichtematrix einführen, die im eben beschriebenen Beispiel $\varrho = \mathrm{diag}(w_+, w_-)$ ist, vorausgesetzt die Summe der Gewichte

[1] Solche Wellenzüge modelliert man z. B. durch Wellenpakete, d. h. Überlagerungen von ebenen Wellen mit einer von k abhängigen Gewichtsfunktion, die so eingerichtet sind, dass die dazu beitragenden Wellenzahlen k' in der unmittelbaren Nachbarschaft von k liegen.

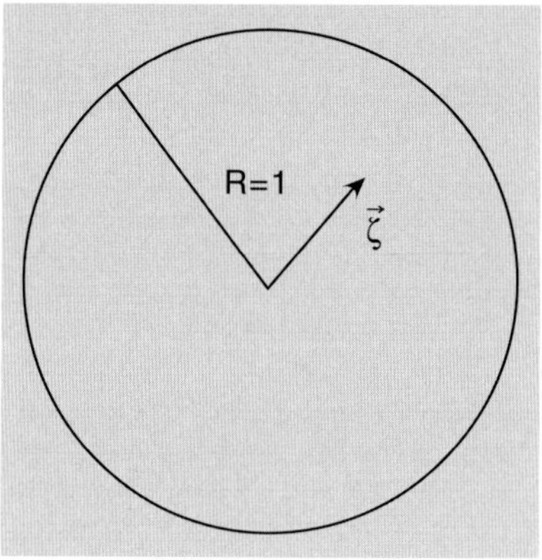

Abb. 4.3. Der Polarisationsvektor $\boldsymbol{\zeta}$ liegt im Inneren einer Vollkugel mit Radius 1. Seine Richtung ist die Ausbreitungsrichtung, sein Betrag ist der Grad der Zirkularpolarisation

ist auf 1 normiert, $w_+ + w_- = 1$. Hat man die 3-Achse nicht in die Ausbreitungsrichtung $\hat{\boldsymbol{n}}$ gelegt, definiert linkszirkulare und rechtszirkulare Polarisation aber wie oben in bezug auf diese Richtung, dann ist

$$\varrho = \frac{1}{2}\Big[\mathbb{1}_2 + (w_+ - w_-)\,\hat{\boldsymbol{n}}\cdot\boldsymbol{\sigma}\Big] \equiv \frac{1}{2}\Big[\mathbb{1}_2 + \boldsymbol{\zeta}\cdot\boldsymbol{\sigma}\Big]\,.$$

Das Symbol $\boldsymbol{\sigma}$ steht für die drei Pauli-Matrizen, das Skalarprodukt mit einem Vektor $\boldsymbol{a}$ ist als $\boldsymbol{a}\cdot\boldsymbol{\sigma} = a_1\sigma_1 + a_2\sigma_2 + a_3\sigma_3$ zu verstehen. Die Angabe des Vektors $\boldsymbol{\zeta} = (w_+ - w_-)\,\hat{\boldsymbol{n}}$ legt die Ausbreitungsrichtung $\hat{\boldsymbol{n}}$ fest, sein Betrag $|\boldsymbol{\zeta}|$ den Grad der Zirkularpolarisation. Dieser Vektor steht im Ursprung der Vollkugel mit Radius 1, die in Abb. 4.3 skizziert ist. Liegt seine Spitze auf der Kugeloberfläche, so ist der Strahl vollständig polarisiert, liegt sie im Inneren der Kugel, so ist er partiell oder gar nicht polarisiert.

4.2 Einfache strahlende Quellen

Die einfachsten strahlenden Quellen lassen sich durch lokalisierte, oszillierende Ladungs- und Stromdichten modellieren. Lokalisiert bedeutet, dass die Quellen nur ein endliches Gebiet im Raum einnehmen und dass man sich nur für die von ihnen ausgesandten Wellen im materiefreien Außenraum interessiert. Wegen der Linearität der Maxwell'schen Gleichungen genügt es, *harmonische* Lösungen

$$\varrho_c(t,\boldsymbol{x}) = \varrho(\boldsymbol{x})\,e^{-i\omega t}\,, \tag{4.29a}$$

$$\boldsymbol{j}_c(t,\boldsymbol{x}) = \boldsymbol{j}(\boldsymbol{x})\,e^{-i\omega t}\,, \tag{4.29b}$$

aber in komplexifizierter Form zu verwenden. Realistische Quellverteilungen erhält man hieraus über Fourieranalyse in der Variablen t.

Verwendet man die Lorenz-Eichung sowie die retardierte Green-Funktion (3.65), so ist auch das Vektorpotential eine zeitharmonische Funktion

$$\begin{aligned}\boldsymbol{A}(t,\boldsymbol{x}) &= \frac{1}{c}\iiint d^3x' \int dt' \frac{\boldsymbol{j}(t',\boldsymbol{x}')}{|\boldsymbol{x}-\boldsymbol{x}'|}\delta\big(t'-t+\frac{1}{c}\,|\boldsymbol{x}-\boldsymbol{x}'|\big)\\ &= \frac{1}{c}\iiint d^3x' \frac{\boldsymbol{j}(\boldsymbol{x}')}{|\boldsymbol{x}-\boldsymbol{x}'|}\,e^{i(\omega/c)|\boldsymbol{x}-\boldsymbol{x}'|}\,e^{-i\omega t}\\ &\equiv \boldsymbol{A}(\boldsymbol{x})\,e^{-i\omega t}\,.\end{aligned} \tag{4.30}$$

Im Schritt von der ersten zur zweiten Formel ist das Integral über t' ausgeführt worden,

$$\int\limits_{-\infty}^{+\infty} dt'\; e^{-i\omega t'}\delta\big(t'-t+\frac{1}{c}\,|\boldsymbol{x}-\boldsymbol{x}'|\big) = e^{-i\omega t}\,e^{i(\omega/c)|\boldsymbol{x}-\boldsymbol{x}'|}\,.$$

Da die Strahlung außerhalb der Quellen, d. h. im Vakuum berechnet werden soll, wo es keine Mediumeffekte gibt, ist $(\omega/c) = k$. Außerdem gilt $\nabla \times \boldsymbol{H} - (1/c)\dot{\boldsymbol{E}} = 0$ und somit

$$\dot{\boldsymbol{E}}(t, \boldsymbol{x}) = c\nabla \times \boldsymbol{B}(t, \boldsymbol{x}) = \frac{\mathrm{i}}{k}\nabla \times \dot{\boldsymbol{B}}(t, \boldsymbol{x}) \,.$$

Für die nur von $\boldsymbol{x}$ abhängenden Anteile in den Fourier-Komponenten der Felder

$$\boldsymbol{E}_{\mathrm{c}}(t, \boldsymbol{x}) = \boldsymbol{E}(\boldsymbol{x})\,\mathrm{e}^{-\mathrm{i}\omega t} \,, \quad \boldsymbol{B}_{\mathrm{c}}(t, \boldsymbol{x}) = \boldsymbol{B}(\boldsymbol{x})\,\mathrm{e}^{-\mathrm{i}\omega t}$$

hat man dann allein von $\boldsymbol{x}$ abhängige Gleichungen zu lösen

$$\boldsymbol{E}(\boldsymbol{x}) = \frac{\mathrm{i}}{k}\nabla \times \boldsymbol{B}(\boldsymbol{x}) \,, \tag{4.31a}$$

$$\boldsymbol{B}(\boldsymbol{x}) = \nabla \times \boldsymbol{A}(\boldsymbol{x}) \,. \tag{4.31b}$$

Der Gang der Rechnung ist damit klar vorgegeben: Aus der vorgegebenen Stromdichte $\boldsymbol{j}(\boldsymbol{x})$ berechnet man das Vektorfeld $\boldsymbol{A}(\boldsymbol{x})$ über die Gleichung (4.30). Die physikalischen Felder erhält man dann aus (4.31a) und (4.31b).

4.2.1 Typische Dimensionen strahlender Quellen

Die als lokalisiert vorausgesetzte Quelle möge die typische räumliche Ausdehnung d haben. In der Beschreibung und mathematischen Behandlung der von solchen Quellen ausgesandten Strahlung ist entscheidend, in welchem Verhältnis die Wellenlänge $\lambda = 2\pi/k$ zur Dimension d steht, insbesondere ob λ sehr viel größer als d ist oder ob diese beiden Längen von vergleichbarer Größenordnung sind.

a) Gewöhnliche Atome

Atome wie sie in der Natur vorkommen, haben Ausdehnungen von der Größenordnung des Bohr'schen Radius

$$a_{\mathrm{B}} = \frac{\hbar^2}{e^2 m_e} \equiv \frac{\hbar c}{(e^2/\hbar c) m_e c^2} \simeq 5{,}3 \cdot 10^{-11}\,\mathrm{m} \,,$$

$$\text{mit} \quad \frac{e^2}{\hbar c} \simeq \frac{1}{137} \,, \quad m_e c^2 \simeq 0{,}511\,\mathrm{MeV} \,, \quad \hbar c \simeq 197{,}3 \cdot 10^{-15}\,\mathrm{MeVm} \,.$$

Die typische Strahlung, die sie aussenden, liegt im sichtbaren Bereich, eine gute Richtzahl ist daher eine Wellenlänge von der Größenordnung $1000\,\text{Å} = 10^{-7}$ m. Hier ist also $\lambda \gg d$, die emittierte Wellenlänge ist viel größer als die typische Dimension der Quelle. Als Konsequenz hieraus sind die elektrischen Dipolübergänge in Atomen dominant und viel intensiver als die mit höheren Multipolfeldern.

b) Myonische Atome

Der Bohr'sche Radius für Myonen ist im Verhältnis m_e/m_μ kleiner als der für elektronische Atome. Die Bindungsenergien in Wasserstoff–ähnlichen Atomen, bei denen das Elektron durch ein Myon ersetzt ist, ebenso wie die Übergangsenergien sind aber um den Kehrwert dieses Verhältnisses größer als bei Elektronen. Die Wellenlängen der emittierten elektromagnetischen Strahlung sind entsprechend kleiner. Hier wird λ i. Allg. nur wenig größer oder sogar vergleichbar mit der Dimension d der Quelle sein. Was in elektronischen Atomen gilt, ist hier nur noch marginal richtig: elektrische Dipolübergänge sind zwar wichtig, aber höhere Multipole wie z. B. elektrische Quadrupole treten mit messbaren Intensitäten auf.

c) Atomkerne

Atomkerne haben räumliche Ausdehnungen von der Größenordnung $d = 10^{-15}$ bis 10^{-14} m, Übergänge zwischen Zuständen der Kerne, bei denen γ-Strahlen emittiert werden, entsprechen Energiedifferenzen von einigen MeV. Typische Wellenlängen sind daher $\lambda = 2\pi(\hbar c/E) \gtrsim 10^{-12}$ m und sind daher nicht mehr signifikant größer als die typische Dimension der Quelle. Ähnlich wie bei myonischen Atomen treten bei Kernübergängen neben den Dipolen auch höhere Multipolaritäten auf.

d) Klassische, makroskopische Quellen

Bei makroskopischen Sendern und ihren Antennen ist die Wellenlänge i. Allg. groß gegen ihre physikalische Ausdehnung, $\lambda \gg d$. Da es sich hier aber um makroskopische Abmessungen handelt, die man bei praktischen Messungen durchaus unterschreiten kann – im Gegensatz zu den eben diskutierten mikroskopischen Systemen, wo die Beobachtung immer bei Abständen stattfindet, die gegenüber der Ausdehnung der Quelle groß sind –, muss man auch den Abstand r des Beobachters von der Quelle sowohl mit d als auch mit λ vergleichen. Man unterscheidet daher

(A) $d \ll r \ll \lambda$: die sog. „Nahzone", in der ein Beobachter zwar so weit von der Quelle entfernt ist, dass sie ihm punktförmig erscheint, er andererseits doch noch so nahe ist, dass er sich weit vor dem ersten Schwingungsknoten befindet;

(B) $d \ll \lambda \ll r$: die sog. „Fernzone", wo der Beobachter sowohl die Quelle als punktförmig wahrnimmt als auch die bereits voll entwickelte Welle sieht;

(C) $d \ll r \simeq \lambda$: das Zwischengebiet, in dem der Abstand von der punktförmigen Quelle mit der Wellenlänge vergleichbar ist.

Mit einem Radioempfänger wird man sich in der Regel in der Fernzone eines gegebenen Radiosenders befinden. Macht man Messungen in der unmittelbaren Nachbarschaft eines Langwellen-Senders, so befindet man sich eher in der Nahzone oder im Zwischengebiet zwischen Nah- und Fernzone.

4.2.2 Beschreibung durch Multipolstrahlung

Eine in der Praxis oft verwendete, sehr nützliche Methode, die von einer Quelle ausgesandte Strahlung zu berechnen, ist die Methode der Multipolmomente. In Abschn. 1.7.4 haben wir diese Methode in der Elektrostatik kennen gelernt und verwendet. Bei den dort behandelten statischen Problemen haben wir spezielle Lösungen der Laplace-Gleichung mit Hilfe der Kugelflächenfunktionen konstruiert, nach denen allgemeinere Lösungen entwickelt werden wie in (1.103) angegeben. Bei den hier gestellten Aufgaben geht es darum, diese Methode auf die Helmholtz-Gleichung (4.8), hier also auf die Differentialgleichung

$$\left[\boldsymbol{\Delta}+k^2\right]\widetilde{f}(k,\boldsymbol{x})=0 \tag{4.32}$$

anzuwenden. Die Vorgehensweise ist ähnlich wie in der Elektrostatik: Man beginnt mit einem Faktorisierungsansatz vom Typus der Gleichung (1.95), mit Kugelflächenfunktionen $Y_{\ell m}(\theta,\phi)$ in den Winkelvariablen und mit Radialfunktionen $f_\ell(r)$,

$$\widetilde{f}(k,\boldsymbol{x})=\sum_{\ell=0}^{\infty}\sum_{m=-\ell}^{+\ell} f_\ell(k,r)Y_{\ell m}(\theta,\phi)\,,$$

und zeigt, dass die Radialfunktionen der gewöhnlichen Differentialgleichung

$$\left\{\frac{1}{r^2}\frac{\mathrm{d}}{\mathrm{d}r}\left(r^2\frac{\mathrm{d}}{\mathrm{d}r}\right)-\frac{\ell(\ell+1)}{r^2}+k^2\right\}f_\ell(k,r)=0 \tag{4.33}$$

genügen. Man bestätigt natürlich sofort, dass die statischen Lösungen $f_\ell^{\text{stat}}=r^\ell$ und $f_\ell^{\text{stat}}=r^{-\ell-1}$ diese Differentialgleichung erfüllen, wenn $k^2=0$ gesetzt wird. Für $k\neq 0$ führt man das dimensionslose Argument $z:=kr$ ein und erhält anstelle von (4.33)

$$\left\{\frac{\mathrm{d}^2}{\mathrm{d}z^2}+\frac{2}{z}\frac{\mathrm{d}}{\mathrm{d}z}-\frac{\ell(\ell+1)}{z^2}+1\right\}f_\ell(z)=0\,. \tag{4.34}$$

Dies ist eine in der Theorie der Bessel-Funktionen wohlbekannte Differentialgleichung. Ein dem in diesem Abschnitt gestellten Problem gut angepasstes System von Fundamentallösungen ist

$$f_\ell^{(1)}(kr)=j_\ell(kr)\,, \tag{4.35a}$$

$$f_\ell^{(2)}(kr)=h_\ell^{(1)}(kr)=j_\ell(kr)+\mathrm{i}n_\ell(kr)\,, \tag{4.35b}$$

Hierbei sind die $j_\ell(kr)$ die sphärischen Bessel-Funktionen, $n_\ell(kr)$ die sphärischen Neumann-Funktionen, für die die Formeln

$$j_\ell(z) = (-z)^\ell \left(\frac{1}{z}\frac{\mathrm{d}}{\mathrm{d}z}\right)^\ell \frac{\sin z}{z}\,, \tag{4.36a}$$

$$n_\ell(z) = -(-z)^\ell \left(\frac{1}{z}\frac{\mathrm{d}}{\mathrm{d}z}\right)^\ell \frac{\cos z}{z} \tag{4.36b}$$

eine nützliche Darstellung liefern. Die Funktion $h_\ell^{(1)}$ ist eine der beiden sog. sphärischen Hankel-Funktionen. Diesen Speziellen Funktionen sind wir in Band 2 bei der Behandlung von Problemen mit Zentralfeldern begegnet. Die Funktionen $h_\ell^{(1)}(z)$ heißen sphärische Hankel-Funktionen erster Art[2].

Hier sind einige Beispiele

$$j_0(z) = \frac{\sin z}{z}\,, \tag{4.37a}$$

$$j_1(z) = -\frac{\mathrm{d}}{\mathrm{d}z}\frac{\sin z}{z} = \frac{\sin z}{z^2} - \frac{\cos z}{z}\,, \tag{4.37b}$$

$$j_2(z) = z\frac{\mathrm{d}}{\mathrm{d}z}\frac{1}{z}\frac{\mathrm{d}}{\mathrm{d}z}\frac{\sin z}{z} = \frac{\sin z}{z}\left(\frac{3}{z^2} - 1\right) - \frac{3\cos z}{z^2}\,. \tag{4.37c}$$

$$n_0(z) = -\frac{\cos z}{z}\,, \tag{4.38a}$$

$$n_1(z) = -\frac{\cos z}{z^2} - \frac{\sin z}{z}\,, \tag{4.38b}$$

$$n_2(z) = -\frac{\cos z}{z}\left(\frac{3}{z^2} - 1\right) - \frac{3\sin z}{z^2}\,. \tag{4.38c}$$

Für das Folgende wichtig ist das Verhalten dieser Funktionen bei $r \to 0$ und bei $r \to \infty$, das wir hier angeben:

$$(kr) \ll 1: j_\ell(kr) \sim \frac{(kr)^\ell}{(2\ell+1)!!}\,, \quad n_\ell^{(1)} \sim -\frac{(2\ell-1)!!}{(kr)^{\ell+1}}\,, \tag{4.39a}$$

$$h_\ell^{(1)} \sim -\mathrm{i}\frac{(2\ell-1)!!}{(kr)^{\ell+1}}\,, \tag{4.39b}$$

wo $(2\ell+1)!! = 1 \cdot 3 \cdot 5 \cdots (2\ell+1)$ und entsprechend $(2\ell-1)!!$ die Doppelfakultät ist, sowie

$$kr \gg 1: \; j_\ell(kr) \sim \frac{1}{kr}\sin\!\left(kr - \ell\frac{\pi}{2}\right), \quad n_\ell(kr) \sim -\frac{1}{kr}\cos\!\left(kr - \ell\frac{\pi}{2}\right), \tag{4.40a}$$

$$h_\ell^{(1)}(kr) \sim (-\mathrm{i})^{\ell+1}\frac{\mathrm{e}^{\mathrm{i}kr}}{kr}\,. \tag{4.40b}$$

Die Erweiterung der Entwicklung (1.105) auf die Green-Funktionen mit $k \neq 0$ lautet folgendermaßen

[2] Sie unterscheiden sich von den in Band 2 benutzten Funktionen $h_\ell^{(+)}$ um einen Faktor i: $h_\ell^{(+)}(z) = \mathrm{i}h_\ell^{(1)}(z)$.

$$\frac{e^{ik|\boldsymbol{x}-\boldsymbol{x}'|}}{4\pi|\boldsymbol{x}-\boldsymbol{x}'|} = ik\sum_{\ell=0}^{\infty} j_\ell(kr_<)h_\ell^{(1)}(kr_>)\sum_{m=-\ell}^{+\ell} Y_{\ell m}^*(\hat{\boldsymbol{x}}')Y_{\ell m}(\hat{\boldsymbol{x}})\,. \tag{4.41}$$

Hier wie dort bedeutet die Notation $r_<$ und $r_>$, dass man von den Radialvariablen $r = |\boldsymbol{x}|$ und $r' = |\boldsymbol{x}'|$ die jeweils *kleinere* in die Bessel-Funktion, die jeweils *größere* in die Hankel-Funktion einsetzen muss. Die Winkelkoordinaten (θ, ϕ) von $\boldsymbol{x}$ und (θ', ϕ') von $\boldsymbol{x}'$ sind durch die Einheitsvektoren $\hat{\boldsymbol{x}}$ bzw. $\hat{\boldsymbol{x}}'$ abgekürzt.

Man bestätigt schnell, dass die Entwicklung (4.41) für $k = 0$ in die Formel (1.105) übergeht. In diesem Grenzfall ist $(kr) \ll 1$ und man kann die Abschätzungen (4.39a) und (4.39b) einsetzen,

$$\begin{aligned}(kr) \to 0 : &\frac{e^{ik|\boldsymbol{x}-\boldsymbol{x}'|}}{4\pi|\boldsymbol{x}-\boldsymbol{x}'|}\\ &\sim ik\sum_{\ell=0}^{\infty}\frac{(kr_<)^\ell}{(2\ell+1)!!}(-i)\frac{(2\ell-1)!!}{(kr_>)^{\ell+1}}\sum_{m=-\ell}^{+\ell} Y_{\ell m}^*(\hat{\boldsymbol{x}}')Y_{\ell m}(\hat{\boldsymbol{x}})\\ &= \sum_{\ell=0}^{\infty}\frac{r_<^\ell}{r_>^{\ell+1}}\frac{1}{2\ell+1}\sum_{m=-\ell}^{+\ell} Y_{\ell m}^*(\hat{\boldsymbol{x}}')Y_{\ell m}(\hat{\boldsymbol{x}})\,.\end{aligned}$$

Dies ist genau die Formel (1.105) der Elektrostatik.

Zum Beweis von (4.41) kann man folgendes sagen: Die linke Seite ist eine Green-Funktion der Helmholtz-Gleichung (4.32), daher müssen die in (4.41) vorkommenden Radialfunktionen Lösungen von (4.34), d. h. Linearkombinationen von sphärischen Bessel- und Neumann-Funktionen sein. Der Grenzfall $k \to 0$ sagt uns, welche dies mit dem Argument $kr_<$ und welche mit dem Argument $kr_>$ sein müssen. Da die Entwicklung nach Kugelflächenfunktionen eindeutig ist, gilt der Ausdruck (4.41).

Die Entwicklung (4.41) lässt sich in den Ausdruck (4.30) für das Vektorpotential einsetzen. Auf diese Weise erhält man für den Bereich *außerhalb* der Quellen

$$\begin{aligned}\boldsymbol{A}(\boldsymbol{x}) = &\frac{4\pi ik}{c}\sum_{\ell=0}^{\infty} h_\ell^{(1)}(kr)\sum_{m=-\ell}^{+\ell} Y_{\ell m}(\hat{\boldsymbol{x}}) \\ &\cdot \int_0^\infty r'^2\,dr' \int d\Omega'\, \boldsymbol{j}(\boldsymbol{x}')j_\ell(kr')Y_{\ell m}^*(\hat{\boldsymbol{x}}')\,.\end{aligned} \tag{4.42}$$

Falls der Aufpunkt auch innerhalb des Quellbereichs liegen darf, müssen die Fälle $r > r'$ und $r < r'$ unterschieden, das Integral über r' wie z. B. in (1.106b) entsprechend aufgespalten werden. So wie der Ausdruck (4.42) hier steht ist

$$r_> = r = |\boldsymbol{x}| \quad \text{und} \quad r_< = r' = |\boldsymbol{x}'|$$

zu setzen. Das Vektorpotential (4.42) ist eine Summe von Produkten von je zwei Anteilen, von denen der eine nur vom Aufpunkt $\boldsymbol{x}$ abhängt, der andere Anteil

$$\int_0^\infty r'^2\,\mathrm{d}r' \int \mathrm{d}\Omega'\, \boldsymbol{j}(\boldsymbol{x}')\, j_\ell(kr')\, Y^*_{\ell m}(\hat{\boldsymbol{x}}')\,, \tag{4.43}$$

nur von der Quellverteilung abhängt. Man sieht, dass diese Anteile (4.43) eine Verallgemeinerung der Multipolmomente (1.106d) sind.

Bemerkungen

1. In der Nahzone $d \ll r \ll \lambda$ ist das Produkt kr sehr klein gegen 1. Daher kann man in (4.30)

   $$\mathrm{e}^{\mathrm{i}k|\boldsymbol{x}-\boldsymbol{x}'|} \simeq 1$$

   setzen bzw. in der Multipolentwicklung (4.42) die sphärischen Bessel- und Hankel-Funktionen durch ihre Näherungen (4.39a) und (4.39b) ersetzen, so dass

   $$\boldsymbol{A}(\boldsymbol{x}) \simeq \frac{4\pi}{c} \sum_{\ell,m} \frac{1}{2\ell+1} \frac{Y_{\ell m}(\hat{\boldsymbol{x}})}{r^{\ell+1}} \int_0^\infty r'^2\,\mathrm{d}r' \int \mathrm{d}\Omega'\, r'^\ell \boldsymbol{j}(\boldsymbol{x}') Y^*_{\ell m}(\hat{\boldsymbol{x}}')\,. \tag{4.44}$$

   Physikalisch interpretiert sagen diese Formeln, dass Retardierungseffekte in der Nahzone noch vernachlässigbar sind und die Verhältnisse praktisch *statische* sind. Bis auf die harmonische Zeitabhängigkeit sind $\boldsymbol{E}$ und $\boldsymbol{B}$ statische Felder.
2. In der Fernzone $r \gg \lambda$ werden die Verhältnisse ebenfalls einfacher als im Zwischengebiet. Geht man z. B. zum Ausdruck (4.30) zurück, so kann man mit $r \gg r'$ nach r'/r entwickeln

   $$|\boldsymbol{x}-\boldsymbol{x}'| \simeq r - \hat{\boldsymbol{n}}\cdot\boldsymbol{x}'\,, \quad \hat{\boldsymbol{n}} = \frac{\boldsymbol{x}}{r}$$

   und erhält im Grenzfall $(kr) \to \infty$

   $$\begin{aligned}\boldsymbol{A}(\boldsymbol{x}) &\simeq \frac{\mathrm{e}^{\mathrm{i}kr}}{cr} \iiint \mathrm{d}^3x'\, \boldsymbol{j}(\boldsymbol{x}')\,\mathrm{e}^{-\mathrm{i}k\hat{\boldsymbol{n}}\cdot\boldsymbol{x}'} \\ &= \frac{\mathrm{e}^{\mathrm{i}kr}}{cr} \sum_{\mu=0}^\infty \frac{(-\mathrm{i}k)^\mu}{\mu!} \iiint \mathrm{d}^3x'\, \boldsymbol{j}(\boldsymbol{x}')(\hat{\boldsymbol{n}}\cdot\boldsymbol{x}')^\mu\,.\end{aligned} \tag{4.45}$$

   Da die Wellenlänge im Vergleich mit der räumlichen Ausdehnung der Quelle groß ist, $\lambda \gg d$, ist das Produkt kd sehr klein gegenüber 1. Die Reihe in dem zuletzt erhaltenen Ausdruck (4.45) konvergiert daher rasch und wird durch den ersten nichtverschwindenden Term dominiert.

4.2.3 Der Hertz'sche Dipol

Als Anwendung der allgemeinen Zerlegung (4.42) betrachten wir den Term mit $\ell = 0$, beachten dabei, dass

$$h_0^{(1)}(kr) = \frac{e^{ikr}}{ikr}\,, \quad j_0(kr) = \frac{\sin(kr)}{kr}$$

sind. Wenn die Quelle nahezu punktförmig ist, dann tragen im Integral (4.43) nur solche Werte von r' bei, für die $kr' \ll 1$ bleibt. Man kann daher $j_0(kr) \simeq 1$ setzen und erhält

$$\boldsymbol{A}(\boldsymbol{x}) \simeq \frac{4\pi}{c}\frac{e^{ikr}}{r}\iiint d^3x'\,\boldsymbol{j}(\boldsymbol{x}')\frac{1}{4\pi}\,.$$

(Dabei ist $Y_{00} = 1/\sqrt{4\pi}$ eingesetzt worden.) Das Integral über die Stromdichte kann man mittels der Kontinuitätsgleichung durch ein Integral über die Ladungsdichte ersetzen. Bei harmonischer Zeitabhängigkeit gibt die Kontinuitätsgleichung

$$\nabla\cdot\boldsymbol{j}(t,\boldsymbol{x}) + \frac{\partial\varrho(t,\boldsymbol{x})}{\partial t} = 0 \quad\Longrightarrow\quad \nabla\cdot\boldsymbol{j}(\boldsymbol{x}) - i\omega\varrho(\boldsymbol{x}) = 0\,.$$

Da die Stromdichte im Unendlichen hinreichend rasch verschwindet, erhält man durch partielle Integration und bei Verwendung dieser letzten Gleichung

$$\iiint d^3x'\,\boldsymbol{j}(\boldsymbol{x}') = -\iiint d^3x'\,\boldsymbol{x}'\big(\nabla\cdot\boldsymbol{j}(\boldsymbol{x}')\big)$$
$$= -i\omega\iiint d^3x'\,\boldsymbol{x}'\varrho(\boldsymbol{x}')\,.$$

Hier tritt auf der rechten Seite das Dipolmoment (1.109c)

$$\boldsymbol{d} = \iiint d^3x'\,\boldsymbol{x}'\varrho(\boldsymbol{x}') \tag{4.46}$$

auf, das schon aus der Elektrostatik bekannt ist. Damit erhalten wir die besonders einfache Form

$$\boldsymbol{A}(\boldsymbol{x}) \simeq -ik\frac{e^{ikr}}{r}\boldsymbol{d}\,, \qquad \Big(k = \frac{\omega}{c} = \frac{2\pi}{\lambda}\Big) \tag{4.47}$$

für den von $\boldsymbol{x}$ abhängigen Anteil im Vektorpotential, aus dem sich im nächsten Schritt die magnetische Induktion $\boldsymbol{B}_c(\boldsymbol{x}) = \nabla\times\boldsymbol{A}(\boldsymbol{x})$ und das elektrische Feld $\boldsymbol{E}_c(\boldsymbol{x}) = (i/k)\nabla\times\boldsymbol{B}_c(\boldsymbol{x})$ berechnen lassen. Man findet nach einer kleinen Rechnung

$$\boldsymbol{B}_c(\boldsymbol{x}) = k^2\frac{e^{ikr}}{r}\Big(1 - \frac{1}{ikr}\Big)\hat{\boldsymbol{x}}\times\boldsymbol{d}\,, \tag{4.48}$$

$$\boldsymbol{E}_c(\boldsymbol{x}) = k^2\frac{e^{ikr}}{r}\big(\hat{\boldsymbol{x}}\times\boldsymbol{d}\big)\times\hat{\boldsymbol{x}} + \frac{e^{ikr}}{r^3}(1 - ikr)\big[3\hat{\boldsymbol{x}}(\hat{\boldsymbol{x}}\cdot\boldsymbol{d}) - \boldsymbol{d}\big]\,. \tag{4.49}$$

Mit ihrer harmonischen Zeitabhängigkeit versehen sind die Felder dann

$$\boldsymbol{B}_c(t,\boldsymbol{x}) = e^{-i\omega t}\boldsymbol{B}_c(\boldsymbol{x})\,, \quad \boldsymbol{E}_c(t,\boldsymbol{x}) = e^{-i\omega t}\boldsymbol{E}_c(\boldsymbol{x})\,,$$

die physikalisch realisierten Felder schließlich sind die Realteile hiervon

$$\boldsymbol{B}(t,\boldsymbol{x}) = \mathrm{Re}\ \boldsymbol{B}_\mathrm{c}(t,\boldsymbol{x})\ . \qquad \boldsymbol{E}(t,\boldsymbol{x}) = \mathrm{Re}\ \boldsymbol{E}_\mathrm{c}(t,\boldsymbol{x})\ .$$

Bevor wir diese Lösungen analysieren geben wir einige Zwischenschritte der Rechnung an, die von (4.47) auf die komplexen Felder (4.48) und (4.49) führt. Als Erstes ist

$$\boldsymbol{B}_\mathrm{c} = \nabla \times \boldsymbol{A} = -\mathrm{i}k\Big(\nabla \times \boldsymbol{d}\,\frac{\mathrm{e}^{\mathrm{i}kr}}{r}\Big)$$

zu berechnen. Mit $\partial f(r)/\partial x^i = (\partial f(r)/\partial r)(x^i/r)$ und mit $\hat{\boldsymbol{x}} = \boldsymbol{x}/r$ folgt

$$\boldsymbol{B}_\mathrm{c} = -\mathrm{i}k\hat{\boldsymbol{x}} \times \boldsymbol{d}\Big(-\frac{\mathrm{e}^{\mathrm{i}kr}}{r^2} + \mathrm{i}k\frac{\mathrm{e}^{\mathrm{i}kr}}{r}\Big) \equiv -\mathrm{i}k\hat{\boldsymbol{x}} \times \boldsymbol{d}\ g(r)\ , \quad \text{wo}$$

$$g(r) = -\frac{\mathrm{e}^{\mathrm{i}kr}}{r^2} + \mathrm{i}k\frac{\mathrm{e}^{\mathrm{i}kr}}{r}$$

gesetzt ist. Dieses Ergebnis ist schon die Antwort (4.48).

Das elektrische Feld folgt hieraus durch nochmalige Anwendung der Rotation, $\boldsymbol{E}_\mathrm{c} = (\mathrm{i}/k)\nabla \times \boldsymbol{B}_\mathrm{c}$. Diese berechnet man mit Hilfe von

$$\big(\nabla \times (\boldsymbol{a} \times \boldsymbol{b})\big)_i = \varepsilon_{ikm}\varepsilon_{mnp}\partial_k a_n b_p$$

– über alle doppelt auftretenden Indizes summiert – und von

$$\varepsilon_{ikm}\varepsilon_{mnp} = \delta_{in}\delta_{kp} - \delta_{ip}\delta_{kn}\ .$$

Falls die Vektorfelder $\boldsymbol{a}$ und $\boldsymbol{b}$ von $\boldsymbol{x}$ abhängen, so gibt dies

$$\nabla \times (\boldsymbol{a} \times \boldsymbol{b}) = (\partial_k \boldsymbol{a})b_k - (\partial_n a_n)\boldsymbol{b} + \boldsymbol{a}(\partial_k b_k) - a_n(\partial_n \boldsymbol{b})\ .$$

Wenn wir den skalaren, nur von r abhängenden Faktor wie oben geschehen mit $g(r)$ abkürzen, so ist dies im vorliegenden Fall

$$\begin{aligned}\nabla \times (\hat{\boldsymbol{x}} \times \boldsymbol{d}\ g(r)) &= \big(\boldsymbol{d}g(r)\cdot\nabla\big)\hat{\boldsymbol{x}} - \boldsymbol{d}\ g(r)\big(\nabla\cdot\hat{\boldsymbol{x}}\big)\\ &\quad + \hat{\boldsymbol{x}}\big(\nabla\cdot\boldsymbol{d}\ g(r)\big) - \big(\hat{\boldsymbol{x}}\cdot\nabla g(r)\big)\boldsymbol{d}\ .\end{aligned}$$

Verwenden wir noch die bekannten oder leicht zu bestätigenden Formeln

$$\frac{\partial}{\partial x^i}\frac{x^j}{r} = \frac{1}{r}\delta_{ij} - \frac{x^i x^j}{r^3}\ , \qquad \nabla\cdot\frac{\boldsymbol{x}}{r} = \frac{2}{r}\ ,$$

dann geben die ersten beiden Terme auf der rechten Seite

$$\big(\boldsymbol{d}g(r)\cdot\nabla\big)\hat{\boldsymbol{x}} - \boldsymbol{d}\ g(r)\big(\nabla\cdot\hat{\boldsymbol{x}}\big) = -\frac{g(r)}{r}(\boldsymbol{d}\cdot\hat{\boldsymbol{x}})\hat{\boldsymbol{x}} - \frac{g(r)}{r}\boldsymbol{d}\ .$$

Der dritte und der vierte Term geben zusammen genommen

$$\begin{aligned}\hat{\boldsymbol{x}}\big(\nabla\cdot\boldsymbol{d}\ g(r)\big) - \big(\hat{\boldsymbol{x}}\cdot\nabla g(r)\big)\boldsymbol{d} &= (\boldsymbol{d}\cdot\hat{\boldsymbol{x}})\hat{\boldsymbol{x}}\frac{\partial g(r)}{\partial r} - \boldsymbol{d}\frac{\partial g(r)}{\partial r}\\ &= -\hat{\boldsymbol{x}} \times (\boldsymbol{d} \times \hat{\boldsymbol{x}})\frac{\partial g(r)}{\partial r}\ ,\end{aligned}$$

wobei die Identität $\hat{\boldsymbol{x}} \times (\boldsymbol{d} \times \hat{\boldsymbol{x}}) = \boldsymbol{d} - \hat{\boldsymbol{x}}(\hat{\boldsymbol{x}} \cdot \boldsymbol{p})$ eingesetzt wurde. Verwendet man diese noch einmal bei den vorhergehenden Termen, setzt $g(r)$ und seine Ableitung ein, so ergibt sich das Resultat (4.49) für das elektrische Feld.

a) Hertz'scher Dipol in der Fernzone

Weit außerhalb der Quelle und bei Abständen, die im Vergleich zur Wellenlänge des Hertz'schen Senders groß sind, trägt nur der erste Term auf der rechten Seite von (4.48) bei und es ist

$$\boldsymbol{B}_{\mathrm{c}}(\boldsymbol{x}) \simeq k^2 \frac{\mathrm{e}^{ikr}}{r} \hat{\boldsymbol{x}} \times \boldsymbol{d} \,, \tag{4.50}$$

$$\boldsymbol{E}_{\mathrm{c}}(\boldsymbol{x}) \simeq \boldsymbol{B}_{\mathrm{c}}(\boldsymbol{x}) \times \hat{\boldsymbol{x}} \,. \tag{4.51}$$

Das elektrische Feld und das magnetische Induktionsfeld, die gleich den Realteilen dieser Ausdrücke sind, schwingen *in Phase* und ihre Beträge sind von gleicher Größenordnung. Beide Felder stehen auf der Ausbreitungsrichtung $\hat{\boldsymbol{x}}$ senkrecht, beide klingen mit $1/r$ ab.

b) Hertz'scher Dipol in der Nahzone

Da wir den Dipol als punktförmig vorausgesetzt haben, ist r immer noch groß im Vergleich zur Dimension d des Senders, gleichzeitig aber auch klein gegenüber der Wellenlänge. Daher ist wie bei der Formel (4.44) die Näherung $j_0(kr) \simeq 1$ gerechtfertigt. Dann sind die Felder

$$\boldsymbol{B}_{\mathrm{c}}(\boldsymbol{x}) \simeq \mathrm{i}k \frac{1}{r^2} \hat{\boldsymbol{x}} \times \boldsymbol{d} \,, \tag{4.52}$$

$$\boldsymbol{E}_{\mathrm{c}}(\boldsymbol{x}) \simeq \frac{1}{r^3} \left[3\hat{\boldsymbol{x}}(\hat{\boldsymbol{x}} \cdot \boldsymbol{d}) - \boldsymbol{d} \right] . \tag{4.53}$$

Abgesehen von der harmonischen Zeitabhängigkeit ist das elektrische Feld wie erwartet statisch. Es ist gleich dem Feld eines statischen elektrischen Dipols. Der Betrag der magnetischen Induktion ist um einen Faktor (kr) kleiner als der von $\boldsymbol{E}$, das elektrische Feld dominiert in der Nahzone. Die beiden physikalischen Felder haben außerdem eine relative Phasenverschiebung von $\pi/2$, denn

$$\boldsymbol{E}(t, \boldsymbol{x}) = \mathrm{Re}\, \left(\mathrm{e}^{\mathrm{i}\omega t} \boldsymbol{E}_{\mathrm{c}}(\boldsymbol{x}) \right) \propto \cos(\omega t) \,,$$

$$\boldsymbol{B}(t, \boldsymbol{x}) = \mathrm{Re}\, \left(\mathrm{e}^{\mathrm{i}\omega t} \boldsymbol{B}_{\mathrm{c}}(\boldsymbol{x}) \right) \propto -\sin(\omega t) \,,$$

Es ist noch von Interesse, die Leistung eines solchen Hertz'schen Senders zu berechnen. Legt man eine Kugel mit Radius r um den Dipol – und es genügt, diese in der Fernzone anzunehmen –, so ist die in das Raumwinkelelement $\mathrm{d}\Omega$ abgestrahlte Leistung gleich dem Flächenelement $r^2 \mathrm{d}\Omega$ multipliziert mit dem Mittelwert der Radialkomponente des Poynting'schen Vektors

$$\frac{\mathrm{d}\,\overline{W}}{\mathrm{d}\,\Omega} = r^2\,(\hat{\boldsymbol{r}}\cdot\langle\boldsymbol{S}\rangle) = \frac{r^2 c}{16\pi}\hat{\boldsymbol{r}}\left\{\boldsymbol{E}_{\mathrm{c}}^{*}\times\boldsymbol{B}_{\mathrm{c}}+\boldsymbol{E}_{\mathrm{c}}\times\boldsymbol{B}_{\mathrm{c}}^{*}\right\}$$
$$= \frac{c}{8\pi}k^4\left|(\hat{\boldsymbol{r}}\times\boldsymbol{d})\times\hat{\boldsymbol{r}}\right|^2 = \frac{c}{8\pi}k^4\boldsymbol{d}^2\sin^2\theta\,. \tag{4.54}$$

Die gesamte, zeitgemittelte Leistung ist das Integral hierüber,

$$\overline{W} = \iint \mathrm{d}\Omega\,\frac{\mathrm{d}\,\overline{W}}{\mathrm{d}\,\Omega} = \frac{c}{8\pi}k^4\boldsymbol{d}^2 2\pi\big(2-\frac{2}{3}\big) = \frac{c}{3}k^4\boldsymbol{d}^2\,. \tag{4.55a}$$

Die während einer Schwingungsperiode abgestrahlte Leistung ist

$$T\overline{W} = \frac{2\pi}{ck}\overline{W} = \frac{16\pi^4}{3}\frac{1}{\lambda^3}\boldsymbol{d}^2\,, \tag{4.55b}$$

wo noch die Beziehung $k = 2\pi/\lambda$ zwischen Wellenlänge und Wellenzahl eingesetzt wurde.

Bemerkungen

1. Harmonisch schwingende Quellen können keinen elektrischen Monopolanteil haben. Das skalare Potential

$$\Phi(t,\boldsymbol{x}) = \int \mathrm{d}t' \iiint \mathrm{d}^3x'\,\frac{\varrho(t',\boldsymbol{x}')}{|\boldsymbol{x}-\boldsymbol{x}'|}\delta\big(t'-t+\frac{1}{c}\left|\boldsymbol{x}-\boldsymbol{x}'\right|\big)$$

hat den $\ell = 0$-Anteil

$$\Phi_{\text{Monopol}}(t,\boldsymbol{x}) = \frac{q(t'=t-r/c)}{r} = \frac{q}{r}\,,$$

der von der Zeit unabhängig ist, weil die elektrische Ladung erhalten ist.

2. Auch der Term mit $\ell = 1$ in (4.42) lässt sich leicht interpretieren, wenn die Quelle punktförmig ist. Man benutzt den Ausdruck

$$h_1^{(1)}(kr) = (-\mathrm{i})\frac{\mathrm{e}^{\mathrm{i}kr}}{kr}\Big(\frac{1}{kr}-\mathrm{i}\Big)$$

und ersetzt mit $(kr') \ll 1$ im Integral über die Quelle

$$j_1(kr') \simeq \frac{kr'}{3}\,.$$

Dann ist

$$\boldsymbol{A}(\boldsymbol{x}) \simeq \frac{4\pi}{3cr}\Big(\frac{1}{r}-\mathrm{i}k\Big)\sum_m Y_{1m}(\hat{\boldsymbol{x}})\int_0^\infty r'^2\,\mathrm{d}r' \iint \mathrm{d}\Omega'\,\boldsymbol{j}(\boldsymbol{x}')r'Y_{1m}^{*}(\hat{\boldsymbol{x}}')\,. \tag{4.56}$$

Bis auf einen konstanten Vorfaktor steht hier nichts Anderes als das Skalarprodukt aus $\hat{\boldsymbol{x}}$ der Ausbreitungsrichtung, und $\boldsymbol{x}'$,

$$\frac{4\pi}{3}\sum_m Y_{1m}(\hat{\boldsymbol{x}})r'Y_{1m}^{*}(\hat{\boldsymbol{x}}') = \hat{\boldsymbol{x}}\cdot\boldsymbol{x}'\,,$$

einmal in sphärischen Koordinaten, einmal in kartesischen Koordinaten ausgedrückt. Mit der Identität $(\boldsymbol{a} \times \boldsymbol{b}) \times \boldsymbol{c} = \boldsymbol{b}(\boldsymbol{a} \cdot \boldsymbol{c}) - \boldsymbol{a}(\boldsymbol{b} \cdot \boldsymbol{c})$ folgt die Beziehung

$$\frac{1}{c}(\hat{\boldsymbol{x}} \times \boldsymbol{x}')\boldsymbol{j} = \frac{1}{2c}\left[(\hat{\boldsymbol{x}} \cdot \boldsymbol{x}')\boldsymbol{j} + (\hat{\boldsymbol{x}} \cdot \boldsymbol{j})\boldsymbol{x}'\right] + \frac{1}{2c}(\boldsymbol{x}' \times \boldsymbol{j}) \times \hat{\boldsymbol{x}} \,. \tag{4.57}$$

Der erste Term auf der rechten Seite von (4.57) enthält eine elektrische Quadrupoldichte, der zweite Term enthält die uns aus (1.120a) wohlbekannte magnetische Dipoldichte, deren Integral über die Quelle das magnetische Moment $\boldsymbol{\mu}$, (1.120b) ergibt. Betrachtet man nur diesen Term, so ist

$$\boldsymbol{A}_{\text{magn}}(\boldsymbol{x}) = \mathrm{i}k\,\hat{\boldsymbol{x}} \times \boldsymbol{\mu}\frac{\mathrm{e}^{\mathrm{i}kr}}{r}\left(1 - \frac{1}{\mathrm{i}kr}\right) . \tag{4.58}$$

Dieses Potential, das *magnetische* Dipolpotential, ist ein Analogon des Hertz'schen Dipols, der ein schwingender *elektrischer* Dipol war. Interessanterweise hat hier das Potential dieselbe Gestalt wie das Induktionsfeld (4.48) des elektrischen Dipols. Die zugehörigen physikalischen Felder haben eine ganz ähnliche Form wie in (4.48) und (4.49):

$$\boldsymbol{B}_{\mathrm{c}}^{\text{magn}}(\boldsymbol{x}) = k^2\frac{\mathrm{e}^{\mathrm{i}kr}}{r}(\hat{\boldsymbol{x}} \times \boldsymbol{\mu}) \times \hat{\boldsymbol{x}} + \frac{\mathrm{e}^{\mathrm{i}kr}}{r^3}(1 - \mathrm{i}kr)\left[3\hat{\boldsymbol{x}}(\hat{\boldsymbol{x}} \cdot \boldsymbol{\mu}) - \boldsymbol{\mu}\right] , \tag{4.59}$$

$$\boldsymbol{E}_{\mathrm{c}}^{\text{magn}}(\boldsymbol{x}) = -k^2\frac{\mathrm{e}^{\mathrm{i}kr}}{r}\left(1 - \frac{1}{\mathrm{i}kr}\right)\hat{\boldsymbol{x}} \times \boldsymbol{\mu} \,. \tag{4.60}$$

Die nahe Verwandtschaft des elektrischen und des magnetischen Dipolsenders ist an diesen Ausdrücken gut zu erkennen.

4.3 Brechung harmonischer Wellen

In diesem Abschnitt betrachten wir die Brechung einer harmonischen Welle an der ebenen Grenzfläche zwischen zwei nichtleitenden, homogenen Medien mit Dielektrizitätskonstanten ε bzw. ε' und magnetischer Permeabilität μ bzw. μ'. Die 3-Achse im $\mathbb{R}^3$ sei senkrecht zur ebenen Grenzfläche gewählt. Auf diese Fläche trifft eine ebene Welle mit dem Wellenvektor $\boldsymbol{k}$ und spaltet in eine gebrochene Welle im benachbarten Medium und eine reflektierte Welle im ersten Medium auf.

4.3.1 Brechungsindex und Winkelrelationen

Ohne Beschränkung der Allgemeinheit legen wir die 1- und 2-Achsen in der Grenzfläche so, dass $\boldsymbol{k}$ in der $(1, 3)$-Ebene liegt. Mit dem bekannten Zusammenhang zwischen Wellenzahl $k = |\boldsymbol{k}|$ und Wellenlänge λ und mit (4.9)

$$k = \frac{2\pi}{\lambda}\,, \qquad k = \sqrt{\mu\varepsilon}\,\frac{\omega}{c}$$

gilt im Falle des Vakuums

$$\frac{\omega}{c} = \frac{2\pi}{\lambda_0}\,. \tag{4.61}$$

Dieselbe Welle propagiert im homogenen Medium mit der Wellenlänge λ, die somit mit der im Vakuum über die Relation

$$\lambda = \lambda_0 \frac{1}{\sqrt{\mu\varepsilon}} \tag{4.62a}$$

zusammenhängt. Der *Brechungsindex* ist umgekehrt proportional zur Geschwindigkeit c_{M}, mit der sich die harmonische Schwingung im Medium fortpflanzt,

$$n = \frac{c}{c_{\mathrm{M}}}\,. \tag{4.62b}$$

Setzt man den Brechungsindex des Vakuums gleich 1 und beachtet die Relationen $\nu\lambda_0 = c$ und $\nu\lambda = c_{\mathrm{M}}$, dann folgt die *Maxwell'sche Beziehung*

$$n = \sqrt{\mu\varepsilon}\,. \tag{4.62c}$$

Im Vergleich der beiden Medien, die bei $x^3 = 0$ aneinander grenzen, ist somit

$$n = \sqrt{\mu\varepsilon}\,, \qquad n' = \sqrt{\mu'\varepsilon'}\,.$$

Die einlaufende Welle spaltet an der Grenze zum benachbarten Medium in eine *gebrochene Welle* und die im ursprünglichen Medium laufende, *reflektierte Welle* auf. Bezeichnet man die Wellenvektoren der gebrochenen mit $\boldsymbol{k}'$ und die der reflektierten mit $\boldsymbol{k}''$, so haben das elektrische Feld und die magnetische Induktion die komplexe Form

$$\boldsymbol{E}_{\mathrm{c}}(t,\boldsymbol{x}) = \boldsymbol{e}_0\,\mathrm{e}^{-\mathrm{i}(\omega t - \boldsymbol{k}\cdot\boldsymbol{x})}\,, \quad \boldsymbol{B}_{\mathrm{c}}(t,\boldsymbol{x}) = n\,\hat{\boldsymbol{k}} \times \boldsymbol{E}_{\mathrm{c}}(t,\boldsymbol{x})\,, \tag{4.63a}$$

$$\boldsymbol{E}'_{\mathrm{c}}(t,\boldsymbol{x}) = \boldsymbol{e}'_0\,\mathrm{e}^{-\mathrm{i}(\omega' t - \boldsymbol{k}'\cdot\boldsymbol{x})}\,, \quad \boldsymbol{B}'_{\mathrm{c}}(t,\boldsymbol{x}) = n'\,\hat{\boldsymbol{k}}' \times \boldsymbol{E}'_{\mathrm{c}}(t,\boldsymbol{x})\,, \tag{4.63b}$$

$$\boldsymbol{E}''_{\mathrm{c}}(t,\boldsymbol{x}) = \boldsymbol{e}''_0\,\mathrm{e}^{-\mathrm{i}(\omega'' t - \boldsymbol{k}''\cdot\boldsymbol{x})}\,, \quad \boldsymbol{B}''_{\mathrm{c}}(t,\boldsymbol{x}) = n''\,\hat{\boldsymbol{k}}'' \times \boldsymbol{E}''_{\mathrm{c}}(t,\boldsymbol{x})\,. \tag{4.63c}$$

An dieser Stelle benötigt man die Randbedingungen, die an der Grenzfläche erfüllt sein müssen. In Aufgabe 4.1 zeigt man: An der Grenzfläche sind die Tangentialkomponenten der Felder $\boldsymbol{E}$ bzw. $\boldsymbol{H}$, sowie die Normalkomponenten der Felder $\boldsymbol{D}$ bzw. $\boldsymbol{B}$ stetig. Dies ist nur dann erfüllbar, wenn die drei Phasen in (4.63a)–(4.63c) bei $x^3 = 0$ für alle Zeiten t und alle Werte von x^1 und x^2 übereinstimmen. Daraus folgt die Gleichheit der Frequenzen, $\omega = \omega' = \omega''$, (die wir in (4.62c) schon benutzt haben), die Gleichheit der Skalarprodukte

$$\left.(\boldsymbol{k}\cdot\boldsymbol{x})\right|_{x^3=0} = \left.(\boldsymbol{k}'\cdot\boldsymbol{x})\right|_{x^3=0} = \left.(\boldsymbol{k}''\cdot\boldsymbol{x})\right|_{x^3=0} \tag{4.64a}$$

an der Grenzfläche, sowie die Relationen

$$|\boldsymbol{k}| = |\boldsymbol{k}''| = k = n\frac{\omega}{c}\,, \tag{4.64b}$$

$$|\boldsymbol{k}'| = k' = n'\frac{\omega}{c}\,. \tag{4.64c}$$

Wenn wir die 1-Achse so gewählt haben, dass $\boldsymbol{k}$ in der $(1,3)$-Ebene liegt, dann folgt aus (4.64a), dass auch $\boldsymbol{k}'$ und $\boldsymbol{k}''$ in dieser Ebene liegen. Mit den Bezeichnungen der Abb. 4.4 gilt dann

$$\boldsymbol{k} = \frac{n\omega}{c}\left(\sin\alpha, 0, \cos\alpha\right)^T\,,$$

$$\boldsymbol{k}' = \frac{n'\omega}{c}\left(\sin\beta, 0, \cos\beta\right)^T\,,$$

$$\boldsymbol{k}'' = \frac{n\omega}{c}\left(\sin\gamma, 0, -\cos\gamma\right)^T\,.$$

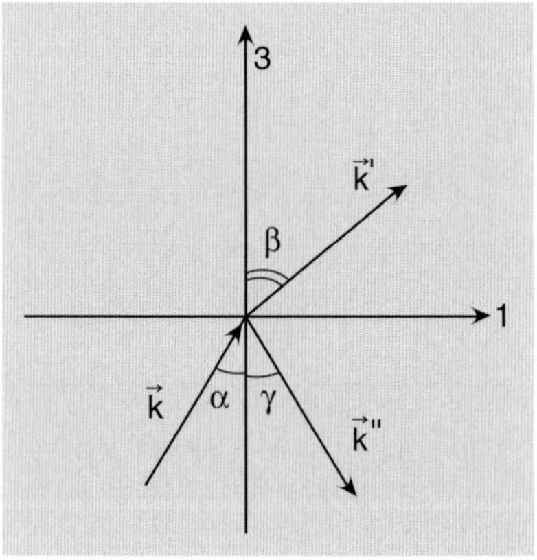

Abb. 4.4. Die vorgegebene Welle läuft in der $(1,3)$-Ebene unter dem Winkel α zur 3-Achse ein. Die Wellenvektoren sowohl der gebrochenen als auch der reflektierten Welle liegen in derselben Ebene

Der Vergleich mit der Bedingung (4.64a) gibt die folgenden Beziehungen zwischen den Winkeln α, β und γ

$$\alpha = \gamma \qquad \text{und} \qquad n\sin\alpha = n'\sin\beta\,. \tag{4.65}$$

Der reflektierte Strahl läuft unter demselben Winkel relativ zur 3-Achse wie der einlaufende, ist aber in negativer 3-Richtung orientiert. Die zweite Gleichung heißt *Snellius'sches Gesetz*. Der gebrochene Strahl weicht von der Richtung des einlaufenden ab, wenn die Brechungsindizes nicht gleich sind.

4.3.2 Dynamik der Brechung und der Reflexion

Schreibt man die Randbedingungen für die Felder aus, d. h.

$$\boldsymbol{D}_\mathrm{n} = \boldsymbol{D}'_\mathrm{n}\,, \quad \boldsymbol{B}_\mathrm{n} = \boldsymbol{B}'_\mathrm{n}\,, \quad \boldsymbol{E}_\mathrm{t} = \boldsymbol{E}'_\mathrm{t}\,, \quad \boldsymbol{H}_\mathrm{t} = \boldsymbol{H}'_\mathrm{t}\,, \tag{4.66}$$

und bezeichnet $\hat{\boldsymbol{n}} = \hat{\boldsymbol{e}}_3$ die positive Flächennormale, so ergeben sich dieser Reihe nach die folgenden Bestimmungsgleichungen

$$\left[\varepsilon(\boldsymbol{e}_0 + \boldsymbol{e}''_0) - \varepsilon'\boldsymbol{e}'_0\right]\cdot\hat{\boldsymbol{n}} = 0\,, \tag{4.67a}$$

$$\left[\boldsymbol{k}\times\boldsymbol{e}_0 + \boldsymbol{k}''\times\boldsymbol{e}''_0 - \boldsymbol{k}'\times\boldsymbol{e}'_0\right]\cdot\hat{\boldsymbol{n}} = 0\,, \tag{4.67b}$$

$$\left[\boldsymbol{e}_0 + \boldsymbol{e}''_0 - \boldsymbol{e}'_0\right]\times\hat{\boldsymbol{n}} = 0\,, \tag{4.67c}$$

$$\left[\frac{1}{\mu}\left(\boldsymbol{k}\times\boldsymbol{e}_0 + \boldsymbol{k}''\times\boldsymbol{e}''_0\right) - \frac{1}{\mu'}\left(\boldsymbol{k}'\times\boldsymbol{e}'_0\right)\right]\times\hat{\boldsymbol{n}} = 0\,. \tag{4.67d}$$

Da die Felder transversal zur jeweiligen Ausbreitungsrichtung sind, muss man zur vollständigen Analyse dieser Gleichungen nur zwei Grundsituationen unterscheiden: Den Fall, bei dem $\boldsymbol{E}$ *senkrecht* zur $(1,3)$-Ebene, d. h. zu der von $\boldsymbol{k}$ und $\hat{\boldsymbol{n}}$ aufgespannten Ebene schwingt; sowie den Fall, wo $\boldsymbol{E}$ *in* dieser Ebene liegt.

Im Folgenden seien e_0, e'_0 und e''_0 die Beträge der Vektoren $\boldsymbol{e}_0$, $\boldsymbol{e}'_0$ bzw. $\boldsymbol{e}''_0$.

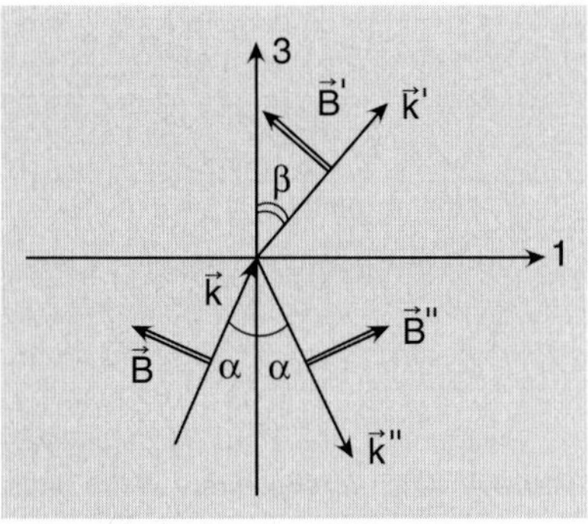

Abb. 4.5. Die physikalischen Felder im sog. transversal-magnetischen Fall, wenn das elektrische Feld aus der Figur, vom Betrachter weg weist

a) Der transversal-magnetische Fall

Wenn das elektrische Feld auf $\boldsymbol{k}$ und auf $\hat{\boldsymbol{n}}$ senkrecht steht und wie in der Abb. 4.5 „nach hinten" zeigt, dann liegt $\boldsymbol{B}$ wie dort eingezeichnet in der $(1,3)$-Ebene. Es ist nach Voraussetzung $\boldsymbol{E} = e_0\hat{\boldsymbol{e}}_2$. Gleichung (4.67c) gibt für die Amplituden $e_0 + e''_0 - e'_0 = 0$, während (4.67d) die Beziehung

$$\sqrt{\frac{\varepsilon}{\mu}}(e_0 - e''_0)\cos\alpha - \sqrt{\frac{\varepsilon'}{\mu'}}e'_0\cos\beta = 0$$

liefert. Die Randbedingungen (4.67a)–(4.67d) zusammen mit der Transversalitätsbedingung

$$\boldsymbol{k}' \cdot \boldsymbol{E}' = 0 = \boldsymbol{k}'' \cdot \boldsymbol{E}''$$

zeigen, dass auch $\boldsymbol{E}' = e'_0\hat{\boldsymbol{e}}_2$ und $\boldsymbol{E}'' = e''_0\hat{\boldsymbol{e}}_2$ gilt, d. h. dass auch die elektrischen Felder der gebrochenen und der reflektierten Wellen in dieselbe Richtung weisen wie das der einlaufenden Welle.

Die zweite Relation (4.65) schreibt man um in

$$n'\cos\beta = \sqrt{n'^2 - n^2\sin^2\alpha}$$

und löst die soeben erhaltenen Gleichungen nach e'_0/e_0 bzw. nach e''_0/e_0 auf. Dies ergibt

$$\frac{e'_0}{e_0} = \frac{2n\cos\alpha}{n\cos\alpha + (\mu/\mu')n'\cos\beta} = \frac{2n\cos\alpha}{n\cos\alpha + (\mu/\mu')\sqrt{n'^2 - n^2\sin^2\alpha}}\,, \tag{4.68a}$$

$$\frac{e''_0}{e_0} = \frac{n\cos\alpha - (\mu/\mu')n'\cos\beta}{n\cos\alpha + (\mu/\mu')n'\cos\beta} = \frac{n\cos\alpha - (\mu/\mu')\sqrt{n'^2 - n^2\sin^2\alpha}}{n\cos\alpha + (\mu/\mu')\sqrt{n'^2 - n^2\sin^2\alpha}} =: R_{\text{para}}\,. \tag{4.68b}$$

Das zweite Ergebnis vereinfacht sich, wenn beide Medien dieselben magnetischen Permeabilitäten haben, $\mu' = \mu$. Wieder unter Ausnutzung der zweiten Relation (4.65) ist dann[3]

$$R_{\text{para}}(\mu' = \mu) = \frac{e''_0}{e_0} = -\frac{\sin(\alpha - \beta)}{\sin(\alpha + \beta)}\,. \tag{4.69}$$

Dies ist eine der sog. Fresnel'schen Formeln. A. Fresnel hatte diese und andere Formeln für Brechung und Reflexion 1821 auf anderem Wege abgeleitet.

[3] Die Bezeichnung „para" für parallel bezieht sich auf die drei elektrischen Felder der einfallenden, der gebrochenen und der reflektierten Welle.

b) Der transversal-elektrische Fall

In diesem Fall liegen die elektrischen Felder wie in Abb. 4.6 eingezeichnet in der (1, 3)-Ebene. Insbesondere ist

$$\boldsymbol{E} = e_0(-\hat{\boldsymbol{e}}_1 \cos\alpha + \hat{\boldsymbol{e}}_2 \sin\alpha)\,,$$
$$\boldsymbol{E}' = e_0'(-\hat{\boldsymbol{e}}_1 \cos\beta + \hat{\boldsymbol{e}}_2 \sin\beta)\,,$$
$$\boldsymbol{E}'' = e_0''(\hat{\boldsymbol{e}}_1 \cos\alpha + \hat{\boldsymbol{e}}_2 \sin\alpha)\,.$$

Die Randbedingungen (4.67c) und (4.67c) geben hier die Gleichungen

$$(e_0 - e_0'')\cos\alpha - e_0' \cos\beta = 0\,,$$
$$\sqrt{\frac{\varepsilon}{\mu}}(e_0 + e_0'') - \sqrt{\frac{\varepsilon'}{\mu'}}e_0' = 0\,.$$

Aus diesen, aus (4.62c) und (4.65) folgen die Verhältnisse der Amplituden

$$R_{\text{trans}} := \frac{e_0''}{e_0} = \frac{(\mu/\mu')n'^2 \cos\alpha - n\sqrt{n'^2 - n^2\sin^2\alpha}}{(\mu/\mu')n'^2 \cos\alpha + n\sqrt{n'^2 - n^2\sin^2\alpha}}\,, \tag{4.70a}$$

$$\frac{e_0'}{e_0} = \frac{2nn'\cos\alpha}{(\mu/\mu')n'^2 \cos\alpha + n\sqrt{n'^2 - n^2\sin^2\alpha}}\,. \tag{4.70b}$$

(Die Bezeichnung „trans“ steht für transversal.)

In beiden Fällen, dem transversal-magnetischen wie dem transversal-elektrischen, ist das Quadrat des Verhältnisses e_0''/e_0 ein Maß für die Intensität der reflektierten Welle im Vergleich zur einlaufenden. Um diese Verhältnisse anschaulich zu machen, betrachten wir eine Situation, bei der $\mu' = \mu$ ist, unterscheiden aber die Fälle $n' > n$ und $n' < n$. Das Verhältnis der Brechungsindizes sei mit

$$r := \frac{n'}{n} \tag{4.71}$$

abgekürzt. Die Quadrate der Verhältnisse sind

$$R^2_{\text{para}} = \left(\frac{\cos\alpha - \sqrt{r^2 - \sin^2\alpha}}{\cos\alpha + \sqrt{r^2 - \sin^2\alpha}}\right)^2\,, \tag{4.72a}$$

$$R^2_{\text{trans}} = \left(\frac{r^2\cos\alpha - \sqrt{r^2 - \sin^2\alpha}}{r^2\cos\alpha + \sqrt{r^2 - \sin^2\alpha}}\right)^2\,. \tag{4.72b}$$

Der Fall $r > 1$:
Zunächst liest man an den Ergebnissen (4.68b) und (4.70a) folgende Spezialfälle ab

$$\alpha = 0: \qquad R^2_{\text{para}} = \left(\frac{1-r}{1+r}\right)^2\,, \qquad R^2_{\text{trans}} = \left(\frac{1-r}{1+r}\right)^2\,,$$
$$\alpha = \frac{\pi}{2}: \qquad R^2_{\text{para}} = 1\,, \qquad R^2_{\text{trans}} = 1\,.$$

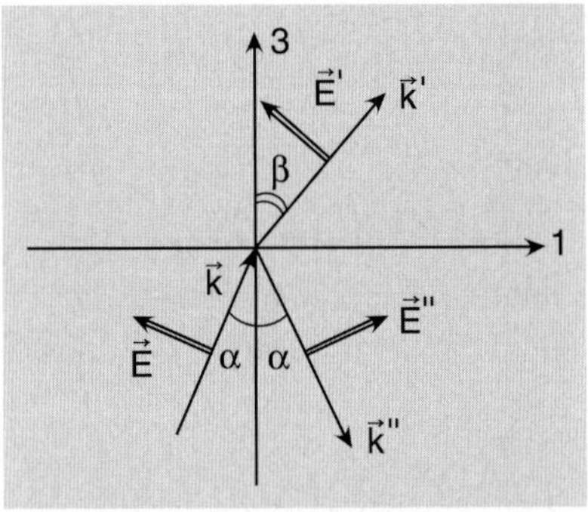

Abb. 4.6. Die physikalischen Felder im sog. transversal-elektrischen Fall, wenn die elektrischen Felder des einlaufenden, des gebrochenen und des reflektierten Strahls in der (1, 3)-Ebene liegen

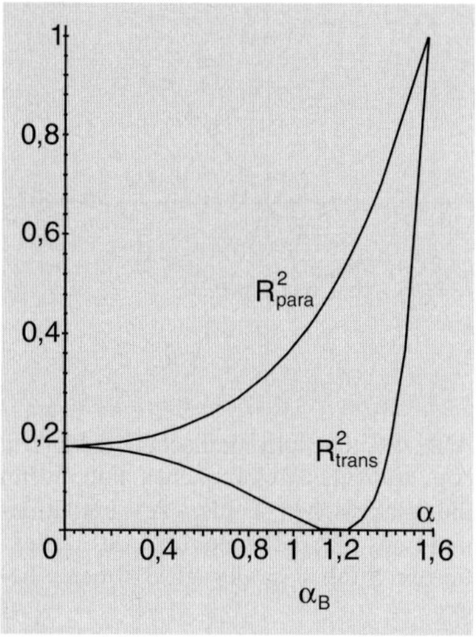

Abb. 4.7. Die Verhältnisse der reflektierten Intensität zur einfallenden als Funktion des Einfallswinkels, hier für $n' > n$: $r = 2,4173$ (Diamant und Natriumlicht bei Zimmertemperatur)

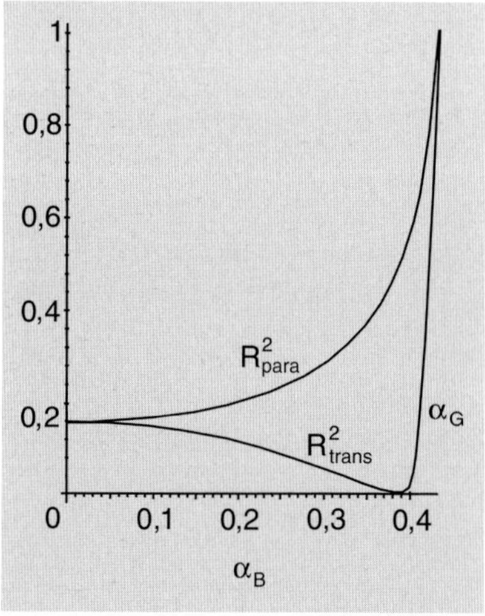

Abb. 4.8. Die Verhältnisse der reflektierten Intensität zur einfallenden als Funktion des Einfallswinkels, hier für $n' < n$: $r = 0,4137$ (Kehrwert des Wertes aus Abb. 4.7)

Während R^2_{para} im Intervall $(0, \pi/2)$ monoton wächst, hat R^2_{trans} bei dem durch die Gleichung

$$r^2 \cos\alpha - \sqrt{r^2 - \sin^2\alpha} = 0$$

festgelegten Winkel α_B, dem sog. *Brewster'schen Winkel*, eine Nullstelle. Man prüft leicht nach, dass

$$\alpha_{\text{B}} = \arctan(r)\,, \quad \text{bzw. } \sin^2\alpha_{\text{B}} = \frac{r^2}{1+r^2}\,, \quad \cos^2\alpha_{\text{B}} = \frac{1}{1+r^2} \tag{4.73}$$

gilt. Da $r = n'/n > 1$ vorausgesetzt ist, liegt α_{B} zwischen $\pi/4$ und $\pi/2$. Aus dem Snellius'schen Gesetz (4.65) folgt im Fall $\alpha = \alpha_{\text{B}}$

$$\sin\beta|_{\alpha=\alpha_{\text{B}}} = \frac{1}{\sqrt{1+r^2}} = \cos\alpha_{\text{B}}$$

und hieraus, da alle Winkel im Intervall $(0, \pi/2)$ liegen, die Bedingung

$$\beta = \frac{\pi}{2} - \alpha_{\text{B}}\,. \tag{4.74}$$

Dieses Ergebnis hat folgende Bedeutung:

(i) Im transversal-magnetischen Fall, bei dem das elektrische Feld in der $(1,3)$-Ebene schwingt, tritt beim Einfallswinkel α_{B} keine reflektierte Welle auf.
(ii) Wenn das elektrische Feld der einlaufenden Welle sowohl Komponenten in der $(1,3)$-Ebene, als auch senkrecht dazu hat, d. h. wenn sie elliptisch – vollständig oder nur partiell – polarisiert ist, dann überlebt im reflektierten Strahl nur die Komponente senkrecht zur $(1,3)$-Ebene. Der reflektierte Strahl ist in diesem Fall vollständig und linear polarisiert. Der Verlauf von R^2_{para} und von R^2_{trans} ist in Abb. 4.7 als Funktion von α aufgetragen.

Der Fall $r < 1$:
Das Snellius'sche Gesetz (4.65) besagt in diesem Fall, dass der Winkel β größer als der Einfallswinkel α ist. Es muss daher einen Grenzwinkel α_{G} geben, bei dem β gerade gleich $\pi/2$ wird,

$$\alpha_{\text{G}} = \arcsin r = \arcsin\left(\frac{n'}{n}\right). \tag{4.75}$$

Hier tritt totale Reflexion auf. Es gibt nach wie vor einen Brewster-Winkel, der hier aber unterhalb von $\pi/4$ liegt. Die Quadrate der Verhältnisse (4.68b) und (4.70a) (für $\mu' = \mu$) sind in Abb. 4.8 als Funktion des Einfallswinkels aufgetragen.

4.4 Geometrische Optik, Linsen und negativer Brechungsindex

Dieser Abschnitt behandelt weitere Beispiele für die Anwendung der Maxwell'schen Gleichungen auf die Optik: den Grenzübergang zur geometrischen Optik, einige Formeln für dünne, optische Linsen, die wir in einem Folgeabschnitt benötigen und neue, überraschende Phänomene, die auftreten, wenn der Brechungsindex negative Werte annimmt.

4.4.1 Optische Signale im Orts- und im Impulsraum

Wie in Abschn. 4.1 ausgeführt, sind die homogenen Maxwell-Gleichungen in allen vier Feldern $\boldsymbol{E}(t,\boldsymbol{x})$, $\boldsymbol{D}(t,\boldsymbol{x})$, $\boldsymbol{B}(t,\boldsymbol{x})$ und $\boldsymbol{H}(t,\boldsymbol{x})$ linear. Es gilt das Superpositionsprinzip, d.h. mit je zwei Lösungen ist auch jede Linearkombination von diesen eine Lösung. Außerdem können die Felder *komplex* angesetzt werden, wenn man nur die Regeln beachtet, wie daraus die beobachtbaren Felder und ihre Eigenschaften extrahiert werden müssen. Da die Wellengleichung (4.1) bzw. (1.45) für jede Komponente eines Feldes gilt, genügt es im Folgenden diese für generische Funktionen $g(t,\boldsymbol{x})$ zu studieren, ohne Rücksicht darauf, ob diese eine skalare Funktion oder eine Komponente eines der Felder oder des Vektorpotentials ist.

Ein wichtiges Hilfsmittel ist dabei die Fourier-Transformation, die es erlaubt, beliebige im Ortsraum oder im Impulsraum lokalisierbare Signale nach ihren harmonischen Anteilen, d.h. nach Lösungen zu fester Wellenzahl, fester Frequenz und gegebener Ausbreitungsrichtung zu entwickeln. In Abschn. 3.5.1 haben wir Fourier-Transformation in den Variablen

$$t \in \mathbb{R}_t \ \ \text{(Zeit)} \longleftrightarrow \omega \in \mathbb{R}_\omega \ \ \text{(Kreisfrequenz)}$$

verwendet, d. h. die Zeit t durch die Kreisfrequenz ω oder umgekehrt, ω durch t ersetzt. In den nun folgenden Überlegungen wird Fourier-Transformation nicht in der Zeitvariablen sondern in den Variablen $\boldsymbol{x}$ (Ortsvektor im $\mathbb{R}^3$) bzw. dem Wellenvektor $\boldsymbol{k}$ benötigt,

$$\boldsymbol{x} \in \mathbb{R}^3_x \ \ \text{(Raum)} \longleftrightarrow \boldsymbol{k} \in \mathbb{R}^3_k \ \ \text{(Wellenvektor)}\,.$$

Mit anderen Worten, man entwickelt messbare Funktionen $g(t,\boldsymbol{x}) \in L^1(\mathbb{R}^3)$ nach dem Basissystem von harmonischen Funktionen

$$f_{\boldsymbol{k}}(t,\boldsymbol{x}) = \frac{1}{(2\pi)^{3/2}}\,\mathrm{e}^{\mathrm{i}(\boldsymbol{k}\cdot\boldsymbol{x}-\omega(k)t)}\,, \quad \boldsymbol{x}\in\mathbb{R}^3_x\,,\ \boldsymbol{k}\in\mathbb{R}^3_k\,. \tag{4.76}$$

Hierbei ist $\boldsymbol{k}$ der Vektor, dessen Richtung die Ausbreitungsrichtung der ebenen Welle und dessen Betrag $k=|\boldsymbol{k}|$ die Wellenzahl angibt. Für elektromagnetische Wellen im Vakuum lautet die Dispersionsrelation

$$\omega(k) = kc \quad \text{mit} \quad k=\frac{2\pi}{\lambda} \quad \text{und} \quad \omega=\frac{2\pi}{T}=2\pi\nu \tag{4.77}$$

wodurch die Beziehung zur Wellenlänge λ und zur Frequenz ν in Erinnerung gerufen wird.

Das einfachste Beispiel ist Fourier-Transformation in *einer* Dimension, wo das Basissystem (4.76) durch

$$f_k(t,x) = \frac{1}{(2\pi)^{1/2}} \mathrm{e}^{\mathrm{i}(kx-\omega(k)t)}\,, \qquad x \in \mathbb{R}_x\,,\ k \in \mathbb{R}_k \tag{4.78a}$$

ersetzt ist und die folgenden Eigenschaften hat

$$\int\limits_{-\infty}^{+\infty} \mathrm{d}x\ f^*_{k'}(t,x) f_k(t,x) = \delta(k'-k) \quad \text{(Orthogonalität)}\,, \tag{4.78b}$$

$$\int\limits_{-\infty}^{+\infty} \mathrm{d}k\ f^*_{k}(t,x') f_k(t,x) = \delta(x'-x) \quad \text{(Vollständigkeit)}\,. \tag{4.78c}$$

Bemerkung:

Obwohl diese Formeln in der Ortsvariablen x und der Wellenzahl k völlig symmetrisch sind und man die Notation dieser Feststellung anpassen könnte, indem man statt $f_k(t,x)$ eher $f(t,k,x)$ schreibt, ist es doch berechtigt, bei (4.78b) aus dem Blickwinkel des Ortsraums von Orthogonalität zu sprechen. Schließt man nämlich die Welle gleichsam in einen Kasten ein und schreibt periodische Randbedingungen vor, dann ist k keine kontinuierliche Variable mehr, sondern ist Element eines diskreten Spektrums. Gleichung (4.78b) wird in diesem Fall zu

$$\int\limits_{-\infty}^{+\infty} \mathrm{d}x\ f^*_{k_m}(t,x) f_{k_n}(t,x) = \delta_{mn}\,,$$

während in (4.78c) das Integral der linken Seite zwar durch die Summe über dieses Spektrum ersetzt wird, die rechte Seite aber ihre Form beibehält,

$$\sum_n f^*_{k_n}(t,x) f_{k_n}(t,x') = \delta(x'-x)\,.$$

Die Einschränkung auf einen Kasten ist vergleichbar mit der Fixierung einer schwingenden Saite zwischen zwei Stegen, die bei $x=r$ auf dem Resonanzboden und bei $x=s$ auf dem Stimmstock eines Monochords angebracht sind: Die Variable $x \in [r,s]$ bleibt kontinuierlich, aber die Frequenzen liegen in einem diskreten Spektrum.

Eine messbare Funktion $g: \mathbb{R} \to \mathbb{C} : x \mapsto g(t,x)$, d. h. eine Funktion, für die die Norm $\|g\|_1 = \int_{-\infty}^{+\infty} \mathrm{d}x\ |g|$ existiert, lässt sich in der Basis (4.78a) entwickeln,

$$g(t,x) = \frac{1}{\sqrt{2\pi}} \int\limits_{-\infty}^{+\infty} \mathrm{d}k\ \tilde{g}(k)\, \mathrm{e}^{\mathrm{i}(kx-\omega(k)t)}\,. \tag{4.79a}$$

Als Beispiel betrachten wir den Fall $\omega(k) = kc$ und eine vorgegebene Amplitude im k-Raum, die wir wie folgt wählen

$$\tilde{g}(k) = \alpha b \mathrm{e}^{-(k-k_0)^2 b^2/2} , \quad \alpha \in \mathbb{C} . \tag{4.79b}$$

Der Parameter b hat die physikalische Dimension Länge und ist als Vorfaktor gewählt damit er in (4.79a) – mit dk multipliziert – etwas Dimensionsloses ergibt. Die Funktion $g(t, x)$ hat dann die Dimension der (i. Allg. komplexen) Amplitude α, was immer man dafür wählen mag. Mit dem bekannten Integral

$$\int_{-\infty}^{+\infty} \mathrm{d}x \; \mathrm{e}^{-(px^2+2qx+r)} = \sqrt{\frac{\pi}{p}}\, \mathrm{e}^{(q^2-pr)/p} ,$$

(s. z. B. Band 2, Gl. (1.46)), in dem p einen positiven Realteil haben muss, q und r beliebige, reelle oder komplexe Zahlen sein können, ergibt sich

$$g(t, x) = \alpha\, \mathrm{e}^{-(x-ct)^2/(2b^2)}\, \mathrm{e}^{\mathrm{i}k_0(x-ct)} . \tag{4.79c}$$

Wie erwartet ist dies eine Funktion von $x - ct$ allein, $g(t, x) \equiv g(x - ct)$, und ist somit eine Lösung der auf eine Raumdimension reduzierten Wellengleichung

$$\left(\frac{1}{c^2} \frac{\partial^2}{\partial t^2} - \frac{\partial^2}{\partial x^2} \right) g(t, x) = 0 .$$

Der Vergleich der Amplitude (4.79b), die auf dem Raum $\mathbb{R}_k$ definiert ist, und der Funktion $g(t, x)$ aus (4.79c), die auf $\mathbb{R}_x$ lebt, zeigt eine wichtige Eigenschaft der Fourier-Transformation. Beide Amplituden haben die Form einer Gauß'schen Kurve, wobei deren Breite durch die Länge b bzw. deren Inverses bestimmt wird. Der Betrag der Amplitude (4.79b) hat sein Maximum in $k = k_0$, sie sinkt auf ihren halben Maximalwert ab, wenn

$$k = k_0 \pm \frac{\sqrt{2 \ln 2}}{b} = k_0 \pm \frac{1{,}177}{b} \tag{4.80a}$$

ist. Der Betrag der Lösung (4.79c) hat sein Maximum bei $x = ct$ und sinkt auf den halben Wert ab, wenn

$$x - ct = \pm\sqrt{2 \ln 2}\, b = \pm 1{,}177\, b \tag{4.80b}$$

ist. Die Amplitude (4.79c) stellt ein Signal dar, das umso stärker lokalisiert ist, je kleiner die Länge b gewählt wird. Die Formel (4.79b) für ihre Fourier-Transformierte zeigt, dass dann aber ein umso breiteres Spektrum an Wellenzahlen in diesem Signal enthalten sind, oder anders ausgedrückt, je enger ein Signal im x-Raum lokalisiert ist, umso breiter ist es im k-Raum. Diese Relation gilt natürlich auch in der anderen Richtung: Will man eine möglichst monochromatische Welle, d. h.

eine, die um den Wert k_0 lokalisiert ist, dann ist sie im Ortsraum notwendigerweise sehr breit. Eine streng monochromatische Welle ist im Ortsraum überhaupt nicht lokalisierbar.

4.4.2 Geometrische Optik und dünne Linsen

Die Geometrische Optik vernachlässigt alle Beugungsphänomene und konstruiert die Wege, die ein Lichtstrahl in einer optischen Anordnung aus Spiegeln, Linsen, Prismen und Anderem durchlaufen kann, als stückweise gerade Linien und gemäß einfacher Regeln für Reflexion und Brechung. Wir kehren für eine Weile zur Helmholtz-Gleichung (3.61) bzw. (4.8) zurück, in der Terminologie des vorangehenden Abschnitts also zur $t \leftrightarrow \omega$ Fourier-Transformation. Auf der Suche nach Lösungen der Helmholtz-Gleichung werde ein komplexes Signal

$$u(\boldsymbol{x}) = a(\boldsymbol{x})\,\mathrm{e}^{\mathrm{i}k_0 S(\boldsymbol{x})} \tag{4.81}$$

betrachtet, in dem $k_0 = 2\pi/\lambda_0$ eine gegebene Wellenzahl ist, $a(\boldsymbol{x})$ die Amplitude und $S(\boldsymbol{x})$ eine noch zu bestimmende reelle Funktion, die die Phase $k_0 S(\boldsymbol{x})$ der Lösung (4.81) bestimmt. Die Amplitude $a(\boldsymbol{x})$ möge langsam veränderlich sein derart, dass man sie über eine Wellenlänge λ_0 als praktisch konstant betrachten kann. Die zweidimensionalen Flächen $S(\boldsymbol{x}) = \text{const.}$ in (4.81) sind die Wellenfronten, ihre Orthogonaltrajektorien folgen dem Gradientenfeld $\nabla S(\boldsymbol{x})$. Lokal, d. h. in der Umgebung eines Punktes $\boldsymbol{x}_0$, ist das Signal näherungsweise eine ebene Welle mit Wellenzahl und Ausbreitungsrichtung

$$k = n(\boldsymbol{x}_0)k_0 \quad \text{bzw.} \quad \hat{\boldsymbol{k}} \propto \nabla S(\boldsymbol{x})|_{\boldsymbol{x}=\boldsymbol{x}_0} \,.$$

Die Funktion $S(\boldsymbol{x})$, die *Eikonal* genannt wird, spielt eine wichtige Rolle in der geometrischen Optik. Die Orthogonaltrajektorien der Flächen gleicher Werte dieser Funktion bestimmen die lokalen Wellenvektoren und sind daher mit den Strahlgängen der Geometrischen Optik identisch. Dies sieht man besonders deutlich, wenn man den Ansatz (4.81) in die Helmholtz-Gleichung

$$\left(\boldsymbol{\Delta} + k^2\right) u(\boldsymbol{x}) = 0 \tag{4.82}$$

einsetzt und die beschriebene Näherung betrachtet. Man berechnet zunächst

$$\boldsymbol{\nabla}\left(a\,\mathrm{e}^{\mathrm{i}k_0 S}\right) = \mathrm{e}^{\mathrm{i}k_0 S}\left[(\boldsymbol{\nabla} a) + \mathrm{i}k_0 a(\boldsymbol{\nabla} S)\right] \,,$$

$$\boldsymbol{\Delta}\left(a\,\mathrm{e}^{\mathrm{i}k_0 S}\right) = \mathrm{e}^{\mathrm{i}k_0 S}\left[(\boldsymbol{\Delta} a) + 2\mathrm{i}k_0(\boldsymbol{\nabla} a)\cdot(\boldsymbol{\nabla} S) + \mathrm{i}k_0 a(\boldsymbol{\Delta} S) - k_0^2 a(\boldsymbol{\nabla} S)^2\right] .$$

Setzt man dies in die Helmholtz-Gleichung (4.82) mit $k = nk_0$ ein, so folgt

$$k_0^2 a\left[n^2 - (\boldsymbol{\nabla} S)^2\right] + \boldsymbol{\Delta} a + \mathrm{i}k_0\left[2(\boldsymbol{\nabla} a)\cdot(\boldsymbol{\nabla} S) + a(\boldsymbol{\Delta} S)\right] = 0 \,. \tag{4.83a}$$

Der Realteil dieser Gleichung ergibt mit $1/k_0^2 = (\lambda_0/(2\pi))^2$ die Gleichung

$$(\boldsymbol{\nabla} S)^2 = n^2 + \left(\frac{\lambda_0}{2\pi}\right)^2 \frac{1}{a}(\boldsymbol{\Delta} a)\,. \tag{4.83b}$$

Die oben gemachte Annahme, dass die Amplitude in der Längenskala der Wellenlänge nur schwach veränderlich sei, bedeutet für ihre zweiten Ableitungen, dass

$$\frac{\lambda_0^2 \boldsymbol{\Delta} a(\boldsymbol{x})}{a(\boldsymbol{x})} \ll 1$$

gilt. Der zweite Term auf der rechten Seite von (4.83b) kann in dieser Situation vernachlässigt werden und (4.83b) wird zur

Eikonalgleichung:

$$(\nabla S(\boldsymbol{x}))^2 = n^2(\boldsymbol{x})\,. \tag{4.83c}$$

Die Phase der Lösung (4.81) der Helmholtz-Gleichung wird allein durch den langsam veränderlichen Brechungsindex bestimmt.

Etwas anders gelesen kann man sagen, dass diese Gleichung im Limes $\lambda_0 \to 0$ gilt und die Grundlage für die Geometrische Optik abgibt. Die Eikonalgleichung (4.83c) ist der formelmäßige Ausdruck für das Fermat'sche Prinzip der Optik. Zugleich versteht man jetzt die etwas qualitativen Aussagen, die Geometrische Optik sei der Limes $\lambda_0 \to 0$ der Wellenoptik, oder sie sei anwendbar, wenn die Wellenlänge des streuenden Lichts klein sei im Vergleich mit typischen Dimensionen der Objekte, an denen es streut.

In der Geometrischen Optik mit Prismen und Linsen braucht man als Information über solche optischen Komponenten nicht mehr als ihre geometrische Form und den Brechungsindex n des Materials, aus dem sie angefertigt wurden. Ein einfaches Beispiel ist die *plankonvexe Linse,* deren sphärisch gekrümmte Seite den Radius R habe. Wird diese Linse im Vakuum verwendet, so sind ihre Brennweite f und der Krümmungsradius r durch die bekannte Beziehung

$$\frac{1}{f} = \frac{n-1}{r} \tag{4.84}$$

verknüpft. Neben einfachen Eigenschaften dieser Art und außer den bekannten Abbildungsfehlern von Linsen (sphärische Aberration, Astigmatismus, Bildfeldwölbung), die man alle durch Konstruktion geradliniger Lichtstrahlen erhält, gibt es auch solche Eigenschaften, bei denen die Wellenoptik wesentlich ist. Um diese geht es in diesem Abschnitt, der zugleich die folgenden Abschnitte vorbereitet.

In Abb. 4.9 ist eine planparallele Schicht der Dicke d aus einem homogenen Material mit Brechungsindex n senkrecht zur z-Achse gezeigt,

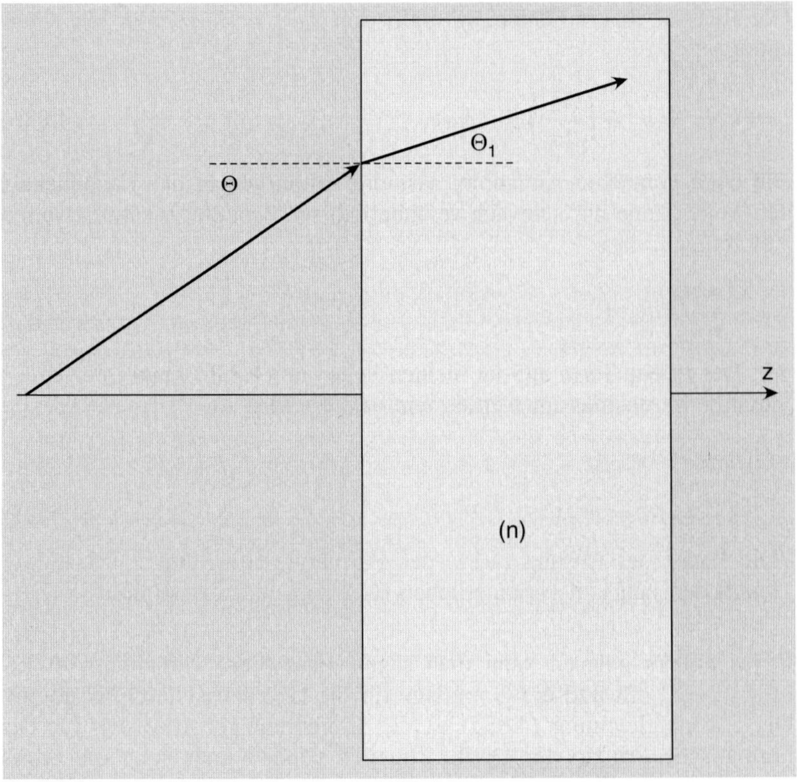

Abb. 4.9. Brechung eines Lichtstrahls an einem planparallelen Block aus Materie mit (positivem) Brechungsindex n

auf die ein Lichtstrahl in der (x, z)-Ebene unter dem Winkel θ auftrifft. Das Snellius'sche Gesetz (4.65) gibt den Winkel, unter dem der gebrochene Strahl austritt,

$$\sin\theta_1 = \frac{1}{n}\sin\theta\,.$$

Eine für den einlaufenden Strahl charakteristische Amplitude hat die Form

$$u(\boldsymbol{x}) = a\,\mathrm{e}^{\mathrm{i}\boldsymbol{k}\cdot\boldsymbol{x}} = a\,\mathrm{e}^{\mathrm{i}k_0(x\sin\theta + z\cos\theta)}\,, \quad z < 0\,.$$

Dies ist beispielsweise eine der Komponenten des elektrischen Feldes $\boldsymbol{E}(t,\boldsymbol{x}) = \boldsymbol{\varepsilon}(\boldsymbol{k})\exp\{\mathrm{i}\boldsymbol{k}\cdot\boldsymbol{x}\}$ einer monochromatischen Welle. Im Medium der planparallelen Schicht wird daraus

$$u(\boldsymbol{x}) = a\,\mathrm{e}^{\mathrm{i}\boldsymbol{k}_1\cdot\boldsymbol{x}} = a\,\mathrm{e}^{\mathrm{i}nk_0(x\sin\theta_1 + z\cos\theta_1)}\,, \quad 0 \leqslant z \leqslant d\,,$$

so dass der Transmissionskoeffizient für die komplexe Amplitude durch

$$t(x, y) := \frac{u(x, y, z = d)}{u(x, y, z = 0)} = \mathrm{e}^{\mathrm{i}nk_0(x\sin\theta_1 + d\cos\theta_1)} \tag{4.85a}$$

gegeben ist. Im Falle *paraxialer Strahlen,* also solcher Strahlen, die unter einem noch kleinen Winkel θ_0 einfallen, gilt

$$\theta_1 \simeq \frac{\theta_0}{n}\,, \quad \sin\theta_1 \simeq \theta_1 \simeq \frac{\theta_0}{n}\,, \quad \cos\theta_1 \simeq 1 - \frac{1}{2}\theta_1^2 \simeq 1 - \frac{\theta_0^2}{2n^2}\,.$$

An die Stelle von (4.85a) tritt dann der genäherte Ausdruck

$$t(x,y) \simeq \mathrm{e}^{\mathrm{i}nk_0 d} \exp\left\{-\mathrm{i}\left(\frac{k_0 d}{2n}\theta_0^2 - k_0 x\theta_0\right)\right\}\,. \tag{4.85b}$$

Das Resultat (4.85a) lässt sich auf das Beispiel der plankonvexen Linse anwenden, die in Abb. 4.10 skizziert ist. Bezeichnet d_0 die Dicke der Linse am Ursprung, $d_0 = d(0,0)$, $d(x,y)$ ihre Dicke bei x und y, die von Null verschieden sind, dann ist der Transmissionskoeffizient (4.85a) gleich dem Produkt seines Wertes für die horizontale Schicht $d_0 - d(x,y)$ und seines Wertes für die lokale Dicke $d(x,y)$,

$$t(x,y) = \mathrm{e}^{\mathrm{i}k_0(d_0 - d(x,y))}\,\mathrm{e}^{\mathrm{i}nk_0 d(x,y))} = \mathrm{e}^{\mathrm{i}k_0 d_0}\,\mathrm{e}^{\mathrm{i}(n-1)k_0 d(x,y)}\,.$$

Für alle Punkte, die nicht weit von der Achse entfernt liegen, gilt $(x^2+y^2) \ll R^2$ und mit den Bezeichnungen von Abb. 4.10 und mit $a = \sqrt{R^2-(x+y)^2}$

$$d(x,y) = d_0 - (R-a) \simeq d_0 - \frac{x^2+y^2}{2R}\,.$$

Setzt man dies in (4.85b) ein, so folgt

$$\begin{aligned} t(x,y) &\simeq \mathrm{e}^{\mathrm{i}k_0 d_0}\,\mathrm{e}^{\mathrm{i}(n-1)k_0[d_0-(x^2+y^2)/(2R)]} \\ &= \mathrm{e}^{\mathrm{i}nk_0 d_0} \exp\left\{-\mathrm{i}k_0\frac{x^2+y^2}{2f}\right\}\,, \end{aligned} \tag{4.86}$$

wobei die Formel (4.84) für die inverse Brennweite eingesetzt ist. Der erste Faktor hiervon ist eine konstante Phase, die in den meisten Anwendungen nicht eingeht, der zweite Faktor verändert die Wellenfronten einer entlang der z-Achse einfallenden ebenen Welle in einer vom Punkt (x,y) abhängigen Weise. (In der Tat überzeugt man sich, dass aus den ebenen Wellenfronten eines auf eine bikonvexe Linse einfallenden Strahls paraboloidale Wellen werden, mit einem der Brennpunkte als Zentrum.)

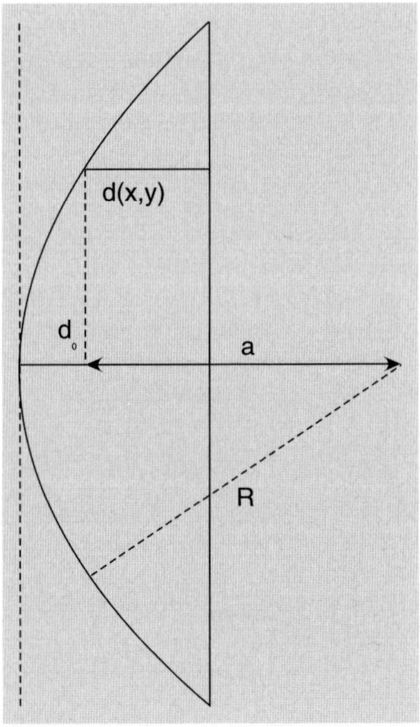

Abb. 4.10. Plankonvexe Linse aus einem Material mit Brechungsindex n

4.4.3 Medien mit negativem Brechungsindex

Wir betrachten noch einmal und wie in Abb. 4.4 dargestellt die Brechung eines Lichtstrahls an der Ebene, die zwei Medien mit Brechungsindizes n bzw. n' trennt. In Abb. 4.11 läuft ein Lichtstrahl vom Punkt A im Medium mit Brechungsindex n zum Punkt B im benachbarten Medium, dessen Brechungsindex n' ist, wobei er im ersten Medium den Winkel α, im zweiten den Winkel β mit der Normalen der Grenzfläche einschließt. Die relative Position der Punkte $A = (x_A = -x, 0, z_A = -a)$ und $B = (x_B = x_A + d, 0, z_B = b)$ sei fest vorgegeben; ihr horizontaler

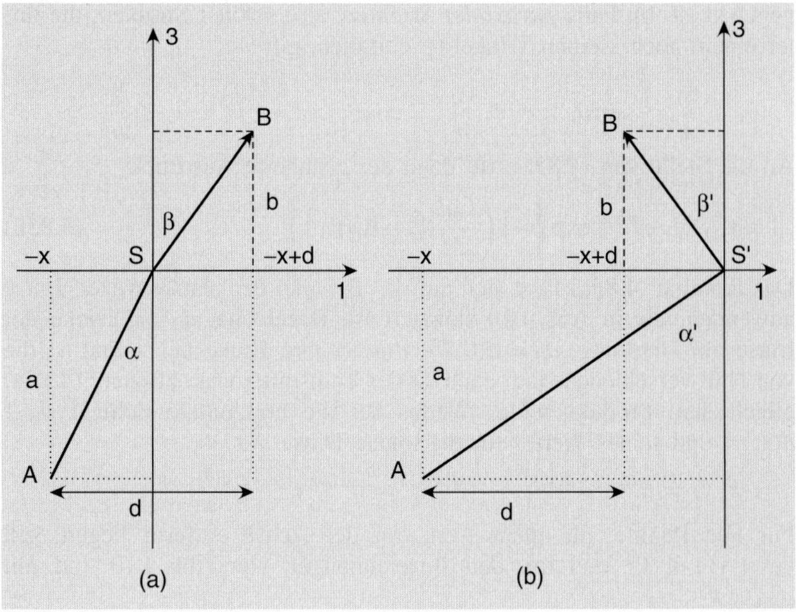

Abb. 4.11. Wege minimaler und maximaler optischer Weglänge zwischen zwei fest vorgegebenen Punkten A im Medium mit Brechungsindex n und B im Medium mit Brechungsindex n'. Die mit 1 bezeichnete Achse ist die x-Achse, die mit 3 bezeichnete die z-Achse des Texts

Abstand ist d und ihr vertikaler Abstand ist $a+b$. Der Definitionsbereich der Winkel mit der Vertikalen sei das Intervall $[-\pi/2, +\pi/2]$, als Ursprung des Bezugssystems, von dem nur die (1, 3)-Ebene relevant ist, sei der Punkt S gewählt, an dem der Strahl auf die Grenzfläche auftrifft. Es gilt

$$\sin\alpha = \frac{x}{\sqrt{x^2+a^2}} , \quad \sin\beta = \frac{d-x}{\sqrt{(d-x)^2+b^2}} . \tag{4.87}$$

In einem Medium mit Brechungsindex n propagiert Licht mit der Geschwindigkeit c/n. Die Zeit, die Licht von A über S bis B braucht, ist somit

$$\tau = t_{AS} + t_{SB} = \frac{n}{c}\sqrt{x^2+a^2} + \frac{n'}{c}\sqrt{(d-x)^2+b^2} . \tag{4.88a}$$

Multipliziert man beide Seiten mit der Lichtgeschwindigkeit c, dann ist dies die *optische Weglänge*

$$\lambda = n(AS) + n'(SB) = n\sqrt{x^2+a^2} + n'\sqrt{(d-x)^2+b^2} \equiv \lambda(x) . \tag{4.88b}$$

Für einen allgemeineren Weg durch Medien mit variablem Brechungsindex wird dieses Beispiel durch ein Wegintegral ersetzt:

$$\lambda := \int_A^B \mathrm{d}s \, n(s) . \tag{4.89}$$

Auf die optische Weglänge der Strahlenoptik ist das folgende Prinzip anwendbar:

Fermat'sches Prinzip:
Im Gültigkeitsbereich der Geometrischen Optik wählt das Licht seinen Weg durch optische Komponenten stets so, dass die optische Weglänge (4.89) einen Extremalwert annimmt.

Auf das Beispiel (4.88b) angewandt bedeutet dies, dass die Ableitung

$$\frac{\mathrm{d}\,\lambda(x)}{\mathrm{d}\,x} = n\frac{x}{\sqrt{x^2+a^2}} - n'\frac{d-x}{\sqrt{(d-x)^2+b^2}} = n\sin\alpha - n'\sin\beta$$

gleich Null sein muss. Das ist genau die Snellius'sche Beziehung (4.65). Ob es sich aber um ein Minimum oder ein Maximum handelt, erfährt man aus der zweiten Ableitung, für die man bei Verwendung des Snellius'schen Gesetzes und der Formeln

$$\cos^2\alpha = \frac{a^2}{x^2+a^2}\,, \quad \cos^2\beta = \frac{b^2}{(d-x)^2+b^2}$$

folgendes findet

$$\begin{aligned} \frac{\mathrm{d}^2\lambda(x)}{\mathrm{d}\,x^2} &= \frac{na^2}{(x^2+a^2)^{3/2}} + \frac{n'b^2}{((d-x)^2+b^2)^{3/2}} \\ &= \frac{n}{x}\cos^2\alpha\sin\alpha\left\{1+\frac{x\cos^2\beta}{(d-x)\cos^2\alpha}\right\}. \end{aligned} \tag{4.90}$$

Wenn $|n'| > n$ ist, so ist β kleiner als α, das Verhältnis $\cos^2\beta/\cos^2\alpha$ ist somit größer als 1. Im ersten Fall der Abb. 4.11a ist $(d-x) > 0$, die Krümmung (4.90) ist positiv und die optische Weglänge ist ein *Minimum.* Im zweiten Fall der Abb. 4.11b ist $(d-x) < 0$, der Betrag des zweiten Summanden in der geschweiften Klammer in (4.90) ist größer als 1, die Krümmung (4.90) wird negativ. Hier tritt ein *Maximum* der optischen Weglänge auf. Ein Blick auf (4.87) zeigt, dass der Winkel β im Intervall $-\pi/2 \le \beta \le 0$ liegt, der gebrochene Strahl jetzt auf derselben Seite der Flächennormalen liegt wie der einlaufende Strahl. Ein Vergleich mit dem Snellius'schen Gesetz zeigt andererseits, dass dies nur möglich ist, wenn der Brechungsindex n' einen *negativen* Wert annimmt!

Wir werden im Folgenden feststellen, dass es tatsächlich „Metamaterialien" gibt, die in bestimmten Frequenzbereichen negativen Brechungsindex aufweisen und werden qualitativ beschreiben, wie dies zustande kommt[4]. Für den Moment halten wir nur fest, dass für $n > 0$ und $n' < 0$ die optische Weglänge ein Maximum annimmt, und studieren einige optische Eigenschaften von Blöcken aus Metamaterial mit negativem Brechungsindex.

Kehren wir für einen Moment und zum Vergleich zum Beispiel der plankonvexen Linse der Abb. 4.10 zurück und betrachten deren Abbildungseigenschaften für eine Welle mit vorgegebener Kreisfrequenz ω.

[4] Das Konzept, dass ein gleichzeitiger Vorzeichenwechsel der Dielektrizitätskonstanten ε und der magnetischen Permeabilität μ für elektromagnetische Wellen zu neuen Phänomenen führt, wurde schon 1968 von V.G. Veselago entwickelt, V.G. Veselago, Soviet Physics USPEKHI **10**, 509. Aber erst in den Jahren seit 2000 wurde klar, dass dies eine nicht nur theoretisch spekulative, sondern auch experimentell realisierbare Möglichkeit ist, s. z. B. J.B. Pendry, Phys. Rev. Letters 85 (2000) 3966; D.W. Ward, K. Nelson und K.J. Webb, physics/0409083.

Denkt man sich eine kleine Dipolquelle vor die Linse auf die optische Achse gesetzt, dann trifft auf diese eine Welle, deren elektrisches Feld die Form hat

$$\boldsymbol{E}(t,\boldsymbol{x}) = \mathrm{e}^{\mathrm{i}k_z z} \sum_\sigma \boldsymbol{\varepsilon}_\sigma(k_x,k_y) \frac{1}{2\pi} \iint \mathrm{d}k_x \, \exp\left\{\mathrm{i}k_x x + k_y y - \omega t)\right\} . \tag{4.91}$$

Die optische Achse ist als z-Achse gewählt, die Polarisation $\boldsymbol{\varepsilon}_\sigma$ liegt in der (x,y)-Ebene, transversal zum Wellenvektor. Etwas vereinfacht ausgedrückt hat die Linse im Rahmen der Wellenoptik die Aufgabe, die einzelnen Komponenten von (4.91) in ihrer Phase mit dem Transmissionskoeffizienten (4.86) bzw. (4.85a) so zu modifizieren, dass die Feldkomponenten hinter der Linse wieder einen Fokus als Bild der punktförmigen Quelle aufbauen. Ohne auf diese Rekonstruktion weiter einzugehen, sieht man sofort, dass es hier eine prinzipielle Beschränkung geben muss. Die Komponenten des Wellenvektors müssen die Dispersionsbeziehung

$$\left[(k_x^2+k_y^2)+k_z^2\right]c^2 = \omega^2 \tag{4.92a}$$

erfüllen. Wellen, für die (4.92a) mit *reellem* $k_z = \sqrt{(\omega/c)^2-(k_x^2+k_y^2)}$ gilt, nennt man *propagierende* Wellen. Nur für diese gilt die oben angestellte, qualitative Überlegung. Wellen, bei denen $(k_x^2+k_y^2)$ größer als $(\omega/c)^2$ wird, nennt man *evaneszente* („verschwindende") Wellen. Für solche Wellen wird k_z rein imaginär,

$$k_z = \mathrm{i}\sqrt{(k_x^2+k_y^2)-(\omega/c)^2} , \tag{4.92b}$$

In (4.91) eingesetzt bedeutet dies, dass solche Wellen mit wachsendem z exponentiell abklingen und nicht mehr zur Konstruktion des Bildes beitragen. Dies ist der Grund warum bei einer Abbildung mit Linsen die Auflösung im Bild immer auf einen Maximalwert von

$$\delta\ell_{\max} \simeq \frac{2\pi}{k_{\max}} = \frac{2\pi c}{\omega} = \lambda \tag{4.93}$$

beschränkt bleibt, selbst wenn man perfekte Linsen mit größtmöglicher Apertur benutzt.

Ganz anders ist dies bei Verwendung von Metamaterial mit negativem Brechungsindex, bei der man die Besonderheit der *maximalen* optischen Weglängen der Abb. 4.11 ausnutzt. Der Einfachheit halber nehmen wir an, dass wir einen Quader der Dicke d aus einem Metamaterial mit $n=-1$ wie in Abb. 4.12 gezeichnet zur Verfügung haben. Im Vakuum $(n=1)$ werde eine Lichtquelle im Abstand a vor den Quader gesetzt. Wenn, wie in der Zeichnung angenommen, a kleiner als d ist, dann zeigt die geometrisch-optische Konstruktion der Abbildung, dass die von der Quelle Q ausgehenden Strahlen zweimal fokussiert werden, die Quelle somit auf die Bilder B_1 und B_2 abgebildet wird. Der Quader mit negativem Brechungsindex wirkt wie eine

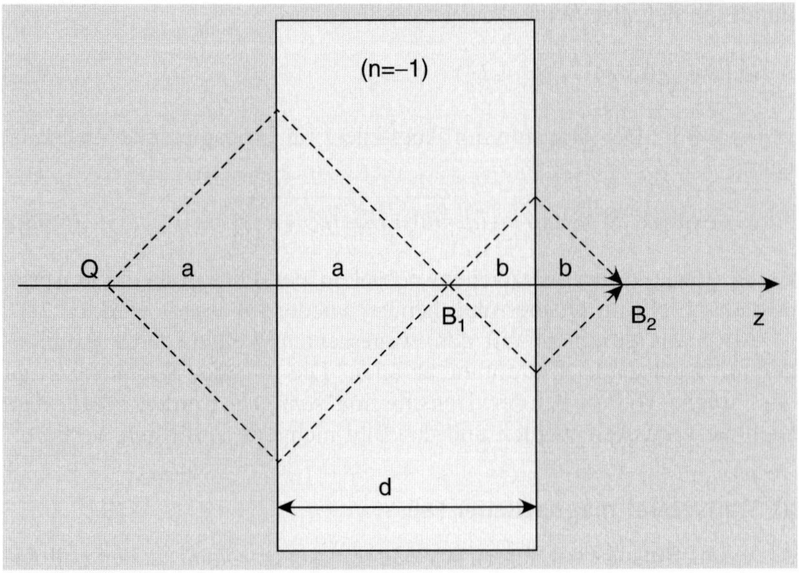

Abb. 4.12. Ein Block aus Metamaterial mit negativem Brechungsindex $n = -1$ wirkt fokussiert die von der Quelle Q ausgehenden Strahlen im Punkt B_1 innerhalb und im Punkt B_2 jenseits des Blocks

Linse. Das eigentlich Überraschende ist aber, dass diese „Linse" nicht der Einschränkung (4.93) unterliegt, sondern – vom wellenoptischen Standpunkt aus betrachtet – eine wirklich *perfekte* Linse ist. Die folgende Analyse skizziert den Beweis dieser wichtigen Aussage.

Metamaterialien sind mikrostrukturierte Objekte, deren Dielektrizitätsfunktion ε und deren Permeabilität μ komplexe Werte annehmen können und somit auch $\varepsilon = -1$ und $\mu = -1$ sein können. Der Brechungsindex ist gemäß der Maxwell'schen Formel (4.62c) gleich

$$n = \pm\sqrt{\varepsilon\mu}\,, \qquad (4.94a)$$

worin wir für „normale" Materialien die positive Wurzel verwendet haben. Für negative Werte von ε und μ muss in der Tat die negative Wurzel eingesetzt werden. Die Impedanz des Mediums, die als

$$Z := \sqrt{\frac{\mu}{\varepsilon}} \qquad (4.94b)$$

definiert ist, bleibt ungeändert wenn ε durch $-\varepsilon$ und μ durch $-\mu$ ersetzt werden. Weder an der der Quelle zugewandten, noch an der ihr abgewandten Grenzfläche des Quaders tritt Reflexion auf, das Licht wird vom Vakuum diesseits des Quaders zum Vakuum jenseits vollständig übertragen. Diese Aussagen kann man noch weiter begründen. Zunächst bestätigt man anhand der Formeln aus Abschn. 3.4.4 und Abschn. 4.1.1, dass der Energiefluss im Beispiel des Quaders auch innerhalb des Mediums in positiver Richtung läuft, wenn (4.92a) für propagierende Wellen durch die negative Wurzel

$$k'_z = -\sqrt{(\omega/c)^2 - (k_x^2 + k_y^2)} \tag{4.95a}$$

gelöst wird[5]. Der Transmissionskoeffizient für propagierende Wellen ist dann

$$t = \exp\left\{\mathrm{i}k'_z d\right\} = \exp\left\{-\mathrm{i}d\sqrt{(\omega/c)^2 - (k_x^2 + k_y^2)}\right\} . \tag{4.95b}$$

Es ist genau dieser Vorzeichenwechsel in der Phase, der dafür sorgt, dass das Licht im Quader und dahinter wieder fokussiert wird.

Aber was geschieht mit den evaneszenten Wellen, deren Amplituden mit wachsender Entfernung abfallen? Die folgende Rechnung zeigt, dass solche Wellen bei der Transmission *verstärkt* werden derart, dass auch sie fokussiert werden und das Bild nichts an Auflösung verliert.

a) Transversal-magnetischer Fall

Als erstes Beispiel betrachten wir den transversal-magnetischen Fall wie in Abschn. 4.3.2 a) und berechnen das Verhältnis (4.68a) der gebrochenen und der einfallenden Amplituden, sowie das Verhältnis (4.68b) der reflektierten und der einfallenden Amplituden, für eine Welle, die von außen aus dem Vakuum auf den Quader trifft. In diesen Formeln ist jetzt $n = 1$ und $\mu = 1$ zu setzen. Gemäß (4.64b) und (4.64c) ist

$$\left|\boldsymbol{k}'\right| \equiv k' = \left|n'\right| k = \left|n'\right| \frac{\omega}{c} \equiv \left|n'\right| |\boldsymbol{k}| \ ,$$

die Faktoren $\cos\alpha$ und $\cos\beta$ können durch k_z bzw. k'_z ersetzt werden:

$$t_\mathrm{a} := \frac{e'_0}{e_0} = \frac{2\mu' \cos\alpha}{\mu' \cos\alpha + n' \cos\beta} = \frac{2\mu' k_z}{\mu' k_z + k'_z} \ ,$$
$$r_\mathrm{a} := \frac{e''_0}{e_0} = \frac{\mu' \cos\alpha - n' \cos\beta}{\mu' \cos\alpha + n' \cos\beta} = \frac{\mu' k_z - k'_z}{\mu' k_z + k'_z} \ .$$

Für die Permeabilität im Inneren des Quaders schreiben wir von hier an der Einfachheit halber μ statt μ' (im Außenraum ist die Permeabilität jetzt gleich 1),

$$t_\mathrm{a} = \frac{2\mu k_z}{\mu k_z + k'_z} \ , \tag{4.96a}$$
$$r_\mathrm{a} = \frac{\mu k_z - k'_z}{\mu k_z + k'_z} \ . \tag{4.96b}$$

Außerdem empfiehlt es sich, μ ebenso wie die Dielektrizitätskonstante ε des Quaders (die hier zunächst noch nicht auftaucht) erst in einem Grenzübergang nach -1 gehen zu lassen.

Trifft die Welle aus dem Inneren des Quaders auf eine Grenzfläche zum Vakuum, so sind in (4.68a) und (4.68b) $\mu' = 1$ und $n' = 1$ zu set-

[5] Wie in der Arbeit von D.W. Ward et al. gezeigt wird, zeigt die Phasengeschwindigkeit dann in die negative, die Gruppengeschwindigkeit aber in die positive z-Richtung.

zen, außerdem werden k und k' vertauscht, und es gilt entsprechend

$$t_{\mathrm{i}} = \frac{2k'_z}{k'_z + \mu k_z}\,, \tag{4.97a}$$

$$r_{\mathrm{i}} = \frac{k'_z - \mu k_z}{k'_z + \mu k_z}\,. \tag{4.97b}$$

Berechnet man jetzt die Transmission durch den Quader, so muss man zum direkten Durchgang alle Streuprozesse addieren, bei denen das Licht zwei Mal, vier Mal usw. an den Innenwänden des Quaders reflektiert wird. Es ergibt sich dabei eine geometrische Reihe: Mit dem Ausdruck (4.85a) und mit der Abkürzung $\phi = x\,k'_x + d\,k'_z$ folgt

$$\begin{aligned} T^{(\mathrm{TM})}(x,\,y) &= t_{\mathrm{a}}t_{\mathrm{i}}\,\mathrm{e}^{\mathrm{i}\phi} + t_{\mathrm{a}}t_{\mathrm{i}}r_{\mathrm{i}}^2\,\mathrm{e}^{3\mathrm{i}\phi} + t_{\mathrm{a}}t_{\mathrm{i}}r_{\mathrm{i}}^4\,\mathrm{e}^{5\mathrm{i}\phi} + \ldots \\ &= \frac{t_{\mathrm{a}}t_{\mathrm{i}}\,\mathrm{e}^{\mathrm{i}\phi}}{1 - r_{\mathrm{i}}^2\,\mathrm{e}^{2\mathrm{i}\phi}}\,. \end{aligned} \tag{4.98a}$$

Setzt man die Formeln (4.96a), (4.97a) und (4.97b) ein und bildet den Limes ($\mu \to -1$, $\varepsilon \to -1$), so folgt

$$\begin{aligned} \lim_{\mu,\varepsilon\to-1} T^{(\mathrm{TM})}(x,\,y) &= \lim_{\mu,\varepsilon\to-1} \frac{4\mu k_z k'_z}{(k'_z + \mu k_z)^2} \\ &\quad \times \frac{1}{1 - [(k'_z - \mu k_z)/(k'_z + \mu k_z)]^2\,\mathrm{e}^{2\mathrm{i}\phi}}\,\mathrm{e}^{\mathrm{i}\phi} \\ &= \lim_{\mu,\varepsilon\to-1} \frac{4\mu k_z k'_z}{(k'_z + \mu k_z)^2 - (k'_z - \mu k_z)^2\,\mathrm{e}^{2\mathrm{i}\phi}}\,\mathrm{e}^{\mathrm{i}\phi} \\ &= \mathrm{e}^{-\mathrm{i}\phi}\,, \quad (\phi = x\,k'_x + d\,k'_z)\,. \end{aligned} \tag{4.98b}$$

Dabei wird ausgenutzt, dass k_z und k'_z im genannten Grenzfall gleich werden.

In ähnlicher Weise berechnet man den Reflexionskoeffizienten, der aus der Vielfachstreuung innerhalb des Quaders resultiert,

$$\begin{aligned} \lim_{\mu,\varepsilon\to-1} R^{(\mathrm{TM})}(x,\,y) &= \lim_{\mu,\varepsilon\to-1} \left\{ r_{\mathrm{a}} + \frac{t_{\mathrm{a}}t_{\mathrm{i}}\,\mathrm{e}^{\mathrm{i}\phi}}{1 - r_{\mathrm{i}}^2\,\mathrm{e}^{2\mathrm{i}\phi}} r_{\mathrm{i}}\,\mathrm{e}^{\mathrm{i}\phi} \right\} \\ &= \lim_{\mu,\varepsilon\to-1} \left\{ r_{\mathrm{a}} + T^{(\mathrm{TM})} r_{\mathrm{i}}\,\mathrm{e}^{\mathrm{i}\phi} \right\} \\ &= \lim_{\mu,\varepsilon\to-1} \{ r_{\mathrm{a}} + r_{\mathrm{i}} \} = 0\,. \end{aligned} \tag{4.99}$$

Es wird also nichts reflektiert. Evaneszente Wellen, für die k_z gemäß (4.92b) rein imaginär wird, werden *verstärkt* – im Gegensatz zum früher behandelten Fall gewöhnlicher Linsen, bei dem diese exponentiell gedämpft werden. Verwendet man einen idealisierten Quader mit Brechungsindex $n = -1$, so tragen sowohl die propagierenden als auch die bei gewöhnlichen Linsen evaneszenten Wellen zur Auflösung bei. Abgesehen von Apertur und möglichen Fehlern an den beiden Oberflächen steht nichts einer vollkommenen Rekonstruktion des Bildes entgegen.

b) Transversal-elektrischer Fall

Der transversal-elektrische Fall wird in analoger Weise behandelt. Ersetzt man in den Gleichungen (4.70a) und (4.70b) n durch 1, μ durch 1 und schreibt der Einfachheit halber wieder $\mu \equiv \mu'$, $\varepsilon \equiv \varepsilon'$, $n \equiv n'$, so erhält man

$$t_\mathrm{a} = \frac{e_0'}{e_0} = \frac{2n\cos\alpha}{\varepsilon\cos\alpha + n\cos\beta} = \frac{2nk_z}{\varepsilon k_z + k_z'}\,, \tag{4.100a}$$

$$r_\mathrm{a} = \frac{e_0''}{e_0} = \frac{\varepsilon\cos\alpha - n\cos\beta}{\varepsilon\cos\alpha + n\cos\beta} = \frac{\varepsilon k_z - k_z'}{\varepsilon k_z + k_z'} \tag{4.100b}$$

$$t_\mathrm{i} = \frac{2nk_z'}{\mu(k_z' + \varepsilon k_z)}\,, \tag{4.100c}$$

$$r_\mathrm{i} = \frac{k_z' - \varepsilon k_z}{k_z' + \varepsilon k_z}\,. \tag{4.100d}$$

Dabei wurde das Quadrat der Maxwell'schen Relation (4.62c), $n^2 = \varepsilon\mu$ eingesetzt. Das in der Vielfachstreuung auftretende Produkt $t_\mathrm{a} t_\mathrm{i}$ ist

$$t_\mathrm{a} t_\mathrm{i} = \frac{n^2}{\mu} \frac{4k_z k_z'}{(k_z' + \varepsilon k_z)^2} = \varepsilon \frac{4k_z k_z'}{(k_z' + \varepsilon k_z)^2}$$

und somit folgt auch in diesem Fall mit $n^2 = \mu\varepsilon$

$$\begin{aligned} \lim_{\mu,\varepsilon\to -1} T^{(\mathrm{TE})}(x, y) &= \lim_{\mu,\varepsilon\to -1} \frac{4\varepsilon k_z k_z'}{(k_z' + \varepsilon k_z)^2 - (k_z' - \varepsilon k_z)^2\, \mathrm{e}^{2\mathrm{i}\phi}}\, \mathrm{e}^{\mathrm{i}\phi} \\ &= \mathrm{e}^{-\mathrm{i}\phi}\,, \quad (\phi = x\,k_x' + d\,k_z')\,. \end{aligned} \tag{4.101}$$

Man bestätigt, dass auch hier der Reflexionskoeffizient verschwindet.

Klarerweise haben wir hier einen stark idealisierten Fall analytisch behandelt, der aber dennoch realistisch genug ist, die wesentlichen optischen Eigenschaften klar zu machen. Weitere Überlegungen und Illustrationen zur Optik von Metamaterialien mit negativem Brechungsindex findet man in einem schön bebilderten Aufsatz in Physics Today[7].

4.4.4 Metamaterialien mit negativem Brechungsindex

Metamaterialien oder *linkshändige* Medien, wie man sie auch manchmal nennt, sind künstliche, mikrostrukturierte Materialien, die aus Drahtstücken und sog. *split ring* Resonatoren aufgebaut sind und die zum Beispiel für Mikrowellen, im Frequenzbereich der Größenordnung 10 GHz, mit negativem Brechungsindex reagieren. Über die Herstellung solcher Materialien und den Nachweis ihrer optischen Eigenschaften wurde zuerst im Jahr 2000 berichtet[6]. Ohne auf die technischen Aspekte solcher Experimente einzugehen, wollen wir hier qualitativ beschreiben, wie man sich das Auftreten von komplexwertigen Materialparametern ε und/oder μ und damit die Möglichkeit negativer Brechungsindizes klar machen kann.

[6] D.R. Smith, W.J. Padilla, D.C. Vier, S.C. Nemat-Nasser, S. Schultz, Phys. Rev. Lett. **84** (2000) 4184.

[7] John B. Pendry, David R. Smith, Physics Today, December 2003

Der Brechungsindex ist eine makroskopische Eigenschaft des Mediums, während die elektrischen und magnetischen Suszeptibilitäten aus mikroskopischen Eigenschaften folgen. Die Zusammenhänge dieser Größen haben wir in Kapitel 1 festgestellt: so ist ε gemäß (1.73b)

$$\varepsilon(\boldsymbol{x}) = 1 + 4\pi\chi_e(\boldsymbol{x}) ,$$

während μ gemäß (1.78d) durch

$$\mu(\boldsymbol{x}) = 1 + 4\pi\chi_m(\boldsymbol{x})$$

gegeben ist. Wenn das eingestrahlte Licht Frequenzen ω in der unmittelbaren Nachbarschaft einer Resonanz ω_0 im Medium enthält, dann hat beispielsweise χ_e die Frequenzabhängigkeit[8]

$$\chi_e = \frac{\chi_0\omega_0^2}{(\omega-\omega_0)^2+\Gamma^2\omega^2}\left[(\omega-\omega_0)^2+\mathrm{i}\Gamma\omega\right] . \tag{4.102}$$

Die frequenzabhängige Funktion ε und möglicherweise auch die magnetische Permeabilität μ wandern somit in die komplexe Ebene. Schreiben wir sie in Polarzerlegung,

$$\varepsilon = |\varepsilon|\,\mathrm{e}^{\mathrm{i}\varphi_\varepsilon} , \qquad \mu = |\mu|\,\mathrm{e}^{\mathrm{i}\varphi_\mu} ,$$

so nehmen Brechungsindex (4.62c) und Impedanz (4.94b) die Form an

$$n = \sqrt{|\varepsilon|\,|\mu|}\,\mathrm{e}^{\mathrm{i}(\varphi_\varepsilon+\varphi_\mu)/2} \equiv |n|\,\mathrm{e}^{\mathrm{i}\phi_n} , \tag{4.103a}$$

$$Z = \sqrt{\frac{|\mu|}{|\varepsilon|}}\,\mathrm{e}^{\mathrm{i}(\varphi_\mu-\varphi_\varepsilon)/2} \equiv |Z|\,\mathrm{e}^{\mathrm{i}\phi_Z} . \tag{4.103b}$$

Treten in den Suszeptibilitäten χ_e und χ_m Resonanzen vom Typus (4.102) auf, so liegen diese Größen in der oberen komplexen Halbebene, die beiden Phasen φ_ε und φ_μ liegen somit immer im Intervall $[0,\pi]$. Daraus folgt, dass die Phase des komplexen Brechungsindex ebenfalls im Intervall $[0,\pi]$ liegt, die Phase der Impedanz aber im Intervall $[-\pi/2,\pi/2]$,

$$0 \leqslant \phi_n \leqslant \pi , \qquad -\frac{\pi}{2} \leqslant \phi_Z \leqslant \frac{\pi}{2} .$$

Die Phase ϕ_n ist aber nur dann größer als $\pi/2$ und der Realteil von n wird nur dann negativ, wenn beide Suszeptibilitäten komplex sind. Hat dagegen nur eine der beiden Suszeptibilitäten eine Resonanz, gilt z. B. $\varphi_\mu = 0$, dann liegen die Phasen ϕ_n und ϕ_Z beide im Intervall $[0,\pi/2]$ und der Berchungsindex hat immer positiv-semidefiniten Realteil. Da man kaum erwarten kann, dass es in der Natur Materialien gibt, bei denen χ_e und χ_m im selben Frequenzbereich eine oder mehrere Resonanzen aufweisen, wird verständlich, dass man zusammengesetzte Metamaterialien herstellen muss, die diese Bedingung erfüllen.

[8] M. Born, K. Huang, *Dynamical Theory of Crystal Lattices*, Oxford 1954.

4.5 Die Näherung achsennaher Strahlen

Lichtstrahlen aus Lasern zeichnen sich dadurch aus, dass sie nahezu monochromatisch sind und dass sie stark gebündelt sind. Die Ausbreitungsrichtung eines Laserstrahls definiert eine optische Achse, von der sich kein Teilstrahl merklich entfernt. Die erste Aussage bedeutet, dass man der Beschreibung von Laserstrahlen die Helmholtz-Gleichung (3.61) bzw. (4.82) zu Grunde legen kann, die harmonische Funktionen zur festen Wellenzahl $k = 2\pi/\lambda$ beschreibt. Die zweite Feststellung kann man nutzbar machen, indem man Näherungslösungen dieser Gleichung sucht, die achsennahe, sog. *paraxiale Strahlen* erfassen.

4.5.1 Helmholtz-Gleichung in paraxialer Näherung

Wie in Abschn. 4.4.2 betrachten wir eine typische harmonische Funktion, die sich dominant in z-Richtung ausbreitet,

$$u(\boldsymbol{x}) = a(\boldsymbol{x})\,\mathrm{e}^{\mathrm{i}kz}\,, \tag{4.104}$$

nehmen dabei an, dass ihre Amplitude $a(\boldsymbol{x})$ sich in z-Richtung über Längen der Größenordnung λ nur langsam verändert. In dieser Situation handelt es sich lokal um eine ebene Welle, deren Strahlen nahezu parallel zur optischen Achse, hier der z-Richtung, bleiben. Technisch gesehen bedeutet diese Annahme, dass die zweite Ableitung der Amplitude nach z vernachlässigt werden kann,

$$\begin{aligned}
\partial_z^2 u(\boldsymbol{x}) &= \partial_z^2\left(a(\boldsymbol{x})\,\mathrm{e}^{\mathrm{i}kz}\right)\\
&= \left\{-k^2 a(\boldsymbol{x}) + 2\mathrm{i}k\partial_z a(\boldsymbol{x}) + \partial_z^2 a(\boldsymbol{x})\right\}\,\mathrm{e}^{\mathrm{i}kz}\\
&\simeq \left\{-k^2 a(\boldsymbol{x}) + 2\mathrm{i}k\partial_z a(\boldsymbol{x})\right\}\,\mathrm{e}^{\mathrm{i}kz}\,.
\end{aligned}$$

In dieser Näherung vereinfacht sich die Helmholtz-Gleichung $(\boldsymbol{\Delta} + k^2)u(\boldsymbol{x}) = 0$ in kartesischen bzw. in Zylinderkoordinaten wie folgt

$$\left(\partial_x^2 + \partial_y^2 + 2\mathrm{i}k\partial_z\right)a(\boldsymbol{x}) \simeq 0\,; \tag{4.105a}$$

$$\left(\partial_\varrho^2 + \frac{1}{\varrho}\partial_\varrho + 2\mathrm{i}k\partial_z\right)a(\boldsymbol{x}) \simeq 0\,. \tag{4.105b}$$

Bei der Umrechnung auf Zylinderkoordianten haben wir dabei die Definition $\varrho = \sqrt{x^2 + y^2}$ benutzt, aus der die Formeln

$$\partial_x = \frac{x}{\varrho}\partial_\varrho\,, \qquad \partial_y = \frac{y}{\varrho}\partial_\varrho$$

für die ersten Ableitungen, sowie

$$\partial_x^2 = \frac{1}{\varrho}\left(1 - \frac{x^2}{\varrho^2}\right)\partial_\varrho + \frac{x^2}{\varrho^2}\partial_\varrho^2 ,$$
$$\partial_y^2 = \frac{1}{\varrho}\left(1 - \frac{y^2}{\varrho^2}\right)\partial_\varrho + \frac{y^2}{\varrho^2}\partial_\varrho^2$$

für die zweiten Ableitungen folgen. Die Näherungsform (4.105a) bzw. (4.105b) der Helmholtz-Gleichung (4.82) gilt für Strahlenbüschel, die überwiegend aus achsennahen Strahlen bestehen. Wie im nächsten Abschnitt gezeigt wird, kann man physikalisch interessante Lösungen analytisch konstruieren, die stark gebündelte (Laser-)Strahlen beschreiben.

4.5.2 Die Gauß-Lösung

Eine spezielle, für die geschilderte Zielsetzung nützliche Lösung der Differentialgleichung (4.105b) erhält man, wenn man in einer aus- (oder ein-)laufenden Kugelwelle mit konstanter, möglicherweise komplexer Amplitude a

$$u^{(\mathrm{K})} = a\frac{1}{r}\,\mathrm{e}^{\mathrm{i}kr} \tag{4.106a}$$

mit dem Argument r nahe an der optischen Achse bleibt. Wie zuvor ist die optische Achse die z-Achse, während x und y Koordinaten in Ebenen senkrecht zu dieser sind. Für $|x|$ und $|y|$ klein gegen $|z|$ gilt

$$r = \sqrt{x^2+y^2+z^2} = z\sqrt{1+\frac{\varrho^2}{z^2}} \simeq z + \frac{\varrho^2}{2z} .$$

Damit wird aus der Kugelwelle

$$a\frac{1}{r}\,\mathrm{e}^{\mathrm{i}kr} \simeq a\frac{1}{z}\,\mathrm{e}^{\mathrm{i}kz}\,\mathrm{e}^{\mathrm{i}k\varrho^2/(2z)} =: \mathrm{e}^{\mathrm{i}kz}a^{(0)}(\boldsymbol{x}) \tag{4.106b}$$

eine Lösung der Helmholtz-Gleichung in paraxialer Näherung. In der Tat bestätigt man leicht, dass

$$a^{(0)}(\boldsymbol{x}) = a\frac{1}{z}\,\mathrm{e}^{\mathrm{i}k\varrho^2/(2z)} , \quad a \in \mathbb{C} , \tag{4.107}$$

eine Lösung der genäherten Differentialgleichung (4.105b) ist: Man findet für die Ableitungen

$$\partial_\varrho a^{(0)} = \mathrm{i}ka\frac{\varrho}{z^2}\,\mathrm{e}^{\mathrm{i}k\varrho^2/(2z)} = \mathrm{i}k\frac{\varrho}{z}a^{(0)} ,$$
$$\partial_\varrho^2 a^{(0)} = \mathrm{i}k\frac{1}{z}a^{(0)} - k^2\frac{\varrho^2}{z^2}a^{(0)} ,$$
$$2\mathrm{i}k\partial_z a^{(0)} = \left\{-\frac{2\mathrm{i}k}{z} + k^2\frac{\varrho^2}{z^2}\right\}a^{(0)}$$

und sieht jetzt, dass (4.105b) erfüllt ist.

In (4.107) ist somit eine erste und recht einfache Lösung der genäherten Helmholtz-Gleichung gefunden. Weitere Lösungen lassen sich mittels folgender Überlegung daraus herleiten. Gleichung (4.105a) hat eine gewisse Ähnlichkeit mit der kräftefreien Schrödinger-Gleichung in zwei Raumdimensionen, wenn man z als Zeitvariable, x und y als Raumvariablen interpretiert. Ebenso wie klassische autonome Systeme ist diese unter Zeittranslationen, (4.107) entsprechend unter Translationen der Variablen z invariant. Aus (4.107) können wir somit durch die Ersetzung

$$z \longmapsto z - \zeta$$

neue Lösungen erzeugen. Würde man für ζ eine reelle Zahl wählen, so würde der Nullpunkt der z-Achse von 0 nach ζ verschoben. Die Konstante ζ muss aber keineswegs reell sein. Weist man ihr beispielsweise den rein imaginären Wert

$$\zeta = \mathrm{i}z_0 \quad \text{mit} \quad z_0 \in \mathbb{R}$$

zu, dann entsteht eine besonders interessante Lösung

$$u^{(1)}(\boldsymbol{x}) = a^{(1)}(\boldsymbol{x})\,, \quad \text{mit} \quad a^{(1)}(\boldsymbol{x}) = \frac{a}{z - \mathrm{i}z_0}\, \mathrm{e}^{\mathrm{i}k\varrho^2/(2(z-\mathrm{i}z_0))}\,.$$

Die Eigenschaften dieser Funktion kann man wie folgt analysieren. Zuerst zerlegt man $(z - \mathrm{i}z_0)^{-1}$ im Vorfaktor und im Exponenten in Real- und Imaginärteil

$$\frac{1}{z - \mathrm{i}z_0} \equiv \frac{1}{R(z)} + \mathrm{i}\,\frac{2}{kW^2(z)}\,. \tag{4.108a}$$

Die reellen Funktionen $R(z)$ und $W(z)$, die durch diesen Ansatz definiert werden, sind

$$R(z) = z\left(1 + \frac{z_0^2}{z^2}\right), \tag{4.108b}$$

$$W(z) = \sqrt{\frac{2z_0}{k}}\sqrt{1 + \frac{z^2}{z_0^2}} \equiv W_0\sqrt{1 + \frac{z^2}{z_0^2}}\,. \tag{4.108c}$$

Schließlich schreibt man noch den gesamten Vorfaktor in $a^{(1)}(\boldsymbol{x})$ wie folgt in eine besser interpretierbare Form um:

$$\frac{a}{z - \mathrm{i}z_0} = \frac{a}{(-\mathrm{i}z_0)}\,\frac{1}{1 + \mathrm{i}z/z_0} \equiv a^{(1)} w(z)\,, \tag{4.108d}$$

wobei folgende Abkürzungen eingeführt werden:

$$a^{(1)} = \frac{a}{(-\mathrm{i}z_0)}\,, \qquad w(z) = \frac{1}{1 + \mathrm{i}z/z_0}\,.$$

Auch die Funktion $w(z)$ ist komplex und kann nach Betrag und Phase zerlegt werden,

$$w(z) = \left(1 + \frac{z^2}{z_0^2}\right)^{-1/2} \mathrm{e}^{-\mathrm{i}\phi(z)}\,, \quad \phi(z) = \arctan\left(\frac{z}{z_0}\right). \tag{4.108e}$$

Setzt man die Umformungen und Definitionen (4.108a)–(4.108e) ein, so nimmt die solchermaßen konstruierte Lösung eine gut zu interpretierende Gestalt an:

$$u^{(1)}(\boldsymbol{x}) = a^{(1)} \frac{W_0}{W(z)} \mathrm{e}^{-\varrho^2/W^2(z)} \mathrm{e}^{\mathrm{i}[kz-\phi(z)+k\varrho^2/(2R(z))]} . \tag{4.109}$$

In diesem Ausdruck ist $a^{(1)}$ eine konstante, i. Allg. komplexe Amplitude, die Konstante W_0 ist

$$W_0 = \sqrt{\frac{2z_0}{k}} = \sqrt{\frac{\lambda z_0}{\pi}} , \tag{4.110}$$

die z-abhängigen Funktionen R und W sind durch (4.108b) bzw. (4.108c), die Phase $\phi(z)$ durch (4.108e) gegeben.

4.5.3 Analyse der Gauß-Lösung

Die Lösung (4.109) ist invariant unter Drehungen um die z-Achse, in Zylinderkoordinaten hängt sie somit nur von ϱ und z, aber nicht vom Azimuthwinkel ab. Ihre Intensität als Funktion von ϱ und z ist

$$I(\varrho, z) = I_0 \left(\frac{W_0}{W(z)} \right)^2 \mathrm{e}^{-2\varrho^2/W^2(z)} , \quad I_0 = \left| a^{(1)} \right|^2 . \tag{4.111}$$

Für festgehaltene Werte von z ist dies eine Gauß-Kurve in der Variablen ϱ, die für $z = 0$ am schmalsten ist, mit wachsendem z aber immer breiter wird. Abbildung 4.13 zeigt die radialen Verteilungen $I(\varrho, z)/I_0$ für $z = 0$, $z = z_0$ und $z = 2z_0$ als Funktion der Variablen $\zeta = \varrho/W_0$. Die besondere Form der Lösung (4.109) als Gauß'sche Glocke gibt ihr den Namen.

Hält man ϱ fest und setzt diese Variable gleich Null, dann ergibt

$$\frac{I(\varrho = 0, z)}{I_0} = \frac{1}{1 + (z/z_0)^2} ,$$

als Funktion von $u = z/z_0$ die in Abb. 4.14 gezeigte Abhängigkeit.

Die gesamte optische Leistung, die bei festem z durch einen Querschnitt senkrecht zur z-Achse tritt, ist durch das Integral

$$\begin{aligned} P &= 2\pi \int_0^\infty \varrho \, \mathrm{d}\varrho \; I(\varrho, z) \\ &= 2\pi I_0 \frac{W_0^2}{W^2(z)} \int_0^\infty \varrho \, \mathrm{d}\varrho \; \mathrm{e}^{-2\varrho^2/W^2(z)} = \frac{1}{2} I_0 \left(\pi W_0^2 \right) \end{aligned} \tag{4.112}$$

gegeben. Wie man erwartet ist dieser Ausdruck unabhängig von z.

Der Parameter W_0 bestimmt die Breite des Strahls bei $z = 0$: Es ist $I(\varrho, 0) = I_0 \exp\{-2\varrho^2/W_0^2\}$, der Radius, bei dem die Intensität

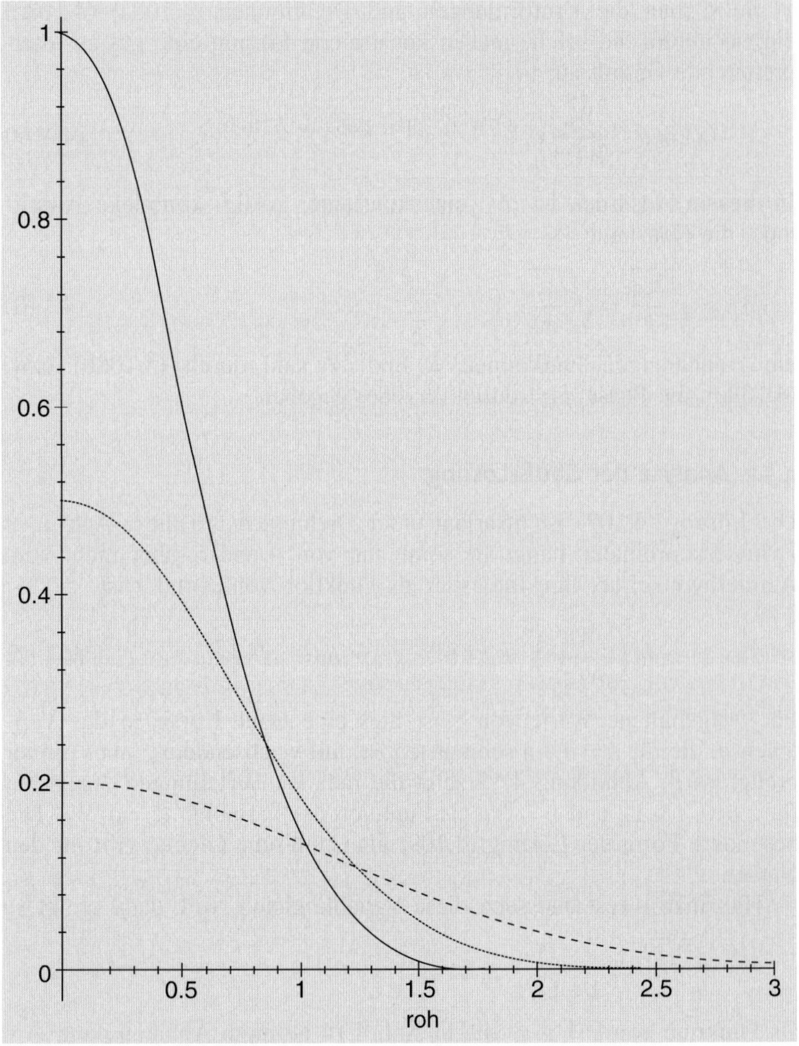

Abb. 4.13. Die Intensitätsverteilung $I(\varrho, z)$ in Einheiten von I_0, als Funktion der Radialvariablen ϱ (normiert auf W_0) für die Werte $z = 0$, $z = z_0$ und $z = 2z_0$

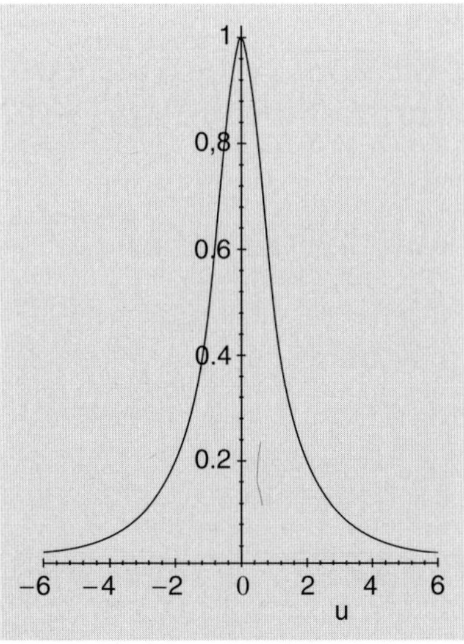

Abb. 4.14. Intensitätsverteilung bei $z = 0$, normiert auf I_0, als Funktion der Variablen $u = z/z_0$

auf die Hälfte ihres Wertes bei $\varrho = 0$ abgesunken ist, hat den Wert $\varrho_{\mathrm{H}} = (\sqrt{\ln 2}/\sqrt{2})W_0$.

In Abb. 4.15 ist die Funktion $W(z)/W_0$ über z/z_0 aufgetragen. Sie zeigt zweierlei: Die Größe W_0 charakterisiert den Radius der Gürtellinie des Strahls bei $z = 0$ und es ist daher berechtigt, das Produkt (πW_0^2) als *Strahlfleck* zu interpretieren. Bei $z = \pm z_0$ (in Abb. 4.15 sind dies die Punkte ± 1) ist der Radius des Strahls auf $W_0\sqrt{2}$ angewachsen, man bezeichnet den Abstand $(2z_0)$ daher als *Konfokalparameter*. Schließlich kann man noch die Winkel der Asymptoten der Kurve $W(z)$ über z berechnen und damit die Divergenz eines solchen Strahls abschätzen. Für $z \gg z_0$ und unter Verwendung von (4.108c) und (4.110) ist

$$W(z) \simeq (W_0/z_0)z = z\tan\theta \simeq z\theta\,, \qquad (z \gg z_0)\,,$$
$$\tan\theta = \frac{W_0}{z_0} = \frac{\lambda}{\pi W_0} \simeq \theta\,. \tag{4.113}$$

Die *Divergenz* (2θ) wird somit umso kleiner, je kleiner die Wellenlänge λ und je größer der Durchmesser ($2W_0$) der Gürtellinie ist. Betrachtet man als Beispiel einen He–Ne Laser mit $\lambda = 6{,}33 \cdot 10^{-7}$ m und mit einer Fleckgröße $W_0 = 5 \cdot 10^{-5}$ m, dann ist $\theta \simeq 0{,}23$ Grad. Dieser Laserstrahl, der auf den Mond in $z = 3{,}5 \cdot 10^8$ m Entfernung gerichtet ist, hat dort einen Durchmesser von etwa $W(z) = 1{,}41 \cdot 10^6$ m.

Will man die Wellenfronten der Lösung (4.109), d. h. die Flächen gleicher Phase $\Phi(\varrho, z) = \text{const}$, studieren, so ist folgende Beobachtung wichtig. Die gesamte Phase dieser Lösung

$$\Phi(\varrho, z) \equiv kz - \phi(z) + \frac{k\varrho^2}{R(z)}\,, \tag{4.114a}$$

bei $\varrho = 0$ ausgewertet,

$$\Phi(\varrho = 0, z) = kz - \phi(z) \tag{4.114b}$$

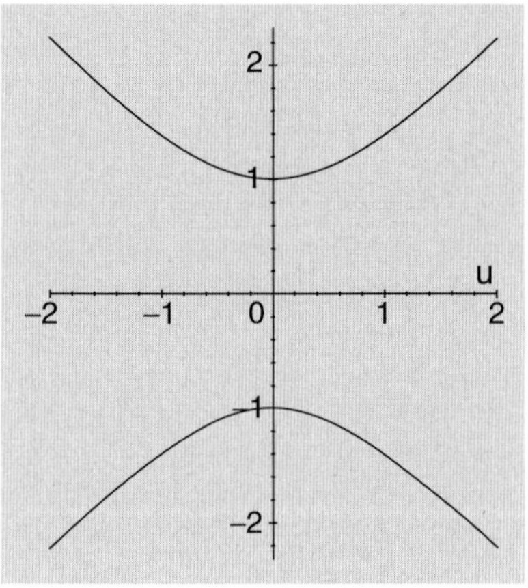

Abb. 4.15. Die Funktion $W(z)$, hier auf W_0 normiert und über $u = z/z_0$ aufgetragen, zeigt die Einschnürung des Strahls bei $z = 0$ (Gürtellinie). An den Stellen $z = \pm z_0$, hier also $u = \pm 1$, wächst $W(z)$ auf $\sqrt{2}$ mal seinem Wert bei $z = 0$ an

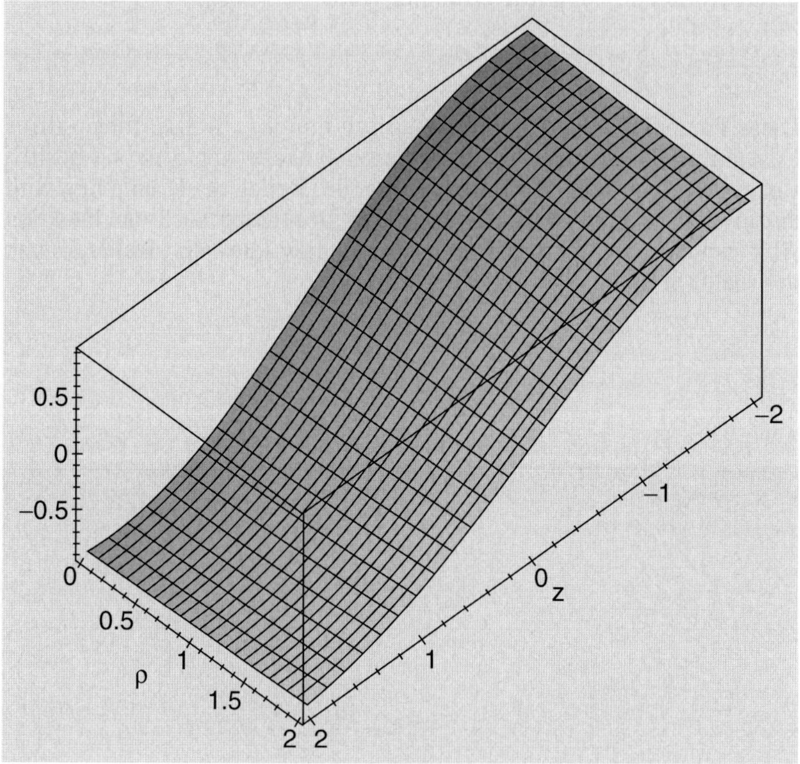

Abb. 4.16. Dreidimensionale Darstellung der gesamten Phase $\Phi(\varrho, z)$. Für $\varrho = 0$ läuft sie von $-\pi/2$ zu $+\pi/2$. Verfolgt man konstante Werte von $\Phi(\varrho, z) = $ const., so variiert z nur wenig

enthält neben der Phase kz der ebenen Welle eine z-abhängige Verschiebung, die bei $\pm\infty$ und bei 0 die Werte

$$\phi(-\infty) = -\frac{\pi}{2}, \quad \phi(0) = 0, \quad \phi(+\infty) = +\frac{\pi}{2}$$

annimmt. Diesen Verlauf liest man an dem perspektivischen Bild der Abb. 4.16 ab. Lässt man ϱ anwachsen und entfernt man sich etwas von der z-Achse, dann kann man zwei Grenzfälle sofort abstecken:
Für $z \gg z_0$ ist $R(z) \simeq z$ und man kehrt zur Näherungslösung (4.106b) zurück. Die Wellenfronten $\Phi(\varrho, z) = \text{const.}$ sind näherungsweise dieselben wie die der Kugelwelle (4.106a).
Bei $z = 0$ andererseits wird R unendlich groß, es ist $\Phi(\varrho, 0) = 0$ unabhängig von ϱ, d. h. die Wellenfront ist ein Stück einer vertikalen Geraden.

Aus Abb. 4.16 liest man ebenfalls ab, dass die Funktionen $R(z)$, (4.108b), und $\phi(z)$, (4.108e), bei festgehaltenem Wert von $\Phi(\varrho, z)$ sich nur wenig ändern. Setzt man sie daher gleich Konstanten, dann sieht man, dass die Flächen $\Phi(\varrho, z) = 2\pi c$ mit konstantem c Paraboloide sind,

$$z + \frac{\varrho^2}{2R} \simeq c\lambda + \phi\frac{\lambda}{2\pi},$$

deren Krümmung durch R bestimmt wird:

$$\frac{\mathrm{d}^2 z}{\mathrm{d}\varrho^2} \simeq -\frac{1}{R}.$$

Diese Paraboloide sind axialsymmetrisch um die z-Achse, für positives z ist ihre Krümmung negativ, für negative Werte von z ist sie positiv. Bei $z = \pm z_0$ hat R den kleinsten Betrag, der Betrag der Krümmung wird am größten. Damit ist die physikalische Bedeutung auch der Funktion $R(z)$ geklärt: Sie bestimmt den Krümmungsradius der Wellenfronten des Gauß-Strahls.

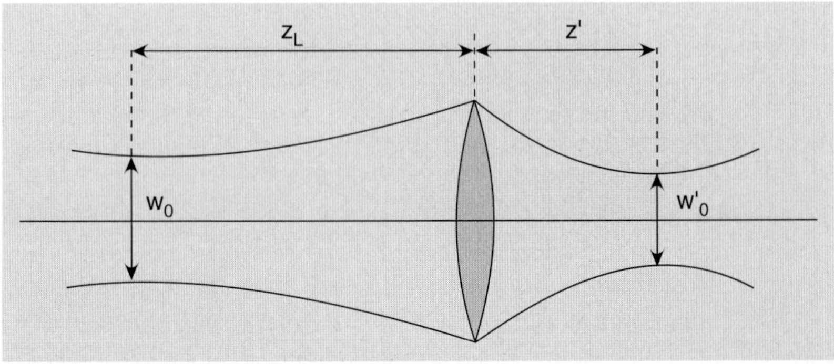

Abb. 4.17. Ein Gauß-Strahl wird beim Durchgang durch eine dünne, bikonvexe Linse wieder in einen Gauß-Strahl überführt

4.5.4 Weitere Eigenschaften des Gauß-Strahls

Gauß-Strahlen sind in der Optik von Lasern deshalb so interessant, weil sie in geeignet konstruierten optischen Instrumenten wieder in Gauß-Strahlen übergehen. Wir zeigen dies am Beispiel einer dünnen bikonvexen Linse, verweisen für weitere Untersuchungen aber auf [Saleh, Teich (1991)].

Es sei ein um $z = 0$ konzentrierter Strahl (4.109) gegeben. Wie in Abb. 4.17 skizziert möge dieser bei einem Wert $z_L \neq 0$ auf eine dünne bikonvexe Linse treffen, die senkrecht zu seiner optischen Achse aufgestellt ist. Die bikonvexe Linse kann man sich aus zwei plankonvexen Linsen mit entgegengesetzt gleichen Krümmungsradien zusammengesetzt denken, deren eine nach rechts, die andere nach links im Bild ausgerichtet ist. An der Formel (4.86) für die Phasenverschiebung als Funktion von $\varrho = \sqrt{x^2 + y^2}$ ändert sich nichts, lediglich der Ausdruck (4.84) für die Brennweite wird durch

$$\frac{1}{f} = \frac{2(n-1)}{r} \tag{4.115}$$

ersetzt. Die Phase (4.114a) des ankommenden Gauß-Strahls erhält gemäß (4.86) den Zusatzterm $\exp\{-\mathrm{i}k\varrho^2/(2f)\}$, so dass die gesamte Phase der durchgehenden Welle bei $z = z_L$ gleich

$$\begin{aligned} \Phi'(\varrho, z_L) &= kz_L - \phi(z_L) + \frac{k\varrho^2}{R'(z_L)} \\ &= kz_L - \phi(z_L) + \frac{k\varrho^2}{R(z_L)} - \frac{k\varrho^2}{2f} \end{aligned} \tag{4.116}$$

ist. Hieraus liest man ab, dass $R(z)$ und $R'(z)$ an der Stelle z_L, wo die Linse sitzt, über die bekannte Abbildungsgleichung

$$\frac{1}{f} = \frac{1}{R(z)} - \frac{1}{R'(z)} \qquad \text{bei } z = z_L$$

zusammen hängen. An derselben Stelle sind die Funktionen $W(z)$ und $W'(z)$ gleich: $W'(z_L) = W(z_L)$.

Wenn die Funktionen R und W an einer beliebigen Stelle z vorgegeben sind, so ist es nicht schwer, daraus den Abstand zur Gürtellinie, der schmalsten Stelle des Strahls, und den Strahlradius W_0 zu berechnen. Wir setzen vorübergehend $u := z/z_0$, verwenden die Definitionen (4.108b), (4.108c) und (4.110) und erhalten

$$W^2 = W_0^2(1+u^2) = \frac{\lambda}{\pi} z_0 (1+u^2)\,, \qquad R = z_0 \frac{1}{u}(1+u^2)\,.$$

Dies zeigt, dass das Verhältnis $\pi W^2/(\lambda R)$ gleich u ist. Daraus folgen eine Gleichung für den Abstand z sowie mit (4.108c) eine Bestimmungsgleichung für W_0. Diese sind

$$z = \frac{z_0}{u}\frac{(1+u^2)}{(1+1/u^2)} = \frac{R}{1+\left[\lambda R/(\pi W^2)\right]^2}\,, \tag{4.117a}$$

$$W_0 = \frac{W}{\sqrt{1+u^2}} = \frac{W}{\sqrt{1+\left[\pi W^2/(\lambda R)\right]^2}}\,. \tag{4.117b}$$

Für den hinter der Linse entstandenen Bildstrahl gelten die analogen Formeln

$$-z' = \frac{R'}{1+\left[\lambda R'/(\pi W^2)\right]^2}\,, \tag{4.118a}$$

$$W_0' = \frac{W}{\sqrt{1+u^2}} = \frac{W}{\sqrt{1+\left[\pi W^2/(\lambda R')\right]^2}}\,. \tag{4.118b}$$

Das Minuszeichen vor z' erinnert daran, dass die Gürtellinie des Bildstrahls jenseits der Linse, im Bild also rechts davon liegt. Mithilfe dieser Formeln ist es nun nicht schwer, die Parameter des ursprünglichen Strahls und des Bildstrahls zu verknüpfen. Es seien

$$r := \frac{z_0}{z-f}\,, \qquad A_r := \frac{f}{|z-f|} \tag{4.119a}$$

als Abkürzungen eingeführt und es werde der *Vergrößerungsfaktor*

$$A := \frac{A_r}{\sqrt{1+r^2}} \tag{4.119b}$$

definiert. Dann gilt für den Radius bzw. die Lage der Gürtellinie des Bildstrahls

$$W_0' = A W_0\,, \qquad z' - f = A^2(z-f)\,. \tag{4.120}$$

Für die Punkte kleinsten Krümmungsradius' z_0' und z_0 gilt $z_0' = A^2 z_0$, die Divergenz des Bildstrahls hängt mit der des ursprünglichen Strahls über $(2\theta') = (2\theta)/A$ zusammen, s. (4.113).

Interessant ist noch nachzuschauen, wie der Grenzfall der Geometrischen Optik in diesen Formeln aussieht. Wenn

$$z - f \gg z_0$$

ist, dann liegt die Linse weit vom Konfokalparameter entfernt. Der Parameter r ist sehr klein gegen 1 und $A \simeq A_r$. Der Strahl selber ist wieder näherungsweise eine Kugelwelle. Was die Parameter des Bildstrahls angeht, so vereinfachen sich die Formel (4.120) und die zweite Formel (4.119b) zu

$$W_0' \simeq A W_0\,, \tag{4.121a}$$

$$\frac{1}{f} \simeq \frac{1}{z'} + \frac{1}{z}\,, \tag{4.121b}$$

$$A \simeq A_r = \frac{f}{|z-f|}\,. \tag{4.121c}$$

Wir halten dieses wichtige Ergebnis noch einmal gesondert fest:

Ein Gauß-Strahl wird durch eine oder mehrere, hintereinander aufgestellte Linsen wieder in einen Gauß-Strahl überführt.

Als Beispiel betrachte man eine Anordnung, bei der die Linse bei $z = 0$, d. h. genau an der Gürtellinie des einlaufenden Strahls aufgestellt wird. Die Formeln (4.120) zeigen, dass der Bildstrahl auf einen Gürtellinienradius

$$W_0' = \frac{W_0}{\sqrt{1 + (z_0/f)^2}}$$

fokussiert wird und dass $z' = f/(1 + (f/z_0)^2)$ ist. Diese Gleichungen reduzieren sich im Grenzfall der Geometrischen Optik auf $W_0 \simeq \theta f$ und $z' \simeq f$. In diesem Grenzfall wird der Fokussierungseffekt noch deutlicher erkennbar.

Bemerkungen:

1. Durch Kombination von zwei hintereinander angeordneten Linsen kann man den einlaufenden Gauß-Strahl, je nach Wahl der Brennweiten und der Abstände, schmaler oder breiter machen. Reiht man eine Kette von identischen Linsen hintereinander auf, dann entsteht ein optisches Instrument, das den Gauß-Strahl über größere Abstände transportiert, ohne ihn zu verändern. Eine solche Anordnung kann also zum Strahltransport von Lasern dienen.

2. Die Helmholtz-Gleichung in paraxialer Näherung hat noch weitere und allgemeinere Lösungen, die ebenfalls zur Beschreibung von Laserstrahlen nützlich sind. Man kann sogar *vollständige* Systeme von Funktionen angeben, nach denen die Lösungen sich entwickeln lassen, so zum Beispiel die Hermite'schen Polynome, die man aus der Quantenmechanik des harmonischen Oszillators kennt. Für Einzelheiten siehe [Saleh, Teich 1991].

Lokale Eichtheorien

Einführung

Obwohl sie ein Prinzip der *klassischen* Feldtheorie ist, hat die Eichinvarianz der Elektrodynamik erst im Zusammenhang der Quantenmechanik von Elektronen und der Schrödinger-Gleichung eine tiefe und weit führende Bedeutung gewonnen. In diesem Kapitel studieren wir die Verallgemeinerung des Konzepts einer lokal eichinvarianten Feldtheorie, die nach dem Vorbild der Maxwell-Theorie aufgebaut wird, auf nicht-Abel'sche Eichgruppen. Diese Verallgemeinerung, die zunächst etwas akademisch wirkt, weil sie neben dem Maxwell-Feld weitere masselose Eichfelder enthält, von denen man in der makroskopischen Physik nichts weiß, wird physikalisch realistisch, wenn sie mit dem Phänomen der spontanen Symmetriebrechung kombiniert wird. Beide Konzepte, das der nicht-Abel'schen Eichtheorie und das der spontanen Symmetriebrechung, sind rein klassischer, also nicht quantenmechanischer Natur. Gleichzeitig legt man damit das (klassische) Fundament für die heute allgemein akzeptierten, durch das Experiment bestätigten Eichtheorien der fundamentalen Wechselwirkungen. Dieses Kapitel legt die Grundlagen für die Konstruktion einer solchen Theorie dar, soweit sie im klassischen Rahmen bleibt. Erst mit der Einführung von fermionischen Teilchen (Quarks und Leptonen) wird die Quantisierung solcher Theorien unausweichlich.

Inhalt

5.1 Klein-Gordon-Gleichung und massive Photonen

Ein besonders einfaches Beispiel für eine Lorentz-kovariante Feldtheorie, die auf dem Minkowski-Raum $M = \mathbb{R}^4$ lebt, ist durch die Lagrangedichte (3.17a)

$$\mathcal{L}(\phi(x), \partial_\mu \phi(x)) = \frac{1}{2}\left[\partial_\mu \phi(x) \partial^\mu \phi(x) - \kappa^2 \phi^2(x)\right] - \varrho(x)\phi(x) \qquad (5.1)$$

gegeben. Die dort eingefügten Konstanten $\hbar$ und c hatten lediglich den Zweck, der Lagrangedichte die richtige physikalische Dimension, nämlich (Energie/Volumen) zu geben. Da die Euler-Lagrangegleichungen in $\mathcal{L}$ homogen sind, hebt sich der Vorfaktor $1/(\hbar c)$ heraus und kann hier ohne Einschränkung ganz weggelassen werden. Die Punkte des Raumzeitkontinuums sind mit $x \in \mathbb{R}^4$ bezeichnet, die Ableitungen sind wie zuvor

$$\partial_\mu = \left(\partial_0, \nabla\right)^T , \qquad \partial^\mu = g^{\mu\nu}\partial_\nu = \left(\partial_0, -\nabla\right)^T ,$$

$\phi(x)$ ist ein Lorentz-skalares Feld, d. h. ein Feld, das sich unter der Wirkung einer Lorentz-Transformation $\mathbf{\Lambda} \in L_+^\uparrow$ nicht ändert,

$$x \mapsto x' = \mathbf{\Lambda} x : \qquad \phi(x) \mapsto \phi'(x') = \phi(x) .$$

Die ebenfalls skalare Größe $\varrho(x)$ ist eine äußere Quelle – im selben Sinne wie die Ladungs- und Stromdichten in den Maxwell'schen Gleichungen äußere Quellen für das Strahlungsfeld sind. Die Konstante κ ist ein Parameter mit der Dimension einer inversen Länge. In der Quantentheorie ist κ der Kehrwert der Compton-Wellenlänge

$$\frac{1}{\kappa} = \frac{\lambda}{2\pi} = \frac{\hbar}{mc} \tag{5.2}$$

eines Teilchens der Masse m. In natürlichen Einheiten, bei denen sowohl die Lichtgeschwindigkeit als auch die Planck'sche Konstante den Wert 1 haben, $c = 1$ und $\hbar = 1$, ist $\kappa = m$ einfach die Masse selbst.

Die Euler Lagrange-Gleichungen (3.16), von denen es hier nur eine gibt, liefert die Bewegungsgleichung (3.17b)

$$\left(\Box + \kappa^2\right)\phi(x) = -\varrho(x) , \tag{5.3a}$$

die wir hier aus folgenden Gründen wiederholt haben:

(i) Setzt man in die zu (5.3a) gehörende homogene Gleichung

$$\left(\Box + \kappa^2\right)\phi(x) = 0 \tag{5.3b}$$

einen Wellenansatz wie den in (4.4a) ein, $\phi(t, \boldsymbol{x}) = \mathrm{e}^{-\mathrm{i}\omega t}\,\mathrm{e}^{\mathrm{i}\boldsymbol{k}\cdot\boldsymbol{x}}$, so folgt die Dispersionsrelation

$$\omega^2 - \boldsymbol{k}^2 - \kappa^2 = 0 . \tag{5.4a}$$

Nach Multiplikation mit $\hbar^2$ und unter Beachtung von (5.2) wird dies zu einer Relation zwischen der Energie $E = \hbar\omega$, dem Impuls $\boldsymbol{p} = \hbar\boldsymbol{k}$ und der Masse m

$$E^2 = \boldsymbol{p}^2 + \left(mc^2\right)^2 , \tag{5.4b}$$

die nichts Anderes darstellt als die speziell-relativistische Beziehung zwischen Energie und Impuls eines freien Teilchens der Masse m.

(ii) Es ist keineswegs zwingend, die Gleichung (5.3b) nur für Skalarfelder anzusetzen. Sie könnte genauso gut für ein Vektorfeld

$$\boldsymbol{V}(t, \boldsymbol{x}) = \boldsymbol{v}\,\mathrm{e}^{-\mathrm{i}\omega t}\,\mathrm{e}^{\mathrm{i}\boldsymbol{k}\cdot\boldsymbol{x}}$$

gefordert werden, wo $\boldsymbol{v}$ ein konstanter Vektor ist. Die Klein-Gordon-Gleichung gilt dann für jede der vier Komponenten $V^\mu(t, \boldsymbol{x})$ des Vektorfeldes einzeln. Dies gilt genauso für Tensorfelder beliebiger Stufe, im Übrigen auch für Spinorfelder: Jede Komponente erfüllt die Klein-Gordon-Gleichung für sich allein.

(iii) Eine statische Lösung der inhomogenen Gleichung (5.3a) mit der statischen Quelle

$$\varrho(t, \boldsymbol{x}) \equiv \varrho(\boldsymbol{x}) = g\delta(\boldsymbol{x})$$

lässt sich leicht angeben. Bei statischen Verhältnissen reduziert (5.3a) sich mit $\Box = (1/c^2)\partial^2/\partial t^2 - \boldsymbol{\Delta}$ auf die zeitunabhängige Differentialgleichung

$$\left(\boldsymbol{\Delta} - \kappa^2\right)\phi(\boldsymbol{x}) = \varrho(\boldsymbol{x}) = g\delta(\boldsymbol{x}) .$$

Ohne besondere Randbedingungen lautet die Lösung

$$\phi^{\text{stat}}(\boldsymbol{x}) = -\frac{g}{4\pi}\frac{\mathrm{e}^{-\kappa r}}{r} . \tag{5.5}$$

Diese Lösung kann man direkt herleiten, indem man die entsprechende Fourier-transformierte Gleichung algebraisch löst und das Ergebnis der inversen Fourier-Transformation unterwirft, s. Aufgabe 5.1. Man kann sie aber auch aus der entsprechenden Green-Funktion der Helmholtz-Gleichung (4.8) bzw. (4.32) durch Fortsetzung in der (dort reellen) Wellenzahl k erhalten:

$$k \longrightarrow \mathrm{i}\kappa \, : \, -\frac{\mathrm{e}^{\mathrm{i}kr}}{4\pi r} \longrightarrow -\frac{\mathrm{e}^{-\kappa r}}{r} .$$

Eine punktförmige Quelle mit der „Stärke“ g, die im Ursprung sitzt, erzeugt ein Feld (5.5), das exponentiell nach außen abklingt. Die Abklingrate wird durch die Compton-Wellenlänge bestimmt, die zur Masse m gehört. Je größer die Masse, desto schneller fällt die Lösung ab. Ist die Masse dagegen gleich Null, so nimmt die Lösung (5.5) die mit $1/r$ abfallende Form des Coulomb-Potentials an. Die Klein-Gordon-Gleichung geht gleichzeitig in die Wellengleichung (1.45) über.

Wir kehren jetzt zur Maxwell-Theorie zurück und versuchen dort einen Massenterm von der Art des in (5.3a) betrachteten einzuführen. Dies geht am einfachsten durch eine Ergänzung der Lagrangedichte (3.28) in folgender Form

$$\begin{aligned}\mathcal{L}_{\text{Proca}}(A_\tau, \partial_\sigma A_\tau) = & -\frac{1}{16\pi} F_{\mu\nu}(x) F^{\mu\nu}(x) \\ & + \frac{\lambda^2}{8\pi} A_\mu(x) A^\mu(x) - \frac{1}{c} j^\mu(x) A_\mu(x) .\end{aligned} \tag{5.6}$$

Auf dem Weg zu den Euler Lagrange-Gleichungen berechnet man

$$\frac{\partial \mathcal{L}_{\text{Proca}}}{\partial A_\tau} = -\frac{1}{c} j^\tau + \frac{\lambda^2}{4\pi} A^\tau(x) ,$$

$$\frac{\partial \mathcal{L}_{\text{Proca}}}{\partial(\partial_\sigma A_\tau)} = -\frac{1}{4\pi} F^{\sigma\tau}(x) .$$

Für zwei der drei Terme auf den rechten Seiten sind dies dieselben Rechnungen wie die in Abschn. 3.3. Bei dem neuen, zu λ^2 proportionalen Term muss man auf den Faktor 2 achten, denn es ist

$$A_\tau(x) A^\tau(x) = A_\tau(x) g^{\tau\lambda} A_\lambda(x) ,$$

wobei über alle wiederholten, kontravarianten Indizes summiert wird. Die Bewegungsgleichungen – hier das Analogon zu den inhomogenen Maxwell-Gleichungen – sind demnach

$$\partial_\sigma F^{\sigma\tau}(x) + \lambda^2 A^\tau(x) = \frac{4\pi}{c} j^\tau . \tag{5.7}$$

Stellt man den Feldstärkentensor durch Potentiale dar,

$$F^{\sigma\tau}(x) = \partial^\sigma A^\tau(x) - \partial^\tau A^\sigma(x) ,$$

und nimmt an, dass das Potential der Lorenz-Bedingung $\partial_\mu A^\mu(x) = 0$ genügt, so bleibt die partielle Differentialgleichung

$$\left(\Box + \lambda^2\right) A^\tau(x) = \frac{4\pi}{c} j^\tau . \tag{5.8}$$

Die Lagrangedichte (5.6) wird *Proca'sche Lagrangedichte* genannt, nach A. Proca, der sie in den dreißiger Jahren zuerst diskutiert hat.

Bemerkungen

1. Beim Vergleich der Lagrangedichten (5.1) für das Skalarfeld und (5.6) für das Proca'sche Vektorfeld fällt eine gewisse Analogie auf: Beide enthalten einen Massenterm, der einmal $-(\kappa^2/2)\phi^2(x)$, das andere Mal $(\lambda^2/8\pi)A_\mu(x)A^\mu(x)$ lautet. beide Lagrangedichten enthalten einen Wechselwirkungsterm an äußere Quellen, die in (5.1) durch die skalare Dichte $\varrho(x)$, in (5.6) durch die Stromdichte $j^\mu(x)$ repräsentiert werden. Es liegt nahe, den ersten Term

   $$-\frac{1}{16\pi} F_{\mu\nu}(x) F^{\mu\nu}(x)$$

   in (5.6) als kinetischen Term des Vektorfeldes zu bezeichnen, der im Fall der Maxwell-Felder durch $(1/8\pi)(\boldsymbol{E}^2 - \boldsymbol{B}^2)$ gegeben ist (s. (3.25a)). Dieser Anteil in der Lagrangedichte (3.28) der Maxwell-Theorie mit seinem spezifischen Vorzeichen liefert die positiv-definite Energiedichte (3.49a) des freien Maxwell-Feldes.
2. Hätte das Photon eine nichtverschwindende Masse, so wäre (5.8) die richtige Bewegungsgleichung – anstelle der Wellengleichung – für Photonen. Eine interessante Diskussion dieser Bewegungsgleichung und ihrer physikalischen Konsequenzen, einschließlich einer Liste von Originalarbeiten zu diesem Thema findet man bei [Jackson 1999].

   Die für die Themen dieses Kapitels wichtige Feststellung ist der Verlust der Eichinvarianz der Lagrangedichte $\mathcal{L}_{\text{Proca}}$. Während der erste und der dritte Term in (5.6) eichinvariant sind, wie wir in Abschn. 3.4.2 gesehen haben, gilt dies nicht für den Massenterm: Unter einer Eichtransformation

   $$A_\tau(x) \longmapsto A'_\tau(x) = A_\tau(x) - \partial_\tau \Lambda(x)$$

wird der in den Potentialen quadratische Term zu

$$A_\tau(x)A^\tau(x) \mapsto A'_\tau(x)A'^\tau(x)$$
$$= A_\tau(x)A^\tau(x) - 2A_\tau(x)\partial^\tau \Lambda(x) + \partial_\tau \Lambda(x)\partial^\tau \Lambda(x)$$

und kann nicht auf die ursprüngliche Form zurück geführt werden. Physikalisch bedeutet dieses Ergebnis einerseits, dass das Potential $A_\mu(x)$ hier, im Gegensatz zur Maxwell-Theorie, eine eigene physikalische Bedeutung erhält. Andererseits wird ein direkter Zusammenhang zwischen der Masselosigkeit des Photons, der unendlichen Reichweite des Coulomb-Potentials und der Eichinvarianz der Maxwell'schen Gleichungen hergestellt. Als wichtigstes Ergebnis halten wir fest:

Ein originärer Massenterm in der Lagrangedichte der Maxwell-Theorie ist mit der Eichinvarianz unverträglich.

5.2 Die Bausteine der Maxwell-Theorie

Die Maxwell'sche Theorie der elektromagnetischen Erscheinungen ist der Prototyp einer Eichtheorie, nach deren Vorbild alle anderen, für die Beschreibung der fundamentalen Wechselwirkungen bedeutsamen Eichtheorien konstruiert werden. Bevor wir auf allgemeinere Eichtheorien eingehen, ist es daher hilfreich, sich noch einmal die Bausteine in Erinnerung zu rufen, aus denen die Maxwell-Theorie zusammengesetzt ist. Wir tun dies in folgender Gliederung

a) Zu Grunde liegende Raumzeit

Soweit wir sie bis hierher kennengelernt haben, setzt die Maxwell'sche Theorie den (flachen) Minkowski-Raum $M = \mathbb{R}^4$ als Raumzeit voraus, der die Dimension 4 hat und mit der Metrik

$$\mathbf{g} = \mathrm{diag}(1, -1, -1, -1) \tag{5.9}$$

ausgestattet ist. Präziser formuliert, ist der Minkowski-Raum eine flache semi-Riemann'sche Mannigfaltigkeit mit *Index* $\nu = 1$ und sollte besser mit $\mathbb{R}^{(1,3)}$ bezeichnet werden, um die besondere Rolle der Zeitvariablen hervorzuheben. Die Definition des Begriffs Index sei hier wie folgt angefügt:

Definition Index einer Bilinearform

Auf einem Vektorraum V endlicher Dimension $n = \dim V$ sei eine nicht ausgeartete, symmetrische Bilinearform gegeben. Der Index der Bilinearform ist die Kodimension[1] des größten Unterraums W von V,

$$\nu = \dim V - \dim W \tag{5.10}$$

auf dem diese *definit* ist, positiv-definit oder negativ-definit.

[1] Die Kodimension eines Unterraums W des endlich dimensionalen Vektorraums V ist $\mathrm{codim}\ W := \dim V - \dim W$.

Im Fall des Minkowski-Raums ist die Metrik eine solche Bilinearform und ist bei der hier getroffenen Wahl (5.9) auf dem Raumanteil negativ definit. Bei der anderen, zulässigen Wahl $\mathbf{g} = \mathrm{diag}(-1, 1, 1, 1)$ wäre sie positiv definit. Dieser Unterraum ist dreidimensional, seine Kodimension ist – unabhängig von der Wahl der Vorzeichen – daher $\nu = \dim M - 3 = 4 - 3 = 1$.

Die kausale Struktur auf M wird durch die Poincaré- bzw. die Lorentz-Gruppe der Transformationen

$$x \longmapsto x' = \mathbf{\Lambda} x + a\,, \quad \text{mit} \quad \mathbf{\Lambda}^T \mathbf{g} \mathbf{\Lambda} = \mathbf{g}$$

bestimmt. Sie äußert sich unter Anderem in den Retardierungseffekten in der Ausbreitung elektromagnetischer Signale.

b) Die Variablen

Die zentralen Observablen der Theorie sind im Vakuum die Tensorfelder $F_{\mu\nu}(x)$ (in Materie entsprechend $\mathcal{F}_{\mu\nu}(x)$) der elektromagnetischen Feldstärken und die Ladungs- und Stromdichten $j^\mu(x) = (c\varrho(x), \boldsymbol{j}(x))^T$ der Materie, die als die treibenden Quellterme in den Maxwell'schen Gleichungen auftreten. Ebenfalls wichtig, wenn auch schon etwas problematisch, ist das Vierer-Potential $A_\mu(x)$. Es tritt in der Lagrangedichte in den Kopplungstermen an die Materie auf, ist aber nicht direkt beobachtbar. Es *kann* ein Vierer-Vektorfeld sein, je nach Klasse der gewählten Eichungen kann es aber auch ein komplizierteres Transformationsverhalten haben, ohne die Lorentz-Kovarianz der Theorie zu tangieren.

Sobald die Aufteilung des Minkowski-Raums $\mathbb{R}^{(1,3)}$ durch Auswahl einer Klasse von Bezugssystemen in Raumanteil $\mathbb{R}^3$ und Zeitanteil $\mathbb{R}_t$ festliegt, wird das Tensorfeld $F_{\mu\nu}(x)$ bzw. $\mathcal{F}_{\mu\nu}(x)$ in die elektrischen Feldgrößen $\boldsymbol{E}(t, \boldsymbol{x})$ bzw. $\boldsymbol{D}(t, \boldsymbol{x})$ und die magnetischen Feldgrößen $\boldsymbol{B}(t, \boldsymbol{x})$ bzw. $\boldsymbol{H}(t, \boldsymbol{x})$ zerlegt. Diese sind zwar für den Test der Theorie im Experiment unverzichtbar, haben aber ein kompliziertes Transformationsverhalten, wenn man das Bezugssystem mittels einer Speziellen Lorentz-Transformation wechselt.

c) Eichtransformationen, Strukturgruppe und Eichgruppe

Wie wir in Abschn. 3.4.2 und in einer Bemerkung in Abschn. 2.2.5 festgestellt haben, ist die Maxwell-Theorie sowohl unter globalen Eichtransformationen

$$G = \mathrm{U}(1) = \left\{ \mathrm{e}^{\mathrm{i}\alpha} \,\middle|\, \alpha \in \mathbb{R} \quad (\mathrm{mod}\ 2\pi) \right\} \tag{5.11a}$$

als auch unter den lokalen Eichtransformationen

$$\mathfrak{G} = \left\{ \mathrm{e}^{\mathrm{i}\alpha(x)} \,\middle|\, \alpha \in \mathfrak{F}(\mathbb{R}^{(1,3)}) \quad (\mathrm{mod}\ 2\pi) \right\} \tag{5.11b}$$

invariant, wo $\mathfrak{F}(\mathbb{R}^{(1,3)})$ die Menge der glatten Funktionen auf dem Minkowski-Raum bezeichnet. Die Gruppe selbst, hier also die Gruppe

(5.11a), nennen wir *Strukturgruppe*. Die daraus konstruierte, unendlich dimensionale Gruppe (5.11b) heißt *Eichgruppe* und legt die Form der Eichtransformationen fest.

Die eigentliche Invarianzgruppe der Maxwell-Theorie ist also eine U(1), d. h. eine Abel'sche Gruppe. Diese Abel'sche Gruppe hat nur eine Erzeugende, die man als $\mathbb{1}$ notieren kann.

d) Geometrische Struktur der Maxwell-Theorie

Geometrisch gesehen, ist das Potential eine Einsform $A_\mu(x)\,\mathrm{d}x^\mu$ über dem Minkowski-Raum. Die Wirkung einer durch die Funktion $\chi(x)$ erzeugten Eichtransformation (2.59) ist eine affine Transformation des Potentials der Form

$$A'_\tau(x) = A_\tau(x) - \partial_\tau \chi(x) \,.$$

In der Sprache der Formen geschrieben lautet diese

$$\omega_{A'} = \omega_A - \mathrm{d}\chi \,,$$

wo $\omega_A = A_\mu(x)\,\mathrm{d}x^\mu$ wie in (2.82) definiert ist. Dies ist offensichtlich eine infinitesimale Transformation und bedeutet, dass das Potential nicht nur eine Einsform, sondern selbst Element der Lie-Algebra der Eichgruppe ist.[2]

Es ist für das Folgende nützlich, die Einsform des Potentials wie in (2.88a) zu definieren, d. h. indem man eine elektrische Referenzladung q – z. B. die Elementarladung e – und einen Faktor i mit aufnimmt[3]:

$$A := \mathrm{i}q\, \omega_A = \mathrm{i}q\, A_\mu(x)\,\mathrm{d}x^\mu \,. \tag{5.12}$$

Multipliziert man auch die Eichfunktion mit diesen Faktoren, dann behält die Eichtransformation dieselbe Form wie zuvor,

$$A \longmapsto A' = A + \mathrm{d}\Lambda \,, \qquad \text{mit} \quad \Lambda(x) = -\mathrm{i}q\, \chi(x) \,. \tag{5.13}$$

Es gelten die Gleichungen (2.88b) und (2.88c) für die kovariante Ableitung und die Krümmungsform (Zweiform der Feldstärken), die wir hier wiederholen

$$D = d + A \,, \tag{5.14a}$$

$$D^2 = (\mathrm{d}A) + A \wedge A = (\mathrm{d}A) = F \,,$$

$$(F = \mathrm{i}q\, F_{\mu\nu}(x)\,\mathrm{d}x^\mu \wedge \mathrm{d}x^\nu) \,. \tag{5.14b}$$

Das Beispiel 3.5 der Schrödinger-Gleichung mit Kopplung an das Strahlungsfeld zeigte, dass der Term

$$-\frac{1}{2m}\big(D\psi^*\big)\big(D\psi\big) \tag{5.15}$$

unter lokalen Eichtransformationen invariant bleibt, wenn die Wellenfunktion, gleichzeitig mit der Transformation (5.13) des Potentials,

[2] Natürlich sind Vorzeichen vor der Eichfunktion $\chi(x)$ nicht relevant, weil diese ja beliebig wählbar ist. Ich habe hier das Minuszeichen verwendet, um wie in Abschn. 3.4.2 mit den üblichen Konventionen und Vorzeichen wie in (3.39a) übereinzustimmen.

[3] Die Faktoren $\hbar$ und c, die dort erscheinen, sind nicht wesentlich. Wir können sie im Kontext einer quantisierten Theorie jederzeit wieder einfügen, wir können sie aber auch durch Wahl von natürlichen Einheiten durch 1 ersetzen.

der Transformation

$$\psi(x) \longmapsto \psi'(x) = g(x)\psi(x)\,, \quad \text{mit} \quad g(x) = \mathrm{e}^{\mathrm{i}q\chi(x)} = \mathrm{e}^{-\Lambda(x)} \qquad (5.16)$$

unterworfen wird. Dies bedeutet, dass die volle Theorie, die die Maxwell'schen Gleichungen und die Schrödinger-Gleichung liefert, eichinvariant ist, wenn in der kinetischen Energie der durch die Schrödinger-Gleichung beschriebenen Teilchen die gewöhnliche Ableitung durch die kovariante Ableitung ersetzt wird.

Bemerkungen

1. Die eben getroffene Schlussfolgerung ist nicht auf das Beispiel der Schrödinger-Gleichung beschränkt. Offensichtlich kommt es nur auf die kinetische Energie (5.15) an. Diese Form der kinetischen Energie von Materieteilchen ist aber sehr allgemein, man vergleiche auch mit (5.1)!
2. Die Eichtransformation $g(x)$, Gl. (5.16), am Feld $\psi(x)$ ist ein Element der Eichgruppe $\mathfrak{G}$, ihre infinitesimale Form entsteht, wenn man nach $\chi(x)$ entwickelt,

   $$g(x) \simeq 1 + \mathrm{i}q\chi(x)\,, \quad |\chi(x)| \ll 1\,,$$

   so dass die entsprechende Variation an ψ

   $$\delta\psi = \mathrm{i}q\chi(x)\psi(x) \qquad (5.16a)$$

   ist. Wiederum ist man auf dieser Stufe in der Lie-Algebra Lie $(\mathfrak{G})$ der Eichgruppe angelangt. Da die Gruppe U(1) Abel'sch ist, hat ihre Lie-Algebra nur eine Erzeugende und in der Variation $\delta\psi$, Gl. (5.16a), tritt nur ein Term auf.

5.3 Nicht-Abel'sche Eichtheorien

Die kurze Zusammenfassung der Maxwell'schen Theorie mit besonderer Betonung ihrer Eichinvarianz und ihrer geometrischen Struktur im vorhergehenden Abschnitt legt es nahe, dieselbe Konstruktion mit anderen, jetzt auch nicht-Abel'schen Lie-Gruppen aufzunehmen, die an die Stelle der U(1) treten. Es wird berichtet, dass W. Pauli schon sehr früh die Idee ausprobiert habe, den von W. Heisenberg eingeführten Isospin, d. h. die Lie-Gruppe SU(2) zu „eichen“, diese aber aus physikalischen Gründen (auf die wir weiter unten kurz eingehen) verworfen habe. In publizierter Form wurde diese Konstruktion von C.N. Yang und R.L. Mills 1954 vorgeschlagen[4]. Deshalb spricht man in diesem Zusammenhang auch von *Yang Mills-Theorie* als Synonym für *lokale Eichtheorie*.

In diesem Abschnitt arbeiten wir dieses Konzept nach dem Vorbild der Maxwell-Theorie aus, stellen die Lagrangedichte einer Eichtheorie auf und studieren ihre Ankopplung an Materiefelder in der einfachsten Form.

[4] C.N. Yang and R.L. Mills, Phys. Rev. **96** (1954) 191.

5.3.1 Die Strukturgruppe und ihre Lie-Algebra

Als Strukturgruppe G, die die U(1) der Maxwell-Theorie ersetzen soll, kommt nur eine *kompakte* Lie-Gruppe in Frage, denn nur diese garantiert einen (verallgemeinerten) kinetischen Term in der Lagrangedichte, der das richtige Vorzeichen hat. Ohne allzu viel mathematische Strenge kann man kompakte Lie-Gruppen wie folgt charakterisieren.

Eine (endlich dimensionale) Lie'sche Gruppe ist eine glatte Mannigfaltigkeit G von Transformationen, die die Gruppenaxiome erfüllen und bei der das Produkt $g_2 \cdot g_1$ zweier Elemente g_1 und g_2, und ebenso die Inverse g^{-1} jeder Transformation g glatt (d. h. differenzierbare Funktionen der Gruppenparameter) sind.

Wir zitieren das Beispiel der speziellen orthogonalen Gruppe SO(3) in 3 reellen Dimensionen, die uns aus der Mechanik (z. B. aus der Theorie des Kreisels) und aus der nichtrelativistischen Quantentheorie wohlbekannt ist,

$$\mathrm{SO}(3) = \left\{ \mathbf{R} \in M_3(\mathbb{R}) \,|\, \mathbf{R}^T\mathbf{R} = \mathbb{1}, \det \mathbf{R} = 1 \right\} . \tag{5.17}$$

Das Symbol $M_3(\mathbb{R})$ steht für die Menge der reellen 3×3-Matrizen, das Wort „orthogonal" für die Eigenschaft, dass die Inverse von $\mathbf{R}$ gleich ihrer Transponierten ist, „speziell" steht für die Einschränkung auf $\det \mathbf{R} = +1$. Da sie über den reellen Zahlen definiert ist, müsste man sie eigentlich mit SO(3,$\mathbb{R}$) bezeichnen.

Jede solche Drehung kann beispielsweise durch drei Euler'sche Winkel ϕ, θ und ψ charakterisiert werden,

$$\mathbf{R} = \mathbf{R}(\phi, \theta, \psi)$$
$$= \begin{pmatrix} [\cos\phi\cos\theta\cos\psi & [\sin\phi\cos\theta\cos\psi & -\sin\theta\cos\psi \\ \quad -\sin\phi\sin\psi] & \quad +\cos\phi\sin\psi] & \\ [-\cos\phi\cos\theta\sin\psi & [-\sin\phi\cos\theta\sin\psi & \sin\theta\sin\psi \\ \quad -\sin\phi\cos\psi] & \quad +\cos\phi\cos\psi] & \\ \cos\phi\sin\theta & \sin\phi\sin\theta & \cos\theta \end{pmatrix} , \tag{5.17a}$$

die die folgenden Variationsbereiche haben

$$\phi \in [0, 2\pi] , \quad \theta \in [0, \pi] , \quad \psi \in [0, 2\pi] . \tag{5.17b}$$

Die Elemente der Gruppe SO(3) hängen in differenzierbarer Weise von drei Parametern ab, deren jeder ein endliches kompaktes Intervall abfährt. In diesem Fall wird die Gruppe selbst *kompakt* genannt[5]. Wichtig ist in diesem Zusammenhang auch, sich daran zu erinnern, dass eine auf einer kompakten Menge definierte Funktion beschränkt ist.

Bemerkung

Gegenbeispiel einer nichtkompakten Gruppe, die in der Physik besondere Bedeutung hat, ist die Lorentz-Gruppe: die Speziellen Lorentz-Transformationen hängen von einem Parameter λ ab, der im unendlichen Intervall $[0, \infty)$ liegt. Diese Gruppe ist nicht kompakt.

[5] Dies ist durchaus in Übereinstimmung mit dem Begriff der Kompaktheit in der Theorie der Mengen: Jede unendlich dimensionale Untermenge einer kompakten Menge M enthält eine Folge, deren Grenzwert Element der Menge ist.

Es sei G eine einfache oder halb-einfache, kompakte Lie'sche Gruppe. Beispiele, die wir besonders eingehend betrachten werden, sind die unitäre Gruppe

$$\mathrm{U}(2) = \left\{ \mathbf{U} \in M_2(\mathbb{C}) \mid \mathbf{U}^\dagger \mathbf{U} = \mathbb{1} \right\} \tag{5.18a}$$

und ihre Einschränkung, die unitäre, unimodulare Gruppe

$$\mathrm{SU}(2) = \left\{ \mathbf{U} \in M_2(\mathbb{C}) \mid \mathbf{U}^\dagger \mathbf{U} = \mathbb{1}, \det \mathbf{U} = 1 \right\}, \tag{5.18b}$$

(auch diese müsste man streng genommen als $\mathrm{U}(2, \mathbb{C})$ bzw. $\mathrm{SU}(2, \mathbb{C})$ notieren), deren zweite auch historisch als erstes Beispiel zur Konstruktion einer Eichtheorie verwendet wurde.

Da die Strukturgruppe die Gruppe der globalen Eichtransformationen ist, soll die Identität („keine Eichtransformation") natürlich im Bereich der Parameter enthalten sein, von denen die Gruppenelemente abhängen. Im Beispiel der Drehgruppe SO(3) ist das $\mathbf{R}(\phi = 0, \theta = 0, \psi = 0) = \mathbb{1}$. Hätte man die volle Drehgruppe O(3) gewählt, die ja auch orthogonale 3×3-Matrizen mit $\det M = -1$ enthält, so müsste man sich auf ihre Untergruppe SO(3), die sog. Zusammenhangskomponente der Eins, beschränken. Die *Zusammenhangskomponente der Eins* ist diejenige Untergruppe, deren Elemente sich durch stetige Veränderung der Parameter in die Identität $\mathbb{1}$ deformieren lassen.

Die Elemente solcher Gruppen lassen sich als Exponentialreihen in den Erzeugenden und den Parametern darstellen,

$$g = \exp\{\mathrm{i} \sum \alpha_k \mathbf{T}_k\} \tag{5.19}$$

und sind glatte Funktionen der reellen Variablen α_k. Die Erzeugenden $\mathbf{T}_k$ spannen die zu G gehörende Lie-Algebra $\mathfrak{g} = \mathrm{Lie}\ (G)$ auf, d. h. sie bilden eine Basis der Lie-Algebra. Diese Algebra wird charakterisiert durch die Kommutatoren

$$[\mathbf{T}_i, \mathbf{T}_j] = \mathrm{i} C_{ij}^k \mathbf{T}_k, \qquad i, j, k = 1, 2, \ldots, \dim \mathfrak{g}, \tag{5.20}$$

(wobei über den zweifach vorkommenden Index k summiert wird) und somit durch die reellen *Strukturkonstanten* C_{ij}^k. Diese liegen nicht ein für alle mal fest, sondern können durch lineare Transformationen der Erzeugenden in unterschiedliche Formen gebracht werden. Sie haben aber einige allgemeine, von der speziellen Wahl der Basis unabhängige Eigenschaften: (i) Sie sind in den Indizes i und j antisymmetrisch. (ii) Aus der Jacobi-Identität für die Erzeugenden

$$\left[[\mathbf{T}_i, \mathbf{T}_j], \mathbf{T}_k\right] + \text{(zwei zyklische Permutationen von } i, j, k) = 0$$

folgt die folgende Identität für die Strukturkonstanten

$$C_{ij}^m C_{mk}^l + C_{jk}^m C_{mi}^l + C_{ki}^m C_{mj}^l = 0, \tag{5.21}$$

wo wieder über m summiert wird und alle Indizes die Werte 1 bis $\dim \mathfrak{g}$ durchlaufen. Auch diese wird Jacobi-Identität genannt.

Man kann die Freiheit in der Wahl der Basis der Lie-Algebra ausnutzen und die Strukturkonstanten so einrichten, dass sie in allen *drei* Indizes vollständig antisymmetrisch werden. Diese Konstruktion und ein Beispiel hierfür folgen weiter unten.

Für viele physikalische Anwendungen ist die *Darstellungstheorie* kompakter Lie-Gruppen und ihrer Lie-Algebren von zentraler Bedeutung. Eine Darstellung ist eine Abbildung der Gruppe in einen (i. Allg. komplexen) Vektorraum der Dimension n

$$\varrho : G \longrightarrow V : g \longmapsto \mathbf{U}(g) ,$$

die die Gruppenaxiome respektiert, bzw. und parallel dazu, ihrer Lie-Algebra in einen Vektorraum

$$\varrho : \mathfrak{g} \longrightarrow V : \mathbf{T}_k \longmapsto \mathbf{U}(\mathbf{T}_k) ,$$

derart, dass die $\mathbf{U}(\mathbf{T}_k)$ dieselben Kommutatoren wie die Erzeugenden selbst erfüllen. Die Erzeugenden, die ja zunächst nur in der definierenden Darstellung gegeben sind, werden somit durch endlich dimensionale Matrizen $U_{pq}(\mathbf{T}_k)$, $p, q = 1, 2, \ldots , n$, dargestellt. Da die hermitesch-konjugierten Erzeugenden $\mathbf{T}_k^\dagger$ dieselbe Lie-Algebra (5.20) erfüllen wie die Erzeugenden $\mathbf{T}_k$ selbst,

$$[\mathbf{T}_i, \mathbf{T}_j]^\dagger = [\mathbf{T}_j^\dagger, \mathbf{T}_i^\dagger] = -\mathrm{i}C_{ij}^k \mathbf{T}_k^\dagger = \mathrm{i}C_{ji}^k \mathbf{T}_k^\dagger ,$$

kann man die $\mathbf{T}_k$ durch endlich dimensionale, *hermitesche* Matrizen darstellen.

Besonders wichtig sind zwei Typen von Darstellungen, die *fundamentale* oder *definierende* Darstellung und die *adjungierte* Darstellung. Die definierende Darstellung ist diejenige echte Darstellung (verschieden von der trivialen Darstellung), die die niedrigste Dimension hat. Die adjungierte Darstellung wird durch die Strukturkonstanten definiert und hat daher die Dimension der Lie-Algebra. In der Tat, setzt man den (l, m)-Eintrag der Matrix $\mathbf{U}(\mathbf{T_k})$ wie folgt fest

$$U_{lm}^{(\mathrm{ad})}(\mathbf{T}_k) = -\mathrm{i}C_{kl}^m ,$$

so prüft man mithilfe der Jacobi-Identität (5.21) nach, dass diese Matrizen die Kommutatoren (5.20) erfüllen (Aufgabe 5.6).

Bevor wir mit dieser Zusammenstellung fortfahren, betrachten wir ein Beispiel

Beispiel 5.1 Die Gruppe SU(2) und ihre Lie-Algebra

Jedes Element der SU(2) lässt sich mithilfe zweier komplexer Zahlen u und v darstellen, deren Absolutquadrate sich zu 1 summieren,

$$\mathbf{U} = \begin{pmatrix} u & v \\ -v^* & u^* \end{pmatrix} , \qquad |u|^2 + |v|^2 = 1 .$$

Dies prüft man leicht nach: Es ist

$$\mathbf{U}^\dagger\mathbf{U} = \begin{pmatrix} u^* & -v \\ v^* & u \end{pmatrix} \begin{pmatrix} u & v \\ -v^* & u^* \end{pmatrix}$$
$$= (|u|^2 + |v|^2) \begin{pmatrix} 1 & 0 \\ 0 & 1 \end{pmatrix} = \mathbf{U}\mathbf{U}^\dagger = \mathbb{1}_2 \,,$$
$$\det \mathbf{U} = |u|^2 + |v|^2 = 1 \,.$$

Stellt man $\mathbf{U}$ als Exponentialreihe $\mathbf{U} = \exp\{\mathrm{i}\mathbf{A}\}$ mit $\mathbf{A}$ einem Element der Lie-Algebra dar, dann sind die Aussagen

$$\mathbf{U}^\dagger\mathbf{U} = \mathbb{1}_2 \Longleftrightarrow \mathbf{A}^\dagger = \mathbf{A} \quad \text{und} \quad \det \mathbf{U} = 1 \Longleftrightarrow \operatorname{Sp} \mathbf{A} = 0$$

äquivalent. Die erste dieser Aussagen folgt aus der Baker-Hausdorff-Campbell-Formel für das Produkt von Exponentialreihen mit Matrizen. Es ist

$$\mathbf{U}^\dagger\mathbf{U} = \mathrm{e}^{-\mathrm{i}\mathbf{A}^\dagger}\,\mathrm{e}^{\mathrm{i}\mathbf{A}} = \exp\{\mathrm{i}(\mathbf{A} - \mathbf{A}^\dagger) + \frac{1}{2}[\mathbf{A}^\dagger, \mathbf{A}] + \ldots\} \,.$$

Dies ist genau dann gleich der Einheitsmatrix $\mathbb{1}$, wenn $\mathbf{A}^\dagger = \mathbf{A}$ ist. Aus dem Ergebnis, dass $\mathbf{A}$ hermitesch ist, folgt die zweite Aussage. Jede hermitesche Matrix lässt sich durch eine unitäre Transformation diagonalisieren. Damit wird auch $\mathbf{U}$ diagonalisiert, geht also über in

$$\mathbf{U} \longrightarrow \overset{0}{\mathbf{U}} = \begin{pmatrix} \mathrm{e}^{\mathrm{i}\lambda} & 0 \\ 0 & \mathrm{e}^{-\mathrm{i}\lambda} \end{pmatrix}$$

und $\mathbf{A}$ wird zu $\operatorname{diag}(\lambda, -\lambda)$.

Ist man nun in der Lie-Algebra angelangt, so erinnert man sich daran, dass jede spurlose, hermitesche 2×2-Matrix sich als Linearkombination der Pauli-Matrizen (4.24) mit reellen Koeffizienten schreiben lässt

$$\mathbf{A} = \begin{pmatrix} c & a - \mathrm{i}b \\ a + \mathrm{i}b & -c \end{pmatrix} = a\sigma_1 + b\sigma_2 + c\sigma_3 \,, \qquad a, b, c \in \mathbb{R} \,. \tag{5.22}$$

Die Pauli'schen Matrizen, die wir hier wiederholen,

$$\sigma_1 = \begin{pmatrix} 0 & 1 \\ 1 & 0 \end{pmatrix} , \quad \sigma_2 = \begin{pmatrix} 0 & -\mathrm{i} \\ \mathrm{i} & 0 \end{pmatrix} , \quad \sigma_3 = \begin{pmatrix} 1 & 0 \\ 0 & -1 \end{pmatrix} , \tag{5.23}$$

sind daher – bis auf einen Faktor $1/2$ – eine mögliche Wahl für die Erzeugenden der SU(2). Ihre Kommutatoren sind leicht auszurechnen. Man findet

$$\left[\left(\frac{\sigma_i}{2}\right), \left(\frac{\sigma_j}{2}\right)\right] = \mathrm{i}\varepsilon_{ijk}\left(\frac{\sigma_k}{2}\right) \tag{5.24}$$

mit $\varepsilon_{ijk} = +1$ (-1) bei geraden (ungeraden) Permutationen von $(1, 2, 3)$ und $\varepsilon_{ijk} = 0$ in allen anderen Fällen. Die Strukturkonstanten sind $C_{ij}^k = \varepsilon_{ijk}$.

Die triviale Darstellung ist eindimensional, alle drei Erzeugenden sind Null und erfüllen die Kommutatoren (5.20) auf triviale Weise.

Die Fundamental- oder definierende Darstellung ist die Spinordarstellung. Sie ist zweidimensional. Der Vektorraum, auf dem sie lebt, wird durch die Eigenvektoren

$$\begin{pmatrix}1\\0\end{pmatrix} \quad \text{und} \quad \begin{pmatrix}0\\-1\end{pmatrix}$$

von σ_3 aufgespannt. Die Erzeugenden werden durch die (halben) Pauli-Matrizen (5.23) dargestellt.

Bildet man die adjungierte Darstellung, die hier dreidimensional ist, nach der oben angegebenen Vorschrift, so findet man

$$\mathbf{U}^{(\mathrm{ad})}(\mathbf{T}_1) = -\mathrm{i}\{\varepsilon_{1lm}\} = -\mathrm{i}\begin{pmatrix}0 & 0 & 0\\0 & 0 & 1\\0 & -1 & 0\end{pmatrix} = \begin{pmatrix}0 & 0 & 0\\0 & 0 & -\mathrm{i}\\0 & \mathrm{i} & 0\end{pmatrix}, \tag{5.25a}$$

$$\mathbf{U}^{(\mathrm{ad})}(\mathbf{T}_2) = -\mathrm{i}\{\varepsilon_{2lm}\} = \begin{pmatrix}0 & 0 & \mathrm{i}\\0 & 0 & 0\\-\mathrm{i} & 0 & 0\end{pmatrix}, \tag{5.25b}$$

$$\mathbf{U}^{(\mathrm{ad})}(\mathbf{T}_3) = -\mathrm{i}\{\varepsilon_{3lm}\} = \begin{pmatrix}0 & -\mathrm{i} & 0\\\mathrm{i} & 0 & 0\\0 & 0 & 0\end{pmatrix}. \tag{5.25c}$$

Man rechnet nach, dass in der Tat $[\mathbf{U}^{(\mathrm{ad})}(\mathbf{T}_1), \mathbf{U}^{(\mathrm{ad})}(\mathbf{T}_2)] = \mathrm{i}\mathbf{U}^{(\mathrm{ad})}(\mathbf{T}_3)$ und die zyklischen Permutationen dieser Gleichung gelten.

Die Gruppe SU(2) ist eine *einfache* Gruppe, d. h. sie ist nicht Abel'sch und sie besitzt keine invariante Untergruppe. Auf dem Niveau der Lie-Algebra bedeutet dies, dass diese kein zweiseitiges Ideal besitzt und dass jede Erzeugende mit jeder anderen durch Kommutatoren verknüpft werden kann. Man kann also auf keine Weise die Lie-Algebra in zwei Untermengen aufteilen derart, dass die Strukturkonstanten C_{ij}^k immer dann verschwinden, wenn der Index i ein Element aus der einen, der Index k ein Element aus der anderen Untermenge bezeichnet.

Bemerkungen

1. Wir verwenden hier durchweg eine Form der Erzeugenden, wo diese durch *hermitesche* Matrizen dargestellt sind. Dies hat mit Blick auf die Quantenmechanik gute Gründe, da hermitesche Matrizen Observable darstellen können. In der mathematischen Literatur wird fast immer eine *antihermitesche* Definition der Erzeugenden verwendet. Dies bedeutet, dass in der Exponentialreihe (5.19) und in den Kommutatoren (5.20) kein Faktor i im Exponenten bzw. auf der rechten Seite auftritt.
2. Die Erzeugenden der Drehgruppe SO(3), die dieselbe Lie-Algebra besitzt wie SU(2), haben wir in der Mechanik reell-antisymmetrisch

dargestellt, vgl. Gl. (2.68) in Band 1. Der Zusammenhang mit den hier definierten Erzeugenden ist

$$\mathbf{J}_i = -\mathrm{i}\mathbf{U}^{(\mathrm{ad})}(\mathbf{T}_i)\,, \quad i = 1, 2, 3\,,$$

die Kommutatoren werden wie dort zu

$$\begin{aligned}\left[\mathbf{J}_1, \mathbf{J}_2\right] &= -\left[\mathbf{U}^{(\mathrm{ad})}(\mathbf{T}_1), \mathbf{U}^{(\mathrm{ad})}(\mathbf{T}_2)\right] = -\mathrm{i}\mathbf{U}^{(\mathrm{ad})}(\mathbf{T}_3)\\ &= \mathbf{J}_3 \quad \text{(zyklisch fortgesetzt)}\,.\end{aligned}$$

Der Vektorraum der adjungierten Darstellung einer einfachen Lie-Gruppe besitzt eine natürliche Metrik. Um dies zu sehen, definiert man über der Lie-Algebra den Tensor

$$g_{ij} := \mathrm{Sp}\big(\mathbf{U}^{(\mathrm{ad})}(\mathbf{T}_i)\mathbf{U}^{(\mathrm{ad})}(\mathbf{T}_j)\big) = -C_{iq}^{p} C_{jp}^{q}\,. \tag{5.26}$$

Dieser Tensor $\mathbf{g}$ ist symmetrisch, nicht ausgeartet und – da die Erzeugenden hermitesch sind – auch positiv. Er hat somit die Eigenschaften einer Metrik. Wegen der Positivität kann man immer eine lineare Transformation der Erzeugenden finden derart, dass $\mathbf{g}$ diagonal und gleich der Einheitsmatrix der Dimension $\dim \mathfrak{g}$,

$$\mathbf{g} = \mathrm{diag}(1, 1, \ldots, 1)\,,$$

wird. Diese Metrik heißt *Killing-Metrik.* Definiert man nun neue Strukturkonstanten

$$C_{ijk} := C_{ij}^{p} g_{pk} \quad \text{(über } p \text{ summiert)}\,, \tag{5.27}$$

dann kann man mithilfe der Jacobi-Identität zeigen, dass diese vollständig antisymmetrisch sind. Ohne Einschränkung kann man somit die Strukturkonstanten immer so einrichten, dass sie in allen *drei* Indizes antisymmetrisch sind.

Eine wichtige Eigenschaft der Lie-Algebren von einfachen Lie-Gruppen ist die folgende:

Durch lineare Transformation kann man die Erzeugenden immer so wählen, dass

$$\mathrm{Sp}\big(\mathbf{U}(\mathbf{T}_i)\mathbf{U}(\mathbf{T}_j)\big) = \kappa\, \delta_{ij} \tag{5.28}$$

ist, wobei die positive Konstante κ zwar von der Darstellung, nicht aber von der Erzeugenden, d. h. nicht von i abhängt.
Der Beweis dieser Aussage ist Gegenstand der Aufgabe 5.2.

Als Beispiele für diese Aussage prüft man nach, dass in der fundamentalen Darstellung von SU(2)

$$\mathrm{Sp}\big(\mathbf{U}(\mathbf{T}_i)\mathbf{U}(\mathbf{T}_j)\big) = \frac{1}{4}\,\mathrm{Sp}\big(\sigma_i\sigma_j\big) = \frac{1}{2}\delta_{ij}$$

gilt. Dies folgt z. B. aus der Formel

$$\sigma_i\sigma_j = \mathbb{1}_2\delta_{ij} + \mathrm{i}\varepsilon_{ijk}\sigma_k$$

und aus der Spurlosigkeit der Pauli-Matrizen selbst.

$$\mathrm{Sp}\big(\sigma_i\sigma_j\big) = 2\delta_{ij} + \mathrm{i}\varepsilon_{ijk}\,\mathrm{Sp}\big(\sigma_k\big) = 2\delta_{ij} \; .$$

In der adjungierten Darstellung dagegen gilt

$$\mathrm{Sp}\big(\mathbf{U}^{(\mathrm{ad})}(\mathbf{T}_i)\mathbf{U}^{(\mathrm{ad})}(\mathbf{T}_j)\big) = 2\delta_{ij} \; ,$$

wie man anhand der Ausdrücke (5.25a)–(5.25c) nachrechnet.

5.3.2 Global invariante Lagrangedichten

Es ist nur ein kleiner Schritt, eine Lagrangedichte wie die des Beispiels (5.1) auf einen Satz von Skalarfeldern $\Phi = \{\phi^{(1)}, \phi^{(2)}, \dots, \phi^{(m)}\}$ zu verallgemeinern, die selbst eine unitäre, reduzible oder irreduzible Darstellung der Strukturgruppe aufspannen, derart, dass die neue Lagrangedichte unter allen (globalen) Eichtransformationen $g \in G$ invariant bleibt. Selbstverständlich ist es auch möglich, verschiedene Sorten von Feldern in einer global invarianten Weise zusammen zu setzen und auf diese Weise eine global eichinvariante Theorie zu erhalten. Die U(1) der Maxwell-Theorie – noch nicht als Eichgruppe interpretiert – mit ihrer Kopplung an ein Schrödinger-Feld ist ein Beispiel.

Die Felder solcher Beispiele können durchaus auch komplexe Felder sein, die dann aber so kombiniert werden müssen, dass die Lagrangedichte reell bleibt. In (5.1) beispielsweise muss man

$$\partial_\mu\phi\partial^\mu\phi - \kappa^2\phi^2 \quad \text{durch} \quad \partial_\mu\phi^*\partial^\mu\phi - \kappa^2\phi^*\phi$$

ersetzen. Ein Beispiel mag diese Aussagen weiter erhellen:

Beispiel 5.2

Die Strukturgruppe sei $G = \mathrm{SO}(3)$, die Felder $\Phi = \{\phi^{(\alpha)}\}$, $\alpha = 1, 0, -1$, mögen die irreduzible Triplettdarstellung der Drehgruppe aufspannen. Auch die äußere Quelle werde durch ein Triplett von Quellen $\{\varrho^{(\alpha)}\}$ ersetzt, die ebenfalls eine irreduzible Darstellung der SO(3) bilden. Dies bedeutet, dass diese Tripletts sich unter Drehungen des Bezugssystems mit den D-Matrizen $\mathbf{D}^{(1)}(\phi, \theta, \psi)$ transformieren,

$$\phi'_\alpha(x') = \sum_{\beta=-1}^{+1} D^{(1)}_{\alpha\beta}(\theta_i)\phi_\beta(x) \; ,$$

wo die θ_i für die drei Euler'schen Winkel stehen und dieselbe Formel für die Quellen gilt. In diesem Fall sind Bilinearformen wie

$$\sum_\alpha (-)^{1-\alpha}\phi_\alpha\phi_{-\alpha} \; , \quad \sum_\alpha (-)^{1-\alpha}\partial_\mu\phi_\alpha\partial^\mu\phi_{-\alpha} \; , \quad \sum_\alpha (-)^{1-\alpha}\varrho_\alpha\phi_{-\alpha} \; ,$$

unter Drehungen $g \in \mathrm{SO}(3)$ invariant. Nur solche Terme dürfen in der Lagrangedichte vorkommen, wenn diese global eichinvariant sein soll.

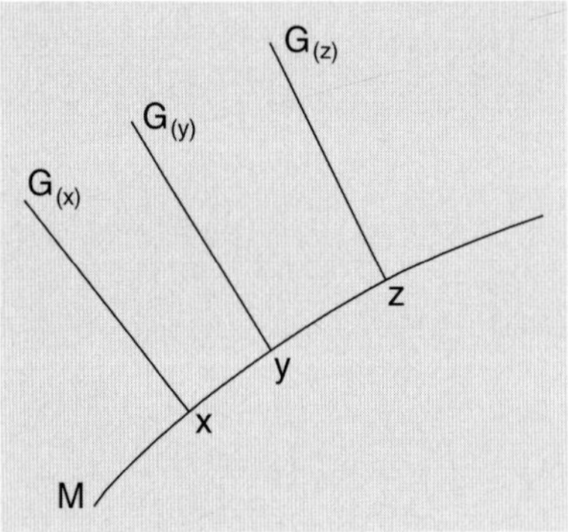

Abb. 5.1. Über allen Punkten x, y, z, … der Raumzeitmannigfaltigkeit befindet sich eine lokale Kopie der Strukturgruppe. Aus der endlich dimensionalen Strukturgruppe wird die unendlich dimensionale Eichgruppe, das ganze Gebilde wird zu einem Hauptfaserbündel

Wir wollen verabreden, jede solche global invariante Form mithilfe einer Klammer abzukürzen,

$$\big(\Phi, \Phi\big)\,, \quad \big(\partial_\mu \Phi, \partial^\mu \Phi\big) \quad \text{usw.,} \tag{5.29}$$

die je nach Wahl der Strukturgruppe G unterschiedlich realisiert wird. Im Folgenden stehen die runden Klammern in (5.29) für das verallgemeinerte Skalarprodukt, d. h. für die Kopplung der beiden Einträge zu einer Invarianten unter allen Elementen von G. Wie dieses Skalarprodukt im Einzelnen aussieht, hängt von der Strukturgruppe und von der betrachteten Darstellung ab. Für die Drehgruppe bzw. für die Darstellungen der SU(2) und deren irreduzible Darstellungen der Dimension $(2j+1)$ beispielsweise sind das die Clebsch-Gordan Kopplungen der beiden Einträge zu $J=0$.

In die Liste der Forderungen an eine Lagrangedichte wird jetzt neben der Lorentz-Invarianz noch die Invarianz unter allen Transformationen $g \in G$ aufgenommen. Im Beispiel 3.5 (Atome in äußeren Feldern) sind die freien Lagrangedichten

$$\mathcal{L}_{\mathrm{M}} = -\frac{1}{16\pi} F_{\mu\nu}(x) F^{\mu\nu}(x)\,,$$

$$\mathcal{L}_{\mathrm{E}} = \frac{1}{2}\mathrm{i}\hbar\big[\psi^* \partial_t \psi - (\partial_t \psi^*)\psi\big] - U(t, \boldsymbol{x})\psi^*\psi - \frac{\hbar^2}{2m}\big(\nabla\psi^*\big)\big(\nabla\psi\big)$$

unter der globalen U(1)-Transformation $\psi \mapsto \psi' = \mathrm{e}^{\mathrm{i}\alpha}\psi$ invariant[6], sind aber noch nicht gekoppelt.

5.3.3 Die Eichgruppe

Um aus der Strukturgruppe G, unter der eine gegebene Lagrangedichte invariant ist, eine lokale Eichgruppe $\mathfrak{G}$ zu machen, muss man die Parameter α_k in (5.19) durch glatte Funktionen $\alpha_k(x)$ von Raum und Zeit ersetzen. Physikalisch gesprochen geschieht dabei zweierlei: Zum einen wird es damit möglich, Eichtransformationen auf ein endliches Raum- und/oder Zeitgebiet einzuschränken, d. h. das betrachtete System lokal und in einem endlichen Zeitintervall zu „drehen“, ohne gleichzeitig andere physikalische Systeme, die weit entfernt sind, mit zu transformieren. Zum anderen setzt man über jeden Punkt $x \in M$ der Raumzeit eine Kopie $G(x)$ der Strukturgruppe, die wie ein innerer Raum dem Punkt x angeheftet ist. Die Abbildung 5.1 stellt diese Konstruktion symbolisch dar. Die Kopien $G(x)$ und $G(y)$ der Strukturgruppe sind für $x \neq y$ disjunkte Räume. Geometrisch ausgedrückt entsteht ein sog. *Hauptfaserbündel* (auf Englisch *principal fibre bundle* genannt) mit M, der Raumzeit, als Basismannigfaltigkeit und G, der Strukturgruppe, als typische Faser[7],

$$P(M, G)\,. \tag{5.30}$$

Es würde Rahmen und Stil dieses Lehrbuchs sprengen, hier die wunderschöne differentialgeometrische Beschreibung von geometrischen Objekten auf Hauptfaserbündeln darzustellen und ich kann nur auf die

[6] Hier liegt keine Lorentz-Invarianz vor, weil das Feld ψ einer nichtrelativistischen Bewegungsgleichung genügt. Die Lorentz-Transformationen werden durch die Drehungen im $\mathbb{R}^3$ ersetzt, unter denen die beiden Lagrangedichten invariant sind.

[7] Eine genaue Definition dessen, was man in der Differentialgeometrie Faserbündel nennt, findet man z. B. in Band 1, Abschn. 4.7.

mathematische Literatur verweisen, die diese Geometrie mit Blick auf Yang Mills-Theorie entwickeln. Hat man sich allerdings erst einmal an diese Begriffsbildung gewöhnt, werden die Verhältnisse ein gutes Stück weit anschaulicher als wenn man die Eichgruppe und die Eichtransformationen rein formal definiert.

5.3.4 Potentiale und kovariante Ableitung

Wenn die Kopien $G(x)$ und $G(x+\mathrm{d}x)$ der Strukturgruppe in benachbarten Punkten x und $x+\mathrm{d}x$ verschieden sind, dann sind auch die Darstellungen $\Phi(x)$ und $\Phi(x+\mathrm{d}x)$ in disjunkten Vektorräumen zu Hause und man kann z. B. eine herausgegriffene Komponente $\phi^{(i)}(x)$ nicht ohne Weiteres mit derselben Komponente $\phi^{(i)}(x+\mathrm{d}x)$ vergleichen. Fragt man danach, welche Transformation $\phi^{(i)}$ über dem Punkt $x \in M$ in dieselbe Komponente über dem Punkt $x+\mathrm{d}x$ überführt, dann ist das eine geometrische Frage, die in dieselbe Kategorie gehört wie die nach dem Paralleltransport von Tangentialvektoren aus einem Tangentialraum in einen anderen (z. B. benachbarten) Tangentialraum. Es ist also durchaus berechtigt, auch hier von *Paralleltransport* zu sprechen. Ein solcher Paralleltransport ist nicht a priori gegeben, sondern muss – zumindest bei nicht-flachen Basismannigfaltigkeiten – festgelegt werden.

Es sei $N = \dim \mathfrak{g}$ die Dimension der Lie-Algebra der Strukturgruppe G, $\mathbf{T}_k$ seien ihre Erzeugenden. Man definiert das verallgemeinerte Potential wie folgt

$$A := \mathrm{i}q \sum_{k=1}^{N} A^{(k)} \mathbf{T}_k \,, \quad (N = \dim \mathfrak{g}) \,. \tag{5.31}$$

In diese Definition ist eine verallgemeinerte „Ladung", die Kopplungskonstante q aufgenommen, deren physikalische Bedeutung später zu identifizieren ist, sowie ein Faktor i, der mit als reell angenommenen $A^{(k)}$ dafür sorgt, dass A hermitesch wird. Die Größen $A^{(k)}$, von denen es genau so viele gibt wie die Lie-Algebra Erzeugende hat, sind Einsformen über $\mathbb{R}^{(1,3)}$,

$$A^{(k)} = A^{(k)}_{\mu}(x)\,\mathrm{d}x^{\mu} \,, \quad k = 1, 2, \dots, \dim \mathfrak{g} \,, \tag{5.32}$$

mit $A^{(k)}_{\mu}(x)$ jeweils vier reellen, glatten Feldern. So wie das Potential A in (5.31) definiert ist, hat es eine Doppelnatur: einerseits ist es wegen (5.32) eine Einsform auf der Raumzeit, andererseits liegt es wegen seiner linearen Abhängigkeit von den Erzeugenden in der Lie-Algebra $\mathfrak{g}$. Man sagt, das Potential (5.31) sei eine Lie-Algebra-wertige Einsform.

Es spielt für diese Definition auch keine Rolle, in welcher Darstellung der Gruppe G man sich die Erzeugenden $\mathbf{T}_k$ gegeben denkt. Dies kann die adjungierte Darstellung sein, aber z. B. auch die reduzible oder irreduzible Darstellung, die vom Multiplett Φ der Skalarfelder aufgespannt wird. Ist im physikalischen Zusammenhang diese Darstellung gemeint und schreibt man diese als Matrixdarstellung **U**, so wird (5.31) durch

$$\mathbf{U}(A) := \mathrm{i}q \sum_{k=1}^{N} A^{(k)} \mathbf{U}(\mathbf{T}_k) \tag{5.33a}$$

beschrieben, also eine Matrix, deren Einträge Einsformen sind. Dieselbe Definition, als Funktion der „echten" Felder $A_\mu^{(k)}(x)$ ausgeschrieben und losgelöst von der Matrixdarstellung $\mathbf{U}(\mathbf{T}_k)$, lautet

$$A := \mathrm{i}q \sum_{k=1}^{N} \mathbf{T}_k \sum_{\mu=0}^{3} A_\mu^{(k)}(x)\, \mathrm{d}x^\mu \, . \tag{5.33b}$$

Um die geometrische Bedeutung dieses Potentials zu verstehen, zeigt man, dass es die gesuchte Parallelverschiebung vermittelt. Im Beispiel unserer Skalarfelder gilt für den Unterschied ein- und derselben Komponente bei benachbarten Basispunkten auf M

$$\phi_i^{(x+\mathrm{d}x)} = \phi_i^{(x)} - \sum_{j=1}^{m} U_{ij}(A)\phi_j^{(x)} = \sum_{j=1}^{m} \left\{\delta_{ij} - U_{ij}(A)\right\}\phi_j^{(x)} \, , \tag{5.34}$$

wo m die Dimension dieser Darstellung ist. Dies ist zunächst ein Ansatz, den man darauf testen muss, ob er das leistet, was man erwartet.

Eine sinnvolle Forderung an die Parallelverschiebung ist die, dass sie mit der Wirkung einer lokalen Transformation $g(x) \in \mathfrak{G}$ vertauscht. Wir zeigen nun, dass sie dies tatsächlich tut, vorausgesetzt das Transformationsverhalten von A ist das folgende

$$A \longmapsto A' = gAg^{-1} + g\,\mathrm{d}(g^{-1}) \, , \tag{5.35a}$$

oder, dieselbe Transformationsformel in den Komponentenfunktionen der Einsform ausgeschrieben,

$$A_\mu(x) \longmapsto A'_\mu = g(x)A_\mu(x)g^{-1}(x) + g(x)\partial_\mu g^{-1}(x) \, . \tag{5.35b}$$

Diese affine Transformation mag zunächst überraschen, wird hier doch eine Konjugation vom Typus

$$\mathcal{O} \longmapsto \mathbf{R}\mathcal{O}\mathbf{R}^{-1} \, ,$$

wie man sie von Operatoren (z. B. der Quantenmechanik) her kennt, mit einer Eichtransformation im Sinne der Maxwell-Theorie zusammengesetzt. Wenn nämlich $g(x) \in \mathrm{U}(1)$, d. h. $g(x) = \exp\{\mathrm{i}\alpha(x)\}$ ist, dann ist

$$gA_\mu g^{-1} = A_\mu \, , \quad \text{aber} \quad g(x)\partial_\mu g^{-1}(x) = -\mathrm{i}\partial_\mu\alpha(x)$$

und $A'_\mu(x) = A_\mu(x) - \mathrm{i}\partial_\mu\alpha(x)$ ist eine lokale Eichtransformation der Maxwell-Theorie.

Auf den Ansatz (5.34) wende man jetzt eine beliebige, lokale Eichtransformation an, d. h. die Transformation $g(x)$ auf $\phi^{(x)}$ und

$g(x+\mathrm{d}x)$ auf $\phi^{(x+\mathrm{d}x)}$. Gleichung (5.34) beschreibt den Paralleltransport, wenn sie mit $g \in G$ kommutiert, d. h. wenn

$$\mathbf{U}\big(g(x+\mathrm{d}x)\big)\big(\mathbb{1}-\mathbf{U}(A)\big) = \big(\mathbb{1}-\mathbf{U}(A')\big)\mathbf{U}\big(g(x)\big)$$

gilt. Klarerweise muss diese Relation unbabhängig von der Art und Dimension der Darstellung gelten, deshalb kann man sie auch für g und A ganz allgemein formulieren:

$$g(x+\mathrm{d}x)\big(\mathbb{1}-A\big) = \big(\mathbb{1}-A'\big)g(x)\,. \tag{5.36}$$

Entwickelt man $g(x+\mathrm{d}x)$ um die Stelle x bis zur ersten Ordnung,

$$g(x+\mathrm{d}x) \simeq g(x) + \partial_\alpha g(x)\,\mathrm{d}x^\alpha \equiv g + \mathrm{d}g\,,$$

dann gibt (5.36) die Bedingung $\mathrm{d}g - gA = -A'g$ oder, nach Multiplikation mit g^{-1} von rechts,

$$\begin{aligned} A' &= gAg^{-1} - \big(\mathrm{d}g\big)g^{-1} \\ &= gAg^{-1} + g\,\mathrm{d}g^{-1}\,, \end{aligned}$$

wobei man im zweiten Schritt die Ableitung von $gg^{-1} = \mathbb{1}$

$$\mathrm{d}\big(gg^{-1}\big) = \mathrm{d}\mathbb{1} = 0 = \big(\mathrm{d}g\big)g^{-1} + g\,\mathrm{d}g^{-1}$$

verwendet hat. Dies ist aber genau das in (5.35a) vorweg genommene Transformationsverhalten.

Ausgehend von einem solchen Potential (5.31) konstruiert man die *kovariante Ableitung* nach dem Vorbild (2.88b) der Maxwell-Theorie

$$D_A := \mathrm{d} + A\,. \tag{5.37}$$

Bezogen auf den m-dimensionalen Darstellungsraum, der von den Skalarfeldern unseres Beispiels aufgespannt wird, bedeutet dies konkret die Ersetzung

$$\partial_\mu \Phi(x) \longrightarrow \Big\{\partial_\mu \mathbb{1} + \mathrm{i}q \sum_{k=1}^{N} A_\mu^{(k)}(x)\mathbf{U}(\mathbf{T}_k)\Big\}\Phi(x)\,. \tag{5.37a}$$

Unter einer lokalen Eichtransformation ist das Verhalten der kovarianten Ableitung genau die Konjugation und ist somit einfacher als das des Potentials selber. Es gilt

$$D_{A'} = gD_Ag^{-1} \quad \text{mit} \quad A' = gAg^{-1} + g\,\mathrm{d}g^{-1}\,. \tag{5.38}$$

Dies zeigt man wie folgt: Wir verwenden wieder unser Modellfeld Φ , unterwerfen es einer lokalen Transformation $\Phi' = \mathbf{U}(g)\Phi$ und berechnen

$$\begin{aligned} D_{A'}\Phi' &= \big(\mathbb{1}\mathrm{d} + \mathbf{U}(A')\big)\mathbf{U}(g)\Phi \\ &= \big(\mathrm{d}\mathbf{U}(g)\big)\Phi + \mathbf{U}(g)\,\mathrm{d}\Phi \\ &\quad + \mathbf{U}(g)\Big\{\mathbf{U}(A)\mathbf{U}^{-1}(g) + \big(\mathrm{d}\mathbf{U}^{-1}(g)\big)\Big\}\mathbf{U}(g)\Phi \\ &= \mathbf{U}(g)\big[\mathrm{d} + \mathbf{U}(A)\big]\Phi \\ &\quad + \Big\{\big(\mathrm{d}\mathbf{U}(g)\big) + \mathbf{U}(g)\big[\mathrm{d}\big(\mathbf{U}^{-1}(g)\mathbf{U}(g)\big) - \mathbf{U}^{-1}(g)\big(\mathrm{d}\mathbf{U}(g)\big)\Big\}\Phi\,, \end{aligned}$$

wobei im letzten Schritt wieder $\mathrm{d}(\mathbf{U}^{-1}(g)\mathbf{U}(g)) = 0 = (\mathrm{d}\mathbf{U}^{-1}(g))\mathbf{U}(g) + \mathbf{U}^{-1}(g)\,\mathrm{d}\mathbf{U}(g)$ benutzt wurde. Der ganze Term in geschweiften Klammern ist gleich Null und es bleibt die Relation

$$D_{A'}\Phi' = \mathbf{U}(g)D_A\Phi = \mathbf{U}(g)D_A\mathbf{U}^{-1}(g)\Phi' \,.$$

Jetzt steht auf beiden Seiten dasselbe Feld Φ' und es ist

$$D_{A'} = \mathbf{U}(g)D_A\mathbf{U}^{-1}(g) \,. \tag{5.39}$$

Das Modellfeld Φ ist dabei nur ein Hilfsmittel und kann natürlich ganz beliebig gewählt werden. Das bedeutet, dass (5.39) in allen Darstellungen gilt, womit (5.38) bewiesen ist. Die kovariante Ableitung wird unter einer Eichtransformation wie ein Operator konjugiert. Bildet man insbesondere einen Term $(D_A\Phi, D_A\Phi)$ der oben beschriebenen Art, dann ist dieser per Konstruktion nicht nur unter globalen, sondern auch unter *lokalen* Eichtransformationen invariant.

5.3.5 Feldstärkentensor und Krümmung

Aus der kovarianten Ableitung D_A bildet man im nächsten Schritt – wiederum nach dem Vorbild der Elektrodynamik – die Krümmungsform (2.88c)

$$F := D_A^2 = (\mathrm{d}A) + A \wedge A \,. \tag{5.40}$$

Hier tritt gegenüber der Maxwell-Theorie eine neue Eigenschaft zu Tage: Der zweite Term, das äußere Produkt von A mit sich selbst, verschwindet bei nicht-Abel'schen Gruppen nicht. Schreibt man ausnahmsweise alle Summenzeichen aus, so ist aufgrund von (5.33b)

$$\begin{aligned} A \wedge A &= -q^2 \sum_{k,l=1}^{N} \mathbf{T}_k\mathbf{T}_l \sum_{\sigma,\tau=0}^{3} A_\sigma^{(k)}(x)A_\tau^{(l)}(x)\,\mathrm{d}x^\sigma \wedge \mathrm{d}x^\tau \,, \qquad (5.41)\\ &= -q^2 \sum_{k,l=1}^{N} \big[\mathbf{T}_k, \mathbf{T}_l\big] \sum_{\mu<\nu=0}^{3} A_\mu^{(k)}(x)A_\nu^{(l)}(x)\,\mathrm{d}x^\mu \wedge \mathrm{d}x^\nu \,,\\ &= -\mathrm{i}q^2 \sum_{k,l,m=1}^{N} C_{klm}\mathbf{T}_m \sum_{\mu<\nu=0}^{3} A_\mu^{(k)}(x)A_\nu^{(l)}(x)\,\mathrm{d}x^\mu \wedge \mathrm{d}x^\nu \,. \end{aligned}$$

Der dabei entscheidende Aspekt ist die Tatsache, dass A in der Lie-Algebra liegt. Wenn man die Basis-Zweiformen $\mathrm{d}x^\sigma \wedge \mathrm{d}x^\tau$ in gewohnter Weise aufsteigend ordnet, dann sieht man (durch Umbenennung der Summationsindizes σ und τ im Term mit $\sigma > \tau$), dass $\mathrm{d}x^\mu \wedge \mathrm{d}x^\nu$ den Vorfaktor

$$\sum_{k,l} A_\mu^{(k)}(x)A_\nu^{(l)}(x)\big(\mathbf{T}_k\mathbf{T}_l - \mathbf{T}_l\mathbf{T}_k\big)$$

erhält, der in einer nicht-Abel'schen Theorie von Null verschieden ist.

Mit Blick auf die Definition (5.33b) ist es naheliegend die Zerlegung der Zweiform (5.40) nach Tensorfeldern der Art $F_{\mu\nu}(x)$ auf der Raumzeit und nach Basis-Zweiformen vorzunehmen, dabei aber dieselben Faktoren wie in (5.33b) in die Definition aufzunehmen. Wir setzen daher

$$F = \mathrm{i}q \sum_{k=1}^{N} \mathbf{T}_k \sum_{\mu<\nu} F_{\mu\nu}^{(k)}(x)\, \mathrm{d}x^\mu \wedge \mathrm{d}x^\nu \,. \tag{5.42}$$

Auch diese Definition hat eine Doppelnatur: sie ist eine Zweiform auf der Raumzeit, gleichzeitig nimmt sie Werte in der Lie-Algebra der Eichgruppe an. Die Tensorfelder $F_{\mu\nu}^{(k)}(x)$, von denen es genau $N = \dim \mathfrak{g}$ Stück gibt, sind die direkten Verallgemeinerungen des Feldstärkentensors der Elektrodynamik. Mit der Zerlegung (5.42) von F, mit der Zerlegung (5.33b) von A und mit dem Resultat (5.41) sind diese Tensorfelder durch folgenden Ausdruck gegeben

$$F_{\mu\nu}^{(k)}(x) = \partial_\mu A_\nu^{(k)}(x) - \partial_\nu A_\mu^{(k)}(x) - q \sum_{m,n=1}^{N} C_{kmn} A_\mu^{(m)}(x) A_\nu^{(n)}(x) \,. \tag{5.43}$$

Der erste Term ist aus der Maxwell-Theorie wohlvertraut, s. (2.58); der zweite ist neu. Er enthält die Kopplungskonstante (Ladung) q, die Strukturkonstanten der Gruppe und das *Produkt* zweier Vektorpotentiale zu verschiedenen Erzeugenden (m) und (n). Man erkennt schon an dieser Stelle, dass nicht-Abel'sche Eichtheorien im Gegensatz zu den Maxwell'schen Gleichungen Nichtlinearitäten enthalten.

Die Feldstärke F beschreibt in der Tat eine Art Krümmung im Hauptfaserbündel $P(M, G)$ mit Basis $\mathbb{R}^{(1,3)}$ (Raumzeit) und typischer Faser G (Strukturgruppe). Um dies zu erläutern, erinnert man sich an die Verhältnisse bei gewöhnlichen, Riemann'schen Mannigfaltigkeiten. Ob eine solche gekrümmt ist, stellt man fest, indem man Tangentialvektoren auf verschiedenen Geodäten von $p \in M$ nach $q \in M$ parallel transportiert und die Ergebnisse vergleicht. Bei einer flachen Mannigfaltigkeit, so z. B. beim $\mathbb{R}^n$, ist das Ergebnis unabhängig vom Weg. Dieser Raum ist nicht gekrümmt. Bei einer gekrümmten Mannigfaltigkeit wie z. B. der Sphäre S^{n-1} im $\mathbb{R}^n$ hängt das Ergebnis des Paralleltransports von der Wahl der Großkreise und Meridiane ab, entlang derer man Tangentialvektoren parallel verschoben hat. Der Unterschied der Ergebnisse entlang verschiedener Wege ist ein Maß für die Krümmung. Alternativ und gleichwertig hierzu kann man nach dem Verhalten von Tangentialvektoren bei „Rundreisen" fragen, bei denen man sie von p nach q und weiter, aber auf einem anderen Weg von q zurück nach p parallel transportiert hat.

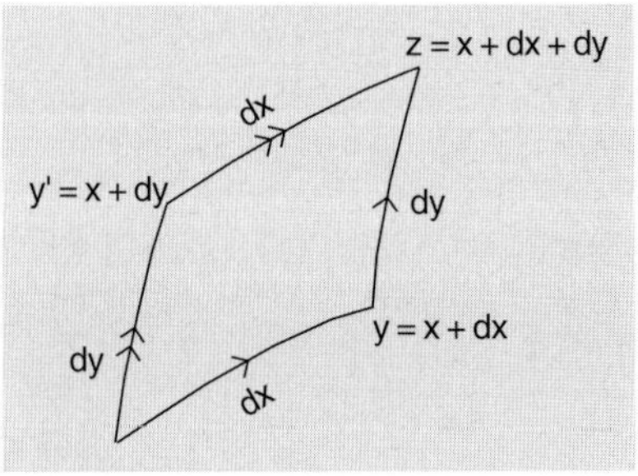

Abb. 5.2. Von x nach $z = x + \mathrm{d}x + \mathrm{d}y$ kann man entweder über $y = x + \mathrm{d}x$ oder über $y' = x + \mathrm{d}y$ wandern. Aus den zwei verschiedenen Wegen kann man eine nichtriviale Rundreise aufbauen, die bei x beginnt und dort auch wieder endet

Eine „Rundreise" lässt sich auch hier mithilfe des Paralleltransports (5.34) organisieren. Wir bleiben im Lokalen, d. h. in der unmittelbaren Nachbarschaft des Punktes $x \in \mathbb{R}^4$, und, wie in Abbildung 5.2

angedeutet, führen einen Paralleltransport von x nach $x + \mathrm{d}x + \mathrm{d}y$ und von diesem Punkt zurück nach x aus, wobei der Rückweg nicht derselbe ist wie der Hinweg.

Wir drücken A durch seine Komponenten $A_\mu(x)$ aus, d. h. schreiben (5.33b) als

$$A = A_\mu(x)\,\mathrm{d}x^\mu\,, \quad \text{mit} \quad A_\mu(x) = \mathrm{i}q \sum \mathbf{T}_k A_\mu^{(k)}(x)\,. \tag{5.44}$$

Gleichung (5.35b) löst man am Besten von der speziellen, von den Feldern ϕ_i aufgespannten Darstellung los und berechnet die Differenz der Paralleltransporte entlang der in Abbildung 5.2 eingezeichneten Wege:

$$\begin{aligned}&\Big(\mathbb{1} - A_\nu(x + \mathrm{d}x)\,\mathrm{d}y^\nu\Big)\Big(\mathbb{1} - A_\mu(x)\,\mathrm{d}x^\mu\Big)\\ &\qquad -\Big(\mathbb{1} - A_\mu(x + \mathrm{d}y)\,\mathrm{d}x^\mu\Big)\Big(\mathbb{1} - A_\nu(x)\,\mathrm{d}y^\nu\Big)\,.\end{aligned}$$

Entwickelt man $A_\nu(x + \mathrm{d}x)$ und $A_\mu(x + \mathrm{d}y)$ beide um den Punkt x bis zur ersten Ordnung in $\mathrm{d}x$ und in $\mathrm{d}y$, dann ist diese Differenz

$$\begin{aligned}&= -\,\mathrm{d}x^\mu\,\mathrm{d}y^\nu\Big(\partial_\mu A_\nu(x) - \partial_\nu A_\mu(x) + A_\mu(x)A_\nu(x) - A_\nu(x)A_\mu(x)\Big)\\ &= -\,\mathrm{d}x^\mu\,\mathrm{d}y^\nu\Big(\partial_\mu A_\nu(x) - \partial_\nu A_\mu(x) + \big[A_\mu(x),\, A_\nu(x)\big]\Big)\\ &= -F_{\mu\nu}(x)\,\mathrm{d}x^\mu\,\mathrm{d}y^\nu\,,\end{aligned}$$

wo analog zu (5.44) im Fall des Potentials

$$F_{\mu\nu}(x) = \mathrm{i}q \sum_{k=1}^{N} \mathbf{T}_k F_{\mu\nu}^{(k)}(x) \tag{5.45}$$

die (Lie-Algebra wertigen) Koeffizientenfunktionen von F sind. Dies Ergebnis zeigt klar, dass F wirklich eine Krümmung beschreibt. Die Tensorfelder der Feldstärken sind geometrisch interpretiert nichts Anderes als Krümmungen.

Wir merken noch an, dass das Verhalten von F unter Eichtransformationen wieder die Konjugation ist. Für die kovariante Ableitung haben wir dieses Transformationsverhalten in (5.38) abgeleitet. Natürlich gilt es dann auch für das Quadrat von D_A und, kraft der Definition (5.40), auch für F,

$$F \longmapsto F' = gFg^{-1}\,. \tag{5.46}$$

Damit und mit der auf Materiefelder wirkenden kovarianten Ableitung ist die Grundlage für die Konstruktion eichinvarianter Lagrangedichten gelegt.

5.3.6 Eichinvariante Lagrangedichten

Mit den Vorbereitungen der beiden vorhergehenden Abschnitte ist es nicht schwer, Lagrangedichten aufzuschreiben, die sowohl unter Lorentz-Transformationen als auch unter einer gegebenen Eichgruppe $\mathfrak{G}$ invariant sind. Man erkennt schon auf dieser Stufe, wie weit hier die physikalisch gut verstandene Maxwell-Theorie als Modell und Vorbild trägt.

Als Bausteine der Theorie seien die folgenden vorgegeben:

- Eine kompakte Lie-Gruppe G und die daraus hergeleitete, unendlich dimensionale Eichgruppe $\mathfrak{G}$ über der Raumzeit $\mathbb{R}^{(1,3)}$;
- Ein Potential A, Gleichung (5.33b), das zugleich Element der Lie-Algebra $\mathfrak{g}$ als auch eine Einsform über dem Minkowski-Raum $\mathbb{R}^{(1,3)}$ ist;
- Ein Satz von Feldern $\Phi(x) = \{\phi_1(x), \dots, \phi_m(x)\}$, die eine Darstellung – reduzibel oder irreduzibel – von G aufspannen. Dabei nehmen wir der Einfachheit halber an, dass dies Skalarfelder seien, merken aber an, dass eine weitgehend identische Konstruktion auch für solche Felder möglich ist, die ein komplexeres Transformationsverhalten unter Lorentz-Transformationen haben. (Das sind Materiefelder, die quantenmechanisch Teilchen mit Spin ungleich Null beschreiben.)

Ausgehend von A, Gleichung (5.33b), bildet man die kovariante Ableitung D_A, Gleichung (5.37), und mit deren Hilfe die Krümmungsform F, Gleichung (5.40). Diese Größe ist eine Zweiform, die ebenfalls Werte in der Lie-Algebra annimmt, wie aus (5.42) ersichtlich. Zunächst ohne Materiefeld Φ und immer dem Vorbild der Maxwell-Theorie folgend, bleibt nur die Möglichkeit, die Größe F mit sich selber in einer Weise zu koppeln, die sowohl die Lorentz-Invarianz garantiert als auch eichinvariant ist. Es gibt verschiedene Weisen, diese Vorschrift umzusetzen, die alle zum selben Ergebnis führen.

(i) Das äußere Produkt der Zweiform F mit ihrem Hodge-Dualen $*F$ lässt sich über die ganze Mannigfaltigkeit $M = \mathbb{R}^{(1,3)}$ integrieren – ein typisch geometrischer Zugang, den wir in der Maxwell-Theorie allerdings nicht beschrieben haben und auch hier nicht weiter ausarbeiten wollen[8]. Außerdem, wie wir gleich genauer erläutern werden, muss die Spur über die adjungierte Darstellung der Lie-Algebra genommen werden.

(ii) Man bildet – wiederum nach dem Vorbild der Maxwell-Theorie – aus

$$F_{\mu\nu} = \mathrm{i}q \sum_{k=1}^{N} \mathbf{T}_k F^{(k)}_{\mu\nu}(x) \qquad (F = F_{\mu\nu}\, \mathrm{d}x^\mu \wedge \mathrm{d}x^\nu \text{ gemäß (5.42)}) \tag{5.47a}$$

[8] Dieser geometrische Zugang benutzt wesentlich, dass $*F \wedge F$ eine Vierform ist und somit über eine Mannigfaltigkeit der Dimension 4 integriert werden kann. Hier ist die Dimension der Basismannigfaltigkeit entscheidend. Integration auf beliebigen, glatten Mannigfaltigkeiten haben wir aus Platzgründen in diesem Band nicht entwickelt.

die Lorentz-Invariante $F_{\mu\nu}F^{\mu\nu}$. Um aber auch eine Invariante unter allen $g \in \mathfrak{G}$ zu erhalten, muss man außerdem die Spur über die adjungierte Darstellung von G nehmen. Ausführlicher geschrieben lautet F ja eigentlich

$$F = F_{\mu\nu}\, \mathrm{d}x^\mu \wedge \mathrm{d}x^\nu = \mathrm{i}q \sum_{k=1}^{N} \mathbf{U}^{(\mathrm{ad})}(\mathbf{T}_k) \sum_{\mu<\nu} F^{(k)}_{\mu\nu}(x)\, \mathrm{d}x^\mu \wedge \mathrm{d}x^\nu \,. \tag{5.47b}$$

Die Spur ist somit vom Produkt von den zwei $N \times N$-Matrizen $\mathbf{U}^{(\mathrm{ad})}(\mathbf{T}_k)$ und $\mathbf{U}^{(\mathrm{ad})}(\mathbf{T}_l)$ zu nehmen. Da aber ohnehin klar ist, dass sowohl A als auch F als Elemente der Lie-Algebra in der adjungierten Darstellung wohnen, verkürzt man oft die Schreibweise wie oben geschehen.

(iii) Eine weitere Möglichkeit besteht darin, auf dem Minkowski-Raum ein Skalarprodukt für äußere Formen zu definieren. Eine natürliche Wahl, die sich der Lorentz-Kovarianz anpasst, ist

$$\left\langle \mathrm{d}x^\mu \middle| \mathrm{d}x^\nu \right\rangle = \kappa_1 g^{\mu\nu} \,,$$
$$\left\langle \mathrm{d}x^\mu \wedge \mathrm{d}x^\nu \middle| \mathrm{d}x^\sigma \wedge \mathrm{d}x^\tau \right\rangle = \kappa_2 \left(g^{\mu\sigma} g^{\nu\tau} - g^{\mu\tau} g^{\nu\sigma} \right) .$$

Allerdings werden solche Skalarprodukte durch die Geometrie nicht wirklich fixiert insofern als die Konstanten κ_1, κ_2 noch frei gewählt werden können. Da die Einsformen $\mathrm{d}x^\mu$ Längen sind, müssen diese Konstanten außerdem physikalische Dimensionen tragen, nämlich

$$\left[\kappa_1\right] = \text{Länge}^{-2} \,, \quad \left[\kappa_2\right] = \text{Länge}^{-4} \,.$$

tragen. Ebenso wie bei den beiden vorhergehenden Methoden ist noch die Spur über das Produkt von zwei Erzeugenden in der adjungierten Darstellung zu nehmen.

Auf allen drei Wegen gelangt man zu der Lorentz- und $\mathfrak{G}$-invarianten Größe $\mathrm{Sp}(F_{\mu\nu}F^{\mu\nu})$ als verallgemeinertem „kinetischen" Term in der Lagrangedichte, die zusammen mit einer wichtigen Normierungsbedingung schon die gesuchte Antwort liefert. Die Normierungsbedingung möchte ich anhand von (5.43) erklären, die auch folgendermaßen notiert werden kann

$$F^{(k)}_{\mu\nu}(x) = f^{(k)}_{\mu\nu}(x) - q \sum_{m,n=1}^{N} C_{kmn} A^{(m)}_\mu(x) A^{(n)}_\nu(x) \quad \text{mit} \tag{5.48a}$$

$$f^{(k)}_{\mu\nu}(x) := \partial_\mu A^{(k)}_\nu(x) - \partial_\nu A^{(k)}_\mu(x) \,. \tag{5.48b}$$

Die Invariante $I := \mathrm{Sp}(F_{\mu\nu}F^{\mu\nu})$ enthält als ersten Term die Kontraktion der eben definierten Tensorfelder $f_{\mu\nu}$ mit sich selber,

$$\sum_{k=1}^{N} \sum_{l=1}^{N} \mathrm{Sp}\left(\mathbf{U}^{(\mathrm{ad})}(\mathbf{T}_k) \mathbf{U}^{(\mathrm{ad})}(\mathbf{T}_l) \right) f^{(k)}_{\mu\nu}(x) f^{(l)\mu\nu}(x) \,.$$

Gemäß (5.28) hängt die hier auftretende Spur nicht von den Erzeugenden, wohl aber von der Darstellung ab. Dies bedeutet, dass man an dieser Stelle wissen muss, wie die Erzeugenden in der adjungierten Darstellung normiert wurden, d. h. welchen Wert die Konstante $\kappa^{(\mathrm{ad})}$ hat. Die Terme $f^{(k)}_{\mu\nu}(x)f^{(k)\mu\nu}(x)$ spielen dieselbe Rolle wie die Lagrangedichte (3.36a) der freien Maxwell-Theorie, deren physikalische Bedeutung in Abschn. 3.3 ausgearbeitet ist. Genau dieser Vergleich legt die Normierung fest, mit der die Invariante $\mathrm{Sp}(F_{\mu\nu}F^{\mu\nu})$ in der Lagrangedichte vorkommen muss: Wie dort muss dieser Anteil mit dem Faktor $-1/16\pi$ (bei Verwendung von Gauß'schen Einheiten) multipliziert erscheinen. Damit liegt der erste Anteil der Lagrangedichte fest. Er lautet

$$\mathcal{L}_{\mathrm{YM}} = -\frac{1}{16\pi q^2 \kappa^{(\mathrm{ad})}}\,\mathrm{Sp}\big(F_{\mu\nu}F^{\mu\nu}\big)\,. \tag{5.49}$$

Der Index steht für „Yang-Mills", die Lie-Algebra wertige Feldgröße $F_{\mu\nu}$ ist wie in (5.47a) bzw. (5.47b) definiert, die Division durch q^2 kommt daher, dass ein Faktor q in die Definition von $F_{\mu\nu}$ aufgenommen wurde.

Die Ankopplung der N Yang Mills-Felder an Materie wird ebenfalls nach dem Modell der Maxwell-Theorie durchgeführt. Der Einfachheit halber diskutieren wir diesen Aspekt für das Beispiel des Multipletts Φ, dessen Komponenten eine Darstellung von G aufspannen und die alle Lorentz-skalare Felder sind. Wie ein solches Multiplett bilinear zu einer G-Invarianten gekoppelt wird, hängt von dieser Gruppe und der Darstellung ab. Wir kürzen dieses verallgemeinerte Skalarprodukt wie verabredet mit großen runden Klammern ab. Was den Materieanteil in der Lagrangedichte angeht, so wird er mit Blick auf (5.1) und mit der Annahme, dass alle Komponenten $\phi_k(x)$ demselben Massenparameter analog zu (5.2) entsprechen, zunächst von der Form

$$\mathcal{L}^{(0)}_{\Phi} = \frac{1}{2}\Big[\big(\partial_\mu \Phi(x), \partial^\mu \Phi(x)\big) - \mu^2\big(\Phi, \Phi\big)\Big] - W\big(\Phi(x)\big) \tag{5.50}$$

sein, wo $W(\Phi)$ eine potentielle Energiedichte, d. h. eine Art Selbstkopplung der Skalarfelder ϕ_k untereinander ist, die global eichinvariant aufgebaut ist.

Die Lagrangedichte (5.50) ist zwar global, aber nicht lokal eichinvariant, denn die kinetische Energiedichte $(\partial_\mu\Phi, \partial^\mu\Phi)$ ist nicht eichinvariant. Um daraus eine eichinvariante Theorie zu machen, braucht es zweierlei. Einerseits muss die gewöhnliche Ableitung durch die kovariante Ableitung (5.37) ersetzt werden,

$$\mathrm{d}\Phi \to D_A\Phi \quad \text{bzw.}$$

$$\partial_\mu \Phi(x) \to \Big\{\mathbb{1}\partial_\mu + \mathrm{i}q\sum_{k=1}^{N} \mathbf{U}^{(\Phi)}(\mathbf{T}_k)A^{(k)}_\mu(x)\Big\}\Phi(x)\,,$$

andererseits muss den Eichfeldern, die in A enthalten sind, ein eigener „kinetischer" Term hinzugefügt werden wie er in (5.49) vorliegt. Die vollständige, lokal invariante Theorie wird somit durch eine Lagrangedichte der Form

$$\mathcal{L} = -\frac{1}{16\pi q^2 \kappa^{(\mathrm{ad})}} \mathrm{Sp}\big(F_{\mu\nu} F^{\mu\nu}\big) + \frac{1}{2}\Big[\big(D_\mu \Phi(x), D^\mu \Phi(x)\big) - \mu^2\big(\Phi, \Phi\big)\Big] - W\big(\Phi(x)\big) \tag{5.51}$$

definiert. Sie enthält die Physik der Eichfelder, die der ursprünglichen Skalarfelder und deren Kopplung an die Eichfelder in einer eichinvarianten Weise. Die Lagrangedichte (5.51) besitzt ein sehr hohes Maß an Symmetrie bezüglich der Eichgruppe $\mathfrak{G}$.

Bemerkungen

1. Wir haben mehrfach betont, dass die Strukturgruppe, die der Theorie zu Grunde gelegt wird, kompakt sein muss. Dann und nur dann ist die Killing-Metrik (5.26) positiv-definit. Erinnert man sich an die Berechnung der Feldenergie (3.30a) von Maxwell-Feldern, dann sieht man, dass das Vorzeichen in (3.36a) und in (5.49) dafür verantwortlich ist, dass die Energiedichte und damit der gesamte Energieinhalt der freien Maxwell- bzw. Yang Mills-Felder positiv ist. Hätte man eine nichtkompakte Strukturgruppe zugelassen, dann würden in der diagonalisierten Form der Killing-Metrik sowohl positive als auch negative Einträge vorkommen, d. h.

   $$\mathbf{g} = \mathrm{diag}(\varepsilon_1, \varepsilon_2, \dots, \varepsilon_N) \quad \text{mit} \quad \varepsilon_i = \pm 1 .$$

   Als Konsequenz hiervon hätten mindestens einige der in der Yang Mills-Theorie vorkommenden Vektorfelder das falsche Vorzeichen in der kinetischen Energie, d. h. ihnen würde eine negative Feldenergie zugeschrieben.
2. Per Konstruktion ist die Lagrangedichte (5.51) auch unter *globalen* Eichtransformationen, d. h. unter allen Elementen der Strukturgruppe G invariant. Dies ist sozusagen die schwächere Form der Eichinvarianz.

5.3.7 Physikalische Interpretation

Ausgehend von der Lagrangedichte (5.51) und einer Zerlegung der $F_{\mu\nu}$ in einem gegebenen Bezugssystem in G-elektrische und G-magnetische Felder kann man die Analoga der Maxwell'schen Gleichungen für nicht-Abel'sche Eichtheorien herleiten. Die entstehenden Bewegungsgleichungen haben eine ähnliche Struktur wie die der Elektrodynamik und zerfallen wieder in einen „Strahlungsanteil" und einen Materieanteil, der als Inhomogenität oder Quelle auftritt. Die nicht-Abel'schen Eichtheorien beschreiben fundamentale Wechselwirkungen, deren Reichweiten mikroskopisch klein sind und die daher in der klassischen, makroskopischen Physik keine Rolle spielen. Dies bedeutet aber, dass diese

Theorien zwar vollkommen klassisch definiert sind und daher mit der Theorie der Maxwell-Felder eng verwandt sind, sie ihre *physikalische* Realisierung aber erst im Rahmen der Quantentheorie finden. Dort sind die eigentlich nicht direkt beobachtbaren Eichpotentiale $A_\mu^{(k)}(x)$, ebenso wie in der quantisierten Form der Elektrodynamik, nützliche Hilfsgrößen bei der Quantisierung der Theorie und bei der Interpretation der Eichfelder als Vektorbosonen, die als die eigentlichen Träger bzw. Vermittler von fundamentalen Wechselwirkungen auftreten – in enger Analogie zum Photon, das als Vermittler elektrischer und magnetischer Wechselwirkungen verstanden werden kann. Statt die zu (5.51) gehörenden Euler Lagrange-Gleichungen aufzustellen genügt es daher, die Lagrangedichte selbst und die darin auftretenden Kopplungen zu diskutieren.

a) Eichinvarianz und masselose Eichbosonen

Als eine auffallende Eigenschaft der Lagrangedichte (5.51) bemerkt man sofort, dass keines der N Felder $A_\mu^{(k)}$ einen Massenterm besitzt. Ebenso wie wir in Abschn. 5.1 für die Maxwell-Theorie gesehen haben, würde jeder originäre Massenterm

$$\frac{1}{8\pi}\lambda^{(k)\,2}A_\mu^{(k)}(x)A^{(k)\,\mu}(x) \tag{5.52}$$

die Eichinvarianz zerstören. Dies bedeutet, dass lokal eichinvariante, nicht-Abel'sche Theorien, wenn sie einmal quantisiert sind, masselose Eichbosonen beschreiben. Diese Eigenschaft war wohl der Grund, dessentwegen W. Pauli diese Konstruktion verwarf. Zu seiner Zeit war außer dem Photon kein masseloses Eichboson bekannt.

Diese generelle Aussage und die Pauli'sche Kritik sind berechtigt, solange man die Physik der Eichfelder allein und für sich isoliert betrachtet. Hier kann es keine Massenterme der Art (5.52) geben, ohne die lokale Eichinvarianz zu verlieren. Die Rettung aus dieser physikalisch scheinbar unbrauchbaren Situation kommt überraschender Weise aus dem Zusammenspiel der reinen Eichtheorie mit den Materiefeldern und deren Selbstwechselwirkung $W(\Phi)$ in Form der sog. spontanen Symmetriebrechung. Wenn man der reinen Yang Mills-Theorie nun wirklich echte, physikalische Skalarfelder hinzufügt und deren potentielle Energie so einrichtet, dass sie bei $\Phi = \Phi^{(0)} \neq 0$ ein absolutes Minimum hat, dann bleibt die Lagrangedichte eichinvariant, beschreibt aber jetzt Vektorfelder, von denen einige massiv werden. Dieses Phänomen der spontanen Symmetriebrechung bedeutet, dass der physikalisch realisierte Zustand weniger Symmetrie besitzt als die Lagrangedichte, die die Theorie definiert. Die Eichinvarianz geht also nicht verloren, die Symmetrie wird nur gewissermaßen „versteckt". Man spricht daher auch manchmal von verborgener Symmetrie, auf Englisch von *hidden symmetry*.

Der Mechanismus der spontanen Symmetriebrechung wurde etwa Mitte der 1960-er Jahre von Higgs, Kibble und Anderen entdeckt[9]

[9] P.W. Higgs, Phys. Lett. **12** (1964) 132 und Phys. Rev. **145** (1966) 1156; F. Engler and R. Brout, Phys. Rev. Lett. **13** (1964) 321; G.S. Guralnik, C.R. Hagen and T.W.B. Kibble, Phys. Rev. Lett. **13** (1964) 585; T.W.B. Kibble, Phys. Rev. **155** (1967) 1554.

und war von großer Bedeutung bei der Entwicklung der für die elektroschwachen Wechselwirkungen zuständigen Eichtheorie. Wir gehen weiter unten etwas genauer darauf ein.

b) Wechselwirkungen der Eichbosonen

Die generische Lagrangedichte (5.51) unterscheidet sich in einem zentralen, physikalisch wichtigen Aspekt von der Lagrangedichte der Elektrodynamik. Man vergleicht die Lagrangedichten $\mathcal{L}_{\mathrm{YM}}$, Gleichung (5.49), der reinen Yang Mills-Theorie und $\mathcal{L}_{\mathrm{M}}$, Gleichung (3.36a), der Elektrodynamik ohne äußere Quellen und beachtet die Definitionen der Feldstärketensoren (5.43) bzw. (2.58) in den beiden Varianten von Eichtheorien, der aus einer nicht-Abel'schen Gruppe G konstruierten bzw. der U(1)-Eichtheorie der Elektrodynamik. Die Euler Lagrange-Gleichungen enthalten die Ableitungen der Lagrangedichte nach den Potentialen und nach deren Ableitungen,

$$\frac{\partial \mathcal{L}_{\mathrm{YM}}}{\partial A_\tau^{(k)}} \quad \text{und} \quad \frac{\partial \mathcal{L}_{\mathrm{YM}}}{\partial\left(\partial_\mu A_\tau^{(k)}\right)} \, .$$

Dies ist formal dieselbe Struktur wie in der Maxwell-Theorie, führt hier aber zu nichtlinearen Bewegungsgleichungen. In der Tat, schreibt man die Lagrangedichte (5.49) etwas ausführlicher hin, so liefert die Spur ein Kronecker-Delta δ_{kl} für die Erzeugenden und es bleiben Diagonalterme der Art

$$\begin{aligned} F_{\mu\nu}^{(k)} F^{(k)\,\mu\nu} &= \left(\partial_\mu A_\nu^{(k)} - \partial_\nu A_\mu^{(k)}\right)\left(\partial^\mu A^{(k)\,\nu} - \partial^\nu A^{(k)\,\mu}\right) \\ &\quad - 2q\left(\partial_\mu A_\nu^{(k)} - \partial_\nu A_\mu^{(k)}\right) \sum_{m,n=1}^{N} C_{kmn} A^{(m)\,\mu} A^{(n)\,\nu} \\ &\quad + q^2 \sum_{m,n=1}^{N} \sum_{p,q=1}^{N} A_\mu^{(m)} A_\nu^{(n)} A^{(p)\,\mu} A^{(q)\,\nu} \, . \end{aligned}$$

Der erste Anteil auf der rechten Seite ist in den Eichpotentialen quadratisch und hat dieselbe Form wie der kinetische Term der Maxwell-Theorie. Der zweite Anteil, der proportional zur Ladung q ist, ist kubisch in den Potentialen. In die Bewegungsgleichungen eingesetzt, führt er zu einer Wechselwirkung der Eichbosonen untereinander, die neu ist. Der dritte Anteil ist proportional zu q^2 und enthält das Produkt von vier Eichpotentialen, er beschreibt daher eine weitere Wechselwirkung der Eichfelder – noch bevor überhaupt Materiefelder eingeführt werden. Dies ist ein wesentlicher Unterschied zwischen der Abel'schen U(1)-Theorie der Maxwell'schen Gleichungen und einer nicht-Abel'schen Eichtheorie. Die letztere enthält kubische und quartische Kopplungen der Eichfelder, sie führt zu Nichtlinearitäten in den Bewegungsgleichungen und beschreibt physikalisch relevante Wechselwirkungen der Eichfelder untereinander.

5.3.8 * Mehr über die Eichgruppe

In diesem Buch haben wir eichinvariante, klassische Feldtheorien ausschließlich auf flachen Mannigfaltigkeiten, insbesondere auf dem Minkowski-Raum $\mathbb{R}^{(1,3)}$ entwickelt. Es spricht aber nichts dagegen, diese Konstruktionsmethoden auf allgemeinere differenzierbare Mannigfaltigkeiten auszudehnen, d. h. Elektrodynamik oder nicht-Abel'sche Eichtheorie auf gekrümmten Raumzeiten zu studieren. Nimmt man die gravitative Wechselwirkung zu den elektromagnetischen und den anderen, mikroskopisch wirksamen Wechselwirkungen (die sog. Schwache und die Starke Wechselwirkung) hinzu, so wird man mit dieser Verallgemeinerung direkt konfrontiert. Die Anwesenheit von Massen im Universum führt dazu, dass die Raumzeit nicht mehr der einfache Minkowski-Raum sein kann, sondern durch eine semi-Riemann'sche Mannigfaltigkeit mit Index 1 ersetzt wird, die umso stärker gekrümmt ist, je höher die eingebrachte Massendichte ist. Lokal gesehen bleibt die Physik der Maxwell'schen Gleichungen und der nicht-Abel'schen Wechselwirkungen wie sie auf dem $\mathbb{R}^{(1,3)}$ entwickelt wurden, im Großen und bei Anwesenheit von Gravitationsfeldern wird sie aber abgeändert. Dies führt dazu, dass man auch klassische Eichtheorien auf semi-Riemann'sche Mannigfaltigkeiten übertragen muss, die nicht flach sind, die also nicht wie der Minkowski-Raum aussehen.

Es ist klar, dass diese Perspektive tief in die Differentialgeometrie hinein weist. Interessanter Weise sind diese Konzepte parallel und zunächst unabhängig voneinander in der Mathematik und in der Theoretischen Physik entwickelt worden und man erkannte erst relativ spät, dass die Objekte, die man studierte, zwar verschiedene Namen trugen, aber ihrer Natur nach dieselben waren. Es würde uns vom physikalischen Rahmen der klassischen Feldtheorie zu weit weg führen und den Rahmen dieses Bandes sprengen, diese differentialgeometrischen Aspekte der Eichtheorien ausführlicher und mathematisch korrekt darzustellen. Deshalb beschränke ich mich in diesem ad libitum Abschnitt auf einige Bemerkungen, die mathematisch orientierte Leser und Leserinnen neugierig machen und zu weiterer Lektüre anregen sollen.

Die Raumzeit wird als orientierbare, zusammenhängende Riemann'sche oder semi-Riemann'sche Mannigfaltigkeit angenommen. Eine Riemann'sche Mannigfaltigkeit ist ein Paar $(M, \mathbf{g})$, das aus einer glatten Mannigfaltigkeit M (in der Regel und im Bezug auf die Physik mit $\dim M = 4$) und einer Metrik $\mathbf{g}$, die auf jedem Tangentialraum eine positiv- (oder negativ-)definite, nicht ausgeartete Bilinearform ist. Der Index, den wir weiter oben definiert haben, ist somit gleich Null. Semi-Riemann'sch nennt man die Mannigfaltigkeit dann, wenn die Metrik nicht mehr definit ist oder, etwas genauer, wenn der Index ν auf allen Tangentialräumen derselbe und von Null verschieden ist. Physikalisch besonders wichtig ist der Fall $\nu = 1$. Man spricht dann auch von Lorentz-Mannigfaltigkeiten. Differentialgeometer nehmen auch gerne an, dass M kompakt sei. Dies ist eine Annahme, für die es gute ma-

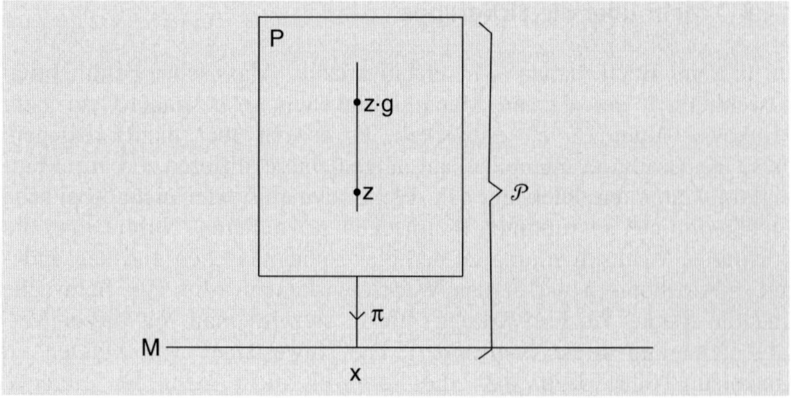

Abb. 5.3. Das Hauptfaserbündel $(P \underset{\pi}{\rightarrow} M, G)$ enthält über jedem Punkt z der Basismannigfaltigkeit eine Faser, d. h. einen inneren Raum, auf dem die Strukturgruppe frei wirkt. Der Basispunkt x, auf den alle Punkte der Faser projiziert werden, merkt von dieser Gruppenwirkung nichts

thematische Gründe gibt, die aber physikalisch nicht sonderlich passend ist, da physikalische Raumzeiten i. Allg. nicht kompakt sind.

Die Grundlage für die Konstruktion einer Yang Mills-Theorie ist das Hauptfaserbündel

$$\mathcal{P} = \left(P \underset{\pi}{\rightarrow} M, G \right) , \tag{5.53a}$$

dessen Basis die Raumzeit M und dessen typische Faser die Strukturgruppe G ist. Wie in Abb. 5.3 skizziert ist π die Projektion von P nach M, die jedem Punkt z der Faser den allen Punkten dieser Faser gemeinsamen Fußpunkt $\pi(z)$ zuordnet. Dies ist eine surjektive Abbildung von $\mathcal{P}$ nach M. Lokal ist das Hauptfaserbündel $\mathcal{P}$ isomorph zum direkten Produkt $M \times G$,

$$\mathcal{P} \cong M \times G \,, \tag{5.53b}$$

global sind die Verhältnisse i. Allg. komplizierter, nämlich immer dann, wenn man für die Beschreibung von M mehr als eine Karte braucht.

Die Strukturgruppe wirkt innerhalb der Fasern als freie Wirkung von rechts[10]

$$R_g z = z \cdot g \,, \quad z \in P \,, g \in G \,. \tag{5.54}$$

Im differentialgeometrischen Rahmen definiert ist die Eichgruppe $\mathfrak{G}$ die Gruppe derjenigen Automorphismen des Hauptfaserbündels $\mathcal{P}$, die auf der Basis M die Identität induzieren. Anders ausgedrückt, sind dies Automorphismen

$$\psi \in \mathfrak{G} \,, \quad \psi : \mathcal{P} \longrightarrow \mathcal{P} \,, \tag{5.55}$$

die mit der Rechtswirkung R_g kommutieren und die jede Faser auf sich selbst abbilden, d. h. für die

$$\pi\big(\psi(z)\big) = \pi(z) \quad \text{und} \quad \psi(z \cdot g) = \psi(z) \cdot g \tag{5.55a}$$

gilt. Da $\psi \in \mathfrak{G}$ auf die Fasern allein wirkt, gilt

$$\psi(z) = z\gamma(z) \,, \quad z \in \mathcal{P} \,, \psi \in \mathfrak{G} \,, \tag{5.55b}$$

[10] Die Wirkung von *rechts* ist die in der Differentialgeometrie übliche Konvention. Leider ist sie nicht in Einklang mit den Gewohnheiten in der Physik, wo man Symmetrien lieber von links wirken lässt, die Rechtswirkung daher erst bei kontragredientem Transfromationsverhalten auftritt.

wobei γ eine glatte, wie man sagt Ad-äquivariante Abbildung ist, die $\mathcal{P}$ auf die Strukturgruppe G abbildet,

$$\gamma : P \to G : z \mapsto \gamma(z)\,, \quad \text{mit}$$
$$\gamma(z \cdot g) = \text{Ad}\; g^{-1}\big(\gamma(z)\big) = g^{-1}\gamma(z)g\,. \tag{5.55c}$$

Die Beziehung (5.55b) definiert eine Bijektion $\gamma : \mathcal{P} \to G$, so dass man die Eichgruppe $\mathfrak{G}$ mit der Menge dieser Abbildungen identifizieren kann. So gilt dann z. B. $(\gamma\gamma')(z) = \gamma(z)\gamma'(z)$. Die Eichgruppe ist offensichtlich unendlich dimensional, in jeder Faser wird sie durch eine Kopie der Strukturgruppe vertreten.

Lokal betrachtet hat das Hauptfaserbündel $\mathcal{P}$ die Struktur $M \times G$ aus Basis (Raumzeit) und Strukturgruppe. Es sei $x \in M$ ein Punkt der Basismannigfaltigkeit, π die Projektion wie zuvor. Die Faser $\pi^{-1}(x)$ über dem Punkt x ist isomorph zur Strukturgruppe G. Dies kann man auch folgendermaßen interpretieren bzw. anwenden.

Es sei $p \in \mathcal{P}$ ein Punkt von $\mathcal{P}$, $p = (x, \pi^{-1}(x))$, mit den zwei Einträgen x auf M und $\pi^{-1}(x)$ in der Faser. Wir schreiben (5.54) in etwas anderer Form und halten fest, dass zwischen G und der Faser $\pi^{-1}(x)$ über x ein Isomorphismus besteht, d. h. für $z \in \pi^{-1}(x)$ und $g \in G$ ist

$$\varrho_p : G \longrightarrow \pi^{-1}(x) \in \mathcal{P} : g \longmapsto \varrho_p(g) = z \cdot g$$

die angesprochene Abbildung der Strukturgruppe in die gegebene Faser. Man betrachtet jetzt die zu dieser Abbildung gehörende Tangentialabbildung im Gruppenelement $e = \mathbb{1}$ von G, d. h. die Tangentialabbildung eingeschränkt auf $\mathfrak{g}$, die Lie-Algebra von G. Diese Abbildung bildet die Lie-Algebra in den Tangentialraum $T_p\mathcal{P}$ ab,

$$T_e\varrho_p : \mathfrak{g} \hookrightarrow T_p\mathcal{P}\,.$$

Dabei wird $\mathfrak{g}$ in den Tangentialraum $T_p\mathcal{P}$ eingebettet. Der damit identifizierte Unterraum von $T_p\mathcal{P}$

$$G_p := T_e\varrho_p(\mathfrak{g}) \tag{5.56}$$

wird *vertikaler Unterraum* von $T_p\mathcal{P}$ genannt. Ein Blick auf Abb. 5.3 wird diese Bezeichnung unmittelbar verständlich machen.

Der lokale Isomorphismus (5.53b) bedeutet für die Tangentialräume, dass $T_p\mathcal{P}$ zu folgender Zerlegung isomorph ist

$$T_p\mathcal{P} \cong T_{\pi(p)}M \oplus \mathfrak{g}\,. \tag{5.57}$$

Der Isomorphismus von $\mathfrak{g}$ und G_p, Gleichung (5.56), ist offensichtlich kanonisch vorgegeben, dies ist aber nicht so für den Rest: Ein Isomorphismus zwischen $T_{\pi(p)}M$ und einem Unterraum von $T\mathcal{P}$ muss erst noch festgelegt werden. Die konkrete Auswahl, die hier getroffen wird ist, gleichbedeutend mit der Aussage, dass dadurch ein *Zusammenhang* definiert wird[11]. Dieser wiederum definiert die *kovariante Ableitung*. Einen Zusammenhang auf dem Hauptfaserbündel $\mathcal{P}$ zu wählen bedeutet jedem Punkt $p \in \mathcal{P}$ einen Unterraum $Q_p \subset T_p\mathcal{P}$ zuzuordnen, der die folgenden Eigenschaften hat

[11] Auf Englisch heißt dieser *connection*, auf Französisch *connexion.* Auch im deutschen Sprachgebrauch hört man oft „Konnektion" statt Zusammenhang.

(i) Der Tangentialraum in p ist die direkte Summe aus G_p und Q_p

$$T_p\mathcal{P} = Q_p \oplus G_p \,, \tag{5.58a}$$

(ii) Die Wirkung der Strukturgruppe auf Q_p erfüllt die Bedingung

$$Q_{p\cdot g} = TR_g(Q_p) \,, \tag{5.58b}$$

(iii) Der Unterraum Q_p ist in $p \in \mathcal{P}$ differenzierbar.

Ein solcherart definiertes Q_p heißt *horizontaler Unterraum* von $T_p\mathcal{P}$. Die Zuordnung $p \mapsto Q_p$ heißt *Zusammenhang* auf $\mathcal{P}$.

Die Bedingung (ii) stellt sicher, dass die Zerlegung (5.58a) unter der Rechtswirkung der Strukturgruppe invariant ist,

$$\begin{aligned} T_{p\cdot g}\mathcal{P} &= TR_g(T_p\mathcal{P}) = TR_g\big(Q_p \oplus G_p\big) \\ &= TR_g(Q_p) \oplus TR_g(G_p) = Q_{p\cdot g} \oplus G_{p\cdot g} \,. \end{aligned}$$

Die Bedingung der Differenzierbarkeit der Zuordnung $p \mapsto Q_p$ ist wichtig, damit der auf diese Weise definierte Zusammenhang eine kovariante Ableitung liefert.

Auch den Rest der Konstruktion können wir hier nur skizzieren und mit qualitativen Argumenten plausibel machen. Die horizontalen Unterräume in den Punkten $p \in \mathcal{P}$ in der beschriebenen Weise auszuwählen, bedeutet, die Gruppenwirkung in verschiedenen Tangentialräumen vergleichbar zu machen. Man legt auf diese Weise z. B. fest, wo die Identität $\mathbb{1}$ von G in jedem einzelnen Tangentialraum liegen soll. Physikalisch-anschaulich gesprochen, macht man damit erst die inneren Symmetrieräume über den Punkten x der Basismannigfaltigkeit untereinander vergleichbar.

Man erkennt auch die nahe Verwandtschaft zu einem Standardbeispiel der Differentialgeometrie, der Definition von Riemann'schen Mannigfaltigkeiten. Dort weiß man, dass Tangentialvektoren aus verschiedenen, disjunkten Tangentialräumen T_xM über x und T_yM über y nicht direkt und ohne Weiteres vergleichbar sind, es sei denn die Mannigfaltigkeit sei ein Euklidischer Raum, $M = \mathbb{R}^n$. Nur in diesem Sonderfall ist der Paralleltransport eines Tangentialvektors von T_xM nach T_yM auf natürliche Weise definiert. In allen anderen Fällen muss der Zusammenhang und damit die kovariante Ableitung unter Beachtung bestimmter Regeln definiert werden.

Der solcherart definierte Zusammenhang ist, wie wir wissen, eine Einsform auf $\mathcal{P}$ und nimmt Werte in der Lie-Algebra $\mathfrak{g}$ an. Geometrisch spricht man von einer Zusammenhangsform

$$\omega \in \Omega^1(\mathcal{P}, \mathfrak{g}) \,,$$

das ist ein Element aus dem Raum der Einsformen $\Omega^1(\mathcal{P})$, die gleichzeitig Element der Lie-Algebra ist. Der Zusammenhang mit dem, was man in der Physik ein *Eichfeld* oder *Eichpotential* nennt, wird über lokale Schnitte hergestellt. Es sei

$$\sigma : U \subset M \longrightarrow \mathcal{P} \tag{5.59}$$

ein differenzierbarer Schnitt, ω eine Zusammenhangsform auf $\mathcal{P}$. Dann ist die Zurückziehung von ω auf U

$$A^{(\sigma)} := \sigma^* \omega \tag{5.60}$$

eine durch den Schnitt σ definierte Einsform auf U, $A^{(\sigma)} \in \Omega^1(U, \mathfrak{g})$. Diese Einsform ist das zur Zusammenhangsform ω, dem Schnitt σ und zu $U \subset M$ gehörige Eichfeld. Wenn es auf M keine globalen Schnitte gibt und der Atlas für M somit aus mehr als einer Karte besteht, dann muss man auf jeder Umgebung U_i der offenen Überdeckung $\{U_i\}$ von M den lokalen Vertreter von ω_i angeben derart, dass die $\{\omega_i\}$ eine Bündelkartendarstellung von ω bilden. Dies geschieht mithilfe der Bündelkarte

$$\Phi : \pi^{-1}(U_i) \longrightarrow U_i \times G$$

und dem sog. Einsschnitt

$$x \in U_i \longmapsto \sigma_i(x) := \Phi^{-1}(x, \mathbb{1}) ,$$

indem man $\omega_i := \sigma_i^* \omega$ berechnet. Sorgt man noch dafür, dass bei einem Kartenwechsel von U_i nach U_j die Einsformen ω_i und ω_j richtig, nämlich als Funktion der Übergangsabbildung zwischen U_i und U_j, transformieren, so ist ein sog. Cartan-Zusammenhang auf ganz M gegeben. Das zugehörige Eichfeld, das in den physikalischen Bewegungsgleichungen auftritt, ist dann kartenweise gegeben.

Die Eichtheorien, die wir in diesem Band beschreiben, sind auf $M = \mathbb{R}^{(1,3)}$ definiert, für den diese Konstruktion sich auf die vereinfachte Konstruktion reduziert, die wir in den vorhergehenden Abschnitten ausgeführt haben. Aber schon bei der Beschreibung des Vektorpotentials eines hypothetischen magnetischen Monopols benötigt man eine Kartenzerlegung der Sphäre S^2, das Eichpotential setzt sich aus mindestens zwei Anteilen zusammen, die auf zwei verschiedenen Karten gültig sind, aber über die Übergangsabbildungen richtig zusammengesetzt werden.

5.4 Die U(2)-Theorie der elektroschwachen Wechselwirkungen

Die U(2)-Eichtheorie der elektroschwachen Wechselwirkungen vereinigt die Maxwell-Theorie mit den Schwachen Wechselwirkungen. Auch wenn wir uns damit in die Physik der Elementarteilchen und die Quantenfeldtheorie vorwagen, lassen sich die wesentlichen Züge dieser Theorie im Rahmen der *klassischen* Feldtheorie diskutieren und verstehen, ohne auf die Technik ihrer Quantisierung tiefer einzugehen. In diesem Abschnitt beschreiben wir diese Theorie als ein konkretes Beispiel einer nicht-Abel'schen Eichtheorie gemäß der in Abschn. 5.3 entwickelten Prinzipien. Auch der Mechanismus der spontanen Symmetriebrechung, den wir schon in Abschn. 5.3.7 angesprochen haben, lässt sich in diesem Rahmen gut erklären und zugleich durch ein physikalisch wichtiges Beispiel illustrieren.

5.4.1 Eine U(2)-Eichtheorie mit masselosen Eichfeldern

Jedes Element der unitären Gruppe in zwei komplexen Dimensionen U(2) lässt sich in der Form

$$\mathbf{U} = e^{i\alpha} \begin{pmatrix} u & v \\ -v^* & u^* \end{pmatrix} \quad \text{mit} \quad \alpha \in \mathbb{R}\,, \ u, v \in \mathbb{C} \ \text{und} \ |u|^2 + |v|^2 = 1 \tag{5.61}$$

schreiben. Die zugehörige Lie-Algebra wird durch Erzeugende aufgespannt, für die man die Wahl

$$\mathbf{T}_0 = \sigma_0 = \begin{pmatrix} 1 & 0 \\ 0 & 1 \end{pmatrix}, \ \mathbf{T}_i = \frac{1}{2}\sigma_i\,, \quad (i = 1, 2, 3)\,, \tag{5.62}$$

treffen kann, wo die σ_i die Pauli-Matrizen (5.23) sind. Die Kommutatoren der Erzeugenden sind mit (5.24)

$$\left[\mathbf{T}_0, \mathbf{T}_i\right] = 0\,, \tag{5.63a}$$

$$\left[\mathbf{T}_i, \mathbf{T}_j\right] = i\varepsilon_{ijk}\mathbf{T}_k\,. \tag{5.63b}$$

Es gibt also eine Erzeugende, die mit allen anderen kommutiert und die einen U(1)-Faktor der Eichgruppe erzeugt. Dieser Anteil manifestiert sich in (5.61) in dem Phasenfaktor $\exp\{i\alpha\}$.

Die zugehörige Eichgruppe $\mathfrak{G}$, die Potentiale und die kovariante Ableitung sind damit wie in Abschn. 5.3.3 und in Abschn. 5.3.4 allgemein dargelegt gegeben. In der adjungierten Darstellung ist der Zahlenfaktor κ aus (5.28) gleich 2. Mit dem Feldstärkentensor (5.45) und bei Hinzunahme eines Multipletts von Skalarfeldern lautet die Lagrangedichte (5.51)

$$\begin{aligned}\mathcal{L} = &-\frac{1}{32\pi q^2}\,\mathrm{Sp}\big(F_{\mu\nu}F^{\mu\nu}\big) \\ &+\frac{1}{2}\Big[\big(D_\mu\Phi(x), D^\mu\Phi(x)\big) - \mu^2\big(\Phi, \Phi\big)\Big] - W\big(\Phi(x)\big)\,,\end{aligned} \tag{5.64}$$

wobei $F_{\mu\nu}$ und D_μ im Einzelnen durch

$$F_{\mu\nu} = iq\sum_{k=0}^{3}\mathbf{U}^{(\mathrm{ad})}(\mathbf{T}_k)F_{\mu\nu}^{(k)}(x) \quad \text{und} \tag{5.64a}$$

$$D_\mu\Phi = \Big\{\mathbb{1}\partial_\mu + iq\sum_{k=0}^{3}\mathbf{U}^{(\Phi)}(\mathbf{T}_k)A_\mu^{(k)}(x)\Big\}\Phi(x) \tag{5.64b}$$

gegeben sind. Sie enthalten die Erzeugende $\mathbf{T}_0$ des U(1)-Faktors sowie die Erzeugenden $\sigma_k/2$ der SU(2), einmal in der adjungierten Darstellung, das andere Mal in der Darstellung des Multipletts Φ.

Ohne die Terme, die die Skalarfelder enthalten, beschreibt die Lagrangedichte (5.64) zunächst nur vier masselose Eichbosonen, von denen zwei auch durch die folgenden Linearkombinationen ersetzt werden können,

$$W_\mu^{(\pm)}(x) := \frac{1}{\sqrt{2}}\left(A_\mu^{(1)}(x) \pm \mathrm{i} A_\mu^{(2)}(x)\right) . \tag{5.65}$$

Diese Ersetzung geschieht im Hinblick auf die spätere Interpretation dieser neuen Eichfelder $W_\mu^{(\pm)}$ als Teilchenfelder, die elektrische Ladungen ± 1 tragen, und bedeutet die Ersetzung der Erzeugenden $\mathbf{T}_1$ und $\mathbf{T}_2$ durch die Linearkombinationen[12]

$$\mathbf{T}_+ := \mathbf{T}_1 + \mathrm{i}\mathbf{T}_2 , \quad \mathbf{T}_- := \mathbf{T}_1 - \mathrm{i}\mathbf{T}_2 . \tag{5.66a}$$

In der definierenden Darstellung der SU(2) bedeutet diese Ersetzung

$$\frac{1}{2}(\sigma_1 + \mathrm{i}\sigma_2) =: \sigma_+ = \begin{pmatrix} 0 & 1 \\ 0 & 0 \end{pmatrix} , \ \frac{1}{2}(\sigma_1 - \mathrm{i}\sigma_2) =: \sigma_- = \begin{pmatrix} 0 & 0 \\ 1 & 0 \end{pmatrix} . \tag{5.66b}$$

Damit wird die Summe der Terme zu $k = 1$ und $k = 2$ in der kovarianten Ableitung (5.64b)

$$\begin{aligned} &\mathbf{U}^{(\Phi)}(\mathbf{T}_1) A_\mu^{(1)}(x) + \mathbf{U}^{(\Phi)}(\mathbf{T}_2) A_\mu^{(2)}(x) \\ &= \frac{1}{\sqrt{2}}\left\{\mathbf{U}^{(\Phi)}(\mathbf{T}_-) W_\mu^{(+)}(x) + \mathbf{U}^{(\Phi)}(\mathbf{T}_+) W_\mu^{(-)}(x)\right\} . \end{aligned} \tag{5.66c}$$

Natürlich haben auch diese neuen Felder $W_\mu^{(\pm)}$ keine Massenterme, denn andernfalls wäre die lokale Eichinvarianz der Lagrangedichte (5.64) verletzt.

Zunächst scheinbar schwieriger zu entscheiden ist die Frage, welche physikalische Rolle die beiden Eichfelder $A_\mu^{(3)}(x)$ und $A_\mu^{(0)}(x)$ spielen könnten, wenn die durch (5.64) definierte Theorie zur Beschreibung von Maxwell-Feldern und denen der Schwachen Wechselwirkungen dienen kann. Die Maxwell-Theorie ist eine „echte" Eichtheorie, ihre Eichgruppe ist $\mathfrak{G} = \mathrm{U}(1)$, genau diese und nichts Größeres. Diese $\mathrm{U}(1)_{\text{e.m.}}$, die wir der Klarheit halber mit dem Index „e.m." für „elektromagnetisch" versehen, *kann* mit dem U(1)-Faktor der U(2) identisch sein, sie kann aber auch durch eine Mischung dieses Anteils und des 3-Anteils der SU(2) zustande gekommen sein. Auf dieser Stufe ist dies nicht entscheidbar. Nehmen wir andererseits das empirische Wissen zu Hilfe, dass die elektromagnetischen Wechselwirkungen durch masselose Photonen, die Schwachen Wechselwirkungen durch drei massive Vektorteilchen $W^{(+)}$, $W^{(-)}$ und Z^0 vermittelt werden, von denen zwei elektrisch geladen, das dritte elektrisch neutral ist, so fällt auf, dass zumindest deren Zahl sich mit der Zahl der ursprünglichen Eichfelder der

[12] In der Quantenmechanik werden solche Operatoren „Auf- und Absteigeoperatoren" genannt. Man beachte, dass die Benutzung solcher Linearkombinationen mit komplexen Koeffizienten nicht bedeutet, dass man die Lie-Algebra der Strukturgruppe oder die Gruppe selbst komplexifiziert hätte.

U(2)-Theorie deckt. Die beiden geladenen Teilchen $W^{(+)}$ und $W^{(-)}$ wären dann Partner in einem Triplett (der adjungierten Darstellung der SU(2)), das neutrale Z^0 wäre der schwere Partner des Photons.

Mit dieser Vorbemerkung liegt es nahe, aus einer allgemeinen Linearkombination der ursprünglich masselosen Eichfelder $A_\mu^{(3)}$ und $A_\mu^{(0)}$ neue neutrale Felder zu konstruieren, und zwar

$$A_\mu^{(\gamma)}(x) = A_\mu^{(0)}(x)\cos\theta_{\mathrm{W}} - A_\mu^{(3)}(x)\sin\theta_{\mathrm{W}}\,, \tag{5.67a}$$

$$A_\mu^{(\mathrm{Z})}(x) = A_\mu^{(0)}(x)\sin\theta_{\mathrm{W}} + A_\mu^{(3)}(x)\cos\theta_{\mathrm{W}}\,. \tag{5.67b}$$

Mit diesem Ansatz verbindet sich die Hoffnung, dass das erste hiervon, Gleichung (5.67a), das Vektorpotential der Maxwell-Theorie, das zweite, Gleichung (5.67b), das Feld des Z^0-Vektorfeldes werden könnte. Der Mischungswinkel θ_{W}, nach Steven Weinberg benannt, der ihn in die Theorie der elektroschwachen Wechselwirkung eingeführt hat, bleibt offen und muss möglicherweise dem Experiment entnommen werden. Wir notieren an dieser Stelle lediglich, dass im Fall $\theta_{\mathrm{W}} = 0$ das U(1)-Feld genau das Maxwell-Feld ist, während das Z^0-Feld der dritte Partner der beiden W-Felder ist und mit diesen zusammen eine Triplettdarstellung der SU(2) aufspannt.

Wie kann man die in (5.64) definierte Theorie der Eichfelder und der Skalarfelder einrichten, damit sie zwar ihre volle Eichinvarianz behält, die Felder $W_\mu^{\pm)}$ und $A_\mu^{(\mathrm{Z})}$ aber dennoch Massenterme erhalten?

5.4.2 Spontane Symmetriebrechung

Das Multiplett $\Phi = \{\phi^{(1)}, \dots \phi^{(m)}\}$ spannt eine Darstellung der Strukturgruppe G auf, die Wirkung $\mathbf{U}^{(\Phi)}(g)\Phi$ eines Elements $g \in G$ auf Φ ist wohldefiniert. Bevor wir zum eigentlichen U(2)-Modell (5.64) zurück kehren, diskutieren wir den allgemeineren Fall einer Theorie, die aus einem beliebigen nicht-Abel'schen Anteil und einem Multiplett von Skalarfeldern besteht und die durch eine Lagrangedichte der Art (5.51) definiert wird. Für das in diesem Abschnitt behandelte Phänomen ist die Selbstwechselwirkung $W(\phi)$ in (5.51) bzw. (5.64) die entscheidende Größe. Wir machen folgende Annahmen über diesen Anteil der Lagrangedichte:

(i) Das Potential $W(\phi)$ sei unter der Wirkung der ganzen Strukturgruppe invariant,

$$W(\mathbf{U}(g)\Phi) = W(\Phi)\,.$$

(Hier handelt es sich um globale Symmetrie!);

(ii) Das Potential $W(\phi)$ habe bei $\Phi_0 = \{\phi_0^{(1)}, \dots \phi_0^{(m)}\}$ ein absolutes Minimum;

(iii) Dieses Minimum sei ausgeartet, d. h. die Konfiguration Φ_0 ist unter G nicht invariant.

Wenn diese Voraussetzungen vorliegen, so spricht man von *spontan gebrochener Symmetrie.* Hier ist ein Beispiel, das diese drei Annahmen erfüllt: Die Kopplung des Multipletts Φ mit sich selbst zu einer Invarianten unter G sei wieder mit runden Klammern $(\cdots,\cdots)$ symbolisch notiert. Es sei

$$W(\Phi) = -\frac{\mu^2}{2}(\Phi,\Phi) + \frac{\lambda}{4}(\Phi,\Phi)^2 + C \quad \text{mit } \lambda > 0\,. \tag{5.68}$$

Da der Vorfaktor vor dem bilinearen Term ein negatives Vorzeichen, der vor dem quartischen Term ein positives Vorzeichen hat, liegt hier das Analogon zur eindimensionalen Funktion

$$w(x) = -ax^2 + bx^4 \quad \text{mit} \quad a, b > 0 \tag{5.69}$$

vor, einer Funktion, die bei $x = 0$ ein relatives Maximum, bei $x = \pm\sqrt{a/(2b)}$ aber ein (ausgeartetes) absolutes Minimum hat, s. Abb. 5.4. Das absolute Minimum von (5.68) liegt vor, wenn

$$(\Phi_0, \Phi_0) = \frac{\mu^2}{\lambda} \equiv v^2 \tag{5.70}$$

ist. Es ist offensichtlich ausgeartet, denn nur die Bilinearform (5.70) liegt fest, nicht aber Φ_0 selber. Die Konfiguration Φ_0 selbst ist unter der Wirkung der Strukturgruppe G nicht invariant. Setzt man v^2 aus (5.70) ein, so lässt $W(\Phi)$ sich auch in der Form

$$W(\Phi) = \frac{\lambda}{4}\Big((\Phi,\Phi) - v^2\Big)^2 - \frac{\lambda}{4}v^4 + C\,. \tag{5.71}$$

schreiben, die das Minimum und seine Entartung noch klarer aufzeigt. Die additive Konstante ist (in diesem klassischen Rahmen) irrelevant und kann ohne Weiteres weggelassen werden.

Im Rahmen einer lokalen Eichtheorie tritt jetzt ein sehr bemerkenswertes Phänomen auf. Da $W(\Phi)$ an Punkten sein absolutes Minimum einnimmt, die zwar alle denselben Betrag haben, die aber nicht mit dem Nullpunkt $\Phi = \mathbf{0}$ zusammen fallen, ist in Wirklichkeit nicht Φ das (m-komponentige) dynamische Feld, sondern seine Differenz zu Φ_0,

$$\Theta(x) := \Phi(x) - \Phi_0\,. \tag{5.72}$$

Man kann sich dieses Phänomen qualitativ folgendermaßen vorstellen: Der energetisch günstigste Zustand des durch die Lagrangefunktion (5.51) definierten Systems wird sich am Minimum des „Potentials" $W(\Phi)$ oder in seiner unmittelbaren Nähe einstellen[13]. In der Punktmechanik ist diese Situation vergleichbar mit der potentiellen Energie $U(z) = (1/2)m\omega^2 z^2$, mit $z = x - x_0$, eines harmonischen Oszillators, bei dem die rücktreibende Kraft nicht zum Ursprung, sondern zum Punkt $x_0 \neq 0$ gerichtet ist. Oder, wenn man die Entartung des Minimums berücksichtigen will, vergleichbar mit einer potentiellen Energie der Art $U(\boldsymbol{x}) = \lambda(\boldsymbol{x}^2 - \boldsymbol{x}_0^2)^2/4$, bei dem die daraus folgende Kraft $\boldsymbol{K} = -\lambda(\boldsymbol{x}^2 - \boldsymbol{x}_0^2)\boldsymbol{x}$ bei $|\boldsymbol{x}| = |\boldsymbol{x}_0|$ ihr Vorzeichen wechselt. In beiden Fällen ist $z = x - x_0$ bzw. $\boldsymbol{z} = \boldsymbol{x} - \boldsymbol{x}_0$ die physikalisch sinnvolle Variable.

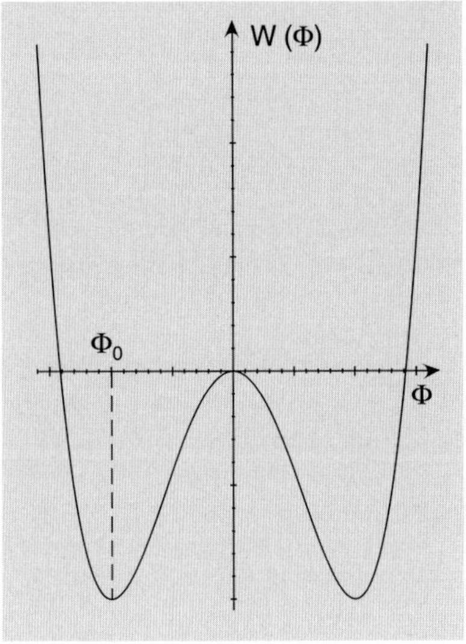

Abb. 5.4. Die Funktion $w(x) = -ax^2 + bx^4$ der reellen Variablen x hat bei $x = \pm\sqrt{a/(2b)}$ ein absolutes Minimum. Ersetzt man die reelle Variable x durch die komplexe Variable $z = x + \mathrm{i}y$, so entsteht der Graph der Funktion $w(z)$, indem man diese Kurve um die Ordinate dreht. Es entsteht dabei eine 2-Fläche, die wie der Boden einer Weinflasche aussieht. In den Vereinigten Statten denkt man dabei eher an einen Sombrero, einen *mexican hat*

[13] Man sieht, dass der Begriff „Potential" in zwei verschiedenen Bedeutungen verwendet wird: das eine Mal als Eichpotential im Sinne der Elektrodynamik, das andere Mal als Potential oder potentielle Energie der Skalarfelder im Sinne der klassischen Mechanik. Dies ist für den Leser und die Leserin sicher kein ernsthafter Anlass zu Missverständnissen.

Nimmt man die Ersetzung (5.72) im „kinetischen“ Term $(D_\mu \Phi, D^\mu \Phi)$ in der Lagrangedichte (5.51) vor[14], dann entsteht ein Term der Bauart

$$\frac{1}{2}\big(D_\mu \Phi_0, D^\mu \Phi_0\big) = \frac{1}{2}\big(\mathbf{U}^{(\phi)}(A_\mu)\Phi_0, \mathbf{U}^{(\phi)}(A^\mu)\Phi_0\big)\,, \quad \text{mit} \tag{5.73}$$

$$A_\mu = \mathrm{i}q \sum_k \mathbf{T}_k A_\mu^{(k)}(x)\,,$$

der die Struktur eines Massenterms für mindestens einige der bis anhin masselosen Eichfelder hat! Dieses Mal allerdings wurde die Eichinvarianz der Theorie an keiner Stelle verletzt. Eichinvarianz bedeutet ja, dass $F_{\mu\nu}$ in der Form des ersten Terms auf der rechten Seite von (5.51) eingeht, dass das Feld Φ, bzw. das in (5.72) neu definierte Feld Θ, mit der kovarianten Ableitung auftritt und dass der Massenterm und das Potential des Φ-Feldes unter der Strukturgruppe G (global) invariant sind. Alle diese Bedingungen sind erfüllt. Es liegt somit eine immer noch eichinvariante Lagrangedichte vor, sie sucht sich aber einen energetisch günstigen Zustand, der weniger Symmetrie besitzt als die zu Grunde liegende Theorie.

Diese Art der Symmetriebrechung unterscheidet sich grundsätzlich von der expliziten Störung der ursprünglichen Symmetrie, bei der die Theorie durch die Lagrangedichte

$$\mathcal{L} = \mathcal{L}_0 + \mathcal{L}'$$

definiert wird und bei der der Anteil $\mathcal{L}'$ in einem noch zu präzisierenden Sinne klein gegenüber $\mathcal{L}_0$ ist. Die Proca'sche Lagrangedichte (5.6),

$$\mathcal{L}_{\text{Proca}} = \mathcal{L}_{\text{Maxwell}} + \mathcal{L}' \quad \text{mit} \quad \mathcal{L}' = \frac{\lambda^2}{8\pi} A_\mu(x) A^\mu(x)$$

ist ein solches Beispiel, wenn die hypothetische Photonmasse λ nicht Null, aber sehr klein ist. Die große, ursprüngliche Symmetrie von $\mathcal{L}_{\text{Maxwell}}$ geht verloren, dennoch könnte der Einfluss des Störterms $\mathcal{L}'$ möglicherweise im Rahmen einer Störungsrechnung ausgearbeitet werden.

Bei der in diesem Abschnitt entwickelten Symmetriebrechung geht die ursprüngliche Eichinvarianz nicht verloren. Allein der oder die energetisch tiefsten Zustände der Theorie haben weniger sichtbare Symmetrie als die Lagrangedichte. Man nennt diese Art der Symmetriebrechung daher *spontane Symmetriebrechung*. Da die Symmetrie nicht wirklich gebrochen wird, sondern in den physikalisch auftretenden Zuständen der Theorie „im Verborgenen“ wirkt, hat L. O'Raifeartaigh den Begriff der *versteckten Symmetrie* (*hidden symmetry*) geprägt [L. O'Raifeartaigh 1998].

Man kann das Phänomen der spontanen Symmetriebrechung in einer lokalen Eichtheorie auf der Basis von deren Gruppenstruktur noch deutlich klarer eingrenzen. In einem Sinn, der sogleich klar werden wird, kann man das Muster der spontanen Brechung „einstellen“ und unter

[14] Das Adjektiv kinetisch setze ich in Anführungszeichen, weil dieser Term mehr als nur die kinetische Energie des Skalarfeldes enthält.

Anderem die Zahl der Eichfelder festlegen, denen eine Masse gegeben werden soll. Unter den zu Anfang dieses Abschnitts gemachten Annahmen war die Forderung, dass das Minimum von $W(\Phi)$ ausgeartet ist: Wenn es mehr als eine einzige Konfiguration $\Phi_0 = \{\phi_0^{(1)}, \dots, \phi_0^{(m)}\}$ gibt, dann gibt es mindestens ein Element $g \in G$ der Strukturgruppe, für welches

$$\sum_{a=1}^{m} U_{ab}^{(\Phi)}(g)\phi_0^{(b)} \neq \phi_0^{(a)} \tag{5.74a}$$

ist. Ein solches g bewegt den Punkt Φ_0 nach Φ_0', in dem das Potential ebenfalls sein Minimum annimmt. Drückt man dieses g durch die Erzeugenden der Lie-Algebra von G aus,

$$g = \exp\big\{\mathrm{i}\sum_{k=1}^{N} \alpha_k \mathbf{T}_k\big\}\,,$$

so ist die Aussage (5.74a) äquivalent zur Aussage, dass es mindestens eine Erzeugende $\mathbf{T}_i$ gibt, deren Wirkung auf Φ_0 nicht Null ergibt,

$$\mathbf{U}^{(\Phi)}(\mathbf{T}_i)\Phi_0 \neq 0\,. \tag{5.74b}$$

Man nimmt nun folgende Konstruktion vor. Die Erzeugenden $\mathbf{T}_j$ werden durch Linearkombinationen

$$\mathbf{S}_i = \sum_{j=1}^{N} a_{ij}\mathbf{T}_j \tag{5.75}$$

ersetzt, mit $\mathbf{a} = \{a_{ij}\}$ einer nichtsingulären, konstanten Matrix, derart, dass die neuen Erzeugenden in zwei distinkte Klassen fallen, nämlich

a) solche Erzeugende $\{\mathbf{S}_1, \dots, \mathbf{S}_F\}$, deren Wirkung auf Φ_0 Null ergibt

$$\mathbf{S}_i\Phi_0 = 0\,, \quad i \in (1, 2, \dots, F)\,, \quad \text{und} \tag{5.75a}$$

b) solche Erzeugende $\{\mathbf{S}_{F+1}, \dots, \mathbf{S}_N\}$, die Φ_0 in nichttrivialer Weise verschieben,

$$\mathbf{S}_j\Phi_0 \neq 0\,, \quad j \in (F+1, F+2, \dots, N)\,. \tag{5.75b}$$

Es ist nicht schwer nachzuprüfen, dass die Elemente der ersten Klasse (a) eine Untergruppe $H \subset G$ von G erzeugen. Diese besteht aus allen Elementen der Form

$$h = \exp\big\{\mathrm{i}\sum_{i=1}^{F} \alpha_i \mathbf{S}_i\big\}\,. \tag{5.76}$$

Allen solchen $h \in H$ ist gemeinsam, dass sie eine beliebig ausgewählte Position Φ_0 des Minimums invariant lassen,

$$\mathbf{U}^{(\Phi)}(h)\Phi_0 = \big(\mathbb{1} + \sum_{i=1}^{F} \alpha_i \mathbf{U}^{(\Phi)}(\mathbf{S}_i)\dots\big)\Phi_0 = \Phi_0\,, \quad h \in H \subset G\,. \tag{5.77}$$

Bildlich gesprochen sind dies solche Transformationen, die das skalare Multiplett nicht aus dem Flaschenboden von $W(\Phi)$ an dessen tiefster Stelle herausführen. Sie ändern nichts an der Energie oder anderen physikalischen Eigenschaften dieser Zustände tiefster Energie. Dies bedeutet aber, dass die von solchen h aufgespannte Untergruppe $H \subset G$ eine echte Symmetrie bleibt. Man nennt sie daher die *Restsymmetrie* der Eichtheorie (auf Englisch *the residual symmetry*).

Die übrigen Erzeugenden, Klasse (b), dagegen schieben ein gegebenes Φ_0 aus dem Minimum heraus, sie wirken – wiederum bildlich gesprochen – gegen die Wände des Potentials, transversal zur Menge der Punkte Φ_0. Genau bei diesen ist der G-invariante Massenterm (5.73) von Null verschieden und gibt somit einigen Linearkombinationen der ursprünglich masselosen Eichfelder nichtverschwindende Massen.

Die Strukturgruppe G, die zugleich die grundlegende Symmetrie der Theorie definiert, hat die Lie-Algebra $\mathfrak{g} = \text{Lie}\ (G)$, deren Dimension

$$\dim \mathfrak{g} = N$$

ist. Die Lie-Algebra $\mathfrak{h} = \text{Lie}\ (H)$ der Restgruppe H hat die Dimension

$$\dim \mathfrak{h} = F\ .$$

Die hier durchgeführte Analyse hat ein bemerkenswertes Resultat zu Tage gefördert:

Die Zahl n_γ derjenigen Eichfelder, die nach spontaner Brechung der ursprünglichen Symmetrie masselos bleiben, und die Zahl n_m derjenigen, die massiv werden, hängen nur von der Dimension der Lie-Algebren der Strukturgruppe G und der Restgruppe $H \subset G$ ab. Sie sind

$$n_\gamma = \dim \mathfrak{h} = F\ , \tag{5.78a}$$

$$n_\text{m} = \dim \mathfrak{g} - \dim \mathfrak{h} = N - F\ . \tag{5.78b}$$

Diese Zahlen sind unabhängig von der Art des Multipletts der Skalarfelder.

Die Anzahl der masselos verharrenden Eichfelder ist hier mit n_γ bezeichnet um daran zu erinnern, dass es sich um Photon-artige Felder handelt.

Bemerkung

Die genaue Form des Potentials $W(\Phi)$ muss in diesem klassischen Rahmen nicht festgelegt werden. Es genügt zu wissen, dass $W(\Phi)$ absolute Minima besitzt und dass es den Bedingungen (i) bis (iii) genügt. An dieser Stelle muss man also noch keine explizite funktionale Form von $W(\Phi)$ auswählen. Im Rahmen der quantisierten Feldtheorie gibt es allerdings weitere Einschränkungen, wenn man fordert, dass die Theorie zu allen endlichen Ordnungen Störungstheorie wohldefinierte Resultate geben soll. Diese Forderung der sog. *Renormierbarkeit* lässt keine Potenzen von Φ zu, die höher als vier sind. Insofern bleibt dann nur die spezifische Form (5.68), die alle Bedingungen inklusive dieser zusätzlichen Einschränkung erfüllt.

Jetzt ist klar geworden, dass man den Umfang der spontanen Symmetriebrechung tatsächlich „einstellen“ kann. Die Dimension der Lie-Algebra $\mathfrak{g}$ der Strukturgruppe G gibt die Gesamtzahl N der Eichfelder. Ohne minimale Kopplung an Skalarfelder Φ und ohne deren Selbstwechselwirkung $W(\Phi)$ bleiben diese alle Photon-artig, d. h. masselos. Unter Beachtung aller genannten Bedingungen, legt die Wahl des Potentials $W(\Phi)$ das Muster der spontanen Brechung

$$G \longrightarrow H \subset G$$

und damit die Anzahl der masselos verbleibenden Eichfelder fest. Dabei geht das spezifische Multiplett, das von den Skalarfeldern $\Phi = \{\phi^{(1)}, \ldots, \phi^{(m)}\}$ aufgespannt wird, nicht ein, solange es die Bedingungen an das Potential nicht blockiert.

5.4.3 Anwendung auf die U(2)-Theorie

Jetzt können wir die am Ende von Abschn. 5.4.2 gestellte Frage aufgreifen und schlüssig beantworten. Wenn die U(2)-Theorie (5.64) die Elektrodynamik und die Schwachen Wechselwirkungen beschreiben soll, dabei aber nur das Photon masselos bleiben darf, dann muss die spontane Symmetriebrechung so eingerichtet werden, dass am Ende nur die $\mathrm{U}(1)_{\text{e.m.}}$ als echte Eichsymmetrie verbleibt, die Symmetrie auf spontane Weise nach dem Muster

$$G = \mathrm{U}(2) \cong \mathrm{U}(1) \times \mathrm{SU}(2) \longrightarrow H = \mathrm{U}(1)_{\text{e.m.}} \tag{5.79}$$

gebrochen, oder, besser ausgedrückt, „verborgen“ wird. Dabei muss die $\mathrm{U}(1)_{\text{e.m.}}$ der Elektrodynamik nicht mit dem U(1)-Faktor der Eichgruppe $\mathfrak{G} = \mathrm{U}(2)$ identisch sein.

Verwendet man die Ansätze (5.65) für die W-Felder und (5.67a), (5.67b) für die Felder $A_\mu^{(\gamma)}$ und $A_\mu^{(\mathrm{Z})}$, bzw. deren Umkehrung

$$A_\mu^{(0)}(x) = A_\mu^{(\gamma)}(x)\cos\theta_{\mathrm{W}} + A_\mu^{(\mathrm{Z})}(x)\sin\theta_{\mathrm{W}}\,, \tag{5.80a}$$

$$A_\mu^{(3)}(x) = -A_\mu^{(\gamma)}(x)\sin\theta_{\mathrm{W}} + A_\mu^{(\mathrm{Z})}(x)\cos\theta_{\mathrm{W}}\,, \tag{5.80b}$$

und führt die $\pm$-Erzeugenden (5.66a) ein, dann ist die Wirkung von A auf Φ

$$\begin{aligned}\mathbf{U}^{(\Phi)}(A_\mu)\Phi &= \mathrm{i}q\sum_{k=0}^{3} A_\mu^{(k)}(x)\mathbf{U}^{(\Phi)}(\mathbf{T}_k)\Phi \\ &= \mathrm{i}q\left\{\frac{1}{\sqrt{2}}\left[W_\mu^{(-)}(x)\mathbf{U}^{(\Phi)}(\mathbf{T}_+) + W_\mu^{(+)}(x)\mathbf{U}^{(\Phi)}(\mathbf{T}_-)\right]\right. \\ &\quad + A_\mu^{(\mathrm{Z})}(x)\mathbf{U}^{(\Phi)}\big(\mathbf{T}_3\cos\theta_{\mathrm{W}} + \mathbf{T}_0\sin\theta_{\mathrm{W}}\big) \\ &\quad \left. + A_\mu^{(\gamma)}(x)\mathbf{U}^{(\Phi)}\big(-\mathbf{T}_3\sin\theta_{\mathrm{W}} + \mathbf{T}_0\cos\theta_{\mathrm{W}}\big)\right\}\Phi\,. \end{aligned} \tag{5.81}$$

Nehmen wir an, etwas konkreter, dass Φ eine unitäre, irreduzible Darstellung von SU(2) aufspannt. Von solchen Darstellungen ist bekannt, dass sie mithilfe zweier Zahlen t und m_t charakterisiert werden können, die folgende Eigenwertgleichungen

$$\mathbf{U}^{(\Phi)}(\boldsymbol{T}^2)\Phi = \sum_{k=1}^{3} \mathbf{U}^{(\Phi)}(\boldsymbol{T}_k^2)\Phi = t(t+1)\Phi \tag{5.82a}$$

$$\mathbf{U}^{(\Phi)}(\boldsymbol{T}_3)\Phi = m_t \Phi \tag{5.82b}$$

erfüllen, wobei t die Werte $(0, 1/2, 1, 3/2, \dots)$ und m_t die Werte $m_t = -t, -t+1, \dots, t-1, t$ durchlaufen. Dies ist das Analogon einer Darstellung der Drehgruppe, wo t an die Stelle des Drehimpulseigenwertes j und m_t an die Stelle der Projektionsquantenzahl m_j getreten sind. Die Wirkung der Erzeugenden $\mathbf{T}_0$,

$$\mathbf{U}^{(\Phi)}(\mathbf{T}_0)\Phi = t_0 \Phi \tag{5.82c}$$

wird nicht festgelegt. Man kann sich aber folgendes überlegen: Da $\mathbf{T}_0$ mit allen anderen Erzeugenden vertauscht und da man mithilfe von $\mathbf{U}^{(\phi)}(\mathbf{T}_\pm)$ innerhalb des Multipletts von einem Ende zum anderen auf- oder absteigen kann, müssen alle Komponenten von Φ denselben Wert von t_0 haben.

An der Formel (5.81) ist der letzte Term auf der rechten Seite besonders interessant. Denkt man sich in (5.81) die Ersetzung (5.72), d. h. $\Phi(x) = \Theta(x) + \Phi_0$, vorgenommen, so tritt eine erwünschte und eine unerwünschte Wirkung auf. Im Anteil $(D_\mu\Phi, D^\mu\Phi)$ der Lagrangedichte (5.64) kommt unter Anderem der Ausdruck (5.81) bilinear mit sich selbst zu einem Skalar gekoppelt vor. Insbesondere mit dem konstanten Summanden Φ_0 gibt dies, wie bereits festgestellt, quadratische Terme mit konstanten Vorfaktoren für $W^{(\pm)}$ und $Z^{(0)}$, d. h. wie erwartet Massenterme für diese Felder. Dies ist der erwünschte Effekt. Gleichzeitig steht dann aber auch vor dem Maxwell-Feld $A_\mu^{(\gamma)}(x)$ ein Faktor

$$\mathbf{U}^{(\Phi)}\big(-\mathbf{T}_3 \sin\theta_\mathrm{W} + \mathbf{T}_0 \cos\theta_\mathrm{W}\big)\Phi_0 \,, \tag{5.83}$$

der möglicherweise nicht Null ist. Dies ist die unerwünschte Wirkung: das Photon soll masselos bleiben. Setzt man als Ausweg aus diesem Zwiespalt $\Phi_0 = 0$, dann verliert man auch den ersten, erwünschten Effekt. Es bleibt also nur die Möglichkeit, den Satz von konstanten Werten $\Phi_0 = \{\phi_0^{(1)}, \dots, \phi_0^{(m)}\}$ so zu wählen, dass bei genau einer Komponente des Multipletts, sagen wir der i-ten, ein von Null verschiedener Eintrag, bei allen anderen aber Null steht,

$$\Phi_0 = \big\{0, 0, \dots, \phi_0^{(i)} = v \neq 0, 0, \dots\big\} \,, \tag{5.84}$$

gleichzeitig den Eigenwert von $\mathbf{U}^{(\Phi)}(\mathbf{T}_0)$ für diese Komponente (und damit für alle anderen Komponenten) so fest zu legen, dass

$$t_0^{(i)} = t_3^{(i)} \tan\theta_\mathrm{W} \tag{5.85}$$

gilt. Dann gehört diese eine Komponente, für die $\phi_0^{(i)}$ nicht gleich Null ist, zum Eigenwert Null der Linearkombination (5.83). Bezeichnen wir wie oben den Wert dieser Komponente mit $\phi_0^{(i)}$ mit v und setzen (5.84) in (5.81) ein, dann ist die aus $\mathbf{U}^{(\Phi)}(A_\mu)\Phi_0$ gebildete G-Invariante

$$\begin{aligned}&\left(\mathbf{U}^{(\Phi)}(A_\mu)\Phi_0, \mathbf{U}^{(\Phi)}(A_\mu)\Phi_0\right)\\ &= q^2\left\{\frac{1}{2}\left(\Phi_0, \mathbf{U}^{(\Phi)}(\mathbf{T}_+\mathbf{T}_- + \mathbf{T}_+\mathbf{T}_-)\Phi_0\right) W_\mu^{(-)}(x) W^{(+)\mu}(x)\right.\\ &\left. + \left(\Phi_0, \left[\mathbf{U}^{(\Phi)}(\mathbf{T}_3\cos\theta_\mathrm{W} + t_3^{(i)}\sin\theta_\mathrm{W}\tan\theta_\mathrm{W})\right]^2\Phi_0\right) A_\mu^{(\mathrm{Z})}(x) A^{(\mathrm{Z})\mu}(x)\right\}.\end{aligned}$$

Hierbei ist ausgenutzt, dass alle Komponenten von Φ zum selben Eigenwert (5.85) gehören. Terme, die in $\mathbf{T}_+$ oder in $\mathbf{T}_-$ quadratisch sind, tragen nicht bei, da Φ_0 nur eine einzige nichtverschwindende Komponente hat und da $\mathbf{U}^{(\Phi)2}(\mathbf{T}_\pm)$ die i-te Komponente mit der $(i \pm 2)$-ten Komponente verbinden würde.

Beachtet man noch die Relation

$$\frac{1}{2}(\mathbf{T}_+\mathbf{T}_- + \mathbf{T}_-\mathbf{T}_+) = \sum_{k=1}^{3}\mathbf{T}_k^2 - \mathbf{T}_3^2 = \boldsymbol{T}^2 - \mathbf{T}_3^2\,, \tag{5.86}$$

setzt (5.84) für Φ_0 ein und beachtet, dass $\cos\theta_\mathrm{W} + \sin\theta_\mathrm{W}\tan\theta_\mathrm{W} = 1/\cos\theta_\mathrm{W}$ ist, so folgt

$$\begin{aligned}&\left(\mathbf{U}^{(\Phi)}(A_\mu)\Phi_0, \mathbf{U}^{(\Phi)}(A_\mu)\Phi_0\right)\\ &= q^2v^2\left\{\left[t(t+1) - (t_3^{(i)})^2\right] W_\mu^{(-)}(x) W^{(+)\mu}(x)\right. \qquad (5.87)\\ &\qquad \left. + \frac{1}{\cos^2\theta_\mathrm{W}}(t_3^{(i)})^2 A_\mu^{(\mathrm{Z})}(x) A^{(\mathrm{Z})\mu}(x)\right\}.\end{aligned}$$

Dies ist ein bemerkenswertes Resultat: Per Konstruktion bleibt das Maxwell-Feld masselos: die spontane Brechung ist so eingerichtet, dass von der ursprünglichen Eichgruppe $\mathfrak{G} = \mathrm{U}(2)$ nur die Restgruppe $\mathfrak{H} = \mathrm{U}_{\mathrm{e.m.}}(1)$ als Eichsymmetrie verbleibt. Dabei stellt sich heraus, dass die Eichgruppe der Maxwell-Theorie durch eine Linearkombination der U(1)-Erzeugenden $\mathbf{T}_0$ und der 3-Komponente $\mathbf{T}_3$ aus der Lie-Algebra von SU(2)

$$-\mathbf{T}_3\sin\theta_\mathrm{W} + \mathbf{T}_0\cos\theta_\mathrm{W} =: \mathbf{T}_{\mathrm{e.m.}} \tag{5.88}$$

erzeugt wird. Die drei anderen Eichfelder der durch (5.64) definierten Theorie bekommen nichtverschwindende Massenterme: das $W^{(+)}$-Feld und das $W^{(-)}$-Feld haben dieselbe Masse und diese ist proportional zu

$$m_\mathrm{W}^2 \propto q^2v^2\left[t(t+1) - (t_3^{(i)})^2\right], \tag{5.89a}$$

währende das Z-Feld eine Masse proportional zu

$$m_\mathrm{Z}^2 \propto q^2v^2\cos^2\theta_\mathrm{W}(t_3^{(i)})^2 \tag{5.89b}$$

hat, mit denselben numerischen Vorfaktoren. Daraus folgt eine wichtige Relation:

$$\frac{m_W^2}{m_Z^2 \cos^2 \theta_W} = \frac{t(t+1) - (t_3^{(i)})^2}{2(t_3^{(i)})^2} . \tag{5.90}$$

Wenn einmal der Parameter θ_W festgelegt ist, dann hängt das Verhältnis der beiden Massen nur von der Zuordnung des Multipletts Φ zu einer Darstellung der Strukturgruppe G ab.

Bemerkungen und Kommentare:

1. Im realistischen, dem sog. Standard-Modell der elektroschwachen Wechselwirkungen wählt man für das Φ-Feld ein *Dublett*
$$t = \frac{1}{2} , \quad t_3^{(i)} = \frac{1}{2} . \tag{5.91}$$
Damit wird das Verhältnis (5.90) gleich
$$\varrho := \frac{t(t+1) - (t_3^{(i)})^2}{2(t_3^{(i)})^2} = 1 , \tag{5.92}$$
die dafür notwendige Information, in welches Multiplett Φ fallen muss, kommt aber nicht aus dem Modell. Experimentell ist θ_W, der sog. Weinberg-Winkel, eine empirische Messgröße, ebenso wie die Massen von W und Z, die in verschiedenen Experimenten bestimmt werden. Die gemessenen Werte m_W, m_Z und $\sin\theta_W$ stimmen sehr gut mit diesem Verhältnis (5.92) überein.
2. Für andere Komponenten $\theta^{(j)} \neq \theta^{(i)}$ des dynamischen Skalarfeldes (5.72) $\Theta = \{\theta^{(1)}, \ldots , \theta^{(m)}\}$ ist der Vorfaktor von $A_\mu^{(\gamma)}(x)$ in (5.81) nicht Null. Solche Felder beschreiben offenbar elektrisch geladene Teilchen. Daher liegt es nahe, wenn auch erst in der quantisierten Form der Theorie tiefer begründbar, das Produkt aus der Kopplungskonstanten q und $\sin\theta_W$ als die negative Elementarladung zu interpretieren,
$$-q \sin\theta_W \equiv -e . \tag{5.93}$$
In der quantisierten Form dieser Theorie liegen dann auch die für die Schwachen Wechselwirkungen zuständigen Kopplungskonstanten fest [s. z. B. Scheck 1996].
3. Es ist etwas unschön, dass die Erzeugende (5.88) der $\mathrm{U}(1)_{\text{e.m.}}$ noch von θ_W abhängt. Insbesondere das Verhältnis der beiden Anteile in (5.88) liegt ja schon durch die Forderung (5.85) der spontanen Symmetriebrechung fest. Definiert man statt dessen neue Erzeugende
$$\mathbf{Y} := -2\frac{\cos\theta_W}{\sin\theta_W}\mathbf{T}_0 , \tag{5.94a}$$
$$\mathbf{Q} := \mathbf{T}_3 + \frac{1}{2}\mathbf{Y} \tag{5.94b}$$

für die ursprüngliche U(1) bzw. für die $\mathrm{U}(1)_{\mathrm{e.m.}}$, dann ist **Q** mit (5.93) die elektrische Ladung in Einheiten der Elementarladung und **Y** ist eine alternative Erzeugende des U(1)-Faktors in G. Bezeichnet man den Eigenwert von **Y** im Multiplett Φ mit der Zahl y, so vereinfacht sich die Forderung (5.85) für ϕ_0 zu

$$y^{(i)} = -2t_3^{(i)} . \tag{5.95}$$

In der Elementarteilchenphysik wird **Y** *schwache Hyperladung* genannt. Das oder die zum klassischen Feld Φ gehörende(n) skalare(n) Teilchen heißen *Higgs-Teilchen.*

4. Ebenso wie im Fall der Maxwell'schen Gleichungen kann man die Eichtheorie (5.64) auf ihr Verhalten unter Raumspiegelung, Zeitumkehr und Ladungsspiegelung **C** untersuchen. Dabei wird man finden, dass sie nicht nur unter den ersten beiden, sondern auch unter **C** invariant ist. Da **C** die Felder $W_\mu^{(+)}$ und $W_\mu^{(-)}$ verknüpft, ist es nicht verwunderlich, dass diese beiden denselben Massenterm haben.

5.5 Epilog und Ausblick

Wir schließen dieses Kapitel mit einigen weiteren Anmerkungen und Hinweisen ab, die zum wiederholten Überdenken des bis hierher Gelernten und zu weiterem Studium anregen sollen.

a) Lokale Eichtheorie im klassischen Rahmen

Das Konzept der lokalen Eichtheorie trägt bis weit in die Physik der fundamentalen Wechselwirkungen und der Elementarteilchen hinein. Die Eigenschaft der Eichinvarianz, die im Rahmen der klassischen Elektrodynamik entdeckt worden ist, hat dadurch eine große Bedeutung für alle Wechselwirkungen gewonnen, die wir kennen. Der Teil des Standardmodells der elektroschwachen Wechselwirkungen, den wir in Abschn. 5.4 entwickelt haben, ist weitgehend klassischer Natur. Erst wenn man in einem zweiten Schritt Felder für Elektronen, Nukleonen, Quarks und andere Materieteilchen einführt und wenn man die Interpretation der quantisierten Felder als Funktion von Teilchen mit definierten Eigenschaften erreichen möchte, müssen solche nicht-Abel'schen Eichfeldtheorien quantisiert werden. Aber selbst dieser Schritt, wenn er auch technisch aufwändiger als in der Quantenelektrodynamik ist, folgt dem Beispiel der Maxwell-Theorie in vielen Einzelheiten. Natürlich muss man dann auch nachweisen, dass die in diesem Band auf rein klassischem Weg entwickelten Strukturen der lokalen Eichinvarianz, der spontanen Symmetriebrechung und die daraus folgenden Beziehungen auch in der entprechenden Quantenfeldtheorie ihren Sinn behalten bzw. wo und wie sie durch die Quantisierung abgeändert werden.

b) Spontane Symmetriebrechung in anderen Bereichen

Das Phänomen der spontanen Symmetriebrechung tritt an vielen Stellen der Physik und in recht unterschiedlichen Formen auf. Der hier beschriebene Fall einer kontinuierlichen Symmetrie in Form von Invarianz unter einer Lie'schen Eichgruppe hat besonders ausgeprägte geometrische Züge. So ist es z. B. aus der Sicht der Differentialgeometrie sowie der Differentialtopologie lohnend, den Raum aller Eichpotentiale und die Wirkung der (unendlich dimensionalen) Eichgruppe auf diesen zu studieren. Die reine Yang Mills-Theorie, insbesondere für selbst-duale Feldstärkenfelder (Krümmungen), ist ein reiches Forschungsgebiet der Mathematik und hat viele Resultate mathematischer Natur, aber auch viele Querverbindungen zur Theoretischen Physik zu Tage gebracht.

Ein besonders schönes Beispiel für spontane Symmetriebrechung in einem rein klassischen System ist die Selbstgravitation eines rotierenden Sterns (der als inkompressible Flüssigkeit modelliert wird) und die Untersuchung seiner Gestalt, die sich als Funktion der Winkelgeschwindigkeit einstellt. Dieses Problem, das schon von C.G.J. Jacobi untersucht wurde, findet man in einer Arbeit von D.H. Constantinescu, L. Michel und L.A. Radicati[15] vollständig gelöst. Es ist eine lehrreiche Aufgabe, diese Analyse analytisch und numerisch nachzuvollziehen.

c) Ausblick

Nach allem was wir heute wissen, sind die realistischen Theorien, die die schwachen, elektromagnetischen und starken Wechselwirkungen beschreiben, lokale Eichtheorien der in diesem Kapitel entwickelten Art. Auch die Einstein'sche Allgemeine Relativitätstheorie, die bis anhin eine rein klassische Theorie ist, hat viele Züge einer geometrischen Theorie mit einem besonders großen Inhalt an lokaler Symmetrie. Hier ist die Eichgruppe die Gruppe der Diffeomorphismen auf einer semi-Riemann'schen Mannigfaltigkeit mit Dimension vier. Die Allgemeine Relativitätstheorie weist viele Ähnlichkeiten zu den lokalen Eichtheorien auf, ist aber in anderen Aspekten wieder recht verschieden von diesen. Dies ist einer der Gründe, warum es noch immer keine allgemein akzeptierte quantisierte Form der Allgemeinen Relativitätstheorie gibt und warum es schwierig ist, sie mit den anderen Wechselwirkungen auf geometrische Weise zu vereinheitlichen.

Im Gegensatz zu den lokalen, nicht-Abel'schen Eichtheorien ist die Allgemeine Relativitätstheorie in erster Linie eine Theorie für makroskopische Physik, nämlich der Physik großer Anhäufungen von Massen und der physikalischen Universen, die diese durch ihre Anwesenheit und Verteilung erzeugen. Als solche und in diesem Bereich ist die Theorie auf vielerlei Weise angewendet und geprüft worden. Bis heute hat sie alle Tests glänzend bestanden.

[15] D.H. Constantinescu, L. Michel, L.A. Radicati, Journal de Physique **40** (1979) 147.

Klassische Feldtheorie der Gravitation

Einführung

Allen bis zu diesem Punkt behandelten klassischen Feldtheorien ist gemeinsam, dass sie auf einer *flachen* Raumzeit formuliert sind, d. h. einer Raumzeit-Mannigfaltigkeit, die ein Euklidischer Raum ist und die lokal in ein direktes Produkt $M^4 = \mathbb{R}^3 \times \mathbb{R}$ aus physikalischem Raum $\mathbb{R}^3_{\boldsymbol{x}}$ der Bewegungen und Zeitachse $\mathbb{R}_t$ zerlegt werden kann. Der erste Anteil ist dabei der dreidimensionale Raum wie ihn ein ruhender Beobachter wahrnimmt, während die Zeitachse diejenige (Koordinaten-)Zeit darstellt, die er auf seinen Uhren misst. Dieser Raumzeit wird durch die Poincaré-Gruppe – oder im Grenzfall kleiner Geschwindigkeiten $|\boldsymbol{v}| \ll c$ die Galilei-Gruppe – eine Invarianzgruppe physikalischer Gesetze und, im Fall der Lorentz-Gruppe, eine spezifische Kausalitätsstruktur aufgeprägt. Bewegungsgleichungen, die physikalische Observable verknüpfen, müssen unter allen Transformationen der Gruppe *forminvariant* sein, oder, wie man auch sagt, sie müssen bei Transformationen des Bezugssystems selbst *kovariant* transformieren. Der Lichtkegel in jedem Raumzeitpunkt $x \in M$ sortiert die Menge aller Ereignisse y in solche, die mit x in kausalem Zusammenhang stehen, und solche, für die dies nicht gilt. Die flache Raumzeit zeichnet sich dadurch aus, dass alle solchen Lichtkegel parallel sind, d. h. durch Translationen auseinander hervorgehen. Jeder Beobachter definiert durch die Wahl eines Bezugssystems, in dem er selbst ruht, ein global anwendbares Koordinatensystem, das ihm erlaubt, physikalische Messgrößen an verschiedenen Punkten $x = (ct_x, \boldsymbol{x})^T$ und $y = (t_y, \boldsymbol{y})^T$ zu vergleichen.

Während diese Konzepte in der Beschreibung der Mechanik, der klassischen sowie der quantisierten Elektrodynamik, aber auch der elektroschwachen und der starken Wechselwirkung der Elementarteilchenphysik überaus erfolgreich und durch viele experimentelle Tests bestätigt sind, versagen sie bei der Beschreibung der gravitativen Wechselwirkung. Ausgerechnet die Gravitation, mit der die Entwicklung der Mechanik und damit der ganzen Theoretischen Physik begonnen hat, lässt sich in ihrer voll entfalteten Form nicht auf einem global flachen Raum wie dem Minkowski-Raum beschreiben. In diesem Kapitel machen wir plausibel, warum dies so ist, und entwickeln die geometrischen Grundlagen für Einsteins Gleichungen der Gravitation. Diese verknüpfen die Geometrie der Raumzeit mit dem Energie-Impulsinhalt der vorhandenen Materie und Strahlung. Wir stellen diese Gleichungen auf, studieren charakteristische Lösungen und analysieren deren Eigenschaften.

Inhalt

Bd. I, S. 230 Poincaré-Gr.

6.1 Phänomenologie der gravitativen Wechselwirkung

Betrachtet man die Gravitationswechselwirkung auf der gleichen Stufe wie die anderen fundamentalen Wechselwirkungen der Natur, d. h. wie die makroskopische elektromagnetische, die wir in diesem Band behandelt haben, ihre quantisierte Form, die elektroschwachen und die starken Wechselwirkungen, die auf Skalen der Elementarteilchenphysik sichtbar sind, dann fallen einige Besonderheiten an ihr auf. Die Gravitation – im Gegensatz zu den anderen genannten Wechselwirkungen – ist immer *attraktiv,* sie ist *universell* und sie erfüllt ein *Äquivalenzprinzip,* das für andere Wechselwirkungen nicht gilt.

6.1.1 Parameter und Größenordnungen

Die Newton'sche Konstante trägt die physikalische Dimension (Länge$^3 \times$ Masse$^{-1} \times$ Zeit^{-2}) und hat den numerischen Wert

$$G = (6{,}67259 \pm 0{,}00085) \cdot 10^{-11}\,\mathrm{m^3 kg^{-1} s^{-2}}\,. \tag{6.1}$$

Sie ist für alle massiven Körper *attraktiv.* Dies weiß man aus der täglichen Erfahrung mit fallenden Objekten, aus der Bewegung der Planeten unseres Sonnesystems in finiten Bahnen und aus der Auswahl desjenigen Zweiges einer Hyperbelbahn im Kepler-Problem, den ein Komet durchläuft. Auch für Antimaterie ist die Gravitationswechselwirkung mit Materie anziehend, wie man am Beispiel von Antiprotonen, den Antiteilchen der Protonen, getestet hat.

Die Zahl (6.1) wird etwas anschaulicher, wenn man die gravitative Wechselwirkung zwischen einem Proton und einem Antiproton mit ihrer elektrischen Wechselwirkung vergleicht. Proton und Antiproton haben dieselbe Masse, aber entgegengesetzt gleiche Ladungen, daher sind die Gravitationskraft bzw. die Coulomb-Kraft zwischen ihnen (in SI-Einheiten)

$$\boldsymbol{F}_\mathrm{G} = -Gm_\mathrm{P}^2 \frac{1}{r^2}\hat{\boldsymbol{r}}\,, \qquad \boldsymbol{F}_\mathrm{C} = -\kappa_\mathrm{C} e^2 \frac{1}{r^2}\hat{\boldsymbol{r}}\,,$$

wobei $\boldsymbol{r}$ und $r = |\boldsymbol{r}|$ die Relativkoordinaten bzw. ihren Betrag bezeichnen. Das Verhältnis dieser Kräfte, die hier beide attraktiv sind, ist unabhängig von Richtung und Abstand und hat mit $m_\mathrm{P} = 1{,}6726 \cdot 10^{-27}$ kg, $e = 1{,}6022 \cdot 10^{-19}$ C und $\kappa_\mathrm{C} = 1/(4\pi\varepsilon_0) = c^2 \cdot 10^{-7}$ den Zahlenwert

$$R_\mathrm{GC} := \frac{Gm_\mathrm{P}^2}{\kappa_\mathrm{C} e^2} = 0{,}81 \cdot 10^{-36}\,. \tag{6.2}$$

Diese Zahl, deren Kleinheit den Leser und die Leserin vielleicht überrascht, zeigt, dass die Gravitation mit großem Abstand die schwächste der fundamentalen Wechselwirkungen ist. Auf den Skalen der mikroskopischen Teilchenphysik spielt sie i. Allg. keine Rolle und kann meist vernachlässigt werden[1]. Dass dennoch das Herunterfallen einer Meißner

[1] Das ist nicht ganz richtig. In horizontal aufgebauten Ringbeschleunigern, in denen geladene Teilchen über große Strecken transportiert werden, muss man den freien Fall im Schwerefeld der Erde berücksichtigen.

Porzellantasse auf den Küchenboden oder der Sturz von einem Kirschbaum Katastrophen sein können, liegt daran, dass hier vergleichsweise große Massen beteiligt sind und dass das immer gleiche Vorzeichen der Kraft, anders als bei der Coulomb-Kraft, keinerlei Kompensation der Teilkräfte zulässt.

Andere Weisen diese Größenordnungen zu veranschaulichen, sind die folgenden. Aus dem Quadrat der Elementarladung, dem Planck'schen Wirkungsquantum und aus der Lichtgeschwindigkeit wird bekanntlich die dimensionslose Feinstrukturkonstante α gebildet. Mit $e = 4{,}8032 \cdot 10^{-10}\,\text{esu}$ und $\hbar c = 197{,}33\,\text{MeV fm} = 3{,}16153 \cdot 10^{-17}\,\text{erg cm}$ (hier also in Gauß'schen Einheiten), ist

$$\alpha := \frac{e^2}{\hbar c} = 0{,}0072973 = \frac{1}{137{,}036}\,. \tag{6.3a}$$

Aus G, Gleichung (6.1), aus $\hbar c$ und aus einer Referenzmasse M kann man ebenfalls eine dimensionslose Größe $GM^2/(\hbar c)$ bilden. Nimmt man hier z. B. die Masse des Protons, dann ist

$$\alpha_{\text{G}} := \frac{Gm_{\text{P}}^2}{\hbar c} = 5{,}9 \cdot 10^{-39}\,, \tag{6.3b}$$

eine Zahl, die um dasselbe Verhältnis (6.2) kleiner als die Feinstrukturkonstante (6.3a) ist.

Beachtet man, dass G die physikalische Dimension (Energie×Länge/Masse^2) und $\hbar c$ die Dimension (Energie×Länge) haben, dann kann man aus diesen eine Größe bilden, die die Dimension einer Masse hat. Auf diese Weise wird die sog. *Planck-Masse* definiert

$$M_{\text{Pl}} := \sqrt{\frac{\hbar c}{G}} = 1{,}221 \cdot 10^{19}\,\text{GeV} = 2{,}177 \cdot 10^{-8}\,\text{kg}\,. \tag{6.4}$$

Ausgedrückt durch die Masse des Protons und das Verhältnis (6.2) ist $M_{\text{Pl}} = m_{\text{P}}/\sqrt{\alpha R_{\text{GC}}}$. Dies ist ein Wert, der mit einer Apothekerwaage messbar wäre und der um viele Größenordnungen über den für den Zoo der Elementarteilchen typischen Massen liegt. Möchte man statt dessen eine Compton-Wellenlänge zu dieser Masse angeben, so erhält man

$$\lambda_{\text{Pl}} = \frac{2\pi\hbar c}{M_{\text{Pl}}c^2} = (2\pi) 1{,}62 \cdot 10^{-35}\,\text{m}\,. \tag{6.5}$$

Die physikalische Bedeutung dieser Größe, die man *Planck-Länge* nennt, ist nicht wirklich klar. Man stellt aber fest, dass sie um viele Größenordnungen kleiner als typische Reichweiten der schwachen oder der starken Wechselwirkung ist, die eher im Bereich $10^{-18}\,\text{m}$ liegen. Vermutlich gibt die Planck-Länge (6.5) die Skala an, bei der – spätestens – unser Modell der Raumzeit als glatte, d. h. differenzierbare Mannigfaltigkeit zusammenbricht und bei der die auf klassischer Ebene formulierte Allgemeine Relativitätstheorie durch eine quantisierte Theorie ersetzt werden muss.

Bemerkung

Ebenso wie die Coulomb-Wechselwirkung hat die Gravitationswechselwirkung unendliche Reichweite; beide, das Coulomb-Potential und das Gravitationspotential, sind proportional zu $1/r$. Wenn es gelingt, die Theorie der Gravitation zu quantisieren, dann sind die Träger dieser Wechselwirkung *Gravitonen,* die wie die Photonen der Quantenelektrodynamik masselos sind, (im Gegensatz zu diesen aber Spin 2 tragen). Die Planck-Länge (6.5) ist also sicher nicht als Reichweite dieser Kraft zu verstehen.

Es gibt aber qualitative Überlegungen, die zeigen, dass Allgemeine Relativitätstheorie und Quantentheorie bei kleinen Abständen der Größenordnung (6.5) nicht ohne Weiteres verträglich sind. Die Idee ist die folgende: Auf einer glatten Raumzeit M kann man – zumindest im Prinzip – Ereignisse $x \in M$ beliebig genau lokalisieren. Die Heisenberg'sche Unschärferelation sagt dann aus, dass dabei sehr große, ja beliebig große Energie-Impulsdichten auftreten können. Diese wiederum, in die Einstein'schen Gleichungen eingesetzt, bewirken eine lokal sehr starke Krümmung der Raumzeit, die die Annahme in Frage stellt, von der man ausgeht. Deshalb liegt die Vermutung nahe, dass die Raumzeit bei sehr kleinen Skalen die Struktur der glatten Mannigfaltigkeit verliert, die sie bei großen Abständen hat, und durch etwas Neues, vielleicht durch einen Raum mit nichtkommutierenden Punkten ersetzt wird.

6.1.2 Äquivalenzprinzip und Universalität

Man betrachte ein mechanisches System, das aus einer Sonne mit Masse $m_\odot$ und einem leichten Planeten besteht, dessen Masse so klein ist, dass sie das durch die Sonne vorgegebene Feld praktisch nicht stört. Bezeichnet m_T vorübergehend die *träge Masse*, m_S die *schwere Masse* des Planeten und sind $\boldsymbol{x}$ und $\boldsymbol{x}_\odot$ die Lagen des Planeten bzw. der Sonne im Raum, dann gilt in der nichtrelativistischen Newton'schen Theorie

$$\dot{\boldsymbol{p}} = m_\mathrm{T}\ddot{\boldsymbol{x}} = -\frac{Gm_\mathrm{S}m_\odot}{|\boldsymbol{x}-\boldsymbol{x}_\odot|^2}\frac{\boldsymbol{x}-\boldsymbol{x}_\odot}{|\boldsymbol{x}-\boldsymbol{x}_\odot|} \,. \tag{6.6}$$

Wie die Erfahrung lehrt, sind träge und schwere Masse wesensgleich, d. h. bei geeigneter Wahl der physikalischen Einheiten darf man sie gleich setzen,

$$m_\mathrm{T} = m_\mathrm{S} \,. \tag{6.7}$$

Damit fallen diese beiden Faktoren aus (6.6) heraus, die resultierende Bewegung des (leichten) Planeten ist unabhängig von seiner Masse. Diese empirisch festgestellte Gleichheit von träger und schwerer Masse wird als *schwaches Äquivalenzprinzip* bezeichnet. Dieselbe Eigenschaft ist auch ein Ausdruck der *Universalität* der Gravitation: Die Bewegung eines Probekörpers im vorgegebenen Gravitationsfeld ist unabhängig von seiner Masse und von seiner inneren Zusammensetzung.

Ein einfaches Beispiel für die Universalität der Gravitation, das zugleich das Äquivalenzprinzip illustriert, ist das folgende:

Beispiel 6.1 Probeteilchen im statischen, homogenen Feld

Es seien eine gewisse Anzahl von Probeteilchen in ein homogenes und zeitlich unveränderliches gravitatives Kraftfeld $\boldsymbol{K}^{(i)} = m_i \boldsymbol{g}$ gebracht, wobei m_i die Masse des i-ten Teilchens, $\boldsymbol{g}$ die zeit- und ortsunabhängige Beschleunigung bedeuten. Die Teilchen seien außerdem inneren Kräften $\boldsymbol{F}_{ji}$ unterworfen. In einem *Inertial*system $\mathbf{K}$ lauten ihre Bewegungsgleichungen

$$m_i \ddot{\boldsymbol{x}}^{(i)} = m_i \boldsymbol{g} + \sum_{j \neq i} \boldsymbol{F}_{ji} \,.$$

Verwendet man statt des Inertialsystems ein mit $\boldsymbol{g}$ gleichmäßig *beschleunigtes* Bezugssystem $\mathbf{K}'$, so dass der Zusammenhang der Zeit- und Ortskoordinaten

$$t_y = t_x \,, \quad \boldsymbol{y} = \boldsymbol{x} - \frac{1}{2} \boldsymbol{g} t_x^2 \,,$$

ist, dann lauten dieselben Bewegungsgleichungen

$$m_i \ddot{\boldsymbol{y}}^{(i)} = \sum_{j \neq i} \boldsymbol{F}_{ji} \,.$$

Was an diesen sofort auffällt ist, dass das Gravitationsfeld völlig verschwunden ist. Stellt man beispielsweise durch Messungen fest, dass alle frei fallenden Teilchen Beschleunigung Null haben, so bedeutet dies, dass entweder

(a) überhaupt keine Kräfte vorhanden sind und man sich in einem Inertialsystem befindet, oder
(b) ein statisches und homogenes Gravitationsfeld vorhanden ist, das Bezugssystem aber kein Inertialsystem ist, vielmehr zusammen mit den Teilchen in diesem Feld frei fällt.

Zwischen den beiden Interpretationen des empirischen Befundes kann man prinzipiell nicht unterscheiden.

Im Allgemeinen wird das Beschleunigungsfeld $\boldsymbol{g}$ vom Ort $\boldsymbol{x}$, wo es gemessen wird, und möglicherweise auch von der Zeit abhängen. Dann ist es sicher nicht mehr möglich, dieses Feld global durch Transformation auf ein beschleunigtes Bezugssystem zum Verschwinden zu bringen.

Beispiel 6.2 Sternförmiges Feld einer Punktmasse

Betrachtet man z. B. das kugelsymmetrische Beschleunigungsfeld im Außenraum einer kugelsymmetrischen Massenverteilung mit Gesamtmasse $m_\odot$,

$$\boldsymbol{b}(\boldsymbol{x}) = -\frac{G m_\odot}{r^2} \hat{\boldsymbol{x}} \,, \quad (r = |\boldsymbol{x}|) \,,$$

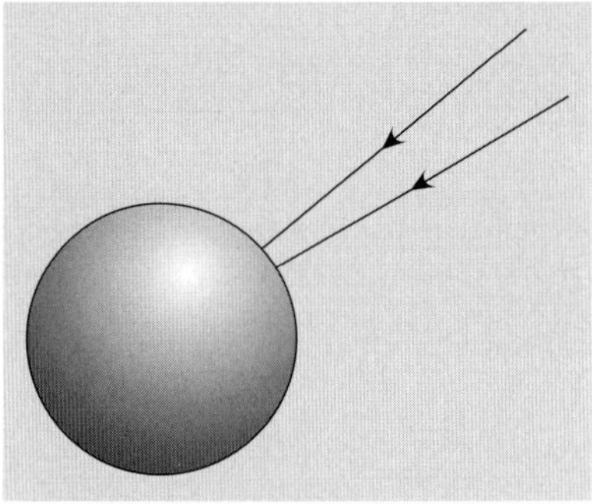

Abb. 6.1. Zwei in radialer Richtung frei fallende Probeteilchen im Gravitationsfeld einer kugelsymmetrischen Massenverteilung nähern sich einander

dann fallen alle Probeteilchen mit $m_i \ll m_\odot$ entlang radialer Richtungen – also keineswegs auf parallelen Bahnen – in Richtung des Kraftzentrums, s. Abb. 6.1. Ein in diesem Feld fallender Beobachter wird sehr wohl bemerken, dass kräftefreie Probeteilchen keine konstanten Abstände haben, sondern im Laufe der Zeit sich einander nähern. Allerdings, je nachdem wie genau er die Verhältnisse in seiner unmittelbaren Nachbarschaft vermessen kann, ganz lokal betrachtet werden ähnliche Verhältnisse wie in Beispiel 6.1 vorliegen: die Bahnen freien Falls erscheinen praktisch parallel. Durch rein lokale Messungen kann man nicht mehr unterscheiden, ob das Bezugssystem ein beschleunigtes ist, das selbst frei fällt, oder ob man sich in einem Inertialsystem befindet und ein lokales Gravitationsfeld wirklich vorhanden ist.

An diesen Beispielen orientiert sich einerseits eine präzisere Ausformulierung des Äquivalenzprinzips, andererseits wird plausibel, wie man dieses Prinzip mathematisch umsetzen und in einer Geometrie von Raum und Zeit erfassen kann. Wir stellen uns vor, dass ein beliebiges glattes, orts- und zeitabhängiges Gravitationsfeld $\mathbf{g}(x)$ gegeben sei. Dann soll die folgende *lokale* Aussage gelten:

Definition 6.1 Starkes Äquivalenzprinzip

In jedem Punkt x der Raumzeit M kann man immer ein *lokales* Inertialsystem finden derart, dass in einer hinreichend kleinen Umgebung $U \subset M$ von x die uns bekannten physikalischen Bewegungsgleichungen genau die aus der Speziellen Relativitätstheorie bekannte Form in unbeschleunigten Bezugssystemen annehmen.

Bemerkungen

1. In einer Umgebung eines jeden Punktes $x \in U \subset M$ kann man immer Koordinaten definieren, die so beschaffen sind, dass das Gravitationsfeld nicht mehr spürbar ist. Im Lokalen gilt die Spezielle Relativitätstheorie wie gewohnt. Wie groß eine solche Umgebung gewählt werden kann, bleibt zunächst offen und hängt sowohl von der Art des vorgegebenen Gravitationsfeldes als auch von der Genauigkeit der lokalen Messungen ab. In unserer irdischen Umgebung ist das dominante Gravitationsfeld dasjenige, das die Sonne auf uns ausübt. Ein dimensionsloser Parameter, der die durch Gravitation verursachte Rotverschiebung von Sonnenlicht charakterisiert, ist $z = \Delta\Phi_N / c^2$. Hierbei ist $\Delta\Phi_N$ die Differenz des Newton'schen Potentials am Ort der Erde und an der Oberfläche der Sonne. Bezeichnen $M_\odot$ und $R_\odot$ die Masse bzw. den Radius der Sonne, deren Zahlenwerte $M_\odot = 1{,}989 \cdot 10^{30}$ kg und $R_\odot = 6{,}960 \cdot 10^5$ km sind, und setzt man die große Halbachse der Erdbahn, $1\,\mathrm{AE} = 1{,}496 \cdot 10^8$ km für den Abstand Erde-Sonne ein, so

ist

$$z = \frac{\Delta \Phi_{\rm N}}{c^2} = \frac{G M_\odot}{c^2} \left\{ \frac{1}{R_\odot} - \frac{1}{1\,\mathrm{AE}} \right\}$$
$$\simeq \frac{G M_\odot}{R_\odot c^2} = 2{,}12 \cdot 10^{-6} \,. \tag{6.8}$$

Es handelt sich hier um einen sehr kleinen Effekt, der zeigt, dass am Ort der Erde kein starkes oder rasch veränderliches Gravitationsfeld vorliegt. Die im Äquivalenzprinzip angesprochene Umgebung, innerhalb derer die Spezielle Relativitätstheorie anwendbar ist, ist vermutlich recht groß. Diese Abschätzung macht plausibel, warum die Entwicklung der (relativistischen) Mechanik, der Elektrodynamik und der nicht-Abel'schen Eichtheorien auf dem flachen Minkowski-Raum richtig ist und in ihren Anwendungen auf terrestrische experimentelle Situationen bestätigt wird.

2. Im *Lokalen* ist die metrische und kausale Struktur die des Minkowski-Raums und wird durch die sog. *flache Metrik* $g_{\mu\nu}(x) \simeq \eta_{\mu\nu}$ charakterisiert, wobei diese der Klarheit halber anders als bisher mit $\boldsymbol{\eta}$ bezeichnet wird,

$$\eta_{\mu\nu} = \begin{pmatrix} 1 & 0 & 0 & 0 \\ 0 & -1 & 0 & 0 \\ 0 & 0 & -1 & 0 \\ 0 & 0 & 0 & -1 \end{pmatrix} . \tag{6.9}$$

Im *Großen* variiert die metrische Struktur der Raumzeit als Funktion von x, $\mathbf{g}(x) = \{g_{\mu\nu}(x)\}$, je nachdem welche Massen- und Energiedichten im Universum vorhanden sind. Ein global gültiges und anwendbares Bezugssystem definieren zu wollen, ist weder mathematisch sinnvoll noch physikalisch haltbar.

3. Eine mathematisch präzisere Definition des starken Äquivalenzprinzips, die wir in Abschn. 6.4.6 entwickeln werden, lautet dann wie folgt: In jedem Punkt x_0 der Raumzeit kann man ein Bezugssystem so konstruieren, dass

$$g_{\mu\nu}(x_0) = \eta_{\mu\nu} \text{ und } \left. \frac{\partial g_{\mu\nu}(x)}{\partial x^\alpha} \right|_{x_0} = 0 \quad (\alpha = 0, 1, 2, 3) \tag{6.10}$$

wird. Solche Bezugssysteme werden *Gauß'sche Koordinaten* oder *Normalkoordinaten* genannt.

4. Die Kurven freien Falls durch die Raumzeit, d. h. die Weltlinien, die von frei fallenden Probeteilchen durchlaufen werden, die das vorgegebene Gravitationsfeld nicht stören, geben den Schlüssel zur Konstruktion von Normalkoordinaten. Kurven freien Falls sind (trivialerweise) solche, für die die Beschleunigung an jedem Punkt der Bahn gleich Null ist. Geometrisch gesehen sind dies Kurven mit extremaler Länge, d. h. *Geodäten.*

Man betrachte nun Geodäten, die durch den Punkt x gehen, zusammen mit den Tangentialvektoren an diese im Punkt x. Daraus lässt sich ein Bezugssystem konstruieren, für das die Vereinfachung (6.10) gilt.

5. Eine letzte Bemerkung zur Wahl von $\eta_{\mu\nu}$: In einigen Büchern über Allgemeine Relativitätstheorie und praktisch der gesamten mathematischen Literatur wird statt (6.9) die Konvention $\tilde{\eta}_{\mu\nu} = \text{diag}(-1, 1, 1, 1)$ gewählt. Wie wir aus dem Studium der Speziellen Relativitätstheorie wissen (s. z. B. Band 1, Kapitel 4), ist diese Konvention genauso gut wie die hier gewählte. Wesentlich ist nur – und dies gilt offensichtlich für beide Konventionen –, dass der Eintrag für genau eine Koordinate ein anderes Vorzeichen hat als für die anderen. Es gibt nur eine Zeitrichtung, aber drei (oder beliebig viele) Raumrichtungen.

Die Riemann'sche Geometrie bietet einen Rahmen, innerhalb dessen das starke Äquivalenzprinzip für n-dimensionale Raumzeiten, die eine Kausalitätsstruktur mit einer Zeitkoordinate und $n-1$ Raumrichtungen besitzen, umgesetzt werden kann. Das richtige Modell ist das einer *semi-Riemann'schen Mannigfaltigkeit* $(M, \mathbf{g})$. Das ist ein Paar aus einer glatten Mannigfaltigkeit M, mit Dimension $\dim M = 4$ und Index $\nu = 1$, und einer Metrik $\mathbf{g}$. (Der Index einer symmetrischen Bilinearform ist in (5.10) definiert.) Solche Mannigfaltigkeiten sind mit einer eindeutigen Vorschrift dafür versehen, wie Paralleltransport von Vektoren ausgeführt werden muss, und enthalten die Forderung (6.10) als beweisbare Eigenschaft.

6.1.3 Rotverschiebung und andere Effekte der Gravitation

Für die Aussage, dass die Raumzeit unseres Universums von einem flachen Euklidischen Raum abweicht, gibt es heute eine Reihe von gut verstandenen, experimentellen Resultaten. Historisch die ersten allgemeinrelativistischen Effekte waren die Ablenkung von Lichtstrahlen, die nahe an der Sonne vorbei laufen und die Periheldrehung des Merkur. Die *Lichtablenkung* an der Sonne, die wir in Abschn. 6.6.2 berechnen, zeigt, dass Lichtstrahlen, sog. *Nullgeodäten,* durch große Massenkonzentrationen beeinflusst werden. Bei der *Periheldrehung des Merkur* geht es um die Erklärung eines seit etwa 1880 erkannten Phänomens der Himmelsmechanik: Der Planet Merkur, dessen Kepler-Bahn nach Pluto die zweitgrößte Exzentrizität hat, $\varepsilon = 0{,}2056$, zeigt eine Drehung des Perihels, die nicht vollständig durch die Störungen seiner Bahn durch andere Planeten (hier hauptsächlich Venus, Erde und Jupiter) erklärt werden kann. Die aus der Himmelsmechanik berechnete Periheldrehung sollte 531" im Jahrhundert betragen. Die beobachtete Drehung ist aber um etwa 43" größer, das Perihel eilt etwas mehr vor als von der klassischen Mechanik vorhergesagt.

Weitere nachgewiesene Effekte schließen die folgenden ein:

Beispiel 6.3 Kinematischer und gravitativer Doppler-Effekt

Wie in der nichtrelativistischen Mechanik gibt es auch in der Speziellen Relativitätstheorie (SRT) einen kinematischen Doppler-Effekt. In diesem Beispiel wird dieser berechnet. Es wird dann anhand einer einfachen Überlegung plausibel gemacht, dass es außerdem einen gravitativen, seinem Wesen nach neuen Doppler-Effekt geben muss.

Zunächst betrachten wir zwei unbeschleunigte Beobachter A und B im flachen Minkowski-Raum, die sich mit der konstanten Geschwindigkeit $\boldsymbol{v} = v\hat{\boldsymbol{e}}_1$ voneinander entfernen. Beobachter A sendet nacheinander zwei Signale mit Lichtgeschwindigkeit aus, die für ihn durch das (Koordinaten-) Zeitintervall T getrennt sind und die in der (x^1, x^0)-Ebene der Abb. 6.2 unter 45^0 nach rechts laufen. Der Beobachter B

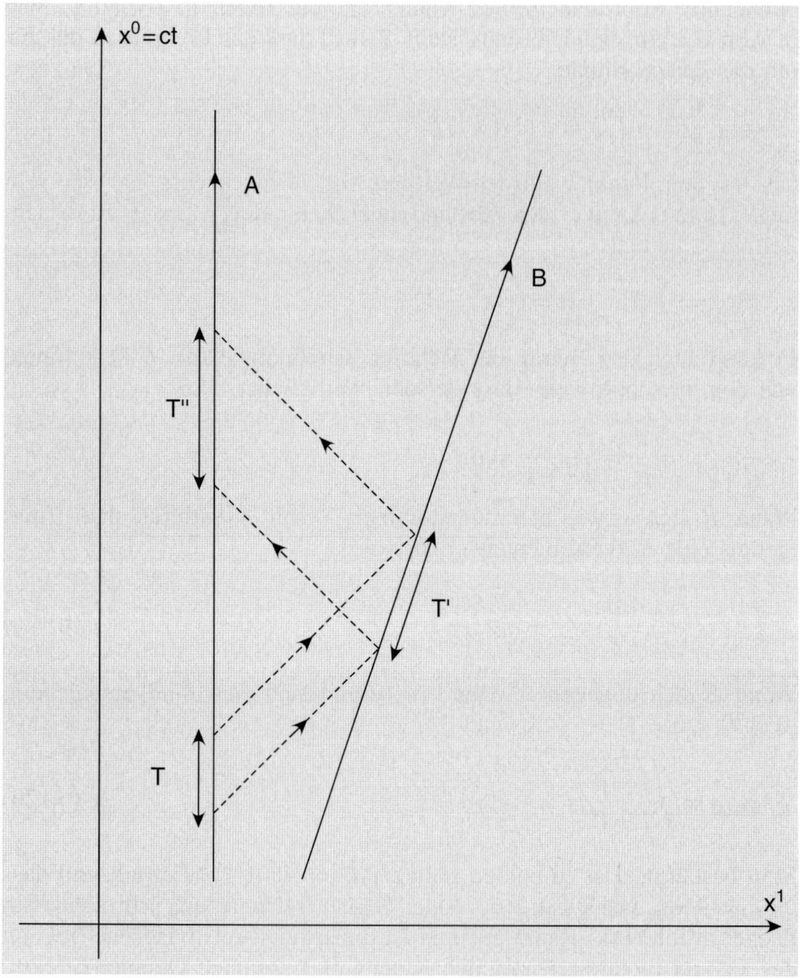

Abb. 6.2. Zwei unbeschleunigte Beobachter, die sich mit der Relativgeschwindigkeit $\boldsymbol{v} = v\hat{\boldsymbol{e}}_1$ voneinander entfernen, tauschen zwei Lichtsignale aus

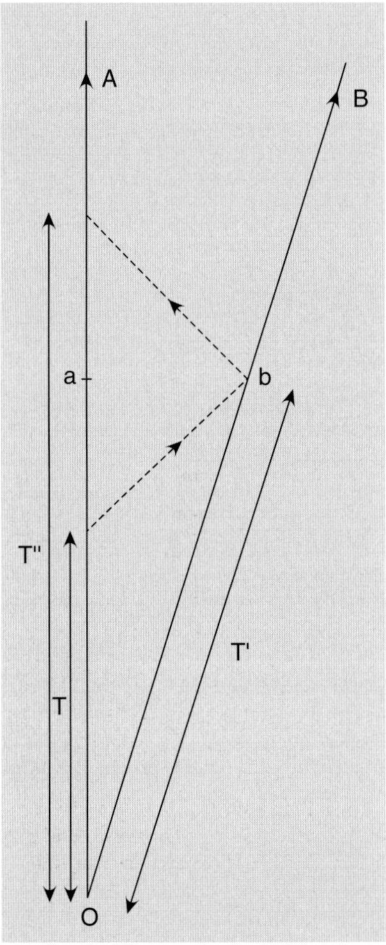

Abb. 6.3. Dieselben Beobachter wie in Abb. 6.2 haben den Schnittpunkt O ihrer Weltlinien als Nullpunkt ihrer Koordinatenzeiten gewählt

empfängt diese Signale, stellt fest, dass sie in seiner Koordinatenzeit durch das Intervall T' getrennt sind. Setzt man $T' = \kappa T$, dann macht man sich leicht klar, dass κ die *Rotverschiebung* von Licht bestimmt, die für eine Spektrallinie gegebener Wellenlänge durch

$$z := \frac{\lambda_D - \lambda_S}{\lambda_S} = \kappa - 1 \tag{6.11}$$

definiert wird. Hier steht der Index „S" für „Sender", der Index „D" für „Detektor". Wenn die Signale bei B reflektiert werden, dann misst A den in Abb. 6.2 eingetragenen Zeitabstand T'' zwischen dem ersten und dem zweiten Signal. Die beiden Beobachter sind gleichberechtigt und es kommt nur auf ihre Relativgeschwindigkeit an. Daher gilt auch $T'' = \kappa T' = \kappa^2 T$. Der Parameter κ lässt sich leicht berechnen, wenn man die Weltlinien von A und von B sich im Punkt O der Abbildung 6.3 schneiden lässt. Wenn sowohl A als auch B diesen Punkt als Nullpunkt ihrer Koordinatenzeiten wählen und die Zeiten T, T' und T'' wie in Abb. 6.3 einzeichnen, dann stellt A fest, dass das Ereignis a, das für ihn die Zeitkoordinate

$$t_a = \frac{1}{2}(T + T'') = \frac{1}{2}(1 + \kappa^2)T$$

hat, mit dem Punkt b auf der Weltlinie von B gleichzeitig gewesen sein muss. Daraus kann er den Abstand ausrechnen, den A und B zu diesem Zeitpunkt hatten,

$$d\big|_{(A)} = \frac{c}{2}(T'' - T) = \frac{c}{2}(\kappa^2 - 1)T\,.$$

Er kann auch den Betrag der Relativgeschwindigkeit zu B bestimmen, von dem er schon weiß, dass der den Wert βc hat,

$$\frac{1}{c}v\big|_{(A)} = \frac{d}{t_a} = \frac{\kappa^2 - 1}{\kappa^2 + 1} = \beta\,.$$

Wenn B sich – wie hier angenommen – von A entfernt, dann folgt hieraus eine *Rot*verschiebung (d. h. $\kappa > 1$)

$$\kappa_{\text{rot}} = \sqrt{\frac{1+\beta}{1-\beta}} = \gamma + \sqrt{\gamma^2 - 1}\,. \tag{6.12a}$$

Wenn B sich dagegen A nähert, so ergibt sich eine *Blau*verschiebung (d. h. $0 < \kappa < 1$)

$$\kappa_{\text{blau}} = \sqrt{\frac{1-\beta}{1+\beta}} = \gamma - \sqrt{\gamma^2 - 1}\,. \tag{6.12b}$$

Man bestätigt, dass in beiden Fällen $\gamma(\kappa) = (\kappa^2 + 1)/(2\kappa)$ gilt und dass $\kappa_{\text{blau}} = 1/\kappa_{\text{rot}}$ ist. Diese Rot- (oder Blau-) Verschiebung tritt schon im flachen Minkowski-Raum auf und ist die speziell-relativistische Version des aus der nichtrelativistischen Kinematik bekannten Doppler-Effekts.

Neben diesem rein kinematischen Effekt gibt es auch eine durch die Gravitation verursachte Rotverschiebung, die man sich an folgendem Gedankenexperiment klar machen kann. Aus dem Äquivalenzprinzip, Definition 6.1, folgt, dass man alle Effekte eines homogenen Gravitationsfeldes nicht von denen unterscheiden kann, die in einem gleichförmig beschleunigten Bezugssystem im feldfreien Raum verursacht werden. Der Sender S und der Detektor D, die im Feld $\boldsymbol{g} = -g\hat{\boldsymbol{e}}_3$ vertikal übereinander aufgestellt sind, mögen den Abstand h haben. Zur Zeit $t = 0$, zu der S ein Photon gegebener Wellenlänge λ aussendet, ruhe diese Anordnung wie in Abb. 6.4 eingezeichnet. Das Photon erreicht den Detektor D nach der Laufzeit $\Delta t \simeq h/c$. Zu diesem Zeitpunkt hat D schon die Fallgeschwindigkeit $\boldsymbol{v} = -v\hat{\boldsymbol{e}}_3$ mit $v = g\Delta t \simeq gh/c$. Das Photon läuft *mit* dem Feld und ist daher blauverschoben. Diese Verschiebung kann man aus (6.12b) im schwach relativistischen Grenzfall abschätzen, wo

$$\kappa = \frac{1-\beta}{\sqrt{1-\beta^2}} \simeq -\beta$$

ist. Mit der Definition (6.11) folgt

$$z \simeq -\frac{v}{c} = -\frac{gh}{c^2} = -\frac{\Delta\Phi_{\mathrm{N}}}{c^2} \,,$$

wo $\Delta\Phi_{\mathrm{N}}$ die Differenz des Newton'schen Potentials zwischen Sender und Detektor ist. Obwohl dieser Effekt hier wie eine kinematische Verschiebung abgeschätzt wird, sagt uns das Äquivalenzprinzip, dass er in Wahrheit vom Unterschied des Gravitationspotentials zwischen Quelle und Detektor herrührt und somit ein neuer Effekt ist.

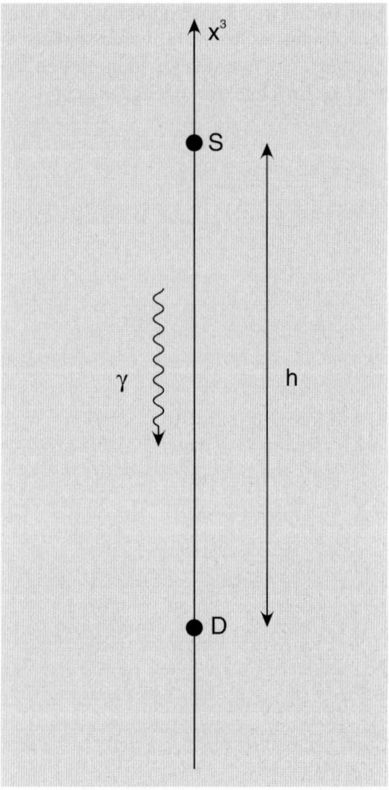

Abb. 6.4. Ein Photon läuft im Schwerefeld vertikal nach unten vom Sender S zum Detektor D, der selbst frei fällt

An dieses Beispiel schließt sich ein anderes Gedankenexperiment an, das zeigt, dass Nullgeodäten in Anwesenheit von Gravitation keine Geraden sein können. Wenn $x(\tau)$ eine physikalische Bahn im Minkowski-Raum ist, dann ist die Geschwindigkeit in jedem Punkt der Bahn zeitartig oder lichtartig. Auf einer mitgeführten Uhr sind Zeitintervalle aus der Formel

$$\Delta = \frac{1}{c}\int_{\tau_1}^{\tau_2} \mathrm{d}\tau \sqrt{\eta_{\mu\nu}\frac{\mathrm{d}x^\mu}{\mathrm{d}\tau}\frac{\mathrm{d}x^\nu}{\mathrm{d}\tau}} \,, \quad \left(\eta_{\mu\nu} = \mathrm{diag}(1,-1,-1,-1)\right) \,, \tag{6.13}$$

zu berechnen. Diese Formel kann nicht mehr richtig sein, wenn ein Gravitationsfeld als Hintergrund vorhanden ist.

Beispiel 6.4 Lichtstrahlen im Gravitationsfeld

In einem statischen und homogenen Beschleunigungsfeld $\boldsymbol{g} = -g\hat{\boldsymbol{e}}_3$ emittiert ein Sender zu den Zeiten t_1 und t_2 ein Signal mit der (dominanten) Frequenz ν_{S}. Die Abbildung 6.5 zeigt in einem Ort-Zeitdiagramm die Bahnen der beiden Signale, die vom Detektor zu den Zeiten

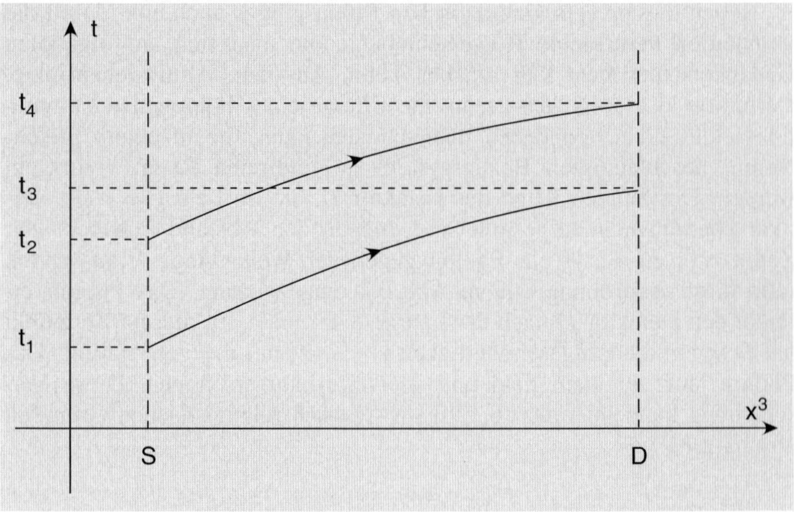

Abb. 6.5. Zwei Lichtsignale werden zu den Zeiten t_1 bzw. t_2 vom Sender S emittiert. Sei werden zu den Zeiten t_3 bzw. t_4 im Detektor nachgewiesen

t_3 bzw. t_4 nachgewiesen werden. Da die Anordnung statisch ist, müssen die in der Abbildung gezeigten Bahnen der beiden Signale parallel sein, unabhängig davon wie sie im Einzelnen aussehen. Das Zeitintervall $\Delta t^{(D)} = t_4 - t_3$ ist daher dasselbe $\Delta t^{(S)} = t_2 - t_1$ wie für den Sender. Die Zahl der von S ausgesandten Pulse $N = \nu_S \Delta t^{(S)}$ ist dieselbe wie die von D nachgewiesenen $N = \nu_D \Delta t^{(D)}$. Da die Zeitintervalle gleich sind, sind auch die Frequenzen gleich, $\nu_D = \nu_S$. Im Detektor wird somit keine Rot- oder Blauverschiebung beobachtet - im Widerspruch zum Ergebnis des vorhergehenden Beispiels. Daraus folgert man, dass die von den beiden Bahnen und den Vertikalen bei S und bei D eingeschlossene Fläche in einem Raum mit nichtverschwindender Krümmung liegen muss.

6.1.4 Vermutungen und weiteres Programm

Die Form und die geometrischen Eigenschaften der Raumzeit werden durch die darin vorhandenen Massen- und Energiedichten beeinflusst. Ein flacher Euklidischer Raum, der die kausale Struktur des Minkowski-Raums trägt, kann nur näherungsweise, weit weg von großen Massenanhäufungen realisiert sein. In Gegenwart von Massen und anderen, Energie und Impuls tragenden Feldern ist die Raumzeit eine Mannigfaltigkeit mit Krümmung. Ein global definiertes Bezugssytem wie es im Minkowski-Raum existiert, ist nicht mehr auf sinnvolle Weise definierbar. Man kann aber die Mannigfaltigkeit der Raumzeit mittels massiver und masseloser Probeteilchen „erforschen“, die das Gravitationsfeld nicht wesentlich verändern. Diese Teilchen durchlaufen Geodäten, d. h. Bahnkurven, die den freien Fall in einer gekrümmten Mannigfaltigkeit darstellen, und geben Aufschluss über die Form der Raumzeit.

Die Gravitation erscheint nicht als eine weitere Wechselwirkung, z. B. neben der Maxwell-Theorie, sondern ist in der Geometrie enthalten. Die Struktur der Raumzeit bestimmt alle Effekte von Trägheit und Gravitation. Als besonders wichtig stellt sich dabei die Hypothese heraus, dass das Energie-Impulstensorfeld der Materie und der anderen Felder als Quellterm für die Gleichungen auftritt, die das metrische Feld $\mathbf{g}(x)$ bestimmen.

Mit diesen Aussagen ist das Programm der nun folgenden Abschnitte vorgezeichnet: Wir untersuchen zunächst Modelle für das Tensorfeld, das vorgebbare Energie- und Impulsdichten beschreibt. Das ist die „Materie", die das Gravitationsfeld und seine Geometrie antreibt. Wir stellen noch einmal die wichtigsten geometrischen Größen zusammen, die auf glatten Mannigfaltigkeiten leben und die keinen Bezug auf einen einbettenden Raum nehmen. Das Universum soll „aus sich heraus" darstellbar sein und nicht Teil eines fiktiven, noch größeren Raums sein.

Mit dieser Kenntnis ausgestattet lassen sich metrische Mannigfaltigkeiten auffinden und beschreiben, die das Äquivalenzprinzip erfüllen und somit als Modelle für die physikalische Raumzeit dienen können. Die so entwickelte semi-Riemann'sche Geometrie stellt alle Werkzeuge bereit, mit deren Hilfe die Einstein'schen Gleichungen formuliert werden.

6.2 Materie und nichtgravitative Felder

Bleibt man zunächst noch beim Konzept des flachen Minkowski-Raums und nimmt an, dass die Materie- und Strahlungsfelder durch eine Lagrangedichte vom Typus (3.42) beschrieben werden können, dann liefert die Wirkung von Translationen in Raum und Zeit das Tensorfeld (3.44). Wenn die Lagrangedichte unter Translationen *invariant* ist, dann erfüllt dieses Tensorfeld die vier Erhaltungssätze (3.45). Das ist die Aussage des Noether'schen Theorems. Wie wir am Beispiel des Maxwell-Theorie ausgeführt haben, beschreibt dieses Tensorfeld, bezogen auf ein beliebig gewähltes Inertialsystem, die Energie- und Impulsdichten sowie deren Flussdichten.

Zwei Beispiele für das Tensorfeld, das den Energie- und Impulsinhalt in einer manifest Lorentz-kovarianten Weise beschreibt, sind der Ausdruck (3.23a) für ein reelles Skalarfeld,

$$\begin{aligned} T_\phi^{\mu\nu}(x) &= \partial^\mu\phi(x)\partial^\nu\phi(x) \\ &\quad - \frac{1}{2}\eta^{\mu\nu}\left(\partial_\lambda\phi(x)\eta^{\lambda\eta}\partial_\eta\phi(x) - \kappa^2\phi^2(x) - 2\varrho(x)\phi(x)\right) , \end{aligned} \tag{6.14}$$

und das Maxwell'sche Tensorfeld (3.47),

$$T_{\mathrm{M}}^{\mu\nu}(x) = \frac{1}{4\pi}\left\{F^{\mu\sigma}(x)\eta_{\sigma\tau}F^{\tau\nu}(x) + \frac{1}{4}\eta^{\mu\nu}F_{\alpha\beta}(x)F^{\alpha\beta}(x)\right\} . \tag{6.15}$$

Beide Tensorfelder sind symmetrisch $T^{\mu\nu}(x) = T^{\nu\mu}(x)$. Während das erste von ihnen, (6.14), nicht mehr als ein mikroskopisch brauchbares Modell sein kann und sicher nicht ausreicht um makroskopische Anhäufungen von Materie zu beschreiben, ist das zweite, (6.15), klassisch-makroskopisch wichtig, wenn immer hohe Dichten von Maxwell-Feldern auftreten. Um Materie im Universum in ihrer pauschalen Wirkung auf die Geometrie der Raumzeit zu beschreiben, braucht man vereinfachende Modelle für das Energie-Impulstensorfeld. Zwei solcher Modelle werden in den nun folgenden Beispielen beschrieben:

Beispiel 6.5 Energie-Impulstensor für Staub

Einen Schwarm von nicht wechselwirkenden Teilchen kann man als Staub modellieren, in dem die Teilchen sich lokal mit einer gemeinsamen Geschwindigkeit bewegen. Dabei sollen sich weder Druck noch Viskosität aufbauen. Unter diesen Voraussetzungen gibt es in jedem Punkt x ein lokales Ruhesystem, in dem die Energiedichte $\varrho_0(x)c^2$ ist, mit $\varrho_0(x)$ der Massendichte. Bewegt sich der Staub mit der lokalen Geschwindigkeit $\boldsymbol{v}$, dann wird daraus $\varrho = \varrho_0\gamma^2$, eine Formel, in der ein erster Faktor γ von der Längenkontraktion des Referenzvolumens, ein weiterer solcher Faktor von der Massenzunahme kommt. Für $T^{\mu\nu}$ macht man den Ansatz

$$T^{\mu\nu} = \varrho_0 u^\mu u^\nu \,, \tag{6.16}$$

wo $u = (\gamma c, \gamma\boldsymbol{v})^T$ die Geschwindigkeit (2.41b) ist. Dass dieser Ansatz vernünftig ist, bestätigt man, indem man seine Eigenschaften nachprüft. Es ist $T^{00} = \varrho c^2 = \varrho_0\gamma^2 c^2$, wie gehabt. Das Tensorfeld ist symmetrisch, $T^{\nu\mu} = T^{\mu\nu}$. Die Erhaltungsgleichung $\partial_\mu T^{\mu\nu} = 0$ prüft man wie folgt nach. Es ist

$$\partial_\mu T^{\mu 0} = c\left[c\partial_0\varrho + \boldsymbol{\nabla}(\varrho\boldsymbol{v})\right] = 0 \,,$$

denn dies ist nichts Anderes als die Kontinuitätsgleichung. Unter Verwendung genau dieser Gleichung berechnet man jetzt

$$\begin{aligned}\partial_\mu T^{\mu i} &= c\partial_0(\varrho v^i) + \boldsymbol{\nabla}(\varrho v^i \boldsymbol{v}) \\ &= \varrho\, c\partial_0 v^i + \varrho\, \boldsymbol{v}\cdot\boldsymbol{\nabla} v^i = \varrho\frac{\mathrm{d}\, v^i}{\mathrm{d}\, t} = 0 \,.\end{aligned}$$

Der letzte Schritt der Rechnung folgt aus der Voraussetzung, dass keine äußeren Kräfte vorhanden sind.

Beispiel 6.6 Ideale Flüssigkeit

Es sei ϱ_0 die Massendichte, p die Druckdichte und u die Vierergeschwindigkeit. Für das Tensorfeld $\mathbf{T}$ machen wir den Ansatz

$$T^{\mu\nu} = \left(\frac{p}{c^2} + \varrho_0\right) u^\mu u^\nu - p\,\eta^{\mu\nu} \,. \tag{6.17a}$$

Dass dieser Ansatz die richtigen Eigenschaften hat, prüft man folgendermaßen nach: In einem lokalen Ruhesystem $\mathbf{K}_0$ hat das Energie-Impulstensorfeld $\mathbf{T}_{(0)}$ die Einträge

$$T^{00}_{(0)} = \varrho_0 c^2 , \quad T^{0i}_{(0)} = 0 = T^{i0}_{(0)} , \quad T^{ik}_{(0)} = p\,\delta^{ik} . \tag{6.17b}$$

Es ist symmetrisch und ist erhalten, d. h. erfüllt $\partial_\mu T^{\mu\nu}_{(0)} = 0$. Für $\nu = 0$ folgt dies aus $\partial_0 T^{00}_{(0)} + \partial_i T^{i0}_{(0)} = c^2 \partial_0 \varrho_0 = 0$ und der Voraussetzung, dass die Massendichte lokal statisch ist. Für $\nu = k$ ist $\partial_0 T^{0k}_{(0)} + \partial_i T^{ik}_{(0)} = \partial_k p$. Dies ist ebenfalls gleich Null, ein nicht verschwindender Gradient des Druckfeldes würde ja zu einer Strömung der Flüssigkeit führen – im Widerspruch zur Annahme, dass man sich im lokalen Ruhesystem befindet, in dem die Situation statisch ist. Schließlich geht (6.17a) mit $u = (c, 0, 0, 0)^T$ in (6.17b) über.

Es genügt jetzt nachzurechnen, dass die spezielle Lorentz-Transformation $\mathbf{L}(\boldsymbol{v})$, die in (2.34) oder (2.44) explizit gegeben ist, wenn man sie auf $\mathbf{T}_{(0)}$ anwendet, genau (6.17a) ergibt,

$$\mathbf{L}(\boldsymbol{v})\mathbf{T}_{(0)}\mathbf{L}^T(\boldsymbol{v}) = \mathbf{T} .$$

In der Tat findet man hieraus

$$\begin{aligned}
T^{00} &= \gamma^2 c^2 \left(\varrho_0 + \frac{p}{c^2}\beta^2\right) = \gamma^2 c^2 \left(\varrho_0 + \frac{p}{c^2}\right) - p , \\
T^{i0} &= \gamma^2 c \left(\varrho_0 + \frac{p}{c^2}\right) v^i , \\
T^{ik} &= p\,\delta^{ik} + \gamma^2 \varrho_0\, v^i v^k + 2p \frac{\gamma^2}{(1+\gamma)c^2} v^i v^k + p \frac{\gamma^4 \beta^2}{(1+\gamma)^2 c^2} v^i v^k \\
&= p\,\delta^{ik} + \left(\frac{p}{c^2} + \varrho_0\right) \gamma^2 v^i v^k .
\end{aligned}$$

Dabei hat man in der ersten und in der vierten Zeile die Beziehung $\beta^2 = (\gamma - 1)(\gamma + 1)/\gamma^2$ benutzt. Wie man sieht sind dies genau die Koordinatenausdrücke des Tensorfeldes (6.17a).

Beide Modelle (6.16) und (6.17a) lassen sich leicht auf gekrümmte Mannigfaltigkeiten übertragen und beide werden in kosmologischen Modellen verwendet, die auf den Einstein'schen Gleichungen aufbauen. Es gibt dabei aber zwei wesentliche Änderungen. Zum einen wird die flache Minkowski-Metrik $\eta_{\mu\nu}$ in (6.17a) durch das x-abhängige metrische Tensorfeld $g_{\mu\nu}(x)$ ersetzt. Zum anderen werden alle Ableitungen ∂_μ, die in den Erhaltungssätzen auf dem flachen Raum auftauchten, durch sog. kovariante Ableitungen D_μ ersetzt, in die die Struktur der gekrümmten Raumzeit eingeht. Die Erhaltungssätze werden dabei insofern modifiziert, als durchaus Änderungen der Energie-Impulsdichten auftreten können. Die Bilanz wird aber insgesamt durch Wechselwirkung mit dem gravitativen Hintergrund wieder hergestellt. Dies arbeiten wir in Abschn. 6.4.2, in Abschn. 6.4.3 und Abschn. 6.5.1 aus.

6.3 Raumzeiten als glatte Mannigfaltigkeiten

Die Raumzeit der klassischen Gravitation wird als vierdimensionale glatte Mannigfaltigkeit mit einer besonderen metrischen Struktur modelliert, die das Äquivalenzprinzip (in dessen starker Form) enthält. In diesem Abschnitt wiederholen wir einige wesentliche Begriffe, die man zur Beschreibung von glatten Mannigfaltigkeiten und der auf ihnen lebenden Objekte braucht, verweisen für eine ausführlichere Darstellung aber auf Band 1, Kap. 5. Daran schließt sich die Definition und Beschreibung von semi-Riemann'schen Mannigfaltigkeiten an, von denen die Theorie der Gravitation Gebrauch macht.

6.3.1 Mannigfaltigkeiten, Kurven und Vektorfelder

Eine glatte Mannigfaltigkeit M der Dimension n zeichnet sich dadurch aus, dass sie lokal wie der Euklidische Raum $\mathbb{R}^n$ aussieht: Sie lässt sich mit einer abzählbaren Menge von offenen Umgebungen U_1, U_2, ... überdecken derart, dass jeder Punkt $x \in M$ in mindestens einem U_i liegt. Zu jeder Umgebung U_i gibt es einen Homöomorphismus φ_i (das ist eine Abbildung, die umkehrbar und in beiden Richtungen stetig ist), der U_i in eine offene Umgebung des Punktes $y = \varphi_i(x)$ in einer Kopie des $\mathbb{R}^n$ abbildet, $\varphi_i : U_i \to \varphi(U_i)$, $U_i \subset M$ und $\varphi_i(U_i) \subset \mathbb{R}^n$. Mit x bezeichnen wir den ursprünglichen Punkt auf M, mit y oder, falls dies der Klarheit halber notwendig ist, mit $y^{(i)}$ sein Bild unter der Kartenabbildung φ_i im $\mathbb{R}^n$.

Auf diese Weise entsteht ein *Atlas* von *Karten*, oder wie man auch sagt, *Koordinatensystemen*. Je zwei Karten überlappen glatt. Dies bedeutet, dass jede Übergangsabbildung $(\varphi_k \circ \varphi_i^{-1})$, die ja das Bild $\varphi_i(U_i)$ in der i-ten Kopie des $\mathbb{R}^n$ mit dem Bild $\varphi_k(U_k)$ in der k-ten Kopie des $\mathbb{R}^n$ verknüpft, ein Diffeomorphismus ist (d. h. eine umkehrbare Abbildung, die ebenso wie ihre Inverse glatt ist). Nimmt man noch die Annahme hinzu, dass jede Karte, die mit allen anderen Karten verträglich ist, schon zum Atlas dazu gehört, dann ist eine differenzierbare Struktur $(M, \mathcal{A})$ festgelegt, die jetzt aus der Mannigfaltigkeit und einem *vollständigen Atlas* besteht[2].

Bemerkungen

1. Um sich eine solche differenzierbare Struktur $(M, \mathcal{A})$ anschaulicher zu machen, ist es ratsam, die aufgezählten Definitionen durch Zeichnungen zu illustrieren. Hierbei ist es besonders wichtig, sich klar zu machen, von wo nach wo die Abbildungen φ_i, φ_i^{-1} und $\varphi_k \circ \varphi_i^{-1}$ gehen. Hilfreich sind dabei auch konkrete Beispiele für differenzierbare Mannigfaltigkeiten, so z. B. der Torus T^2, die Sphäre S^2 oder die Gruppe SO(3). (Diese Beispiele findet man in Band 1 ausgearbeitet.)
2. Hier und in allem, was folgt, nehmen wir nicht an, dass M wie eine Hyperfläche in einen größeren Raum eingebettet sei. Dies entspricht

[2] Da wir hier nur differenzierbare Mannigfaltigkeiten betrachten und verwenden, schreiben wir im Folgenden einfach Mannigfaltigkeit, meinen aber stets glatte Mannigfaltigkeiten.

der Vorstellung, dass das physikalische Universum nicht in einen großen, von Anbeginn an existierenden oder gedachten Raum hinein gesetzt wird, sondern dass es aus sich selbst heraus existiert. Seine Geometrie, seine metrischen Eigenschaften müssen daher vollständig durch sog. intrinsische Größen erfassbar sein. Die gravitative Wechselwirkung unterscheidet sich in dieser Hinsicht ganz wesentlich von allen anderen Wechselwirkungen, deren Theorie immer voraussetzt, dass die Raumzeit mit einer schon vorgegebenen Struktur vorhanden ist.

3. Dass man die Mannigfaltigkeit in einen „Flickenteppich“ von Karten in $\mathbb{R}^n$-s zergliedert, steht nicht im Widerspruch zur eben gemachten Bemerkung. Die Karten sind ja nicht mehr als gedachte Konstrukte – vergleichbar mit dem Konzept des Phasenraums in der Mechanik – , die eine Beschreibung von M erleichtern sollen und deren Verwendung mehr mit unserer Unfähigkeit zu tun hat, ein Möbius-Band, eine Klein'sche Flasche, einen Krug mit siebenundzwanzig Henkeln mit einem Blick zu übersehen.
4. Physikalische Theorien werden in aller Regel in Form von Bewegungsgleichungen formuliert, die voraussetzen, dass die zugrunde liegende Mannigfaltigkeit eine differenzierbare Struktur trägt. Man muss sich dabei aber darüber im Klaren sein, dass Differentiation auf M selbst i. Allg. nicht definiert ist. Genau hierfür sind lokale Karten unersetzlich, denn nur die reelle Analysis auf dem $\mathbb{R}^n$ ist wohldefiniert.

a) Funktionen auf Mannigfaltigkeiten

Der Begriff der Funktion auf einem flachen Raum $\mathbb{R}^n$ ist aus der Analysis wohlvertraut: Die Funktion $f : \mathbb{R}^n \to \mathbb{R}$ heißt glatt, wenn f unendlich oft stetig differenzierbar ist. Die Übertragung des Funktionsbegriffs auf gekrümmte Mannigfaltigkeiten ist nicht schwierig und orientiert sich an diesem Fall. Eine *glatte Funktion* auf einer n-dimensionalen differenzierbaren Mannigfaltigkeit ist eine Abbildung

$$f : M \longrightarrow \mathbb{R} \qquad (6.18)$$

von M auf die reelle Achse, für die $(f \circ \varphi_i^{-1})$ für alle U_i eine glatte Funktion auf der offenen Umgebung $\varphi_i(U_i) \subset \mathbb{R}^n$ ist. Abbildung 6.6 veranschaulicht diese Verhältnisse.

Einfache, aber besonders wichtige Beispiele sind die Koordinatenfunktionen $(f^\mu \circ \varphi_i)$, $\mu = 0, 2, \dots , n-1$, mit denen zunächst wieder U_i auf den Bereich $\varphi_i(U_i)$ im $\mathbb{R}^n$ abgebildet wird, dem Bildpunkt $y = \varphi_i(x)$ dann aber über die Abbildung $f^\mu \circ \varphi_i(x)$ seine μ-te Koordinate $y^\mu = f^\mu(\varphi_i(x))$ zugeordnet wird[3], die ja eine reelle Zahl ist. In Symbolen hat man somit

$$\varphi_i^\mu = (f^\mu \circ \varphi_i) : M \to \mathbb{R} : x \mapsto y^\mu = f^\mu(\varphi_i(x)) \,, \ (\mu \text{ fest}) \,. \qquad (6.19a)$$

siehe (x) S. 312

[3] Die Bezeichnung und die Nummerierung der Koordinaten habe ich hier schon im Blick auf semi-Riemann'sche Raumzeiten gewählt. In Texten über Differentialgeometrie verwendet man in der Regel lateinische Indizes und lässt diese von 1 bis n laufen.

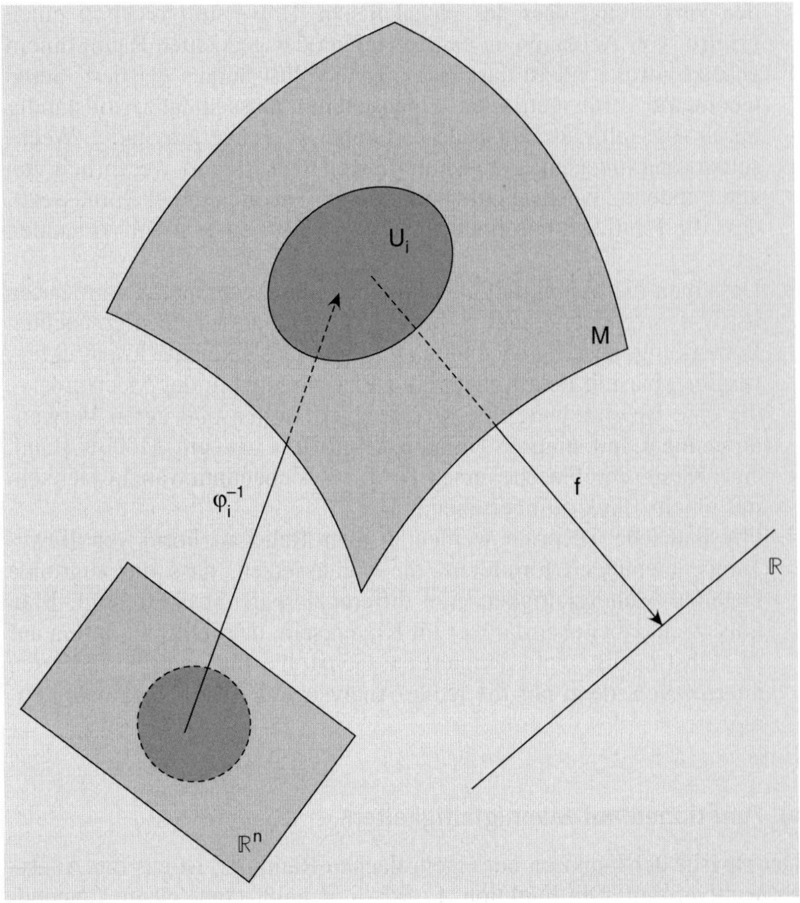

Abb. 6.6. Eine Funktion f bildet eine offene Umgebung $U_i \subset M$ auf die reelle Achse ab. Nimmt man die Inverse der Kartenabbildung ϕ_i dazu, so ist die Zusammensetzung $(f \circ \phi_i^{-1})$ eine Funktion auf $\mathbb{R}^n$

Der Bildpunkt $y = \varphi_i(x)$ von $x \in M$ wird in Koordinaten somit durch

$$\varphi_i(x) = \left(y^0, y^1, \dots, y^{n-1}\right) \tag{6.19b}$$

dargestellt, d. h. durch ein n-Tupel von Funktionen auf M. Der Menge der glatten Funktionen auf M gibt man in der Differentialgeometrie ein eigenes Symbol, nämlich

$$\mathfrak{F}(M) := \{ f : M \to \mathbb{R} \mid f \text{ ist glatt}\} \ .$$

b) Glatte Kurven auf Mannigfaltigkeiten

Kurven auf Mannigfaltigkeiten, bei denen man in der Physik sofort an das Beispiel der Bahnkurve eines Teilchens in Raum und Zeit denken mag, gehen als Abbildung sozusagen den umgekehrten Weg. Ein reeller Parameter misst z. B. die Eigenzeit $\tau \in \mathbb{R}_\tau$, und legt fest, in welchem Punkt $x(\tau)$ auf M sich das Teilchen gerade befindet. Lässt man τ die re-

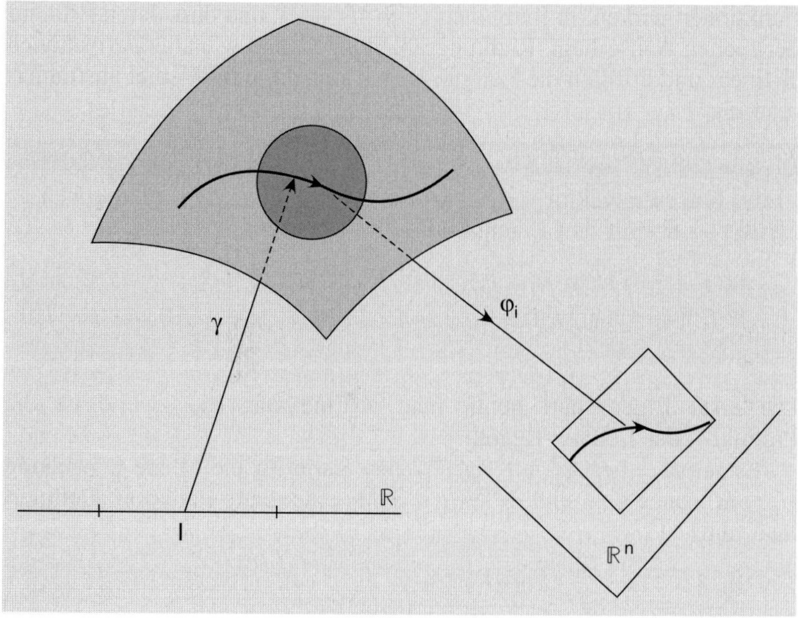

Abb. 6.7. Eine Kurve γ auf M hat als Bild die Kurve $(\phi_i \circ \gamma)$ im $\mathbb{R}^n$. Mit dieser Konstruktion lässt sich angeben, wann die Kurve γ glatt ist

elle Achse oder ein offenes Teilstück $I \subset \mathbb{R}_\tau$ davon durchlaufen, so läuft das Teilchen entlang seiner eindimensionalen Bahn in der Raumzeit M. Eine Kurve γ ist also eine Abbildung

$$\gamma : I \subset \mathbb{R} \longrightarrow M \,, \tag{6.20}$$

die jeder reellen Zahl τ aus dem offenen Intervall I auf der reellen Achse, $\tau \in I$, einen Punkt auf M zuordnet.

Man sagt, die Kurve γ sei *glatt,* wenn ihr Bild im $\mathbb{R}^n$, d. h. die in Abb. 6.7 skizzierte Bildkurve

$$(\varphi_i \circ \gamma) : I \subset \mathbb{R} \longrightarrow \varphi_i(U_i) \subset \mathbb{R}^n$$

im $\mathbb{R}^n$ diese Eigenschaft hat.

c) Glatte Vektorfelder

An jeden Punkt x der Mannigfaltigkeit heftet man zwei n-dimensionale Vektorräume, den Tangentialraum T_xM und seinen Dualraum T_x^*M. Im ersten von diesen sind alle Tangentialvektoren bei x zu Hause, im zweiten leben die linearen Abbildungen von Tangentialvektoren in die reellen Zahlen. Eine gute Orientierungshilfe bei der Definition der Eigenschaften von Tangentialvektoren bietet die Richtungsableitung einer glatten Funktion $f \in \mathfrak{F}(M)$ in der Richtung des Tangentialvektors $v \in T_xM$. Bezeichnet man diese mit $v(f)$, dann ist dieses $v(f)$ eine reelle Zahl. Man kann also schließen, dass Tangentialvektoren auf glatte

Funktionen wirken, in Symbolen $v : \mathfrak{F}(M) \to \mathbb{R}$, und dass deren Bild auf der reellen Achse liegt. Richtungsableitungen sind wie alle Derivationen $\mathbb{R}$-linear und erfüllen die Leibniz-Regel. Aus diesem Beispiel abstrahiert man die

Definition 6.2 Tangentialvektoren

Ein Tangentialvektor $v \in T_xM$ ist eine reellwertige Funktion $v : \mathfrak{F}(M) \to \mathbb{R}$, mit den Eigenschaften

$$v(c_1 f_1 + c_2 f_2) = c_1 v(f_1) + c_2 v(f_2)\,, \quad c_1, c_2 \in \mathbb{R}\,, \tag{6.21a}$$

$$v(f_1 f_2) = v(f_1) f_2(x) + f_1(x) v(f_2)\,, \quad f_1, f_2 \in \mathfrak{F}(M)\,. \tag{6.21b}$$

Die erste Eigenschaft nennt man $\mathbb{R}$-Linearität, die zweite ist die Produkt- oder Leibniz-Regel.

Es sei $\varphi_i = (\varphi_i^0, \varphi_i^1, \dots, \varphi_i^{n-1})$ eine Karte für die offene Umgebung $U_i \subset M$ von $x \in M$ und es sei $g \in \mathfrak{F}(M)$ eine glatte Funktion. Definiert man nun

$$\left.\frac{\partial g}{\partial y^\mu}\right|_x \equiv \partial_\mu\big|_x\, g := \frac{\partial(g \circ \varphi_i^{-1})}{\partial f^\mu}(\varphi_i(x))\,, \tag{6.22}$$

$\mu = 0, 1, \dots, n-1$, worin die f^μ die Koordinatenfunktionen sind, die wir weiter oben eingeführt haben (siehe auch (6.19a)), dann ist

$$\partial_\mu\big|_x : \mathfrak{F}(M) \to \mathbb{R} : g \mapsto \partial_\mu g(x) \tag{6.23}$$

ein Tangentialvektor an M im Punkt x. Das Symbol $\partial_\mu|_x$ ist dabei eine willkommene Abkürzung für die Operation, die in (6.22) ausführlicher definiert ist. Die Menge dieser Tangentialvektoren $(\partial_0, \partial_1, \dots \partial_{n-1})$ bildet eine Basis des Tangentialraums T_xM. Genauso wie im Fall von $M = \mathbb{R}^n$, den wir in Abschn. 2.1.2 behandelt haben, kann man jeden Tangentialvektor bei x nach den Basisfeldern ∂_μ entwickeln,

$$v = \sum_{\mu=0}^{n-1} v^\mu(x)\partial_\mu \equiv v^\mu(x)\partial_\mu\,,$$

wenn man die in der Relativitätstheorie übliche Summenkonvention verwendet. Im Gegensatz zum flachen Raum $\mathbb{R}^n$ gilt eine solche Zerlegung aber nur lokal, auch wenn man die Koeffizienten $v^\mu(x)$ als Funktionen des Punktes $x \in U_i$ betrachtet. Insofern müsste man die Basisfelder ∂_μ in (6.22) und in (6.23) eigentlich mit dem Hinweis versehen, dass sie für die Karte (φ_i, U_i) gelten, indem man z. B. $\partial_\mu^{(i)}$ schreibt. Andererseits kann man ja mittels der Übergangsabbildungen $(\varphi_k \circ \varphi_i^{-1})$ auf benachbarte Umgebungen U_k fortsetzen und zwar so lange, bis man die ganze Mannigfaltigkeit umfahren hat. Auf diese Weise entsteht die Definition von Vektor*feldern* auf M, die wie folgt lautet

Definition 6.3 Glattes Vektorfeld

Ein Vektorfeld V auf der Mannigfaltigkeit M ist eine Funktion,

$$V : M \to TM : x \mapsto V_x\,, \tag{6.24}$$

die jedem Punkt x einen Tangentialvektor im Tangentialraum $T_x M$ zuordnet. Das Vektorfeld heißt *glatt*, wenn seine Wirkung auf eine glatte Funktion für alle $f \in \mathfrak{F}(M)$

$$(Vf)(x) = V_x(f) \tag{6.24a}$$

wieder eine glatte Funktion ist.

Vektorfelder sind glatte Abbildungen $V : \mathfrak{F}(M) \to \mathfrak{F}(M)$, die aus jeder glatten Funktion eine neue glatte Funktion machen. Physikalisch kann man beispielsweise an das Strömungsfeld einer idealen Flüssigkeit in einem vorgegebenen Gefäß denken. In jedem Punkt des Innenraums zeichnet es einen wohldefinierten, lokalen Vektor aus. Wandert man in die Nachbarschaft dieses Punktes, so ändert sich das Strömungsfeld stetig und differenzierbar.

In Koordinaten einer lokalen Karte (φ_i, U_i) ausgedrückt gilt die Zerlegung

$$V = \sum_{\mu=0}^{n-1} \left(V\varphi_i^{\mu}\right) \partial_{\mu}^{(i)}\,, \tag{6.24b}$$

die man oft und etwas vereinfachend als $V = \sum V^{\mu}(x)\partial_{\mu}$ oder, bei Verwendung der Summenkonvention, noch einfacher als $V = V^{\mu}(x)\partial_{\mu}$ schreibt. Die Koeffizienten $V^{\mu}(x)$ sind dabei glatte Funktionen.

Bemerkungen

1. Die Menge aller glatten Vektorfelder auf einer differenzierbaren Mannigfaltigkeit M wird manchmal mit $\mathfrak{V}(M)$ oder auch mit $\mathfrak{X}(M)$ bezeichnet. Wir verwenden in diesem Kapitel eine dritte Art der Bezeichnung

   $$V \in \mathfrak{T}_0^1(M)\,,$$

   bei der $\mathfrak{T}_s^r(M)$ die glatten Tensorfelder (r-fach *kontra*variant, s-fach *ko*variant) meint. Sie weist darauf hin, dass Vektorfelder kontravariante Tensorfelder der Stufe 1 sind.
   Die hierzu dualen Objekte, die Einsformen, sind Elemente des Raums $\mathfrak{X}^*(M) = \mathfrak{T}_1^0(M)$, d. h. sind kovariante Tensorfelder der Stufe 1.
2. Die glatten Funktionen als auch die glatten Kurven auf einer Mannigfaltigkeit sind Spezialfälle von glatten Abbildungen zwischen

differenzierbaren Mannigfaltigkeiten $(M, \mathcal{A})$ und $(N, \mathcal{B})$,

$$\Phi : (M, \mathcal{A}) \longrightarrow (N, \mathcal{B}) .$$

Bei den Funktionen ist die Zielmannigfaltigkeit der Raum $\mathbb{R}$, versehen mit der sog. kanonischen differenzierbaren Struktur. Im Fall von Kurven ist die Ausgangsmannigfaltigkeit ein $\mathbb{R}$, die Zielmannigfaltigkeit ist M. Eine solche Abbildung induziert eine wohldefinierte Abbildung der zugehörigen Tangentialräume.

Ein wichtiges Beispiel für ein glattes Vektorfeld ist das Tangentialvektorfeld einer glatten Kurve $\gamma : \mathbb{R} \to M$ auf einer Mannigfaltigkeit M. Auf der reellen Achse $\mathbb{R}$ gibt es nur ein Basisfeld $\partial = \mathrm{d}/\mathrm{d}u$, so dass

$$\frac{\mathrm{d}}{\mathrm{d}u}(\tau) \in T_\tau(\mathbb{R})$$

der Einheitsvektor im Punkt τ in positiver Richtung ist. Sein Bild ist der Geschwindigkeitsvektor $\dot{\gamma}(\tau)$ im Punkt $\gamma(\tau)$ auf M, dessen Wirkung auf eine glatte Funktion $f \in \mathfrak{F}(M)$ mittels

$$\dot{\gamma}(\tau) f = \frac{\mathrm{d}(f \circ \gamma)}{\mathrm{d}u}(\tau) \tag{6.25a}$$

berechnet wird. In lokalen Koordinaten (φ_i, U_i) ausgedrückt gilt die Formel

$$\dot{\gamma} = \sum_{\mu=0}^{n-1} \frac{\mathrm{d}(\varphi_i^\mu \circ \gamma)}{\mathrm{d}u}(\tau)\, \partial_\mu \big|_{\gamma(\tau)} . \tag{6.25b}$$

Man kann auch eine hiermit nahe verwandte Frage stellen: Gegeben ein glattes Vektorfeld $V \in \mathfrak{T}_0^1(M)$, gibt es eine Kurve $\alpha : I \subset \mathbb{R} \to M$, die die Differentialgleichung $\dot{\alpha} = V_\alpha$ erfüllt, d. h. bei der zu jeder Zeit τ aus dem Intervall I der Geschwindigkeitsvektor $\dot{\alpha}$ mit dem Tangentialvektor V_α übereinstimmt? Dies führt zur

Definition 6.4 Integralkurve eines Vektorfeldes

Die Kurve $\alpha : I \to M$ heißt *Integralkurve* des Vektorfeldes $V \in \mathfrak{T}_0^1(M)$, wenn $\dot{\alpha} = V_\alpha$, genauer

$$\dot{\alpha}(\tau) = V_{\alpha(\tau)} \tag{6.26}$$

für alle $\tau \in I$ gilt.

Gleichung (6.26) stellt ein dynamisches System dar und ist die geometrische, sehr allgemeine Formulierung einer typischen physikalischen Bewegungsgleichung. Um ein Beispiel vor Augen zu haben, könnte α eine physikalische Bahn der Mechanik im Phasenraum sein, $\alpha = (q(t), p(t))^T$, und V das Hamilton'sche Vektorfeld, $V =$

$(\partial H/\partial p, -\partial H/\partial q)^T$, so dass (6.26) ausgeschrieben,

$$\begin{pmatrix} \dot{q}(t) \\ \dot{p}(t) \end{pmatrix} = \begin{pmatrix} \partial H/\partial p \\ -\partial H/\partial q \end{pmatrix}\Bigg|_t ,$$

die gewohnten Hamilton'schen Bewegungsgleichungen ergibt. Die lokale Geschwindigkeit am Ort (q, p) und zur Zeit t fällt mit dem aus der Hamiltonfunktion in diesem Punkt und zu dieser Zeit berechneten Tangentialvektor zusammen.

Bemerkung

Der Existenz- und Eindeutigkeitssatz für gewöhnliche Differentialgleichungen erster Ordnung garantiert, dass die Integralkurve, die durch den Punkt $x_0 = \alpha(\tau_0)$ gehen soll, eindeutig festliegt. O.B.d.A. kann man $\tau_0 = 0$ setzen. Geht man von diesem Punkt aus und sucht nach der größtmöglichen Verlängerung von α auf M, so entsteht die sog. *maximale Integralkurve* des Vektorfeldes durch $x_0 = \alpha(0)$. Wenn jede maximale Integralkurve auf der ganzen reellen Achse $\mathbb{R}_\tau$ definiert ist, das Intervall I in der Definition 6.4 also auf ganz $\mathbb{R}$ ausgedehnt werden kann, so sagt man, das Vektorfeld V sei *vollständig*.

6.3.2 Einsformen, Tensoren und Tensorfelder

Die Definition von äußeren Einsformen für gekrümmte Mannigfaltigkeiten ist zunächst dieselbe wie in Abschn. 2.1.2a, die für $M = \mathbb{R}^n$ galt. Am Punkt $x \in M$ ist $\omega : T_x M \to \mathbb{R}$ eine lineare Abbildung des Tangentialraums in die reellen Zahlen. In jeder Karte gibt es Basis-Einsformen $(\mathrm{d}x^0, \mathrm{d}x^1, \ldots, \mathrm{d}x^{n-1})$, die dual zu den Basis-Vektorfeldern ∂_μ, $\mu = 0, \ldots, n-1$ sind. Die Dualitätsrelation lautet wie früher

$$\mathrm{d}x^\mu(\partial_\nu) = \frac{\partial}{\partial x^\nu} x^\mu = \delta^\mu_\nu . \tag{6.27}$$

Als solches ist ω ein Element des Kotangentialraums $T^*_x M$ in x. Eine beliebige Einsform lässt sich wie in (2.10) nach Basis-Einsformen entwickeln,

$$\omega = \sum_{\mu=0}^{n-1} \omega_\mu \, \mathrm{d}x^\mu , \tag{6.28a}$$

wo die ω_μ reelle Koeffizienten sind. Der Unterschied zum $\mathbb{R}^n$ besteht eigentlich nur darin, dass man in (6.28a) diese Zahlen zwar durch glatte Funktionen $\omega_\mu(x)$ ersetzen kann und somit

$$\omega = \sum_{\mu=0}^{n-1} \omega_\mu(x) \, \mathrm{d}x^\mu \tag{6.28b}$$

als *glatte* Einsform erhält, diese Darstellung aber nur in einer lokalen Karte (φ_i, U_i) gilt. Erst wenn man die lokale Darstellung mittels des vollständigen Atlas' auf die ganze Mannigfaltigkeit fortsetzen kann, hat man eine wohldefinierte Einsform auf M. Diese Überlegungen führen zur

Definition 6.5 Glatte Einsform

Eine Einsform auf der Mannigfaltigkeit M ist eine Funktion

$$\omega : M \to T_x^* M : x \mapsto \omega_x \in T_x^* M \,, \tag{6.29}$$

die jedem Punkt x ein Element ω_x im Kotangentialraum $T_x^* M$ zuordnet. Die Einsform heißt *glatt*, wenn ihre Wirkung $\omega(V)$ auf ein Vektorfeld V für alle $V \in \mathfrak{T}_0^1(M)$ eine glatte Funktion ist.

Die Wirkung einer Einsform $\omega = \sum_{\mu=0}^{n-1} \omega_\mu(x)\,\mathrm{d}x^\mu$ auf ein Vektorfeld $V = \sum_{\nu=0}^{n-1} V^\nu(x)\partial_\nu$ ergibt sich aus (6.28b) und (6.27)

$$\omega(V) = \sum_{\mu=0}^{n-1}\sum_{\nu=0}^{n-1} \omega_\mu(x) V^\nu(x)\,\mathrm{d}x^\mu(\partial_\nu) = \sum_{\mu=0}^{n-1} \omega_\mu(x) V^\mu(x) \,.$$

Die Einsformen selbst sind somit kovariante Tensorfelder erster Stufe, $\omega \in \mathfrak{T}_1^0$.

An den Rechenregeln für äußere Produkte, die wir ebenfalls in Abschn. 2.1.2 entwickelt haben, ändert sich nichts. Wie dort kann man Formen vom Grad k mit $k = 1, 2, \ldots, n$ betrachten und auch diese durch Basis-k-Formen $\mathrm{d}x^0 \wedge \mathrm{d}x^1 \wedge \cdots \mathrm{d}x^{n-1}$ in lokalen Karten ausdrücken.

Die *äußere Ableitung* ist eine lokale Operation und hat daher dieselben Eigenschaften wie auf dem flachen Raum[4] $\mathbb{R}^n$.

Tensoren mit mehr als einem Index, ebenso wie Tensoren, die sowohl ko- als auch kontravariante Indizes tragen, sind uns schon vielfach und in ganz unterschiedlichen Zusammenhängen begegnet. Hier wollen wir – bevor wir zu den physikalisch relevanten Tensorfeldern über der Raumzeit zurück kehren – die Definitionen und mathematischen Eigenschaften zusammen stellen. Die charakteristische Eigenschaft von Tensoren ebenso wie von Tensorfeldern ist ihre *Multilinearität*. Ein Tensor mit r kontravarianten und s kovarianten Indizes am Punkt $x \in M$ bildet r Einsformen und s Tangentialvektoren auf eine reelle Zahl ab,

$$\begin{aligned}(\mathbf{T}_s^r)_x &: (T_x^* M)^r \times \left(T_x^M\right)^s \longrightarrow \mathbb{R} \\ &: \omega^1, \ldots, \omega^r, V_1, \ldots V_s \mapsto (\mathbf{T}_s^r)_x \left(\omega^1, \ldots, \omega^r, V_1, \ldots V_s\right) .\end{aligned}$$

Diese Abbildung ist in allen ihren Argumenten linear.

Lässt man den Fußpunkt x über M wandern, dann ist die rechte Seite eine Funktion. In direkter Verallgemeinerung der glatten Vektorfelder (6.24) sowie der glatten Einsformen (6.29) folgt die

[4] Das Poincaré'sche Lemma gilt auf nicht einfach zusammenhängenden Mannigfaltigkeiten nur mit Einschränkungen, s. die Bemerkung 3 in Abschnitt 2.1.2; Sie gilt auf sog. Sterngebieten.

Definition 6.6 Glatte Tensorfelder

Ein Tensorfeld vom Typus (r, s), d. h. r-fach *kontra*variant und s-fach *ko*variant, ist eine multilineare Abbildung

$$\mathbf{T}^r_s : \left(T^*M\right)^r \times (TM)^s \longrightarrow \mathfrak{F}(M) , \tag{6.30}$$

die jedem Satz von r Einsformen aus dem Kotangentialraum $T^*_x M$ und jedem Satz von s Vektorfeldern aus dem Tangentialraum $T_x M$ die Funktion

$$\omega^1, \dots, \omega^r, V_1, \dots, V_s \mapsto \left(\mathbf{T}^r_s\right)_x \left(\omega^1, \dots, \omega^r, V_1, \dots V_s\right) \tag{6.30a}$$

zuordnet. Das Tensorfeld heißt *glatt,* wenn diese Funktion eine glatte Funktion ist.

Bemerkungen

1. Die Menge aller glatten Tensorfelder vom Typus (r, s) über der Mannigfaltigkeit M wird mit $\mathfrak{T}^r_s(M)$ bezeichnet. Die Elemente $\mathbf{T}^r_0 \in \mathfrak{T}^r_0(M)$ heißen kontravariante Tensorfelder der Stufe r, die Elemente $\mathbf{T}^0_s \in \mathfrak{T}^0_s(M)$ heißen kovariant. Wenn beide Indizes von Null verschieden sind, spricht man von gemischten Tensorfeldern.
2. Zwei wichtige Beispiele sind $\mathfrak{T}^1_0 \equiv \mathfrak{V}(M) \equiv \mathfrak{X}(M)$, die glatten Vektorfelder, und $\mathfrak{T}^0_1 \equiv \mathfrak{X}^*(M)$, die glatten Einsformen. Oft schreibt man für die Menge der glatten Funktionen auch $\mathfrak{F}(M) = \mathfrak{T}^0_0(M)$.
   Addition von zwei Tensorfeldern ist nur sinnvoll, wenn beide vom gleichen Typus (r, s) sind.
   Das Tensorprodukt von $\mathbf{T}^r_s$ und $\mathbf{T}^{r'}_{s'}$ ist wieder ein Tensorfeld und hat den Typus $(r + r', s + s')$. Ausgewertet auf $r + r'$ Einsformen und auf $s + s'$ Vektorfeldern erhält man

$$\begin{aligned} &\left(\mathbf{T}^r_s \otimes \mathbf{T}^{r'}_{s'}\right) \left(\omega^1, \dots, \omega^{r+r'}, V_1, \dots, V_{s+s'}\right) \\ &\quad = \mathbf{T}^r_s \left(\omega^1, \dots, \omega^r, V_1, \dots, V_s\right) \\ &\qquad \times \mathbf{T}^{r'}_{s'} \left(\omega^{r+1}, \dots, \omega^{r+r'}, V_{s+1}, \dots, V_{s+s'}\right) , \end{aligned} \tag{6.31}$$

   d. h. das Produkt der beiden Tensorfelder, die auf der entsprechenden Zahl von Einsformen und Vektorfeldern ausgewertet wurden.
3. Wertet man das gemischte Tensorfeld (r, s) nur auf s Vektorfeldern, aber auf keiner Einsform aus, dann ist

$$\mathbf{T}^r_s \left(\underbrace{\cdot, \dots\dots, \cdot}_{r \text{ Leerstellen}}, V_1, \dots, V_s \right) =: L$$

ein kontravariantes Tensorfeld der Stufe r. Deshalb ist L eine in jeder Komponente lineare Abbildung

$$L : (\mathfrak{X}(M))^s \longrightarrow (\mathfrak{X}(M))^r \ .$$

Ganz analog ist

$$G := \mathbf{T}^r_s \left(\omega_1, \ldots , \omega_r, \underbrace{\cdot, \ldots\ldots , \cdot}_{s \text{ Leerstellen}} \right)$$

eine Abbildung von $(\mathfrak{X}^*(M))^r$ nach $(\mathfrak{X}^*(M))^s$.

4. Diese Abbildungen sind sogar, wie alle Tensorfelder, $\mathfrak{F}(M)$-linear, d. h. sie reagieren linear nicht nur, wenn man die Argumente mit reellen Zahlen multipliziert, sondern auch wenn man diese durch Funktionen ersetzt. Man sagt L, G usw. seien $\mathfrak{F}(M)$-Moduln.
5. Die kontravarianten Tensorfelder $\mathbf{T}^r_0$ und die kovarianten Tensorfelder $\mathbf{T}^0_s$ haben i. Allg. keinen besonderen Symmetriecharakter. Symmetrische oder antisymmetrische Tensorfelder sind Untermengen, für die wir sogleich einige Beispiele kennen lernen werden. So sind die äußeren Formen $\eta \in \Lambda^k(M)$ der Stufe k nichts Anderes als antisymmetrische, kovariante Tensorfelder $\eta \in \mathfrak{T}^0_k(M)$.

Ein zentral wichtiges Beispiel für ein symmetrisches Tensorfeld zweiter Stufe liefert die folgende Definition

Definition 6.7 Metrisches Feld

Nehmen wir an, die Mannigfaltigkeit sei so beschaffen, dass sie eine Metrik zulässt. Die Metrik auf M ist ein glattes, kovariantes Tensorfeld $\mathbf{g} \in \mathfrak{T}^0_2(M)$, das symmetrisch und nicht ausgeartet ist. Dies bedeutet im Einzelnen: In jedem Punkt $x \in M$ gilt

(i) $g(v, w)|_x = g(w, v)|_x$ für alle $v, w \in T_x M$,
(ii) wenn $g(v, w)|_x = 0$ für ein festes v und für alle $w \in T_x M$, so kann v nur der Nullvektor sein, $v = 0$.

6.3.3 Koordinatenausdrücke und Tensorkalkül

Lokale Koordinatenausdrücke für Tensorfelder erhält man, wenn man diese auf Basis-Einsformen und Basis-Vektorfeldern in Karten (φ_i, U_i) auswertet. Es sei $\mathbf{T}^r_s$ ein Tensorfeld vom Typus (r, s), $\mathbf{T}^r_s \in \mathfrak{T}^r_s(M)$. Im Bereich einer Karte wendet man $\mathbf{T}^r_s$ auf r Basis-Einsformen und auf s Basisfelder an und erhält die Funktionen

$$t^{\mu_1 \ldots \mu_r}_{\nu_1 \ldots \nu_s}(x) = \mathbf{T}^r_s \left(\mathrm{d}x^{\mu_1}, \ldots , \mathrm{d}x^{\mu_r}, \partial_{\nu_1}, \ldots , \partial_{\nu_s} \right) \ . \tag{6.32}$$

Dies ist die Gestalt von Tensoren, wie man sie aus der elementaren Tensoranalysis kennt. Beachtet man die Grundregeln

$$\mathrm{d}x^{\mu}(\partial_{\nu}) = \partial_{\nu}(x^{\mu}) = \delta^{\mu}_{\nu}\ ,$$

so bedeutet (6.32), dass man das Tensorfeld lokal als Linearkombination von Tensorprodukten

$$\mathbf{T}^r_s = \sum_{\mu_1\cdots\mu_r=0}^{n-1} \sum_{\nu_1\cdots\nu_s=0}^{n-1} t^{\mu_1\ldots\mu_r}_{\nu_1\ldots\nu_s}(x) \left(\partial_{\mu_1}\otimes\ldots\otimes\partial_{\mu_r}\right)\otimes\left(\mathrm{d}x^{\nu_1}\otimes\ldots\otimes\mathrm{d}x^{\nu_s}\right) \tag{6.33}$$

aus r Basisfeldern und s Basis-Einsformen darstellen kann. Einige Beispiele mögen diese Zusammenhänge erläutern.

(i) Ein kovariantes Tensorfeld zweiter Stufe hat die Darstellung

$$\mathbf{T}^0_2 = \sum_{\mu,\nu=0}^{n-1} t_{\mu\nu}(x)\,\mathrm{d}x^{\mu}\otimes\mathrm{d}x^{\nu}\ . \tag{6.34a}$$

Dies ist der allgemeine Fall, bei dem das Tensorfeld weder symmetrisch noch antisymmetrisch ist. Sind die Koeffizienten aber antisymmetrisch, $t_{\nu\mu} = -t_{\mu\nu}$, dann gilt

$$\begin{aligned}\mathbf{T}^0_2 &= \sum_{\mu<\nu} t_{\mu\nu}(x)\left(\mathrm{d}x^{\mu}\otimes\mathrm{d}x^{\nu} - \mathrm{d}x^{\nu}\otimes\mathrm{d}x^{\mu}\right)\\ &= \sum_{\mu<\nu} t_{\mu\nu}(x)\,\mathrm{d}x^{\mu}\wedge\mathrm{d}x^{\nu}\ .\end{aligned} \tag{6.34b}$$

Wir entdecken hier wieder die Koordinatendarstellungen von Zweiformen.

(ii) Eine Koordinatendarstellung der Metrik hat dieselbe Form (6.34a)

$$\mathbf{g}(x) = \sum_{\mu,\nu=0}^{n-1} g_{\mu\nu}(x)\,\mathrm{d}x^{\mu}\otimes\mathrm{d}x^{\nu}\ , \tag{6.35a}$$

mit symmetrischen Koeffizienten, $g_{\nu\mu}(x) = g_{\mu\nu}(x)$. Die Matrix $\{g_{\mu\nu}(x)\}$ ist der *metrische Tensor*. Außer bei flachen Räumen $M = \mathbb{R}^n$ gilt dieser Ausdruck aber nur lokal, d. h. in den Karten (φ_i, U_i) eines vollständigen Atlas'. Man erhält den metrischen Tensor, wenn man $\mathbf{g}$ gemäß (6.32) auf Basisfeldern auswertet

$$\begin{aligned}\mathbf{g}\left(\partial_{\sigma},\partial_{\tau}\right) &= \sum_{\mu,\nu=0}^{n-1} g_{\mu\nu}(x)\,\mathrm{d}x^{\mu}(\partial_{\sigma})\,\mathrm{d}x^{\nu}(\partial_{\tau})\\ &= \sum_{\mu,\nu=0}^{n-1} g_{\mu\nu}(x)\delta^{\mu}_{\sigma}\delta^{\nu}_{\tau} = g_{\sigma\tau}(x)\ ,\end{aligned} \tag{6.35b}$$

mit $\sigma, \tau = 0, \ldots, n-1$.

Die Aussage, die Metrik sei nicht ausgeartet, ist gleichbedeutend mit der Aussage, die Matrix $\{g_{\mu\nu}(x)\}$ sei nirgends singulär. Sie besitzt daher an jedem Punkt $x \in M$ eine Inverse, die mit $g^{\mu\nu}(x)$ bezeichnet wird,

$$g^{\mu\nu}(x)g_{\nu\tau}(x) \equiv \sum_{\nu=0}^{n-1} g^{\mu\nu}(x)g_{\nu\tau}(x) = \delta^{\mu}_{\tau} \,. \tag{6.36}$$

(Wir verwenden auf der linken Seite wieder die Summenkonvention, wie gewohnt.)

(iii) Ein gemischtes Tensorfeld vom Typus (1, 3) hat die Kartendarstellung

$$\mathbf{T}^1_3 = \sum_{\mu=0}^{n-1} \sum_{\lambda,\sigma,\tau=0}^{n-1} t^{\mu}_{\lambda\sigma\tau}(x)\partial_\mu \otimes \mathrm{d}x^\lambda \otimes \mathrm{d}x^\sigma \otimes \mathrm{d}x^\tau \,. \tag{6.37}$$

Koordinatenausdrücke wie dieser oder wie (6.33), (6.34a) und (6.35a), sind auf der Umgebung U_i eindeutig. Sie lassen sich mittels der Übergangsabbildungen $(\varphi_k \circ \varphi_i^{-1})$ auf andere, mit U_i überlappende Umgebungen und auf diese Weise auf den ganzen Atlas fortsetzen. Insofern sind Ausdrücke der Art (6.33) brauchbare und vollwertige Darstellungen der Tensorfelder.

Aus der Speziellen Relativitätstheorie kennt man die Kontraktion über je einen kovarianten und einen kontravarianten Index, also Ausdrücke der Form $a_\mu b^\mu$, $\eta_{\mu\nu}T^{\mu\nu}$ oder Ähnliches, bei denen Lorentz-Vektoren und -Tensoren zu Invarianten verjüngt werden. Diese Operation der *Kontraktion* gibt es auch in koordinatenfreier Form für Tensorfelder über gekrümmten Mannigfaltigkeiten. Dabei geht man folgendermaßen vor: Für ein Tensorfeld, das als Tensorprodukt eines Vektorfeldes V und einer Einsform ω gegeben ist, $\mathbf{T}^1_1 = V \otimes \omega$, soll die Kontraktion einfach gleich der Wirkung von ω auf V sein. Das Ergebnis ist eine Funktion auf M,

$$C(\mathbf{T}^1_1) = C(V \otimes \omega) := \omega(V)(x) \,.$$

In diesem Fall macht die Kontraktion aus dem (1, 1)-Tensor eine Funktion, in Symbolen ausgedrückt also $C : \mathfrak{T}^1_1 \to \mathfrak{T}^0_0$. Für ein Tensorfeld vom Typus (1, 1) gibt es nur eine einzige Weise, wie kontrahiert werden kann. Zerlegen wir ein beliebiges $\mathbf{T}^1_1$ in lokalen Koordinaten, $\mathbf{T}^1_1 = \sum t^{\mu}_{\nu}\, \partial_\mu \otimes \mathrm{d}x^\nu$, dann ist

$$\begin{aligned} C\left(\mathbf{T}^1_1\right) &= \sum_{\mu,\nu=0}^{n-1} t^{\mu}_{\nu}(x) C\left(\partial_\mu \otimes \mathrm{d}x^\nu\right) \\ &= \sum_{\mu,\nu=0}^{n-1} t^{\mu}_{\nu}(x)\delta^{\nu}_{\mu} = \sum_{\mu=0}^{n-1} t^{\mu}_{\mu}(x) \,. \end{aligned}$$

In Komponenten erhält man genau die aus der Speziellen Relativitätstheorie gewohnte Vorschrift. Dies gilt auch für allgemeinere, gemischte Tensorfelder $\mathbf{T}^r_s \in \mathfrak{T}^r_s$. Man muss dann allerdings angeben, welcher kovariante Index mit welchem kontravarianten kontrahiert werden soll. Nehmen wir z. B. ein Tensorfeld $\mathbf{T}^2_3$ und verlangen, dass der erste der oberen mit dem dritten der unteren Indizes kontrahiert werden soll, dann bedeutet dies, dass in der Funktion

$$\mathbf{T}^2_3\left(\omega^1, \omega^2, V_1, V_2, V_3\right)$$

die Einsform ω^1 und das Vektorfeld V_3 kontrahiert werden sollen,

$$\omega^1(V_3) = \sum_{\mu=0}^{n-1}\sum_{\nu=0}^{n-1} \omega^1_\mu V_3^\nu \, \mathrm{d}x^\mu(\partial_\nu) = \sum_{\mu=0}^{n-1} \omega^1_\mu V_3^\mu \, .$$

Aus dem Tensorfeld $\mathbf{T}^2_3$ wird dabei ein Tensorfeld mit $r = 1$ und $s = 2$, $C^1_3(\mathbf{T}^2_3) \in \mathfrak{T}^1_2(M)$. Berechnet man dieses neue Feld in Koordinaten, so sind seine Entwicklungskoeffizienten

$$\begin{aligned}\left(C^1_3\mathbf{T}^2_3\right)^{\mu}_{\sigma\tau}(x) &= \left(C^1_3\mathbf{T}^2_3\right)(\mathrm{d}x^\mu, \partial_\sigma, \partial_\tau)\\ &= \sum_{\lambda=0}^{n-1} \mathbf{T}^2_3\left(\mathrm{d}x^\lambda, \mathrm{d}x^\mu, \partial_\sigma, \partial_\tau, \partial_\lambda\right) = \sum_{\lambda=0}^{n-1} t^{\lambda\mu}_{\sigma\tau\lambda}(x)\, .\end{aligned}$$

In Komponenten sind die Rechenregeln dieselben wie in der Speziellen Relativitätstheorie: Man verjüngt die Koeffizienten in einer invarianten Weise, indem man einen der oberen gleich einem der unteren Indizes setzt und über alle Werte summiert.

Für Tensorfelder kennen wir jetzt die *Addition* (nur Tensorfelder gleichen Typus' können addiert werden), die *Multiplikation* (das Tensorprodukt (6.31)), die *Kontraktion* und die *$\mathfrak{F}(M)$-Multilinearität* in allen Argumenten. Um den Tensorkalkül vollständig zu machen, fehlt noch eine Vorschrift, wie Tensorfelder in einer universellen Weise abzuleiten sind. Die Lie-Ableitung zum Beispiel ist – qualitativ gesprochen – eine Regel, die es erlaubt, ein geometrisches Objekt entlang des Flusses eines Vektorfeldes abzuleiten, und die gleichermaßen auf Funktionen, Vektorfelder, Einsformen oder Tensorfelder (r, s) noch allgemeinerer Art wirkt. Hier geht es darum, die konkreten Rechenregeln für jede solcherart definierte Ableitung aufzustellen und zwar sowohl in koordinatenfreier Form als auch in Kartendarstellungen und Komponenten. Eine solche Derivation wird generell mit dem Symbol $\mathcal{D}$ bezeichnet, ist aber so zu verstehen, dass ihre explizite Form vom Typus (r, s) des Tensorfeldes abhängt, auf das sie wirkt.

Definition 6.8 Tensorderivation

Eine *Tensorderivation* $\mathcal{D}$ ist eine Abbildung von Tensorfeldern, die den Typus (r, s) nicht ändert,

$$\mathcal{D} \equiv \mathcal{D}^r_s : \mathfrak{T}^r_s(M) \longrightarrow \mathfrak{T}^r_s(M) , \tag{6.38}$$

und die folgende Eigenschaften hat:

(i) Mit **S** und **T** zwei beliebigen, glatten Tensorfeldern gilt

$$\mathcal{D}\left(\mathbf{S} \otimes \mathbf{T}\right) = (\mathcal{D}\mathbf{S}) \otimes \mathbf{T} + \mathbf{S} \otimes (\mathcal{D}\mathbf{T}) \ , \tag{6.39a}$$

(Leibniz-Regel),

(ii) Die Derivation vertauscht mit jeder möglichen Kontraktion,

$$\mathcal{D}\left(C(\mathbf{T})\right) = C\left(\mathcal{D}\mathbf{T}\right) \ . \tag{6.39b}$$

Bemerkungen

1. Da die Räume der Derivationen und der Vektorfelder isomorph sind, gibt es zu $\mathcal{D}$ ein eindeutig bestimmtes Vektorfeld $V \in \mathfrak{T}^1_0$ derart, dass $\mathcal{D}g = Vg$ für alle $g \in \mathfrak{F}(M)$ gilt.
2. Das Tensorprodukt einer Funktion g mit einem Tensorfeld $\mathbf{T}^r_s$ mit $(r, s) \neq (0, 0)$ ist das gewöhnliche Produkt, $g \otimes \mathbf{T}^r_s = g\mathbf{T}^r_s$.
3. Mit g einer Funktion und $\mathbf{T}^r_s$ einem (r, s)-Tensorfeld hat die Leibniz-Regel die Form $\mathcal{D}(g\mathbf{T}^r_s) = (\mathcal{D}g)\mathbf{T}^r_s + g\mathcal{D}\mathbf{T}^r_s$. Das Symbol $\mathcal{D}$ bedeutet auf der linken Seite und im zweiten Term der rechten Seite $\mathcal{D}^r_s$, im ersten Summanden der rechten Seite dagegen $\mathcal{D}^0_0$.

Wir kehren noch einmal zur Definition 6.6 zurück, in der die Auswertung von $\mathbf{T}^r_s$ auf beliebigen r Einsformen und s Vektorfeldern vorkommt. Setzt man in diese Formel Koordinatenzerlegungen

$$\omega^i = \sum \omega^i(x)_\mu \, \mathrm{d}x^\mu \ , \qquad V_k = \sum V^\nu_k(x)\partial_\nu$$

auf einer Karte ein, so ist

$$\begin{aligned}&\mathbf{T}^r_s\left(\omega^1, \ldots , \omega^r, V_1, \ldots , V_s\right)\\ &\qquad = \sum t^{\mu_1 \cdots \mu_r}_{\nu_1 \cdots , \nu_s}(x)\, \omega^1_{\mu_1} \ldots \omega^r_{\mu_r} V^{\nu_1}_1 \ldots V^{\nu_s}_s \ .\end{aligned}$$

Auf der rechten Seite wird über alle Indizes summiert, je ein kovarianter wird mit je einem kontravarianten Index kontrahiert. Deshalb steht rechts eine kombinierte Kontraktion des Tensorprodukts

$$\mathbf{T}^r_s \otimes \omega^1 \otimes \cdots \otimes \omega^r \otimes V_1 \otimes \cdots \otimes V_s$$

Bildet man nun die Derivation $\mathcal{D}$ dieses Tensorprodukts und verwendet die Leibniz-Regel (6.39a), so gibt dies eine Summe von Termen, in denen $\mathcal{D}$ sukzessive „nach rechts" wandert und auf jeden der Faktoren des Tensorprodukts einmal wirkt. Nach Voraussetzung (6.39b) vertauscht $\mathcal{D}$ mit allen Kontraktionen. Somit folgt die für die Praxis wichtige Formel

Berechnung einer Tensorderivation

$$\begin{aligned}\mathcal{D}\left[\mathbf{T}^r_s\left(\omega^1,\dots,\omega^r,V_1\dots,V_s\right)\right]\\ &= \left(\mathcal{D}\mathbf{T}^r_s\right)\left(\omega^1,\cdots,\omega^r,V_1\dots,V_s\right)\\ &\quad+\sum_{i=1}^{r}\mathbf{T}^r_s\left(\omega^1,\dots,(\mathcal{D}\omega^i),\dots,\omega^r,V_1,\dots,V_s\right)\\ &\quad+\sum_{k=1}^{s}\mathbf{T}^r_s\left(\omega^1,\dots,\omega^r,V_1,\dots,(\mathcal{D}V_k),\dots,V_s\right)\end{aligned} \tag{6.40}$$

Auf der linken Seite dieser Gleichung wird $\mathcal{D}$ auf eine Funktion angewandt, hier steht also $\mathcal{D}^0_0$. Im ersten Summanden auf ihrer rechten Seite wirkt die Derivation als $\mathcal{D}^r_s$, in der zweiten Gruppe von Summanden als $\mathcal{D}^0_1$, in der dritten Gruppe als $\mathcal{D}^1_0$.

Die Bedeutung von (6.40) liegt unter Anderem darin, dass man daraus die explizite Form der Derivation $\mathcal{D}^r_s$ für $r > 0$ und $s > 0$ erschließen kann, wenn man nur schon ihre Wirkung auf *Funktionen* und auf *Vektorfelder* kennt. In der Tat, kennt man $\mathcal{D}^0_0$ und $\mathcal{D}^1_0$, so folgt $\mathcal{D}^0_1$ aus (6.40): Für eine beliebige Einsform ω und jedes Vektorfeld V gibt diese Gleichung

$$(\mathcal{D}\omega)(V) = \mathcal{D}(\omega(V)) - \omega(\mathcal{D}V)\ . \tag{6.40a}$$

Auf der linken Seite steht die gesuchte Derivation $\mathcal{D}^0_1$, im ersten Term der rechten Seite wird eine Funktion abgeleitet, d. h. hier steht $\mathcal{D}^0_0$, der zweite Term enthält die Derivation von V, hier steht also $\mathcal{D}^1_0$.

Ein wichtiger Spezialfall der Gleichung (6.40) ist gegeben, wenn man sie auf ein Tensorfeld $\mathbf{S}^1_s$ anwendet. Mit einer Leerstelle anstelle des ersten Arguments ist $\mathbf{S}^1_s(\cdot, V_1,\dots,V_s)$ ein Vektorfeld und (6.40) gibt

$$\begin{aligned}\mathcal{D}\left(\mathbf{S}^1_s(\cdot,V_1,\dots,V_s)\right)\\ &= (\mathcal{D}\mathbf{S})(\cdot,V_1,\dots,V_s)+\sum_{i=1}^{s}\mathbf{S}(\cdot,V_1,\dots,(\mathcal{D}V_i),\dots,V_s)\ .\end{aligned} \tag{6.40b}$$

Bevor hier ein Beispiel für eine Tensorderivation ausgeführt wird, zitiere ich einen wichtigen Hilfssatz, dessen Beweis man z. B. in [O'Neill 1983] findet.

Konstruktionssatz für Tensorderivationen

Es seien ein Vektorfeld $V \in \mathfrak{T}^1_0(M)$ und eine $\mathbb{R}$-lineare Funktion $\delta : \mathfrak{T}^1_0(M) \to \mathfrak{T}^1_0(M)$ gegeben, die für alle Funktionen $f \in \mathfrak{F}(M)$ und alle Vektorfelder $X \in \mathfrak{T}^1_0(M)$ die Eigenschaft

$$\delta(fX) = (Vf)\,X + f\delta(X) \tag{6.41a}$$

hat. Dann existiert eine eindeutig festgelegte Tensorderivation $\mathcal{D}$, für die

$$\mathcal{D}^0_0 = V : \mathfrak{F}(M) \to \mathfrak{F}(M) \quad \text{und} \tag{6.41b}$$

$$\mathcal{D}^1_0 = \delta : \mathfrak{T}^1_0(M) \to \mathfrak{T}^1_0(M) \quad \text{gilt.} \tag{6.41c}$$

Beispiel 6.7 Lie'sche Ableitung

Eine in Physik und Geometrie wichtige Tensorderivation ist die Ableitung entlang des Flusses eines gegebenen Vektorfeldes V. (Siehe auch Band 1, Abschn. 5.5.5 und 5.5.6.)

Definition 6.9 Lie-Ableitung

Für jedes feste Vektorfeld $V \in \mathfrak{T}^1_0(M)$ werde die Wirkung der Lie-Ableitung L_V auf Funktionen $f \in \mathfrak{F}(M)$ und auf Vektorfelder $X \in \mathfrak{T}^1_0(M)$ durch folgende Gleichungen definiert

$$L_V(f) = Vf \quad \text{für alle } f \in \mathfrak{F}(M)\,, \tag{6.42a}$$

$$L_V(X) = [V, X] \quad \text{für alle } X \in \mathfrak{T}^1_0(M)\,. \tag{6.42b}$$

In Worten ausgedrückt, soll die Lie'sche Ableitung L_V auf eine Funktion angewandt gleich der Wirkung des festen Vektorfeldes V auf diese Funktion sein. Wendet man sie auf ein Vektorfeld X an, so soll dies den Kommutator von V mit X ergeben, $[V, X] = VX - XV$. Im ersten Fall (6.42a) ist Vf wieder eine Funktion, im zweiten Fall (6.42b) ist $[V, X]$ wieder ein Vektorfeld.

Die folgende Berechnung der Wirkung von L_V auf das Vektorfeld fX, f eine Funktion, X ein beliebiges Vektorfeld, zeigt, dass die Lie-Ableitung die Voraussetzung (6.41a) des Konstruktionssatzes erfüllt:

$$\begin{aligned} L_V(fX) &= [V, fX] = VfX - fXV \\ &= (Vf)\,X + fVX - fXV = (Vf)\,X + f\,[V, X] \\ &= (Vf)\,X + fL_V X = L_V(f)X + fL_V X\,. \end{aligned}$$

Beim Übergang von der ersten zur zweiten Zeile wurde die Produktregel für die Wirkung des Vektorfeldes V auf (fX) benutzt.

Gleichung (6.40a) liefert die Wirkung der Lie-Ableitung auf eine beliebige glatte Einsform,

$$\begin{aligned}(L_V\omega)\,(X) &= L_V\,(\omega(X)) - \omega\,(L_V X)\\ &= V\,(\omega(X)) - \omega\,([V, X])\ . \end{aligned} \tag{6.43}$$

Es ist jetzt nicht schwer, die soeben erhaltenen, noch ganz koordinatenfreien Formeln in lokalen Karten auszudrücken. In einer Karte (φ_i, U_i) und bei Verwendung der Summenkonvention seien $V = v^\mu \partial_\mu$, $W = w^\nu \partial_\nu$ zwei Vektorfelder und $\omega = \omega_\sigma\, \mathrm{d}x^\sigma$ eine Einsform. Dann geben die Definitionsgleichungen (6.42a) und (6.42b)

$$L_V f = v^\mu \partial_\mu f\ , \tag{6.44a}$$

$$L_V W = \left[v^\mu \partial_\mu, w^\nu \partial_\nu\right] = \left\{v^\mu (\partial_\mu w^\nu) - w^\mu (\partial_\mu v^\nu)\right\} \partial_\nu\ , \tag{6.44b}$$

$$L_V \omega = \left\{v^\mu \left(\partial_\mu \omega_\sigma\right) + \omega_\mu \left(\partial_\sigma v^\mu\right)\right\} \mathrm{d}x^\sigma\ . \tag{6.44c}$$

In (6.44a) steht wie erwartet die Richtungsableitung der Funktion f in Richtung von V. In der Herleitung von (6.44b) ist ausgenutzt, dass die Basisfelder kommutieren, $[\partial_\mu, \partial_\nu] = 0$. Gleichung (6.44c) schließlich erhält man, wenn man zunächst die Wirkung von $(L_V\omega)$ auf ein beliebiges Vektorfeld W ausrechnet,

$$\begin{aligned}(L_V\omega)\,(W) &= V\,(\omega(W)) - \omega\,([V, W])\\ &= v^\mu \partial_\mu (\omega_\sigma w^\sigma) - \omega_\mu \left(v^\sigma \partial_\sigma w^\mu - w^\sigma \partial_\sigma v^\mu\right)\\ &= v^\mu w^\sigma (\partial_\mu \omega_\sigma) + w^\sigma \omega_\mu (\partial_\sigma v^\mu)\end{aligned}$$

und dieses sodann wieder herausnimmt.

Bemerkungen

1. Für Basis-Vektorfelder bzw. Basis-Einsformen in einer Karte vereinfachen sich diese Formeln zu

$$L_V \partial_\mu = \left[V, \partial_\mu\right] = -\left(\partial_\mu v^\nu\right) \partial_\nu\ , \tag{6.45a}$$

$$L_V\, \mathrm{d}x^\mu = \left(\partial_\nu v^\mu\right) \mathrm{d}x^\nu\ . \tag{6.45b}$$

2. Gleichung (6.45b) ist – in koordinatenfreier Schreibweise – in der Formel

$$L_V\, \mathrm{d}f = \mathrm{d}\,(L_V f) \tag{6.46}$$

enthalten. Diese beweist man leicht, wenn man für Vektorfelder X und Funktionen f die Gleichung $Xf = \mathrm{d}f(X)$ benutzt.

Es bleibt noch die Lie-Ableitung für beliebige Tensorfelder in Koordinaten einer Karte zu notieren. Geht man von der allgemeinen Formel (6.40) für ein Tensorfeld $\mathbf{T}^r_s \in \mathfrak{T}^r_s(M)$ aus und setzt dort die Darstellung (6.32) bzw. (6.33) ein, so erhält man

$$\begin{aligned}\left(L_V \mathbf{T}^r_s\right)^{\mu_1\cdots\mu_r}_{\nu_1\cdots\nu_s} &= v^\lambda \left(\partial_\lambda t^{\mu_1\cdots\mu_r}_{\nu_1\cdots\nu_s}\right)\\ &\quad - t^{\lambda,\mu_2\cdots\mu_r}_{\nu_1\cdots\nu_s}\left(\partial_\lambda v^{\mu_1}\right) - \ldots - t^{\mu_1\cdots\mu_{r-1}\lambda}_{\nu_1\cdots\nu_s}\left(\partial_\lambda v^{\mu_r}\right)\\ &\quad + t^{\mu_1\cdots\mu_r}_{\lambda\nu_2\cdots\nu_s}(\partial_{\nu_1} v^\lambda) + \ldots + t^{\mu_1\cdots\mu_r}_{\nu_1\cdots\nu_{s-1}\lambda}(\partial_{\nu_s} v^\lambda)\,. \end{aligned} \tag{6.47}$$

Man beachte dabei, dass (6.40) nach dem ersten Summanden ihrer rechten Seite aufgelöst wird und dass man die Formeln (6.44a), (6.45a) und (6.45b) einsetzen muss. Man bestätigt leicht, dass die Formeln (6.44b) und (6.44c) als Spezialfälle in (6.47) enthalten sind.

Der Konstruktionssatz hat ein wichtiges Korrolar:

Vergleich zweier Tensorderivationen

Wenn die Tensorderivationen $\mathcal{D}_1$ und $\mathcal{D}_2$ auf den glatten Funktionen $\mathfrak{F}(M)$ sowie auf den glatten Vektorfeldern $\mathfrak{T}^1_0(M)$ übereinstimmen, so sind sie gleich, $\mathcal{D}_1 = \mathcal{D}_2$.

6.4 Paralleltransport und Zusammenhang

In diesem Abschnitt lernt man, wie Vektoren parallel verschoben werden können und wie man geometrische Objekte in kovarianter Weise ableiten kann, wenn die Raumzeit gekrümmt ist. Das wichtigste Hilfsmittel hierfür ist ein *Zusammenhang,* (auf Englisch heißt er *connection*), für den es in der semi-Riemann'schen Geometrie eine ausgezeichnete Wahl gibt. Wir beginnen mit einer Zusammenfassung der Eigenschaften des metrischen Feldes, Definition 6.7.

6.4.1 Metrik, Skalarprodukt und Index

Das metrische Feld $\mathbf{g}$, s. Definition 6.7, ist am Punkt $x \in M$ eine Abbildung

$$\mathbf{g} : T_x M \times T_x M \to \mathbb{R} : v, w \mapsto \mathbf{g}_x(v, w)\,,$$

wo $\mathbf{g}_x(v, w) = \mathbf{g}_x(w, v)$ ist. Da $\mathbf{g}$ und somit auch $\mathbf{g}(v, w)|_x$ (bei allen x) nicht ausgeartet ist, definiert die Metrik ein Skalarprodukt auf dem Vektorraum $T_x M$. Dieses notiert man als $\mathbf{g}_x(v, w)$ oder auch in der „bra"- und „ket"-Notation,

$$\langle v|w\rangle \equiv \mathbf{g}_x(v, w)\,, \qquad v, w \in T_x M\,. \tag{6.48}$$

Auch global gibt es das Skalarprodukt zweier Vektorfelder V und W, das ebenfalls mit dem Symbol $\langle V|W\rangle$ bezeichnet wird. An jedem

Punkt definiert diese Funktion das Skalarprodukt (6.48). Es gilt folgende Aussage

Metrische Äquivalenz

Über einer metrischen Mannigfaltigkeit sind die Räume $\mathfrak{X}(M) \equiv \mathfrak{T}^1_0(M)$ und $\mathfrak{X}^*(M) \equiv \mathfrak{T}^0_1(M)$ isomorph oder, wie man auch sagt, *metrisch äquivalent*. Dabei wird dem Vektorfeld $V \in \mathfrak{T}^1_0(M)$ die Einsform $\omega \in \mathfrak{T}^0_1(M)$ zugeordnet, für die

$$\omega(W) = \langle V|W\rangle \quad \text{für alle } W \in \mathfrak{T}^1_0(M) \tag{6.49}$$

gilt. Diese Zuordnung $V \longleftrightarrow \omega$ ist der angegebene Isomorphismus.

In Karten ist der Isomorphismus (6.49) leicht anzugeben. Bei Verwendung der Summenkonvention ist

$$\omega = \omega_\mu(x)\,\mathrm{d}x^\mu\,, \qquad V = g^{\mu\nu}\omega_\mu(x)\partial_\nu\,, \tag{6.50}$$

worin $g^{\mu\nu}(x)$ die Inverse von $g_{\mu\nu}(x)$ bezeichnet. Dies prüft man durch folgende Rechnung nach

$$\begin{aligned}\langle V|\partial_\sigma\rangle &= g^{\mu\nu}\omega_\mu(x)\,\langle\partial_\nu|\partial_\sigma\rangle = g^{\mu\nu}g_{\nu\sigma}\omega_\mu(x)\\ &= \delta^\mu_\sigma\omega_\mu(x) = \omega_\sigma(x) = \omega(\partial_\sigma)(x)\,.\end{aligned}$$

Die Existenz einer Metrik bedeutet auch, dass man entscheiden kann, wann zwei Tangentialvektoren orthogonal sind. Man sagt, $v \in T_xM$ und $w \in T_xM$ seien orthogonal, wenn $g_x(v, w) = 0$ ist.

Die Metrik von semi-Riemann'schen Mannigfaltigkeiten zeichnet sich durch einen nichtverschwindenden *Index* aus. Er ist genau so definiert wie der Index einer Bilinearform, Gleichung (5.10). Wird die Metrik auf einen Punkt $x \in M$ eingeschränkt, dann wirkt sie in der Tat wie eine reelle Bilinearform auf dem Vektorraum T_xM. Der Index ist somit die Kodimension des größten Unterraums von T_xM, auf den eingeschränkt $g_{\mu\nu}(x)$ *definit* ist, positiv-definit oder negativ-definit.

Eine metrische Mannigfaltigkeit $(M, \mathbf{g})$, die einen konstanten, nichtverschwindenden Index besitzt, nennt man generell *semi-Riemann'sche Mannigfaltigkeit.* Für die Beschreibung der Raumzeit der Dimension n will man nur eine Zeitrichtung, aber $n-1$ Raumrichtungen zulassen, in Symbolen also $T_xM \sim \mathbb{R} \times \mathbb{R}^{n-1}$. Der größte Unterraum $\mathbb{R}^{n-1}$, auf dem die Metrik bei der Wahl definit ist, hat die Dimension $(n-1)$, der Index ist somit

$$\nu = n - (n-1) = 1\,.$$

Man spricht bei diesen speziellen Verhältnissen, d. h. eine Zeitachse und $(n-1)$ Raumachsen, auch von *Signatur* oder, ausführlicher, *Minkowski-Signatur.* Eine Mannigfaltigkeit $(M, \mathbf{g})$ mit $\dim M \geqslant 2$, für die $\nu = 1$ ist, heißt *Lorentz-Mannigfaltigkeit.*

Man studiert Allgemeine Relativitätstheorie durchaus auch auf $1+2$, $1+4$ oder noch höheren Dimensionen, nicht immer nur auf den physikalischen $1+3$ Dimensionen.

6.4.2 Zusammenhang und kovariante Ableitung

Will man ein glattes Vektorfeld $X = X^\mu(x)\partial_\mu$, das auf $M = \mathbb{R}^n$ definiert ist, vom Punkt $x \in \mathbb{R}^n$ in Richtung des Tangentialvektors $V \in T_x M$ parallel verschieben, dann bietet sich eine einfache und natürliche Vorschrift an: Man lasse V bei x auf die Komponentenfunktionen $X^\mu(x)$ wirken und verwende die daraus entstehenden Funktionen $V(X^\mu)|_x$, um den transportierten Vektor $V(X^\mu)\partial_\mu$ zu bilden,

$$V(X^\mu)\partial_\mu \equiv \sum_{\mu=0}^{n-1} V(X^\mu)\partial_\mu = V^\nu(x)\frac{\partial X^\mu}{\partial x^\nu}\partial_\mu =: D_V(X)\,. \tag{6.51}$$

Es entsteht dabei ein neues Vektorfeld, das man mit $D_V(X)$ oder kürzer $D_V X$ bezeichnet. Man nennt $D_V X$ die *natürliche kovariante Ableitung* von X bezüglich des vorgegebenen Vektorfeldes V. In diesem Fall, d. h. immer noch über einem Euklidischen oder semi-Euklidischen Raum, hat die kovariante Ableitung folgende Eigenschaften:

Wendet man D_V auf eine Linearkombination von Vektorfeldern an, so gilt offensichtlich

$$D_V\,(c_1 X_1 + c_2 X_2) = c_1 D_V(X_1) + c_2 D_V(X_2)\,. \tag{6.52a}$$

Ersetzt man V durch eine Summe $V_1 + V_2$ oder multipliziert man V mit einer Funktion f, so gilt

$$D_{(V_1+V_2)}X = D_{V_1}X + D_{V_2}X\,, \quad D_{(fV)}(X) = fD_V(X)\,. \tag{6.52b}$$

Multipliziert man dagegen das Vektorfeld X, auf das D_V wirken soll, mit einer Funktion g, so ist in (6.51) die Produktregel anzuwenden, d. h. es gilt

$$D_V\,(gX) = (Vg)\,X + gD_V(X)\,. \tag{6.52c}$$

In der Formel (6.52c) wird die Produktregel

$$\frac{\partial(gX^\mu)}{\partial x^\nu} = \frac{\partial g}{\partial x^\nu}X^\mu + g\frac{\partial X^\mu}{\partial x^\nu}$$

bzw. die Regel (6.21b) benutzt.

Auf einer Mannigfaltigkeit mit Krümmung gilt die einfache Formel (6.51) nicht mehr, die kovariante Ableitung ist nicht mehr auf natürliche Weise definiert. Im Gegenteil, die Tangentialräume $T_x M$ und $T_{x'} M$ an zwei Punkten x und $x' \neq x$ sind disjunkte Vektorräume, deren Elemente nicht ohne weitere Hilfsmittel verglichen werden können. Mit anderen Worten, die *Parallelverschiebung* ist im allgemeinen Fall nicht auf eine offensichtliche Weise gegeben, sondern erfordert eine zusätzliche Vorschrift, wie sie zu bewerkstelligen sei. Oder noch einmal anders ausgedrückt, es gibt viele Möglichkeiten, einen bei x gegebenen Tangentialvektor parallel zu verschieben! Es ist eine Frage an die Physik der Gravitation, ob sie einen Zusammenhang auszeichnet, der mit dem Äquivalenzprinzip verträglich ist.

Beispiel 6.8 Parallelverschiebung auf der Kugeloberfläche

Man betrachte die drei Großkreise auf der S^2, die in Abb. 6.8 eingezeichnet sind, sowie einen Tangentialvektor v_A im Punkt A. Großkreise sind Geodäten auf der S^2. Nun transportiere man den Vektor einmal entlang des Weges $(a)+(b)$, das andere Mal entlang des Weges (c), in einer Weise, dass er mit der Tangenten an die jeweilige Geodäte immer denselben Winkel einschließt. Dies ist hier die Vorschrift, die den Zusammenhang festlegt.

Kommt v parallelverschoben bei N an, so hat er für die Wege $(a)+(b)$ bzw. (c) unterschiedliche Richtungen $v_N^{(a)+(b)}$ bzw. $v_N^{(c)}$. Dieser Unterschied ist ein Indiz und ein Maß für die Krümmung der zu Grunde liegenden Mannigfaltigkeit. (Um genauer verfolgen zu können, wie die Vorschrift der Parallelverschiebung auf v_A arbeitet, zerlege man v_A in eine Komponente tangential zum Großkreis (a) und eine Komponente tangential zum Großkreis (c). Diese Komponenten sind leicht zu verfolgen.)

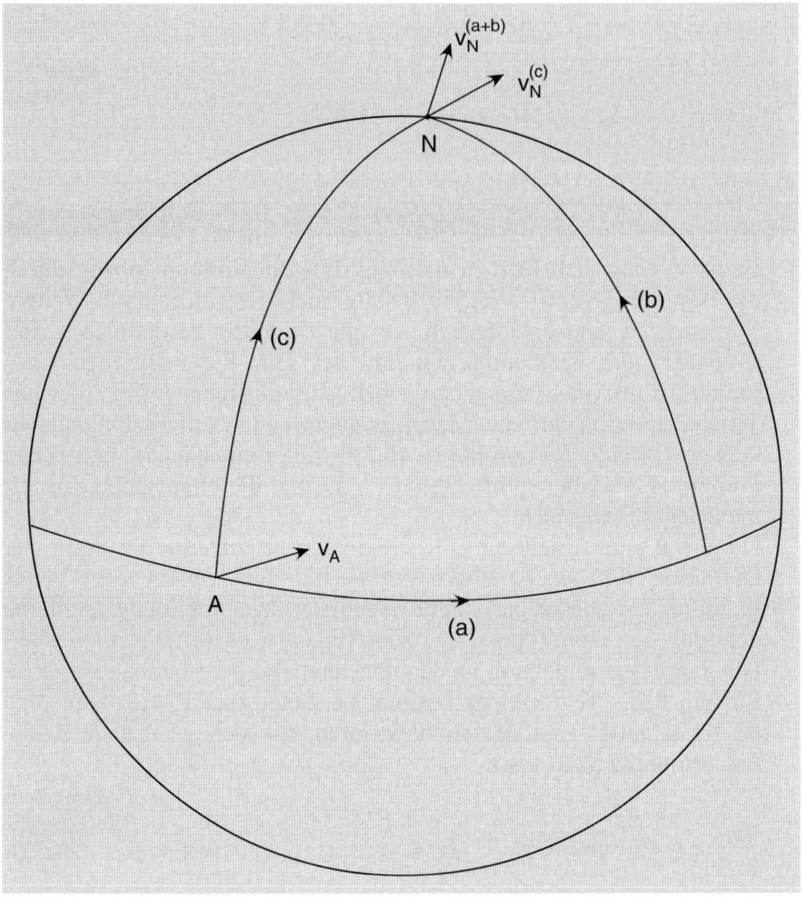

Abb. 6.8. Ein Tangentialvektor v_A wird vom Punkt A ausgehend auf zwei verschiedenen Wegen, aber immer entlang von Großkreisen zum Punkt N parallel verschoben. Kommen dabei zwei verschiedene Bilder heraus, so ist dies ein Hinweis auf die Krümmung der Mannigfaltigkeit $M = S^2$

Das Symbol D, ohne den Index V, bezeichnet einen linearen *Zusammenhang*, auf Englisch *connection* genannt, der zwei Vektorfelder, nämlich V und X, auf ein neues Vektorfeld, nämlich $D_V(X)$, abbildet. Am Beispiel der flachen Mannigfaltigkeit, mit dem wir begonnen haben, sieht man, dass er die folgenden Eigenschaften haben muss

Definition 6.10 Zusammenhang

Ein Zusammenhang D ist eine Abbildung

$$D : \mathfrak{X}(M) \times \mathfrak{X}(M) \to \mathfrak{X}(M) , \tag{6.53}$$

die folgende Eigenschaften hat: In ihrem ersten Argument ist sie $\mathfrak{F}(M)$-linear, d. h.

$$D_{V_1+V_2}(X) = D_{V_1}(X) + D_{V_2}(X) , \tag{6.54a}$$

$$D_{(gV)} = g\,(D_V(X)) , \quad g \in \mathfrak{F}(M) . \tag{6.54b}$$

In ihrem zweiten Argument ist sie nur $\mathbb{R}$-linear, aber erfüllt die Leibniz-Regel,

$$D_V\,(c_1X_1 + c_2X_2) = c_1 D_V(X_1) + c_2 D_V(X_2) , \tag{6.55a}$$

$$D_V(fX) = (Vf)X + fD_V(X) , \tag{6.55b}$$

mit $V, X, X_1, X_2 \in \mathfrak{X}(M)$ und $g, f \in \mathfrak{F}(M)$.

Bemerkungen

1. Es ist wichtig sich klar zu machen, dass ein Zusammenhang durch die Postulate (6.54a) – (6.55b) i. Allg. nicht festgelegt wird. Weitere Forderungen sind erforderlich, um ihn eindeutig zu definieren. Ein „Wunder“ der Riemann’schen und der semi-Riemann’schen Geometrie ist es, dass es genau einen Zusammenhang gibt, der als Tensorderivation auf die Metrik **g** angewandt, Null ergibt und der verschwindende Torsion hat (s. (6.59) weiter unten). Die zusätzliche Forderung ist dabei somit $D\mathbf{g} = 0$. Man sagt dieser spezielle Zusammenhang sei *metrisch*.
2. Die kovariante Ableitung D_V ist eine Tensorderivation im Sinne der Definition 6.8, sie ist also typerhaltend. Tensorfelder vom Typus (r, s) werden wieder auf solche abgebildet. Die Abbildung D alleine geht dagegen vom Typus (r, s) zum Typus $(r, s+1)$, $D : \mathfrak{T}^r_s \to \mathfrak{T}^r_{s+1}$.
3. Die Parallelverschiebung ist dann bekannt und berechenbar, wenn sie für alle Basis-Vektorfelder bekannt ist. Setzt man $V = \partial_\mu$ und $X = \partial_\nu$, so ist $D_V(X)$ wieder ein Vektorfeld, das sich lokal nach Basis-Feldern entwickeln lässt,

$$D_{\partial_\mu}(\partial_\nu) = \Gamma^\sigma_{\mu\nu}(x)\partial_\sigma , \quad \mu, \nu = 0, 1, \ldots n-1 . \tag{6.56}$$

Auf der rechten Seite ist wieder die Summenkonvention zu verstehen, d. h. es wird über σ von 0 bis $(n-1)$ summiert. Die Koeffizienten $\Gamma^{\sigma}_{\mu\nu}(x)$ sind Funktionen und werden *Christoffel-Symbole* des Zusammenhangs D genannt.

4. Es ist instruktiv, die kovariante Ableitung $D_V(X)$ in Koordinaten auszurechnen. Das Vektorfeld $X = X^{\sigma}(x)\partial_{\sigma}$ kovariant nach dem Basis-Vektorfeld ∂_{μ} abgeleitet, ist
$$D_{\partial_\mu}\Big(X^{\sigma}(x)\partial_{\sigma}\Big) = \left\{\frac{\partial X^{\sigma}(x)}{\partial x^{\mu}} + \Gamma^{\sigma}_{\mu\nu}(x)X^{\nu}(x)\right\}\partial_{\sigma}\,. \tag{6.57a}$$
Ist $V = V^{\mu}(x)\partial_{\mu}$ die Koordinatendarstellung von V, so ist
$$D_V(X) = V^{\mu}(x)\left\{\frac{\partial X^{\sigma}(x)}{\partial x^{\mu}} + \Gamma^{\sigma}_{\mu\nu}(x)X^{\nu}(x)\right\}\partial_{\sigma}\,. \tag{6.57b}$$
Der Vergleich mit (6.51) zeigt, dass die Christoffel-Symbole auf einer flachen Mannigfaltigkeit $M = \mathbb{R}^n$ gleich Null sind.
5. Nützlich ist die folgende, vielfach verwendete Notation für Ableitungen: Die gewöhnlichen Ableitungen, die auf flachen Mannigfaltigkeiten schon den Paralleltransport beschreiben, werden oft durch ein Komma
$$X^{\sigma}_{\ ,\mu} \equiv \frac{\partial X^{\sigma}(x)}{\partial x^{\mu}} \tag{6.57c}$$
abgekürzt. Die Koordinatenausdrücke für die kovariante Ableitung bezeichnet man dagegen häufig mit einem Strichpunkt
$$X^{\sigma}_{\ ;\mu} \equiv \frac{\partial X^{\sigma}(x)}{\partial x^{\mu}} + \Gamma^{\sigma}_{\mu\nu}X^{\nu}(x) \tag{6.57d}$$
Diese Art der Ableitung tritt auch im $\mathbb{R}^n$ bei Verwendung krummliniger Koordinaten auf.
6. Diese Formeln zusammen mit dem allgemeinen Koordinatenausdruck (6.33) für Tensorderivationen geben nützliche Formeln für die kovariante Ableitung von Tensorfeldern. Aus (6.57b) folgt
$$D_V(\partial_{\sigma}) = V^{\mu}\Gamma^{\nu}_{\mu\sigma}\partial_{\nu}\,.$$
Die Wirkung auf eine Basis-Einsform berechnet man aus (6.40),
$$D_V(\mathrm{d}x^{\tau})(\partial_{\sigma}) = V\,\mathrm{d}x^{\tau}(\partial_{\sigma}) - \mathrm{d}x^{\tau}\left(D_V(\partial_{\sigma})\right) = -V^{\mu}\Gamma^{\tau}_{\mu\sigma}\,.$$
Der erste Term auf der rechten Seite verschwindet, weil $\mathrm{d}x^{\tau}(\partial_{\sigma})$ eine Konstante ist, die Null ergibt, wenn man V darauf anwendet. Im zweiten Term ist die vorhergehende Formel eingesetzt und die Dualität $\mathrm{d}x^{\tau}(\partial_{\nu}) = \delta^{\tau}_{\nu}$ benutzt worden. Mit der Koordinatendarstellung (6.33) und mit (6.40) nach dem ersten Term der rechten Seite aufgelöst, ergibt sich folgende nützliche Formel

$$\begin{aligned} t^{\mu_1\dots\mu_r}_{\nu_1\dots\nu_s\,;\,\rho} &= t^{\mu_1\dots\mu_r}_{\nu_1\dots\nu_s\,,\,\rho} + \Gamma^{\mu_1}_{\rho\sigma}\,t^{\sigma\mu_2\dots\mu_r}_{\nu_1\dots\nu_s} + \Gamma^{\mu_2}_{\rho\sigma}\,t^{\mu_1\sigma\mu_3\dots\mu_r}_{\nu_1\dots\nu_s} + \dots \\ &\quad - \Gamma^{\tau}_{\rho\nu_1}\,t^{\mu_1\dots\mu_r}_{\tau\nu_2\dots\nu_s} - \Gamma^{\tau}_{\rho\nu_2}\,t^{\mu_1\dots\mu_r}_{\nu_1\tau\nu_3\dots\nu_s} - \dots\,. \end{aligned} \tag{6.57e}$$

Auf der linken Seite steht der Strichpunkt – wie in der vorhergehenden Bemerkung definiert – für die kovariante Ableitung, auf der rechten Seite steht das Komma für die gewöhnliche partielle Ableitung. (Über doppelt vorkommende Indizes ist zu summieren.)
Zwei Beispiele mögen diese etwas unübersichtliche Formel illustrieren. Für ein Tensorfeld **A** vom Typus $(2, 0)$, dessen Komponenten wir mit $A^{\mu\nu}(x)$ bezeichnen, gilt

$$A^{\mu\nu}{}_{;\,\rho} = A^{\mu\nu}{}_{,\,\rho} + \Gamma^{\mu}_{\rho\sigma} A^{\sigma\nu} + \Gamma^{\nu}_{\rho\tau} A^{\mu\tau} \,. \tag{6.57f}$$

Für ein $(0, 2)$-Tensorfeld **B** mit den Komponenten $B_{\mu\nu}$ gilt

$$B_{\mu\nu\,;\,\rho} = B_{\mu\nu\,,\,\rho} - \Gamma^{\sigma}_{\rho\mu} B_{\sigma\nu} - \Gamma^{\sigma}_{\rho\nu} B_{\mu\sigma} \,. \tag{6.57g}$$

7. Auf Funktionen wirkt die kovariante Ableitung nach V wie die Richtungsableitung (s. auch die erste Bemerkung zur Definition 6.8),

$$D_V(f) \equiv (D_V)^0_0(f) = V(f) \,, \quad f \in \mathfrak{F}(M) \,. \tag{6.58}$$

Die Wirkung auf Funktionen und auf Vektorfelder, wenn sie denn festliegt, bestimmt auch die Wirkung auf Einsformen, s. (6.40a). Aufgrund des Konstruktionssatzes ist die kovariante Ableitung somit eine Tensorderivation und kann auf Tensorfelder (r, s) angewandt werden, darunter auch auf die Metrik $\mathbf{g} \in \mathfrak{T}^0_2(M)$. Hiervon werden wir gleich Gebrauch machen.

6.4.3 Torsions- und Krümmungs-Tensorfelder

Zu jedem linearen Zusammenhang (6.53) gehört ein *Torsions-Tensorfeld*, auch kurz Torsion genannt, $\mathbf{T} \in \mathfrak{T}^1_2(M)$, das durch seine Wirkung auf zwei Vektorfelder definiert wird. Dabei muss man beachten, dass ein allgemeines solches Tensorfeld $\mathbf{S}^1_2$ auf einer Einsform und zwei Vektorfeldern ausgewertet wird und eine Funktion ergibt, $\mathbf{S}^1_2(\omega, X_1, X_2) \in \mathfrak{F}(M)$. Wenn man aber anstelle der Einsform eine Leerstelle stehen lässt, dann ist $\mathbf{S}^1_2(\cdot, X_1, X_2)$ wieder ein Vektorfeld.

Definition 6.11 Torsion

Jedem linearen Zusammenhang D wird ein Tensorfeld vom Typus $(1, 2)$ zugeordnet, das für alle glatten Vektorfelder X und Y durch die Abbildung

$$\begin{aligned} \mathbf{T} &: \mathfrak{X}(M) \times \mathfrak{X}(M) \to \mathfrak{X}(M) \\ &: X, Y \longmapsto \mathbf{T}(X, Y) = D_X(Y) - D_Y(X) - [X, Y] \end{aligned} \tag{6.59}$$

definiert ist. Hierbei sind $D_X Y$ und $D_Y X$ die kovarianten Ableitungen von Y nach X bzw. von X nach Y, und $[X, Y]$ ist der Kommutator.

Dem ausgewählten linearen Zusammenhang D wird außerdem ein spezielles Tensorfeld vom Typus $(1, 3)$ zugeordnet, das wiederum ein

Vektorfeld ergibt, wenn man es auf drei Vektorfeldern auswertet, anstelle der Einsform aber eine Leerstelle lässt. Es wird wie folgt definiert

Definition 6.12 Riemann'sche Krümmung

Zu jedem linearen Zusammenhang gibt es ein Tensorfeld vom Typus $(1, 3)$, das *Riemann'sche Krümmungsfeld*, das durch seine Wirkung auf drei beliebige, glatte Vektorfelder $X, Y, Z \in \mathfrak{X}(M)$ definiert ist:

$$\begin{aligned} \mathbf{R} &: \mathfrak{X}(M) \times \mathfrak{X}(M) \times \mathfrak{X}(M) \to \mathfrak{X}(M) \\ &: X, Y, Z \longmapsto \mathbf{R}(X, Y, Z) = [D_X, D_Y]\, Z - D_{[X,Y]} Z \,. \end{aligned} \tag{6.60}$$

Das resultierende Vektorfeld $\mathbf{R}(X, Y, Z)$ wird oft auch in der Form $\mathbf{R}(X, Y)Z$ oder auch $\mathbf{R}_{XY}Z$ notiert.

Bemerkungen

1. Es ist nicht ganz einfach anschaulich zu machen, was das oben definierte Torsionsfeld anschaulich bedeutet. Der Levi-Civita Zusammenhang, den wir weiter unten definieren, zeichnet sich dadurch aus, dass seine Torsion verschwindet. Diese Eigenschaft ist gleichbedeutend mit der Aussage, dass die Christoffel-Symbole in den beiden unteren Indizes symmetrisch sind. Dies sieht man sofort, wenn man in (6.59) zwei Basisfelder ∂_μ und ∂_ν einsetzt, die Definitionsgleichung (6.56) einsetzt und beachtet, dass ∂_μ und ∂_ν kommutieren. Es ist

   $$\mathbf{T}(\partial_\mu, \partial_\nu) = D_{\partial_\mu}(\partial_\nu) - D_{\partial_\nu}(\partial_\mu) = \left(\Gamma^\sigma_{\mu\nu}(x) - \Gamma^\sigma_{\nu\mu}(x)\right) \partial_\sigma \,.$$

   Wenn die Torsion überall gleich Null sein soll, dann folgt

   $$\Gamma^\sigma_{\mu\nu}(x) = \Gamma^\sigma_{\nu\mu}(x) \qquad (\text{gilt wenn } \mathbf{T} \equiv 0)\,. \tag{6.61}$$

2. Das Tensorfeld (6.60), das Riemann'sche Krümmungsfeld, lässt sich etwas einfacher deuten und anschaulich darstellen, wenn man es in den Tangentialräumen $T_x M$ auf Ebenen, also auf zweidimensionale Unterräume einschränkt. Dann entsteht, was man eine *Schnittkrümmung* nennt, die geometrisch dasselbe darstellt wie die klassische Gauß'sche Krümmung einer Kurve, s. [O'Neill 1983]. Aus physikalischer Sicht tritt dieses Tensorfeld auf, wenn man die relative Bewegung auf unmittelbar benachbarten Geodäten betrachtet und die Kräfte berechnet, die Teilchen auf solchen Geodäten sich aufeinander zu oder voneinander weg bewegen lässt. Solche Kräfte „quer" zu Bahnen freien Falls nennt man auch *Gezeitenkräfte.*

Auf das Riemann'sche Krümmungstensorfeld, in der Form wie es in der Allgemeinen Relativitätstheorie vorkommt, kommen wir in Abschn. 6.4.7 zurück und erläutern dessen Eigenschaften.

6.4.4 Der Levi-Civita Zusammenhang

Auf Riemann'schen und semi-Riemann'schen Mannigfaltigkeiten gibt es einen besonderen Zusammenhang, der sich dadurch auszeichnet, dass das zugehörige Torsionstensorfeld identisch verschwindet und dass er auf die Metrik angewandt Null ergibt. Man bezeichnet ihn wie vorher einfach mit dem Symbol D, man sollte aber im Gedächtnis behalten, dass ab hier dieser spezielle, nach Tullio Levi-Civita (1873–1941) benannte Zusammenhang gemeint ist. Er ist wie folgt definiert

Levi-Civita Zusammenhang

Der Levi-Civita Zusammenhang ist auf einer Riemann'schen oder semi-Riemann'schen Mannigfaltigkeit $(M, \mathbf{g})$ definiert,

$$D : \mathfrak{X} \times \mathfrak{X} \longrightarrow \mathfrak{X} : V, W \longmapsto D_V(W)$$

Er ist im ersten Argument (V) $\mathfrak{F}(M)$-linear, s. (6.54a) und (6.54b). Im zweiten Argument (W) ist er $\mathbb{R}$-linear, (6.55a), und erfüllt die Leibniz-Regel (6.55b).
Außer diesen, für jeden Zusammenhang zuständigen Postulaten hat er zwei weitere Eigenschaften, die ihn eindeutig festlegen: Die aus ihm berechnete Torsion (6.59) ist identisch Null, d. h. es gilt

$$\mathbf{T} \equiv 0 , \quad \text{somit } [V, W] = D_V(W) - D_W(V) . \tag{6.62}$$

Außerdem erfüllt er die sog. *Ricci-Bedingung:* Für je drei Vektorfelder X, V und W gilt

$$X \langle V|W \rangle = \langle D_X(V)|W \rangle + \langle V|D_X(W) \rangle . \tag{6.63}$$

Bemerkungen

1. Was wir hier zusammen gestellt haben ist der Inhalt eines zentralen Theorems der Riemann'schen Geometrie: Die Forderungen (6.54a)–(6.55b), ergänzt um die Zusatzbedingungen (6.62) und (6.63), legen den Zusammenhang eindeutig fest.
2. Der Levi-Civita Zusammenhang definiert eine Tensorderivation wie wir sie in Abschn. 6.3 und speziell in der Definition 6.8 studiert haben. Man kann daher die Ricci-Bedingung (6.63) wie folgt als Bedingung an die kovariante Ableitung der Metrik deuten: Wertet man die Metrik auf zwei Vektorfeldern V und W aus, dann entsteht die Funktion $\mathbf{g}(V, W)$, die man wie in (6.48) auch mit $\langle V|W \rangle$ bezeichnet. Auf die kovariante Ableitung dieser Funktion nach X

$$D_X\,(\mathbf{g}(V, W)) \equiv D_X\,\langle V|W \rangle$$

wende man die allgemeine Formel (6.40) an,

$$D_X \langle V|W\rangle = [D_X(\mathbf{g})](V, W) \\ + \mathbf{g}(D_X(V), W)) + \mathbf{g}(V, D_X(W)) \ .$$

Auf der linken Seite steht die kovariante Ableitung einer Funktion, im ersten Term der rechten Seite steht die Ableitung des $(0,2)$-Tensorfeldes $\mathbf{g} \in \mathfrak{T}^0_2(M)$, während im zweiten und dritten Summanden der rechten Seite die Wirkung von D_X auf Vektorfelder vorkommt. Auf *Funktionen* ist die Wirkung von D_X gleich der Wirkung des Vektorfeldes X auf diese Funktion, $D_X \langle V|W\rangle = X\langle V|W\rangle$. Außerdem sind

$$\mathbf{g}(D_X(V), W)) = \langle D_X(V)|W\rangle \quad \text{und} \\ \mathbf{g}(V, D_X(W)) = \langle V|D_X(W)\rangle$$

nur andere Schreibweisen für diese Funktionen. Die Forderung (6.63) ist gleichwertig mit der Forderung, dass die kovariante Ableitung der Metrik verschwinde,

$$(D_X\mathbf{g}) = 0 \quad \Longleftrightarrow \\ X\langle V|W\rangle = \langle D_X(V)|W\rangle + \langle V|D_X(W)\rangle \ . \tag{6.64}$$

Die Ricci-Bedingung ist äquivalent zur Aussage, dass der Levi-Civita Zusammenhang *metrisch* sei, d. h. die kovariante Ableitung der Metrik identisch Null sei.

6.4.5 Eigenschaften des Levi-Civita Zusammenhangs

Fassen wir noch einmal in Worten die grundlegenden Eigenschaften des Levi-Civita Zusammenhangs fest:

Der Levi-Civita Zusammenhang wird durch folgende Eigenschaften vollständig festgelegt:

(i) $D_V(W)$ ist im Vektorfeld V $\mathfrak{F}(M)$-linear, d. h. es gelten die Relationen (6.54a) und (6.54b);
(ii) Im Vektorfeld W ist er $\mathbb{R}$-linear, d. h. erfüllt (6.55a);
(iii) Er genügt der Leibniz-Regel (6.55b);
(iv) Die zugehörige Torsion ist identisch Null, es gilt (6.62);
(v) Der Levi-Civita Zusammenhang ist metrisch, $D_X(\mathbf{g}) = 0$ oder, was dazu äquivalent ist, er erfüllt die Ricci-Bedingung (6.64)

$$X\langle V|W\rangle = \langle D_X(V)|W\rangle + \langle V|D_X(W)\rangle$$

für alle Vektorfelder X, V und W.

Für viele Rechnungen ist eine Formel nützlich, die aus diesen fünf Eigenschaften folgt. Sie lautet folgendermaßen:

Formel von Koszul

Für je drei beliebige Vektorfelder V, W und X und mit der „bracket"-Notation, die wir schon in (6.48) bzw. (6.49) verwendet haben, gilt

$$2\,\langle D_V(W)|X\rangle = V\,\langle W|X\rangle + W\,\langle X|V\rangle - X\,\langle V|W\rangle$$
$$- \langle V|[W,X]\rangle + \langle W|[X,V]\rangle + \langle X|[V,W]\rangle\ . \qquad (6.65)$$

Dabei ist $[W, X]$ der Kommutator der Vektorfelder W und X, der selbst ein Vektorfeld ist.

Beweis der Koszul Formel: Man gruppiert die ersten drei Terme und, davon getrennt, die letzten drei Terme auf der rechten Seite von (6.65) zusammen und berechnet ihre Summe. Für die ersten drei gilt unter Verwendung von (v)

$$V\,\langle W|X\rangle + W\,\langle X|V\rangle - X\,\langle V|W\rangle$$
$$= \langle D_V(W)|X\rangle + \langle W|D_V(X)\rangle + \langle D_W(X)|V\rangle$$
$$+ \langle X|D_W(V)\rangle - \langle D_X(V)|W\rangle - \langle V|D_X(W)\rangle\ .$$

Die restlichen drei Terme werden unter Zuhilfenahme von (iv) umgeformt, indem man die Kommutatoren gemäß (6.62) durch Differenzen von kovarianten Ableitungen ersetzt.

$$- \langle V|[W,X]\rangle + \langle W|[X,V]\rangle + \langle X|[V,W]\rangle$$
$$= - \langle V|D_W(X)\rangle + \langle V|D_X(W)\rangle + \langle W|D_X(V)\rangle$$
$$- \langle W|D_V(X)\rangle + \langle X|D_V(W)\rangle - \langle X|D_W(V)\rangle\ .$$

Addiert man diese Zwischenresultate und beachtet die Symmetrie der Metrik, dann heben sich alle Terme bis auf zwei paarweise weg. Es bleiben lediglich

$$\langle D_V(W)|X\rangle + \langle X|D_V(W)\rangle = 2\,\langle D_V(W)|X\rangle\ ,$$

das ist aber die linke Seite der Relation (6.65).

Bemerkungen

1. Die Koszul-Formel (6.65) ist hilfreich, wenn man nachweisen will, dass der Levi-Civita Zusammenhang existiert und eindeutig festliegt. Die Eindeutigkeit ist schnell gezeigt: Nimmt man an, es gäbe zwei Zusammenhänge $D' \neq D$, die die Formel (6.65) für alle Vektorfelder V, W und X erfüllen. Da die Metrik nicht ausgeartet ist, folgt aus (6.65), dass für alle V und W auch $D'_V(W) = D_V(W)$ sein muss. Die Existenz ist etwas aufwändiger zu zeigen: Man bezeichne die rechte Seite der Koszul-Formel mit $\omega(V, W, X)$. Hält man V und W fest, so ist $X \to \omega(V, W, X)$ eine Einsform. Da die Räume $\mathfrak{X}(M)$ und $\mathfrak{X}^*(M)$ isomorph sind, gibt es ein eindeutig festgelegtes Vektorfeld Y derart, dass für alle $X \in \mathfrak{X}(M)$ die Gleichung $2\,\langle Y|X\rangle = \omega(V, W, X)$ gilt. Dieses so konstruierte Vektorfeld Y kann man ohne Weiteres

und mutig $Y = D_V(W)$ nennen. Wenn man jetzt die fünf Axiome (i)–(v) bestätigt, dann ist die Existenz nachgewiesen. (Man führe dies aus!)

2. Aus der Koszul-Formel leitet man in wenigen Schritten eine wichtige Formel für die Christoffel-Symbole her. Dazu setzt man anstelle der drei beliebigen Vektorfelder die Basisfelder $V = \partial_\mu$, $W = \partial_\nu$ und $X = \partial_\rho$ ein und erhält
$$2\left\langle D_{\partial_\mu}(\partial_\nu)\middle|\partial_\rho\right\rangle = \partial_\mu g_{\nu\rho} + \partial_\nu g_{\mu\rho} - \partial_\rho g_{\mu\nu} .$$
Hierbei hat man die Kartendarstellung (6.35a) der Metrik
$$\langle\partial_\sigma|\partial_\tau\rangle = \mathbf{g}(\partial_\sigma, \partial_\tau) = g_{\sigma\tau}$$
verwendet und ausgenutzt, dass die Basisfelder untereinander vertauschen. Mit der Definition (6.56) der Christoffel-Symbole ist die linke Seite gleich
$$2\left\langle D_{\partial_\mu}(\partial_\nu)\middle|\partial_\rho\right\rangle = \Gamma^\tau_{\mu\nu} g_{\tau\rho} \quad (\text{über } \tau \text{ summiert}) .$$
Diese Gleichung multipliziert man mit dem Inversen $g^{\rho\sigma}$ des metrischen Tensors und summiert über ρ. Dann entsteht die Formel
$$\Gamma^\sigma_{\mu\nu} = \frac{1}{2} g^{\sigma\rho} \left\{\partial_\mu g_{\nu\rho} + \partial_\nu g_{\mu\rho} - \partial_\rho g_{\mu\nu}\right\} . \tag{6.66}$$
Die Christoffel-Symbole sind also Funktionen der ersten Ableitungen der Metrik und enthalten deren Inverse. Auf einer flachen Raumzeit, d. h. einer Mannigfaltigkeit mit konstanter Metrik, sind sie identisch Null.

3. An der Formel (6.66) ist die Symmetrie in den beiden unteren Indizes μ und ν der Christoffel-Symbole offensichtlich, $\Gamma^\sigma_{\mu\nu} = \Gamma^\sigma_{\nu\mu}$. Man muss dabei beachten, dass der Koordinatenausdruck (6.66) sich auf die Basisfelder ∂_μ bezieht, die untereinander vertauschen, $[\partial_\mu, \partial_\nu] = 0$. Es gibt andere Möglichkeiten, eine lokale Basis zu wählen, z. B. ein sog. Vielbein, das ist ein auf Geodäten mitbewegtes Orthonormalsystem, auch *repère mobile* genannt, dessen Elemente nicht vertauschen.

4. Man sagt, das Vektorfeld V sei *parallel,* wenn seine kovariante Ableitung $D_X(V)$ für alle $X \in \mathfrak{X}(M)$ gleich Null ist. Auf Basisfelder ∂_μ angewandt bedeutet dies, dass die Christoffel-Symbole messen, inwieweit diese nicht parallel sind.

Beispiel 6.9 Zylinderkoordinaten im $\mathbb{R}^3$

Verwendet man im (flachen) $\mathbb{R}^3$ krummlinige Koordinaten, dann gibt es auch hier schon nichtverschwindende Christoffel-Symbole. Dieses Beispiel behandelt die Zylinderkoordinaten
$$y^1 \equiv r , \quad y^2 \equiv \phi , \quad y^3 \equiv z ,$$

deren Zusammenhang mit den kartesischen durch

$$x^1 = r\cos\phi\,, \quad x^2 = r\sin\phi\,, \quad x^3 = z$$

gegeben ist. Für die Basisfelder gilt

$$\begin{aligned}
\partial_{y^1} &= \cos\phi\,\partial_{x^1} + \sin\phi\,\partial_{x^2}\,,\\
\partial_{y^2} &= r\left(-\sin\phi\,\partial_{x^1} + \cos\phi\,\partial_{x^2}\right)\,,\\
\partial_{y^3} &= \partial_{x^3}\,.
\end{aligned}$$

In der neuen Basis ist der metrische Tensor

$$\begin{aligned}
g_{11} &= g(\partial_{y^1}, \partial_{y^1}) = \cos^2\phi\, g(\partial_{x^1}, \partial_{x^1}) + \sin^2\phi\, g(\partial_{x^2}, \partial_{x^2})\\
&\qquad + 2\sin\phi\cos\phi g(\partial_{x^1}, \partial_{x^2}) = \cos^2\phi + \sin^2\phi = 1\,,\\
g_{22} &= r^2\,,\\
g_{33} &= 1
\end{aligned}$$

und $g_{ij} = 0$ für $i \neq j$. Der metrische Tensor und sein Inverser sind

$$g_{ij} = \mathrm{diag}(1, r^2, 1)\,, \quad g^{ij} = \mathrm{diag}(1, 1/r^2, 1)\,.$$

Setzt man diese Formeln in den Ausdruck (6.66) ein, dann sind die nichtverschwindenden Christoffel-Symbole die folgenden

$$\Gamma^2_{12} = \frac{1}{r} = \Gamma^2_{21}\,, \quad \Gamma^1_{22} = -r\,.$$

Als kovariante Ableitungen von Basisfeldern, die nicht gleich Null sind, bleiben

$$D_{\partial_\phi}(\partial_\phi) = -r\partial_r\,, \; D_{\partial_\phi}(\partial_r) = -\sin\phi\,\partial_{x^1} + \cos\phi\,\partial_{x^2} = D_{\partial_r}(\partial_\phi)\,.$$

Das Basisfeld $\partial_z = \partial_{x^3}$ ist natürlich parallel. Außerdem erwartet man, dass die kovarianten Ableitungen $D_{\partial_z}(\partial_r)$ und $D_{\partial_z}(\partial_\phi)$ gleich Null sind, da die Basisfelder ∂_r und ∂_ϕ sich nicht ändern, wenn man in der Richtung von ∂_z verschiebt.

6.4.6 Geodäten auf semi-Riemann'schen Raumzeiten

In Abschn. 6.4.2 und Abschn. 6.4.4 haben wir gelernt, dass lineare Zusammenhänge unter Anderem dazu dienen, Vektoren aus verschiedenen Tangentialräumen zu vergleichen. Besonders interessant ist es dabei festzustellen, wann diese parallel sind. Hieran schließt sich eine Definition an, die wir in der vierten der Bemerkungen im vorigen Abschnitt vorweggenommen haben: Ein Vektorfeld V heißt *parallel,* wenn die kovariante Ableitung $D_X(V)$ für alle $X \in \mathfrak{X}(M)$ verschwindet.

Es sei $\alpha : I \to M$ eine glatte Kurve auf der Raumzeit $(M, \mathbf{g})$, $\tau \in I \subset \mathbb{R}_\tau$ der Kurvenparameter. Dann ist $\alpha(\tau)$ wie in Abb. 6.9 skizziert eine eindimensionale Mannigfaltigkeit und Untermannigfaltigkeit von M. Der Levi-Civita Zusammenhang, der ja auf M definiert ist, induziert die kovariante Ableitung eines beliebigen Vektorfeldes $Z \in \mathfrak{X}(\alpha)$ auf α nach – beispielsweise – dem Tangentialvektorfeld $\dot{\alpha}$, $\dot{Z} = D_{\dot{\alpha}}(Z)$.

In einer lokalen Karte kann man sowohl Z als auch $\dot{\alpha}$ wie gewohnt zerlegen,

$$Z = Z^\mu \partial_\mu \,, \qquad \dot{\alpha} = a^\sigma \partial_\sigma \,.$$

Die Koeffizienten a^σ, $\sigma = 0, 1, \ldots, n-1$, sind Funktionen, die man aus der Zusammensetzung $a^\sigma = \mathrm{d}\,(\varphi^\sigma \circ \alpha)/\mathrm{d}\,\tau$ der Kurve α (die von $I \subset \mathbb{R}_\tau$ nach M geht) und der Koordinatenfunktion φ^σ (die von M nach $\mathbb{R}^n$ geht) zu berechnen hat. Um nun $\dot{Z} = D_{\dot{\alpha}}(Z)$ zu berechnen, verwendet man im Wesentlichen eine Variante der Formel (6.57b). Es ist

$$\dot{Z} = \frac{\mathrm{d}\,Z^\mu}{\mathrm{d}\,\tau} \partial_\mu + Z^\mu D_{\dot{\alpha}}(\partial_\mu) \,.$$

Der zweite Term wird umgeformt, wobei man die $\mathfrak{F}(M)$-Linearität von D ausnutzt und die Definition (6.56) der Christoffel-Symbole einsetzt:

$$D_{\dot{\alpha}}(\partial_\mu) = D_{(a^\sigma \partial_\sigma)}(\partial_\mu) = a^\sigma D_{\partial_\sigma}(\partial_\mu) = a^\sigma \Gamma^\tau_{\sigma\mu} \partial_\tau \,.$$

Nimmt man im zweiten Term noch eine Umbenennung der Summationsindizes vor und setzt $a^\sigma = \mathrm{d}\,(\varphi^\sigma \circ \alpha)/\mathrm{d}\,\tau$ ein, so folgt

$$\dot{Z} = \left\{ \frac{\mathrm{d}\,Z^\mu}{\mathrm{d}\,\tau} + \Gamma^\mu_{\rho\sigma} \frac{\mathrm{d}\,(\varphi^\rho \circ \alpha)}{\mathrm{d}\,\tau} Z^\sigma \right\} \partial_\mu \,. \tag{6.67}$$

Man sagt, das Vektorfeld Z sei entlang der Kurve α *parallel,* wenn dort überall $\dot{Z} = 0$ ist.

Als Spezialfall kann man das Tangentialvektorfeld der gegebenen Kurve betrachten, d. h. $Z = \dot{\alpha}$. Dessen Ableitung $\dot{Z} = \ddot{\alpha}$ ist dann das *Beschleunigungsfeld.* Mit dieser Überlegung wird klar, wie man in diesem geometrischen Rahmen Geodäten zu definieren hat. Geodäten sind – mechanisch-physikalisch interpretiert – Kurven freien Fallens, also Bahnen ohne Beschleunigung. Geometrisch gesehen sind Geodäten Kurven extremaler Länge. Dass es hier einen engen Zusammenhang gibt, wissen wir aus der Mechanik.

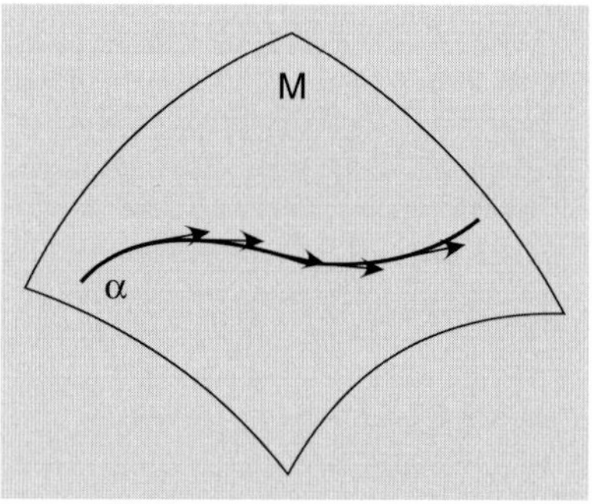

Abb. 6.9. Eine glatte Kurve α auf M und Elemente ihrer (eindimensionalen) Tangentialräume. Die Kurve ist selbst eine eindimensionale Mannigfaltigkeit

Definition 6.13 Geodäten

Eine Geodäte ist eine Kurve $\gamma : I \to M$, deren Tangentialvektorfeld $\dot{\gamma}$ *parallel* ist. In lokalen Karten ausgedrückt, genügt sie den Differentialgleichungen zweiter Ordnung

$$\frac{\mathrm{d}^2}{\mathrm{d}\,\tau^2}(\varphi^\mu \circ \gamma) + \Gamma^\mu_{\rho\sigma} \frac{\mathrm{d}\,(\varphi^\rho \circ \gamma)}{\mathrm{d}\,\tau} \frac{\mathrm{d}\,(\varphi^\sigma \circ \gamma)}{\mathrm{d}\,\tau} = 0 \,, \tag{6.68}$$

$\mu = 0, 1, \ldots, n-1$.

Bemerkungen

1. Im zweiten Term von (6.68) stehen eigentlich die Ableitungen der Funktionen $(\varphi^\rho \circ \gamma)(\tau) = \varphi^\rho(\gamma(\tau))$, die auf $\mathbb{R}^n$ definiert sind und wo $\varphi = (\varphi^0, \ldots, \varphi^{(n-1)})$ die Kartenabbildung auf $U \subset M$ ist. Da diese Schreibweise kompliziert ist, kürzt man sie einfach ab, indem man $\varphi^\rho(\gamma(\tau)) \equiv y^\rho(\tau)$ setzt. Die Geodätengleichungen (6.68) nehmen dann die einfach zu merkende Form an

$$\ddot{y}^\mu + \Gamma^\mu_{\rho\sigma}\, \dot{y}^\rho\, \dot{y}^\sigma = 0\,. \tag{6.68a}$$

   Der Punkt steht dabei für die Ableitung nach τ.
2. Betrachten wir ein *massives* Testteilchen, dessen Masse so klein ist, dass es die Geometrie der gegebenen Raumzeit $(M, \mathbf{g})$ praktisch nicht ändert. Das Äquivalenzprinzip sagt aus, dass in jedem Punkt $x \in M$ die Bewegungsgleichung für freies Fallen dieselbe ist wie im flachen Raum, d. h.

$$\frac{\mathrm{d}^2 y^\mu}{\mathrm{d}\tau^2} = 0\,. \tag{6.69}$$

   Abgesehen von einem Faktor c, den wir hier gleich 1 setzen, ist τ die Bogenlänge, für die $\mathrm{d}\tau^2 = g_{\mu\nu}\,\mathrm{d}y^\mu\,\mathrm{d}y^\nu$ gilt, oder

$$g_{\mu\nu}\frac{\mathrm{d}\,y^\mu}{\mathrm{d}\,\tau}\frac{\mathrm{d}\,y^\nu}{\mathrm{d}\,\tau} = 1\,. \tag{6.70a}$$

   Man überzeugt sich anhand einer Rechnung (die wir hier überspringen), dass die Bedingung (6.70a) mit den Differentialgleichungen (6.68a) verträglich ist.
3. Für ein *masseloses* Teilchen muss die Bewegungsgleichung genauso aussehen wie in (6.69). Da ein solches Teilchen aber nie ein Ruhesystem findet und es infolge dessen auch keine Eigenzeit besitzt, kann die Bedingung (6.70a) nicht mehr gelten. Statt dessen ersetzt man τ durch einen Parameter λ, der derart gewählt ist, dass mit $\mathrm{d}^2 y^\mu/\mathrm{d}\lambda^2 = 0$ die Bedingung

$$g_{\mu\nu}\frac{\mathrm{d}\,y^\mu}{\mathrm{d}\lambda}\frac{\mathrm{d}\,y^\nu}{\mathrm{d}\lambda} = 0 \tag{6.70b}$$

   erfüllt ist. Mit anderen Worten, die Bewegungsgleichungen für ein massives Testteilchen und die für ein masseloses Testteilchen sind dieselben. Es ändert sich lediglich die Anfangsbedingung an diese Gleichungen, die das eine Mal durch (6.70a), das andere Mal durch (6.70b) gegeben ist.
4. Das Äquivalenzprinzip wird in der semi-Riemann'schen Geometrie auf die folgende Weise erfüllt. In einem festen Punkt $x \in U \subset M$ ordnet man jedem Tangentialvektor $v \in T_x M$ diejenige Geodäte zu, die durch x geht und die Anfangsgeschwindigkeit v hat,

$$\exp_x\,:\,T_x M \to M\,:\,v \mapsto \exp_x(v) = \gamma_v(1)\,. \tag{6.71}$$

Diese Abbildung wird *Exponentialabbildung* genannt. Betrachtet man die Geodäte zur Anfangsgeschwindigkeit τv, so zeigt man, dass

$$\exp_x(\tau v) = \gamma_{\tau v}(1) = \gamma_v(\tau)$$

ist. Dies bedeutet, dass die Exponentialabbildung Geraden durch den Ursprung von T_xM in Geodäten auf M überführt[5], (s. Abb. 6.10). Wenn $\{e_\mu\}$ eine Orthonormalbasis auf T_xM ist, d. h. wenn $\langle e_\mu | e_\nu \rangle = \eta_{\mu\nu}$ ist, und wenn $\exp^{-1}(x) = \varphi^\mu(x) e_\mu$, so kann man folgendes zeigen: Die Funktionen $(\varphi^0, \dots, \varphi^{n-1})$ bilden eine Karte für die Umgebung U von x, in der

$$g_{\mu\nu}(x) = \eta_{\mu\nu}\,, \quad \Gamma^\sigma_{\mu\nu}(x) = 0 \tag{6.72}$$

gilt. Eine solche Karte, solche speziellen Koordinaten heißen *Gauß'sche* oder *Normalkoordinaten*. (Den Beweis dieser Aussage findet man z. B. in [O'Neill 1983].)

Dieses Ergebnis ist intuitiv verständlich, denn entlang jeder Geodäten hat die kräftefreie Bewegungsgleichung die einfache Form (6.69). Der Vergleich mit (6.68a) zeigt, dass die Christoffel-Symbole in diesen speziellen Koordinaten und am Punkt x verschwinden. Seine besondere Bedeutung liegt darin, dass das Äquivalenzprinzip hier seinen präzisesten Ausdruck findet.

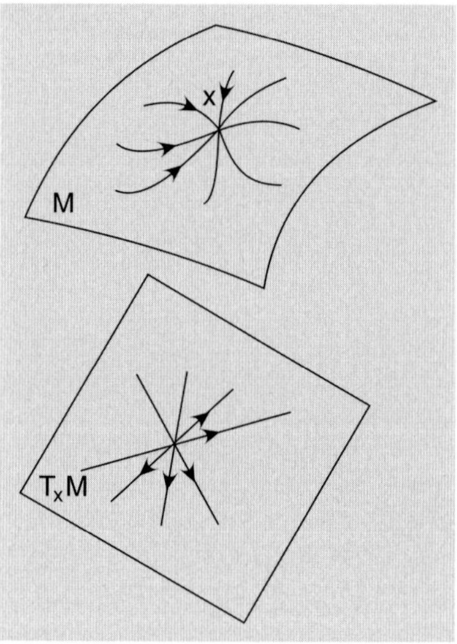

Abb. 6.10. Geodäten durch den Punkt $x \in M$, die einen Sternbereich bilden, und die Anfangsgeschwindigkeiten im Tangentialraum T_xM bei x. Wählt man in diesem ein Basissystem, so bilden die zugehörigen Geodäten ein Normalsystem

An jedem Punkt der semi-Riemann'schen Mannigfaltigkeit $(M, \mathbf{g})$ gibt es ein Koordinatensystem, an dem der metrische Tensor die Form der flachen Metrik hat, $g_{\mu\nu}(x) = \eta_{\mu\nu}$, und an dem die Christoffel-Symbole gleich Null sind, $\Gamma^\sigma_{\mu\nu}(x) = 0$.

6.4.7 Weitere Eigenschaften des Krümmungstensors

Das Riemann'sche Krümmungs-Tensorfeld, das nach der Definition (6.60) aufgebaut wird, mit D dem Levi-Civita Zusammenhang, hat eine Reihe von Symmetrieeigenschaften, die wir hier zusammen stellen. Es genügt dabei zumeist, eine Umgebung des Punktes $x \in M$ zu betrachten. Deshalb bedeuten kleine Buchstaben x, y, v usw. in den folgenden Relationen Tangentialvektoren aus dem Raum T_xM, während große Buchstaben nach wie vor ganze Vektorfelder bezeichnen. Im Einzelnen gilt

Symmetrieeigenschaften des Riemann-Tensorfeldes

$$\mathbf{R}_{XY} = -\mathbf{R}_{YX}\,, \tag{6.73a}$$

$$\langle \mathbf{R}_{xy} v | w \rangle = -\langle \mathbf{R}_{xy} w | v \rangle\,, \tag{6.73b}$$

$$\mathbf{R}_{xy} z + \mathbf{R}_{yz} x + \mathbf{R}_{zx} y = 0\,, \tag{6.73c}$$

Bianchi I

$$\langle \mathbf{R}_{xy} v | w \rangle = \langle \mathbf{R}_{vw} x | y \rangle\,, \tag{6.73d}$$

$$(D_Z \mathbf{R})(X, Y) + (D_X \mathbf{R})(Y, Z) + (D_Y \mathbf{R})(Z, X) = 0\,. \tag{6.73e}$$

Bianchi II

[5] Der Existenz- und Eindeutigkeitssatz für gewöhnliche Differentialgleichungen stellt sicher, dass diese Abbildung in einem Sternbereich der in Abb. 6.10 skizzierten Art ein Diffeomorphismus ist. Die Umkehrung der Exponentialabbildung existiert also und führt Geodäten durch x in Geraden durch den Ursprung von T_xM über.

Die erste dieser Relationen ist aus der allgemeinen Definition (6.60) offensichtlich. Die restlichen sind spezifisch für den Levi-Civita Zusammenhang, sie machen Gebrauch von der Ricci-Bedingung (6.63) bzw. (6.64) und von der Aussage, dass die Torsion verschwindet, (6.62). Die Beweise für die Relationen (6.73a) – (6.73e) in dieser schönen, koordinatenfreien Form findet man z.B. bei [O'Neill 1983].

Die Relationen (6.73c) und (6.73e) heißen *erste und zweite Bianchi-Identität,* respektive.

Man kann dieselben Symmetrierelationen aber auch aus einer Koordinatendarstellung des Krümmungs-Tensorfeldes herleiten. Dazu werten wir die Definition (6.60) (mit D dem Levi-Civita Zusammenhang!) auf drei Basisfeldern aus und setzen[6]

$$R_{\partial_\mu \partial_\nu}(\partial_\rho) = R^{\tau}_{\ \rho\mu\nu}\partial_\tau \ . \tag{6.74}$$

Die rechte Seite definiert die Koeffizienten von $\mathbf{R}$, die linke Seite kann man mittels (6.56) wie folgt ausrechnen: Unter Beachtung von $[\partial_\mu, \partial_\nu] = 0$ und mit Verwendung von (6.57a) (mit $X^\alpha = \delta^\alpha_\rho$) ist

$$\begin{aligned} R_{\partial_\mu \partial_\nu}(\partial_\rho) &= D_{\partial_\mu}\left(D_{\partial_\nu}(\partial_\rho)\right) - D_{\partial_\nu}\left(D_{\partial_\mu}(\partial_\rho)\right) \\ &= \partial_\mu \Gamma^\sigma_{\nu\rho}\partial_\sigma + \Gamma^\sigma_{\nu\rho}\Gamma^\tau_{\mu\sigma}\partial_\tau - \left(\mu \leftrightarrow \nu\right) \\ &= \left\{\partial_\mu \Gamma^\tau_{\nu\rho} + \Gamma^\tau_{\mu\sigma}\Gamma^\sigma_{\nu\rho} - \left(\mu \leftrightarrow \nu\right)\right\}\partial_\tau \ . \end{aligned} \tag{6.75}$$

Daraus folgt durch Vergleich mit der Definition (6.74)

Der Riemann'sche Krümmungstensor in Koordinaten:

$$R^{\tau}_{\ \rho\mu\nu} = \partial_\mu \Gamma^\tau_{\nu\rho} - \partial_\nu \Gamma^\tau_{\mu\rho} + \Gamma^\tau_{\mu\sigma}\Gamma^\sigma_{\nu\rho} - \Gamma^\tau_{\nu\sigma}\Gamma^\sigma_{\mu\rho} \ . \tag{6.76}$$

Bemerkung

Während die Christoffel-Symbole nur von der inversen Metrik und den *ersten* Ableitungen der Metrik abhängen, zeigt die Formel (6.76), dass der Riemann'sche Krümmungstensor von den *ersten* und *zweiten* Ableitungen der Metrik bestimmt wird. Das Äquivalenzprinzip sagt, dass die ersten Ableitungen der Metrik in Gauß'schen Koordinaten im Punkt x verschwinden, es sagt aber nicht aus, dass auch jede Krümmung verschwindet! Physikalischer ausgedrückt heißt dies, dass die Bewegung eines Testteilchens entlang einer Geodäten lokal wie freies Fallen im flachen Raum aussieht, benachbarte Geodäten sind aber i. Allg. nicht parallel, sondern ziehen sich an oder stoßen sich ab.

Diesen Unterabschnitt beschließen wir mit einer Bestimmung der Zahl unabhängiger Einträge des $(1,3)$-Tensors $R^{\tau}_{\ \rho\mu\nu}$ anhand seiner Symmetrieeigenschaften. Eine Möglichkeit dies zu tun, wäre die eben erhaltene Formel (6.76) in der Form $g_{\lambda\tau}R^{\tau}_{\ \rho\mu\nu} \equiv R_{\lambda\rho\mu\nu}$ unter Verwendung der Koordinatenformel (6.66) durch erste und zweite Ableitungen der Metrik allein auszudrücken. An dem so erhaltenen Ausdruck für

[6] Man muss dabei die Stellung der Indizes beachten. Man kann auch eine andere Definition der Koeffizienten verwenden, wie dies in einigen Büchern über Allgemeine Relativitätstheorie geschieht.

$R_{\lambda\rho\mu\nu}$ liest man die Symmetrien in den Indizes ab. (Dies ist eine lehrreiche Übungsaufgabe!) Hier benutzen wir statt dessen die Symmetrieeigenschaften in der Form (6.73a)–(6.73e).

Mit Hilfe der Koordinatenformel (6.74) lassen sich Ausdrücke wie $\mathbf{R}_{xy}(z)$ ausrechnen und nach den Komponenten der drei Tangentialvektoren entwickeln. Es ist z. B.

$$\langle \mathbf{R}_{xy} z | w \rangle = R^{\sigma}_{\rho\mu\nu} x^\mu y^\nu z^\rho w_\sigma = R_{\sigma\rho\mu\nu} x^\mu y^\nu z^\rho w^\sigma ,$$

wobei der erste Index an $\mathbf{R}$ mit dem metrischen Tensor nach unten gezogen wurde. Die erste Relation (6.73a) sagt aus, dass der (0, 4)-Tensor $R_{\sigma\rho\mu\nu}$ unter $\mu \leftrightarrow \nu$ antisymmetrisch ist. Die Relation (6.73d) sagt aber, dass sich nichts ändert, wenn man das Paar (μ, ν) mit dem Paar (σ, ρ) vertauscht. Somit ist $R_{\sigma\rho\mu\nu}$ auch unter $\sigma \leftrightarrow \rho$ antisymmetrisch. Dies ist auch die Aussage von (6.73b). Man notiert diese Antisymmetrien oft mit eckigen Klammern,

$$R_{[\sigma\rho][\mu\nu]} \,.$$

Die erste Bianchi-Identität (6.73c), in Koordinaten ausgeschrieben, gibt

$$\begin{aligned} &R^{\tau}_{\rho\mu\nu} \left(z^\rho x^\mu y^\nu + x^\rho y^\mu z^\nu + y^\rho z^\mu x^\nu \right) \\ &\quad = z^\rho x^\mu y^\nu \left(R^{\tau}_{\rho\mu\nu} + R^{\tau}_{\mu\nu\rho} + R^{\tau}_{\nu\rho\mu} \right) = 0 \,. \end{aligned}$$

Da dies für alle Tangentialvektoren bzw. Vektorfelder gilt, ist die Summe über die zyklischen Permutationen der Indizes (ρ, μ, ν) von $R^{\tau}_{\rho\mu\nu}$ und ebenso von $R_{\tau\rho\mu\nu}$ gleich Null,

$$\begin{aligned} &R^{\tau}_{\rho\mu\nu} + R^{\tau}_{\mu\nu\rho} + R^{\tau}_{\nu\rho\mu} = 0 \quad \text{bzw.} \\ &R_{\tau\rho\mu\nu} + R_{\tau\mu\nu\rho} + R_{\tau\nu\rho\mu} = 0 \,. \end{aligned} \tag{6.77}$$

Jetzt kann man wie folgt abzählen: In Dimension n bedeutet die Antisymmetrie $[\mu, \nu]$ in den Indizes μ und ν aus dem Wertevorat $(0, 1, \ldots, n-1)$, dass

$$\binom{n}{2} \quad \text{unabhängige Komponenten}$$

vorliegen. Dieselbe Aussage gilt für die Antisymmetrie $[\tau, \rho]$. Ein vierfach indizierter Tensor $R_{[\sigma\rho][\mu\nu]}$ mit diesen Antisymmetrien hat somit zunächst $\binom{n}{2}^2$ unabhängige Komponenten. Hiervon ist aber noch die Anzahl der Bedingungen (6.77) abzuziehen. Für ein festes τ gibt es $\binom{n}{3}$ Möglichkeiten das Tripel (ρ, μ, ν) zu wählen. Insgesamt, d. h. für $\tau = 0, \ldots, n-1$, sind in (6.77)

$$n\binom{n}{3}$$

Bedingungen enthalten. Zieht man die Zahl der Nebenbedingungen von der Zahl unabhängiger Komponenten ab, so ergibt sich die Anzahl N_{R} unabhängiger Einträge des Riemann'schen Krümmungstensors

$$N_{\mathrm{R}} = \binom{n}{2}^2 - n\binom{n}{3} = \frac{1}{12} n^2 (n^2 - 1) \,. \tag{6.78}$$

Dies ist ein interessantes Resultat:

- In Dimension $n = 1$ ist $\mathbf{R} = 0$, es gibt keinen Riemann'schen Krümmungstensor.
  Dies mag zunächst überraschen. Einer Kurve z. B. in der Ebene $\mathbb{R}^2$ schreibt man sehr wohl eine Krümmung zu. Für den Riemann'schen Krümmungstensor gilt aber $R_{1111} = 0$, weil er sich nicht auf einen einbettenden Raum (also etwa den $\mathbb{R}^2$) bezieht, sondern eine innere Eigenschaft der eindimensionalen Mannigfaltigkeit M beschreiben soll. Dort bemerkt man aber nichts von einer Krümmung, solange es den einbettenden Raum nicht gibt oder man ihn nicht wahrnimmt.
- In Dimension $n = 2$ hätte ein $(0,4)$-Tensor ohne Symmetrien und ohne Nebenbedingungen 16 Komponenten, der Riemann'sche hat gemäß (6.78) aber nur eine einzige unabhängige Komponente R_{1212}.
- In Dimension $n = 3$, also bei zwei Raumdimensionen und einer Zeitachse, hätte ein beliebiger $(0,4)$-Tensor 81 Komponenten, der Riemann'sche hat nur $9 \cdot 8/12 = 6$ Komponenten.
- In einer Lorentz-Mannigfaltigkeit (s. Abschn. 6.4.1) hat ein uneingeschränkter Tensor vom Typus $(0,4)$ schon 256 Kompomenten, der Riemann'sche Krümmungstensor hat $16 \cdot 15/12 = 20$ Komponenten.

Der Riemann'sche Krümmungstensor „blüht" mit wachsender Dimension „auf" und man wird nicht überrascht sein, wenn man erfährt, dass Allgemeine Relativitätstheorie in $3 = 2 + 1$ bzw. in $4 = 3 + 1$ Dimensionen recht verschiedene Eigenschaften aufweisen.

6.5 Die Einstein'schen Gleichungen

Nach dieser langen Reise durch semi-Riemann'sche Geometrie für mögliche Raumzeiten und mit der Kenntnis des Energie-Impulstensors für Materie und nichtgravitative Felder aus Abschn. 6.2 sind wir gut dafür gerüstet, die in Abschn. 6.1.4 aufgestellten Vermutungen und das dort formulierte Programm konkret zu machen und in eine Theorie der Gravitation umzusetzen. Wie dort besprochen, wählen wir dasjenige Tensorfeld als Quellterme für die Gravitation, das Energie- und Impulsinhalt von Materie und nichtgravitativen Feldern beschreibt. Dieses Tensorfeld, so wie wir es in Abschn. 6.2 über dem flachen Raum aufgebaut haben, ist vom Typus $(2,0)$ oder, damit gleichwertig, vom Typus $(0,2)$, es ist symmetrisch und erfüllt eine Divergenzbedingung. Darauf muss man die geometrischen Bestimmungsstücke der Theorie abstimmen.

6.5.1 Energie-Impuls-Tensorfeld in gekrümmter Raumzeit

Das Tensorfeld $\mathbf{T}$ für Energie und Impuls wird mit folgenden Modifikationen der Ausdrücke aus Abschn. 6.2 übernommen. Die flache Metrik

$\eta_{\mu\nu}$ ist überall durch den metrischen Tensor $g_{\mu\nu}(x)$, alle gewöhnlichen Ableitungen sind durch kovariante zu ersetzen. Das Tensorfeld $\mathbf{T} \in \mathfrak{T}^2_0(M)$ ist nach wie vor symmetrisch, d. h. für seine Koeffizienten gilt $T^{\mu\nu} = T^{\nu\mu}$. Die Bedingung der Divergenzfreiheit, hat in Komponenten die Form

$$T^{\mu\nu}(x)_{;\,\mu} = 0 = T^{\mu\nu}(x)_{;\,\nu} \,. \tag{6.79a}$$

Koordinatenfrei kann man dies mit Hilfe der Kontraktion (s. Abschn. 6.3.3) folgendermaßen schreiben. Man bildet zunächst $D(\mathbf{T}) \in \mathfrak{T}^2_1$ (was vom Typus (2, 1) ist, da nur D, aber nicht D_V wirkt!) und kontrahiert dann mit C^1_1 oder C^2_1 (was wegen der Symmetrie des Tensors dasselbe ist),

$$\mathbf{div}\,\mathbf{T} = C^1_1\,(D\mathbf{T}) = C^2_1\,(D\mathbf{T}) \,. \tag{6.79b}$$

Man macht sich leicht klar, dass das Ergebnis ein Vektorfeld ist, $\mathbf{div}\,\mathbf{T} \in \mathfrak{X}(M)$. Das Tensorfeld $\mathbf{T}$ hat die Komponenten $T^{\mu\nu}$, $D\mathbf{T}$ hat die Komponenten $T^{\mu\nu}{}_{;\rho}$, ist also vom Typus (2, 1). Erst nach der Kontraktion über einen oberen und einen unteren Index wird daraus ein Tensorfeld mit Typus (1, 0), d. h. ein Vektorfeld.

Ganz ähnliche Formeln gelten für Tensorfelder $\mathbf{B}$ vom Typus (0, 2). Hier ist $D\mathbf{B} \in \mathfrak{T}^0_3$ und $\mathbf{div}\,\mathbf{A} = C_{13}(D\mathbf{B})$ ist vom Typus (0, 1), d. h. eine Einsform, deren Komponenten

$$(\mathbf{div}\,\mathbf{B})_\lambda = g^{\mu\nu} B_{\mu\lambda\,;\nu} = B^\nu{}_{\lambda\,;\nu} \tag{6.79c}$$

lauten. Ein Beispiel ist die Metrik $\mathbf{g} \in \mathfrak{T}^0_2$, deren kovariante Ableitung $D_V(\mathbf{g})$ für alle V verschwindet,

$$(\mathbf{div}\,\mathbf{g})_\lambda = g^{\mu\nu} g_{\mu\lambda\,;\nu} = 0 \,.$$

Als weiteres Beispiel kann man die Maxwell'schen Gleichungen auf einer gekrümmten Raumzeit studieren, siehe z. B. [Straumann 1981].

6.5.2 Ricci-Tensor, Krümmungsskalar und Einstein-Tensor

Aus dem Riemann'schen Krümmungstensor $\mathbf{R} \in \mathfrak{T}^1_3(M)$ gewinnt man durch Kontraktion des oberen mit dem zweiten unteren Index ein symmetrisches Tensorfeld $\mathbf{R}^{(\mathrm{Ricci})} \in \mathfrak{T}^0_2(M)$,

Definition 6.14 Das Ricci-Tensorfeld

$$\mathbf{R}^{(\mathrm{Ricci})} := C^1_2\,(\mathbf{R}) \,, \tag{6.80a}$$

dessen Komponenten durch

$$R^{(\mathrm{Ricci})}_{\mu\nu} = R^\lambda_{\mu\lambda\nu} \tag{6.80b}$$

gegeben sind. In lokalen Koordinaten lautet er

$$R^{(\mathrm{Ricci})}_{\mu\nu} = \partial_\sigma \Gamma^\sigma_{\mu\nu} - \partial_\nu \Gamma^\sigma_{\sigma\mu} + \Gamma^\tau_{\nu\mu}\Gamma^\sigma_{\sigma\tau} - \Gamma^\tau_{\sigma\mu}\Gamma^\sigma_{\nu\tau} \,. \tag{6.80c}$$

Die Kartendarstellung (6.80c) folgt aus der Koordinatendarstellung (6.76) des Riemann'schen Krümmungstensors.

Kontrahiert man das Ricci-Tensorfeld noch einmal, so entsteht eine Funktion,

Definition 6.15 Der Krümmungsskalar

$$S := C\left(\mathbf{R}^{(\mathrm{Ricci})}\right) \in \mathfrak{F}(M)\,, \tag{6.81a}$$

die in Komponenten der Metrik und des Ricci-Tensors ausgedrückt werden kann,

$$S = g^{\mu\nu}(x) R^{(\mathrm{Ricci})}_{\mu\nu}(x)\,. \tag{6.81b}$$

Bemerkungen

1. Der Ricci-Tensor ist symmetrisch. Dies sieht man anhand folgender Rechnung
$$R^{(\mathrm{Ricci})}_{\mu\nu} = g^{\sigma\tau} R_{\tau\mu\sigma\nu} = g^{\sigma\tau} R_{\sigma\nu\tau\mu} = R^{(\mathrm{Ricci})}_{\nu\mu}\,.$$
Dabei haben wir die Paare (τ, μ) und (σ, ν) vertauscht, wobei die Eigenschaft (6.73d) die Invarianz des Riemann-Tensors sichert.
2. Es existiert nur eine unabhängige Kontraktion des oberen mit einem der unteren Indizes des Krümmungstensors. Jede andere als die in Definition 6.14 gewählte Kontraktion liefert dasselbe Tensorfeld, modulo ein Vorzeichen.

Wir beweisen jetzt eine einfache, aber wichtige Beziehung zwischen der totalen Ableitung des Krümmungsskalars und der Divergenz des Ricci-Tensors. Die zweite Bianchi-Identität (6.73e) mit Basis-Feldern $Z = \partial_\rho$, $X = \partial_\mu$, $Y = \partial_\nu$ ausgewertet ergibt

$$R^{\sigma}_{\tau\mu\nu\,;\rho} + R^{\sigma}_{\tau\nu\rho\,;\mu} + R^{\sigma}_{\tau\rho\mu\,;\nu} = 0\,.$$

Setzt man jetzt $\sigma = \rho$, summiert über diesen Index von 0 bis $n-1$,

$$R^{\sigma}_{\tau\mu\nu\,;\sigma} + R^{\sigma}_{\tau\nu\sigma\,;\mu} + R^{\sigma}_{\tau\sigma\mu\,;\nu} = 0\,,$$

und kontrahiert mit $g^{\tau\mu}$,

$$g^{\tau\mu}\left\{R^{\sigma}_{\tau\mu\nu\,;\rho} + R^{\sigma}_{\tau\nu\rho\,;\mu} + R^{\sigma}_{\tau\rho\mu\,;\nu}\right\} = 0\,, \tag{6.82}$$

so tritt im ersten der drei Terme eine Kontraktion des Riemann-Tensors auf,

$$\begin{aligned} g^{\tau\mu} R^{\sigma}_{\tau\mu\nu} &= g^{\sigma\lambda} g^{\tau\mu} R_{\lambda\tau\mu\nu} = -g^{\sigma\lambda} g^{\tau\mu} R_{\tau\lambda\mu\nu} \\ &= -g^{\sigma\lambda} (R^{(\mathrm{Ricci})})_{\lambda\nu} = -(R^{(\mathrm{Ricci})})^{\sigma}_{\ \nu}\,. \end{aligned}$$

Mit der kovarianten Ableitung nach σ versehen, steht im ersten Term daher

$$-(R^{(\mathrm{Ricci})})^{\sigma}_{\nu\,;\sigma} = -\left(\mathbf{div}\,\mathbf{R}^{(\mathrm{Ricci})}\right)_{\nu} .$$

Der zweite Term gibt dasselbe Resultat

$$g^{\tau\mu} R^{\sigma}_{\tau\nu\sigma\,;\mu} = -\left(\mathbf{div}\,\mathbf{R}^{(\mathrm{Ricci})}\right)_{\nu} ,$$

während der dritte Term,

$$g^{\tau\mu} R^{\sigma}_{\tau\sigma\mu\,;\nu} = S_{;\nu} ,$$

die kovariante Ableitung des Krümmungsskalars ergibt. Da S eine Funktion ist, ist allerdings die kovariante gleich der gewöhnlichen partiellen Ableitung, $S_{;\nu} = S_{,\nu}$. Mit dieser Rechnung hat man zwei wichtige Aussagen bewiesen. Multipliziert man die eben erhaltene Relation zwischen den partiellen Ableitungen von S und der Divergenz des Ricci-Tensors mit $\mathrm{d}x^{\nu}$, dann besagt sie, dass die äußere Ableitung des Krümmungsskalars gleich zwei Mal der Divergenz des Ricci-Tensors ist:

$$\mathrm{d}S = 2\,\mathbf{div}\,\mathbf{R}^{(\mathrm{Ricci})} . \qquad (6.83)$$

Alternativ, aber äquivalent hierzu ist die Aussage, dass das

Definition 6.16 Einstein-Tensorfeld

$$\mathbf{G} := \mathbf{R}^{(\mathrm{Ricci})} - \frac{1}{2}\mathbf{g}S \qquad (6.84)$$

Bär 41
Oloff 119, 97

symmetrisch und divergenzfrei ist. In der Tat, es ist

$$(\mathbf{div}(\mathbf{g}S))_{\mu} = g^{\sigma\tau}\left(g_{\sigma\mu}S\right)_{;\tau} = g^{\sigma\tau} g_{\sigma\mu} S_{;\tau} .$$

Im letzten Schritt dieser Gleichungen haben wir ausgenutzt, dass der Zusammenhang metrisch ist, d. h. dass $g_{\sigma\mu\,;\tau} = 0$ ist.

Das Einstein-Tensorfeld (6.84) hat dieselben Eigenschaften wie das Energie-Impuls-Tensorfeld der Materie und nichtgravitativen Felder: Es ist symmetrisch und seine Divergenz ist gleich Null. Andererseits enthält das Einstein-Tensorfeld $\mathbf{G}$ dieselbe geometrische Information wie das Ricci-Tensorfeld. Es liegt nahe, diese beiden Tensorfelder in einer Grundgleichung in Beziehung zu setzen.

6.5.3 Die Grundgleichungen

Die gesuchten Gleichungen, die das Energie-Impulstensorfeld als Quellterm, das Ricci- bzw. das Einstein-Tensorfeld als Beschreibung der

Geometrie der Raumzeit zusammen bringen, müssen im Grenzfall fast flacher Metrik die Newton'sche Mechanik enthalten, z. B. in der Form der Poisson-Gleichung,

$$\boldsymbol{\Delta}\Phi_{\mathrm{N}} = 4\pi G\varrho\,, \tag{6.85}$$

wo Φ_{N} das Newton'sche Potential, ϱ die Massendichte der vorhandenen Materie und G die Newton'sche Konstante bezeichnen. Nehmen wir an, dass der metrische Tensor nur wenig von der flachen Minkowski-Metrik abweicht,

$$g_{\mu\nu}(x) = \eta_{\mu\nu} + h_{\mu\nu}(x) \quad \text{mit} \quad \left|h_{\mu\nu}\right| \ll 1\,, \tag{6.86}$$

und, der Einfachheit halber, dass statische Verhältnisse vorliegen.

Für ein bewegtes, massives Teilchen gilt die Geodätengleichung (6.68a) für $\mu = 0, 1, 2, 3$. Für ein langsam sich bewegendes Teilchen gilt (wir setzen die Lichtgeschwindigkeit $c = 1$)

$$\frac{\mathrm{d}\,x^0}{\mathrm{d}\,\tau} \simeq 1 \quad \text{und} \quad \frac{\mathrm{d}\,x^i}{\mathrm{d}\,\tau} \ll \frac{\mathrm{d}\,x^0}{\mathrm{d}\,\tau}\,, \qquad i = 1, 2, 3\,.$$

Man kann daher die ersten Ableitungen $\mathrm{d}\,x^i/\mathrm{d}\,\tau$ gegenüber $\mathrm{d}\,x^0/\mathrm{d}\,\tau$ vernachlässigen. Die zweiten Ableitungen werden nicht vernachlässigbar sein, lassen sich aber aus der Geodätengleichung (6.68a) näherungsweise berechnen. Es ist (mit $c = 1$)

$$\frac{\mathrm{d}^2x^i}{\mathrm{d}\,t^2} \simeq \frac{\mathrm{d}^2x^i}{\mathrm{d}\,\tau^2} = -\Gamma^i_{\mu\nu}\frac{\mathrm{d}\,x^\mu}{\mathrm{d}\,\tau}\frac{\mathrm{d}\,x^\nu}{\mathrm{d}\,\tau} \simeq -\Gamma^i_{00}\,.$$

Das einzige, hier auftretende Christoffel-Symbol berechnet man in der Näherung (6.86) in erster Ordnung in den $h_{\mu\nu}$ und mit $\eta_{\mu\nu} = \mathrm{diag}(1, -1, -1, -1)$:

$$\begin{aligned}
\Gamma^i_{00} &= \frac{1}{2}g^{i\rho}\left\{2\partial_0 g_{0\rho} - \partial_0 g_{00}\right\} \\
&\simeq \frac{1}{2}\eta^{i\rho}\left\{2\partial_0 h_{0\rho}(x) - \partial_\rho h_{00}\right\} \\
&= \frac{1}{2}\partial_i h_{00}(x) - \partial_0 h_{0i}(x)\,.
\end{aligned}$$

Bei stationären Verhältnissen ist der zweite Term auf der rechten Seite gleich Null. Für die Beschleunigung folgt somit

$$\frac{\mathrm{d}^2x^i}{\mathrm{d}\,t^2} \simeq -\Gamma^i_{00} = -\frac{1}{2}\boldsymbol{\nabla}h_{00} \mathrel{\widehat{=}} -\boldsymbol{\nabla}\Phi_{\mathrm{N}}\,.$$

Damit ist der Zusammenhang zwischen dem Newton'schen Potential Φ_{N} und der Metrik im Newton'schen Grenzfall gefunden,

$$g_{00}(\boldsymbol{x}) \simeq 1 + 2\Phi_{\mathrm{N}} \equiv 1 + \frac{2}{c^2}\Phi_{\mathrm{N}}\,. \tag{6.87a}$$

Für den Ricci-Tensor (6.80c) andererseits gilt im selben statischen Grenzfall schwacher Felder (hier und weiterhin mit $c = 1$)

$$R_{00}^{(\mathrm{Ricci})} \simeq \sum_{i=1}^{3} \partial_i \Gamma^i_{00} = \frac{1}{2}\mathbf{\Delta} h_{00} = \frac{1}{2}\mathbf{\Delta} g_{00} = \mathbf{\Delta}\Phi_{\mathrm{N}} .$$

Alle anderen Komponenten von $\mathbf{R}^{(\mathrm{Ricci})}$ sind vernachlässigbar klein. Für $\mathbf{\Delta}\Phi_{\mathrm{N}}$ kann man die Poisson-Gleichung (6.85) einsetzen.

Der Energie-Impuls-Tensor vereinfacht sich bei schwachen, stationären Feldern und für nichtrelativistisch bewegte Materie insofern, als im Wesentlichen nur T_{00} von Null verschieden ist. Mit den Ergebnissen aus Abschn. 6.2 (wo dort auch $c = 1$ gesetzt wird) ist

$$T_{00} \simeq \varrho\,, \qquad \left|T_{\mu\nu}\right| \ll T_{00} \quad \text{für } (\mu, \nu) \neq (0, 0)\,,$$

so dass für den Zusammenhang zwischen Ricci- und Energie-Impuls-Tensor folgt

$$R_{00}^{(\mathrm{Ricci})} \simeq \mathbf{\Delta}\Phi_{\mathrm{N}} \simeq 4\pi G T_{00} . \tag{6.87b}$$

Das wesentliche Postulat der Allgemeinen Relativitätstheorie ist das folgende: man setzt das Einstein-Tensorfeld (6.84) proportional zum Energie-Impuls Tensorfeld $\mathbf{T}$,

$$\mathbf{G} = \alpha \mathbf{T}\,, \tag{6.88a}$$

und benutzt die eben gemachten Abschätzungen des Newton'schen Grenzfalls um die Konstante α fest zu legen. Beide Tensorfelder sind symmetrisch und divergenzfrei,

$$\mathbf{div}\,\mathbf{G} = 0\,, \qquad \mathbf{div}\,\mathbf{T} = 0\,,$$

oder, gemäß (6.79c) in lokalen Koordinaten ausgedrückt,

$$G^{\nu}{}_{\lambda\,;\nu} = R^{(\mathrm{Ricci})\nu}{}_{\lambda;\nu} = 0\,, \qquad T^{\nu}{}_{\lambda\,;\nu} = 0\,.$$

Die postulierte Gleichung (6.88a) ist allgemein kovariant. Bildet man nun die Kontraktion beider Seiten des Ansatzes (6.88a) und beachtet, dass die Kontraktion des metrischen Tensors gleich 4 ist,

$$C\,(\mathbf{g})\ (\text{lokal } = g^{\mu\nu}(x) g_{\mu\nu}(x)) = 4\,,$$

dann folgt

$$C\,(\mathbf{G}) = C\left(\mathbf{R}^{(\mathrm{Ricci})}\right) - \frac{1}{2} S\, C(\mathbf{g}) = S - 2S = \alpha C\,(\mathbf{T})\ .$$

Da der Krümmungsskalar $S = -\alpha C(\mathbf{T}) \equiv -\alpha\,\mathrm{Sp}(\mathbf{T})$ ist, folgt für den Ricci-Tensor mit der Bezeichnung $g^{\mu\nu} T_{\mu\nu} = \mathrm{Sp}(\mathbf{T})$

$$R_{\mu\nu}^{(\mathrm{Ricci})} = \alpha\left(T_{\mu\nu} - \frac{1}{2}\,\mathrm{Sp}(\mathbf{T}) g_{\mu\nu}\right) . \tag{6.88b}$$

Im oben diskutierten Grenzfall ist hiervon nur die 00-Komponente wesentlich von Null verschieden und es ist

$$T_{00} - \frac{1}{2} g_{00} \left(\mathrm{Sp}(\mathbf{T})\right) \simeq \frac{1}{2} T_{00} \,. \tag{6.88c}$$

Vergleicht man (6.88c), (6.88b) und (6.87b), dann folgt, dass $\alpha = 8\pi G$ sein muss. Aus dem Postulat (6.88a) und aus diesen Überlegungen folgen

Die Einstein'schen Gleichungen:

in koordinatenfreier Form

$$\mathbf{G} \equiv \mathbf{R}^{(\mathrm{Ricci})} - \frac{1}{2} \mathbf{g}\, S = 8\pi G\, \mathbf{T} \,, \tag{6.89}$$

in lokalen Koordinaten ausgedrückt

$$G_{\mu\nu} \equiv R^{(\mathrm{Ricci})}_{\mu\nu} - \frac{1}{2} g_{\mu\nu} S = 8\pi G T_{\mu\nu} \,. \tag{6.90}$$

Bemerkungen

1. Geht man noch einmal die Formeln (6.66) für die Christoffel-Symbole und (6.76) für den Riemann-Tensor durch, die zum Ricci- bzw. dem Einstein-Tensor in lokalen Koordinaten geführt haben, Gleichung (6.80c), dann sieht man, dass die Einstein'schen Gleichungen (6.90) von der Metrik, ihren ersten und ihren zweiten Ableitungen abhängen. Wenn die Metrik tatsächlich das physikalisch relevante Feld ist, dann passt diese Aussage gut in den gewohnten Rahmen der Physik, in dem die Bewegungsgleichungen generell Differentialgleichungen zweiter Ordnung sind.
2. Wir haben schon mehrfach betont, dass das Energie-Impuls Tensorfeld, das als Quellterm der Einstein'schen Gleichungen auftritt, nicht nur die gewöhnliche Materie des Universums, sondern auch alle nichtgravitativen Felder enthält. So gehört der Beitrag eines Maxwell'schen Feldes zu Energie und Impuls genauso dazu wie der Beitrag von massiven, im Weltraum sich bewegenden Objekten.
3. Fragt man nach der Eindeutigkeit der Einstein'schen Gleichungen, dann bekommt man eine merkwürdige Antwort. Für einen Ansatz der Form $\mathbf{A} = \alpha' \mathbf{T}$, wo $\mathbf{A} \in \mathfrak{T}^0_2(M)$ nur von $\mathbf{g}$ und deren ersten und zweiten Ableitungen abhängen und divergenzfrei sein soll, kann man beweisen, dass $\mathbf{A}$ die Form

   $$\mathbf{A} = \mathbf{G} + \Lambda \mathbf{g} \,, \quad \Lambda \text{ eine reelle Konstante,} \tag{6.91}$$

   haben muss, wo $\mathbf{G}$ das Einstein'sche Tensorfeld (6.84) ist. Die Gleichungen (6.89) werden abgeändert,

   $$\mathbf{G} + \Lambda \mathbf{g} = \alpha' \mathbf{T} \,. \tag{6.92}$$

Die Konstante Λ, die hier möglicherweise auftritt, wird *kosmologische Konstante* genannt. Natürlich muss die Proportionalitätskonstante α' neu bestimmt werden, denn nur im Fall $\Lambda = 0$ folgt wie oben $\alpha' = 8\pi G$. Analysiert man die modifizierten Gleichungen (6.92) im selben statischen und Newton'schen Grenzfall wie oben, dann folgt für das Newton'sche Potential

$$\mathbf{\Delta}\Phi_{\mathrm{N}} = 4\pi G\varrho + \Lambda \,. \tag{6.93a}$$

Eine kosmologische Konstante Λ, die nicht gleich Null ist, entspricht einer homogenen, statischen Massendichte im Universum

$$\varrho_{\mathrm{eff}} = \frac{\Lambda}{4\pi G} \,. \tag{6.93b}$$

Eine solche „Hintergrunddichte" muss sich experimentell bemerkbar machen und es wird den Leser, die Leserin nicht überraschen, dass die kosmologische Konstante immer wieder Gegenstand der aktuellen Forschung ist. Als Bemerkung in der Bemerkung sei noch darauf hingewiesen, dass die flache Metrik $g_{\mu\nu} = \eta_{\mu\nu}$ nur Lösung der Einstein'schen Gleichungen ist, wenn $\Lambda = 0$ ist.

4. Man könnte fragen, ob man bei Verwendung des Ricci-Tensorfeldes, das ja als Kontraktion der Riemann'schen Krümmung gebildet wird, schon etwas Information über die Geometrie der Raumzeit verschenkt hat, es womöglich noch stärkere Gleichungen zwischen Geometrie und Materie als (6.89) gibt. Darauf kann ich nur unvollständig und etwas indirekt mit der nun folgenden Bemerkung antworten.
5. Die Theorie der Gravitation, wie sie in (6.89) bzw. (6.90) enthalten ist, liegt im gewohnten Rahmen einer klassischen Feldtheorie. Nehmen wir an, die Materie, genauer die echte (massive) Materie und das Maxwell-Feld (und möglicherweise andere Strahlungsfelder) werde durch eine Lagrangedichte

$$\mathcal{L}\,(\psi, D\psi, \mathbf{g})$$

beschrieben, worin ψ symbolisch für alle nichtgravitativen Felder steht, D die mit dem Levi-Civita Zusammenhang gebildete kovariante Ableitung und $\mathbf{g}$ die Metrik sind. Für das Maxwell-Feld gilt z. B.

$$\mathcal{L}_{\mathrm{M}} = -\frac{1}{16\pi} F_{\mu\nu} F_{\sigma\tau} g^{\mu\sigma} g^{\nu\tau} \,.$$

Was die Gravitation angeht, so ist der Krümmungsskalar aus allgemeinen Erwägungen ein natürlicher Kandidat für eine Lagrangedichte. Aufgrund dieser Überlegungen bildet man die Wirkung

$$\iiiint\limits_U \omega \left\{ -\frac{1}{16\pi G} S + \mathcal{L}\,(\psi, D\psi, \mathbf{g}) \right\} , \tag{6.94}$$

wo U ein Teilgebiet in M ist und ω für das Volumenelement auf M steht. Variiert man sowohl nach den Feldern ψ als auch nach der Metrik $\mathbf{g}$ im Sinne des Hamilton'schen Extremalprinzips Abschn. 3.2, so gibt die Variation der Wirkung nicht nur die Bewegungsgleichungen für die ψ-Felder auf der gekrümmten Raumzeit, sondern auch die Einstein'schen Gleichungen. Die Größe (6.94) heißt *Hilbert-Wirkung*.

6. Ein direkter Vergleich der Maxwell-Theorie und der Allgemeinen Relativitätstheorie zeigt folgende interessante Analogie: Die Eichinvarianz der Maxwell-Theorie in Wechselwirkung mit geladener Materie ist nur dann garantiert, wenn die elektromagnetische Stromdichte erhalten ist, s. Abschn. 3.4.2. Man zeigt, dass die Invarianz der Hilbert-Wirkung unter allgemeinen Diffeomorphismen $\phi \in \text{Diff}\,(M)$ nur dann gilt, wenn das Energie-Impuls Tensorfeld erhalten ist, lokal also die Gleichung $T_{\mu\ \ ;\nu}^{\ \nu} = 0$ erfüllt. Ebenso wie in der Elektrodynamik sowohl die Maxwell-Felder A_μ als auch die Teilchenfelder ψ bei Eichtransformationen verändert werden, wirkt ein Diffeomorphismus

$$\{\mathbf{g}, \psi\} \mapsto \left\{{}^{\phi}\mathbf{g} = \phi^*(\mathbf{g}),\ {}^{\phi}\psi = \phi^*(\psi)\right\} \tag{6.95}$$

sowohl auf die Metrik als auch alle übrigen Felder.
Die Gruppe der Diffeomorphismen Diff (M) *auf der Raumzeit M übernimmt in der Allgemeinen Relativitätstheorie die Rolle der Eichgruppe der Elektrodynamik.*

7. Gleichung (6.88b) mit $\alpha = 8\pi G$ macht noch die folgende Aussage: Wenn gar keine Materie und kein nichtgravitatives Feld vorhanden sind, ist $\mathbf{T} \equiv 0$. Im Vakuum nehmen die Einstein'schen Gleichungen die einfachere Form

$$R_{\mu\nu}^{(\text{Ricci})} = 0 \tag{6.96}$$

an. Dies sind die Gleichungen, die man lösen muss, wenn man beispielsweise das Gravitationsfeld außerhalb einer punktförmigen Masse bestimmen will.

6.6 Gravitationsfeld einer kugelsymmetrischen Massenverteilung

Als Abschluss dieses Kapitels wird hier eine statische Lösung der Einstein'schen Gleichungen (6.96) im Vakuum diskutiert, die das Gravitationsfeld im Außenraum einer kugelsymmetrischen Massenverteilung beschreibt[7]. Sphärische Symmetrie bedeutet, dass die Metrik unter

[7] Eine anschauliche und wenig technische Diskussion findet man in [Rindler 1977]. In Abschn. 7.6 dieses Buches wird die allgemeine Form der Metrik für statische Felder bestimmt.

$(t, \boldsymbol{x}) \mapsto (t, \mathbf{R}\boldsymbol{x})$ mit $\mathbf{R} \in \mathrm{SO}(3)$ invariant sein soll. Die Mannigfaltigkeit, mit der die Raumzeit beschrieben werden soll, muss die Struktur

$$\mathbb{R}_t \times \mathbb{R}^+ \times S^2 \tag{6.97}$$

haben, wo S^2 die Einheitskugel im $\mathbb{R}^3$ ist und die Metrik

$$\mathrm{d}\Omega^2 := \mathrm{d}\theta \otimes \mathrm{d}\theta + \sin^2\theta\, \mathrm{d}\phi \otimes \mathrm{d}\phi \tag{6.98}$$

trägt. Die Achse $\mathbb{R}_t$ beschreibt den Raum der sog. *Schwarzschild-Zeit*, $\mathbb{R}^+$ den Raum des *Schwarzschild-Radius'*.

6.6.1 Die Schwarzschild-Metrik

Als Basis von Einsformen setzt man die folgende an:

$$\omega^0 = e^{a(r)}\,\mathrm{d}t\,,\ \omega^1 = e^{b(r)}\,\mathrm{d}r\,,\ \omega^2 = r\,\mathrm{d}\theta\,,\ \omega^3 = r\sin\theta\,\mathrm{d}\phi\,. \tag{6.99}$$

Dabei sind $a(r)$ und $b(r)$ zwei zunächst noch unbestimmte Funktionen von r allein, die man aus (6.96) bestimmt. (Sie dürfen nicht von t abhängen, da die Lösung statisch sein soll; eine Abhängigkeit von θ und ϕ würde die Kugelsymmetrie zerstören!)

Die Metrik, ausgedrückt durch diese Einsformen, nimmt die Gestalt

$$\mathbf{g} = \eta_{\mu\nu}\,\omega^\mu \otimes \omega^\nu\,, \quad \big(\eta_{\mu\nu} = \mathrm{diag}(1, -1, -1, -1)\big) \tag{6.100}$$

an. An der Basis (6.99) ist besonders bemerkenswert, dass sie ein repère mobile, ein bewegliches Bezugssystem ist, das orthonormiert und der Schwarzschild-Raumzeit optimal angepasst ist. Der weitere Gang der Rechnung ist klar vorgezeichnet, wenn auch im Einzelnen etwas mühsam, siehe z. B. [Rindler 1977], [Straumann 1981]. Man berechnet die Komponenten des Riemann'schen Krümmungstensors in dieser Basis, daraus durch Kontraktion die Komponenten des Ricci-Tensors und schließlich den Krümmungsskalar. Aus Ricci-Tensor und Krümmungsskalar folgt der Einstein-Tensor (6.84),

$$\begin{aligned}
G_{00} &= \mathrm{e}^{-2b}\left(\frac{2b'}{r} - \frac{1}{r^2}\right) + \frac{1}{r^2}\,,\\
G_{11} &= \mathrm{e}^{-2b}\left(\frac{2a'}{r} + \frac{1}{r^2}\right) - \frac{1}{r^2}\,,\\
G_{22} = G_{33} &= \mathrm{e}^{-2b}\left(a'^2 - a'b' + a'' + \frac{a'-b'}{r}\right)\,.
\end{aligned} \tag{6.101}$$

Alle hier nicht aufgeführten Komponenten sind gleich Null.

Die Einstein'schen Gleichungen (6.90) im Vakuum liefern die Bestimmungsgleichungen für die Funktionen a und b. So folgt aus $G_{00} + G_{11} = 0$ die Gleichung $a' + b' = 0$, die sofort zu

$$b(r) = -a(r) \tag{6.102a}$$

integriert werden kann. Es tritt dabei keine Integrationskonstante auf, da die Metrik für $r \to \infty$ in die Minkowski-Metrik $\boldsymbol{\eta}$ übergeht, somit also

$$\lim_{r\to\infty} a(r) = \lim_{r\to\infty} b(r) = 0 \tag{6.102b}$$

gelten muss. Aus der Gleichung $G_{00} = 0$ allein lässt sich $b(r)$ bestimmen. Es ist

$$G_{00} = 0 = \mathrm{e}^{-2b}\left(\frac{2b'}{r} - \frac{1}{r^2}\right) + \frac{1}{r^2}\,, \tag{6.102c}$$

oder, nach Multiplikation mit r^2,

$$1 = \left(1 - 2b'r\right)\mathrm{e}^{-2b} = \frac{\mathrm{d}}{\mathrm{d}\,r}\left(r\,\mathrm{e}^{-2b}\right)\,. \tag{6.102d}$$

Daraus folgt $r\,\mathrm{e}^{-2b} = r - 2m$, mit $2m$ als einer hier noch unbestimmten Integrationskonstanten. Als Ergebnis folgt

$$\mathrm{e}^{-2b(r)} = \mathrm{e}^{+2a(r)} = 1 - \frac{2m}{r}\,, \tag{6.102e}$$

und die Metrik (6.100) wird zur

Schwarzschild-Metrik

$$\mathbf{g} = \left(1 - \frac{2m}{r}\right)\mathrm{d}t \otimes \mathrm{d}t - \frac{\mathrm{d}r \otimes \mathrm{d}r}{1 - 2m/r} - r^2\left(\mathrm{d}\theta \otimes \mathrm{d}\theta + \sin^2\theta\,\mathrm{d}\phi \otimes \mathrm{d}\phi\right)\,. \tag{6.103}$$

Bemerkungen

1. Die Integrationskonstante m lässt sich aus dem Newton'schen Grenzfall durch die Gesamtmasse M der lokalisierten, kugelsymmetrischen Massenverteilung ausdrücken. Wenn wir die Lichtgeschwindigkeit für einen Moment wieder explizit aufnehmen, so gilt

   $$g_{00} \simeq 1 + \frac{2}{c^2}\Phi_{\mathrm{N}} = 1 - \frac{2}{c^2}\frac{GM}{r}\,.$$

   Damit wird $2m$, das die Dimension einer Länge hat, festgelegt zu

   $$r_{\mathrm{S}} := 2m = 2\frac{GM}{c^2}\,. \tag{6.104}$$

   Dieser Radius r_{S} wird *Schwarzschild-Radius* genannt.
2. Das Beispiel der Sonne illustriert die relative Größenordnung des Schwarzschild-Radius' im Vergleich mit dem materiellen Radius der Sonne. Mit $M_\odot = 1{,}989 \cdot 10^{30}$ kg und mit G aus (6.1) folgt

   $$r_{\mathrm{S}}^{(\odot)} = 2{,}952\,\mathrm{km}\,,$$

   eine Zahl, die sehr klein gegenüber $R_\odot = 6{,}960 \cdot 10^5$ km ist.

Für die Erde kommt mit $M_\oplus = 5{,}9742 \cdot 10^{24}$ kg ein Schwarzschild-Radius von $r_S^{(\oplus)} = 0{,}887$ cm heraus!

3. In der Metrik (6.103) weicht nur die (t, r)-Untermannigfaltigkeit von der flachen Metrik ab, der S^2-Anteil bleibt unbeeinflusst. Man wird die Besonderheiten dieser Raumzeit daher durch das Studium von radialen Geodäten am klarsten sichtbar machen.
4. Der Radius $r = r_S$ in der Schwarzschild-Raumzeit, dem man sich von außen nähert, spielt eine besondere Rolle. Die Koordinatendarstellung (6.103) der Metrik verliert ihre Gültigkeit, obwohl ein Blick auf den Einstein-Tensor (6.101) (und ebenso auf die Einträge des Krümmungstensors) zeigt, dass bei $r = r_S$ keine Singularität auftritt, diese geometrischen Größen also endlich bleiben. Mathematisch interpretiert ist der Schwarzschild-Radius nicht mehr als eine Koordinatensingularität – physikalisch interpretiert hat der Radius $r_S = 2m$ aber eine wichtige Bedeutung als Ereignishorizont. Man kann sich dem Schwarzschildradius von außen nähern, die lokale Darstellung (6.103) verliert aber ihre Gültigkeit, wenn man r zu Werten kleiner als r_S fortsetzt.

6.6.2 Zwei beobachtbare Effekte

Die Lösung (6.103) beschreibt das Gravitationsfeld im Außenraum einer lokalisierten, kugelsymmetrischen Massenverteilung. Wenn deren Radius R größer als der Schwarzschild Radius r_S ist, haben wir damit ein Modell für das Feld unserer Sonne, ist der Radius dagegen kleiner als r_S, dann ist die Massenverteilung weder sichtbar noch sonst irgendwie auf physikalische Weise erreichbar. Im zweiten Fall haben wir ein Modell für ein *Schwarzes Loch* vorliegen. Im ersten Fall ergeben sich allgemeinrelativistische Effekte bereits in unserem Sonnensystem. Um diese geht es in diesem Abschnitt.

a) Periheldrehung eines Planeten 340

Wir studieren die Geodätengleichung (6.68a) eines massiven Probekörpers im Feld einer lokalisierten, kugelsymmetrischen Massenverteilung, d. h. im Außenraum der Schwarzschild-Metrik (6.103). Mit orthogonalen Koordinaten

$$y^0 = t\,, \quad y^1 = r\,, \quad y^2 = \theta\,, \quad y^3 = \phi \tag{6.105a}$$

lautet sie

$$\ddot{y}^\mu + \Gamma^\mu_{\nu\rho}\dot{y}^\nu\dot{y}^\rho = 0\,.$$

Diese Gleichung multipliziert man mit $g_{\lambda\mu}$, summiert über μ, hält aber den Index λ fest. Dann entsteht mit der Formel (6.66) für die Christoffel-Symbole und mit

$$\mathbf{g} = \mathrm{diag}\Big((1-2m/r), -(1-2m/r)^{-1}, -r^2, -r^2\sin^2\theta\Big) \tag{6.105b}$$

$$g_{\lambda\lambda}\ddot{y}^{\lambda}+\frac{1}{2}\left[\sum_{\mu}\partial_{\mu}g_{\lambda\lambda}\dot{y}^{\mu}\dot{y}^{\lambda}+\sum_{\nu}\partial_{\nu}g_{\lambda\lambda}\dot{y}^{\lambda}\dot{y}^{\nu}\right]$$
$$=\frac{1}{2}\sum_{\rho}\left(\partial_{\lambda}g_{\rho\rho}\right)\dot{y}^{\rho}\dot{y}^{\rho}\,,\quad(\lambda\text{ fest!})\,. \tag{6.106a}$$

Der Punkt bedeutet die Ableitung nach s. Die beiden Summanden in eckigen Klammern sind gleich und lassen sich mit der Kettenregel für die Differentiation nach dieser Variablen zusammen fassen zu

$$\frac{1}{2}\left[\cdots\right]=\left(\frac{\mathrm{d}}{\mathrm{d}s}g_{\lambda\lambda}\right)\dot{y}^{\lambda}\,,$$

so dass die ganze linke Seite von (6.106a) die Ableitung von $g_{\lambda\lambda}\mathrm{d}y^{\lambda}/\mathrm{d}s$ nach s ist. Damit wird (6.106a) zu

$$\frac{\mathrm{d}}{\mathrm{d}s}\left(g_{\lambda\lambda}\frac{\mathrm{d}y^{\lambda}}{\mathrm{d}s}\right)=\frac{1}{2}\sum_{\rho=0}^{3}\left(\frac{\partial g_{\rho\rho}}{\partial y^{\lambda}}\right)\left(\frac{\mathrm{d}y^{\rho}}{\mathrm{d}s}\right)^{2}\,,\quad\lambda=0,1,2,3\,. \tag{6.106b}$$

Diese Gleichung beschreibt Bahnen freien Falls eines Probekörpers (leichter Planet) im Feld der vorgegebenen Massenverteilung (Sonne) – natürlich unter der Annahme, dass seine eigene Masse dieses Feld nur unwesentlich stört.

Kommt hier die Kepler-Bewegung oder etwas damit nahe Verwandtes heraus?

Für $\lambda=0$, wo $y^0=t$ ist, und für $\lambda=3$, wo $y^3=\phi$ ist, ergeben sich aus (6.106b) zwei Erhaltungssätze, da die rechten Seiten verschwinden (keine Komponente des metrischen Tensors hängt von t oder von ϕ ab!),

$$\frac{\mathrm{d}}{\mathrm{d}s}\left(g_{00}\frac{\mathrm{d}t}{\mathrm{d}s}\right)=0\Longrightarrow\left(1-\frac{2m}{r}\right)\dot{t}\equiv E=\text{const.} \tag{6.107a}$$

$$\frac{\mathrm{d}}{\mathrm{d}s}\left(g_{33}\frac{\mathrm{d}\phi}{\mathrm{d}s}\right)=0\Longrightarrow r^2\sin^2\theta\,\dot{\phi}\equiv\sin^2\theta L=\text{const.} \tag{6.107b}$$

Die Gleichung (6.106b) mit $\lambda=2$ ergibt die Differentialgleichung

$$\frac{\mathrm{d}}{\mathrm{d}s}\left(r^2\frac{\mathrm{d}\theta}{\mathrm{d}s}\right)=r^2\sin\theta\cos\theta\,\dot{\phi}^2\,. \tag{6.107c}$$

Wählt man die räumlichen Polarkoordinaten so, dass der Planet mit $\theta=\pi/2$ und mit der Anfangsgeschwindigkeit $\dot{\theta}=0$ startet, so verbleibt er für alle Zeiten in dieser Äquatorialebene. O.B.d.A. kann man somit $\theta=\pi/2$ wählen. Die Bewegung wird durch die in (6.107a) und (6.107b) definierten Konstanten E und L charakterisiert[8]. Es bleibt noch die Differentialgleichung (6.106b) für $\lambda=1$, d. h. für die Variable r aufzustellen.Die linke Seite dieser Differentialgleichung ist

$$\frac{\mathrm{d}}{\mathrm{d}s}\left(\frac{-1}{1-2m/r}\dot{r}\right)=-\frac{1}{1-2m/r}\ddot{r}+\frac{2m}{r^2}\frac{1}{(1-2m/r)^2}\dot{r}^2\,,$$

[8] Diese lassen sich physikalisch als Energie pro Masseneinheit im Unendlichen, bzw. als Drehimpuls pro Masseneinheit interpretieren.

ihre rechte Seite ergibt

$$\frac{1}{2}\sum_{\rho}\left(\frac{\partial g_{\rho\rho}}{\partial r}\right)\left(\dot{y}^{\rho}\right)^2 = \frac{m}{r^2}\dot{t}^2 + \frac{m/r^2}{(1-2m/r)^2}\dot{r}^2 - r\dot{\phi}^2$$

$$= \frac{m}{r^2}\frac{E^2}{(1-2m/r)^2} + \frac{m/r^2}{(1-2m/r)^2}\dot{r}^2 - \frac{L^2}{r^3}\,.$$

Setzt man die beiden Ausdrücke gleich und multipliziert die ganze Gleichung mit $2\dot{r}$, so entsteht

$$-\frac{2m}{r^2}\frac{E^2}{(1-2m/r)^2}\dot{r} - \frac{2\dot{r}\ddot{r}}{1-2m/r} + \frac{2m}{r^2}\frac{\dot{r}^3}{(1-2m/r)^2} + \frac{2L^2}{r^3}\dot{r} = 0\,.$$

Dies ist aber nichts Anderes als die Zeitableitung einer konstanten Funktion

$$\frac{E^2}{1-2m/r} - \frac{\dot{r}^2}{1-2m/r} - \frac{L^2}{r^2} = C\,. \tag{6.107d}$$

Die Konstante C lässt sich angeben, wenn man feststellt, dass der Ausdruck auf der linken Seite von (6.107d) gleich

$$\sum_{\mu} g_{\mu\mu}\dot{y}^{\mu}\dot{y}^{\mu} = \left(1-\frac{2m}{r}\right)\dot{t}^2 - \frac{1}{(1-2m/r)^2}\dot{r}^2 - r^2\dot{\phi}^2\,,$$

d. h. gleich dem invarianten Quadrat der Vierergeschwindigkeit ist. Dieses haben wir stets auf c^2 normiert, so dass (mit der Wahl natürlicher Einheiten $c = 1$) die Konstante $C = 1$ sein muss.

Auf diese Weise hat man eine Bewegungsgleichung der Form

$$\dot{r}^2 + U(r) = E^2 \quad \text{mit } U(r) = \left(1-\frac{2m}{r}\right)\left(1+\frac{L^2}{r^2}\right) \tag{6.108}$$

erhalten, die schon sehr nahe am Kepler-Problem liegt. Um dies einzusehen, kehren wir noch einmal zum ursprünglichen Kepler-Problem der klassischen, nichtrelativistischen Mechanik zurück, Band 1, Abschn. 1.7.2. Dort löst man die Bewegungsgleichung nicht für $r(t)$ und $\phi(t)$ (die ebenen Polarkoordinaten), sondern für den Radius als Funktion des Azimuths, $r(\phi)$. Außerdem ist es hilfreich, vorübergehend die reziproke Funktion $\sigma(\phi) = 1/r(\phi)$ zu verwenden. Im Einzelnen gilt dann

$$r = r(\phi)\,, \quad r' \equiv \frac{\mathrm{d}r}{\mathrm{d}\phi} = \frac{\dot{r}}{\dot{\phi}}\,, \quad \dot{r} = r'\dot{\phi} = r'\frac{\ell}{\mu r^2}\,, \tag{6.109a}$$

$$\sigma(\phi) := \frac{1}{r(\phi)}\,, \qquad \sigma' \equiv \frac{\mathrm{d}\sigma}{\mathrm{d}\phi} = -\frac{1}{r^2}r'\,. \tag{6.109b}$$

Aus dem Energiesatz und aus dem Drehimpulssatz folgt die Differentialgleichung

$$\sigma'^2 + \left(\sigma - \frac{1}{p}\right)^2 = \frac{\varepsilon^2}{p^2} \quad \text{mit} \tag{6.110a}$$

$$p = \frac{\ell^2}{A\mu}\,, \quad \varepsilon^2 = 1 + \frac{2E\ell^2}{\mu A^2}\,, \quad A = Gm_0 M\,, \tag{6.110b}$$

und wo $\mu = m_0 M/(m_0 + M)$ die reduzierte Masse ist. Wenn die Masse m_0 des Probekörpers (Planeten) im Vergleich zur Masse M klein ist, so ist

$$p = \frac{(\ell/\mu)^2}{G(M+m_0)} \simeq \frac{(\ell/\mu)^2}{GM} = \frac{L^2}{m} , \tag{6.110c}$$

wo $(\ell/\mu)^2 = L^2$ gesetzt und die Formel (6.104) für den halben Schwarzschild-Radius eingesetzt ist. Man differenziert jetzt die Differentialgleichung (6.110a) noch einmal nach ϕ und erhält zwei Differentialgleichung zweiter Ordnung

$$\sigma'(\phi) = 0 , \tag{6.111a}$$

$$\sigma''(\phi) + \sigma(\phi) = \frac{1}{p} \simeq \frac{GM}{(\ell/\mu)^2} = \frac{m}{L^2} , \tag{6.111b}$$

die alternativ anzuwenden sind. Die erste von ihnen beschreibt Kreisbahnen, die zweite hat die bekannte Lösung

$$\sigma^{(0)}(\phi) = \frac{1}{p}\,(1 + \varepsilon \cos\phi) , \tag{6.111c}$$

in der die Polarkoordinaten so gewählt sind, dass das Perihel bei $\phi = 0$ liegt. Die Exzentrizität ist wie üblich mit ε bezeichnet.

Kehrt man zur Berechnung der Geodätenbewegung (6.108) zurück, setzt die Formel $\dot{r} = r' L/r^2$ ein und führt auch dort die Definitionen und Formeln (6.109a) und (6.109b) ein, so folgt die Differentialgleichung

$$\sigma'^2(\phi) + \sigma^2(\phi) = \frac{E^2 - 1}{L^2} + \frac{2m}{L^2}\sigma(\phi) + 2m\sigma^3(\phi) . \tag{6.112}$$

Man leitet auch hier noch einmal nach ϕ ab und erhält die alternativen Differentialgleichungen

$$\sigma'(\phi) = 0 , \tag{6.113a}$$

$$\sigma''(\phi) + \sigma(\phi) = \frac{m}{L^2} + 3m\sigma^2(\phi) . \tag{6.113b}$$

Die erste dieser Gleichungen gehört zu den Kreisbahnen. Was die zweite angeht, so ist sie ohne den zweiten Summanden auf der rechten Seite identisch mit der Kepler'schen (6.111b), wenn man $m = GM$ aus (6.104) einsetzt, und $L = \ell/m_0$ als Drehimpuls pro Masseneinheit identifiziert.

Der Zusatzterm $3m\sigma^2(\phi)$ in (6.113b) ist in unserem Planetensystem ein kleiner Störterm. Im Fall des Planeten Merkur schätzt man dies ab, indem man für $3m\sigma^2$ die ungestörte Lösung (6.111c) einsetzt und p in (6.110c) durch die große Halbachse a und die Exzentrizität ε ausdrückt. Es ist $p = a(1-\varepsilon^2)$ und somit

$$\frac{3m\sigma^2}{(m/L^2)} \simeq \frac{3m}{p} = \frac{3m}{a(1-\varepsilon^2)} =: \eta . \tag{6.114}$$

Setzt man $m = r_S^{(\odot)}/2 = 1{,}476\,\text{km}$ und die Bahndaten von Merkur ein, $a = 5{,}79 \cdot 10^7\,\text{km}$ und $\varepsilon = 0{,}2056$ [Meyers Handbuch Weltall], so ist dieses Verhältnis $8 \cdot 10^{-8}$. Dies bedeutet, dass man die Änderung der Keplerbahnen in erster Ordnung Störungsrechnung bestimmen kann. Die Idee ist folgende. Man schreibt die gesuchte Lösung von (6.113b) als Summe aus der ursprünglichen Kepler-Lösung (6.111c) und einem Zusatz $\delta(\phi)$,

$$\sigma(\phi) = \sigma^{(0)}(\phi) + \delta(\phi)\,, \quad \text{mit } \sigma^{(0)}(\phi) = \frac{m}{L^2}\,(1 + \varepsilon\cos\phi)\;,$$

setzt dies in (6.113b) ein, vernachlässigt dort aber die Terme $6m\sigma^{(0)}\delta$ und $3m\delta^2$. Dann erfüllt die Funktion δ die genäherte Differentialgleichung

$$\begin{aligned} \delta''(\phi) + \delta(\phi) &= \frac{3m^3}{L^4}\left[1 + 2\varepsilon\cos\phi + \varepsilon^2\cos^2\phi\right] \\ &= \frac{3m}{p^2}\left[1 + 2\varepsilon\cos\phi + \varepsilon^2\cos^2\phi\right]. \end{aligned} \tag{6.115a}$$

Man möchte erreichen, dass auch die korrigierte Lösung von (6.115a) ihr Ausgangsperihel bei $\phi = 0$ hat, d. h. dass die erste Ableitung $\delta'(\phi)$ bei $\phi = 0$ verschwindet. Die Lösung von (6.115a), die diese Forderung erfüllt, ist

$$\delta(\phi) = \frac{3m}{p^2}\left[1 + \varepsilon\phi\sin\phi + \frac{1}{2}\varepsilon^2 - \frac{1}{6}\varepsilon^2\cos(2\phi)\right]. \tag{6.115b}$$

Ihre ersten und zweiten Ableitungen sind

$$\begin{aligned} \delta'(\phi) &= \frac{3m}{p^2}\left[\varepsilon\sin\phi + \varepsilon\phi\cos\phi + \frac{1}{3}\varepsilon^2\sin(2\phi)\right], \\ \delta''(\phi) &= \frac{3m}{p^2}\left[2\varepsilon\cos\phi - \varepsilon\phi\sin\phi + \frac{2}{3}\varepsilon^2\cos(2\phi)\right]. \end{aligned}$$

Berechnet man jetzt das erste, auf das Ausgangsperihel folgende Perihel, so sucht man die Nullstelle der ersten Ableitung bei $\phi = 2\pi + \Delta\phi$,

$$\begin{aligned} &\frac{\mathrm{d}}{\mathrm{d}\phi}\left(\sigma^{(0)}(\phi) + \delta(\phi)\right) \\ &\quad = \frac{\varepsilon}{p}\left\{-\sin\phi + \frac{3m}{p}\left(\sin\phi + \phi\cos\phi + \frac{\varepsilon}{3}\sin(2\phi)\right)\right\}_{\phi = 2\pi + \Delta\phi} \stackrel{!}{=} 0\,. \end{aligned}$$

Da $3m/p$ sehr klein ist, ist auch $\Delta\phi \ll 2\pi$. Die eben erhaltene Gleichung gibt daher in sehr guter Näherung

$$\Delta\phi \simeq \frac{3m}{p}2\pi = \frac{6\pi m}{a(1-\varepsilon^2)} \equiv 2\pi\eta\,. \tag{6.116}$$

Setzt man die Daten des Merkur ein, dann ergibt sich eine Periheldrehung nach einem Umlauf von

$$\Delta\phi^{(\mathrm{M})} = 5{,}0265 \cdot 10^{-7}\ \text{radian}\,. \tag{6.117a}$$

Merkur hat eine Umlaufszeit von 87,969 d (Tage). Im Laufe eines Jahrhunderts wandert sein Perihel daher um den Betrag

$$\begin{aligned}\Delta\phi^{(\mathrm{M})} \cdot \frac{100\,\mathrm{y} \cdot 365\,\mathrm{d}}{87{,}969\,\mathrm{d}} &= 2{,}08 \cdot 10^{-4}\ \text{rad} \cdot \text{Jahrh.}^{-1}\\ &\mathrel{\widehat{=}} 42{,}9'' \cdot \text{Jahrh.}^{-1}\,.\end{aligned} \tag{6.117b}$$

Die beobachtete Periheldrehung des Merkur beträgt etwa 574 Bogensekunden pro Jahrhundert, siehe z. B. [Boccaletti-Pucacco 2001]. Astronomische Rechnungen, die den Einfluss der anderen Planeten auf die ursprüngliche Kepler-Ellipse des Merkur berücksichtigen, ergeben davon einen Teilbetrag von 531′. Der Differenzbetrag von $\sim 43''$ pro Jahrhundert stimmt mit dem Ergebnis (6.117b) der Allgemeinen Relativitätstheorie perfekt überein[9].

Bemerkungen

1. Als vielleicht wichtigstes Ergebnis hat man gelernt, dass die Planetenbewegung in der Allgemeinen Relativitätstheorie Bewegung längs Geodäten, d. h. Bewegung freien Fallens im Gravitationsfeld einer großen zentralen Masse ist. Die Bewegungsgleichungen sind denen des Kepler-Problems auf dem flachen Raum in der beschriebenen Näherung zwar nahe verwandt, sind aber nicht identisch damit.
2. An Stelle der Geodätengleichung (6.106a) oder (6.106b) kann man eine echte Aufgabenstellung der Mechanik lösen, die zum selben Ergebnis führt. Diese folgt, wenn man sich in Erinnerung ruft, dass die Geodätengleichungen (6.68a) als Euler-Lagrange Gleichungen zur Langrangefunktion

$$\mathcal{L} = \frac{1}{2} g_{\mu\nu}(y)\dot{y}^{\mu}\dot{y}^{\nu} = \frac{1}{2}c^2 \tag{6.118}$$

gelesen werden können (s. Band 1, Abschn. 5.7). Mit den Koordinaten (6.105a), der Schwarzschild-Metrik (6.103) und mit $c = 1$ ist

$$2\mathcal{L} = \left(1 - \frac{2m}{r}\right)\dot{t}^2 - \frac{\dot{r}^2}{1 - 2m/r} - r^2\left(\dot{\theta}^2 + \sin^2\theta\dot{\phi}^2\right)\,. \tag{6.119a}$$

Die Euler-Lagrange Gleichung in den Variablen θ und $\dot{\theta}$ ist identisch mit der Gleichung (6.107c). Wie weiter oben gezeigt kann man o.B.d.A. die Koordinaten so wählen, dass $\theta = \pi/2$ und $\dot{\theta} = 0$ sind und bleiben. Dabei vereinfacht sich die Lagrangefunktion zu

$$2\mathcal{L} = \left(1 - \frac{2m}{r}\right)\dot{t}^2 - \frac{\dot{r}^2}{1 - 2m/r} - r^2\dot{\phi}^2\,. \tag{6.119b}$$

[9] Eine ausführliche Diskussion dieses wichtigen Effekts und seiner experimtentellen Bestimmung findet man z. B. bei [Weinberg 1972]

In dieser Lagrangefunktion sind die Variablen ϕ und t zyklisch, es folgen daher sofort die beiden Erhaltungssätze

$$-\frac{\partial \mathcal{L}}{\partial \dot{\phi}} = r^2 \dot{\phi} = L\,, \quad \frac{\partial \mathcal{L}}{\partial \dot{t}} = \dot{t}\left(1 - \frac{2m}{r}\right) = E\,, \tag{6.120}$$

die schon aus (6.107b) bzw. (6.107a) bekannt sind.

b) Nullgeodäten und Lichtablenkung

Mit der in der eben gemachten, zweiten Bemerkung kann man auch die Berechnung von Nullgeodäten auf ein mechanisches Problem zurück führen. Einziger Unterschied zum vorhergehenden Fall ist, dass jetzt $\mathcal{L} = 0$ gesetzt werden muss. Wählt man wieder die Polarkoordinaten so, dass $\theta = \pi/2$ und $\dot{\theta} = 0$ sind und setzt man die Erhaltungssätze (6.120) im Analogon zu (6.119b) ein, so folgt

$$\frac{E^2}{(1-2m/r)} - \frac{\dot{r}^2}{1-2m/r} - \frac{L^2}{r^2} = 0\,, \quad \text{oder}$$

$$\dot{r}^2 + \frac{L^2}{r^2}\left(1 - \frac{2m}{r}\right) = E^2\,. \tag{6.121}$$

Auch in diesem Fall verwendet man am Besten die Darstellung $r(\phi)$ des Radius' als Funktion des Azimuths,

$$\dot{r} = r' \frac{L}{r^2}\,,$$

womit (6.121) in das Analogon zu (6.112) übergeht,

$$\sigma'^2(\phi) + \sigma^2(\phi) = \frac{1}{b^2} + 2m\sigma^3(\phi)\,, \quad \left(b := \frac{L}{E}\right)\,, \tag{6.122a}$$

Differenziert man einmal nach ϕ, so bekommt man alternativ zwei Gleichungen

$$\sigma'(\phi) = 0 \quad \text{oder} \tag{6.122b}$$

$$\sigma''(\phi) + \sigma(\phi) = 3m\sigma^2(\phi)\,. \tag{6.122c}$$

In der zweiten dieser Differentialgleichungen ist der Term auf der rechten Seite im Fall der Streuung von Licht an der Sonne sehr klein. Vergleicht man $3m\sigma^2(\phi)$ mit $\sigma(\phi)$ bei einem Lichtstrahl, der die Sonne an ihrem Rand streift, dann ist

$$\frac{3m\sigma^2(\phi)}{\sigma} = \frac{3m}{r} \leqslant \frac{3r_S^{(\odot)}}{2R_\odot} \simeq 1 \cdot 10^{-5}\,.$$

Ohne diesen Term lautet die Lösung, die mit $\phi = 0$ beginnt, die (6.122a) und (6.122c) erfüllt und die den Stoßparameter b hat,

$$\sigma^{(0)}(\phi) = \frac{1}{b} \sin\phi\,.$$

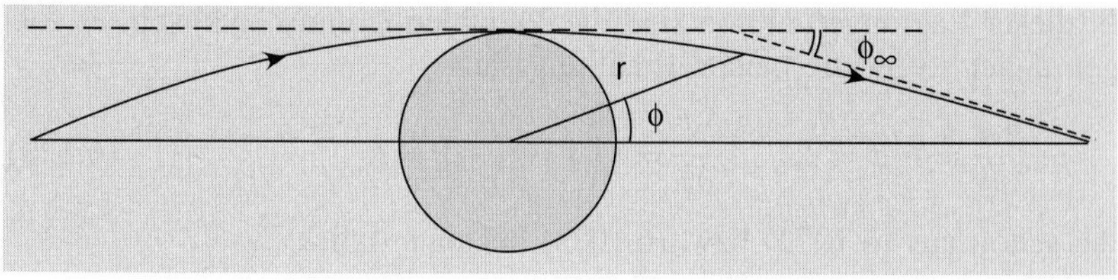

Abb. 6.11. Ein Lichtstrahl wird von einer massiven Kugel abgelenkt. Hier ist ein Strahl gezeigt, der die Oberfläche streift

Dies ist die gestrichelte Linie in Abb. 6.11. Die Abweichung $\delta(\phi)$ von dieser ungestörten Lösung erfüllt die Differentialgleichung

$$\delta''(\phi)+\delta(\phi)\simeq\frac{3m}{b^2}\left(1-\cos^2\phi\right),$$

deren Lösung zur selben Anfangsbedingung

$$\delta(\phi)\simeq\frac{3m}{2b^2}\left(1+\frac{1}{3}\cos(2\phi)\right)$$

ist. Die gesamte Lösung ist damit näherungsweise gleich

$$\begin{aligned}\sigma(\phi)&=\sigma^{(0)}(\phi)+\delta(\phi)\\&=\frac{1}{b}\sin\phi+\frac{3m}{2b^2}\left(1+\frac{1}{3}\cos(2\phi)\right).\end{aligned}\qquad(6.123)$$

Jetzt kann man die Ablenkung eines aus dem Unendlichen kommenden Lichtstrahls an der Sonne berechnen, der ohne Störung geradlinig verlaufen würde und den Stoßparameter b hätte. Mit $r\to\infty$, d. h. $\sigma\to 0$, ist $\sin\phi\simeq\phi$ und $\cos(2\phi)\simeq 1$, und somit

$$\frac{1}{b}\phi+\frac{3m}{2b^2}\frac{4}{3}\simeq 0\,,\quad\text{bzw. }\phi_\infty\simeq-\frac{2m}{b}\,.\qquad(6.124a)$$

Die gesamte Ablenkung des Lichts zwischen $-\infty$ und $+\infty$ ist

$$\Delta=2\phi_\infty\simeq\frac{4m}{b}\,.\qquad(6.124b)$$

Setzt man hier $2m=r_S^{(\odot)}$ und den Stoßparameter gleich dem Sonnenradius, $b=R_\odot$, so findet man $\Delta\simeq 1{,}7''$. Auch diese Vorhersage ist in guter Übereinstimmung mit Messungen der Lichtablenkung an der Sonne (siehe z. B. [Will 2001]).

6.7 Schlussbemerkungen

1. Mit der Periheldrehung und der Lichtablenkung, die wir aus der statischen Schwarzschild-Metrik berechnet haben, lernt man zwei klassische Tests der Allgemeinen Relativitätstheorie kennen, die zu den historisch ersten großen Erfolgen dieser Theorie der Gravitation gehören. Beide Effekte beziehen sich auf eine Situation, in der das Gravitationsfeld schwach ist in dem Sinne, dass die wirkliche

Raumzeit nur wenig von einem flachen Raum abweicht, und wo es statisch vorgegeben, also nicht zeitlich veränderlich ist. Heute gibt es eine ganze Reihe weiterer Tests, die auch Systeme mit *starken* Gravitationsfeldern und mit *zeitabhängigen* Feldern einschließen. Eine aktuelle und vollständige Zusammenfassung findet man z. B. in [Will 2001].

2. Die Diskussion der Schwarzschild-Metrik im vorhergehenden Abschnitt ist unvollständig, weil sie in der gegebenen Form (6.103) nicht für Radien $r \leqslant r_S$ gilt. Analysiert man die Bedeutung des Wertes $r = r_S$, indem man Nullgeodäten in radialer Richtung studiert, für die
$$\frac{\mathrm{d}r}{\mathrm{d}t} = \pm\left(1 - \frac{r_S}{r}\right)$$
gilt, so stellt man fest, dass bei der Annäherung $r \to r_S$ von größeren Werten her, die lokalen Lichtkegel ihre Öffnung auf Null verengen. Dies hat eigentümliche physikalische Konsequenzen. Dieser spezielle Wert des Radius' stellt sich als ein *Horizont* heraus, der die Welt mit $r > r_S$ von der Welt mit $r < r_S$ trennt.
Eine Fortsetzung auf Werte unterhalb des Schwarzschild-Radius' – also geometrisch gesprochen, ein Kartenwechsel – ist durchaus möglich, sie zeigt aber, dass dabei die Rollen der Zeit- und der Radiusvariablen vertauscht werden, aus einer statischen Lösung eine nichtstatische wird. Zugleich gibt diese Fortsetzung ein Modell an die Hand, mit dem man ein *Schwarzes Loch* beschreiben kann, das ist eine kugelsymmetrische Massenverteilung, die so dicht ist, dass ihr Schwarzschild-Radius größer als ihr geometrischer Radius ist.
3. Es gibt weitere, wenn auch wenige, analytische Lösungen der Einstein'schen Gleichungen, darunter solche, die rotierende Schwarze Löcher beschreiben. Solche und andere explizite Lösungen sind für Modelle bedeutsam, mit denen man (klassische) Kosmologien im Rahmen der Einstein'schen Gleichungen beschreiben möchte. Besonders interessant ist das Studium der Singularitäten von Lösungen und ihres möglichen Zusammenhangs mit Quanteneigenschaften des Gravitationsfeldes.
4. Ein wichtiger Zweig der Allgemeinen Relativitätstheorie ist die Analyse und der mögliche experimentelle Nachweis von *Gravitationswellen.* Besonders interessant sind dabei der Quervergleich zu den elektromagnetischen Wellen, die Ähnlichkeiten und ihre charakteristischen Unterschiede.

Mit diesen Anmerkungen verlasse ich das faszinierende Gebiet der Gravitationstheorie als klassische Feldtheorie und verweise auf die vielen, ausgezeichneten Monografien, die es hierzu gibt. Mit dem Wissen dieses Kapitels, und insbesondere der Kenntnis der geometrischen Grundlagen der Allgemeinen Relativitätstheorie, so hoffe ich, sind der Leser und die Leserin für das Studium einer dieser Monografien bestens vorbereitet.

Historische Anmerkungen: Vier Schritte der Vereinigung

„Electricity is universally allowed to be a very entertaining and surprising phenomenon, but it has frequently been lamented that it has never yet, with much certainty, been applied to any very useful purpose.
The same reflexion has often been made, no doubt, as to music. It is a charming resource, in an idle hour, to the rich and luxurious part of the world. But say the sour and the wordly, what is its use to the rest of mankind? ...
Music has indeed ever been the delight of accomplished princes, and the most elegant amusements of polite courts: but at present it is so combined with things sacred and important, as well as with our pleasures, that mankind seems wholly unable to subsist without it."

Dieses Zitat, das dem Vorwort zu Charles Burneys „Carl Burney's, der Musik Doctors, Tagebuch einer musikalischen Reise 1772–1773" (Charles Burney, englischer Musikologe, 1726–1824) entnommen ist, weist auf zweierlei Dinge hin: zum einen darauf, welch große Bedeutung die Musik im 18. Jahrhundert für alle und jedermann hatte, vom höfischen Leben bis zur bäuerlichen Arbeit auf den Feldern – wer hiervon einen lebendigen Eindruck gewinnen will, dem empfehle ich lebhaft das genannte Tagebuch in der zeitgenössischen, um viele Anmerkungen und Einschübe bereicherten Übersetzung von C. D. Ebeling[1] – zum anderen auf den Stand der Kenntnis der Elektrizität und des Magnetismus gegen Ende des Jahrhunderts der Aufklärung: Einfache Phänomene der Elektrostatik und der Wirkung stationärer Ströme (aus den Volta'schen Batterien) waren bekannt und wurden als kuriose Effekte ohne jede praktische Bedeutung für das tägliche Leben wahr genommen. Einzige Ausnahme waren die von Benjamin Franklin erfundenen Blitzableiter, von deren Nutzen aufgeklärte Menschen wie Herr Burney überzeugt waren. Benjamin Franklin (1706–1790) war ein amerikanischer Staatsmann und Schriftsteller, der naturwissenschaftliche Studien trieb.

Dem Magnetismus andererseits, der in Form von natürlichem magnetischen Material bekannt war (die Namensgebung verweist auf *Magnesia*, eine Landschaft in Thessalien), wurde heilende Kraft zugeschrieben – wenn auch nicht immer ganz ernst genommen, wenn man sich an Mozarts Oper *Cosi fan tutte* erinnert, die 1789/90 entstand. Da versucht Despina, Kammermädchen der Damen Fiordiligi und Dora-

[1] Facsimile-Ausgabe, Bärenreiter, Kassel 1959

bella, in der 16. Szene des ersten Akts als Arzt verkleidet die Liebhaber Guglielmo und Ferrando mittels Magnetismus zu heilen:

„Questo è quel pezzo di calamita, pietra Mesmerica,
ch'ebbe l'origine n'ell Allemagna
che poi si celebre in Francia fù.“
(„Hier ein Magnetstein,
den ich empfangen aus Dr. Mesmers Hand,
den man im deutschen Land zuerst entdeckte,
und der so großen Ruhm in Frankreich fand“)

(Franz Anton Mesmer, 1734–1815, war Arzt und Theologe. Er begründete die Lehre vom Heilmagnetismus, dem sog. animalischen Magnetismus, eine Vorform der Hypnosetherapie. Im Englischen ist noch heute das Wort *mesmerizing* für *fesselnd, faszinierend* gebräuchlich.)

Natürlich wissen die Leserinnen und Leser, dass das Wort Elektron die griechische Bezeichnung für Bernstein ist, womit auf die „harzelektrische“ Ladung verwiesen wird.

Das Coulomb'sche Gesetz, d. h. die $1/r^2$-Abhängigkeit der Kraft zwischen zwei Ladungen, wurde 1785 entdeckt (**Charles Augustin Coulomb, 1736–1806**), aber erst 35 Jahre später, um 1820 wurde erkannt, dass elektrische und magnetische Erscheinungen in Wahrheit nahe verwandt sind. Der dänische Physiker **Hans Christian Ørsted (1777–1851)** teilte mit, dass in Leiterschleifen zirkulierende elektrische Ströme in ihrer Umgebung Magnetnadeln ausrichten. Dieser erste von vier Schritten der Vereinigung erregte großes Aufsehen und war Anlass für die nachfolgenden, quantitativen Untersuchungen von Biot und Savart (**Jean-Baptiste Biot, 1774–1862; Félix Savart, 1791–1841**), die in dem nach ihnen benannten Gesetz kulminierten, sowie für eine Reihe berühmter Experimente Ampères (**André Marie Ampère, 1775–1836**), der unter Anderem nachwies, dass kleine stromdurchflossene Spulen sich im Magnetfeld der Erde wie Stabmagnete verhalten und der die Kraftwirkungen von stromdurchflossenen Leitern aufeinander formulierte.

Die beiden ganz großen Gestalten der klassischen Periode der Elektrodynamik sind Faraday (**Michael Faraday, 1791–1867**) und Maxwell (**James Clerk Maxwell, 1831–1879**), der Erste als der Prototyp des „Vollblut-Expertimentators“[2], der das Schlüsselgesetz der Induktion entdeckte, der Zweite von ihnen als der Vollender der Grundgleichungen der Elektrodynamik in universeller, lokaler Form. Das Induktionsgesetz von 1831 stellte die erste direkte und explizite Verbindung zwischen elektrischen und magnetischen Feldern her. Aber erst Maxwells Entwicklung des Konzepts des Verschiebungsstroms – 33 Jahre später! – in der nichtstationären Anwendung des Biot-Savart'schen Gesetzes machte daraus eine geschlossene, in sich konsistente Theorie. Die fulminante und für uns Heutige folgenreichste Bestätigung fanden Maxwells Gleichungen von 1864 in den Experimenten, die Heinrich Hertz 1888

[2] Hierzu empfehle ich die Lektüre der beiden Aufsätze von R. Jost (*Das Märchen vom elfenbeinernen Turm*, Springer 1995), einmal über Michael Faraday allein in *Michael Faraday – 150 years after the discovery of electromagnetic induction*, einmal im Vergleich mit Carl Friedrich Gauß in *Mathematik und Physik seit 1800; Zerwürfnis und Zuneigung*.

durchführte (**Heinrich Rudolph Hertz, 1857–1894**) und mit denen er die Existenz elektromagnetischer Wellen nachwies. Die ungeheure technische Entwicklung bis in unsere Zeit, von der frühen drahtlosen Telegrafie bis zur GPS-Technik in unseren Schiffen, Flugzeugen, Autos und der modernen Telekommunikation ist den Lesern wohlbewusst. So könnte man den Schlusssatz des Eingangszitats einfach wiederholen, wenn auch mit vertauschten Subjekten, ... *at present it is so combined with things sacred and important, as well as with our pleasures, that mankind seems wholly unable to subsist without it.*

Weniger geradlinig und transparent ist die Geschichte des Begriffs *Vektorpotential,* der doch für die Entdeckung der Eichinvarianz wesentlich war. Wie Jackson und Okun in ihrem historischen Abriss über das Eichprinzip ausarbeiten[3], gibt es bei Franz E. Neumann und Wilhelm Weber Mitte des 19. Jahrhunderts erste Spuren, aber erst bei Gustav Kirchhoff (um 1857) und ein Jahrzehnt oder mehr später bei Hermann von Helmholtz finden sich Gleichungen, die Vektor- und skalares Potential in Relationen verknüpfen, die – aus heutiger Sicht – speziellen Wahlen der Eichung entsprechen.

Es war der dänische Physiker **Ludvig Valentin Lorenz** (1829–1891), der 1867 als Erster retardierte Potentiale der Art (4.30) angab, d. h. in heute gebräuchlicher Schreibweise,

$$\Phi(t,\boldsymbol{x}) = \iiint \mathrm{d}^3x' \int \mathrm{d}t' \, \frac{\varrho(t',\boldsymbol{x}')}{|\boldsymbol{x}-\boldsymbol{x}'|} \delta(t' - t + \frac{1}{c}\,|\boldsymbol{x}-\boldsymbol{x}'|)\,, \tag{1a}$$

$$\boldsymbol{A}(t,\boldsymbol{x}) = \iiint \mathrm{d}^3x' \int \mathrm{d}t' \, \frac{\boldsymbol{j}(t',\boldsymbol{x}')}{|\boldsymbol{x}-\boldsymbol{x}'|} \delta(t' - t + \frac{1}{c}\,|\boldsymbol{x}-\boldsymbol{x}'|)\,, \tag{1b}$$

und der feststellte, dass diese die Bedingung

$$\nabla \cdot \boldsymbol{A}(t,\boldsymbol{x}) + \frac{1}{c}\frac{\partial \Phi(t,\boldsymbol{x})}{\partial t} = 0 \tag{2}$$

erfüllen. Offenbar war ihm der Gebrauch von Eichtransformationen vertraut, denn er stellte die Äquivalenz dieser Potentiale mit denen in der Klasse $\nabla \cdot \boldsymbol{A} = 0$ fest. Seit Menschengedenken wird die Bedingung (2) dem niederländischen Physiker H. A. Lorentz (**Hendrik Antoon Lorentz, 1853–1928**) zugeschrieben. Da L. V. Lorenz sie aber etwa ein Viertel Jahrhundert vor H. A. Lorentz entdeckte und benutzte, ist es an der Zeit, diesen in praktisch allen Lehrbüchern vertretenen Irrtum zu korrigieren, ohne dass dadurch die Bedeutung und die großen Verdienste des Letzteren geschmälert werden[4].

Interessant wäre es auch, einerseits genauer zu verfolgen, wie die Natur des elektrischen Stroms als Transport von Punktladungen im Laufe der Zeit erkannt wurde, andererseits die Geschichte der Fizeau'schen und Michelson-Morley'schen Versuche bis hin zum Nachweis der Interferenz der Röntgenstrahlen durch W. Friedrich und P. Knipping – aufgrund der Idee von Max von Laue – zu verfolgen, sowie den endgültigen Garaus des ominösen Äthers.

[3] J. D. Jackson, L. B. Okun: *Historical roots of gauge invariance*, Rev. Mod. Phys. 73 (2001) 663.

[4] Beider Namen sind mit dem Begriff des Lorenz-Lorentz-Effekts in der Optik verbunden, der die Abhängigkeit des Brechungsindex von der Dichte zum Inhalt hat. Denselben Effekt gibt es in der Wechselwirkung von negativen Pionen mit Kernmaterie, unter dem Namen Ericson-Ericson-Effekt.

Aus heutiger Sicht interessanter und bedeutsamer ist die Kovarianz der Maxwell'schen Gleichungen unter der Lorentz-Gruppe, die auf dem Prinzip der Konstanz der Lichtgeschwindigkeit fußt, und die Entwicklung der Speziellen Relativitätstheorie durch Albert Einstein. Die Erkenntnis der Symmetrie zwischen Raum und Zeit und den Schritt vom Newton'schen Raum und der absoluten, durch nichts beeinflussbaren Newton'schen Zeit zum Minkowski-Raum mag man den zweiten Schritt der Vereinigung nennen.

Der Begriff der Eichtransformation wurde 1919 von Hermann Weyl (**Hermann Weyl, 1885–1955,** deutscher Mathematiker und Physiker) geprägt, der damit – beim Versuch, Elektrodynamik und Gravitation zu vereinen – eigentlich eine Skalentransformation der Metrik

$$g_{\mu\nu} \longmapsto e^{\lambda(x)} g_{\mu\nu}$$

mit *reellen* Funktionen $\lambda(x)$ meinte, d. h. eine Transformation, bei der Koordinaten wirklich im alten Sinne des Wortes „geeicht" werden. Besonders wichtig, wenn auch nicht immer voll gewürdigt, ist die Entdeckung Vladimir Focks[5], die ich den dritten Schritt der Vereinigung nennen möchte: Die Kombination aus lokalen, durch reelle Funktionen $\chi(t, \boldsymbol{x})$ erzeugte U(1)-Transformationen und die Wirkung von Phasen

$$e^{i\alpha(t,\boldsymbol{x})} \quad \text{mit} \quad \alpha(t, \boldsymbol{x}) = \frac{e}{\hbar c} \chi(t, \boldsymbol{x})$$

auf Wellenfunktionen der Quantentheorie, die wir in Abschn. 3.4.2, Gleichungen (3.38) und (3.39b), und in Abschn. 5.2, Gleichung (5.16), ausgeführt haben. Hier werden das für die klassische Elektrodynamik wichtige Eichprinzip und die für die Quantenmechanik charakteristische Phasenfreiheit zu etwas Neuem zusammen geführt: eine lokal eichinvariante Theorie von Strahlung und Materie, wobei die kovariante Ableitung eine besondere Rolle spielt, indem sie die Kopplung zwischen beiden Typen von Feldern festlegt.

Der vierte Schritt der Vereinigung ist die Zusammenführung der Elektrodynamik mit den anderen fundamentalen Wechselwirkungen im Rahmen des sog. Standardmodells der Elementarteilchenphysik. Die Pioniere dieser Vereinigung am Beispiel der Elektrodynamik und der Schwachen Wechselwirkungen auf *klassischer* Basis, sowie die wichtigsten Schritte der Entwicklung habe ich im fünften Kapitel genannt. Sie führen in das weitverzweigte Gebiet der modernen Quantenfeldtheorie und in die aktuelle Forschung der Elementarteilchenphysik, zu deren historischen Entwicklung ich auf den Anhang zu Band 4 verweise.

Die Allgemeine Relativitätstheorie ist das Werk eines Einzelnen, Albert Einstein. Die Entstehungsgeschichte dieser Theorie, das Leben Albert Einsteins und vieles mehr findet man in dem ausgezeichneten Buch von Abraham Pais [Pais 1982]. (Eine deutsche Übersetzung dieses Buchs existiert.)

[5] V. Fock, Z. Physik **38** (1926) 242 und **39** (1926) 226.

Aufgaben

Aufgaben: Kapitel 1

1.1 Verwendet man im $\mathbb{R}^3$ statt der kartesischen Basis $\hat{\boldsymbol{e}}_1$, $\hat{\boldsymbol{e}}_2$, $\hat{\boldsymbol{e}}_3$ eine sphärische Basis

$$\hat{\boldsymbol{e}}_\pm := \mp\frac{1}{\sqrt{2}}\big(\hat{\boldsymbol{e}}_1 \pm \mathrm{i}\hat{\boldsymbol{e}}_2\big)\,,\ \hat{\boldsymbol{e}}_0 := \hat{\boldsymbol{e}}_3\,, \tag{A.1}$$

so lautet die Entwicklung eines Vektors $\boldsymbol{V} = \sum_{m=-1}^{+1} v^m \hat{\boldsymbol{e}}_m$. Man formuliere die Orthogonalitätsrelationen der Basisvektoren $\hat{\boldsymbol{e}}_m$, das Skalarprodukt $\boldsymbol{V}\cdot\boldsymbol{W}$ und stelle den Unterschied zwischen kontravarianten Komponenten v^m und den entsprechenden kovarianten Komponenten fest.

1.2 Zeigen Sie, dass die Viererstromdichte (1.25) die Kontinuitätsgleichung erfüllt.

1.3 Schätzen Sie die Masse eines Urankerns in Microgramm ab, wenn Sie wissen, dass Uran 92 Protonen und 143 Neutronen enthält.
Hinweis $m_p c^2 \simeq m_n c^2 \simeq 939$ MeV.

1.4 Wie groß ist das elektrische Feld in Volt pro Meter, das ein Myon im $1s$-Zustand von myonischem Blei spürt?
Hinweise Bohr'scher Radius $a_B = \hbar c/(Z\alpha m_\mu c^2)$, $m_\mu c^2 = 105{,}6\,\mathrm{MeV}$.

1.5 Beweisen Sie die Formel (1.48a), d. h.

$$\sum_{k=1}^{3} \varepsilon_{ijk}\varepsilon_{klm} = \delta_{il}\delta_{jm} - \delta_{im}\delta_{jl}\,.$$

1.6 Beweisen Sie die Formel (1.52a) anhand folgender Methode: Betrachten Sie zwei konzentrische Kugeln mit den Radien R_i bzw. R_a, $R_\mathrm{i} < R_\mathrm{a}$, und mit Mittelpunkt $\boldsymbol{x}$. Legen Sie den Aufpunkt $\boldsymbol{x}'$ in das Gebiet zwischen den Kugeln und wenden Sie den zweiten Green'schen Satz mit den Funktionen ψ bzw. ϕ gleich $1/r$ auf das von den beiden Kugeloberflächen eingeschlossene Volumen an ($r = |\boldsymbol{x} - \boldsymbol{x}'|$). Lassen Sie dann R_i nach Null, R_a nach Unendlich streben.

1.7 Bestimmen Sie den Normierungsfaktor N der Verteilung

$$\varrho_{\mathrm{Fermi}}(r) = \frac{N}{1 + \exp\{(r-c)/z\}} \tag{A.2}$$

so, dass das Integral von ϱ über den ganzen Raum gleich 1 wird.

1.8 Es sei η die Flächenladungsdichte auf einer gegebenen, glatten Fläche F. Beweisen Sie die Relation (1.87a).
Hinweis Legen Sie eine kleine „Dose" so durch die Fläche, dass ihr Boden und ihr Deckel die Fläche $\mathrm{d}\sigma$ parallel zur Oberfläche F, ihre Seitenhöhe aber von dritter Ordnung klein ist, und verwenden Sie den Gauß'schen Satz.

1.9 Beweisen Sie, dass die Tangentialkomponente des elektrischen Feldes an Flächen, auf denen die Flächenladungsdichte η sitzt, stetig ist, Gleichung (1.87b).
Hinweis Wählen Sie einen geschlossenen Weg in Form eines Rechtecks, der die Fläche schneidet derart, dass die Stücke senkrecht zur Fläche viel kleiner als die Stücke parallel dazu sind und berechnen die elektromotorische Kraft entlang dieses Weges.

1.10 Beweisen Sie die Eigenschaften (1.97g) und (1.97h) anhand der expliziten Ausdrücke (1.97a) für Kugelflächenfunktionen.

1.11 Leiten Sie den Zusammenhang zwischen den kartesischen Komponenten Q^{ik} des Quadrupols, Gleichung (1.111c), $i, k = 1, 2, 3$, und seinen sphärischen Komponenten $q_{2\mu}$ her.

1.12 Man zeige, dass das Raumintegral über die elektrische Feldstärke des Dipols proportional zum Dipolmoment ist,

$$\iiint\limits_V \mathrm{d}^3x\, \boldsymbol{E}_{\text{Dipol}}(x) = -\frac{4\pi}{3}\boldsymbol{d}\,. \tag{A.3}$$

1.13 Zwischen die Platten eines Kondensators sei ein elektrisch polarisierbares Medium als Isolator eingebracht. Betrachten Sie den Entladungsvorgang, wenn die Platten kurzgeschlossen werden und berechnen den Verschiebungsstrom im Medium.

1.14 Konstruieren Sie den Zusatzterm $F(\boldsymbol{x}, \boldsymbol{x}')$ in (1.90), der dafür sorgt, dass die Dirichlet Green-Funktion auf der Kugeloberfläche verschwindet.

1.15 Ein punktförmiger elektrischer Dipol $\boldsymbol{d} = d\hat{\boldsymbol{e}}_3$ wird in den Mittelpunkt einer leitenden Kugel gesetzt, deren Radius R ist. Berechnen Sie Potential und elektrisches Feld im Innenraum. Wie sieht das Feld im Außenraum aus? Welche Ladungsdichte sitzt auf der Kugeloberfläche?

1.16 Ein punktförmiger elektrischer Dipol befindet sich am Ort $\boldsymbol{x}^{(0)}$. Zur Berechnung des von diesem Dipol erzeugten Potentials, ebenso wie zur Berechnung seiner Energie in einem äußeren Potential Φ_a kann man ihn durch die effektive Ladungsdichte

$$\varrho_{\text{eff}}(\boldsymbol{x}) = -\boldsymbol{d} \cdot \nabla\delta(\boldsymbol{x} - \boldsymbol{x}^{(0)})$$

beschreiben. Zeigen Sie diese Aussage.

1.17 Eine leitende Kugel, auf der die Gesamtladung Q sitzt, wird in ein homogenes elektrisches Feld $\boldsymbol{E}^{(0)} = E_0\hat{\boldsymbol{e}}_3$ gebracht. Wie verändert sich das elektrische Feld durch die Anwesenheit der Kugel? Wie ist die Ladung auf der Oberfläche der Kugel verteilt?
Hinweis Setzen Sie das Potential für diese Anordnung wie folgt an:

$$\Phi = f_0(r) + f_1(r)\cos\theta$$

und lösen Sie die Poisson-Gleichung. Können Sie diesen Ansatz plausibel machen?

1.18 Man berechne die Energie, die im elektrischen Feld einer kugelsymmetrischen, homogenen Ladungsverteilung (Radius R, Ladung Q) enthalten ist. Man berechne nun die Selbstenergie

$$W = \frac{1}{2}\iiint \mathrm{d}^3x\, \varrho(\boldsymbol{x})\Phi(\boldsymbol{x})$$

dieser Ladungsverteilung.

1.19 Einem Elektron, das sich im Ursprung befindet, werde die Ladungsverteilung $\varrho = (-e)\delta(\boldsymbol{x})$ zugeschrieben. Man legt nun eine Kugel mit Radius R um den Ursprung und berechnet die Energie des elektrischen Feldes im Außenraum der Kugel. Wie groß muss dieser Radius gewählt werden, damit die eben berechnete Energie gleich der Ruheenergie $m_e c^2$ des Elektrons ist? Man nennt diese Größe den *klassischen Elektronenradius.*
Antwort $R = e^2/(2m_e c^2) = \alpha\hbar c/(2m_e c^2)$.

1.20 Eine Kugel mit Radius R bestehe aus homogenem, dielektrischen Material, das die Dielektrizitätskonstante ε_1 hat. Die Kugel ist in ein Medium eingebettet, das ebenfalls homogen ist und die Dielektrizitätskonstante ε_0 hat. Außerdem liege ein äußeres elektrisches Feld $\boldsymbol{E} = E_0\hat{\boldsymbol{e}}_3$ an. Berechnen Sie das Potential im Innen- wie im Außenraum der Kugel. Skizzieren Sie die Äquipotentialflächen für die Spezialfälle ($\varepsilon_0 = \varepsilon$, $\varepsilon_1 = 1$) und ($\varepsilon_0 = 1$, $\varepsilon_1 = \varepsilon$). Lassen Sie im zweiten Fall ε sehr groß werden und vergleichen das Potential mit dem aus Aufgabe 1.17.

1.21 Zwei positive Ladungen $q = (e/2)$ und zwei negative Ladungen $-q$ werden in den angegebenen Punkten (x, y, z) (kartesische Koordinaten) wie folgt verteilt

$$q_1 = \ q : (a, 0, 0)\,, \qquad q_2 = q : (-a, 0, 0)\,,$$
$$q_3 = -q : (0, b, 0)\,, \qquad q_4 = -q : (0, -b, 0)\,.$$

Notieren Sie die Ladungsverteilung mit Hilfe von δ-Distributionen. Welches Dipolmoment hat diese Verteilung? Bestimmen Sie den Quadrupoltensor $Q_{ij} = \iiint \mathrm{d}^3x\, [3x_i x_j - \boldsymbol{x}^2\delta_{ij}]\varrho(\boldsymbol{x})$ und das spektroskopische Quadrupolmoment

$$Q_0 := \sqrt{\frac{16\pi}{5}} \iiint \mathrm{d}^3x\, \varrho(\boldsymbol{x}) r^2\,.$$

Geben Sie die Momente $q_{\ell,m}$ für $\ell = 2$ (sphärische Basis) an.

1.22 Die Kugelschale mit Radius R, die eine konstante Flächenladungsdichte η trägt, rotiere mit der Winkelgeschwindigkeit ω um eine Achse durch ihren Mittelpunkt. Welches Magnetfeld erzeugt sie?
Hinweis Der Flächenstrom ist durch den Ausdruck

$$\boldsymbol{K}(\theta) = \eta\, \boldsymbol{\omega} \times \boldsymbol{x} = \omega \eta R \sin\theta \hat{\boldsymbol{e}}_\phi$$

gegeben.

1.23 Eine Hohlkugel, deren innerer Radius r und deren äußerer Radius R ist, besteht aus einem Material hoher magnetischer Permeabilität μ. Diese Kugel wird in ein äußeres Induktionsfeld $\boldsymbol{B} = B_0 \hat{\boldsymbol{e}}_3$ eingebracht. Man berechne den Feldverlauf in Anwesenheit der Kugel. Man untersu che insbesondere den Spezialfall $\mu \to \infty$.
Hinweis Da keine Stromdichte vorhanden ist, kann man die Felder $\boldsymbol{H}$ und $\boldsymbol{B}$ aus einem magnetischen Potential Φ_{magn} ableiten. Für dieses benutze man die Multipolentwicklung.

Aufgaben: Kapitel 2

2.1 Bestimmen Sie durch Abzählen der Basis-k-Formen die Dimension des Raums $\Lambda^k(M)$ der k-Formen über der Mannigfaltigkeit M.

2.2 Zu zeigen: Wenn man einen symmetrischen Tensor zweiter Stufe $S_{\mu\nu}$ mit einem anderen, antisymmetrischen Tensor zweiter Stufe $A^{\mu\nu}$ verjüngt, so ergibt dies Null.

2.3 Wenn $\varepsilon_{\alpha\beta\gamma\delta}$ das Levi-Civita-Symbol in Dimension vier ist, finden Sie Summationsformeln, die den Formeln (1.48a) und (1.48b) entsprechen.

2.4 Es sei $\boldsymbol{A}(t, \boldsymbol{x})$ ein vorgegebenes Vektorpotential, das keiner besonderen Bedingung unterliegt. Wählt man die Eichfunktion

$$\chi(t, \boldsymbol{x}) = \frac{1}{4\pi} \iiint \mathrm{d}^3 y \, \frac{1}{|\boldsymbol{x} - \boldsymbol{y}|} \nabla_x \cdot \boldsymbol{A}(t, \boldsymbol{y})$$

um $\boldsymbol{A}$ zu ersetzen, was kann man über die Divergenz des transformierten Vektorpotentials $\boldsymbol{A}'$ aussagen? Wenn keine äußeren Quellen vorhanden sind, mittels welcher Eichfunktion erreicht man, dass $A_0(t, \boldsymbol{x}) = 0$ wird, ohne die Klasse der Coulomb-Eichungen zu verlassen?

2.5 Wenn Energie und Impuls erhalten sind, kann ein freies Elektron kein Lichtquant abstrahlen, $e \to e + \gamma$. Zeigen Sie dies anhand der relativistischen Kinematik.

Aufgaben: Kapitel 3

3.1 Bestimmen Sie die physikalischen Dimensionen der Größen $u(t, \boldsymbol{x})$, (3.54a), $\boldsymbol{P}(t, \boldsymbol{x})$, (3.54b), $\boldsymbol{S}(t, \boldsymbol{x})$, (3.54c), und $T^k_j(t, \boldsymbol{x})$, (3.54d).

3.2 Zeigen Sie: Im $\mathbb{R}^3$ sind δ_{ij} und ε_{ijk} unter Drehungen $\mathbf{R} \in \mathrm{SO}(3)$ invariante Tensoren. Was kann man im Minkowski-Raum über $\delta_{\mu\nu}$ und über $\varepsilon_{\mu\nu\sigma\tau}$ bezüglich Lorentz-Transformationen aussagen?

Aufgaben: Kapitel 4

4.1 Untersuchen Sie, welche Randbedingungen an Grenzflächen für elektrische Felder und für Induktionsfelder gelten (s. auch Aufgaben 1.7 und 1.8).

4.2 Eine harmonisch schwingende Dipolquelle wird durch die Stromdichte

$$\boldsymbol{j}(t, \boldsymbol{x}) = -\mathrm{i}\omega \boldsymbol{d}\, \delta(\boldsymbol{x})\, \mathrm{e}^{-\mathrm{i}\omega t}$$

beschrieben. Geben Sie die zugehörige Ladungsdichte und die *physikalischen* Ausdrücke für $\boldsymbol{j}$ und ϱ an. Berechnen Sie das zugehörige Vektorpotential $\boldsymbol{A}_{\mathrm{E1}}$ mit seiner harmonischen Zeitabhängigkeit. Berechnen Sie das elektrische Feld und das Induktionsfeld.

4.3 Wir betrachten zwei dünne, konzentrische Ringe aus leitendem Material. Der innere Ring mit Radius a trage die homogen verteilte Ladung q, der äußere die Ladung $-q$. Was ist die Ladungsdichte dieser Anordnung, ausgedrückt in Zylinderkoordinaten, bei denen die z-Achse durch den Mittelpunkt der Ringe geht und senkrecht zu diesen ausgerichtet ist?

4.4 Die Anordnung der Aufgabe 4.3 rotiere mit konstanter Winkelgeschwindigkeit ω um die z-Achse. Geben Sie die entstehende Stromdichte an. Berechnen Sie das magnetische Dipolmoment.

Aufgaben: Kapitel 5

5.1 Lösen Sie die Differentialgleichung

$$\left(\boldsymbol{\Delta} - \kappa^2\right)\phi(\boldsymbol{x}) = g\delta(\boldsymbol{x}) \tag{A.4}$$

im Impulsraum, d. h. mithilfe des folgenden Ansatzes

$$\phi(\boldsymbol{x}) = \frac{1}{(2\pi)^{3/2}} \iiint \mathrm{d}^3k\ \mathrm{e}^{\mathrm{i}\boldsymbol{k}\cdot\boldsymbol{x}} \widetilde{\phi}(\boldsymbol{k})\ . \tag{A.5}$$

5.2 Für die Erzeugenden einer kompakten, einfachen Lie-Gruppe gilt in einer gegebenen Darstellung (wir vereinfachen hier die explizite Form $\mathbf{U}(\mathbf{T})$, indem wir $\mathbf{U}$ weglassen)

$$\mathrm{Sp}\left\{\mathbf{T}_i, \mathbf{T}_j\right\} = \kappa\delta_{ij}\ . \tag{A.6}$$

Man zeige, dass die Konstante κ zwar von der Darstellung, nicht aber von i und j abhängt.

5.3 Geben Sie eine Lagrangedichte für die lokale Eichtheorie an, die aus der Strukturgruppe $G = \mathrm{SO}(3)$ konstruiert ist und in die man ein Triplett von Skalarfeldern gesetzt hat.

5.4 Eine lokale Eichtheorie, die auf der Strukturgruppe

$$G = \mathrm{SU}(p) \times \mathrm{SU}(q) \quad \text{mit } p, q > 1$$

aufbaut, lässt zwei unabhängige „Ladungen" (Kopplungskonstanten) zu. Zeigen Sie dies durch die Konstruktion des Eichpotentials und der kovarianten Ableitung.

5.5 Eine größere Studienarbeit: Man bereite die gruppentheoretischen Aussagen der in Abschn. 5.5 genannten Arbeit zur Selbstgravitation eines rotierenden Sterns auf. Untersuchen Sie die dort gefundenen Verzweigungen analytisch und mittels numerischer Beispiele.

5.6 Zeigen Sie, dass die Matrizen

$$M^{(k)}_{lm} = -\mathrm{i}C^{(m)}_{kl}$$

die Lie-Algebra (5.20) erfüllen.

Aufgaben: Kapitel 6

6.1 Es soll gezeigt werden, dass die $(n-1)$-Sphäre S^{n-1}_R, die den Radius R hat und in den $\mathbb{R}^n$ eingebettet ist, eine glatte Mannigfaltigkeit ist. Es seien $N = (0, \ldots, 0, R)$ und $S = (0, \ldots, 0, -R)$ Nord- bzw. Südpol der Sphäre. Man wähle als Karten die Projektion der Punkte $x \in S^{n-1}_R$ von N bzw. S aus auf die Äquatorialebene ($x^n = 0$). Die erste Karte gilt auf der Umgebung $U_1 = S^{n-1}_R \backslash \{N\}$, die zweite auf $U_2 = S^{n-1}_R \backslash \{S\}$. Geben Sie die Kartenabbildungen φ_i, $i = 1, 2$ und deren Umkehrabbildungen an. Berechnen Sie die Übergangsabbildung von U_1 nach U_2 und zeigen Sie, dass diese auf dem Durchschnitt $U_1 \cap U_2$ ein Diffeomorphismus ist.

6.2 Gravitative Rotverschiebung: Berechnen Sie die relative Frequenzänderung $\Delta\omega/\omega$ eines Photons, das von der Spitze eines Turms der Höhe H auf den Boden läuft. Vergleichen Sie die Verschiebung $\Delta\omega$ für das Beispiel $H = 22{,}5$ m mit der natürlichen Linienbreite Γ einer ^{57}Fe–Linie, die eine Frequenzschärfe $\omega/\Gamma = 3 \cdot 10^{12}$ besitzt.

6.3 Es seien $X, Y, Z \in \mathfrak{X}(M)$ glatte Vektorfelder auf M, $[X, Y]$ usw. ihre Lie-Klammern. Beweisen Sie die Jacobi'sche Identität

$$[X, [Y, Z]] + [Y, [Z, X]] + [Z, [X, Y]] = 0\,.$$

Auf dem Beispiel $M = \mathbb{R}^2$ sind $X = y\partial_x$ und $Y = x\partial_y$ gegeben. Was ist deren Lie-Klammer?

6.4 Tensorprodukte kommutieren im Allgemeinen nicht. Um dies zu illustrieren, betrachten Sie die Beispiele $T^{(i)} \in \mathfrak{T}^0_2$, $i = 1, 2$, wo

$$T^{(1)} = \mathrm{d}x^1 \otimes \mathrm{d}x^2\,, \quad T^{(2)} = \mathrm{d}x^2 \otimes \mathrm{d}x^1$$

gegeben sind, und berechnen Sie die Funktionen $T^{(i)}(X, Y)$ für

$$X = a^1\partial_1 + a^2\partial_2\,, \quad Y = b^1\partial_1 + b^2\partial_2$$

mit konstanten Koeffizienten $a^1, \ldots, b^2$.

6.5 Eine andere Art, die kovariante Ableitung von Tensorfeldern vom Typus (0, 1) zu berechnen, ist die folgende. Wenn $V = \partial_\mu$ gewählt wird, dann ist die kovariante Ableitung D_V eines Vektorfeldes X nach V bekanntlich

$$X^\rho{}_{;\mu} = \partial_\mu X^\rho + \Gamma^\rho_{\mu\nu} X^\nu \,.$$

Berechnen Sie hieraus $X_{\tau\,;\mu} = g_{\tau\rho} X^\rho{}_{;\mu}$ und verwenden Sie die Koordinatenformel für die Christoffel-Symbole.

6.6 Die Christoffel-Symbole sind nicht Komponenten eines Tensorfeldes: In Gauß'schen oder Normalkoordinaten im Punkt $x \in M$ lautet die Bewegungsgleichung eines frei fallenden Teilchens

$$\frac{\mathrm{d}^2 z^\mu}{\mathrm{d}\tau^2} = 0 \quad \text{mit} \quad \mathrm{d}\tau^2 = \eta_{\mu\nu}\,\mathrm{d}z^\mu\,\mathrm{d}z^\nu \,,$$

in beliebigen Koordinaten dagegen

$$\frac{\mathrm{d}^2 y^\mu}{\mathrm{d}\tau^2} + \Gamma^\mu_{\rho\sigma} \frac{\mathrm{d}\,y^\rho}{\mathrm{d}\,\tau} \frac{\mathrm{d}\,y^\sigma}{\mathrm{d}\,\tau} = 0 \,.$$

Beweisen Sie folgende Formeln

$$g_{\mu\nu} = \eta_{\alpha\beta} \frac{\partial z^\alpha}{\partial y^\mu} \frac{\partial z^\beta}{\partial y^\nu} \,, \qquad \Gamma^\mu_{\rho\sigma} = \frac{\partial y^\mu}{\partial z^\alpha} \frac{\partial^2 z^\alpha}{\partial y^\rho \partial y^\sigma} \,.$$

Leiten Sie die Transformationsformeln für Christoffel-Symbole bei einem Diffeomorphismus $\{y^\mu\} \mapsto \{y'^\mu\}$ her. Aus diesen liest man die eingangs gemachte Feststellung ab.

6.7 Die semi-Riemann'sche Mannigfaltigkeit $(M, \mathbf{g})$ habe die Dimension n. Zeigen Sie, dass die Kontraktion der Metrik gleich n ist und dass für glatte Funktionen $f \in \mathfrak{F}(M)$ die Divergenz von $f\mathbf{g}$ gleich der äußeren Ableitung von f ist, $\mathbf{div}(f\mathbf{g}) = \mathrm{d}f$.

6.8 Ein mit dem Riemann'schen Tensor $\mathbf{R}$ nahe verwandter Tensor ist der *Weyl'sche Tensor*. Er ist eine Funktion des Riemann-Tensors $\mathbf{R}$, des Ricci-Tensors $\mathbf{R}^{(\text{Ricci})}$ und des Krümmungsskalars S und wird in Komponenten folgendermaßen definiert

$$\begin{aligned} C_{\mu\nu\sigma\tau} := {} & R_{\mu\nu\sigma\tau} + \frac{1}{6} S \left(g_{\mu\sigma} g_{\nu\tau} - g_{\mu\tau} g_{\nu\sigma} \right) \\ & - \frac{1}{2} \left(g_{\mu\sigma} R^{(\text{Ricci})}_{\nu\tau} - g_{\mu\tau} R^{(\text{Ricci})}_{\nu\sigma} - g_{\nu\sigma} R^{(\text{Ricci})}_{\mu\tau} + g_{\nu\tau} R^{(\text{Ricci})}_{\mu\sigma} \right) \,. \end{aligned}$$

Der Tensor C hat dieselben Symmetrieeigenschaften wie R. Alle seine Kontraktionen verschwinden. In Dimension $n = 4$ hat er zehn unabhängige Komponenten, in Dimension $n = 3$ ist er identisch Null.

Hat M Dimension 4 und ist mit einer konform flachen Metrik ausgestattet, d. h. gilt $g_{\mu\nu} = \phi^2(x)\eta_{\mu\nu}$ mit $\phi(x)$ einer glatten Funktion, so ist C identisch Null.

Ausgewählte Lösungen der Aufgaben

Lösungen: Kapitel 1

1.1 Die sphärischen Basisvektoren $\hat{\boldsymbol{e}}_m$, $m = -1, 0, +1$, haben folgende leicht zu verifizierende Eigenschaften:

$$\hat{\boldsymbol{e}}_m^* = (-)^m \hat{\boldsymbol{e}}_{-m} \qquad \hat{\boldsymbol{e}}_m^* \cdot \hat{\boldsymbol{e}}_{m'} = \delta_{mm'} \,. \tag{1}$$

Entwickelt man, wie angegeben, $\boldsymbol{V} = \sum_{m=-1}^{+1} v^m \hat{\boldsymbol{e}}_m$, und beachtet, dass $\boldsymbol{V}$ reell ist, so folgt

$$\boldsymbol{V} = \sum v^{m\,*} \hat{\boldsymbol{e}}_m^* = \sum (-)^m v^{-m\,*} \hat{\boldsymbol{e}}_m \,. \tag{2}$$

Gleichung (1) und Gleichung (2) zeigen, dass die zur Basis $\{\hat{\boldsymbol{e}}_m\}$ duale Basis gleich $\hat{\boldsymbol{e}}^m = (-)^m \hat{\boldsymbol{e}}_{-m}$ ist und dass $\boldsymbol{V} = \sum v_m \hat{\boldsymbol{e}}^m$ mit $v_m = (-)^m v^{-m}$ gilt. Das Skalarprodukt zweier Vektoren ist

$$\boldsymbol{V} \cdot \boldsymbol{W} = \sum_{m=-1}^{+m} v^{m\,*} w^m = \sum_{m=-1}^{+1} v_m w^m \,. \tag{3}$$

In der Tat verifiziert man das Skalarprodukt

$$\begin{aligned}\sum v_m w^m &= \frac{1}{2}(v^1 - \mathrm{i}v^2)(w^1 + \mathrm{i}w^2) + v^3 w^3 + \frac{1}{2}(v^1 + \mathrm{i}v^2)(w^1 - \mathrm{i}w^2) \\ &= v^1 w^1 + v^2 w^2 + v^3 w^3 \,.\end{aligned}$$

Die Aufgabe zeigt, dass man auch in einem Euklidischen Raum Kovarianz und Kontravarianz unterscheiden muss, wenn man keine reelle kartesische Basis benutzt.

1.2 Geht man in eine spezifische Aufteilung in Zeit und Raum, so ist

$$\begin{aligned}\partial_0 j^0 &= e\frac{\partial}{\partial t}\delta^{(3)}\big(\boldsymbol{y} - \boldsymbol{x}(t)\big) = e\dot{\boldsymbol{x}} \cdot \nabla_x \delta^{(3)}\big(\boldsymbol{y} - \boldsymbol{x}(t)\big) \\ &= -e\dot{\boldsymbol{x}} \cdot \nabla_y \delta^{(3)}\big(\boldsymbol{y} - \boldsymbol{x}(t)\big) \,, \\ \partial_i j^i &= e\dot{\boldsymbol{x}} \cdot \nabla_y \delta^{(3)}\big(\boldsymbol{y} - \boldsymbol{x}(t)\big) \,.\end{aligned}$$

Die Summe dieser Ausdrücke ist gleich Null.

1.3 Bis auf Bindungseffekte ist

$$Mc^2 = 235 \cdot 939\,\mathrm{MeV} = 3{,}535 \cdot 10^{-8}\,\mathrm{J} \,.$$

Benutzt man die Konversionsformel (s. Band 4, Anhang A.7) $1\,\mathrm{eV}\,\mathrm{c}^{-2} = 1{,}78266 \cdot 10^{-27}\,\mu\mathrm{g}$, dann ergibt sich der ungefähre Wert $M = 3{,}9 \cdot 10^{-16}\,\mu\mathrm{g}$.

Bemerkung

Dies ist immer noch sehr klein im Vergleich mit der Planck-Masse

$$M_{\text{Planck}} := \sqrt{\frac{\hbar c}{G_{\text{Newton}}}} = 22{,}2\,\mu\mathrm{g}\,,$$

die man mit einer Apothekerwaage messen könnte.

1.4 Der myonische Bohr'sche Radius ist um den Faktor m_e/m_μ kleiner als der des Elektrons. In Blei, d. h. mit $Z = 82$, ist er

$$a_{\mathrm{B}}^{(\mu)}(Z=82) = \frac{\hbar c}{Z\alpha m_\mu c^2} = 3{,}12 \cdot 10^{-15}\,\mathrm{m}\,.$$

Dieser Wert liegt innerhalb des Kernradius von etwa $7 \cdot 10^{-15}$ m. Wäre die gesamte Ladung des Kerns dennoch in seinem Zentrum lokalisiert, so wäre der Betrag des elektrischen Feldes am Ort des Myons

$$|\boldsymbol{E}| = \frac{Ze}{r^2} = 1{,}35 \cdot 10^{12}\,\mathrm{Vm}^{-1}\,.$$

Den realistischen Wert, der kleiner als diese Zahl ist, kann man abschätzen, indem man die Ladungsverteilung von Blei durch eine homogene Ladungsverteilung mit dem angegebenen Radius modelliert.

1.5 Man kann die Relation (1.48a) auf verschiedene Weisen nachprüfen. (a) Für feste Werte von i und j liegt auch k fest und kann nicht gleich i oder j sein. Das gilt dann auch für l und m, die nicht gleich k sein dürfen. Da sie untereinander verschieden sein müssen, bleiben nur die Möglichkeiten $(i = l,\ j = m)$ und $(i = m,\ j = l)$. Die erste von diesen erscheint mit dem positiven, die zweite mit dem negativen Vorzeichen.
(b) Bezeichnet $\{\hat{\boldsymbol{e}}_i\}$, $i = 1, 2, 3$, eine Orthonormalbasis im $\mathbb{R}^3$, dann ist das erste ε-Symbol gleich dem Spatprodukt $(\hat{\boldsymbol{e}}_i \times \hat{\boldsymbol{e}}_j) \cdot \hat{\boldsymbol{e}}_k$. Ebenso ist das zweite ε-Symbol gleich $\hat{\boldsymbol{e}}_k \cdot (\hat{\boldsymbol{e}}_l \times \hat{\boldsymbol{e}}_m)$. Da die Summe $\sum_k |\hat{\boldsymbol{e}}_k\rangle\langle\hat{\boldsymbol{e}}_k|$ gleich 1 ist, ist der gesuchte Ausdruck gleich

$$(\hat{\boldsymbol{e}}_i \times \hat{\boldsymbol{e}}_j) \cdot (\hat{\boldsymbol{e}}_l \times \hat{\boldsymbol{e}}_m)\,,$$

was gleich der rechten Seite der zu beweisenden Gleichung ist.

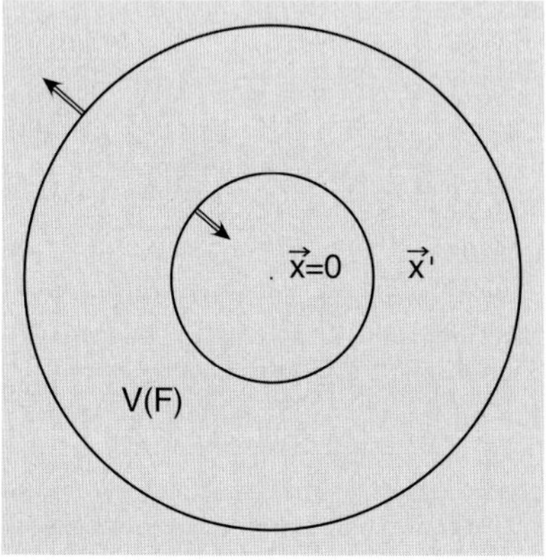

Abb. 1. Zu Aufgabe 1.6

1.6 Nimmt man den Raum zwischen den beiden Sphären der Abb. 1 als das Volumen $V(F)$, dann besteht dessen Oberfläche aus der Sphäre mit Radius R_{a}, auf der die Flächennormale nach außen weist, und der Sphäre mit Radius R_{i}, auf der die Normale nach innen zeigt. Mit $\boldsymbol{\Delta}(1/r) = 0$ im Zwischenraum und $\boldsymbol{\Delta}\Phi(\boldsymbol{x}) = -f(\boldsymbol{x})$ gibt der zweite

Green'sche Satz

$$\iiint\limits_{V(F)} \mathrm{d}^3x\,\frac{f(\boldsymbol{x})}{r} = \iint\limits_{F} \mathrm{d}\sigma\left\{-\Phi\frac{1}{r^2}-\frac{1}{r}\frac{\partial\Phi}{\partial r}\right\}.$$

Dabei ist $\boldsymbol{x} = \boldsymbol{0}$ gewählt worden. Auf der rechten Seite tragen die beiden Sphären bei und es ist $\mathrm{d}\sigma = r^2\,\mathrm{d}\Omega$. Der zweite Term verschwindet sowohl im Limes $R_\mathrm{a} \to \infty$ als auch im Limes $R_\mathrm{i} \to 0$. Der erste Term verschwindet zwar auch für $R_\mathrm{a} \to \infty$, aber bei $R_\mathrm{i} \to 0$ gibt er $4\pi\Phi(0)$. Das ist die gesuchte Antwort.

1.7 Um die gegebene Verteilung normieren zu können, muss man das Integral

$$I := 4\pi\int\limits_0^\infty r^2\,\mathrm{d}r\,\frac{1}{1+\mathrm{e}^{(r-c)/z}} = 4\pi z^3\int\limits_0^\infty x^2\,\mathrm{d}x\,\frac{1}{1+\mathrm{e}^{(x-x_0)}} \tag{4}$$

mit $x = r/z$ und $x_0 = c/z$ berechnen. Man unterteilt den Integrationsbereich in das Intervall $[0, x_0)$ und $[x_0, \infty)$, um den Integranden als geometrische Reihe schreiben zu können,

$$x < x_0: \quad \frac{1}{1+\mathrm{e}^{(x-x_0)}} = 1+\sum_{n=1}^\infty (-)^n\,\mathrm{e}^{-nx_0}\,\mathrm{e}^{nx}\,,$$

$$x \geqslant x_0: \quad \frac{1}{1+\mathrm{e}^{(x-x_0)}} = \sum_{n'=0}^\infty (-)^{n'}\,\mathrm{e}^{(n'+1)x_0}\,\mathrm{e}^{-(n'+1)x}$$

$$= -\sum_{n=1}^\infty (-)^n\,\mathrm{e}^{nx_0}\,\mathrm{e}^{-nx}\,,$$

wo im letzten Schritt $n = n'+1$ gesetzt wurde.

Die folgenden beiden Integrationsformeln sind leicht herzuleiten und für das Folgende nützlich:

$$I_< := \int\limits_0^a \mathrm{d}x\,x^2\,\mathrm{e}^x = \mathrm{e}^a\big(a^2-2a+2\big)-2\,,$$

$$I_> := \int\limits_a^\infty \mathrm{d}x\,x^2\,\mathrm{e}^{-x} = \mathrm{e}^{-a}\big(a^2+2a+2\big)\,.$$

Das gesuchte Integral wird mithilfe dieser Formeln zu

$$I = 4\pi z^3\left\{\frac{1}{3}x_0^3+4x_0\sum_{n=1}^\infty(-)^{n+1}\frac{1}{n^2}-2\sum_{n=1}^\infty(-)^n\frac{1}{n^3}\,\mathrm{e}^{-nx_0}\right\}.$$

Für die unendliche Summe im zweiten Term findet man z. B. in [Abramovitz-Stegun; Gl. (23.2.19) und Gl. (23.2.24)]

$$\sum_{n=1}^{\infty} \frac{(-)^{n+1}}{n^2} = -\frac{1}{2}\zeta(2) = \frac{\pi^2}{12}\,,$$

wo $\zeta(x)$ die Riemann'sche Zetafunktion ist. Damit folgt

$$I = \frac{4\pi c^3}{3}\left\{1 + \left(\frac{\pi z}{c}\right)^2 - 6\left(\frac{z}{c}\right)^3 \sum_{n=1}^{\infty} \frac{(-)^n}{n^3}\, \mathrm{e}^{-(nc)/z}\right\} \tag{5}$$

und daraus die im Haupttext angegebene Normierung.
Bei Ladungsverteilungen von Atomkernen ist c in der Regel wesentlich größer als z (typische Werte sind $c = 6\,\mathrm{fm}$, $z = 0{,}2\,\mathrm{fm}$), d. h. $\exp\{-c/z\} \ll 1$. Vernachlässigt man diesen letzten Term, so ist die Verteilung bei $r = c$ auf die Hälfte ihres Wertes bei $r = 0$ abgesunken. Der Abstand zwischen den Radien $r_{0.9}$ und $r_{0.1}$, wo sie noch 90% bzw. 10% ihres Wertes bei $r = 0$ hat, ist $t = 4\ln(3)z$. Dieser Parameter wird üblicherweise als Oberflächendicke angegeben.

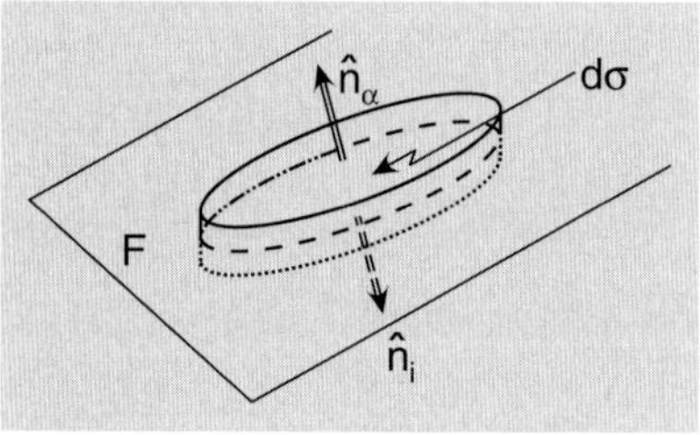

Abb. 2. Zu Aufgabe 1.8

1.8 Das Integral über das Volumen der „Dose" in Abb. 2 gibt 4π mal der Flächenladungdichte, weil die Höhe als klein von dritter Ordnung vorausgesetzt ist. Das Flächenintegral bekommt nur von den beiden Stirnflächen der Dose Beiträge, die sich in der Richtung der Flächennormalen unterscheiden. Daher ergibt sich hier $(\boldsymbol{E}_\mathrm{a} - \boldsymbol{E}_\mathrm{i}) \cdot \hat{\boldsymbol{n}}$.

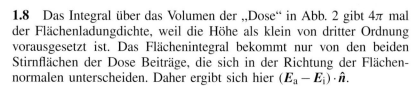

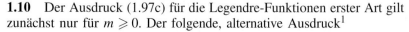

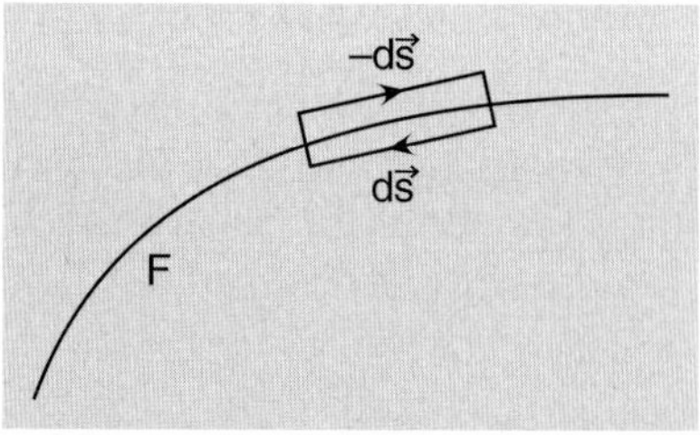

Abb. 3. Zu Aufgabe 1.9

1.9 Legt man den in Abb. 3 skizzierten geschlossenen Weg so, dass er die Fläche mit den kurzen Seiten schneidet, dann folgt

$$\oint \boldsymbol{E} \cdot \mathrm{d}\boldsymbol{s} = \left(\boldsymbol{E}_\mathrm{a} - \boldsymbol{E}_\mathrm{i}\right) \cdot \hat{\boldsymbol{t}} = 0\,.$$

Dies zeigt die Stetigkeit der Tangentialkomponente.

1.10 Der Ausdruck (1.97c) für die Legendre-Funktionen erster Art gilt zunächst nur für $m \geqslant 0$. Der folgende, alternative Ausdruck[1]

$$P_\ell^m(z) = (-)^m\, \mathrm{e}^{-\mathrm{i}m\pi/2} \frac{(\ell+m)!}{2\pi\ell!} \cdot \int_{-\pi}^{+\pi} \mathrm{d}\psi\, \left(\cos\theta + \mathrm{i}\sin\theta\cos\psi\right)^\ell \cos(m\psi)\,, \qquad (z = \cos\theta)$$

gilt für alle Werte von m und zeigt zugleich, dass

$$P_\ell^{-m}(z) = (-)^m P_\ell^m(z) \frac{(\ell-m)!}{(\ell+m)!} \tag{6}$$

gilt. Setzt man dies in die Formel (1.97a) ein, so ergibt sich die Symmetrierelation (1.97g).

[1] siehe z. B. N. Straumann, *Quantenmechanik*, Springer, Heidelberg 2002, Gl. (1.168).

Für die Relation (1.97h) beachte man, dass mit $z' = \cos(\pi - \theta) = -\cos\theta = -z$

$$e^{im(\phi+\pi)} = (-)^m e^{im\phi},$$

$$P_\ell^m(-z) = (-)^m(1-z^2)^{m/2}(-)^m \frac{d^m}{dz^m} P_\ell(-z) = (-)^{\ell-m} P_\ell^m(z)$$

ergibt. Dabei wurde benutzt, dass die Legendre-Polynome bei $z \mapsto (-z)$ ein Vorzeichen $(-)^\ell$ produzieren. Setzt man beides zusammen, dann folgt die Symmetrierelation (1.97h).

1.11 Die Multipolmomente werden durch (1.106d) definiert. So ist

$$\begin{aligned}
q_{22} &= \iiint d^3x\, r^2 Y_{22}^*(\hat{\boldsymbol{x}})\varrho(\boldsymbol{x}) \\
&= \frac{\sqrt{15}}{4\sqrt{2\pi}} \iiint d^3x\, r^2 \sin^2\theta\, e^{-2i\phi}\varrho(\boldsymbol{x}) \\
&= \frac{\sqrt{15}}{4\sqrt{2\pi}} \iiint d^3x\, \left(x^1 - ix^2\right)^2 \varrho(\hat{\boldsymbol{x}}) \\
&= \frac{\sqrt{15}}{4\sqrt{2\pi}} \iiint d^3x\, \left\{x^1x^1 - 2ix^1x^2 - x^2x^2\right\}\varrho(\hat{\boldsymbol{x}}) \\
&= \frac{\sqrt{15}}{4\sqrt{2\pi}} \frac{1}{3}\left(Q^{11} - 2iQ^{12} - Q^{22}\right).
\end{aligned}$$

Ebenso berechnet man die beiden anderen Komponenten

$$q_{21} = -\frac{\sqrt{15}}{2\sqrt{2\pi}} \iiint d^3x\, x^3(x^1 - ix^2)\varrho(\boldsymbol{x}) = \frac{\sqrt{5}}{2\sqrt{6\pi}}\left(-Q^{13} + iQ^{23}\right),$$

$$q_{20} = \frac{\sqrt{5}}{4\sqrt{\pi}} \iiint d^3x\, \left(3x^3x^3 - r^2\right)\varrho(\hat{\boldsymbol{x}}) = \frac{\sqrt{5}}{4\sqrt{\pi}} Q^{33}.$$

Dabei hat man die Symmetrie $Q^{ji} = Q^{ij}$ und die Definition (1.111c) ausgenutzt.

1.12 Man berechnet zunächst das Integral über das Volumen V einer Kugel mit Radius R und Mittelpunkt am Ort des Dipols. Dieses Integral kann man mithilfe von (1.6) in ein Integral über die Oberfläche dieser Kugel verwandeln:

$$\begin{aligned}
\iiint_V d^3x\, \boldsymbol{E}_D(\boldsymbol{x}) &= -\iiint_V d^3x\, \nabla\Phi_D(\boldsymbol{x}) = -R^2 \iint_{F(V)} d\sigma\, \Phi_D(\boldsymbol{x})\,\hat{\boldsymbol{n}} \\
&= -R^2\frac{4\pi}{3} \iiint d^3x' \\
&\quad \cdot \iint_{F(V)} d\sigma\, \frac{r_<}{r_>^2} \sum_\mu Y_{1\mu}^*(\hat{x}) Y_{1\mu}(\hat{x}')\,\hat{\boldsymbol{n}}.
\end{aligned}$$

Hier wurde die Multipolentwicklung (1.105) verwendet, von der wegen des Winkelintegrals nur der Term mit $\ell = 1$ beiträgt. Denkt man sich den Einheitsvektor $\hat{\boldsymbol{n}}$ nach Kugelfunktionen entwickelt,

$$\hat{\boldsymbol{n}} = \sum_{m=-1}^{+1} a_m Y_{1m}(\hat{x}) \,,$$

dann gibt das Integral über die Oberfläche der Kugel

$$\Big(\iint_{F(V)} \mathrm{d}\sigma \sum_{\mu} Y^*_{1\mu}(\hat{x})\, \hat{\boldsymbol{n}} \Big)\, Y_{1\mu}(\hat{x}') = \sum_m a_m Y_{1m}(\hat{x}') = \hat{\boldsymbol{n}}' \,.$$

Da der Dipol lokalisiert ist, ist $r_< = r'$ und $r_> = R$ und es folgt

$$\iiint_V \mathrm{d}^3x\, \boldsymbol{E}_{\mathrm{D}}(\boldsymbol{x}) = -R^2 \frac{4\pi}{3} \frac{1}{R^2} \iiint \mathrm{d}^3x'\, \varrho(\boldsymbol{x}') r' \hat{\boldsymbol{n}}' = -\frac{4\pi}{3} \boldsymbol{d} \,.$$

Diese Herleitung zeigt, dass die zu beweisende Formel für jede lokalisierte Dipolverteilung und somit speziell für den punktförmigen Dipol gilt.

1.13 Der Kondensator bestehe aus zwei gleichen und parallel ausgerichteten Platten der Fläche F. Auf diesen Platten seien zu Anfang die Ladungen $+q$ bzw. $-q$ aufgebracht. Die Normalkomponente des Verschiebungsfeldes $\boldsymbol{D} = \varepsilon \boldsymbol{E}$ – z. B. auf der positiv geladenen Platte – erfüllt die Relation $\boldsymbol{D}_n = |\boldsymbol{D}| = 4\pi\eta$, wo $\eta = q/F$ die Flächenladungsdichte ist. Werden die Platten kurzgeschlossen, so fließt im Verbindungskabel ein Strom der Stärke

$$I = \frac{\mathrm{d}q}{\mathrm{d}t} = F \frac{\partial \eta}{\partial t} = \frac{F}{4\pi} \frac{\partial \boldsymbol{D}_n}{\partial t} \,.$$

Die Stromdichte dieses Verschiebungsstroms ist somit

$$\boldsymbol{j}_{\mathrm{V}} = \frac{1}{4\pi} \frac{\partial \boldsymbol{D}}{\partial t} \,.$$

Hier sind die Vektorfelder selbst eingesetzt, weil sie an der Plattenoberfläche alle senkrecht auf dieser stehen und somit gleich ihren Normalkomponenten sind.

1.14 Dies ist ein Beispiel für die Methode der Spiegelladungen. Man setze zwei Punktladungen $q^{(1)}$ und $q^{(2)}$ auf eine Gerade durch den Ursprung und wähle diese z. B. als 1-Achse. Die Ladungen mögen bei $\boldsymbol{x}^{(1)} = r^{(1)} \hat{\boldsymbol{e}}_1$ bzw. $\boldsymbol{x}^{(2)} = r^{(2)} \hat{\boldsymbol{e}}_1$ sitzen, als Spiegelpunkte an der Kugel mit Radius R mit dem Ursprung als Mittelpunkt. Man bestimme die Ladung des zweiten so, dass das Potential auf der Kugel gleich Null ist.

Die Spiegelbedingung ist $r^{(1)}r^{(2)} = R^2$. Das Potential ist bei $|\boldsymbol{x}| = R$

$$\begin{aligned}\Phi(\boldsymbol{x})|_R &= \left[\frac{q^{(1)}}{|\boldsymbol{x} - r^{(1)}\hat{\boldsymbol{e}}_1|} + \frac{q^{(2)}}{|\boldsymbol{x} - r^{(2)}\hat{\boldsymbol{e}}_1|}\right]_{|\boldsymbol{x}|=R} \\ &= \frac{q^{(1)}}{R|\hat{\boldsymbol{x}} - (r^{(1)}/R)\hat{\boldsymbol{e}}_1|} + \frac{q^{(2)}}{r^{(2)}|(R/r^{(2)})\hat{\boldsymbol{x}} - \hat{\boldsymbol{e}}_1|} .\end{aligned}$$

Hierin sind die beiden Absolutbeträge in den Nennern gleich,

$$\left|\hat{\boldsymbol{x}} - (\frac{r^{(1)}}{R})\hat{\boldsymbol{e}}_1\right| = \left|(\frac{R}{r^{(2)}})\hat{\boldsymbol{x}} - \hat{\boldsymbol{e}}_1\right| = 1 - 2\frac{r^{(1)}}{R}\hat{\boldsymbol{x}} \cdot \hat{\boldsymbol{e}}_1 + \left(\frac{r^{(1)}}{R}\right)^2 ,$$

so dass das Potential bei $r = R$ verschwindet, wenn man die zweite Ladung gleich $q^{(2)} = -q^{(1)}(r^{(2)}/R)$ wählt. Jetzt kann man die im Inneren der Kugel sitzende Ladung durch die Kugeloberfläche mit $\Phi|_R = 0$ ersetzen und hat das gestellte Problem gelöst.

1.15 Man setzt den Dipol in den Ursprung. Ohne die Anwesenheit der Kugel wäre das von ihm erzeugte Potential $\Phi_{\mathrm{D}}(x) = dr\cos\theta/r^3$. In Anwesenheit der Kugel tritt hierzu ein additiver Term, der dafür sorgt, dass das Potential auf der Kugeloberfläche gleich einer Konstanten ist. Ohne Einschränkung kann man diese Konstante gleich Null wählen. Dann ist das gesamte Potential im Innenraum der Kugel

$$\begin{aligned}\Phi &= d\cos\theta\frac{1}{r^2} + \sum_{\ell=0}^{\infty} a_\ell r^\ell P_\ell(\cos\theta) \\ &= d\cos\theta\frac{1}{r^2} + a_1 r\cos\theta \\ &= dr\cos\theta\left(\frac{1}{r^3} - \frac{1}{R^3}\right) .\end{aligned}$$

Hierbei wurde ausgenutzt, dass nur der Term mit $\ell = 1$ beitragen kann und dass die Randbedingung $\Phi(R) = 0$ den Koeffizienten auf $a_1 = -d/R^3$ festlegt. Daraus berechnet man die Radial- und die θ-Komponenten des elektrischen Feldes

$$\begin{aligned}E_r &= -\frac{\partial\Phi}{\partial r} = d\cos\theta\left(\frac{2}{r^3} + \frac{1}{R^3}\right) , \\ E_\theta &= -\frac{1}{r}\frac{\partial\Phi}{\partial\theta} = d\sin\theta\left(\frac{1}{r^3} - \frac{1}{R^3}\right) .\end{aligned}$$

Bei $r = R$ verschwindet die θ-Komponente, die Unstetigkeit der Radialkomponente ist gemäß (1.87a)

$$(E_r)_{\mathrm{a}} - (E_r)_{\mathrm{i}} = (E_r)_{\mathrm{a}} - d\cos\theta\frac{3}{R^3} = 4\pi\eta .$$

Die induzierte Flächenladungsdichte auf der Kugeloberfläche ist gemäß (1.92c)

$$\eta = \frac{1}{4\pi} \left.\frac{\partial \Phi}{\partial \hat{\boldsymbol{n}}}\right|_{r=R} = -\frac{d\cos\theta}{4\pi}\frac{3}{R^3} \,.$$

(Zur Ableitung trägt nur der Innenraum bei. Dort ist die Flächennormale gleich der negativen Normalen auf der Kugel, daher das extra Minuszeichen.) Damit folgt $(E_r)_\mathrm{a} = 0$.

1.16 Das Potential, das vom Dipol erzeugt wird, berechnet man wie folgt:

$$\begin{aligned}\Phi(\boldsymbol{x}) &= \iiint \mathrm{d}^3x\, \frac{\varrho_\mathrm{eff}(\boldsymbol{x}')}{|\boldsymbol{x}-\boldsymbol{x}'|} = -\boldsymbol{d}\cdot \iiint \mathrm{d}^3x\, \frac{\nabla_{x'}\delta(\boldsymbol{x}-\boldsymbol{x}^{(0)})}{|\boldsymbol{x}-\boldsymbol{x}'|} \\ &= \boldsymbol{d}\cdot \iiint \mathrm{d}^3x\, \delta(\boldsymbol{x}-\boldsymbol{x}^{(0)})\nabla_{x'}\frac{1}{|\boldsymbol{x}-\boldsymbol{x}'|} = \boldsymbol{d}\cdot\frac{\boldsymbol{x}-\boldsymbol{x}^{(0)}}{|\boldsymbol{x}-\boldsymbol{x}^{(0)}|^3} \,.\end{aligned}$$

Dieser Ausdruck stimmt mit (1.88c) überein. Die Energie im äußeren Potential ist

$$\begin{aligned}W &= \iiint \mathrm{d}^3x\, \varrho_\mathrm{eff}(\boldsymbol{x})\Phi_\mathrm{a}(\boldsymbol{x}) \\ &= -\boldsymbol{d}\cdot \iiint \mathrm{d}^3x\, \left(\nabla_x\delta(\boldsymbol{x}-\boldsymbol{x}^{(0)})\right)\Phi_\mathrm{a}(\boldsymbol{x}) \\ &= \boldsymbol{d}\cdot \iiint \mathrm{d}^3x\, \delta(\boldsymbol{x}-\boldsymbol{x}^{(0)})\nabla_x\Phi_\mathrm{a}(\boldsymbol{x}) = -\boldsymbol{d}\cdot\boldsymbol{E}_\mathrm{a}(\boldsymbol{x}^{(0)}) \,.\end{aligned}$$

Dies ist der bekannte Ausdruck für die Energie eines elektrischen Dipols im äußeren elektrischen Feld.

1.17 Ohne äußeres Feld, $\boldsymbol{E}_0 = 0$, wäre das Potential das einer kugelsymmetrischen Ladungsverteilung im Außenraum $\Phi(r) = Q/r$; ohne die Anwesenheit der Kugel wäre es $\Phi(\boldsymbol{x}) = -E_0 z = -E_0 r\cos\theta$. Da Potentiale in den Quellen additiv sind, ergibt sich daraus der im Hinweis enthaltene Ansatz, d. h. als Summe aus einem kugelsymmetrischen Term und einem Term, der die $\cos\theta$-Abhängigkeit des homogenen Feldes hat,

$$\Phi(\boldsymbol{x}) = f_0(r) + f_1(r)\cos\theta \,.$$

In die Laplace-Gleichung $\boldsymbol{\Delta}\Phi(\boldsymbol{x}) = 0$ eingesetzt ergibt sich

$$\begin{aligned}\boldsymbol{\Delta}\Phi(\boldsymbol{x}) &= \frac{1}{r^2}\frac{\mathrm{d}}{\mathrm{d}r}\left(r^2\frac{\mathrm{d}f_0}{\mathrm{d}r}\right) + \frac{1}{r^2}\frac{\mathrm{d}}{\mathrm{d}r}\left(r^2\frac{\mathrm{d}f_1}{\mathrm{d}r}\right)\cos\theta \\ &\quad - \frac{f_1}{r^2\sin\theta}\frac{\mathrm{d}}{\mathrm{d}\theta}\left(\sin^2\theta\right) \\ &= \left[\frac{1}{r^2}\frac{\mathrm{d}}{\mathrm{d}r}\left(r^2\frac{\mathrm{d}f_0}{\mathrm{d}r}\right)\right] + \left[\frac{1}{r^2}\frac{\mathrm{d}}{\mathrm{d}r}\left(r^2\frac{\mathrm{d}f_1}{\mathrm{d}r}\right) - \frac{2f_1}{r^2}\right]\cos\theta = 0 \,.\end{aligned}$$

Diese Differentialgleichung muss für alle r und θ erfüllt sein. Deshalb müssen die Ausdrücke in den großen eckigen Klammern jeder für sich gleich Null sein:

$$\frac{1}{r^2}\frac{\mathrm{d}}{\mathrm{d}r}\left(r^2\frac{\mathrm{d}f_0}{\mathrm{d}r}\right)=0\,, \tag{7}$$

$$\frac{1}{r^2}\frac{\mathrm{d}}{\mathrm{d}r}\left(r^2\frac{\mathrm{d}f_1}{\mathrm{d}r}\right)-\frac{2f_1}{r^2}=0\,. \tag{8}$$

Die erste davon, Gleichung (7), hat die allgemeine Lösung $f_0(r)=A/r+B$, die zweite Differentialgleichung (8), lautet $r^2 f_1''+2rf_1'-2f_1=0$ und hat die allgemeine Lösung $f_1(r)=C/r^2+Dr$. Somit ist die gesuchte Lösung von der Form

$$\Phi(\boldsymbol{x})=\frac{A}{r}+\left(\frac{C}{r^2}+Dr\right)\cos\theta+B\,. \tag{9}$$

Die vier auftretenden Konstanten bestimmt man aus den Randbedingungen:

a) Für $r\to\infty$ dominiert der Term proportional zu $r\cos\theta$. In diesem Bereich ist allein das vorgegebene äußere Feld spürbar, d. h. es muss $D=-E_0$ sein.

b) Auf der Kugeloberfläche muss das Potential konstant sein,

$$\Phi(\boldsymbol{x})|_{r=R}=\frac{A}{R}+\left(\frac{C}{R^2}-E_0R\right)\cos\theta=\text{const.}\quad\forall\quad\theta\,;$$

daraus folgt $C=E_0R^3$.

c) Aus dem Gauß'schen Satz folgt die Normierungsbedingung

$$\iint\limits_{r=R}\mathrm{d}\sigma\;\boldsymbol{E}\cdot\hat{\boldsymbol{n}}=-\iint\limits_{r=R}\mathrm{d}\sigma\;\frac{\partial\Phi}{\partial r}=4\pi Q\,.$$

Dasselbe Integral ist gemäß (9) aber auch gleich $4\pi A$. Daher folgt $A=Q$. Die Lösung lautet somit

$$\Phi(\boldsymbol{x})=\frac{Q}{r}+E_0\left(\frac{R^3}{r^2}-r\right)\cos\theta\,. \tag{10}$$

Die auf der Kugeloberfläche induzierte Ladungsdichte berechnet man für den Fall $Q=0$

$$\eta(\theta)=-\frac{1}{4\pi}\frac{\partial\Phi}{\partial r}=\frac{3}{4\pi}E_0\cos\theta\,.$$

(Man skizziere einen ebenen Schnitt durch die Äquipotentialflächen, der die z-Achse enthält, und die elektrischen Feldlinien z. B. für den Fall $Q=0$!)

Bemerkung

Der Ansatz, von dem wir ausgegangen sind, ist intuitiv begründet. Will man systematischer vorgehen, so bietet sich eine Entwicklung des Potentials nach Kugelflächenfunktionen an: Wegen der Axialsymmetrie des Problems ist der allgemeinste Ansatz

$$\Phi(\boldsymbol{x}) = \sum_{\ell=0}^{\infty} f_\ell(r) P_\ell(\cos\theta)$$

mit $f_\ell = r^\ell$ oder $= r^{-\ell-1}$. Das Potential des ursprünglichen homogenen Feldes ist axialsymmetrisch und proportional zu $P_1(\cos\theta)$. Die hinzugefügte Kugel ändert nichts an der Winkelabhängigkeit, d. h. bewirkt nur einen zusätzlichen Monopolterm. Die Lösung muss also von der Form

$$\Phi(\boldsymbol{x}) = \left(\frac{A}{r} + B\right) P_0(\cos\theta) + \left(\frac{C}{r^2} + Dr\right) P_1(\cos\theta)$$
$$\big(P_0(\cos\theta) = 1\,, \quad P_1(\cos\theta) = \cos\theta\big)$$

sein. Die Konstanten darin bestimmt man wie oben.

1.18 Mit $\varrho(r) = 3Q/(4\pi R^3)\Theta(R-r)$ sind Potential und Feldstärke im Innen- bzw. Außenraum

$$r \leqslant R: \qquad \Phi_\mathrm{i}(r) = \frac{3Q}{2R^3}\left(R^2 - \frac{1}{3}r^2\right), \qquad \boldsymbol{E}_\mathrm{i} = \frac{Q}{R^3} r\,\hat{\boldsymbol{e}}_r\,,$$

$$r > R: \qquad \Phi_\mathrm{a}(r) = \frac{Q}{r}\,, \qquad \boldsymbol{E}_\mathrm{a} = \frac{Q}{r^2}\hat{\boldsymbol{e}}_r\,.$$

Berechnet man die Energie aus dem Quadrat des elektrischen Feldes und integriert über den ganzen Raum,

$$W_\mathrm{E} = \frac{1}{8\pi}\iiint \mathrm{d}^3x\, \boldsymbol{E}^2 = \frac{1}{2}\int_0^\infty r^2\,\mathrm{d}r\, \boldsymbol{E}^2$$
$$= \frac{1}{2}Q^2\left\{\frac{1}{R^6}\int_0^R \mathrm{d}r\, r^4 + \int_R^\infty \mathrm{d}r\, r^{-2}\right\} = \frac{3Q^2}{5R}\,,$$

so ist dies dasselbe Resultat wie das, das sich aus der angegebenen Formel ergibt:

$$W = \frac{1}{2}\iiint \mathrm{d}^3x\, \varrho(r)\Phi(r) = \frac{9Q^2}{4R^6}\int_0^\infty r^2\,\mathrm{d}r\left(R^2 - \frac{1}{3}r^2\right) = \frac{3Q^2}{5R}\,.$$

1.19 Die Energie, die im Feld außerhalb des Eelektrons enthalten ist, ist gleich

$$W_\mathrm{a} = \frac{1}{2} e^2 \int_R^\infty \mathrm{d}r \, \frac{1}{r^2} = \frac{e^2}{2R} \, .$$

Wenn dies gleich $m_e c^2$ ist, so ergibt sich der angegebene Wert von R, dem sog. klassischen Elektronenradius.

1.20 Man überlegt sich anhand der Maxwell'schen Gleichungen, dass an einer Fläche, die die Flächenladung η trägt, die Tangentialkomponente des elektrischen Feldes stetig ist, die Normalkomponente des Verschiebungsfeldes um $4\pi\eta$ springt. In der gestellten Aufgabe ist $\eta = 0$, die Normalkomponente von $\boldsymbol{D}$ somit stetig. Als Randbedingungen hat man daher bei $r = R$

$$\Phi_\mathrm{i} = \Phi_\mathrm{a} \, ,$$
$$\varepsilon_0 \frac{\partial \Phi_\mathrm{a}}{\partial r} = \varepsilon_1 \frac{\partial \Phi_\mathrm{i}}{\partial r} \, .$$

Die Kugelsymmetrie der Anordnung wird nur durch das angelegte äußere Feld gestört, das axialsymmetrisch ist und dessen Potential $\Phi(r,\theta) = -E_0 P_1(\cos\theta)$ ist. Innen wie außen muss das Problem daher die allgemeine Lösung

$$\Phi_\mathrm{a} = \left(\frac{A}{r^2} + Br \right) P_1(\cos\theta) \, ,$$
$$\Phi_\mathrm{i} = \left(\frac{C}{r^2} + Dr \right) P_1(\cos\theta)$$

haben. Lässt man r nach Unendlich gehen, $r \to \infty$, dann sieht man, dass $B = -E_0$ sein muss; lässt man $r \to 0$ gehen, so folgt, dass $C = 0$ sein muss.

Aus den genannten Randbedingungen bestimmt man die übrigen beiden Konstanten und findet

$$A = \frac{\varepsilon_1 - \varepsilon_0}{\varepsilon_1 + 2\varepsilon_0} E_0 R^3 \, ,$$
$$D = -\frac{3\varepsilon_0}{\varepsilon_1 + 2\varepsilon_0} E_0 \, .$$

Die genannten Spezialfälle sehen folgendermaßen aus:
a) $\varepsilon_0 \equiv \varepsilon$, $\varepsilon_1 = 1$: Hier ist das Potential

$$\Phi_\mathrm{a} = \left[\frac{1-\varepsilon}{1+2\varepsilon} \frac{R^3}{r^3} - 1 \right] r E_0 P_1(\cos\theta) \, ,$$
$$\Phi_\mathrm{i} = -\frac{3\varepsilon}{1+2\varepsilon} r E_0 P_1(\cos\theta) \, .$$

Das Feld im Inneren der Kugel hat die Stärke

$$E_{\mathrm{i}} = \frac{3\varepsilon}{1+2\varepsilon} E_0$$

und ist – da $\varepsilon > 1$ ist – *größer* als E_0.

b) $\varepsilon_0 = 1$, $\varepsilon_1 \equiv \varepsilon$: Jetzt ist das Potential

$$\Phi_{\mathrm{a}} = \left[\frac{\varepsilon - 1}{\varepsilon + 2}\frac{R^3}{r^3} - 1\right] r E_0 P_1(\cos\theta) \,,$$

$$\Phi_{\mathrm{i}} = -\frac{3}{\varepsilon+2} r E_0 P_1(\cos\theta) \,.$$

Der Betrag des Feldes im Inneren ist

$$E_{\mathrm{i}} = \frac{3}{\varepsilon+2} E_0$$

und ist somit *kleiner* als das angelegte Feld.

Wählt man hier $\varepsilon \gg 1$, so ist

$$\Phi_{\mathrm{a}} \simeq \left[\frac{R^3}{r^3} - 1\right] r E_0 P_1(\cos\theta) \,, \qquad \Phi_{\mathrm{i}} \simeq 0 \,.$$

Das Feld im Inneren geht nach Null, man findet die Verhältnisse der Aufgabe 1.17 (mit $Q = 0$) wieder.

1.21 Die von den vier Punktladungen erzeugte Ladungsdichte ist

$$\varrho(x) = \frac{e}{2} \{[\delta(x-a) + \delta(x+a)]\,\delta(y)\delta(z) - [\delta(y-b) + \delta(y+b)]\,\delta(x)\delta(z)\} \,.$$

Man sieht sofort, dass für diese Verteilung sowohl das Monopolmoment

$$q_{00} = \frac{1}{\sqrt{4\pi}} \times \text{ Gesamtladung } = 0 \,,$$

als auch die Dipolmomente

$$d_i = \iiint \mathrm{d}^3x \; x_i \varrho(\boldsymbol{x}) = 0$$

Null sind. Für die Einträge Q_{ij} des Quadrupoltensors findet man

$$Q_{11} = \iiint \mathrm{d}^3x \left[2x^2 - y^2 - z^2\right] \varrho(\boldsymbol{x}) = e\left(2a^2 + b^2\right) \,,$$

$$Q_{22} = \iiint \mathrm{d}^3x \left[2y^2 - z^2 - x^2\right] \varrho(\boldsymbol{x}) = -e\left(2b^2 + a^2\right) \,,$$

$$Q_{33} = \iiint \mathrm{d}^3x \left[2z^2 - x^2 - y^2\right] \varrho(\boldsymbol{x}) = e\left(-a^2 + b^2\right) \,,$$

$$Q_{12} = \iiint \mathrm{d}^3x \; 3xy\varrho(\boldsymbol{x}) = 0 \,,$$

$$\text{analog auch} \quad Q_{13} = 0 \,, \; Q_{23} = 0 \,.$$

Es ist somit $\mathbf{Q} = e\,\mathrm{diag}(2a^2+b^2, -2b^2-a^2, -a^2+b^2)$ und man bestätigt, dass $\mathbf{Q}$ die Spur Null hat.

Das spektroskopische Quadrupolmoment ist

$$\begin{aligned}Q_0 &= \iiint \mathrm{d}^3x\, r^2(3\cos^2\theta - 1)\varrho(\boldsymbol{x}) \\ &= \iiint \mathrm{d}^3x\, (2z^2 - x^2 - y^2) = Q_{33} = e(b^2 - a^2)\,.\end{aligned}$$

Für die Momente in sphärischer Basis findet man

$$\begin{aligned}q_{22} &= \frac{\sqrt{5}}{4\sqrt{6\pi}}(Q_{11} - 2\mathrm{i}Q_{12} - Q_{22}) = \frac{\sqrt{15}}{4\sqrt{2\pi}}e(a^2+b^2)\,, \\ q_{21} &= \frac{5}{2\sqrt{6\pi}}(-Q_{13} + \mathrm{i}Q_{23}) = 0\,, \\ q_{20} &= \frac{\sqrt{5}}{4\sqrt{\pi}}Q_{33} = \frac{\sqrt{5}}{4\sqrt{\pi}}e(-a^2+b^2)\,.\end{aligned}$$

Die Momente $q_{2,-1}$ und $q_{2,-2}$ ergeben sich aus den Symmetrierelationen (1.107).

1.22 Die Stromdichte ist proportional zur Flächenladungsdichte und zur Tangentialgeschwindigkeit am betrachteten Aufpunkt,

$$\boldsymbol{j}(\boldsymbol{x}) = \eta\omega r \sin\theta\,\delta(r - R)\hat{\boldsymbol{e}}_\phi \equiv j_\phi \hat{\boldsymbol{e}}_\phi\,.$$

Hieraus berechnet man ein Vektorpotential aus der Formel (1.116). Den Einheitsvektor $\hat{\boldsymbol{e}}_\phi$ zerlegt man nach 1- und 2-Richtung, $\hat{\boldsymbol{e}}_\phi = -\sin\phi\hat{\boldsymbol{e}}_1 + \cos\phi\hat{\boldsymbol{e}}_2$, und verwendet sphärische Polarkoordinaten im Integral für $\boldsymbol{A}(r,\theta,\phi)$,

$$\begin{aligned}\boldsymbol{A}(r,\theta,\phi) &= \eta\omega\frac{1}{c}\int_0^\infty r'^2\,\mathrm{d}r' \int \mathrm{d}\Omega'\, r'\delta(r'-R)\sin\theta' \\ &\quad\times\left(-\sin\phi'\hat{\boldsymbol{e}}_1 + \cos\phi'\hat{\boldsymbol{e}}_2\right)\sum_{\ell,m}\frac{4\pi}{2\ell+1}\frac{r_<^\ell}{r_>^{\ell+1}}Y^*_{\ell m}(\hat{\boldsymbol{x}}')Y_{\ell m}(\hat{\boldsymbol{x}})\,.\end{aligned}$$

Der weitere Gang der Rechnung geht wie folgt: Da die Anordnung axialsymmetrisch ist, genügt es $\boldsymbol{A}$ für den Wert $\phi = 0$ auszurechnen. Andererseits ist das Integral über ϕ', das proportional zu $\hat{\boldsymbol{e}}_1$ ist, gleich Null, was bedeutet, dass $\boldsymbol{A}(r,\theta,\phi=0)$ proportional zu $\hat{\boldsymbol{e}}_2$ und damit gleich der Komponente A_ϕ ist. Im Integranden ersetzt man

$$\sin\theta'\cos\phi' = \sqrt{\frac{2\pi}{3}}\left(-Y_{11}(\hat{\boldsymbol{x}}') + Y_{1-1}(\hat{\boldsymbol{x}}')\right)$$

und kann damit das Winkelintegral ausrechnen. Aus dem Ergebnis $\boldsymbol{A} = A_\phi\hat{\boldsymbol{e}}_\phi$ berechnet man das Induktionsfeld.

1.23 Da keine Stromdichte und kein zeitlich veränderlicher Verschiebungsstrom vorhanden sind, ist das Feld $\boldsymbol{H}$ rotationsfrei. Man kann es daher als Gradientenfeld eines skalaren, magnetischen Potentials Φ_{M} darstellen. Im Innenraum innerhalb der kleineren Sphäre, im Zwischengebiet zwischen den beiden Sphären und im Außenraum setzt man eine Multipolentwicklung für Φ_{M} an,

$$
\begin{aligned}
\Phi_{\text{M}}^{(i)} &= \sum_{\ell=0}^{\infty} a_\ell r^\ell P_\ell(\cos\theta) , \\
\Phi_{\text{M}}^{(z)} &= \sum_{\ell=0}^{\infty} \left[c_\ell \frac{1}{r^{\ell+1}} P_\ell(\cos\theta) + d_\ell r^\ell P_\ell(\cos\theta) \right] , \qquad (11) \\
\Phi_{\text{M}}^{(a)} &= \sum_{\ell=0}^{\infty} b_\ell \frac{1}{r^{\ell+1}} P_\ell(\cos\theta) + B_0 r P_1(\cos\theta) .
\end{aligned}
$$

Hierbei wurde schon benutzt, dass das Potential bei $r=0$ regulär ist und dass es bei $r \to \infty$ in das Potential des homogenen Feldes übergeht.

Die Randbedingungen sind: Das Potential muss bei r und bei R stetig sein; an beiden Grenzflächen ist die Tangentialkomponente von $\boldsymbol{H}$ stetig; außerdem ist die Normalkomponente von $\boldsymbol{B}$ stetig, d. h.

$$\Phi_{\text{M}}^{(1)} = \Phi_{\text{M}}^{(2)} , \qquad (12a)$$

$$\frac{\partial \Phi_{\text{M}}^{(1)}}{\partial \theta} = \frac{\partial \Phi_{\text{M}}^{(2)}}{\partial \theta} , \qquad (12b)$$

$$\mu_1 \frac{\partial \Phi_{\text{M}}^{(1)}}{\partial r} = \mu_2 \frac{\partial \Phi_{\text{M}}^{(2)}}{\partial r} , \qquad (12c)$$

wobei die Ziffern 1 und 2 für jeweils benachbarte Gebiete stehen und im Innen- sowie im Außenraum $\mu_{\text{i}} = \mu_{\text{a}} = 1$, im Zwischengebiet $\mu_{\text{z}} = \mu$ ist. Man überzeugt sich, dass die ersten beiden Bedingungen (12a) und (12b) äquivalent sind, es genügt also die Stetigkeit des Potentials zu fordern. Ähnlich wie in Aufgabe 1.17 stellt man fest, dass nur die Terme mit $\ell = 1$ beitragen können. Mit r als Radius der kleineren, R als Radius der größeren Kugel erhält man das Gleichungssytem

$$
\begin{aligned}
a_1 r^3 &= c_1 + d_1 r^3 , \\
c_1 + d_1 R^3 &= b_1 - B_0 R^3 , \\
a_1 r^3 &= \mu \left[-2c_1 + d_1 r^3 \right] , \\
2b_1 + B_0 R^3 &= \mu \left[2c_1 - d_1 R^3 \right] .
\end{aligned}
$$

Die Auflösung dieses Gleichungssystems ergibt für die Koeffizienten des Ansatzes (11)

$$a_1 = \frac{9\mu R^3}{2(\mu-1)^2 r^3 - (\mu+2)(2\mu+1)R^3} B_0 , \qquad (13a)$$

$$c_1 = \frac{3(\mu-1) r^3 R^3}{2(\mu-1)^2 r^3 - (\mu+2)(2\mu+1)R^3} B_0 , \qquad (13b)$$

$$d_1 = \frac{3(2\mu+1)R^3}{2(\mu-1)^2 r^3 - (\mu+2)(2\mu+1)R^3} B_0 \,, \tag{13c}$$

$$b_1 = B_0 R^3 + 3R^3 \frac{(\mu-1)r^3 + (2\mu+1)R^3}{2(\mu-1)^2 r^3 - (\mu+2)(2\mu+1)R^3} B_0 \,. \tag{13d}$$

Als Test des Ergebnisses betrachte man den Fall $\mu = 1$, bei dem die Kugelschale nicht mehr unterscheidbar ist. Man findet aus (13a) bis (13d): $a_1 = -B_0$, $c_1 = 0$, $d_1 = a_1$, $b_1 = 0$; jede Abhängigkeit von r und von R ist verschwunden.

Das Magnetfeld berechnet sich mithilfe der generischen Formel

$$\Phi_M = r^\alpha \cos\theta \,, \quad \boldsymbol{H} = -\nabla \Phi_M = \alpha r^{\alpha-1} \cos\theta \hat{\boldsymbol{e}}_r + r^{\alpha-1} \hat{\boldsymbol{e}}_3 \,,$$

die magnetische Induktion ist $\boldsymbol{B} = \mu \boldsymbol{H}$.

Im Grenzfall $\mu \to \infty$ gehen a_1, c_1 und d_1 nach Null, b_1 geht nach $B_0 R^3$.

Lösungen: Kapitel 2

2.1 Die Basis-k-Formen $\mathrm{d}x^{i_1} \wedge \ldots \wedge \mathrm{d}x^{i_k}$ sind vollständig antisymmetrisch, die Indizes i_1 bis i_k können alle Werte von 1 bis zur Dimension n des Raumes annehmen. Für festes k gibt es

$$\binom{n}{k} = \frac{n!}{k!(n-k)!}$$

solche Basisformen. Dies sieht man wie folgt. Zunächst zählt man die Zahl der Möglichkeiten ab, k verschiedene Indizes aus der Indexmenge $\{1, 2, \ldots, n\}$ auszuwählen. Der Index i_1 kann jeden Wert von 1 bis n annehmen, hat insgesamt also n Möglichkeiten; für i_2, das ja von i_1 verschieden sein muss, gibt es dann nur noch $(n-1)$ Wahlmöglichkeiten; für i_3 mit $i_3 \neq i_1$ und $i_3 \neq i_2$ sind es nur noch $(n-2)$; bis hin zu i_k, das noch $(n-k+1)$ Werte annehmen kann. Insgesamt ist die gesuchte Zahl

$$n(n-1)(n-2)\cdots(n-k+1) = \frac{n!}{(n-k)!} \,.$$

Diese k verschiedenen Indizes anzuordnen, dafür gibt es $k!$ Möglichkeiten, nämlich so viele wie es Permutationen von k Elementen gibt. Nur eine von ihnen erfüllt die Bedingung $i_1 < i_2 < \cdots < i_k$. Man muss daher die eben ermittelte Zahl durch $k!$ dividieren und erhält auf diese Weise die behauptete Dimension des Raumes $\Lambda^k(M)$.

2.2 Es genügt zwei feste, voneinander verschiedene Werte μ und ν herauszugreifen. Es ist

$$S_{\mu\nu} A^{\mu\nu} + S_{\nu\mu} A^{\nu\mu} = S_{\mu\nu} A^{\mu\nu} + S_{\mu\nu}\left(-A^{\mu\nu}\right) = 0 \,.$$

Gleiche Werte von μ und ν treten nicht auf, weil $A^{\mu\mu} = 0$ ist. Die Summe über alle Werte der beiden Indizes ist die Summe über alle solchen Paare.

2.3 Die Indizes α und β müssen voneinander verschieden sein. Legt man sie fest, so haben die übrigen vier Indizes Werte, die nicht gleich einem dieser beiden ist. Dies bedeutet, dass entweder $\sigma = \mu$ und $\tau = \nu$ oder $\sigma = \nu$ und $\tau = \mu$ sein müssen. In der Summe über α und β geben $\varepsilon^{\alpha\beta\sigma\tau}\varepsilon_{\alpha\beta\mu\nu}$ und $\varepsilon^{\beta\alpha\sigma\tau}\varepsilon_{\beta\alpha\mu\nu}$ dasselbe Ergebnis, daher stammt ein Faktor 2. Mit $\varepsilon_{0123} = 1$ ist $\varepsilon^{0123} = -1$, dies gibt ein Minuszeichen in der folgenden Formel

$$\varepsilon^{\alpha\beta\sigma\tau}\varepsilon_{\alpha\beta\mu\nu} = -2\left(\delta^{\sigma}_{\mu}\delta^{\tau}_{\nu} - \delta^{\sigma}_{\nu}\delta^{\tau}_{\mu}\right).$$

Dies ist das Analogon zu (1.48a). Setzt man $\mu = \sigma$ und summiert hierüber, so folgt

$$\varepsilon^{\alpha\beta\mu\tau}\varepsilon_{\alpha\beta\mu\nu} = -2(4-1)\delta^{\tau}_{\nu} = -6\delta^{\tau}_{\nu}.$$

Dies ist das Analogon zu (1.48b).

2.4 Man berechnet die Divergenz von $\boldsymbol{A}' = \boldsymbol{A} + \boldsymbol{\nabla}\chi$:

$$\boldsymbol{\nabla}\cdot\boldsymbol{A}'(t,\boldsymbol{x}) = \boldsymbol{\nabla}\cdot\boldsymbol{A}(t,\boldsymbol{x}) + \boldsymbol{\Delta}_x\chi(t,\boldsymbol{x}) = \boldsymbol{\nabla}\cdot\boldsymbol{A}(t,\boldsymbol{x}) - \boldsymbol{\nabla}\cdot\boldsymbol{A}(t,\boldsymbol{x}) = 0.$$

Im zweiten Schritt wird $\boldsymbol{\Delta}(1/\boldsymbol{x}-\boldsymbol{y}) = -4\pi\delta(\boldsymbol{x}-\boldsymbol{y})$ benutzt und das Integral über $\boldsymbol{y}$ ausgeführt. Jede weitere Transformation mit einer Eichfunktion ψ, die der homogenen Gleichung $\boldsymbol{\Delta}\psi = 0$ genügt, ändert nichts mehr an dieser Aussage.

Eine Eichtransformation $A''_\mu = A'_\mu - \partial_\mu\psi$ mit

$$\psi(\boldsymbol{x}) = \int\limits_0^{x^0} \mathrm{d}t'\, A^0(t',\boldsymbol{x})$$

bringt wie gefordert $A''_0 = 0$.

2.5 Am einfachsten ist folgende Überlegung: Das Elektron im Anfangszustand hat den Viererimpuls p_i, der $p_\mathrm{i}^2 = m_e^2c^2$ erfüllt. Im Endzustand hat es den Impuls p_f, das Photon den Impuls k, die die Beziehungen $p_\mathrm{f}^2 = m_e^2c^2$ bzw. $k^2 = 0$ erfüllen. Dies steht im Widerspruch zur Energie-Impulserhaltung, die $p_\mathrm{i} = p_\mathrm{f} + k$ verlangt: die Bedingung $p_\mathrm{f}\cdot k = 0$ kann nur gelten, wenn p_f lichtartig ist, d. h. wenn $p_\mathrm{f}^2 = 0$ ist.

Lösungen: Kapitel 3

3.1 Die physikalischen Dimensionen der angegebenen Größen sind

$$[S] = \mathrm{MT}^3 = \frac{\text{Energie}}{\text{Fläche} \times \text{Zeit}},$$

$$[\boldsymbol{P}] = \mathrm{ML}^{-2}\mathrm{T}^{-1} = \frac{\text{Impuls}}{\text{Volumen}},$$

$$[u] = \frac{\text{Energie}}{\text{Volumen}}.$$

3.2 Drehungen werden durch orthogonale 3×3-Matrizen dargestellt, d. h. es gilt $\mathbf{R}\mathbf{R}^{-1} = \mathbb{1}_3$. Es ist

$$\sum_{i,j} R_{mi} R_{nj} \delta_{ij} = \sum_i R_{mi} R^T_{in} = \delta_{mn} .$$

Die Transformationsformel für den ε-Tensor

$$\sum_{i,j,k} R_{mi} R_{nj} R_{pk} \varepsilon_{ijk} = \varepsilon'_{mnp}$$

ist genau die Determinante von $\mathbf{R}$, wenn (m, n, k) eine gerade Permutation von $(1, 2, 3)$ ist, und ist gleich minus diese Determinante, wenn (m, n, k) eine ungerade Permutation ist. Die Determinante selbst ist invariant, das Vorzeichen bei ungeraden Permutationen kann aber durch ε_{mnp} dargestellt werden. Daher ist $\varepsilon'_{mnp} = \varepsilon_{mnp}$.

Lösungen: Kapitel 4

4.1 Aus den Maxwell'schen Gleichungen leitet man Folgendes ab: An einer Fläche, die zwei verschiedene Medien „1“ und „2“ trennt, auf der die Flächenladung η sitzt bzw. auf der der Flächenstrom $\boldsymbol{j}$ fließt, gelten folgende Beziehungen für die Normal- und die Tangentialkomponenten der Felder

$$\left(\boldsymbol{D}_2 - \boldsymbol{D}_1\right) \cdot \hat{\boldsymbol{n}} = 4\pi\eta , \tag{14a}$$

$$\left(\boldsymbol{B}_2 - \boldsymbol{B}_1\right) \cdot \hat{\boldsymbol{n}} = 0 , \tag{14b}$$

$$\left(\boldsymbol{E}_2 - \boldsymbol{E}_1\right) \times \hat{\boldsymbol{n}} = 0 , \tag{14c}$$

$$\left(\boldsymbol{H}_2 - \boldsymbol{H}_1\right) \times \hat{\boldsymbol{n}} = -\frac{4\pi}{c} \boldsymbol{j} . \tag{14d}$$

Hierbei ist $\hat{\boldsymbol{n}}$ der Normalenvektor, der so orientiert ist, dass er vom Medium 1 zum Medium 2 weist. Wenn also keine Flächenladungen oder -ströme vorhanden sind, dann sind die Normalkomponenten der Felder $\boldsymbol{D}$ und $\boldsymbol{B}$ stetig. Die Tangentialkomponenten von $\boldsymbol{E}$ und die Normalkomponente von $\boldsymbol{H}$ sind immer stetig.

4.2 Diese Aufgabe ist mit Aufgabe 1.16 nahe verwandt. Die Ladungsdichte ergibt sich aus der Kontinuitätsgleichung. Das Vektorpotential folgt aus (4.30). Daraus leitet man das elektrische Feld und das magnetische Induktionfeld aus den bekannten Formeln ab.

4.3 und **4.4** Die Ladungsverteilung ist

$$\varrho(\boldsymbol{x}) = \frac{q}{2\pi} \left[\frac{1}{a} \delta(r-a) - \frac{1}{b} \delta(r-b) \right] \delta(z) ,$$

wo r die Radialkoordinate in Zylinderkoordinaten bedeute. Die Stromdichte lautet mit $\boldsymbol{v}(\boldsymbol{x}) = \omega |\boldsymbol{x}| \hat{\boldsymbol{e}}_\phi$

$$\boldsymbol{j}(\boldsymbol{x}) = \varrho(\boldsymbol{x}) \boldsymbol{v}(\boldsymbol{x}) = \frac{q\omega}{2\pi} \left[\delta(r-a) - \delta(r-b) \right] \delta(z) \hat{\boldsymbol{e}}_\phi .$$

Das magnetische Dipolmoment folgt aus der Formel (1.120b):

$$\begin{aligned}
\boldsymbol{\mu} &= \frac{1}{2c} \iiint \mathrm{d}^3x\, \boldsymbol{x} \times \boldsymbol{j}(\boldsymbol{x}) \\
&= \frac{q\omega}{4\pi c} \int\limits_0^\infty r\,\mathrm{d}r \int\limits_{-\infty}^{+\infty} \mathrm{d}z \int\limits_0^{2\pi} \mathrm{d}\phi \left(r\hat{\boldsymbol{e}}_r + z\hat{\boldsymbol{e}}_z\right) \times \hat{\boldsymbol{e}}_\phi \left[\delta(r-a) - \delta(r-b)\right]\delta(z) \\
&= \frac{q\omega}{2c}(a^2 - b^2)\hat{\boldsymbol{e}}_r \times \hat{\boldsymbol{e}}_\phi \\
&= \frac{q\omega}{2c}(a^2 - b^2)\hat{\boldsymbol{e}}_z\,.
\end{aligned}$$

Lösungen: Kapitel 5

5.1 Setzt man $\phi(\boldsymbol{x})$ in die Differentialgleichung (A.4) ein, dann entsteht daraus eine *algebraische* Gleichung

$$\left(\boldsymbol{k}^2 + \kappa^2\right)\widetilde{\phi}(\boldsymbol{k}) = -g\frac{1}{(2\pi)^{3/2}}\,,$$

die man leicht lösen kann. Die ursprüngliche Funktion, die über dem Ortsraum definiert ist, erhält man durch Rücktransformation,

$$\phi(\boldsymbol{x}) = -\frac{g}{(2\pi)^3} \iiint \mathrm{d}^3k\, \frac{\mathrm{e}^{\mathrm{i}\boldsymbol{k}\cdot\boldsymbol{x}}}{\boldsymbol{k}^2 + \kappa^2}\,.$$

Dieses Integral kann man beispielsweise in sphärischen Kugelkoordinaten berechenen. Es ist gleich $-g\,\mathrm{e}^{-\kappa r}/(4\pi r)$.

5.2 Wir nehmen zunächst an, dass $\kappa \equiv \kappa_i$ von der Erzeugenden abhänge. Durch geeignete Wahl der Basis der Lie-Algebra kann $\mathrm{Sp}(T_i T_j)$ immer diagonal gewählt werden, d. h.

$$\mathrm{Sp}(T_i T_j) = \kappa_i \delta_{ij}\,.$$

Es sei folgende, vollständig antisymmetrische Größe definiert

$$\mathcal{E}_{ijk} := \mathrm{Sp}\Big(\big[T_i, T_j\big]T_k\Big) = \mathrm{Sp}(T_i T_j T_k) - \mathrm{Sp}(T_j T_i T_k)\,.$$

Mithilfe der Kommutatoren kann man diese Größe bei festem k ausrechnen,

$$\mathcal{E}_{ijk} = \mathrm{i}\sum_n C_{ijn}\,\mathrm{Sp}\big(T_n T_k\big) = \mathrm{i}\kappa_k C_{ijk}\,.$$

Jetzt vertauscht man die Indizes j und k und erhält $\mathcal{E}_{ikj} = \mathrm{i}\kappa_j C_{ikj}$, wieder mit festem j. Sowohl $\mathcal{E}_{ijk}$ als auch die Strukturkonstanten C_{mnp} sind antisymmetrisch. Aus dem Vergleich der letzten beiden Formeln folgt daher $\kappa_k = \kappa_j$, solange der Kommutator $[T_j, T_k]$ nicht gleich Null ist.

Bei einer einfachen Gruppe sind aber je zwei Erzeugende durch nichtverschwindende Kommutatoren verknüpft. Daher sind alle Konstanten κ_i gleich und somit unabhängig von i.

5.3 Die adjungierte Darstellung von SO(3) ist dreidimensional. Die Eichfelder und die Feldstärken transformieren wie Vektoren im $\mathbb{R}^3$. Das symbolische Skalarprodukt in (5.49) ist daher das Euklidische Skalarprodukt. Ein Triplett von Skalarfeldern wurde schon in Beispiel 5.2 behandelt, so dass man die SO(3)-eichinvariante Lagrangedichte (5.51) ohne Weiteres hinschreiben kann.

5.4 Wenn die Strukturgruppe das direkte Produkt zweier einfacher Lie-Gruppen ist, dann kommutiert jede Erzeugende der einen mit jeder Erzeugenden der anderen Gruppe. Eichpotentiale, Feldstärkentensoren und kovariante Ableitungen der SU(p) und der SU(q) sind völlig unabhängig voneinander und können daher mit unabhängigen Kopplungskonstanten q_1 bzw. q_2 definiert werden. So hat man für SU(p) und SU(q) gemäß (5.33b)

$$A = \mathrm{i}q_1 \sum_{k=1}^{N_p} \mathbf{T}_k \sum_{\mu=0}^{3} A_\mu^{(k)}(x)\,\mathrm{d}x^\mu \qquad (N_p = p^2 - 1)\,,$$

$$B = \mathrm{i}q_2 \sum_{l=1}^{N_q} \mathbf{S}_l \sum_{\mu=0}^{3} A_\mu^{(l)}(x)\,\mathrm{d}x^\mu \qquad (N_q = q^2 - 1)\,.$$

In der Lagrangedichte (5.49) gibt es keine Wechselwirkungsterme zwischen Eichbosonen der einen und Eichbosonen der anderen Eichgruppe, weil alle Kommutatoren $[\mathbf{T}_i, \mathbf{S}_k]$ gleich Null sind.

5.5 (Siehe das in Abschn. 5.5 angegebene Zitat [Constantinescu, Michel, Radicati 1979].)

5.6 In der adjungierten Darstellung mit Summenkonvention bei allen doppelt vorkommenden Indizes hat man

$$\left[\mathbf{U}^{\mathrm{ad}}(\mathbf{T}_i), \mathbf{U}^{\mathrm{ad}}(\mathbf{T}_j)\right]_{ac} = +\mathrm{i}^2\left(C_{ia}^{b} C_{jb}^{c} - C_{ja}^{b} C_{ib}^{c}\right).$$

Der Ausdruck in runden Klammern auf der rechten Seite kann mithilfe der Jacobi-Relation (5.21) und unter Ausnutzung der Antisymmetrie der Strukturkonstanten umgeschrieben werden:

$$C_{ia}^{b} C_{jb}^{c} - C_{ja}^{b} C_{ib}^{c} = C_{ia}^{b} C_{jb}^{c} + C_{aj}^{b} C_{ib}^{c} = -C_{ji}^{k} C_{ka}^{c} = +C_{ij}^{k} C_{ka}^{c}\,.$$

Schreibt man andererseits den oben angegebenen Kommutator aus, so ist er

$$U_{ab}^{\mathrm{ad}}(\mathbf{T}_i) U_{bc}^{\mathrm{ad}}(\mathbf{T}_j) - U_{ab}^{\mathrm{ad}}(\mathbf{T}_j) U_{bc}^{\mathrm{ad}}(\mathbf{T}_i)$$
$$= C_{ij}^{k} C_{ka}^{c} = iC_{ij}^{k}\left(-\mathrm{i}C_{ka}^{c}\right) = iC_{ij}^{k} U_{ac}^{\mathrm{ad}}(\mathbf{T}_k)\,.$$

Genau dies war zu zeigen.

Lösungen: Kapitel 6

6.1 Die Konstruktion des Atlas und der Nachweis dafür, dass die Übergangsabbildungen Diffeomorphismen sind, lassen sich analog zum Fall der $S^2_R \subset \mathbb{R}^3$ durchführen. Dieses Beispiel ist in Band 1, Abschn. 5.2.3 ausgearbeitet.

6.2 Mit der Überlegung aus Beispiel 6.3 in Abschn. 6.1.3 folgt $\Delta\omega/\omega \simeq Hg/c^2$. Damit folgt

$$\frac{\Delta\omega}{\Gamma} = \frac{\Delta\omega}{\omega}\frac{\omega}{\Gamma} = \frac{22{,}5\,\mathrm{m}\cdot 10\,\mathrm{ms}^{-2}}{(3\cdot 10^8\,\mathrm{ms}^{-1})^2} \simeq 0{,}7\,\% \,.$$

6.3 Die linke Seite der behaupteten Identität lautet ausgeschrieben

$$\begin{aligned} C := & XYZ - XZY + YZX - YXZ + ZXY - ZYX \\ & - YZX + ZYX - ZXY + XZY - XYZ + YXZ \,. \end{aligned}$$

Hier heben sich die zwölf Summanden paarweise gegeneinander weg und es ist in der Tat $C = 0$.
Mit den angegebenen Vektorfeldern ist

$$\begin{aligned} XY &= y\partial_x(x\partial_y) = y\partial_y + yx\partial_x\partial_y \,, \\ YX &= x\partial_y(y\partial_x) = x\partial_x + xy\partial_y\partial_x \,, \\ XY - YX &= y\partial_y - x\partial_x \,. \end{aligned}$$

Dabei ist ausgenutzt, dass die Basis-Vektorfelder kommutieren.

6.4 Wertet man $T^{(1)}$ und $T^{(2)}$ auf den beiden Vektorfeldern aus, so ist

$$\begin{aligned} T^{(1)}\left(a^1\partial_1 + a^2\partial_2, b^1\partial_1 + b^2\partial_2\right) &= a^1 b^2 \,, \\ T^{(2)}\left(a^1\partial_1 + a^2\partial_2, b^1\partial_1 + b^2\partial_2\right) &= a^2 b^1 \,. \end{aligned}$$

Die Antworten sind i. Allg. verschieden.

6.5 Es ist $X_{\sigma\,;\mu} = g_{\sigma\rho} X^{\rho}{}_{;\mu}$, worin man $X^{\rho}{}_{;\mu}$ aus der Formel (6.57a) entnimmt. Man benutzt in der nun folgenden Rechnung die offensichtliche Gleichung

$$\partial_\mu\left(g_{\sigma\rho}g^{\rho\tau}\right) = \partial_\mu\left(\delta^\tau_\sigma\right) = 0 = \partial_\mu\left(g_{\sigma\rho}\right)g^{\rho\tau} + g_{\sigma\rho}\partial_\mu\left(g^{\rho\tau}\right) \,, \tag{15}$$

sowie die Koordinatenformel (6.66) und berechnet

$$g_{\sigma\rho} X^{\rho}{}_{;\mu} = g_{\sigma\rho}\left\{\partial_\mu\left(g^{\rho\tau}X_\tau\right) + \Gamma^\rho_{\mu\nu} g^{\nu\tau} X_\tau\right\} \,.$$

Beim Ausdifferenzieren des ersten Terms auf der rechten Seite mit der Produktregel, tritt einerseits $g_{\sigma\rho}g^{\rho\tau}\partial_\mu X_\tau = \partial_\mu X_\sigma$ auf – wie erwartet.

Der andere Term sowie die restlichen Terme der rechten Seite müssen das Christoffel-Symbol $-\Gamma^{\tau}_{\mu\sigma}$ ergeben. Dies rechnet man wie folgt nach:

$$\begin{aligned}
&g_{\sigma\rho}\left(\partial_\mu g^{\rho\tau}\right)+g_{\sigma\rho}\Gamma^{\rho}_{\mu\nu}g^{\nu\tau}\\
&=g_{\sigma\rho}\left(\partial_\mu g^{\rho\tau}\right)+\frac{1}{2}g_{\sigma\rho}g^{\rho\alpha}\left[(\partial_\mu g_{\nu\alpha})+(\partial_\nu g_{\mu\alpha})-(\partial_\alpha g_{\mu\nu})\right]g^{\nu\tau}\\
&=g_{\sigma\rho}\left(\partial_\mu g^{\rho\tau}\right)-\frac{1}{2}g_{\sigma\rho}(\partial_\mu g^{\rho\alpha})\delta^{\tau}_{\alpha}-\frac{1}{2}g_{\sigma\rho}(\partial_\nu g^{\rho\alpha})g_{\mu\alpha}g^{\nu\tau}\\
&\qquad\qquad-\frac{1}{2}\delta^{\alpha}_{\sigma}(\partial_\alpha g_{\mu\nu})g^{\nu\tau}\,.
\end{aligned}$$

Bis zu diesem Punkt hat man zwei Mal die Relation (15) verwendet, um die Ableitung auf $g^{\rho\alpha}$ abzuwälzen. Wendet man denselben Trick auf die ersten drei Terme des zuletzt erhaltenen Ausdrucks an, dann lassen sich die ersten beiden zusammen fassen und man erhält insgesamt

$$\begin{aligned}
&-\frac{1}{2}(\partial_\mu g_{\sigma\rho})g^{\rho\tau}+\frac{1}{2}(\partial_\nu g_{\sigma\rho})\delta^{\rho}_{\mu}g^{\nu\tau}-\frac{1}{2}(\partial_\sigma g_{\mu\rho})g^{\rho\tau}\\
&=-\frac{1}{2}g^{\rho\tau}\left[\partial_\mu g_{\sigma\rho}+\partial_\sigma g_{\mu\rho}-\partial_\rho g_{\sigma\mu}\right]=-\Gamma^{\tau}_{\mu\sigma}\,.
\end{aligned}$$

In der vorletzten Zeile wurde der Summationsindex ν des dritten Summanden in ρ umbenannt, zuletzt wurde wieder die Formel (6.66) eingesetzt. Damit ist die Formel für die kovariante Ableitung eines Tensors des Typus' (0, 1) bewiesen.

Man sieht spätestens an dieser Stelle ein, dass der Beweis wesentlich übersichtlicher ist, wenn man die koordinatenfreie Formel (6.40a) anwendet und dort lokale Koordinaten einführt: Es sei $V=V^\mu\partial_\mu$ und $\omega=X_\lambda\,\mathrm{d}x^\lambda$. Gemäß (6.40a) ist

$$(D_V\omega)\,(W)=D_V\,(\omega(W))-\omega\,(D_V(W))\ .$$

Wählt man jetzt $V=\partial_\mu$ und $W=\partial_\sigma$, dann ist

$$\begin{aligned}
\left(D_{\partial_\mu}(X_\lambda\,\mathrm{d}x^\lambda)\right)(\partial_\sigma)&=\partial_\mu X_\sigma-X_\lambda\,\mathrm{d}x^\lambda\left(\Gamma^{\tau}_{\mu\sigma}\partial_\tau\right)\\
&=\partial_\mu X_\sigma-\Gamma^{\tau}_{\mu\sigma}X_\tau\ .
\end{aligned}$$

Dies ist dieselbe Formel.

6.6 Betrachten wir zwei überlappende Karten (U,φ) und (V,ψ) für die Raumzeit $(M,\mathbf{g})$ und sei $x\in U\cap V$ ein Punkt ihres Überlappgebiets. In lokalen Koordinaten wird derselbe Punkt in zwei Kopien des $\mathbb{R}^4$ durch

$$\begin{aligned}
\varphi(x)&=\left\{u^0(x),\,u^1(x),\,u^2(x),\,u^3(x)\right\}\ ,\qquad\text{bzw.}\\
\psi(x)&=\left\{v^0(x),\,v^1(x),\,v^2(x),\,v^3(x)\right\}
\end{aligned}$$

dargestellt. Die Übergangsabbildungen $(\psi\circ\varphi^{-1})$ und $(\varphi\circ\psi^{-1})$ sind Diffeomorphismen, $v^\mu(x)=(\psi\circ\varphi^{-1}(u))^\mu$. Die lokalen Darstellungen der Metrik in diesen beiden Karten erfüllen

$$\mathbf{g} = g_{\mu\nu}\,\mathrm{d}u^\mu \otimes \mathrm{d}u^\nu = g'_{\alpha\beta}\,\mathrm{d}v^\alpha \otimes \mathrm{d}v^\beta \,.$$

Für die Differentiale gilt $\mathrm{d}v^\alpha = (\partial v^\alpha / \partial u^\mu)\,\mathrm{d}u^\mu$, woraus die Beziehung

$$g_{\mu\nu} = \frac{\partial v^\alpha}{\partial u^\mu}\frac{\partial v^\beta}{\partial u^\nu} g'_{\alpha\beta} \tag{16}$$

folgt. Vergleicht man beliebige Koordinaten mit Normalkoordinaten $v^\alpha \equiv z^\alpha$, dann folgt die erste der behaupteten Formeln,

$$g_{\mu\nu} = \frac{\partial z^\alpha}{\partial u^\mu}\frac{\partial z^\beta}{\partial u^\nu}\eta_{\alpha\beta} \,. \tag{17a}$$

Für die Inverse des metrischen Tensors gilt dann

$$g^{\mu\nu} = \frac{\partial u^\mu}{\partial z^\alpha}\frac{\partial u^\nu}{\partial z^\beta}\eta^{\alpha\beta} \,. \tag{17b}$$

Jetzt kann man die Christoffel-Symbole mit Hilfe der Formel (6.66) ausrechnen und in Normalkoordinaten ausdrücken:

$$\begin{aligned}\Gamma^\mu_{\rho\sigma} &= \frac{1}{2} g^{\mu\tau}\left\{\frac{\partial g_{\sigma\tau}}{\partial u^\rho} + \frac{\partial g_{\rho\tau}}{\partial u^\sigma} - \frac{\partial g_{\rho\sigma}}{\partial u^\tau}\right\}\\ &= \frac{1}{2}\left(\frac{\partial u^\mu}{\partial z^{\bar\alpha}}\frac{\partial u^\tau}{\partial z^{\bar\beta}}\eta^{\bar\alpha\bar\beta}\right)\left\{\frac{\partial}{\partial u^\rho}\left(\frac{\partial z^\alpha}{\partial u^\sigma}\frac{\partial z^\beta}{\partial u^\tau}\eta_{\alpha\beta}\right)\right.\\ &\left.+\frac{\partial}{\partial u^\sigma}\left(\frac{\partial z^\alpha}{\partial u^\rho}\frac{\partial z^\beta}{\partial u^\tau}\eta_{\alpha\beta}\right) - \frac{\partial}{\partial u^\tau}\left(\frac{\partial z^\alpha}{\partial u^\rho}\frac{\partial z^\beta}{\partial u^\sigma}\eta_{\alpha\beta}\right)\right\} \,.\end{aligned}$$

Der Tensor $\boldsymbol{\eta}$ ist konstant und kann aus den Ableitungen herausgezogen werden. Tut man dies und beachtet, dass alle Indizes außer μ, ρ und σ Summationsindizes sind, so sieht man, dass die drei Terme in den geschweiften Klammern sich zusammenfassen lassen. Man erhält

$$\Gamma^\mu_{\rho\sigma} = \frac{\partial u^\mu}{\partial z^{\bar\alpha}}\left(\frac{\partial u^\tau}{\partial z^{\bar\beta}}\frac{\partial z^\beta}{\partial u^\tau}\right)\frac{\partial^2 z^\alpha}{\partial u^\rho \partial u^\sigma}\eta^{\bar\alpha\bar\beta}\eta_{\alpha\beta} = \frac{\partial u^\mu}{\partial z^\alpha}\frac{\partial^2 z^\alpha}{\partial u^\rho \partial u^\sigma} \,, \tag{18}$$

wobei ausgenutzt wurde, dass der Faktor in runden Klammern $\delta^\beta_{\bar\beta}$ ist und somit nur $\bar\alpha = \alpha$ beiträgt.

In (18) sind z^α Normalkoordinaten, u^μ beliebige Koordinaten. Diese Formel gilt für die Transformation $u \mapsto z(u)$ ebenso wie für die Transformation $v \mapsto z(v)$. Daraus lässt sich die Transformationsformel der Christoffel-Symbole unter dem Diffeomorphismus $u \mapsto v$ ableiten. Man findet

$$\Gamma'^{\,\tau}_{\kappa\lambda} = \frac{\partial v^\tau}{\partial u^\mu}\frac{\partial u^\rho}{\partial v^\kappa}\frac{\partial u^\sigma}{\partial v^\lambda}\Gamma^\mu_{\rho\sigma} + \left(\frac{\partial v^\tau}{\partial u^\sigma}\frac{\partial^2 u^\sigma}{\partial v^\kappa \partial v^\lambda}\right) \,. \tag{19}$$

Das affine Transformationsverhalten zeigt, dass die Christoffel-Symbole nicht die Komponenten eines Tensorfeldes sein können; nur in antisymmetrischen Kombinationen, wie sie z. B. in der Formel (6.80c) für den

Ricci-Tensor oder in (6.76) für den Riemann'schen Tensor auftreten, hebt sich dieser Term heraus.

6.8 Dass der Weyl'sche Tensor dieselben Symmetrieeigenschaften wie der Riemann'sche Tensor hat, muss man lediglich an den Zusatztermen nachprüfen, die den Ricci-Tensor oder den Krümmungsskalar enthalten. Die Aussage ${C^\nu}_{\nu\sigma\tau} = 0$ ist mit einer kleinen Rechnung leicht zu bestätigen. (Bei den anderen Kontraktionen verwende man die Symmetrieeigenschaften.)
Unter Beachtung der Symmetrien des Weyl'schen Tensors zählt man ab, dass die Eigenschaft

$$ {C^\nu}_{\nu\sigma\tau} = 0 \tag{20} $$

zusammen mit der Invarianz unter $\sigma \leftrightarrow \tau$ in Dimension n insgesamt $n(n+1)/2$ Bedingungsgleichungen liefert. Die Zahl der unabhängigen Komponenten des Weyl'schen Tensors ist mit (6.78)

$$ \begin{aligned} N_\mathrm{C} &= N_\mathrm{R} - \frac{1}{2}n(n+1) = \frac{1}{12}n^2(n^2-1) - \frac{1}{2}n(n+1) \\ &= \frac{1}{12}n(n+1)(n+2)(n-3)\,. \end{aligned} \tag{21} $$

In Dimension 4 hat er zehn unabhängige Komponenten. In Dimension 3 ist $N_\mathrm{C} = 0$, der Weyl'sche Tensor verschwindet.
Im Fall einer konform flachen Metrik setze man $\phi = \mathrm{e}^f$ und berechne zunächst die Christoffel-Symbole mit der Formel (6.66). Man findet

$$ \Gamma^\sigma_{\mu\nu} = (\partial_\mu f)\delta^\sigma_\nu + (\partial_\nu f)\delta^\sigma_\mu - (\partial_\rho f)\eta^{\sigma\rho}\eta_{\mu\nu}\,. $$

Damit berechnet man $\mathbf{R}$, $\mathbf{R}^{(\mathrm{Ricci})}$ und S, daraus schließlich den Weyl'schen Tensor. Man findet, dass er gleich Null ist.

Literatur

Abramowitz, M., Stegun, I. A.: *Handbook of Mathematical Functions* (Dover, New York 1968)

Arnol'd, V. I.: *Mathematische Methoden der klassischen Mechanik*, (Birkhäuser, Basel 1988)

Becker, R., Sauter, F.: *Theorie der Elektrizität* (Teubner, Stuttgart 1964)

Boccaletti, D., Pucacco, G.: *Theory of Orbits* $1+2$ (Springer-Verlag, Berlin 2001, 1999)

Bronstein, I. N., Semendjajew, K. A.: *Taschenbuch der Mathematik* (Teubner, Leipzig 1991)

Flanders, H.: *Differential forms with applications to the physical sciences* (Academic Press, New York 1963)

Hehl, F. W., Obukhov, Yu. N.: *Foundations of Electrodynamics*, (Birkhäuser, Basel 2003),

Honerkamp, J., Römer, H.: *Grundlagen der Klassischen Theoretischen Physik* (Springer-Verlag, Heidelberg 1986)

Jackson, J. D.: *Classical Electrodynamics*, (John Wiley, New York 1999), 3. Auflage

Landau, L., Lifshitz, E. M.: *Lehrbuch der Theoretischen Physik*, Bände 2 und 8, (Akademie-Verlag, Berlin 1990)

Misner, Ch. W., Thorne, K. S., Wheeler, J. A.: *Gravitation* (W. H. Freeman & Co, San Francisco 1973)

Nolting, W.: *Grundkurs Theoretische Physik 3* (Springer-Verlag, Heidelberg 2004)

Oloff, R.: *Geometrie der Raumzeit* (Vieweg, Braunschweig 2002)

O'Neill, B.: *Semi-Riemannian Geometry* (Academic Press, New York 1983)

O'Raifeartaigh, L.: *Group Structure of Gauge Theories* (Cambridge Monographs on Mathematical Physics, Cambridge 1986)

Pais, A..: *„Subtle is the Lord ... ", The Science and Life of Albert Einstein* (Oxford University Press, New York 1982)

Rindler, W.: *Essential Relativity* (Springer-Verlag, New York 1977)

Schäfer, Cl.: *Einführung in die Theoretische Physik*, Band III/1 (Walter de Gruyter, Berlin 1950)

Scheck, F.: *Theoretische Physik, Band 1: Mechanik, Von den Newtonschen Gleichungen zum deterministischen Chaos*, 7. Auflage (Springer-Verlag, Heidelberg 2003)

Scheck, F.: *Electroweak and Strong Interactions* (Springer-Verlag, Heidelberg 1996)

Sommerfeld, A.: *Vorlesungen über Theoretische Physik*, Bände 3 und 6, (DVB Wiesbaden 1947)

Straumann, N.: *Allgemeine Relativitätstheorie und relativistische Astrophysik* (Springer-Verlag, Heidelberg 1981)

Thirring, W.: *Lehrbuch der Mathematischen Physik* Band 2 (Springer-Verlag, Wien, New York 1990)

Weinberg, S.: *Gravitation and Cosmology* (John Wiley & Sons, New York 1972)

Will, C. M.: *The Confrontation between General Relativity and Experiment* (Los Alamos archive, gr-qc 0103036, 2001)

Sachverzeichnis

E 34

Q

R

S

T

U

V

W

Y

Z

Namenverzeichnis